移动智能终端
技术与测试

张睿 落红卫 李波 张沛 马群洲◎编著

MOBILE
INTELLIGENT
TERMINAL
TECHNOLOGY AND
TESTING

清华大学出版社
北 京

内 容 提 要

本书是几位长期从事智能终端标准和测试技术研究的工程师实践工作的总结。本书的内容包括了移动智能终端的发展过程、现状和趋势；对智能手机的关键技术，如软硬件技术、架构、芯片技术、人机交互技术、机卡接口技术、无线接口技术、天线技术、信息安全技术等进行了分析讲解。本书还介绍了国内外监管机构和运营商对移动智能终端的认证测试要求与流程，并对移动智能终端相关的测试标准和测试技术，如射频测试、协议测试、电磁兼容测试、音视频测试、用户体验测试、安规测试、信息安全测试等进行了介绍。

本书不仅涉及智能终端相关的传统技术，而且还对广义上的智能终端如融合型终端、智能硬件、可穿戴设备等特点和应用进行了介绍，对智能手机相关新技术的发展，如 VR/AR 技术、5G 技术和 5G 终端的发展进行了展望。

本书适合希望全面了解智能手机、智能终端技术和测试的工程师、学生阅读，适合智能手机企业和测试实验室工作的科研、测试、认证工程师学习，也适合从事相关科研工作的工程师参考。

图书在版编目（CIP）数据

移动智能终端技术与测试/张睿等编著. —北京：清华大学出版社，2017

ISBN 978-7-302-45948-4

Ⅰ. ①移… Ⅱ. ①张… Ⅲ. ①移动终端－智能终端－研究 Ⅳ. ①TN929.53

中国版本图书馆 CIP 数据核字（2017）第 009920 号

责任编辑：刘　洋
封面设计：李召霞
责任校对：宋玉莲
责任印制：何　芊

出版发行：清华大学出版社
　　　网　　址：http://www.tup.com.cn，http://www.wqbook.com
　　　地　　址：北京清华大学学研大厦 A 座　　　　邮　　编：100084
　　　社 总 机：010-62770175　　　　　　　　　　邮　　购：010-62786544
　　　投稿与读者服务：010-62776969，c-service@tup.tsinghua.edu.cn
　　　质量反馈：010-62772015，zhiliang@tup.tsinghua.edu.cn
印 装 者：三河市春园印刷有限公司
经　　销：全国新华书店
开　　本：185mm×260mm　　　印　张：32　　　字　数：735 千字
版　　次：2017 年 2 月第 1 版　　　印　次：2017 年 2 月第 1 次印刷
定　　价：128.00 元

产品编号：071569-01

本书编委会

（按姓氏笔画排序）

郑海霞　曹景新　周晓宇　李　光　刘宝殿

齐殿元　邱志军　金　舰　廉长亮　韩傲雪

赵　澎　刘志勇　刘　臻　王亚军　徐永太

齐殿元　周　峰

前　　言

智能手机已经是人们生活中不可或缺的工具，飞速发展的移动互联网通过智能手机，为我们提供了广泛的、种类丰富的应用。

以智能手机为代表的移动智能终端也成为了当前信息技术的重点创新领域和增长的驱动力，虽然自2015年以来，智能手机的增幅趋缓，但知名市场研究公司Strategy Analytics发布的报告显示，2015年全年智能手机出货量达到14亿台，相比2014年的12亿，仍然增长了12％。智能手机、平板、智能硬件、可穿戴设备、车载信息服务终端等形成了移动通信和ICT领域的一个又一个热点，并且随着可穿戴设备等智能终端向物联网领域延伸，智能终端行业将会迎来一个持续的黄金发展期。我国在全球智能终端领域表现抢眼，全球80％的智能终端在中国生产，从整个产业发展来看，我国已经具备相当大的影响力。

典型移动智能终端的代表是智能手机。智能手机将多种技术集中在一台设备中，相比于早期的功能机，智能手机具备了电话、互联网应用、音视频、娱乐、运动健康管理等功能，涉及的技术门类也非常繁杂，如射频技术、协议技术、人机交互技术、显示技术、音频技术、天线技术、EMC技术、信息安全技术、电池技术等，智能手机的技术复杂程度甚至超过了一台尺寸大得多的电脑。

作为一种具有通信功能的消费类电子产品，智能终端需要的测试也比常见的电气产品复杂得多，各国的监管机构和运营商，对智能手机的准入和入网有着相当多的测试要求，欧盟、北美、日本各地区和FCC、GCF、PTCRB等组织对智能手机也有着不同的认证要求。

本书的作者是几位在中国信息通信研究院泰尔终端实验室工作多年的智能终端科研和测试专家，智能终端的关键技术、重要的测试领域和测试项目有哪些？测试依据什么标准？智能终端申请认证的方式和流程？智能终端的未来发展趋势是什么？这些都是作者在平时工作中思考和遇到的问题。本书是这些思考过程中的学习和总结。

智能终端涉及的技术领域非常广泛，由于作者水平所限和时间的仓促，本书必然存在许多不完善的地方，欢迎读者来信批评指正：zhangrui@caict.ac.cn。

最后，由衷感谢刘彤浩、李锦仪、王黎佳、雷思良、宋波、胡键伟、贾向东、王鑫、郭伟祥、吕松栋、李巍、聂蔚青、杨鹏、解谦等同事和朋友在书稿编写过程中提供的帮助。

本书作者

2016年9月

目　　录

第 一 章
移动智能终端概述

移动智能终端作为移动互联网的载体，已经成为我们连接世界的工具，甚至是生活中不可或缺的部分。当前，更多的应用和社交行为从 PC 端搬到了智能手机和平板等移动智能终端上，手机上网用户已经开始超过桌面计算机用户。以微信为代表的社交网络服务已成为我国互联网的第一大应用，移动支付等各种移动应用在生活中随处可见。科技的发展使移动智能终端已不仅仅是一个通话设备，它甚至成为我们生活中与世界沟通互动的平台。全球权威 IT 研究与顾问咨询公司 Gartner 的终端研究报告中提供了 2015年第二季度全球各类型终端（PC、手机和 Ultramobile）的出货量数据，见表 1-1，从数据可以看出：智能手机、平板等移动终端作为移动互联网的载体，出货量的增长趋势已明显超过传统的 PC 设备（其中，PC 包括桌面电脑和笔记本电脑；手机包括功能手机、中高端手机等具备通话功能的移动终端；Ultramobile 包括平板与超级本等具备计算能力且屏幕在7～13.9 英寸之间的终端设备）。

表 1-1　全球各类型终端设备（PC、手机和 Ultramobile）的出货量数据 单位：万台

类别	2015 年 2 季度	2015 年 1 季度	2014 年 2 季度	2015 年季度增长（%）	同比增长（%）
传统 PC	5 801.0	6 153.7	6 729.4	−5.7	−13.8
Ultramobile	5 478.2	6 062.3	5 793.4	−9.6	−5.4
手机	44 575.9	46 026.2	44 419.0	−3.2	0.4
全球合计	55 855.0	58 242.2	56 941.8	−4.1	−1.9

数据来源：Gartner。

过去几十年信息网络的发展实现了计算机与计算机、人与人、人与计算机的交互联系，未来信息网络发展的一个趋势是实现物与物、物与人、物与计算机的交互联系，将互联网拓展到物端，通过物联网络形成人、机、物三元融合的世界，进入万物互联时代。移动智能终端是实现这个过程的重要组成部分。智能手机等移动终端，作为移动互联网的载体（如图 1-1 所示），已经成为传统经济的物理世界和互联网的虚拟世界的桥梁，Gartner 公司预言，到 2016 年 IoT（物联网）的 21% 将是通过智能手机来实现。政府倡导的"互联网＋"，传统行业与互联网的连接很大程度将会依赖智能终端的普及。在这个趋势下，智能终端将迎来史上最繁荣的时代。

图 1-1　移动智能终端成为了连接人与人的重要工具

移动终端和无线通信技术的飞速发展促进了移动互联网的普及，反过来，智能手机的繁荣，也是拜互联网时代所赐。在移动互联网应用的推动下，移动终端的发展从模拟到数字，从传统功能机到智能终端，从只具备通话和短信的功能机到拥有操作系统和众多应用的智能终端。智能终端性能的飞速发展，CPU 内核从单核演进到四核甚至十核，主频从 1GHz 提升至超过 3GHz，64 位也取代 32 位得到应用。2007 年 iPhone 的出现极大地推动了移动智能终端的大规模普及，它的多点触控技术和全新的用户界面带来了当时令人耳目一新的用户体验，从此触摸屏几乎成为智能终端的"标配"。之后，移动智能终端走向 Andriod 和 iOS 主导市场的格局，功能越来越丰富，用户体验越来越完善。当前，移动智能终端完全可以看作一台可以放进口袋的具有通信功能的"电脑"。

1.1　移动智能终端的概念

移动智能终端，由英文 Smart Phone 及 Smart Device 翻译而来，简称为智能终端。智能手机是当前移动智能终端最典型的形态。工业和信息化部电信研究院发布的《移动终端白皮书(2012)》中对移动智能终端的定义是：

- 具备开放的操作系统平台，支持应用程序灵活开发、安装及运行；
- 具备 PC 级处理能力，支持桌面互联网主流应用的移动化迁移；
- 具备高速数据网络接入能力；
- 具备丰富的人机交互界面，即在 3D 等未来显示技术和语音识别、图像识别等多模态交互技术的发展下，以人为核心的更智能的交互方式；
- 包括智能手机和平板电脑。

本书中所介绍的智能终端技术主要基于上述定义中的移动智能终端，即智能手机和平板电脑，其具备开放系统、性能更强、容量更大、网络更快、接口更多、功能更全等特征，如图 1-2 所示。随着信息技术、移动互联网以及物联网技术的发展，目前广义上的移动智能终端的所指更加广泛，还包括了智能硬件、可穿戴设备等新型终端，本书在第八章中予以介绍。

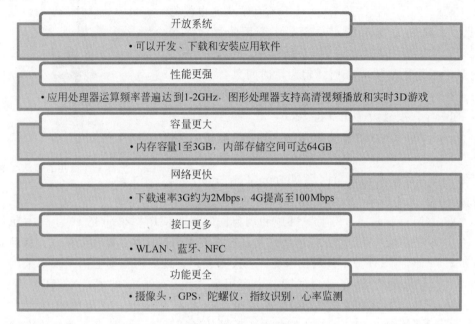

图 1-2 智能终端特征

移动终端涉及系统和应用软件技术、微电子微机电技术、下一代显示和语音识别等人机交互技术、新型金属和高精度玻璃等原材料技术以及整机设计和制造技术等，其分支十分庞杂。其中，移动芯片技术、智能操作系统技术、人机交互技术、应用开发技术是体现移动智能终端智能化特征和热点的四大核心技术，是左右其发展的核心环节。

1.2 移动终端的发展过程

移动终端又称为移动通信终端，其移动性主要体现在移动通信能力和便携化体积。早期的移动终端通常指移动电话，或称为手机，是在移动过程中可以通过无线链路发起或者接听电话的设备。移动电话通过接入移动运营商的蜂窝网络来实现通话功能。这类传统手机通常也叫非智能手机(Feature phone)或者"功能机"，只具备基本的电话功能。在功能机的基础上，逐渐发展演变出了移动智能终端。

1.2.1 从模拟手机到数字手机

追溯手机的发展史，源于 20 世纪初。1902 年，一个叫内森·斯塔布菲尔德的美国人在肯塔基州默里的乡下住宅内制成了第一个无线电话装置，这部可实现无线移动通信的电话是人类对"手机"技术最早的探索研究。

1938年，美国贝尔实验室为美国军方制成了世界上第一部"移动电话"。

1973年4月，美国摩托罗拉公司工程技术员马丁·库帕发明了世界上第一部面向民用的手机，它是一个4.4磅（2公斤）的大"砖头"，马丁·库帕从此也被称为现代"手机之父"。1983年，第一个商用的移动终端出现了，它是摩托罗拉公司的 DynaTAC 8000x，重1公斤多，充电时间为10小时，但通话时间只有半小时，当时销售价格为3 995美元。第一台手机进入中国市场是在1987年，型号为摩托罗拉3200，造型设计和摩托罗拉 DynaTAC 8000x 基本一致，是当时非常流行的"大哥大"，如图1-3所示。

图1-3　第一个商用的移动终端：DynaTAC 8000x

第一个商用的自动蜂窝网络 Nippon Telegraph and Telephone1979年在日本投入使用。1981年，北欧移动电话系统（NMT）在丹麦、芬兰、挪威和瑞典同时投入使用。20世纪80年代中期其他的几个国家也加入进来。以上的这些蜂窝系统都使用模拟技术，被称为第一代移动通信技术。1991年，GSM数字蜂窝技术在芬兰投入使用，此后的移动通信制式都采用了数字技术。十年后的2001年，全球第一个商用第三代移动通信技术，NTTDoCoMo的WCDMA在日本投入使用。后续的蜂窝通信技术不断发展，还陆续出现了3.5G、3G＋、3G增强技术（HSPA）、4G等技术，手机的通话质量越来越高，数据速率越来越快，功能从模拟时代的通话扩展到短信、邮件、网页浏览等，应用也得到了极大丰富。一般来说，移动电话都有以下基本特点：

（1）每个手机使用一个唯一的IMEI号来识别。

（2）具备输入接口，人们通过输入接口来操控手机。传统的功能机使用键盘，智能机大多使用触摸屏。

（3）具备屏幕，对用户的输入产生反应，显示文字或者图形信息，与用户交互基本的移动电话业务，使用户可以收发语音和信息。

（4）大多数手机使用卡来识别账户，这也使一个账户可以使用在不同的手机上。所有的GSM手机使用SIM卡，一些CDMA手机使用R-UIM卡。

（5）具有电池，为手机的工作提供电能。

1.2.2　移动智能终端的雏形

最早的移动智能终端就是智能手机。智能手机"smart phone"一词最早出现在1995年，AT&T BELL LAB 的 Pamela Savage 在《Designing a GUI for business telephone user》一文中称"PhoneWriter Communicator"为"smart phone"。

第一款可以认为是智能手机的蜂窝设备是 IBM 的"SIMON"（如图1-4所示）。"SIMON"是IBM于1992年在COMDEX计算机工业展会上展出的原型机，1994年，

BELLSOUTH 开始销售其修改后的版本：Simon Personal Communicator。除了拨打和接听蜂窝电话外，SIMON 可以收发传真、E-mail,并可以通过触摸屏完成一些应用功能如地址本、日历、日程表、计算器、世界时间和记事本。SIMON 是第一款具有 PDA 特性的智能手机。

图 1-4　IBM SIMOR 和充电座(1994)

·20 世纪 90 年代后期，许多移动电话的使用者都另外带着 PDA，这些 PDA 运行的操作系统有 Palm、BlackBerry、Windows CE/Pocket PC 等，这些操作系统后来也逐渐演变为移动终端操作系统。

1996 年 8 月，NOKIA 发布了 Nokia 9000 Communicator，它由基于 GEOS V3.0 操作系统的 Geoworks(PDA)和数字蜂窝电话 NOKIA2110 组成，两个设备通过类似合页连接在一起，使用翻盖设计，打开后，上部是屏幕下部是键盘，它具备收发 E-mail、日历、地址簿、计算器、记事本、基于文本的 Web 浏览、收发传真等功能。当合上设备的时候，它可以作为数字蜂窝电话使用。

1999 年 6 月，Qualcomm 公司发布了 CDMA 数字 PCS 智能手机"PDQ Smartphone"，集成了 Palm PDA，具备 Internet 功能。

1999 年，NTT DoCoMo 公司发布了一款运行在 i-Mode(一种在日本很普及的移动互联网服务)上的手机，这是第一款获得大量用户的智能手机，这款手机支持 9.6 kbit/s 的数据传输速率。与后来的无线服务不同，NTT DoCoMo 的 i-Mode 使用 CHTML，这是一种对传统的 HTML 进行了限制的语言，提高了数据速率。受限的功能性，小的屏幕使手机可以使用更低的数据速率完成相应的功能。i-Mode 业务使 NTT DoCoMo 在 2001 年底前增加了约 4000 万用户，为日本第一全球第二的市场占有率，这势头直到 3G 时代的到来才衰落下去。

2000 年，Ericsson 发布了 R380，它具备 PDA 和移动电话的功能，具有使用手写输入设备的电阻触摸屏，支持有限的 Web 浏览。

2001 年，Palm 推出了 Kyocera 6035，集成 PDA 和移动电话功能，可运行于 Verizon 网络，也支持有限的 Web 浏览。

到 2005 年左右基于微软的 Windows Mobile 在美国的商业人士中有所普及。此后黑莓在美国得到了大量用户，"刷机"在 2006 年成为美国人熟悉的词，黑莓公司最早在 2003 年发布的是 GSM BlackBerry 6210、BlackBerry 6220 和 BlackBerry 6230 手机。

图 1-5 塞班系统代表：诺基亚 N8，全球首款采用塞班 3 操作系统，具有强大的拍照功能

早期（在安卓、iOS 和黑莓之前）的智能手机大多运行 Symbian 系统，如图 1-5 所示，在 2010 年最后一个季度前，最初由 Psion 开发的 Symbian 系统是世界上使用最多的智能手机操作系统。Symbian 系统是塞班公司为手机设计的操作系统。2008 年 12 月 2 日，塞班公司被诺基亚收购。由于缺乏新技术支持，塞班的市场份额日益萎缩。截至 2012 年 2 月，塞班系统的全球市场占有量仅为 6.8%，中国市场占有率则降至 11%。2012 年 5 月 27 日，诺基亚宣布，彻底放弃继续开发塞班系统，取消塞班 Carla 的开发，最早在 2012 年年底，最迟在 2014 年彻底终止对塞班的所有支持。

1.2.3 iOS、Android 等操作系统的崛起

苹果 iOS 是由苹果公司开发的手持设备操作系统。苹果公司最早于 2007 年 1 月 9 日的 Macworld 大会上公布了这个系统，最初是设计给 iPhone 使用的，后来陆续用到 iPod touch、iPad 以及 Apple TV 等苹果产品上。系统原名为 iPhone OS，直到 2010 年 6 月 7 日 WWDC 大会上宣布改名为 iOS。

2007 年，苹果公司推出了 iPhone，它率先引入了多点触控技术和全新的用户界面，让用户用手指触摸即可控制手机，并将桌面级电子邮件、网页浏览、搜索、地图等功能有效融合，带来用户体验的极大提升。2011 年 4 月，在美国加利福尼亚州举行的 Let's talk iPhone 的新品发布会上，苹果发布运行 iOS 5 系统的新一代 iPhone 手机 iPhone 4S。iPhone 4S 在硬件和软件方面都有了较大的提升，全新 siri 智能语音助手和 iCloud 云端服务，在硬件方面，搭载苹果 A5 双核处理器，正面配有 3.5 英寸 IPS 玻璃硬屏，分辨率为 960×640 像素，背照式镜头像素提升至 800 万。

2008 年 Android 操作系统的手机开始出现。Android 是一个开放源代码平台，由 Andy Rubin 创立，2005 年由 Google 收购注资，并组建开放手机联盟开发改良，逐渐扩展到平板电脑及其他领域上。虽然在开始的时候 Android 的市场增长缓慢，到了 2010 年，Android 的市场开始加速增长，现在 Android 已经是市场上占有统治地位的手机操作系统。2014 年智能手机操作系统份额，Android 占比 81.5%，iOS 占比 14.8%。

第一款 Android 手机 T-Mobile G1 代号 Dream（如图 1-6 所示），它是滑盖手机，可以触摸操控，也可以使用键盘。使用 3G 网络、内置 Chrome 浏览器、支持 YouTube 在线观看、图案解锁等。通过 Android Market 可以搜寻和下载适合自己的软件与游戏。

从这一款手机开始，Android 逐步打造了一个开放式的操作系统生态。这款手机的代工厂商 HTC 也开始了自己的梦想，一度占据 Android 市场的最大份额，只不过辉煌已经成为历史。

图 1-6　第一款 Android 系统手机 T-Mobile G1

Windows Phone 是微软发布的一款手机操作系统，它将微软旗下的 Xbox Live 游戏、Zune 音乐与独特的视频体验整合至手机中。2010 年 10 月 11 日，微软公司正式发布了智能手机操作系统 Windows Phone，界面如图 1-7 所示，同时将谷歌的 Android 和苹果的 iOS 列为主要竞争对手。2011 年 2 月，诺基亚与微软达成全球战略同盟并深度合作共同研发，双方在智能手机领域进行深度合作。

图 1-7　诺基亚首款 Windows Phone 手机 Lumia 800，正面增加了三个 Windows Phone 按键

　　iOS 和 Android 的出现和迅速占领市场使以前的平台走向衰落。为了应对 iOS 和 Android，微软用 Scratch 开发了 Windows Phone 操作系统。NOKIA 放弃了塞班操作系统，和微软合作在智能手机上使用 Windows Phone。Windows Phone 由此成为市场占有率第三的操作系统。此外，惠普公司收购了 Palm 的 WebOS 后又把它卖给了 LG 电

子，LG 电子把它使用在 LG 的智能电视上。黑莓公司也用 Scratch 开发了一个新的平台：BlackBerry 10。

2015 年度中国手机市场上，搭载 Android 系统的手机获得 82.02％的关注比例，占据绝对主流；其次为苹果 iOS 系统，获得 15.03％的关注比例；Windows Phone 系统关注度为 2.01％（数据来源：ZDC）。到了 2016 年上半年，搭载 Android 与 iOS 系统的智能手机合计占据 98.9％的市场份额，同比增长 22％，其中 Android 的全球市场占有率达到 85.1％，iOS 市场占有率为 13.8％。

1.2.4 智能终端时代的到来

电容式触摸屏给智能手机的样式带来了巨大的影响。2007 年以前，手机不论是翻盖、滑盖还是直板样式，一般都具有物理键盘。2007 年的苹果 iPhone 带来的触摸屏对智能手机的影响深远，它推动了手机产业的快速发展，其后的几年时间里，整个手机市场格局都改变了。2010 年以后，那些销量较高的主流智能机都没有物理键盘了。十几年后再来看这块玻璃，它由 3.5 英寸慢慢变成 4 英寸最后扩展到 4.7 英寸和 5.5 英寸，玻璃由平面变成了 2.5D。短短的数年之间这块神奇的玻璃，魔力般地将所有的智能机带入了玻璃脸世界，就连以实体全键盘为傲的黑莓也在 2013 年推出了全屏幕触摸手机。

智能手机在 3G 时代到来后经历了爆炸性的增长，2012 年第三季度，全世界拥有智能手机超过了 10 亿部（Don Reisinger(October 17，2012). Worldwide smartphone user base hits 1 billion. CNet. CBS Interactive，Inc. Retrieved，July 26，2013.）。2013 年初，全球智能手机的销量开始超过功能机（"Smartphones now outsell 'dumb' phones". 3 News NZ. April 29，2013.），带有通信功能的平板业也随之出现。如图 1-8 所示，可以看出，2008 年后的国内市场上，智能机开始迅速替代功能机，智能手机的时代真正来临。目前的移动智能终端带有高级移动操作系统（个人电脑操作系统与移动手持终端使用特性相结合的操作系统），具有传统移动电话机和其他一些流行的移动设备如 PDA、Media Player、GPS 终端相结合的功能。大部分的移动智能终端可以使用 Internet，具有触摸屏，可以由用户自行安装软件、游戏等第三方服务商提供的程序，通过此类程序不断对

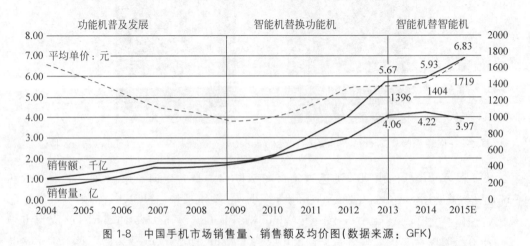

图 1-8 中国手机市场销售量、销售额及均价图(数据来源：GFK)

手机的功能进行扩充,可以播放音视频,具有摄像头和拍照功能。

回顾移动智能终端的发展历程,从早期具有 PDA 功能的终端开始摸索发展,到 2007 年 iPhone 推出后推动智能终端的迅速普及,智能化引发了移动终端基因突变,移动智能终端在几年内迅速转变为互联网业务的关键入口和主要创新平台,成为了新型媒体、电子商务和信息服务平台,成为了互联网资源、移动网络资源与环境交互资源的最重要枢纽,其操作系统和处理器芯片甚至成为当今整个 ICT 产业的推动力和战略制高点。移动智能终端引发的颠覆性变革揭开了移动互联网产业发展的序幕,开启了一个新的技术产业周期。

1.3 移动智能终端的现状

1.3.1 移动智能终端市场现状

智能手机当前仍是移动智能终端产业发展最重要的力量。国际电信联盟(ITU)2015 年 12 月发布的年度互联网调查报告显示,全球手机用户数达到 71 亿,已接近世界人口总量(71 亿)。手机信号已覆盖了全球超过 95% 的人口。智能手机发展尤为迅速,普及率持续提高,将从 2014 年的 37% 增加到 2020 年的 65%。但是相对于过去几年的高速发展,智能手机 2015 年市场增速放缓,GfK 预计 2015 年全球整体手机市场规模 18.3 亿部,基本与 2014 年持平;其中,智能手机市场规模将达 13.5 亿部,同比增长 10.2%;功能手机市场规模为 4.8 亿部,同比下降 18.4%。

移动智能终端当前的市场发展态势呈现以下几点特征。

1. 智能手机和平板增速放缓

智能手机在 2010 年的增长高峰时期增长曾高达 73%。但自 2015 年以来,智能手机逐步进入稳定增长阶段,增长速度放缓。鉴于成熟市场的饱和状况,智能手机行业已经开始将其关注的焦点转向了印度等市场,预计 2016 年印度市场上的智能手机销售量将达 1.39 亿部。但对于大多数印度消费者来说,高端智能手机是他们买不起的。在印度,手机的平均售价在 70 美元以下。现在中国市场则已趋达到饱和点,预计未来五年时间里仍将保持这种状态(以上数据来源:Gartner)。

2014 年全球智能手机出货量约 13 亿部(IDC 统计 2014 年全球智能手机出货量约为 13 亿部,Gartner 统计数据为 12 亿部),较之 2013 年增长了 26%。根据 Gartner 的最新统计数据,2015 年全球智能手机销量增长为 14.4%(2015 年中国生产了 14.1 亿部智能手机)。预计 2016 年销量增幅为 7%。同时 Gartner 预计全球智能手机销售量将无法再实现两位数的增长。DIGITIMES 综合供应链与各区域市场状况,预估 2017 年智能手机出货量将超过 152 亿台,年增长率 7%。2017 年出货排名前 20 大品牌中,除苹果外,其他皆将为亚洲品牌,其中大陆品牌将占 11 席。从操作系统来看,2015 年 Android 手机第一季度销量占比达到 80.8%,iOS 手机为 15.3%,Windows Phone 为 2.7%,其他系统手机为 1.2%。

中国市场与国际市场缓增缓降的发展规律不同,智能化进程虽晚于全球 1~2 年,但连续 3 年实现了 100％以上的年增长，至 2013 年才回归双位数增长阶段，我国智能手机市场在 2014—2015 年间进入了调整阶段。2014 年我国智能手机出货量为 3.89 亿部，同比下降 8％，2015 年重回平稳，出货 5.18 亿部，同比增长 14.6％（以上数据由中国信息通信研究院发布）。

2. 平板电脑市场情况

2015 年第一季度，全球平板电脑出货 4710 万台，同比下滑 5.9％。平板电脑出货小幅回落，市场饱和趋势初现。苹果凭借 1260 万台的出货位居市场占有率第一，但同比下滑 23％，市场占有率降至 26.8％。三星依托丰富的产品线和 7 寸到 12.2 寸全系列产品覆盖，实现出货 900 万台，同比下滑 17％，市场占有率 19.1％。联想凭借产品线的多样化与价格区间的完整覆盖，晋升为第三名，市场占有率扩大至 5.3％。由于平板电脑被大屏智能手机取代性高、"平板手机"的流行（比如 iPhone "Plus"）、新技术更新放缓、平板电脑的更换周期更长等因素，平板电脑的市场拓展困难。此外，前五大品牌市场占有率从 2013 年的 70％下跌至 57％，预示着品牌影响力开始下降，用户选择空间不断扩大（以上数据由中国信息通信研究院发布）。

除了苹果的 iPad 之外，搭载了 Windows 操作系统的平板电脑竞争力开始提升。来自 IDC 的数据显示，Windows 平板电脑市场占比将从目前的 7.9％上升到 2019 年的 13.3％，出货量年复合增长率达到 9.5％。客观来看，Windows 操作系统在企业应用领域的先天优势，成就了 Windows 平板电脑的市场竞争力。最近数年，Windows 操作系统一直致力于提升移动性体验，Windows 10 更是实现了移动设备端的深度优化以及与桌面操作系统的深度融合。这样一来，Windows 这个在传统意义上仅用于 PC 端的老牌操作系统，终于焕发出了移动的魅力，拥有了与苹果的 iOS 相抗衡的实力。与此同时，产业链的成熟，例如微软和 Intel 向中国的平板电脑厂商在操作系统及芯片层面给予强力的支持，也会加快 Windows 平板电脑的市场拓展步伐。

手机大屏化时代的到来，平板电脑行业本身所处的环境更加恶劣。一方面受到电脑行业的反冲击；另一方面则受到智能手机行业的正面狙击。但总体上看，平板电脑与传统电脑以及手机之间各有各的市场需求，三足鼎立的格局还会延续。

3. 智能手机市场品牌格局不断变化

全球智能手机市场的品牌格局不断变化，三星、苹果长期占据智能手机销售量的第一和第二，而紧随其后的品牌变化较为快速，同时更多中国手机品牌不断挤进前十名。见表 1-2，在 2015 年第二季度中，三星出货量为 8873 万部，同比减少 8.9％，但仍为全球排名首位的手机厂商，苹果出货量为 4 808 万部，同比增长 36.0％。而 2016 年 IDC 公布的全球智能手机销量统计数据中，销量榜的第三、第四、第五已经变为华为、OPPO 和 VIVO，中国品牌获得了整体提升。但在市场销售额统计中，苹果更胜一筹，据 2014 年的统计数据，苹果以 13.8％的年出货量占比实现了 30.4％的年销量增长，全年销量设备价值 1 165.4 亿美元，均价为 655 美元，约为 Android 设备平均单价的2.7 倍。

表 1-2　2015 二季度前十大手机品牌　　　　　　　　单位：万台

提　供　商	2015 年 2 季度	2015 年 1 季度	2014 年 1 季度	2015 年季度增长（％）	同比增长（％）
Samsung	8 873.9	9 798.6	9 741.8	−9.4	−8.9
Apple	4 808.6	6 017.7	3 534.5	−20.1	36.0
Microsoft	2 769.0	3 300.2	0.0	−16.1	0.0
Huawei	2 611.9	1 859.0	1 821.9	40.5	43.4
LG ELectronics	1 762.2	1 963.7	1 831.0	−10.3	−3.8
Lenovo	1 662.6	1 928.0	1 382.2	−13.8	20.3
Xiaomi	1 606.5	1 474.0	1 254.1	9.0	28.1
TCL Communication	1 573.3	1 418.9	1 392.3	10.9	13.0
ZTE	1 456.0	1 260.0	1 262.9	15.6	15.3
Micromax	988.4	815.8	857.8	21.3	15.2
other	16 463.5	16 190.2	21 340.7	1.7	−22.9
全球合计	44 575.9	46 026.2	44 419.0	−3.2	0.4

数据来源：Gartner。

中国智能手机产业开始走向高端突破之路，2015 年 1 季度 1 000 元以上价位手机占比同比明显上升，如图 1-9 所示（数据来源：中国信息通信研究院）。2015 年 2 000 元以上价位的份额迅速增长，3 000～4 000 元价位的份额国内品牌占 75％以上（数据来源：中国信息通信研究院 2016ICT 白皮书）。在中国智能手机市场增长已至天花板之后，海外市场成为国产手机品牌继续追求规模与利润的新空间。目前在海外市场专利问题解决较好的国产品牌有：华为、中兴、TCL 与联想，前两者主要依靠多年自主研发积累，后两者则主要依靠海外收购。相比上述四家企业，其他国产手机品牌只能在东南亚、非洲等对专利要求并不苛刻的市场布局，像印度、巴西等新兴市场目前很难进入。

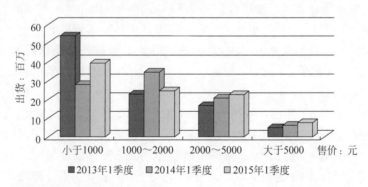

图 1-9　中国智能手机市场产品价格分布（2013 年、2014 年、2015 年各年度第一季度）

1.3.2　移动智能终端技术现状

1.3.2.1　我国智能手机制式情况

2014—2015 年是我国智能手机制式的换代时机，各企业都在推动 4G 手机发展，持续扩大内需市场。2015 年我国 4G 手机出货量 4.40 亿部，上市新机型 1 106 款，同比分别增长 157.0％和 39.6％，占比分别为 85.0％和 73.9％（数据来源：中国信息通信研究院)。3G 制式手机出货则明显下滑,2015 年 1～5 月共出货 1 311 万部,同比下降 90%,其中 CDMA 几乎退出新机市场。

根据中国信息通信研究院数据显示,2014 年 6～12 月我国市场上市手机共 1 000 款,其中 2G 手机 177 款,3G 手机 182 款,4G 手机 641 款。从数据中可以看出,2014 年三大运营商获得 LTE 运营牌照后,手机厂商能够迅速将 LTE 产品投放到市场中。从 2014 年 6 月至 2014 年底,市场上 LTE 手机产品款数占比已经超过 60%,2G、3G 手机款数大致相当(如图 1-10 所示)。

从 2015 年开始,手机厂商已经完成了 3G 产品到 4G 产品的过渡。截至 2015 年底,市场上共投放手机 1 560 款,其中 2G 手机 286 款,3G 手机 82 款,4G 手机 1 192 款(数据来源:中国信息通信研究院)。如图 1-11 所示,市场上 LTE 手机产品款数占比已经超过 75%,3G 手机仅占 5.3%。

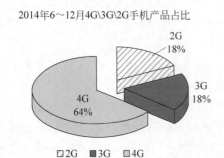

图 1-10 2014 年 6～12 月 4G/3G/2G 手机产品占比

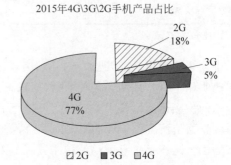

图 1-11 2015 年 4G/3G/2G 手机产品占比

为迎合主流市场,手机厂商已经重点布局 4G 产品。由于 4G 产品的替代作用,运营商重点补贴 4G 产品,3G 手机产品款数下降明显。目前随着芯片厂商产品跟进及时,手机产品换代技术已逐渐成熟。4G 芯片价格的降低,手机产品换代成本压力变小,目前 4G 产品已经有很多千元机型。此外,由于中国仍有一定的低端市场,2G 功能型手机仍有一定市场。

2014 年 6 月到 2015 年底,我国 4G 手机共上市 1 833 款,大多数均支持多种制式。而据中国信息通信研究院最新的统计数据显示,2016 年第三季度我国申请进网的手机产品 330 款,其中 4G 手机 290 款,4G 手机款型占比 87.88%,与 2015 年第三季度相比,4G 手机款型占比同比提升 8.9 个百分点,与 2016 年第二季度相比,4G 手机款型占比环比下降 1.6 个百分点。排除季度性小幅波动,4G 手机款型占比继续提升总趋势未改变,2G、3G 手机款型占比继续下降。

从具体技术上分,手机制式目前主要有 TD-LTE、LTE-FDD、TD-SCDMA、WCDMA、cdma2000、GSM、CDMA 1X 共 7 类制式。TD-LTE 制式已经成为手机支持的主流制式,LTE-FDD 由于牌照发放相对较晚,在型号上较 TD-LTE 制式相对少,但也已经有一定数量。不同制式组合的型号数量如表 1-3 所示。

表 1-3　2014 年 6 月至 2015 年底手机产品的制式情况

制　　式	数　量
TD-LTE/TD-SCDMA/GSM	798
TD-LTE/LTE-FDD/TD-SCDMA/WCDMA/GSM	391
GSM	373
TD-LTE/LTE-FDD/cdma2000/CDMA 1X/GSM	209
TD-LTE/LTE-FDD/WCDMA/GSM	135
TD-LTE/LTE-FDD/TD-SCDMA/WCDMA/cdma2000/CDMA 1X/GSM	177
WCDMA/GSM	106
TD-SCDMA/GSM	77
CDMA 1X	84
cdma2000/CDMA 1X/GSM	34
cdma2000/CDMA 1X	40
TD-LTE/TD-SCDMA/WCDMA/GSM	21
TD-LTE/LTE-FDD/WCDMA/cdma2000/CDMA 1X/GSM	18
TD-LTE/LTE-FDD/cdma2000/CDMA 1X	13
TD-LTE/cdma2000/GSM/CDMA 1X	7
TD-LTE/WCDMA/GSM	6
CDMA 1X/GSM	6
TD-SCDMA/WCDMA/GSM	3
WCDMA/cdma2000/GSM/CDMA 1X	3
TD-SCDMA/GSM/CDMA 1X	1
共计	2 502

　　我国自主研发的 TD-SCDMA 技术由于良好的政策支撑和运营商多年运营的市场基础，成为 3G 领域主要采用的通信技术，大部分 4G 手机目前均支持该技术，支持 WCDMA 的手机约占 4G 手机总量的 1/3，支持 cdma2000 手机数量最少。GSM 作为中国移动和中国联通广泛使用的成熟技术，基本上 4G 手机全部支持该制式，支持 CDMA1X 的手机则相对较少，支持相应制式的手机主要应用于中国电信的网络。随着 2015 年底中国电信和中国联通联合发布《六模全网通终端白皮书》，未来支持全网模式的移动终端数量会越来越多。

1.3.2.2　智能手机支持频段变化情况

　　根据中国信息通信研究院统计数据显示，2016 年第三季度我国申请进网的 290 款 4G 手机中，支持 band41 的占比 98.97％，相比于 2015 年第三季度，款型占比提升 16.4 个百分点，相比于 2016 年第二季度，款型占比提升 13.7 个百分点；支持 band1 的占比 71.03％，支持 band3 的占比 86.55％。随着"全网通"终端逐步被市场所接受，支持 band41、band1 和 band3 的终端款型占比迅速增加。

　　在全球范围内，LTE 终端频谱遍布多个频段，1 800MHz Band3 是 LTE 部署中应用最多的频段，占比达 43％；全球已经有 12 家运营商提供 APT700（FDD Band28/TDD Band44）商用网络，截至 2015 年 11 月，已发布了 214 款 APT700 终端；LTE

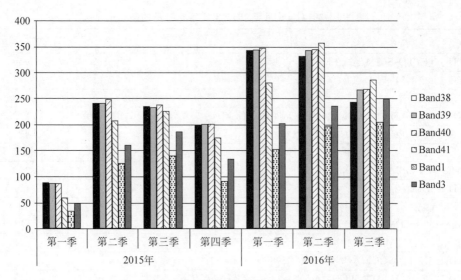

图 1-12　2016 年第三季度 4G 手机申请入网的频段特性

TDD 的生态系统日趋成熟，Band 40(2.3GHz)和 Band38(2.6GHz)应用最多，占比分别为 71.8％和 62.1％，Band42/43 终端已发布 33 款(数据来源：华为 mLAB)。

1.3.2.3　智能手机传输能力发展情况

国内 LTE 手机传输能力发展方面，根据 LTE 手机无线传输性能，可将其分为多种能力等级，称为 LTE Category，简称 CAT。3GPP 中规定的 Category 等级有很多，一般而言，能力等级越高对应着手机能够具备的无线传输性能越强，峰值传输速率也越高。目前手机主要支持 8 个能力等级，支持更高等级的手机数量还较少，能力等级传输速率详见表 1-4。

表 1-4　LTE 传输能力等级与传输速率

传输能力等级	下行峰值速率(Mbit/s)	上行峰值速率(Mbit/s)
Category 1	10	5
Category 2	50	25
Category 3*	100	50
Category 4*	150	50
Category 5	300	75
Category 6	300	50
Category 7	300	100
Category 8	300	150
Category 9	450	50
Category 10	450	100
Category 11	600	50
Category 12	600	100
Category 13	390	150

由于 LTE 手机传输能力较 3G 传输技术有着巨大提升，目前市场主流的 LTE 手机传输能力仍处在 CAT4 等级，随着 LTE 芯片处理能力的增强，网络陆续有支持 CAT6 等级或更高传输等级的手机出现。CAT4 以上和 CAT6 以上能力的终端在 2015 年发布的终端中比例达到 54％和 13％，同比增长 80％和 333％；终端 UMTS 能力 42Mbit/s 呈增长趋势，在 2015 年发布的终端中比例达到 38％，同比增长 27％（数据来源：华为 mLAB）。另据 GSA 全球数据，截至 2015 年 11 月，全球已发布 1 576 款 CAT4 终端、162 款 CAT6 终端、246 款 VoLTE 终端，含 224 款 VoLTE 手机。

截至 2016 年 10 月 10 日，全球已发布 6 504 款智能终端，其中支持 VoLTE 的智能终端款型数已达 646 款，是 2015 年同期款型数近 3 倍，增长明显；CAT4 能力款型 3 398 款，占比为 52.2％，仍是市场主流；支持 600Mbps 高速率的终端开始出现。根据中国信息通信研究院统计数据显示，如图 1-13 所示，2016 年第三季度我国申请进网的 290 款 4G 手机中，CAT6 的手机为 105 款，款型占比仍在不断提升中，而 CAT3 则逐步被市场淘汰。

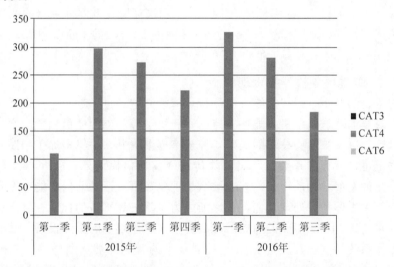

图 1-13　我国申请进网的 4G 手机 CAT 能力分布（截至 2016 年第三季度）

LTE 上行链路载波聚合（UL CA：Uplink CA Arrives）是蜂窝网络的最新技术之一。UL CA 即让用户同时使用传输（上行链路）至基站的两个或多个 LTE 信号（分量载波），从而可以大幅提高用户上传链路的速度。UL CA 解决了 TDD-LTE 上行链路存在的弱点：下行链路与上行链路通常存在 5∶1～6∶3 的非对称速比。目前，中国移动在下行链路方向使用三个分量载波（3×DL CA），在上行链路方向使用两个（2×UL CA）加上 UL 64-QAM 调制。在 FDD-LTE 终端中，UL CA 技术可以同时采用两个功放（PA），分别工作在 LB（低频段，通常为 700MHz～960MHz）、MB（中频段，通常为 1 700MHz～2 200MHz）或 HB（通常为 2 300MHz～2 700MHz）的频率范围。在 LG Uplus 的手机中，一个功放频率范围是低频段（B5）；另一个是高频段（B7），两个功放使用不同的天线。在这种情况下，HB 接收频率可能会接近 LB 传输频率三次谐波，所以对元器件隔离、线性化以及滤波器和双工器抑制提出了更高要求。而中国移动采用

B41 波段的带内 UL CA 技术，两个分量载波需要高达 40MHz 的聚合带宽。与单个分量载波相比，对功放线性和效率提出了更高要求。当前视频电话、视频消息以及用户创作的视频内容发布至社交网站的应用已经大幅普及，Facebook 用户每天观看超过 80 亿个视频短片，其中有超过 75％ 的视频内容是在移动设备上观看，每人发布的视频数量（大部分用手机创作）同比增加 75％，发布视频总数同比增长 3.6 倍。通过 UL CA 技术，可以大幅提高用户上传内容和文件的速度，提升用户上传图片视频时的用户体验。

韩国三家运营商已应用了 UL CA 技术。LG Uplus、SK Telecom 和 KT 一共有大约 6 000 万用户，其中大部分使用 LTE 网络，并且已接入 UL CA。根据韩国的部署情况，UL CA 在单独的 LTE 频带上采用两个分量载波（CC），聚合带宽为 30MHz（20MHz＋10MHz UL）。韩国运营商还支持上行链路 64-QAM 调制，而不是比较常用的 16-QAM。LG Uplus 结合 B7（2600MHz）频带的 20MHz 和 B5（850MHz）频带的 10 MHz，提供高达 112.5Mbps 的峰值上行速度。中国移动宣布将在 2016 年第四季度开始铺设 UL CA 网络。

韩国首批支持 UL CA 的手机是 LG G5，采用高通骁龙 820 处理器的变型版本。中国第一款采用 UL CA 的手机为 LeEco 公司（之前的 LeTV）的 LeMax Pro。中国移动还发布了 A2 手机，同时采用 UL 和 DL CA 技术。

1.3.2.4 智能终端重要技术现状

从最初手机的诞生，到智能终端的流行，智能终端经过了近十年的发展和近五年的高速增长，最早的功能型手机仅能够支持语音和短信等基础的通信功能。之后，随着彩屏技术的发展，以及摄像头技术的成熟，分辨率逐渐提升，手机增加了拍照的功能，目前手机基本上可以替代卡片数码相机。除传统蜂窝通信模块外，随着 GPS/WLAN/蓝牙芯片微型化的发展，移动智能终端也被赋予了更多更灵活的通信功能。在音视频处理技术成熟后，多媒体播放处理功能，也逐渐成为了手机和平板的标配，手机和平板也逐渐替代了原来传统 MP3/MP4 的播放器，成为个人媒体娱乐的重要设备。随着塞班、黑莓等智能操作系统的兴起，支持 Java 等扩展技术的智能终端逐渐增多，手机和平板也逐渐替代了原掌上游戏机如 GBA 的市场份额。后来伴随着触屏技术的发展，以及 iOS/Android 智能操作系统的普及，智能终端又经历了跨越性的发展，目前已经成为了各种 APP 应用不可缺少的载体。随着传感器技术微型化的发展，越来越多的传感器集成在终端中，如加速传感器、距离传感器、光线传感器、心率传感器等，更是极大地丰富了终端的应用。如图 1-14 所示，简要描述了移动终端中一些重点技术的演进。

让我们列举一下当前移动智能终端的主要技术发展现状。

当前移动智能终端的刚性功能已经从语音、短信转移到移动支付、社交等应用层面，同时移动智能终端特别是智能手机有望发展成为多移动设备中心，成为内容和服务的基础载体。智能手机产品的创新更多的与场景性应用结合在一起，外延式场景创新显得越来越重要，例如由指纹识别等生物识别方法所带来的用户交互体验的提升；应用于无线支付等 O2O 场景；应用于运动及健康管理；应用于智能家居的中心控制；等等。

移动智能终端产品的外观设计、屏幕当前趋于同化，并且短期内难有质的差异化。当然我们期望有新的突破，那必将是革新式突破，目前看有赖于屏幕、电池新材料技术

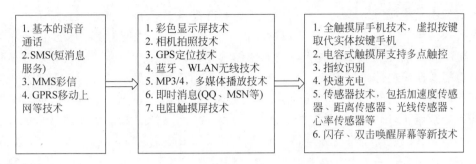

图 1-14　移动终端重要应用技术演进

的商用。

64 位、异构多核处理器，是目前智能终端行业里最热门的技术之一，但是芯片核数已不是业界追求的唯一标准，高通旗舰芯片骁龙 820 回归 4 核，苹果 A9/A9X 仍坚持使用双核架构。消费者对于核数越多越高端的认知将逐渐淡化，性能功耗比成为芯片竞争的新焦点。越来越多的旗舰机型开始配备 LPDDR4 RAM 内存，LPDDR4 RAM 的两大主要新特性是双倍数据速率及低功耗。首先，它被设计为双通道，每个通道 16 位，总共为 32 位，降低了处理器核心的压力，17GB/s 的带宽可有效提升手机处理速度。另一方面，LPDDR4 RAM 将工作电压从 1.2V 降至 1.1V，同时还支持改进的节能低频模式，在进行简单的后台任务时，能够降低时钟频率，从而进一步提升电池寿命。在两大储存厂商海力士和三星的支持下，LPDDR4 也会得到快速普及。

当前智能手机操作系统基本是 Android 和 iOS 两分天下。根据中国信息通信研究院统计数据显示，2016 年第三季度我国申请进网的所有智能机中，Android 操作系统的占比仍然高居首位，占比为 64.2%。Android 版本 6 是 Android 操作系统主流版本，占比为 72.6%，同比 2015 年第三季度提升了 72.2 个百分点，环比 2016 年第二季度提升 32.6 个百分点。Android 版本 4 的款型数量一直下降，预计 2016 年内 Android 版本 4 将被完全替代，而 Android 版本 7 开始亮相市场。从目前来看，iOS 系统作为苹果的封闭系统不可能开放，而原生的 Android 操作系统由于不是本土公司开发，本土化欠佳，因此大多数国产手机厂商都会基于用户的需求对安卓系统进行改良优化，并成为自己的独特卖点。安卓机型的 ROM 优化已进阶到一个平台期，不同厂家之间的 UI 操作便利性几乎没有"质"的差异。从用户需求方看，对于互联网重度用户而言，手机自身 UI 重要性在下降，用户更加依赖于应用 APP 的 UI。目前大多数中小品牌手机厂商之前最大的一个缺陷就在操作系统方面的优化上面没有能力，而阿里巴巴推出的 YunOS 的野心是要成为国产智能手机厂商的赋能者，通过 YunOS 来改进中小品牌厂商的手机功能体验，从而在 iOS 和 Android 这两大操作系统中找到生长的缝隙。而根据阿里官方最新数据显示，目前 YunOS 的激活量已经达到 3500 万，尽管与安卓、iOS 这两大操作系统还差距甚远，但在笼络了包括魅族、朵唯等几十家国产手机厂商之后，YunOS 成为手机操作系统的第三级成为了可能。

在移动智能终端与新型显示融合发展的大背景下，屏幕成为手机厂商的主攻方向之一。从 3.5 寸到 5 寸甚至 6 寸屏，从 HD 到 FHD 甚至 4K 分辨率，市场对大屏与高清的界定门槛持续提高。2015 年智能机大屏化趋势显著，5.x 寸成为主流尺寸，其中 5.0~5.4 寸与 5.5~5.9 寸智能机出货量占比由 2012 年 4 季度的 7% 升至 2015 年 4 季度的 75%。总体上说，屏幕越大，使用的体验越好，特别是视频、游戏等，但是移动设备也需要便于携带。基于柔性显示藏大于小的特性(柔性显示通过折叠屏等方式实现平板与手机产品的融合)，手机与平板的发展有望呈现融合态势。智能终端屏幕 PPI 和分辨率持续增长，分辨率(或是像素密度 PPI)对清晰度至关重要，是手机屏幕的核心参数。目前，智能机高清化趋势显著，FHD＋分辨率日渐普遍，并取代视网膜屏，成为新机的主流配置，其中 PPI 达到 400~450(通常对应 5~5.5 寸、FHD 分辨率)智能机出货量占比预计由 2014 的 9% 加速升至 2015 的 22%。同 2013—2014 年相比，随着面板厂商产能结构的持续优化，2015 年智能机屏幕平均 PPI 预计会突破 300 大关，并呈现加速提升态势(以上数据来源：中国信息通信研究院)，Sony Xperia Z5 Premium 为全球首款 4K 屏幕手机，分辨率达 3 840×2 160。自带 4K 视频拍摄功能，视频码率超 50Mbit/s。Sony Xperia Z5 Premium PPI 最高为 806，超过极限级 PPI 需求(650PPI@6 寸)，主要面向 VR 应用。7~10 寸 PAD 达到极限级视网膜 PPI(分辨率超过 4K)指日可待，以满足裸眼观看 2D 视频的极致体验。

随着 5 寸及以上大屏手机的普及，在同等屏幕尺寸的情况下减小手机尺寸，即最大化屏占比，成为了智能手机的新趋势，苹果、三星和华为等众多国内外主流品牌均将这一发展趋势植入自家产品设计中。目前来看，60% 以上的屏占比成为主流规格。其中，屏占比达 70%~80% 的智能机出货量份额由 2012 年 4 季度的 11% 持续升至 2015 年 4 季度的 43%，成为重点规格，而受技术难度与成本压力的影响，80% 以上屏占比份额较少。屏占比的提高除了 Home 实体键的取消，类似三星 S6 Edge＋曲面屏的流行等原因外，主要应归功于窄边框技术(Slim Bezel)的实现。除了提升屏占比外，该技术的另一优点是可以提升可视面积，即缩小为防止液晶泄漏而黏合边框胶的宽度，从而减少屏幕四周黑边，扩大可视面积(屏幕面积≠可视面积)。窄边框技术难度高，对屏幕漏光、易碎、误触等问题的解决有较高要求，也提升了涂布等工艺的难度，以京东方、LG 为代表的国内外厂商对相关技术持续研发，现在已实现边框宽度 0.06~0.07mm，未来将向无边框方向发展。曲面屏等新技术已经步入商用期，但支持机型较少。预计随着技术成熟，将出现更多搭载新显示技术的产品。

续航仍是当前智能终端的短板，快充、4 000mAh 大电池成为市场热点，同时随着软硬件耗电的优化，续航的提升已处于改善的平台期。金属机身价格在 2015 年快速从 2 000 元以上下探到千元以下，单一金属机身的卖点不再有较大溢价。

2015 年指纹技术被广泛运用到手机上。不仅是苹果 Touch ID，目前多款 Android 的主流旗舰手机也都具备了指纹识别模块，并且都支持第三方的支付功能。苹果 iPhone 采用的是正面按压式，安卓机大部分采用的则是背部按压式，甚至出现了以索尼为代表的侧面按压式。虽然 Touch ID 指纹识别速度和成功率都有很好的保证，但因为安全性等问题，Touch ID 仅限于 iPhone 的解锁以及 App Store 的应用购买。不过随着 iPhone 6 的发布，Touch ID＋NFC 的 Apple Pay 支付方案诞生，与此同时支付宝也已经支持 Touch ID 的指纹识别支付。其他生物识别技术有望普及，比如眼纹识别、虹膜识别等。

4G 手机产品语音解决方案主要有双待双通、CSFB 和 VoLTE 三大类。根据中国信息通信研究院统计数据显示，如图 1-15，2016 年第三季度我国申请进网的 290 款 4G 手机中，支持 VoLTE 解决方案 258 款，款型占比已经高达 88.9％，同比 2015 年第三季度增长 86.8 个百分点，环比 2016 年第二季度增长 6.8 个百分点，逐步成为 4G 手机基本功能配置，而双待双通方案逐步退出市场。

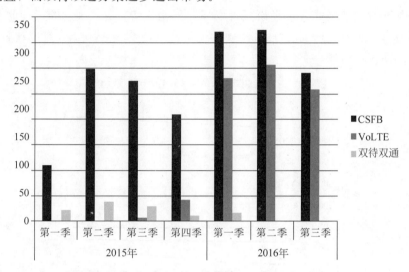

图 1-15　我国申请进网的 4G 手机 VoLTE 能力分布（截至 2016 年第三季度）

在接口上，USB Type-C 接口正得到普及，乐视首先在智能手机中采用了 USB Type-C 接口。除了性能的提升，正反任意插的特性还能改善用户的使用体验。USB Type-C 接口的普及率会迅速增长。

平板方面，平板电脑这类设备走过了发展前期，平板电脑市场遭受了大尺寸智能手机的冲击，受手机大屏化的影响，平板电脑产品的空间持续下滑。当前用户的消费和关注点已趋于理性，加上与智能手机重合度太高等原因，光是靠娱乐性能平板电脑已经难以取悦用户。平板电脑厂商的应对方法：一个是简单的扩大屏幕尺寸，2015 年 9 寸以上的平板设备逆市上扬，同比增长 11.6％或者以产品的差异化为卖点。2016 年第一季度，西欧市场可拆卸和变形的平板电脑出货量同比增长为 44.7％。（以上数据来源：中国信息通信研究院）。还有一个是在生产力上面做文章，让平板电脑正成为新的"生产力工具"。现在，平板电脑已不是一款单纯的娱乐型消费电子产品，它在企业应用市场发挥着越来越重要的作用，甚至在某些领域成为传统 PC 的"有力竞争者"。例如，人们可以在餐馆通过平板电脑点菜下单，学生在学校通过平板电脑做题。IDC 报告认为：在国家政策对于数字信息化和移动互联化办公的引导下，加之软硬件厂商不断向商业应用市场倾斜，平板电脑必将在商用市场给传统 PC 带来不小的竞争压力。IDC 预计，2016 年商用平板电脑出货量同比只会下降 2.8％，低于整体高达 9.2％的降幅。而到 2017 年，商用平板电脑市场将重现正增长，主要体现在教育行业的多媒体化、金融机构以及政府的信息化办公等领域。

1.4 移动智能终端新技术趋势

从产业趋势上看，虽然可穿戴、智能硬件等发展很快，但是整体规模以及对整个ICT产业的影响尚在初级阶段，未来几年，ICT产业最重要的驱动力量仍将是智能手机，如图1-16所示。智能手机未来的发展将呈现品牌集中化的趋势，智能手机的创新方向一种是技术创新模式，依靠研发，发挥差异化优势；另一种方向是互联网生态模式，通过打造如小米、乐视的"软件＋硬件＋互联网服务"生态模式，建立比较完善的智能家庭生态圈获得市场。

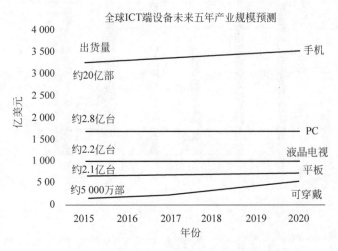

图 1-16　全球 ICT 终端设备未来产业规模预测

数据来源：中国信息通信研究院。

从近期技术发展上看，预计2015年之后的2～3年内，智能终端技术的发展仍主要集中于移动芯片技术、智能操作系统技术、人机交互技术、应用开发技术、新材料等这几大领域。市场主流的智能终端的改变主要会集中在通信制式换代、传感能力提升、屏显形态变化、识别技术丰富准确化等方面。在通信制式方面，基带芯片至CAT6已成熟商用，近期主要聚焦双4G协同组网方案等应用类问题，而射频芯片与前端器件则成为较大难点。连接型芯片技术发展主要聚焦于蓝牙与高速Wi-Fi的持续演进。

NFC能力逐步成为智能终端的重要选项。2016年电信运营商和手机厂商会更多的推动NFC手机的市场普及，来提升移动支付的体验。咨询公司Counterpoint预测2016年全球38%的智能手机将拥有指纹识别功能，这一数值在中国可能更高。

屏幕方面，随着屏幕供应商在2K屏幕成本和功耗控制不断改进，2016年会有更多高端手机应用2K屏，此外，火热的VR产业也需要更清晰的屏幕来承载VR内容，所以间接也会带动2K屏手机的增长。摄像方面，由于双摄像头可以提升拍照的景深效果和成像质量，也可促进3D和虹膜识别功能的发展，所以双摄像头技术可能会得到更广泛的应用。而在触控技术方面，轻薄是手机的必然趋势，2015年市场已经证明OGS前景不容乐观，Oncell和Incell将是未来的发展方向，趋势上看韩系的Amoled是未来趋势，未来 Oncell 可能会占上风，目前 Incell 仍占重要地位。

2015 年底，中国移动声称在 2016 年为终端渠道补贴 1 000 亿元，其中最核心的补贴重点是 VoLTE 手机。中国移动要求从 2016 年开始，送往入库的 4G 手机必须支持 VoLTE 功能，并且设定了 3 000 万的 VoLTE 用户目标。甚至 500 元以下的 VoLTE 手机也具有补贴。因此 VoLTE 手机 2016 年会得到较大增长。

USB Type-C 将会得到越来越广泛的采用。IHS 预估，智能手机和平板 USB Type-C 的渗透率在 2019 年将达到 50%。指纹支付具有易用、安全及装置逐渐普及化的优势，成为全球生物支付的主流应用，2016 年在手机上的渗透率将大幅提高。操作系统方面，随着安卓的技术演进和市场的扩大，未来几年内，除了苹果之外的智能机，基本上的首选都是安卓系统，发展方向是多用户、多窗口、界面更流畅、更完善的权限管理，更好的流量管控，更好的系统稳定性及应用的隔离，更快速的系统启动技术。

从长远上看，移动智能终端朝着创造更好的用户体验、更多业务应用的方向创新进步。随着应用的不断丰富、用户体验的不断提升、软硬件技术的进步，智能终端存在颠覆性创新的可能，那么，在诸多技术热点的背后，下一个智能终端的颠覆性技术在哪里？

1995 年，美国哈佛商学院教授克莱顿·克里斯坦森在他的《颠覆性技术的机遇浪潮》一书中，首先提出颠覆性(disruptive)技术的概念。颠覆性技术是一种另辟蹊径、对已有传统或主流技术途径产生颠覆性效果的技术，可能是全创的新技术，也可能是基于现有技术的跨学科、跨领域的创新应用。颠覆性技术打破了传统技术的思维和发展路线，是对传统技术的跨越式发展。例如，数字技术转移应用到照相领域，颠覆了传统的基于胶片的照相技术；计算机技术和通信技术的融合，产生的计算机网络技术颠覆了传统的信息传输和应用方式。在此基础上，克里斯坦森于 1997 年又出版了《创新者的窘境》一书，在书中他首先提出了存在两种创新，即维持性(sustainning)创新和颠覆性创新。维持性创新是企业沿着既有技术和产品的改进轨迹逐步向前推进；颠覆性创新则是创造与现有技术完全不同的新技术，创造更为简单、更加便捷与更廉价的产品。许多采用传统技术十分优秀的企业，也曾被人视为榜样并竭力效仿，但最终却在技术和市场发生突破性变化时，没有跟上新的技术浪潮，不仅丧失了行业的领先地位，甚至退出了市场，例如在移动终端领域，名噪一时的诺基亚，错失了安卓的大趋势，很快就由手机业界市场占有一定份额转为迅速被淘汰。

当今世界正处在新一轮科技革命的前夜，大量颠覆性技术呼之欲出。新材料、人工智能、能源存储、传感技术、虚拟现实与增强现实等技术以及这些技术在智能终端领域的跨界应用，也许会颠覆智能终端的现有形态。从 2007 年苹果推出 iPhone 至今，智能手机作为目前主流的移动计算平台已发展了近十年，未来必定会有新的革命性的终端平台出现。虽然我们很难预料到新的平台到底是什么，但是谷歌的模块化手机，曲面屏设置和可折叠屏幕都是当下或未来市场的热点，而虚拟现实、增强现实技术和新的人机交互技术可能会更为彻底的带来手机和智能终端的变革。以下是未来一些智能终端技术的热点发展方向。

1.4.1　电池技术

当前，电池技术依然是智能终端发展的瓶颈。移动智能终端硬件性能的提高和越来越多的软件应用，使目前电池的性能不能很好地满足用户对智能终端的续航能力的要求。电池的发展历经了多个阶段，从最早的铅蓄电池、铅晶蓄电池、铁镍蓄电池以及银锌蓄电池，发展到铅酸蓄电池、太阳能电池等。锂电池是目前智能终端广泛使用的电池技术，锂离子电池相对来说具有高能量密度、高比容量、较长的循环使用寿命、较快的充放电速度、较小的自放电、无记忆性、灵巧轻便、环境友好等多指标的综合优点，使当前还难以找到另外成熟的替代材料。未来数年甚至数十年内，锂离子电池仍会是全球消费类电子产品的首选电池。

未来，新电池材质的研发、电池能量密度的提升将会使更便宜、更稳定、电力更充足的电池成为可能。刊登在 Nature 的一篇关于铝电池的论文引发了人们对铝电池的热情。斯坦福大学的研究人员利用新的电极材料与电解液，克服了传统铝离子电池的固有缺点，具有使用时间长、成本低、容量大、可折叠、不易燃、寿命长、更环保等种种优点，而最大的看点在于极快的充电速度：对比目前锂离子电池一般数个小时的充电时间，新型铝电池 1 分钟之内即可完成充电工作。如能成功普及，对于现有的电动汽车、智能终端等产业的影响是革命性的。但目前的铝离子电池还停留在实验室阶段，首先成本较高，正极材料采用 CVD 泡沫石墨，电解液采用离子液体，在使铝电池循环寿命和安全性大大提升的同时，其成本也是大规模商业化普及所难以承受的。其次铝电池现有的能量密度比起主流的锂电池低很多，因此数年内铝电池大规模替代锂电池尚且不现实。但随着新材料、新工艺的推广，以铝电池为代表的新型电池可能会改变电池产业生态格局。同时，美国国家标准与技术研究院发表报告称正在开发以钠为基础的符合金属氰化物的电池。此外，一些新的技术也在吸引人们的目光，未来的智能手机不仅使用传统的电池为其能源，可能会利用无线电波、蜂窝或者 Wi-Fi 信号进行充电。

为了支持可穿戴式智能终端，可弯曲电池也将成为未来的产业热点，三星已经展示了最新 Stripe 和 Band 电池产品，Stripe 电池能弯曲成不同形状，可被用于多种新的智能终端。

虽然在短期内电池技术无法取得突破，但人们试图通过一些其他的办法来解决续航问题。英特尔、高通、nVidia、AMD 从改善 CPU 的耗电性能下手，虽然性能优化了，但效果似乎还是不尽如人意。于是，快充技术成为手机厂商的普遍选择。目前市面上主要的快充技术有 OPPO 的 VOOC 闪充，高通的 QC2.0 以及 MediaTek 的 Pump Express Plus 等技术。

1.4.2　无线充电技术

近年来，无线充电技术以其移动性、方便等优点得到了快速发展，成为消费电子产品领域的新兴研究热点。但在智能终端领域，无线迄今为止仍是一项颇令人纠结的技术，在几年前它曾被认为是消费电子领域的下一个趋势，但至今仍是小众技术。相比不够可靠、需要精准摆放位置、充电速度慢的无线充电器，人们还是更习惯于 USB 数据线和充电器。一些厂商在努力改变无线充电的窘境，比如三星 S6、S7，可以支持多种标准，至少不用再去购买特定的无线充电器。另外，Qi 等标准也在加大充电功率，15W 的产品也开始普及，解决充电速度的问题。不过无线充电技术要想普及，还需要等待技术的进步和标准的统一。以下是几种已经成熟或正在研究中的移动终端无线充电技术。

1. WPC(无线充电联盟)：电磁感应耦合方式

电流通过线圈会产生磁场，其他未通电的线圈靠近磁场就会产生电流，无线充电就应用了这种称为"电磁效应"的物理现象，将可与磁场振动的线圈排列起来，可延长供电距离，如图 1-17 所示。

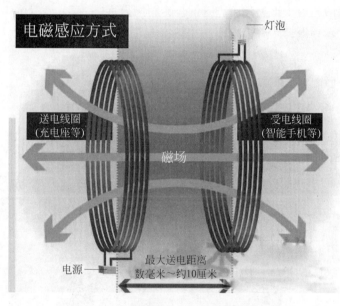

图 1-17　电磁感应耦合方式无线充电原理

无线充电联盟(WPC)于 2008 年 12 月成立，目前 WPC 在商业推广中的 QI 标准已有 172 家会员公司，包括德州仪器(TI)、飞利浦、飞思卡尔(Freescale)、东芝(Toshiba)、微软、松下、三星、索尼、高通等。无线充电联盟(WPC)推出的无线充电标准 Qi 采用的是磁感应耦合方式，根据不同的产品应用，WPC 先后发布了适用于智能设备的 5W 与 15W 技术规范。从市场规模上，Qi 无疑是目前最为普及的，但充电传输距离严重受限，Qi 的最新标准可实现 7~45mm 的无线充电距离。

目前大部分手机用的是 Qi 标准，不同品牌的产品，只要有 Qi 标识，不需要安装任何配件，直接将它放在任何一款支持 Qi 标准的充电器上就能开始充电。当然，产品要获得 Qi 标识就必须经过测试，获得 WPC 认可。WPC 规定，测试包括两大项：一致性测试和互操作测试。一致性测试是为了确保经过 Qi 认证测试的无线充电产品符合 WPC 无线充电联盟规定的所有技术规范和要求；互操作测试则是为了确保取得 Qi 认证的产品之间的互联互通。

2. A4WP(无线能源联盟)：磁谐振方式

由三星与高通创立的A4WP(无线能源联盟)2012年5月成立，目前已有40多个成员，包括三星、高通、博通、Gill Industries、Integrated Device Technology(IDT)、Intel等。

A4WP(无线能源联盟)的无线充电技术名为"Rezence"，采用磁共振(谐振感应，又名谐振耦合技术)，其技术原理如图1-18所示。磁谐振方式的工作原理使用一个线圈和电容组成谐振器，利用发射线圈和接收线圈之间的谐振来实现电能传输。即使在收发线圈之间的耦合效应很弱时，通过调整两个高Q值线圈的共振频率进行精确匹配，即可实现电能在两个线圈之间的远距离传输。因此，相对发送线圈的X-Y平面，接收线圈位置可以非常灵活。由于近场耦合方式的工作距离很近(一般小于1cm)，近场感性耦合也称为紧耦合，磁场谐振式的工作距离相对较远也称为松耦合。磁谐振方式的优点是传输距离长，效率高。

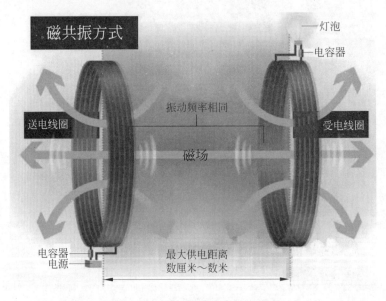

图 1-18　磁共振无线充电技术原理

3. PMA(电力联盟)：电磁感应方式

由Powermat、Google、AT&T、Starbucks共同创立，包含了不少通信及手机制造商，如三星、Broadcom、宏达电、LG及华为等。主要关注公用服务的应用接口标准，致力于为符合IEEE协会标准的手机和电子设备，打造无线供电标准，其工作频率为277~357kHz。PMA标准可以通过两种方案来实现无线充电，一种是透过内建无线充电芯片；另一种则是采用一种叫作WiCC无线充电卡，使用时只需要安装在移动设备的电池上即可，同时WiCC卡也可以作为NFC(近场通信)天线使用。

A4WP与PMA两大阵营已于2015年6月正式宣布合并，成为新的AirFuel(Rezence标准)，与Qi形成两强之势。高通推出了WiPower，不过它基于Rezence，只是对无线充电的金属阻隔性、功率等进行改进。

4. Wi-Fi 无线充电

美国华盛顿大学已经成功研发了利用 Wi-Fi 网络给硬件设备充电的技术，已经在大约十米的 Wi-Fi 覆盖距离内，成功给数码相机等设备充满电，未来有望给手机充电。

Wi-Fi 网络几乎随处可见，美国华盛顿大学研发团队的目的，就是利用 Wi-Fi 路由器充当无线充电设备，给智能手机等设备进行充电。该大学研发了一个"Wi-Fi 供电系统"。该系统主要包括两个组成部分：一个是 Wi-Fi 接入点（路由器）；另一个是定制的充电传感器。安装在硬件设备上的充电传感器，可接收射频信号（RF）中的电能，并将其转化为直流电进行充电。虽然此前美国 Energous 公司已经推出了一种利用射频信号在空中提供电能的设备，但这种设备在提供充电时，将无法再充当 Wi-Fi 路由器使用。而这种 Wi-Fi 充电技术，并不需要对传统的无线路由器进行更换，只需要部署软件等方案，提供充电功能之后，并不会对互联网接入的功能造成影响。

5. 超声波无线充电

一家名叫 uBeam 的公司发明了一种全新的无线充电模式，如图 1-19 所示，可以利用超声波将电力隔空输送到 15 英尺（约合 4.6 米）外的地方。有了这样的产品，只要使用专用的无线充电套，你就可以在充电的同时拿着手机在屋里走动。uBeam 已获得 170 万美元的种子轮融资，其投资人包括 Yahoo CEO Marissa Mayer、Founders Fund 以及 Andreessen Horowitz 等。该公司已经申请了 18 项与无线充电和超声波有关的专利。

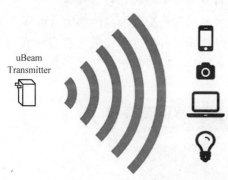

图 1-19　超声波无线充电

6. 聚焦光线充电

微软研究院的 AutoCharge 是一种自动定位桌子上的智能手机，并能为它们充电的技术。他们制造的原型充电器可以被安装在天花板上，有两个工作模块：一个监测模块，其采用的是微软的 Kinect 摄像头，可以扫描像智能手机样子的物体；另一个是充电模式，采用了 UltraFire CREE XM-L T6 来聚焦 LED 光线。

该 AutoCharge 系统采用了基于图像处理来监测和追踪桌上的智能手机，并自动为智能手机充电。充电器会不断地旋转，直到它检测到一个看起来像智能手机的物体，之后将使用太阳能发电技术所产生的光束为智能手机远程充电。

1.4.3　人机交互技术

在"移动互联"时代，触控技术作为一次全新的人机交互模式改变了我们的生活习惯。也许在不久的将来，一张透明的"纸"展开就是台智能终端，随处一贴就是屏幕，看似只存在于科幻世界中，实际上离我们已经越来越近。

1. 屏幕技术

智能手机的屏幕已经占据前面板的大部分空间，并向无缝边框发展，俄罗斯的

YotaPhone2手机甚至使用双面屏幕。在分辨率上，2K屏将会普及，4K屏也会在高端机上得到应用。IHS预测数据显示，2K屏份额将由2015年的5％升至2020年的25％，4K屏份额由2015年的0％(已有4K屏手机上市)缓慢升至2020年的6％。在FHD屏智能机出货量占比快速提升的同时，考虑到主流厂商在产品升级、高端产能消化与盈利水平方面的要求，以及少部分先锋用户的超高清需求，2K屏占比显著提高(通常对应5.7/6寸、450～600PPI)。与之对应的是，由于成本压力、技术难度以及大众对屏幕清晰度分辨极限的影响，预计2020年前4K屏市场发展缓慢。

灵活的可折叠屏幕也许在未来会成为现实。而屏幕可折叠之前，曲面屏幕将成为未来智能手机的热点。2013年在智能手机市场中仅占0.2％的曲面智能手机，截至2015年和2018年将分别增至12％和40％。曲面屏幕在提高智能手机可操作性的同时，更加符合人类视网膜弧度，能改善感官体验。同时，曲面屏幕厚度低，重量轻且功耗低，对智能手机继续向着更加轻、薄且提高续航能力十分有利。一些新的应用方式和内容也将逐渐只能在曲面屏幕上得到最好的体现。未来曲面智能手机的竞争将更加激烈。

柔性显示(如图1-20所示)与触控显示(如in-cell嵌入式触屏、3D压感、隔空触控等)成为屏幕技术发展的另外一个重点方向，以柔性显示为代表的深化交互性技术将触发全新的技术体系。2014年10月，日本创新高科技半导体能源实验室展示了5.9英寸柔性可折叠有机发光二极管(OLED)显示屏。这种显示屏在配备触摸传感器后可弯折10万次。三星也计划继曲面屏后，在2016年推出折叠屏手机，这标志着柔性显示有望从曲面时代进入折叠时代。但OLED柔性显示技术最大的瓶颈在于封装。柔性屏市场放量依然需要几年的时间。

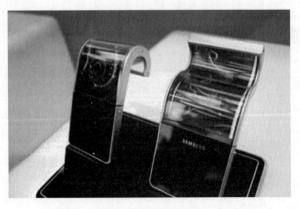

图1-20　柔性屏幕

2. 输入技术

输入技术极大的影响着智能终端的用户体验，随着柔性屏幕显示的发展，与之配合的触控技术也随之发展。未来触摸屏的三大发展趋势为大屏、柔性和透明，ITO(铟锡氧化物)材料因其透明、导电等特性，长期以来几乎统治着整个触控行业。然而，ITO材料也有着诸多的缺点，包括阻抗高、透光性较差等问题。传统的ITO导电玻璃由于ITO的脆性，在应用中必须有玻璃作为保护层，以保护内部导体及感应器。玻璃保护层的加入，增加了工艺生产的难度（必须在真空下），也限制了触摸屏向柔性化发展的方向。为了解决这个问题，国内外众多触控面板厂商不得不将发展重点转向 ITO 的替代技术，包括纳米银线、金属网格、纳米碳管以及石墨烯等材料。与传统的 ITO 触摸屏相比，这类柔性触摸屏具有很多优点：耐冲击，抗震能力更强；重量轻、体积小，携带更加方便；采用卷到卷（roll-to-roll）印刷工艺，成本更加低廉等。在多种新材料中，以纳米银线和金属网格的发展较为成熟。

Metal-Mesh（金属网格）是一种全新的 ITO 替代工艺，形状有点像把用极细的金属线所组成的烤肉架，做在触控感应器上，其优势在于阻抗低（小于 10 欧姆）、资本支出非常低、制造成本比 ITO 稍低、透明度比 ITO 佳、可挠度高，有望成为一种工业化生产技术，从根本上开辟了各种纳米器件生产的广阔前景。不过，Metal Mesh 存在三个问题：一是 Metal Mesh 良率不稳定；二是有能力量产 Metal Mesh 触控面板的企业较少；三是采用 Metal Mesh 方案与 LCD 面板搭配时成本会有所增加。

与 Metal Mesh 相比，纳米银线被认为是最有可能替代 ITO 的材料之一。目前，已经有大量的研究证明银纳米线可用于制备触摸屏、弯曲有机发光二极管（OLED）、可穿戴电子设备、电子皮肤和弯曲太阳能电池等透明电极中，弯折 1000 次后性能仍然很稳定，另外，在智能家具的触控屏、新型 LOW-E 玻璃中都有良好的应用前景。纳米银线生产工艺简单、良率高。由于线宽较小，纳米银线技术制成的导电薄膜相比于金属网格技术制成的薄膜可以达到更高的透光率。相比于金属网格薄膜，纳米银线薄膜具有较小的弯曲半径，且在弯曲时电阻变化率较小，应用在具有曲面显示的设备，例如智能手表、手环等上的时候，更具有优势。纳米银线除具有银优良的导电性之外，由于纳米级别的尺寸效应，还具有优异的透光性、耐曲挠性。纳米银线的大长径比效应，使其在导电胶、导热胶等方面的应用中也具有突出的优势。

石墨烯目前仍处于研发阶段，距离量产还有很远的距离。纳米碳管工业化量产技术尚未完善，其制成的薄膜产品导电性还不能达到普通 ITO 薄膜的水平。从技术与市场化来说，金属网格与纳米银线技术将是新兴屏幕触控技术的两大主角。

此外，未来的输入技术的发展方向主要有：

手势控制技术：随着 2006 年任天堂（Nintendo）Wii 的出现，大众开始了解到手势感测控制技术，但当时需要配合手持控制器、而不是徒手进行。现在将近十年过去了，手势感测控制有机会继触控面板之后，成为另一个智能设备上重要的人机交互接口。不过在这之前，手势感测控制技术还需要在组件、算法等方面进一步的完善，同时在实时性、正确性与便利性上，满足用户对人机交互接口的期待。另外，软件应用端的创意开发、多样性也将左右手势感测控制人机交互接口未来的渗透速度。

手势控制技术在可穿戴设备上的应用将尤为重要。可穿戴设备比起移动设备更讲究穿戴的舒适性，即使可以作曲面屏幕，智能手表的操作比起手机来说还是相当不方便，这时手势操控跟触控屏幕彼此间就可以搭配、成为相辅相成的角色。Google 在 2015 年为 Android Wear 发表了 Wrist Gestures，正是利用内建的惯性 MEMS 传感器，让使用者可以转动手腕的简单方式来操作智能手表。手势控制目前主要有基于屏幕的触控手势（如写 C 进入 CAMERA，双击进入系统），还有基于动作传感器的动作手势，如基于

Gyro 的画 8 字解锁等，基于环境光传感器的动作手势。

另一个手势控制的例子是 Google 的 Soli 项目，Soli 可以通过雷达使设备在短距离上获取人的手势活动。雷达可以极高的频率检测双手的活动，然后通过"a pipeline"技术对捕捉到的手势进行解读。该产品适用于可穿戴设备，满足操作可穿戴设备屏幕较小的要求。例如，我们可以通过两个手指之间的捏合来执行点击操作，通过拇指与中指的摩擦滑动来进行选项的滚动和调整。

语音控制技术：按照仿生学的观点，触控是人手操作的一个方式，而语音是更高级的输入方式，当然视觉会更高一个层级。语音控制分为三个层次的应用技术：首先是语音控制指令；其次是声纹解锁技术，可以根据个人的声音特性，形成用户的 ID 识别而解锁，类似于指纹技术；再次是语义识别技术，苹果的 SIRI 将这个技术带到了一定的高度，但是仍然未达到成熟的程度。语音技术，目前在单独的指令学习以及简单语句识别方面已经获得了很大的进展，未来前景可期。Gartner 公司预测到 2020 年，30% 的 Web 浏览将不再依赖屏幕。未来的 Web 浏览将通过亚马孙 Alexa 或苹果 Siri 等语音助手进行，它们理解自然语言的能力将大幅提升。

视觉识别技术：这个是更高层级的仿生技术，未来可以模仿人眼进行动作及身份 ID 的识别。其中，使用 Camera 进行人脸识别或者眼睛特征的识别会成为近期的研究方向。人脸识别由于不用特殊 Camera 模组，软件实现相对方便，不过识别精度不会很高，作为解锁勉强可以，但是很难作为安全支付技术。而虹膜识别和眼纹识别，由于具有活体识别特性，安全性会高很多。虹膜识别由于要红外摄像头，要么外加一个单独摄像头，要么采用高价格的可切换镜头，应用场景会比较有限。而基于眼睛的眼纹识别，可能会有一定的应用空间。

脑电波控制技术：目前已经有了初步的雏形，可以检测脑电波的波动来简单操控物体。

1.4.4　传感器

温湿度、压力、运动传感器、惯性传感器、MEMS 麦克风、压力和环境传感器等在智能终端中已经得到了广泛应用。智能终端的传感器将会越来越多，某些手机已集成四个 MEMS 麦克风，还有的手机集成六轴惯性测量单位(IMU)和加速度计。新类型的传感器也陆续出现，如 3D 景深传感器、红外传感器等。2015 年 11 月，英国剑桥 CMOS 公司展示了世界上第一款用于智能手机的气体传感器，体积为 1 平方毫米且价格便宜，可以用于家具甲醛、空气质量甚至醉酒检测。传感芯片中体征识别技术也是当下的热点。这些新型的传感器和技术将极大丰富智能终端的应用领域。

MEMS(Microelectro Mechanical Systems 微机电系统)传感器是智能手机传感器将来的主要发展方向。MEMS 传感器将向高性能、小尺寸发展，智能手机中的传感器越来越小、越来越准确、越来越可靠，同时 MEMS 制造将快速向下一代晶圆尺寸转移。12 英寸 MEMS 晶圆制造将在未来几年成为热门主题。

MEMS 将逐步走向多传感器(现有的和新兴的传感器)集成，至少三大类组合传感器已有雏形：密闭封装(Closed Package)组合传感器、开放腔体(Open Cavity)组合传感器、光学窗口（Open-eyed）组合传感器。

密闭封装组合传感器发展较为成熟，如图 1-21 所示，其中主要是惯性传感器，如多轴加速度计、陀螺仪和磁力计。该类传感器主要感测运动，必须密闭，以避免外界环境对传感器的干扰，如湿度、颗粒物等。未来，也可能集成其他传感器。但我们认为，大多数应用将使用六轴或九轴惯性传感器，可能外加一颗加速度计，以提供电源管理，保证低功耗的永远在线（always-on）功能。对于加速度计和陀螺仪，集成是在硅片上实现的，并通过系统级封装（SiP）将专用集成电路（ASIC）和磁力计集成在一起。目前发展趋势是硅片上实现更多集成，系统级封装实现不太适合在硅片上集成（原因是成本高）的芯片。

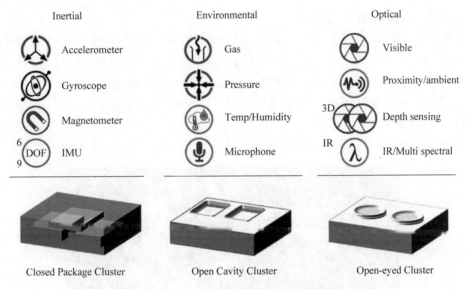

图 1-21　惯性传感器、环境传感器和光学传感器的封装方式

开放腔体组合传感器需要与外界联通以感知环境信息。例如，压力传感器可以和湿度传感器、气体传感器集成。但是，如果将它们与惯性传感器集成，将会有重大挑战。因为两类传感器之间存在潜在的串扰，开放腔体造成环境湿气和颗粒物进入封装，从而引起惯性传感器工作异常。但是可以借鉴 MEMS 麦克风的解决方案，它既需要开孔，又需要避免外界环境对 MEMS 可动结构的影响。所以，MEMS 麦克风将先和压力传感器、湿度传感器、气体传感器集成。这将形成一种非常重要的组合传感器，能够检测我们周围的环境状况。这些传感器的集成主要采用系统级封装，因为大部分传感器采用不同的制造工艺，在单片硅晶圆上的集成成本过高。新的技术，如 Vesper 的压电薄膜 MEMS 麦克风技术，可能被应用到压力传感器。

第三类是光学窗口组合传感器。摄像头（图像传感器）是手机中最昂贵的传感器模组。目前，摄像头主要功能是拍摄照片，但是光学感测功能潜力更大。许多波长正在被"开发利用"，以实现人脸和虹膜识别、3D 地图、测距、红外和多光谱成像。手机中逐渐形成两个光学窗口组合传感器，包括前置和后置的图像传感器，也将集成现有的光学传感器，如接近传感器、环境光传感器和 3D 景深传感器等。光学窗口组合传感器需要将硅结构最优化，包括为应用定义合适的光电二极管。但是大多数采用系统级封装集成IC、图像感测芯片、光学器件、自动对焦和图像稳定。

预计未来将有四种趋势改变 MEMS 传感器市场格局：

- 新兴器件，如气体传感器、微镜和环境组合传感器；
- 新应用，如压力传感器应用于位置(高度)感测；
- 颠覆性技术，包括封装、新材料(如压电薄膜和 300mm/12 寸晶圆)；
- 新的设计，包括 NEMS(纳机电系统)和光学集成技术。

1.4.5　虚拟现实和增强现实技术(VR 和 AR)

1.4.5.1　VR/AR 渐成热点

VR(Virtual Reality)虚拟现实技术，是利用运算平台(包括智能终端)模拟产生的一种虚拟环境，用户借助特殊的输入输出设备，与虚拟世界中的物体进行交互，从而通过视觉，听觉和触觉获得与真实世界相同的感受，VR 让使用者脱离现实世界，感知虚拟空间的事物，达到让使用者"身临其境"的效果。VR 设备往往是浸入式的，典型的设备如 oculus rift(如图 1-22 所示)、三星 Gear VR、索尼 PlayStation VR。目前的 VR 内容主要通过移动端、PC 端或者一体机输入，智能手机可以作为 VR 主机的一种。

图 1-22　Oculus Rift

AR(Augmented Reality)增强现实技术，是通过计算机系统提供的信息增加用户对现实世界感知的技术，将虚拟的信息应用到真实世界，并将计算机生成的虚拟物体、场景或系统提示信息叠加到真实场景中，从而实现对现实的增强。增强现实技术，不仅展现了真实世界的信息，而且将虚拟的信息同时显示出来，两种信息相互补充、叠加。增强现实技术包含了多媒体、三维建模、实时视频显示及控制、多传感器融合、实时跟踪及注册、场景融合等新技术与新手段。AR 的一种典型应用是把智能手机等平台中的三维内容投射到其他介质上，呈现出真实的人、场景与虚拟物体结合的效果，比如虚拟穿衣镜，通过镜面投影设备(镜子显示器)和计算机技术，结合激光、体重等测量参数让参与者轻松试穿各种虚拟的衣服。目前，随着智能手机和 AR 浏览器的兴起，消费者开始接受这种新型的人机交互(HCI)。智能手机是被认为未来 AR 市场中最有希望的 AR 智能硬件之一。典型的 AR 设备有谷歌眼镜、微软的 HoloLens 以及具备投影和相关功能的智能移动终端，如 Google Project Tango。

虚拟现实技术目前的硬件形态，可分为 VR 头盔（＋PC）、眼镜（＋手机）、一体机（独立使用），因为 PC 端流量向移动端转移、PC 产业链老化，导致 PC＋VR 头盔的周边配件和开发资源薄弱，很难成为 2C 市场大规模普及的设备。同时由于智能手机性能持续快速提升，移动开发环境非常成熟和活跃，加上 VR 眼镜低成本带来价格优势，智能终端加眼镜也许会成为未来几年 VR 头戴设备的重要形态。

如图 1-23 所示，AR 是现实世界与虚拟世界的叠加，技术实现难度要大于 VR。AR 除了要求解决显示技术（全息投影、透明显示等）外，还要注重感知技术。因为，AR 的感知不仅仅是对人输入信息的感知，还包括对周围环境的感知。AR 只有感知周围现实世界，才能将知道虚拟世界的图像应当叠加到现实世界的哪个具体位置。以微软 HoloLens 为例，如图 1-23 所示，HoloLens 通过激光雷达、光学摄像头、深度摄像头、惯性传感器等各种传感器获取应用场所的视觉信息、深度信息、自身的加速度和角速度等现实数据，然后通过算法确定用户位置和路面位置，从而构建地图，并将处理的虚拟数据与探测的现实数据实时结合，形成动态"虚实结合"的画面。这里面的硬件的关键在于显示和感知，软件的关键在于算法。

图 1-23　微软 HoloLens 将硬件带入虚拟又将虚拟带入现实

VR/AR 带来的是交互的跳跃，从手指触摸一下跳跃到全感官的交互，视觉从有界进入沉浸、手指从滑动上升为手势动作，未来不仅仅是手指，身体的各部分都可以参与到交互当中，在 VR 中走动，拿起 VR 世界中的物体。VR 和 AR 将会成为 PC 和智能终端之后的下一个重要计算平台。新的终端形态、应用和市场终将形成，当前的许多市场将被颠覆。未来，也许 VR 和 AR 将像智能终端一样无处不在，进入传统行业的应用，重塑当前的行为方式，如买房、与医生互动和观看足球比赛等。随着技术的改进、价格的下滑、移动性的实现以及相关应用（无论是面向企业，还是个人消费者）的诞生，VR 和 AR 的市场规模将达到数百亿美元，并有可能像 PC 和智能终端的出现一样成为游戏规则的颠覆者。可以作一个大胆的预言，未来 VR/AR 将和智能终端走向融合，甚至新的移动智能终端的"屏幕"和交互方式将会以 VR/AR 的形态呈现。

VR/AR 已成为当前的热点。很多人把 2016 年称为 VR 产业化元年，虚拟现实变得越来越炙手可热，越来越多的手机品牌也进入了 VR 产业。早在 2014 年，三星就已经推出第一代的 VR 眼镜——Gear VR，当时只能与 Note 4 搭配使用，然后经历近两年的迭代更新，2016 年 8 月推出了第四代的 Gear VR 产品。乐视和小米也推出了 VR 产品，华为、中兴、华硕 2016 年也发布了各自的 VR 产品。谷歌在配合智能手机使用的 VR 盒子 CardBoard 之后，又发布了新一代的 Daydream 系统，它由 VR 盒子、对应的 Pixel 手机和附带一个控制器组成，Daydream 不仅能用来看电影玩游戏，还可以用来看 VR 新闻和 Youtube 上的全景视频，甚至是用 VR 观光旅游，谷歌为这个 VR 观光设计了 150 多条线路。

Google 在 VR/AR 方面正在搭建自己的生态圈。与 Cardboard 和 Gear VR 相似，谷歌新款虚拟现实头盔需要与智能手机配合使用，依赖后者的显示屏和处理能力。Google 希望通过直接在 Android 中嵌入新模块，而非依靠传统应用来改进移动虚拟现实体验。在 2016 上半年的 Google I/O 大会上，谷歌宣布已经有多个厂商承诺将会在 2016 年秋发布支持 Daydream 的手机，这些厂商包括三星、LG、HTC、华为、小米、中兴、华硕和阿尔卡特等品牌。并且谷歌也宣布已经与许多著名内容提供商达成了合作，共同为 Daydream 提供 VR 内容，例如 Netflix、HBO 和 Hulu 等娱乐内容提供商，以及 NBA 和 MLB，这两个体育联盟将会为 Daydream 提供体育 VR 内容。在 AR 方面，Google 的 Tango 项目是一款搭载了智能视觉传感器的手机。该设备能够制作室内 3D 地图，感知景深，增强现实以及任何类似的工作。它能够通过复杂的计算确定自己在现实环境中的位置及运动方向。通过其传感器系统，设备可以获得 6 度自由（six degrees of freedom），其中 3 个用于确定设备姿态，3 个用于确定设备运动趋势。摄像头方面，三个垂直放置的透镜用来提供颜色和景深信息，一个广角透镜为手机提供更宽广的视角，获取的信息将通过 Snapdragon 处理器处理，最终呈现出所在空间的 3D 信息。DEMO 方面，最引人注目的是一款叫"Lowe's home planning"的 APP。它能够将真实的房子变为游戏背景，让用户通过虚拟现实设备在真实的房子中推动虚拟的家具。Google 和 Lenovo 宣布于 2016 年夏天在美国和其他地区发售一款售价在 $500 以内的 Tango 手机。

Magic Leap 的主要研发方向是将图像直接投射到眼睛并直达视网膜，想象一下智能终端可以直接将内容投射到你的视网膜，屏幕将不再需要，这将完全颠覆传统的显示技术。Magic Leap 在前不久发布了一段增强现实办公室的视频，在视频中，办公室里的人可以四处搬动他们的电子邮件，轻轻一挥手就可以进行删除。

微软的 HoloLens 在交互方面更进一步，微软强调 HoloLens 属于全息设备（Hologram）而非虚拟现实设备，HoloLens 区别于 VR 设备的不同在于，VR 将你带入一个完全虚拟的世界中，整体偏重视觉体验。HoloLens 属于增强现实，将影像投入现实世界中，并在现实中建立一个虚拟世界。HoloLens 不仅去掉了屏幕边框的概念，还可以通过手势将各种实体电子设备虚拟化，比如随手在屏幕上画出一块巨屏屏幕；随手在空中拨出电话号码；甚至可以将日历等电子化形象扩展到你的 3D 视觉中来；医疗健康、工程建筑等。以前只存在于电脑屏幕上的影像突破了传统的显示方式束缚，而且已经不是可视化那么简单，科幻般的操作方式已经诞生。

硅谷创业公司 VRLab 则是一家专门致力于虚拟现实移动社交公司，VRLab 认为当前虚拟现实技术已经达到了可以在消费市场广泛应用的阶段。VRLab 提供了一个移动社交 APP，可以运行在苹果 iOS 和安卓移动平台以及 PC 上，能连接多位玩家进入同一虚拟现实空间，该平台还对开发者开放。让小小的手机屏幕变成无限大的虚拟现实空间，VRLab 正在创造一个虚拟现实的生态平台，这或将释放虚拟现实移动社交的潘多拉魔盒。

1.4.5.2　VR/AR 面临问题但前景广阔

相对手机产业链而言，VR 的生态链更长更广更深，包含系统平台、显示设备、输入设备、内容制作工具、应用开发、游戏开发、影视制作、传输技术、云服务、媒介、分发等多个环节。总体来说系统平台、硬件设备、内容是这个生态产业的三大核心。VR/AR 产品目前还不够成熟，还远未给用户提供完美的体验。从平台和技术上说，VR/AR 当前面临的主要问题如下。

1. VR 系统平台不统一

目前智能终端的主流操作系统有 iOS、Android、Windows，而 VR 的系统平台尚处混沌期。目前进行 VR 系统平台布局的主流公司有 Oculus、Valve、Sony、Google，另外 Apple 通过收购也切入 VR 领域，必然会打造属于自己的 VR 系统平台。开放式的大型主流 VR 系统平台还未推出或形成，目前尚处群雄割据的阶段，这就在无形中导致了设备成本的提高，同时也导致了各系统平台分裂和兼容性差等现状。没有强大的系统平台，设备开发者会无所适从，也谈不上制作优质的内容、应用和完美的用户体验，自然就无法培育出一定量级的用户市场，更无法形成成熟的产业链。

就长远来看，基于移动智能终端扩展的手机 VR，天生继承了智能手机的生态系统和用户群体，在使用和操作上更偏向于统一，同时也进一步扩展了智能终端的使用功能和产业规模，随着具有先天生态优势的 Android 和高通等巨头，以及 Oculus 和三星等更多厂商的积极加入，VR 系统平台应该会趋向收敛和统一。

2016 年 10 月，谷歌发布了 Google Pixel 手机和 DaydreamVR 系统。正如谷歌的 Andriod 系统对于智能手机，在智能终端为主机的 VR 领域，谷歌的 Daydream 会为终端厂商提供一套完整的交互和内容支持。谷歌 Daydream 平台由三部分组成：核心的 Daydream-Ready 手机和其操作系统，配合手机使用的头盔和控制器，以及支持 Daydream 平台生态的应用。Daydream 不仅是手机的硬件标准，还对软件进行优化，并提出了 Daydream 标准设计的头盔以及控制器，其中 Daydream 控制器是谷歌第一次官方拿出 VR 交互解决方案的外设。Intel 和高通也分别发布了的 VR 参考设计平台（Alloy 和 VR820）。展望未来，也许终端 OEM 厂商可以使用 Intel 或者高通提供的硬件平台解决方案，再加上谷歌 Daydream 的系统支持来快速地研发出 VR 产品，就像如今的智能手机一样，同时终端厂商可以在此基础上进一步优化，做出差异化的产品。

2. VR 设备与技术还需完善

当然 VR 并不像智能手机一样作为单独的用户设备，想有令用户满意的 VR 体验，需要的是一整套的设备集群，例如 VR 头盔、耳机、动作捕捉类设备、空间定位装置、360 全景相机、双目投射、360 度音频、体感设备、反馈装置等。这其中每个设备领域都没有经历商用或大规模商用，大都处于刚有概念或研发的初级阶段；需要解决的问题都非常多。

首先，系统芯片问题是核心，目前的智能手机，加载一个 APP 或网页时，注重的是流畅，然后能尽快回到睡眠状态以节省电量。如果运行一个 3D 游戏超过几分钟，系统芯片很快就会过热。为了避免崩溃，它就会将时钟频率降下来。而在使用 VR/AR 时，用户是不希望发生这种状况的。VR/AR 的显示都呈现在三维空间中，物体必须为左右眼分别呈现两次，这就好比设备持续地运行大型 3D 渲染。终端设备需要分配更多的处理能力给 GPU，而普通智能手机芯片常常会更关注 CPU 部分。同时，在 VR/AR 显示里，系统芯片还需要有合理的功耗控制机制和散热设计来满足长时间运行。这些问题目前在智能手机上仍需进一步优化和革新。

VR 头显采用光学透镜放大屏幕上的内容，分辨率的高低将决定用户看到画面的清晰度，无论是自带屏幕还是利用手机作为屏幕的 VR 设备，分辨率目前都还是不够高的。2K 屏幕的手机在 VR 设备中，单眼只有一半的分辨率，可清楚地看到像素点阵，纱窗效应明显，有回到看老式电视的感觉。而使用 4K 屏幕，功耗的增加、数据量的增大、运算性能的提高，都是需要解决的问题。从这个角度来讲，手机作为 VR 的屏幕，分辨率达到 2K 或者 4K，具有阶段性意义。此外，微投技术将在 AR 显示上扮演重要角色，DLP 和 LCOS 将成为增强现实两种主流微投技术。

想要带给用户极致的体验，在人机交互技术方面也必须要有大的提升。无论是 VR 还是 AR，用户的交互性离不开传感器。传感器就是 VR/AR 的五官，而 VR 要想达到身临其境的效果，AR 要想实现虚拟世界与现实世界无缝衔接，它们都对传感器提出了更高的要求。虚拟现实应用中，用户通过多种传感器(眼球识别、语音、手势乃至脑电波)与多维信息的环境交互，逐渐与真实世界中的交互趋同。在 VR/AR 的智能终端主机中，除了传统已经存在的加速度传感器、磁力传感器、光线传感器等普通传感器外，体感识别、激光雷达、摄像头在位置追踪中将扮演重要的角色，动作识别、手势识别、眼控技术、脑电波甚至头显集成摄像头设备等人机交互技术将成为未来的方向。

参照移动智能终端发展的趋势，VR/AR 要真正大规模普及还需解决移动性的问题，即无线连接问题。更快的 Wi-Fi 或蜂窝技术能满足 VR 设备所需的大量数据传输，将成为确保 VR 设备大规模普及的重要保障。另一方面，新的数据压缩技术也能加快无线连接传输速度。此外，困扰智能终端的电池和续航问题在 VR 设备上仍然是个挑战。

乐观估计，VR/AR 离真正达到人们理想中的使用体验，至少还需要数年时间。作为直观的参考：Apple iPhone 1 到 iPhone 4s 的进化历经了三年多时间的创新演进。虽然，Oculus Rift VR 终于有望在 2016 年来到我们身边，HTC 的 Vive 以及索尼的 Playstation VR(之前名为"Morpheus")也极有可能在 2016 年内问世，但这些设备看起来很酷，售价较贵，而真正用处则十分有限(大多仅限于游戏)，虚拟现实设备的春天恐怕还不会很快到来。

虽然存在以上所说的问题和挑战，但 VR/AR 必然是智能终端设备的重点发展领域，虚拟现实/增强现实技术是人机交互内容，交互方式的创新（如图 1-24 所示），VR/AR 技术将带给人们史无前例、革命性、极其震撼的视觉感受和交互方式，从这一点上看，VR/AR 的未来值得期待。随着系统平台、应用内容、芯片制造的进步，VR 行业在不久的将来，发展速度也许将会全面快速的提升。如同苹果推出的智能手表极大地推动了智能手表行业的发展一样，行业巨头推出的 VR/AR 设备也许在不远的将来有力地促进 VR/AR 设备的普及。英国移动咨询公司 CCS Insight 预测，到 2016 年底三星 Gear VR、View-Master DLX VR 等的智能手机 VR 头盔的销量将达到 1 300 万个，美国科技网站 Techcrunch 预测，到 2020 年全球增强现实和虚拟现实的市场规模将达到 1 500 亿美元。高盛发布的 VR 研究报告则称，基于标准预期，到 2025 年 VR/AR 市场规模将达到 800 亿美元。

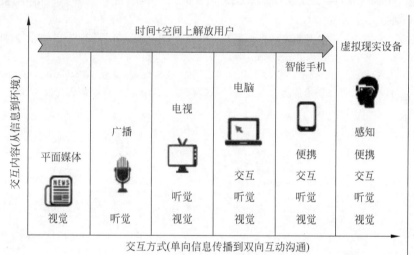

图 1-24　人机交互方式的变化

当今时代，智能手机改变了世界。未来，移动智能终端或许与现在的智能手机在产品形态上完全不同。从第一款彩屏手机的出现到现在约有 15 年的历史，下一个十五年智能手机的屏幕会消失吗？人机交互又会发生怎样的变革？从三星 Gear VR，Oculus Rift 等虚拟现实设备到微软 HoloLens，虽然它们都处于萌芽状态，但正如 2001 年的我们很难想象 2015 年的手机会成为连接人与世界最便利的工具一样，下一个革命性的平台，也许并不遥远。

参考文献

[1]　移动终端白皮书[R]. 北京：工业和信息化部电信研究院，2012.

[2]　移动互联网白皮书[R]. 北京：中国信息通信研究院，2015.

[3]　"Gartner Says Smartphone Sales Surpassed One Billion Units in 2014"[R]. Stamford，Connecticut，United States：Gartner，March 3，2015.

[4]　Agar，J. A Global History of the Mobile Phone[J]. Constant Touch，2005.

[5]　王懿. 《2015 年 MEMS 产业现状》报告[R/OL]. [2015-05-08]. http://mp. weixin. qq. com/s?＿biz＝

MjM5NTQzNjk2MA==&mid=206269830&idx=1&sn=8e6b83193b4146b0638220c6c16875de&utm_source=tuicool&utm_medium=referral.

[6]　席龙飞.消失的屏幕揭秘下一个 15 年智能手机形态[EB/OL].[2015-07-15].http://mobile.zol.com.cn/528/5281070_all.html.

[7]　黄志澄.颠覆性技术：科技创新的突破口[N/OL].中国青年报,2015-11-09(02).http://news.sina.com.cn/o/2015-11-09/doc-ifxknivr4341857.shtml.

[8]　大李.VR 之路商业化的突破点到底在哪里[EB/OL].[2015-11-17].http://weibo.com/p/1001603910106289938402? mod=zwenzhang.

[9]　许娟.2015 年物联网行业发展深度报告[EB/OL].[2016-01-03].华泰证券,http://www.360doc.com/content/16/0103/23/7302037_525259516.shtml.

[10]　ittbank.六大无线充电技术汇总[EB/OL].[2015-11-27].http://mp.weixin.qq.com/s?__biz=MjM5MTczNzA0MQ==&mid=401557487&idx=3&sn=81004b307824379402a871fda45ae311&scene=0♯wechat_redirect.

[11]　李东楼.从双十一竞争乱象,看未来国产手机产业变局[EB/OL].[2015-12-03].旭日手机产业研究,http://www.aiweibang.com/yuedu/70257342.html.

[12]　Uplink CA Arrives:上行链路载波聚合技术备受欢迎 Strategy Analytics Chris Taylor 2016-06-09

[13]　国内手机产品特性与技术能力监测报告(2016 年第三期)中国信息通信研究院 朵灏

第 二 章
移动智能终端的通信制式

从 20 世纪初人类对第一部"手机"的探索开始，到目前全球超过 70 亿的手机用户数，移动终端已与人类生活息息相关。移动终端通信技术不断更新换代，如图 2-1 所示，经历了从 20 世纪 70 年代的第一代 1G 模拟通信技术，到 90 年代第二代 2G 数字通信技术，21 世纪初的第三代 3G 通信技术，21 世纪初的第四代 4G 通信技术，通信技术已经日趋成熟，并跨入 5G 技术的如火如荼的研究中。

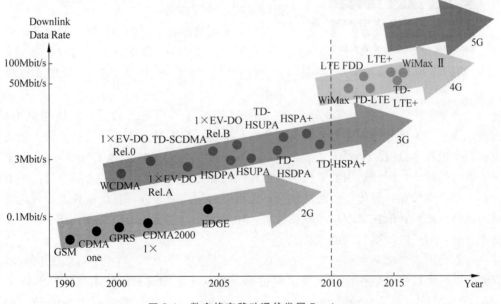

图 2-1　数字蜂窝移动通信发展 Roadmap

2.1　模拟通信技术

第一代手机(1G)是指模拟的移动电话，仅能够提供语音通话功能。具有代表性的即 20 世纪 70 年代马丁·库帕博士研制的手机。由于当时的电池容量限制和模拟调制技术需要硕大的天线和集成电路的发展状况等制约，这种手机外表四四方方，只能成为可移动算不上便携。很多人称呼这种手机为"砖头"或是"黑金刚"等。这种手机有多种制式，如 NMT、AMPS、TACS，但是基本上使用频分复用方式，只能进行语音通信，收讯效果不稳定，且保密性不足，无线带宽利用不充分。此种手机类似于简单的无线电双工电台，通话是锁定在一定频率，所以使用可调频电台就可以窃听通话。

2.2 2G 通信技术

第二代手机(2G)也是最常见的手机。通常这些手机使用 GSM 或者 CDMA 这些十分成熟的标准，具有稳定的通话质量和合适的待机时间。在第二代中为了适应数据通信的需求，一些中间标准也在手机上得到支持，例如支持彩信业务的 GPRS 和上网业务的 WAP 服务，以及各式各样的 Java 程序等。

GSM 全名为 Global System for Mobile Communications，见图 2-2，中文为全球移动通信系统，俗称"全球通"，由欧洲开发的数字移动电话网络标准，它的开发目的是让

全球移动通信系统

图 2-2　2G 手机的代表：GSM

全球各地共同使用一个移动电话网络标准，让用户使用一部手机就能行遍全球。GSM 系统包括 GSM900、GSM850、PCS1800 及 DCS1900 等几个频段。技术特征包括：

(1) 采用数字化语音编码和数字调制技术；

(2) 采用 TDMA/FDMA 复用方式；

(3) 以语音业务为主，也支持无线的数据业务。

GSM 系统有几项重要特点：防盗拷能力佳、网络容量大、手机号码资源丰富、通话清晰、稳定性强不易受干扰、信息灵敏、通话死角少、手机耗电量低。世界上主要的两大 GSM 系统为 GSM900 及 GSM1800，由于采用了不同的频率，因此适用的手机也不尽相同。在物理特性方面，前者频谱较低，波长较长，穿透力较差，但传送的距离较远，而手机发射功率较强，耗电量较大，因此待机时间较短；而后者的频谱较高，波长较短，穿透力佳，但传送的距离短，其手机的发射功率较小，待机时间则相应地较长。

目前我国主要的两大 GSM 系统为 GSM900 及 GSM1800，目前大多数手机基本是双频手机，可以自由地在这两个频段间切换。欧洲国家普遍采用的系统除 GSM900 和 GSM1800 另外加入了 GSM1900，手机为三频手机。在我国随着手机市场的进一步发展，现已出现了四频手机，即可在 GSM850/GSM900/GSM1800/GSM1900 四种频段内自由切换的手机，真正做到了一部手机可以畅游全世界。

2.5G GPRS

GPRS 是 General Packet Radio Service(通用分组无线服务)的简称，它是在现有的 GSM 网络基础上开通的一种新型的高速分组数据传输技术。由于 GPRS 是分组交换技术，所以相对于原来的 GSM 以拨号接入的电路交换数据传送方式，具有"永远在线""自如切换""高速传输"等优点。它能使移动数据通信服务更强大、更便捷。2000 年后

开始商用的通用分组无线服务(GPRS)使 GSM 系统能够以效率更高的分组方式提供数据通信。

其技术特征包括：

(1) 可以向用户提供从 9.6Kbit/s 到高于 150Kbit/s 的接入速率；

(2) 支持多用户共享一个信道的机制(每个时隙允许最多 8 个用户共享)，提高了无线信道的利用率；

(3) 支持一个用户占用多个信道，提供较高的接入速率；

(4) 是移动网与 IP 网的结合，可提供固定 IP 网支持的所有业务；

(5) 在技术上提供了按数据量计费的可能。

2.75G EDGE

EDGE 是 Enhanced Data Rate for GSM Evolution(增强数据速率的 GSM 演进)的简称，是速度更高的 GPRS 后续技术。EDGE 完全以目前的 GSM 标准为架构，不但能够将 GPRS 的功能发挥到极限，还可以透过目前的无线网络提供宽频多媒体的服务。可以应用在诸如无线多媒体、电子邮件、网络信息娱乐以及电视会议上。

EDGE 的概念是 Ericsson 公司于 1997 年向 ETSI 提出，于 1998 年 1 月被批准。2003 年才开始大规模应用。EDGE 是一种从 GSM 到 3G 的过渡技术，提供了接近 3G 的数据通信能力。

其技术特征包括：

(1) 它能够充分利用现有的 GSM 频率和网络设备，不改变 GSM 网络结构，也不引入新的网络单元，只是对 BTS 进行简单升级，并对网络软件及硬件做一些较小的改动；

(2) 它主要是在 GSM 系统中采用了多时隙操作和 8PSK 调制技术，使每个符号所包含的信息是原来的 3 倍。最高速率可达 384kbit/s。

CDMA

CDMA 是码分多址(Code-Division Multiple Access)技术的缩写，在数字移动通信进程中出现的一种先进的无线扩频通信技术，它能够满足市场对移动通信容量和品质的高要求，具有频谱利用率高、话音质量好、保密性强、掉话率低、电磁辐射小、容量大、覆盖广等特点，可以大量减少投资和降低运营成本。

1995 年，第一个 CDMA 商用系统(IS-95)在美国运行，该标准技术是由高通公司(Qualcomm)提出的第一个基于 CDMA 技术的数字蜂窝标准。CDMA 在北美、南美和亚洲等地得到了推广和应用。在美国和日本，CDMA 成为主要移动通信技术。

中国联通于 2002 年 1 月 8 日正式开通了 CDMA 网络并投入商用，2008 年 10 月 1 日后转由中国电信经营。

相较于 GSM，CDMA 具有如下优势：

(1) 系统容量大(在使用相同频率资源的情况下，CDMA 网比 GSM 网要大 4～5 倍)；

(2) 建网成本低(在 CDMA 规划中，CDMA 的站间距一般较 GSM 稀疏)；

（3）网络绿色环保（功耗小，平均发射功率：CDMA 手机是 GSM 手机的 1/60，约 2 毫瓦）；

（4）通话质量更佳（CDMA 支持 13Kb 的语音编码器，而 TDMA 最多支持 8Kb；CDMA 采用软切换技术，TDMA 采用硬切换技术）；

（5）系统容量的配置灵活，频率规划简单。

2.3　3G 通信技术

第三代移动通信 3G 系统最早于 1985 年由国际电信联盟（ITU）提出，当时称为未来公众陆地移动通信系统（FPLMTS），1996 年更名为 IMT-2000。涵盖三个概念：

（1）系统工作在 2 000MHz 频段；

（2）最高业务速率可达 2 000kbit/s；

（3）预期在 2000 年左右得到商用。

此外，3G 作为全球统一标准，使用共同的频段，实现高频谱效率的频谱分配。具有支持多媒体业务的能力，特别是支持 Internet 业务。它能够处理图像、音乐、视频流等多种媒体形式，提供包括网页浏览、电话会议、电子商务等多种信息服务。第三代无线传输技术（RTT）提出了支持高速多媒体业务，满足：

（1）高速移动环境下 144kbit/s 数据速率；

（2）低速移动环下 384kbit/s 数据速率；

（3）静止状态下 2Mbit/s 数据速率。

2000 年 5 月，ITU-R 年会批准、通过了 IMT-2000 的无线接口技术规范。国际电联规定 3G 手机为 IMT-2000（International Mobile Telecom System-2000，国际移动电话系统-2000）标准。IMT-2000 分为 CDMA 和 TDMA 两大类共五种技术，其中主流技术为以下三种 CDMA 技术，如图 2-3 所示。

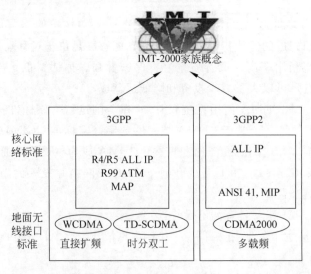

图 2-3　IMT-2000 概念

1）IMT-2000 CDMA-MC，即美国的 CDMA2000；

2）IMT-2000 CDMA-DS，即欧洲的 WCDMA；

3）IMT-2000 CDMA TDD，即由中国提出的 TD-SCDMA。

CDMA2000

CDMA2000 是 TIA 标准组织用于指代第三代 CDMA 的名称。适用于 3GCDMA 的 TIA 规范称为 IS-2000，该技术本身被称为 CDMA2000。

CDMA2000 的第一阶段也称为 1x，其使现有 IS-95 系统的通信公司能将其整体系统容量增加一倍，并可将数据速率增加到高达 614kbit/s。其系统架构图如图 2-4 所示。

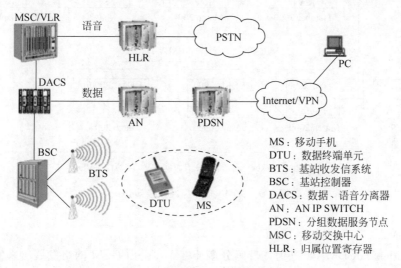

图 2-4 CDMA2000 系统架构图

CDMA2000 标准家族演进如图 2-5 所示，比 1x 更高的 CDMA2000 技术进展包括 1xEV（高速数据速率）。1xEV-DO 是一种高频谱利用率的 CDMA 无线通信技术，它可在 1.25MHz 带宽内提供峰值速率达 2.4Mbit/s 的高速数据传输服务。为了在不影响现有网络话音通信的前提下支持高速数据业务，1xEV-DO 采用了将语音信道和数据信道分离的方法。2000 年 1x EV-DO 标准发布，2002 年 1x EV-DO 产品开始进入商用阶段。1xEV-DO 与 IS-95 及 CDMA2000 1x 网络兼容，很好地保护了运营商的现有投资。1xEV-DO 的码片速率、功率需求、信道带宽与 IS-95 及 CDMA2000 1x 相同；可沿用现有网络设备，基站可与 IS-95 或 CDMA2000 1x 合并，成本低廉。

先后有 Rel.0/Rel.A/Rel.B/Rel.C 版本。

1）Rel.0 在 2000 年 10 月发布，其峰值数据速率可达到 2.4Mbit/s（下行）/153.6Kbit/s（上行）；

2）Rel.A 在 2004 年 3 月发布，其峰值数据速率可达到 3.1Mbit/s（下行）/1.8Mbit/s（上行）；

3）Rel.B 在 2006 年 5 月发布，使用多个信道（最多 15 个，20MHz 带宽），其峰值数据速率可达到 73.5Mbit/s（下行）/27Mbit/s（上行）；

4）Rel.C 在 2007 年 4 月发布，目前还没有商用。

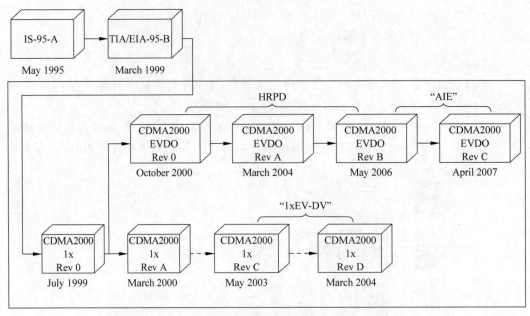

HRPD: High Rate Packet Data, 高速分组数据，又被称为1xEVDO。

图 2-5　CDMA2000 标准家族演进图

WCDMA

即 WidebandCDMA，意为宽带码分多址接入，是由 GSM 网络发展出来的 3G 技术规范，其支持者主要是以 GSM 系统为主的欧洲厂商，包括欧美的爱立信、诺基亚、朗讯、北电以及日本的 NTT、富士通、夏普等厂商。这套系统能够架设在现有的 GSM 网络上，网络架构如图 2-6 所示，对于系统提供商而言可以较方便地过渡，而 GSM 系统相当普及的亚洲对这套新技术的接受度会比较高。2001 年，日本 NTT DoCoMo 公司的 FOMA 是世界上第一个商业运营 WCDMA 服务，中国联通于 2009 年 5 月 17 日开始商用 WCDMA。

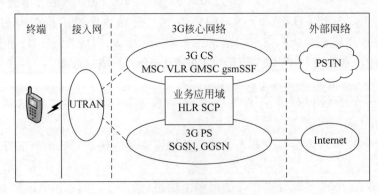

图 2-6　3G 网络架构示意图

其技术特征包括：

1）采用直接序列扩频码分多址（DS-CDMA）、频分双工（FDD）方式，码片速率为3.84Mcps，载波带宽为5MHz；

2）基于3GPP Rel-99/Rel-4版本，可在5MHz的带宽内，提供最高384kbit/s的数据传输速率（静止环境可达2Mbit/s）。

HSDPA

HSDPA（High Speed Downlink Packet Access）高速下行分组接入，是基于3G移动通信技术的演进，和HSUPA一起被称为3.5G技术。是3GPP在Rel-5中为实现WCDMA网络高速下行数据传输速率的重要技术。其主要技术特征包括：

1）不改变现有的WCDMA网络结构，大大提高下行数据速率（最高可达14.4Mbit/s）；

2）新增三条物理通道；

（a）HS-DSCH：下行，共享信道，用于数据传送；

（b）HS-SCCH：下行，共享控制信道，用于下行控制信息传输；

（c）HS-DPCCH：上行，专用物理控制信道，用于状态反馈和控制信息传输。

3）使用的关键技术有：

（a）AMC（Adaptive Modulation and Coding）自适应调制和编码：根据信道质量的信息反馈，自动选择调制方法和编码速率；

（b）16QAM调整：编码速率由1/4提高到3/4；

（c）HARQ（Hybrid Automatic Repeat Request）混合自动重传请求：对收到的传输块进行解码，检查是否有CRC错误，如有错误，不抛弃错误块，请求重传，重传块与错误块进行合并；

（d）Fast Scheduling快速调度：给每个用户匹配相对比较好的信道进行数据传送。

HSUPA

HSUPA（High Speed Uplink Packet Access）高速上行链路分组接入，为满足用户对上行传输的性能需求，3GPP在HSDPA规范之后又发布了HSUPA。HSUPA技术规范是在3GPP Rel-6版本中制定的，峰值上行传输速率可达到5.76Mbit/s。HSUPA可以在HSDPA网络基础上升级，也可以直接从WCDMA Rel-99/Rel-4进行升级，其主要技术特点包括：

1）增加了新的传输信道E-DCH；

2）空中接口上新增五条物理信道来支持物理层快速重传、软合并以及NodeB分布调度：

（a）下行公共物理信道E-HICH、E-AGCH、E-RGCH；

（b）上行专用数据信道E-DPDCH；

（c）上行专用控制信道E-DPCCH。

3）采用了关键技术有：

（a）物理层混合重传（L1HARQ）；

（b）基于 NodeB 的快速调度（NodeBScheduling）；

（c）2msTTI 短帧传输。

HSPA＋

HSPA 是 HSDPA 与 HSUPA 的综合缩写，HSPA＋是在 HSPA 基础上的演进，俗称为 3.75G。HSPA＋是一个全 IP、全业务网络，其峰值数据传输速率可达到 11/42Mbit/s（上行/下行），其主要技术特性有：

1）HSPA＋保留了 HSPA 的特征和信道，向下完全兼容 HSPA 技术：

（a）HSPA 新技术：AMC、HARQ、快速调度、2msTTI 短帧传输；

（b）HSDPA 新增信道：HS-PDSCH、HS-SCCH、HS-DPCCH；

（c）HSUPA 新增信道：E-DPCCH、E-DPDCH、E-RGCH、E-AGCH、E-HICH、F-DPCH。

2）为了支持更高的速率和更丰富的业务，HSPA＋也引入了更多的新技术：

（a）MIMO（Multiple Input/Multiple Output，多输入/多输出）；

（b）分组数据的连续传输；

（c）下行 64QAM 高阶调制/上行 16QAM 高阶调制；

（d）增强的 CELL＿FACH；

（e）层二增强。

TD-SCDMA

TD-SCDMA 全称为 Time Division-Synchronous CDMA，该标准是由我国大唐电信公司提出的 3G 标准。该标准物理层技术如图 2-7 所示，同时其能将智能无线、同步 CDMA 和软件无线电等当今国际领先技术融于其中，采用了智能天线、联合检测、接力切换、同步 CDMA、动态信道分配等技术。与其他系统相比的主要优缺点有：

1）动态调整上、下行数据传输速率，特别适合不对称 IP 数据业务；

2）不需要成对的频带，频谱利用率高；

3）系统容量大，更适合于城市人口密集地区；

4）系统设备成本低（比 FDD 低 20％～50％）；

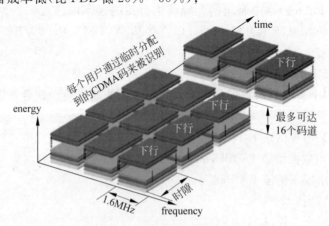

图 2-7　TD-SCDMA 物理层技术

5）TDD 终端在允许移动速度慢（240km/h），而 FDD 能达到 500km/h；

6）TDD 小区覆盖半径小（几公里），而 FDD 能达到数十公里。

2009 年 1 月 7 日，中国政府正式向中国移动颁发了 TD-SCDMA 业务的经营许可。与 WCDMA 一样，TD-SCDMA 也有 TD-HSDPA、TD-HSUPA、TD-HDPA＋的演进，其技术演进路线和 WCDMA 基本相同。

2.4　4G 通信技术

4G 是第四代移动通信及其技术的简称，它能够快速传输数据、高质量、音频、视频和图像等。2012 年 1 月 18 日，国际电信联盟 ITU 在 2012 年无线电通信全会全体会议上，正式审议通过将 LTE-Advanced 和 WirelessMAN-Advanced（802.16m）技术规范确立为 IMT-Advanced（俗称 4G）国际标准，中国主导制定的 TD-LTE-Advanced 和 FDD-LTE-Advance 同时并列成为 4G 国际标准。4G 国际标准主要由 3GPP 制定的 LTE-Advance 和 IEEE 制定的 802.16m 两大系列。

4G 技术中 LTE-Advanced 的相关特性包括：

1）带宽可达 100MHz；

2）峰值速率下行可达 1Gbit/s，上行可达 500Mbit/s；

3）峰值频谱效率下行可达 30bit/s/Hz，上行可达 15bit/s/Hz；

4）针对室内环境进行优化等。

LTE-Advanced 即 LTE 技术的演进升级，它满足 ITU-R 的 IMT-Advanced 技术征集的要求。LTE-Advanced 是一个后向兼容的技术，完全兼容 LTE。LTE（Long Term Evolution：长期演进）项目是 3G 的演进，它改进并增强了 3G 的空中接入技术，采用 OFDM 和 MIMO 作为其无线网络演进的唯一标准，下行速率能够达到 100Mbit/s，上传的速度也能达到 50Mbit/s，相对于 3G 网络大大的提高了系统的容量，同时极大降低了网络时延。

需要说明的是 LTE 通常被宣传为 4G 无线标准，但它其实并未被 3GPP 认可为国际电信联盟所描述的下一代无线通信标准 IMT-Advanced，严格意义上其还未达到 4G 的标准。即 LTE 可被认为是 3.9G 技术，LTE-Advanced 为 4G 标准。LTE 标准由 3GPP（第三代合作伙伴计划）于 2008 年第四季度于 Release 8 版本中首次提出。LTE 具有如下技术特征：

1）通信速率有了提高，下行峰值速率为 100Mbit/s，上行为 50Mbit/s；

2）提高了频谱效率，下行链路 5（bit/s）/Hz，3～4 倍于 Rel-6HSDPA；上行链路 2.5（bit/s）/Hz，是 Rel-6HSUPA 的 2～3 倍；

3）以分组域 PS 业务为主要目标，系统在整体架构上将基于分组交换；

4）QoS 保证，通过系统设计和严格的 QoS 机制，保证实时业务（如 VoIP）的服务质量；

5）系统部署灵活，能够支持 1.25MHz～20MHz 的多种系统带宽，并支持成对和非成对的频谱分配，保证了将来在系统部署上的灵活性；

6) 降低无线网络时延：子帧长度为 0.5ms 和 0.675ms，解决了向下兼容的问题并降低了网络时延，时延可达用户面低于＜5ms，控制面低于＜100ms；

7) 增加了小区边界比特速率，在保持目前基站位置不变的情况下增加小区边界比特速率。如 MBMS(多媒体广播和组播业务)在小区边界可提供 1bit/s/Hz 的数据速率；

8) 强调向下兼容，支持已有的 3G 系统和非 3GPP 规范系统的协同运作。

2.5 4G＋和 4.5G 通信技术

2015 年，移动通信市场普遍宣传的 4G＋概念，实际是指使用载波聚合技术的 LTE-Advanced(先进的 LTE，见图 2-8)。简单的说，它的工作原理是把相同或不同频段下的两个或以上的载波合并给单一用户使用，从而可以成倍提高网络峰值速率，通俗的说，载波聚合技术好比建好的高速公路上加宽车道。更多的车道可以缓解交通拥堵，提高行车速度。载波聚合技术把一些不连续的频谱碎片聚合到一起，能很好地满足 LTE、LTE-Advanced 系统频谱兼容性的要求，不仅能加速标准化进程，还能最大限度地利用现有 LTE 设备和频谱资源。目前，采用三载波聚合技术理论最高支持 450Mbit/s 下行速度，如采用更高阶的调制解调方式 256QAM，则下行可达到 600Mbit/s。中国电信、中国移动和中国联通正在积极推进载波聚合技术的商用，目前商用网络中普遍支持两载波聚合。

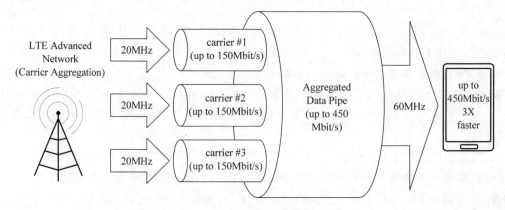

图 2-8 LTE-Advanced 载波聚合技术

据 GSA 发布的数据显示，截至 2015 年 7 月，全球有 45 个国家 88 家运营商已部署"4G＋"载波聚合技术，约占全球 4G 运营商(422 个)的 20％，另有 40 多家运营商正在准备中。中国电信在推出 4G＋战略后，不遗余力地推进载波聚合商用。4G＋主要试验是 800M＋1.8G/2.1G 和 1.8G＋2.1G 频段的两载波聚合。目前，中国电信联合华为、高通完成了三载波聚合技术验证。采用华为商用基站和搭载高通骁龙处理器的测试终端，实现了 1.8G(20MHz)＋2.1G(20MHz)＋800M 频段(10MHz)的三载波聚合，下行峰值速率达到 371Mbit/s，逼近理论值。中国联通已进行了三载波聚合测试，随着网络建设重心全面转向 4G，载波聚合商用进程也将加快。随着终端、芯片产业链的成熟，明年三载波聚合的测试、商用势必更速。

终端方面，在消费者的需求催动下，克服频段间干扰、功耗待机时间等困难，支持3 载波聚合的 CAT9 商用终端也已经面市，下行速率最高可达 450Mbit/s。而且，高通在下一代 X12 LTE 调制解调器(将集成于骁龙 820 处理器)上已经成功演示了通过下行三载波聚合和 256QAM，实现高达 600Mbit/s 的 CAT12 下载峰值速度；通过上行的双载波聚合和 64QAM，实现高达 150Mbit/s 的 CAT13 上传峰值速度。

当前支持载波聚合的手机主要终端型号有：三星 S6、三星 SM-G9198、华为 Mate 7、华为 Mate S、华为 P8、小米 Note 顶配版、荣耀 7、荣耀 6、荣耀 6 Plus、三星 S6 Edge、三星 S6 Edge＋、乐视 1 Pro、乐 1 Max、LG G Flex 2 等。用户在手机当中设置启用"载波聚合"后即可使用。目前支持 CAT4 和双载波聚合 CAT6 的终端下行速率最高可以达到 150Mbit/s 和 300Mbit/s。2016 年，支持 CAT9、甚至更高级别 LTE 连接的终端必定会越来越多。由于 4G＋(支持载波聚合 CAT6 以上)会给电信运营商带来更多流量消费，同时，用户也会享受更快网速的体验。所以咨询公司 Counterpoint 预计在 2016 年支持 4G＋的手机会超过 40％。

2015 年 10 月 28 日，3GPP 组织正式公布了基于 Rel-13 规范的 LTE-Advanced Pro，作为当前 LTE、LTE-A 的延续，又称为 4.5G。LTE-A 技术涵盖了 Rel-10/11/12 规范，正在和即将使用的 LTE CAT6-15 都属于这个范围。LTE-Advanced Pro 则包括已经发布的 Rel-13 及后续演进版本。LTE-Advanced Pro Rel-13 的改进主要包括 MTC (机器类型通信)增强、D2D/ProSE 公众安全、CA 载波聚合增强、Wi-Fi 互联互通、5GHz LAA(辅助授权接入)、3D/FD-MIMO 三维多入多出、室内定位、单点多点对应、更低工作延迟、LTE-M、NB-IoT 窄带物联网等。在载波聚合部分，目前最多支持三载波，而高通等厂商提出的五载波聚合可同时使用五组 20MHz，也就是总共100MHz 的带宽，从而获取更快的网速，并进一步提高频谱使用效率。借助多载波聚合与 5GHz LAA，高通等厂商提出的方案最高可支持 32 组载波聚合。3GPP Rel-14 预计将于 2017 年才会正式推出，届时车用通信 V2X 将成为其关键技术特性；而 Rel-15 预期也将于 2019 年正式推出，业界也称之为第一个 5G 技术版本。

2.6　各代通信技术的比较

如图 2-9 所示，为各代通信技术的演进示意图。其各制式技术的比较见表 2-1。

表 2-1　各制式通信技术的比较

	协　议	频段(MHz)	通道带宽	速率(下行/上行)
2G	GSM	458-486/824-894/876-960/1710-1880/1850-1990	200kHz	9.6-19.2Kbit/s
	GPRS		200kHz	44-171.2Kbit/s
	EDGE		200kHz	384Kbit/s
	CDMA	824-894/1850-1990	1.25MHz	14.4Kbit/s
	CDMA 1x	495/824-894/1850-1990	1.25～3.75MHz	153.6Kbit/s

	协 议	频段(MHz)	通道带宽	速率(下行/上行)
3G	WCDMA	824-894/830-885/1710-1880/1710-2115/1850-1990/1920-2170	5MHz	0.384～2Mbit/s
	HSDPA		5MHz	14.4M/384Kbit/s
	HSUPA		5MHz	14.4/5.76Mbit/s
	HSPA+		5MHz	>42/11Mbit/s
	1xEVDO Rel.0	495/824-894/1850-1990	1.25MHz	2.4/0.1536Mbit/s
	1xEVDO Rel.A		1.25MHz	3.1/1.8Mbit/s
	1xEVDO Rel.B		20MHz(1.25×15)	73.5/27Mbit/s
	TD-SCDMA	1880-1920/2010-2025/2300-2400	1.6MHz	384Kbit/s
	TD-HSDPA/TD-HSUPA		1.6MHz	2.2Mbit/s
	TD-HSPA+		10MHz(1.6×6)	>16Mbit/s
4G	FDD-LTE	450-470/698-806/2300-2400/2500-2690/3400-3600	20MHz	>100/50Mbit/s
	LTE+		20MHz	100～1 000Mbit/s
	TD-LTE	450-470/2300-2400/2500-2690	20MHz	>100/50Mbit/s
	TD-LTE+		20MHz	100-1 000Mbit/s
	WiMAX(IEEE 802.16d/e)	2000-11000	1.25～20MHz	75/50Mbit/s
	WiMAX II(IEEE 802.16m)		20MHz	100～1 000Mbit/s

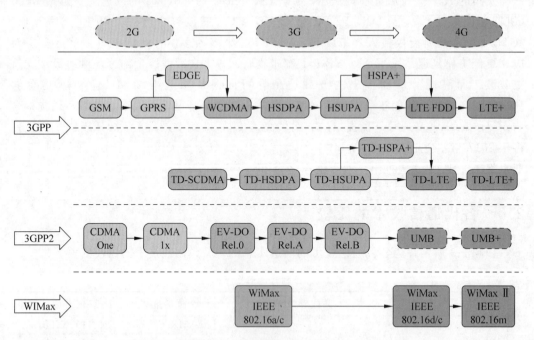

图 2-9　通信技术演进示意图

根据爱立信 2016 年题为《On the Pulse of the Networked Society》的报告中显示，目前全球 2G、3G 和 4G 网络的渗透率分别为 90％、65％ 和 40％，而到 2021 年，这三个数字将分别达到 95％、大于 90％ 和 75％。这也意味着，5 年后全球 90％ 以上的人口都将能享受到高速网络服务。3G/4G 用户在 2015 年第三季度增加了 1.2 亿，同比增长 25%，使全球 3G/4G 用户规模达到了 34 亿，这已接近了全部移动用户规模的一半。截至 2015 年第三季度，全球 4G 用户规模为 8500 万，并将在第四季度时有望达到 1 亿，共有 442 个商用 4G 网络分布在全球 147 个国家和地区，其中，FDD 制式网络为 380 个，兼容 FDD/TDD 制式网络为 18 个，其中商用的 VoLTE 制式网络（即国内的 4G＋）为 3 个。而到 2021 年，全球的 4G 用户规模将达到 41 亿，占 91 亿整体移动用户规模的约 45%。同时，5G 也将开始获取用户。如图 2-10 和图 2-11 所示，分别为现在和未来全球移动通信网络制式占有情况和用户规模（数据来源：爱立信公司）。

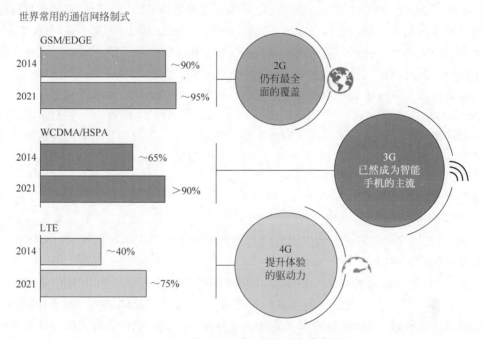

图 2-10　世界主要通信网络制式占有率情况

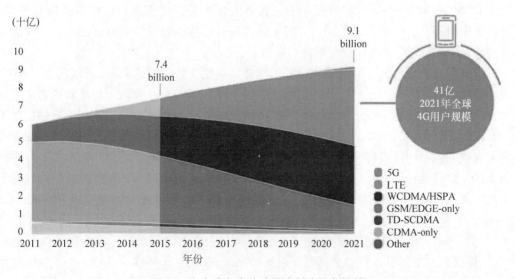

图 2-11　全球各类移动网络制式用户规模

2.7　多模多频到"全网通"手机

2G 时代移动通信网络制式和频段相对来说比较单一，以 GSM 网络为主。3G 时代，国内三大运营商采用了三种不一样的网络制式（中国移动 TD-SCDMA，中国联通 WCDMA，中国电信 CDMA 2000），网络制式一下多了起来，有很多用户购买了某款 3G 手机但却不能在某个运营商的网络上使用，或者必须根据号卡来选择手机。这就使多模多频手机应运而生，一款手机能够支持多个运营商的网络显然对于用户来说更为方便。此外，手机在全球市场的增长率已经回落，各大品牌从入门到旗舰产品的硬件配置大同小异，因此为增加产品的吸引力，多模多频手机如"五模十频"甚至是"五模十三频"成为主流，从千元机到公开三网版的 iPhone6，全网通也成为了越来越多厂商在产品部署上的一个方向，希望借此能在市场竞争中占得优势。

那么多模多频具体指的是什么？多模，主要是指网络制式，多模手机可以同时支持 GSM/CDMA/WCDMA/TD-SCDMA/FDD-LTE/TD-LTE 等一种以上的网络制式。多频，每种网络制式都对应了不同的网络频段，不同国家和不同的运营商之间的频段也有些不同，拿我国的 TD-LTE 网络来说，具体中国移动为 1 880～1 900MHz、2 320～2 370MHz 和 2 575～2 635MHz；中国联通为 2 300～2 320MHz 和 2 555～2 575MHz；中国电信为 2 370～2 390MHz 和 2 635～2 655MHz，此外，即使同为 FDD 网络，也会出现不同国家频段不相同的情况。如支持 FDDLTE 制式的美国 4G 手机，有可能到了欧洲 FDDLTE 网络就用不了，原因是运营商频段的不兼容。而多频手机可以在不同运营商的多个频段上使用。

随着 4G 时代的来临，芯片的成熟和政策的转变，使一部手机，兼容全网成为可能。2014 年 3 月，中国电信推出可以同时兼容中国电信 CDMA 网络、中国移动 GSM 网络以及中国联通 GSM 网络的系列手机，命名为"全网通"系列手机。这一具有营销概念的系列手机产品，实现同时兼容中国电信 CDMA 网络、中国移动 GSM 网络、中国联通 GSM 三种网络的语音和数据业务，其最大特点是一机多能，保持两网同时在线，意味着中国移动、中国联通的用户无需更换其原有运营商的老号码也可使用中国电信天翼的 3G 网络手机，并且保持两网同时在线。

但电信最初所谓的全网通其实只是三网通，只是支持三家运营商的 2G 网络，4G 上网仍只限于电信的 FDD-LTE 网络，与支持所有制式的 iPhone 6 相比，仍非真正意义上的"全网通"。严格来说，真正的全网通手机应该是在单卡的情况下，可以实现支持包括常用的 GSM、CDMA、TD-SCDMA、CDMA2000、WCDMA、TD-LTE、FDDLTE 在内的所有通信制式，同时支持多达十七个网络频段。随着 2015 年开始 4G 网络在国内的蓬勃发展，全网通手机才真正开始出现。基带芯片从支持简单的 3G 频段到如今的六模十七频，甚至七模十八频，全网通手机支持的网络模式和频段能够覆盖主流使用的 2G/3G/4G 网络，用户无须更换手机便可以随意更换运营商。

2015 年 12 月 11 日，中国电信与中国联通在北京联合发布了《六模全网通终端白皮书》。根据白皮书要求，六模全网通要求终端必须支持 14 个频段，还有 8 个推荐频段建议支持，如果全部支持，则是 22 个频段。对于双卡全网通，要求主卡和副卡实现盲插，即两个卡模提供给用户的功能完全一致，每个卡槽都应支持中国联通、中国电信和中国移动的用户卡。这两项要求会增加终端设计难度，但会方便用户使用。

以上的"全网通"还只是满足了国内三大运营商多模多频段的需求。根据 GSMA Intelligence 于 2015 年 4 月的数据，到 2019 年，全球 LTE 连接数量将由 2014 年的 5.07 亿增长到 25 亿；另根据 Strategy Analysis 于 2015 年 1 月的数据，到 2020 年全球将有 70% 的人使用 LTE 网络。但是 LTE 当前的形势却处于严重的碎片化，目前全球 4G 范围内的频段组合有 44 个之多，4G＋组合可达 200 个以上（数据来源：高通公司）。高通骁龙 820 处理器则号称可以支持中国和全球所有频段制式，包括 TD-LTE/LTEFDD/TD-SCDMA/WCDMA/EVDO/GSM/CDMA 以及所有主流运营商网络制式以及运营商的射频 4G＋载波聚合组合。

参考文献

On the Pulse of the Networked Society［EB/OL］.ERICSSON MOBILITY REPORT，NOVEMBER 2015.
http://www.ericsson.com//res/docs/2015/mobility-report/ericsson-mobility-report-nov-2015.pdf

第三章
移动智能终端硬件架构

移动智能终端已由主要功能为通话和短消息的功能机(feature phone)向语音、数据、图像、音乐和多媒体终端综合演变(smart phone)，大小、结构、配置、功能等均有了较大的变化。当前的主流智能终端完全可以称为可以通信的便携式电脑，如图 3-1 所示是典型的智能终端(手机)的硬件结构图，图中列出了智能手机的主要组成部分，其中，芯片、屏幕和内存是移动智能终端硬件平台的三大关键组件，通常它们构成终端硬件 50%以上的成本。移动智能终端硬件架构虽然复杂，但目前硬件和芯片的集成度已经相当高，一块芯片就能实现相当多的功能。例如图 3-2 所示的 MTK 解决方案：整个 MT6595 平台的核心是 SoC 芯片，围绕着 MT6595，有 MT6331 和 MT6332

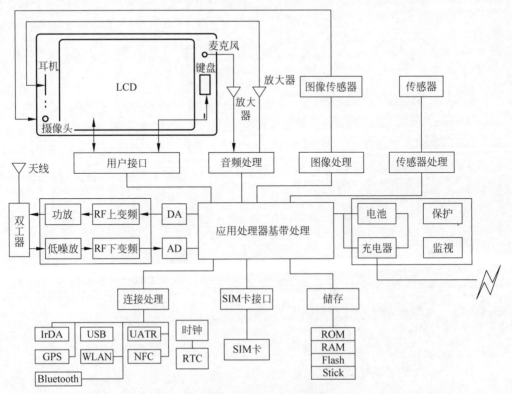

图 3-1　智能终端(手机)典型构成

作为电源管理芯片，MT6630 作为非蜂窝通信技术芯片，MT6169 和 MT6165 分配作为不同制式的射频芯片，结合两套独立的射频前段，此平台可以实现 GSM 双通的业务。

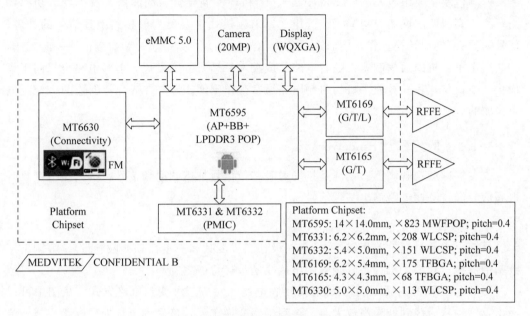

图 3-2　一个典型的智能手机硬件实现方案 MT6595 平台

移动智能终端的硬件架构大体可以分为射频模块、基带模块、外围模块等几个功能模块（如图 3-3 所示）。本章我们就从各功能模块上来分析智能终端的硬件架构。

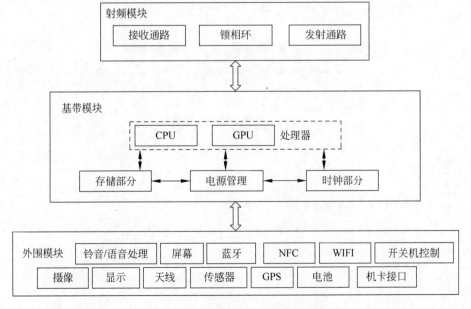

图 3-3　智能终端的功能模块示意图

3.1 射频模块

射频模块主要由收发器(Tranceiver)、锁相环、混频器、滤波器、双工器、功率控制环路、衰减匹配网络、射频天线等组成。射频模块主要负责射频到中频信号的处理、信号的数字/模拟转换工作,同时还要负责信号的放大。基带芯片和射频模块一起工作,共同决定了手机的通信制式。随着电路集成技术日新月异的发展,射频电路也趋向于集成化、模块化,目前智能手机的射频电路通常是以 RFIC 为中心结合外围辅助、控制电路构成的。

3.1.1 收发器(Tranceiver)

收发器即调制解调器。调制是指发射时基带信号加载到射频信号,解调是指接收时射频信号经过解调电路输出基带信号。

1. 射频接收部分

早期手机通过超外差变频(手机有一级、二级混频和一本、二本振电路),解调出接收基带信息;新型手机很多直接解调出接收基带信息(零中频)。

图 3-4～图 3-6 中列出了三种射频接收电路,对应三种变频电路方式。从图中可以看出,信号从天线到低噪声放大器,再到频率变换单元,最后到语音处理电路。超外差二次变频和超外差一次变频都属于超外差变频接收机。超外差变频接收机首先需要将高频信号转换为中频信号然后才传输给解调电路,RXI/Q 信号都是需要解调电路输出的,而直接变频接收机混频器输出的就是 RXI/Q 信号。

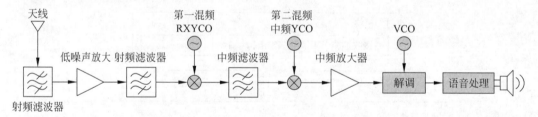

图 3-4 超外差二次变频

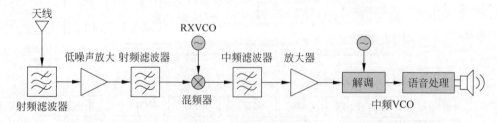

图 3-5 超外差一次变频

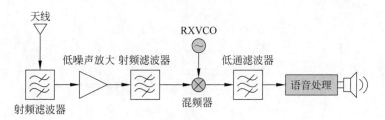

图 3-6　直接变频/零中频

　　超外差变频接收机因为通过适当地选择中频和滤波器可以获得极佳的选择性和灵敏度，但是却必须使用成本昂贵而且体积庞大的中频零件。直接变频(零中频)接收机由于在下变频过程中不需要经过中频，直接将高频信号转化成低频信号，而且镜像频率即是射频信号本身，不存在镜像频率干扰，这种采用直接转换的方式，节省了昂贵的中频器件及中频至基带转换电路，集成度高。但实际应用中可能受"直流位移"的影响，降低接收灵敏度。

　　2. 射频发射部分

　　射频发射电路通常分为图 3-7～图 3-9 的三种类型，这三种电路的差异如下所述：

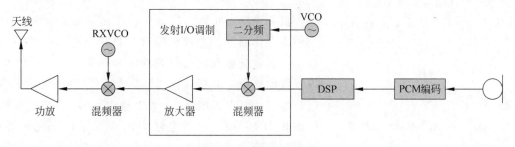

图 3-7　带发射变频器电路

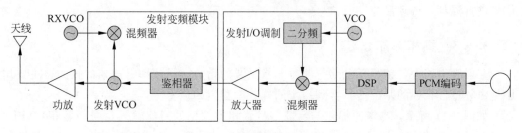

图 3-8　带发射变频模块电路

　　1) 最终发射信号的产生方式不同

　　(1) 带发射上变频器发射机：TXI/Q 信号首先需要通过发射中频电路完成 I/Q 调制后，经过发射上变频电路产生最终发射信号；

　　(2) 带发射变换模块发射机：TXI/Q 信号同样需要经过发射中频调制，经过发射变换和 TXVCO 电路成最终发射信号；

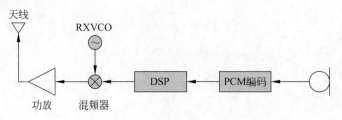

图 3-9　直接变频/零中频电路

（3）直接调制发射机：发射基带信号 TXI/Q 不再是调制发射中频信号，而是直接调制在发射机射频信号上。I/Q 调制器直接输出最终发射信号。

2）集成度不同

所涉及电路越少，集成度将会越高，不论从成本还是外观上都是越来越适应发展需要的。

3.1.2　混频器

超外差变频接收机的核心电路就是混频器，若接收机的混频器出现故障则会导致无信号，不注册等故障。

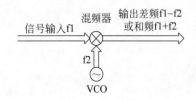

图 3-10　射频模块—混频器

混频电路又叫混频器（MIX），如图 3-10 所示，是利用半导体器件的非线性特性，将两个或多个信号混合，取其差频或和频，得到所需要的频率信号。在终端接收电路中，混频器有两个输入信号（一个为输入信号；另一个为本机振荡），一个输出信号（其输出被称为中频 IF）。在接收机电路中的混频器是下变频器，即混频器输出的信号频率比输入信号频率低；在发射机电路中的混频器通常用于发射上变频，它将发射中频信号与 UHFVCO（或 RXVCO）信号进行混频，得到最终发射信号。

3.1.3　锁相环部分

在射频电路中，锁相环电路扮演着非常重要的角色，是频率合成器的核心。主要作用是由频稳性很强的基准信号得到一个同样频率稳定的信号。

如图 3-11 所示，参考源提供与反馈信号鉴相鉴频用的对比输入信号；鉴相器（PD）鉴频器（FD）鉴相鉴频器（PFD）是一个相位/频率比较装置，用来检测输入信号与反馈信号之间的相位/频率差；压控振荡器是一个电压—频率变换装置，用来检测输入信号与反馈信号之间的相位/频率差。锁相环的工作原理是：周期性的输出信号，如果其输出频率低于参考信号的频率，鉴相器通过电荷放大器改变控制电压使压控振荡器的输出频率提高。如果压控振荡器的输出频率高于参考信号的频率，鉴相器通过电荷放大器改变控制电压使压控振荡器的输出频率降低。低通滤波器的作用是平滑电荷放大器的输出，这样在鉴相器进行微小调整的时候，系统趋向一个稳态。图 3-12 和图 3-13 是两个锁相环电路在智能手机中应用的例子。

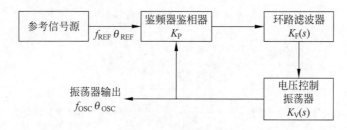

图 3-11　锁相环原理

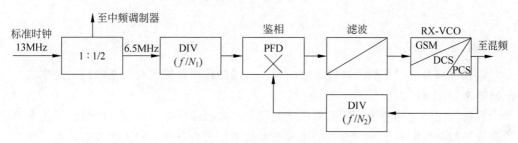

图 3-12　接收 RX 频率合成器

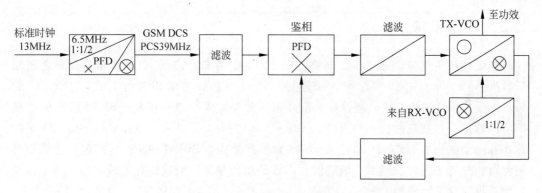

图 3-13　TX-VCO 锁相环路

3.1.4　功率控制环路

如图 3-14 所示,功率控制环路(APC)通常由功率放大器、功率耦合器、功率检波器、功率比较/控制器构成。功率控制环路用来将功率较稳定的控制在设定的功率值上。

功率放大器将低功率射频信号线性无失真的放大到一定功率值,它的主要参数有:工作频率、带宽、最大线性输出功率(压缩点)、输入功率、输入输出匹配阻抗、工作电源及电压电流的要求、控制信号的形式及要求、噪声特性等。功率检波器对高频信号进行包络检波得到一个体现信号幅值大小的检波电压。功率比较器将功率检波信号与设定功率信号比较,得到一个功率控制信号给功率控制器,由功率控制器产生控制电压给功率放大器。

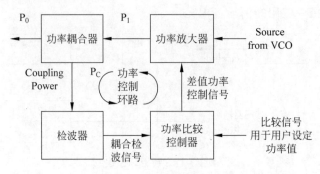

图 3-14 功率控制环路(APC)

3.1.5 天线

手机天线分外置天线和内置天线两种。天线的作用是接收时把基站发送过来的电磁波转为微弱交流电流信号。

发射时把经过功放放大后的交流电流转化为电磁波信号。手机工作时由天线开关配合完成手机的发射和接收功能，手机天线开关通常由合路器、双工滤波器、电子开关构成。天线的相关知识详见本书第四章第4.5节：天线技术。

3.2 基带模块

基带模块主要包含处理器、电源管理、时钟、存储等部分。CPU和存储器之间通过数据总线、地址总线和控制总线连接，这三类总线都采用并行方式，FLASH和SDRAM共用这三类总线，通过片选信号来区分是对哪个进行操作。FLASH存储手机所有的数据，包括软件代码和资料，掉电后不会丢失。开机后，首先要从FLASH中把程序和需要的资料调入SDRAM，所有的软件都是在SDRAM中运行，掉电后数据不会被保留。外部主时钟的频率一般较低，内核的运行频率一般较高，主时钟进入基带芯片倍频后提供给CPU使用。

1. 处理器

处理器是移动智能终端的核心部件。它控制着整台手机的中枢系统，协调指挥手机各个部分的工作。终端处理器的性能直接决定了终端的性能。处理器通常包括重要的中央处理器(CPU)和图形处理器(GPU)，智能终端对处理器的基本要求主要有以下三点：

1) 高性能智能终端发展非常迅速，新应用层出不穷，不少应用都要求智能终端有较高的性能，因此，要求智能终端处理器具有较高的性能，才能提供给用户完整的功能和较好的体验。

2) 高集成度智能终端对尺寸非常敏感，因此，要求处理器具有较高的集成度，能在比较小的尺寸上集成更多的器件。这样不仅能够使整个终端尺寸得到控制，还能降低设计的复杂程度，提高系统的可靠性。

3) 低功耗智能终端大都采用电池供电，系统功耗非常敏感。因此，要求处理器有较低的功耗。以上三点有的是相辅相成的，例如，高集成度往往意味着高性能；而有的则是相互矛盾的，例如，性能的提高往往会造成功耗的增加。这就要求设计人员根据应用场景考虑三者的相互关系进行合理设计，使其达到平衡。

决定手机 CPU 性能的四大要素是：CPU 核数、CPU 主频、制造工艺、图形处理器。通常所说的"××CPU 是多少兆赫"的，这个多少兆赫就是 CPU 的主频，它是 CPU 内核工作的时钟频率，主频的高低并不直接代表终端的运行速度，但提高主频对提高 CPU 运算速度却至关重要。CPU 核数越高意味着终端处理能力越强，但是 CPU 核数只是终端 CPU 参数的一部分，单纯的核数并不是衡量终端 CPU 的唯一标准。移动芯片需要从移动终端的实际需求出发，考虑计算性能和续航能力的平衡。CPU 的性能是核数、架构特性、制造工艺和系统优化能力等多方面的结合，盲目追求核数可能导致发热大、耗电高等问题。

CPU 的制造工艺从较早的 90 纳米已发展到 28 纳米，下一代 CPU 的发展目标是 14 纳米。更小尺寸的制造工艺意味着更低的功耗和散热，在同样面积的芯片上可以集成更多的晶体管。而晶体管的数量是决定处理器性能的关键因素。

图形处理器(GPU)是智能终端更新换代的产物。早期的智能手机是不具备 GPU 的，伴随着智能终端娱乐性能的增强，各种应用软件，大型游戏的出现，GPU 应运而生。图形处理器运行着所有显示处理，并提供视频播放和照相时的辅助处理。其性能由多边形生成能力和像素渲染能力共同决定。

2. 存储

终端的存储包括三个部分：运行内存(RAM)、ROM 存储和扩展存储卡。

运行内存是在终端中用来暂时保存数据的元件，相当于计算机中的内存条。RAM 存储具有高速访问性。在终端系统内存足够的情况下，更大的 RAM 存储确保终端操作的流畅性。ROM 存储器相当于电脑硬盘，分为两个部分：一部分是存放终端固件代码的存储器，比如终端的操作系统，此部分正常情况下不可写入和更改；另一部分相当于一个内置存储卡，可用来存放影音，图片临时缓存文件等，也可以用来存放手机的临时文件。为了系统的升级，通过电脑上的程序改擦写 ROM 存储器中存放终端系统的部分就是平时说的"刷机"。当上述两种存储都不能满足人们的需求时，可以在终端上加入扩展存储卡来获得更大的存储空间并安装更多的应用和存储更多的音乐、图片、视频等内容。扩展存储卡的类型有：MMC、SD 卡、miniSD 卡、microSD 卡、MS 卡、M2 卡等，最常见的是 SD 卡、miniSD 卡和 microSD 卡。miniSD 卡大约是 SD 卡体积的 60%，可以通过转接卡当成 SD 卡用，microSD 更小，同样可以通过转接卡当成 SD 卡使用。

智能手机、平板机的存储介质由于设计本身的局限使得其未来提升速度会很困难，于是出现了新一代闪存存储规格 UFS 2.0。UFS 2.0 的闪存规格则采用了新的标准，它使用的是串行界面。并且它支持全双工运行，可同时读写操作，还支持指令队列。相比之下，eMMC 是半双工，读写必须分开执行，指令也是打包的。UFS 芯片不仅传输速度快，功耗也要比 eMMC 5.0 低一半，可以说是日后旗舰手机闪存的理想搭配。根据国外专家预计，UFS 2.0 在移动设备中尤其是在智能手机上，首先将征服高端市场，目前三星 Galaxy S6/S6 Edge 就已经采用了 UFS 2.0，未来再逐渐向中低端市场扩张。

其他品牌智能手机都有可能使用上 UFS 2.0 技术。

3. 信号处理部分

基带的信号处理主要是完成从模拟语音信号到数字调制信号的整个过程，比如音频编解码、信道编解码、加密解密、调制解调、多天线处理等，如图 3-15 所示。

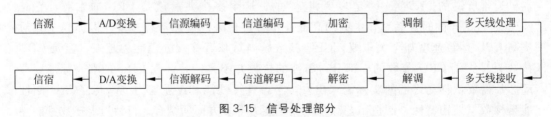

图 3-15　信号处理部分

在数字通信系统中，信息的传输都是以数字信号的形式进行的，因而在通信发送端先将模拟信号转换为数字信号，再将数字信号通过信源编码进行压缩，形成待发送数据。这部分工作一般由音频编解码器或者 A/D、D/A 转换器完成，形成数字信号后再通过基带模块进行处理。基带模块首先是对信号进行信道编码，通过引入比特信号间的关联和增加冗余提高接收端判断误码和纠正误码的能力，保证系统在大尺度衰落和多径信道条件下的性能；其次是进行加密，保证信号在传输过程中不会被侦听；接下来通过调制将信号加载到载波上，以载波的幅度、相位或频率的形式在信道中传输；最后是通过多天线处理，获取传输时的分集增益或复用增益，提高传输的质量或效率。多天线处理并不是每个通信制式或传输过程都包含的环节，但是多天线在提高通信性能方面的显著作用，在整个通信关键技术中的比重越来越高，天线数量越来越多，模式越来越丰富，也对终端芯片的处理能力和多天线算法提出了更高的要求。信号经过接收机的射频处理后成为基带信号，再通过多个相反的处理环节，到达信宿。

4. 时钟部分

主时钟为手机工作提供基准的频率源，在开机过程中起振，在关机后停振。它供向 CPU，产生数据传输和控制时序所需的时钟。

睡眠时钟为手机提供计时的基准频率，不论是否开机，只要电池有电就可起振。它供向电源管理芯片和 CPU，以维持手机的时间准确，并提供关机后的计时功能，从而支持关机闹钟。

5. 电源管理部分

由于电池电压的不稳定和器件对电压、电流要求的精确性与多样性，最重要的是出于降低功耗的考虑，终端需要专门的电源管理单元。内核电压：电压较低，要求精确度高，稳定性好；音频电压：模拟电压，要求电源比较干净，纹波小；I/O 电压：要求在不需要时可以关闭或降低电压，以减少功耗；功放电压：由于电流要求较大，直接由电池供电。

DPM（动态电源管理）是在系统运行期间通过对系统的时钟或电压的动态控制来达到节省功率的目的，这种动态控制与系统的运行状态密切相关，该工作往往通过软件来实现。

在硬件架构中智能手机的工作模式与主 CPU 的工作模式密切相关。为了降低功耗，主 CPU 定义了 4 种工作模式：general clock gating mode；idle mode；sleep mode；stop mode。在主 CPU 主频确定的情况下，智能手机中定义了对应的 4 种工作模式：正常工作模式（normal）；空闲模式（idle）；睡眠模式（sleep）；关机模式（off）。各种模式说明如下：

（a）正常工作模式：主 CPU 工作模式为 general clock gating mode；主 CPU 全速运行；时钟频率为 204MHz。智能手机在这种状态下功耗最大，根据不同的运行状态，如播放 mp3、打电话、实际测量，这种模式下智能手机工作电流为 200mA 左右。

（b）空闲模式：主 CPU 工作模式为 idle mode，主 CPU 主时钟停止；时钟频率为 204MHz。在空闲状态下，键盘背关灯和 lcd 背光灯关闭，lcd 上有待机画面，特定的事件可以使智能手机空闲模式进入正常工作模式，如点击触摸屏、定时唤醒、按键、来电等。

（c）睡眠模式：主 CPU 工作模式为 sleep mode，除了主 CPU 内部的唤醒逻辑打开外，其余全关闭；主 CPU 时钟为使用 36.768kHz 的慢时钟。除了 modem 以外，外设全部关闭，定义短时按开机键，使智能手机从睡眠模式下唤醒进入正常工作状态。

（d）关机模式：主 CPU 工作模式为 stop mode，除了主 CPU 泄漏电流外，不消耗功率；主 CPU 关闭。智能手机必须重新开机之后，才能进入正常工作模式，实际测量，手机在这种模式下电流为 $100\mu A$。

从以上看出，智能终端在正常工作模式下的功率比空闲模式、睡眠模式下大得多。因此，当用户没有对手机进行操作时，通过软件设置，使终端尽快进入空闲模式或睡眠模式；当用户对终端进行操作时，通过相应的中断唤醒主 CPU，使终端恢复正常工作模式，处理完响应的事件后迅速进入空闲模式或睡眠模式。

3.3　外围模块

终端的外围模块包括开关机控制、铃音/语音处理部分、显示部分、机卡接口、摄像、传感器、电池、蓝牙控制器、红外控制器、Wi-Fi 网卡、GPS、北斗、天线等。这些模块与射频和基带模块协同合作，一起完成终端的全部功能。

1. 开关机控制
开关机模块负责智能终端的开关机过程，如图 3-16 所示。

智能终端开机过程：在手机电池在位的情况下睡眠时钟是一直工作的，电源芯片有输入但是没有输出。开机触发信号有两种：长按开机键；插入充电器，当长按手机开机键（或突然插上充电器）的一瞬间，首先由硬件自动提供一个开机脉冲信号 KBD-PWRON（低电平有效）给电源管理芯片，电源管理芯片输出以下几个信号：①给 FLASH、19.2MHz、CPU 供电；②同时还给 FLASH 芯片输出复位信号；③FLASH 复位完成后立即给 CPU 输出一个复位信号（为了维持电源管理芯片和 CPU 正常工作，需要及时拉高 PS-HOLD 信号），此时 CPU 开始调用程序（单板软件）此程序运行中电流基本不变，以上处理放在 BOOT 中完成。单板运行中会驱动电源管理芯片输出各路电

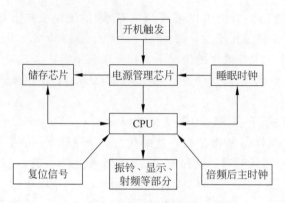

图 3-16 开机控制部分

源来供发射、接收、功放、LCD 等器件工作。开机后终端首先搜网,此时有射频信号发出,电流处于较高值。搜到网络后进入待机状态,射频芯片、19.2MHz 间歇性工作,此过程由单板软件来控制。

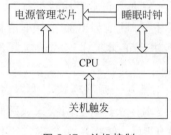

图 3-17 关机控制

关机过程:如图 3-17 所示,当长按关机键时触发关机操作,CPU 输出信号给睡眠时钟和电源管理芯片。睡眠时钟工作,电源管理芯片停止输出供电,手机振铃电路、显示电路、射频电路停止工作完成关机操作。

无论是上电还是复位后,软件首先进行各个任务的初始化,最后判断当前电源开关是处于开状态还是关状态,如果是处于开状态,立即执行正常的开机过程(如执行小区搜索及开机注册等),如果是处于关状态,则判断当前是否有外接电源,如果有,则一直等待直到开机;否则就立即发起关机。如果在等待开机过程中外接电源被拔掉,手机同样也会发起关机。手机开机后,如果没有外接电源,并且电池采样电压低于电池关机门限时,手机发起关机。如果只有外接电源,并且外接电源的采样电压低于了外接电源存在门限,手机同样发起关机。关机时,软件同样也要判断是否有外接电源,如果有外接电源,则实际上手机是进行了一次重启操作,最终停在开机流程的等待开机状态;如果没有外接电源,则手机最终将断电。

2. 铃音/语音处理部分

送话部分,如图 3-18 所示。

麦克风(MIC)拾取语音信号,对于 MIC 的第 2 级放大器,是可以选择并做适当配置的。不使用第 2 级放大时,MIC 信号直接由第 1 级放大后,送到 13bit ADC 中转换,然后进入后面的通路。这 1 级放大通过设置寄存器可以选择-2dB,+6dB,+8dB 和+18dB 的不同增益。此级输出端口为 MICOUTP 和 MICOUTN。使用第 2 级放大时,需要接外围电路,用来增强 Tx 通路的音频性能。由 Tx 通路得到的话音数字信号送到 MDSP 作后续的处理,进行调制放大,直到送至 RF 模块发射出去。

作为送话通道的逆向过程,RF 接收到的信号经过一系列处理(如解调等)后,由 MDSP 送至 Vocoder 的解码器,而后经过 PCM 接口到达 Codec 的 Rx 部分,从耳机/听

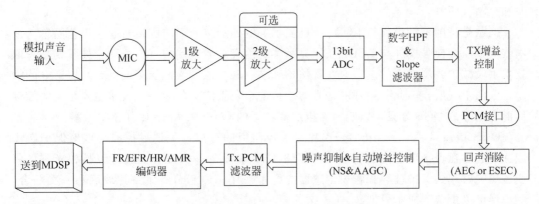

图 3-18　外围电路模块—送话部分

筒送出，如图 3-19 所示。

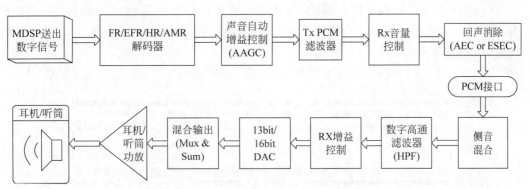

图 3-19　外围电路模块—铃音/受话部分

3. 显示部分

智能终端显示部分的基本构成如图 3-20 所示。处理器发出指令给显示芯片，显示芯片控制显示屏相应位置的像素点显示指定的信号，屏幕是由一个一个的像素点组成的，所有像素点的输出组合起来就形成了屏幕的输出。其中显示屏是终端显示部分最重要的模块。智能终端屏幕是与用户联系最紧密、最直观的部件，智能终端屏幕结构和材质的好坏直接影响其显示效果和整机使用体验。近年来随着智能终端的大发展，智能终端屏幕显示技术经历了 TFT、IPS、AMOLED、Super AMOLED、Super AMOLED Plus 等发展阶段，屏幕技术已经成为智能终端厂家技术和市场比拼的制高点之一。

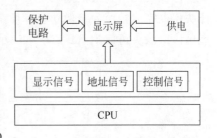

图 3-20　智能终端显示模块基本构成

终端的屏幕构成基本可分为三部分：从表到里依次是玻璃保护层、触摸屏和显示屏。这三层需要进行贴合组成整体显示模组，一般来说需要两次贴合，保护玻璃层与触摸屏进行一次贴合，另一次贴合是显示屏与触摸屏的贴合。按贴合的方式分可以分为框贴和全贴合两种。

框贴是将屏幕触摸屏与 LCD/LED 显示屏的四边进行简单固定封装,工艺简单,成本较低,但会使触摸屏与 LCD/LED 显示屏之前夹杂着一层空气。全贴合技术就是采取技术手段减少各层之间的空隙,实现保护玻璃、触控层和液晶层某两层或几层更好的融合,取消空气层,因此有更好的透光率。目前市场上常见的全贴合技术主要是以触控屏厂商为主导的 OGS 方案,以及由面板厂商主导的 On-Cell 和 In-Cell 技术方案。

OGS(One Glass Solution)是单片式触控面板的意思,是把触控屏与玻璃保护层集成在一起,在保护玻璃内层镀上 ITO 导电层,直接在保护玻璃上进行镀膜和光刻,一块玻璃同时起到保护玻璃和触摸传感器的双重作用。由于节省了一片玻璃和一次贴合,触摸屏可以更薄且成本更低。

In-Cell 是指将触摸面板嵌入到显示屏中的方法,即在显示屏内部分层中嵌入触摸传感器,这样能使屏幕变得更加轻薄。采用 In-Cell 技术的主要包括苹果等公司。

On-Cell 是指将触摸屏嵌入到显示屏的彩色滤光片基板和偏光板之间的方法,即在显示面板上配置触摸传感器,相比 In-Cell 技术难度降低不少。On-Cell 多应用于三星 AMOLED 屏幕上。

图 3-21 以 TFT 显示屏为例,介绍了 In-Cell 和 On-Cell 两种全贴合技术原理。

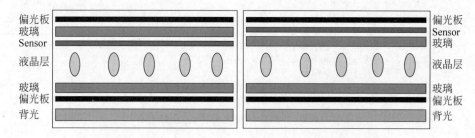

图 3-21　TFT 显示屏,左图为 In-Cell 技术,右图为 On-Cell 技术

4. 摄像部分

摄像头模组是摄像模块最重要的部分,智能终端摄像模块结构如图 3-22 所示。摄像头用以完成拍照和摄像功能,像素是衡量摄像头的重要指标,如 1 000 万像素摄像头表示该摄像头可以拍出具有 1 000 万像素(分辨率)的照片。

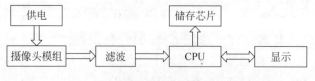

图 3-22　智能终端摄像模块结构图

通常说的摄像头像素是拍照模式下的最大像素,摄像(视频)时的像素通常比较小,如 4K(4096×2160)的视频拍摄,像素也只有 800 万左右。但是像素越高并不等于拍摄效果越好,照片的质量是很多因素的结合,如镜头的材质、透镜表面的镀膜、感光材质以及对焦能力等。目前智能手机上使用的主流对焦技术有:相位检测自动对焦

（PDAF）、Focus Pixel（iPhone 6 和 iPhone 6 Plus）、激光自动对焦、红外对焦、平面图像相位检测技术。现在越来越多的智能手机使用了双摄像头。

终端中决定拍摄成像质量最为重要的一部分就属于感光元件了，即摄像头传感器。感光元件主要有两种：一种是 CCD 传感器；另一种是 CMOS 传感器。其中 CCD 成像质量好，但是制造工艺复杂，能够生产的厂家也比较少，价格也相对来说比较高，并且功耗也很高，不适合在移动设备上使用。而 CMOS 传感器耗电低，但是画质水平比不上 CCD，不过随着技术的提高，COMS 的画质已经逐步赶上了 CCD。另外，在相同分辨率下，CMOS 价格比 CCD 便宜，所以目前市面上的智能终端摄像头都采用 CMOS 传感器。

如图 3-23 所示，通常 CMOS 传感器又会分为：背照式 CMOS 传感器和堆栈式 CMOS 传感器。背照式 CMOS 传感器是与传统正照式 CMOS 传感器相对的。简单来说就是将光电二极管和布线层进行对调（如图 3-23 所示），从而让光线首先进入感光电二极管，从而增大感光量，显著提高低光照条件下的拍摄效果。iPhone 4/4S、小米 2S、魅族 MX2、索尼 LT26i 都是搭载的这类传感器。而堆栈式 CMOS 传感器则是背照式 CMOS 传感器的衍生产物，它是目前手机摄像头中应用最广泛的一种，也是最先进的一种，属于索尼的独家技术。

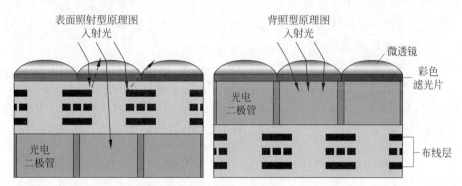

图 3-23　CMOS 传感器原理示意图

堆栈式 CMOS 传感器使用有信号处理电路的芯片替代了原来背照 CMOS 图像传感器的支持基板，在芯片上重叠形成背照 CMOS 元件的像素部分，从而实现了在较小的芯片尺寸上形成大量像素点的工艺。由于像素部分和电路部分分别独立，因此像素部分可针对高画质优化，电路部分可针对高性能优化。三星 i9500，OPPO Find7，N1 等手机都是搭载的这类传感器。

感光元件只是智能终端摄像头组成中不可或缺的一部分，但终端拍摄图片效果好坏的决定因素很多，例如厂商通过软件对硬件的优化调校，最终图片效果的呈现处理等。

5. 电池

移动智能终端通常使用锂离子电池，容量单位 mAh（毫安时），是指在一定的放电时间下完全放电产生的电流，例如 3 000 毫安时指此电池在 1 小时内完全放电电流是 3 000 毫安。有的电池上带有 NFC 标志，说明此电池具有近场通信芯片，可通过射频信号自动识别目标对象并获取相关数据及内容访问等。

电池的发展历经了多个阶段，从最早的铅蓄电池、铅晶蓄电池，到铁镍蓄电池以及银锌蓄电池，发展到铅酸蓄电池、太阳能电池等。而锂电池是目前使用最广的电池。锂离子电池具有高能量密度、高比容量、较长的循环使用寿命、较快的充放电速度、较小的自放电、无记忆性、灵巧轻便、环境友好等多指标的综合优点，使当前还难以找到另外的成熟的替代材料。

6. 卫星定位

随着智能终端发展，移动互联网的发展，位置成为智能终端必备的功能之一。卫星定位是智能终端定位功能很重要的一个方面，在这个领域，GPS 发展比较早，仍是卫星导航地面必备的模式，双模多模的卫星导航日益得到普及，2014 年 60％以上的芯片其实已经是双模多模，除了 GPS，GLONASS 超过 50％，北斗导航维持 30％。

全球定位系统(Global Position System，GPS)最少需要 24 颗卫星其中的 4 颗，就能迅速确定用户端在地球上所处的位置及海拔高度，所能接收到的卫星数越多，解码出来的位置越精确。终端的 GPS 模块与地图软件一起，可以为用户提供各种地理位置信息服务。

A-GPS(Assisted-GPS)网络辅助 GPS 定位系统，通过卫星接受定位信号的同时结合移动运营商网络下载辅助的定位信息，两者结合完成定位，定位速度比 GPS 定位更快，但需要产生网络流量费用。

北斗定位 BDS 作为我国自主知识产权技术，在目前智能终端上的应用也在增多，像华为、小米、三星、VIVO、乐视很多手机都支持北斗，目前渗透率大约 30％，提升空间非常大。2015 年 7 月，我国自主高集成度、低功耗的智能手机北斗芯片发布，它是具有 40 纳米北斗 GPS、Wi-Fi、蓝牙、调频(FM)四合一低功耗、高精度北斗定位的芯片。

7. 传感器

传感器感知要测量的信息，并将感知到的信息，按一定规律变换成为电信号或其他所需形式的信息输出，以满足信息的传输、处理、存储、显示、记录和控制等要求。传感器是智能终端各种应用的数据来源基础。随着传感器性能的提高和小型化，未来的智能手机和智能终端将搭载更多类型的传感器。

智能终端常见的传感器类型有：方向传感器、距离传感器、陀螺仪传感器、电子罗盘、重力传感器、磁力传感器、光线传感器、线性加速度传感器、旋转矢量传感器、压力传感器等。

方向传感器可以检测终端本身处于何种方向状态，如正竖、倒竖、左横、右横、仰、俯状态。方向传感器还可以使终端使用更方便更具人性化，如终端旋转后，屏幕图像可以自动跟着旋转并切换长宽比例，文字和菜单也同时旋转使阅读更为方便。

距离传感器通过发射短的光脉冲并测量光脉冲反射回来的时间来计算与物体之间的距离，实现距离测量，它的应用主要是检测人脸到终端的距离。当打电话时，终端屏幕可以自动熄灭，当通话结束脸部离开时，屏幕灯自动开启。

陀螺仪传感器用来测量偏转和倾斜时的转动角速度。在终端上，仅用加速度计无法测量或重构出完整的 3D 动作，结合陀螺仪对转动，偏转地测量，就可以精确分析判断出使用者的实际动作。陀螺仪的主要应用有：动作感应的 GUI，通过小幅度的倾斜，偏转手机或者平板，实现菜单，目录的选择和操作的执行；GPS 的惯性导航，当行驶到隧道或高大建筑物附近，GPS 信号被遮挡时，可以通过陀螺仪来测量汽车的偏航或直线运动位置，实现继续导航；通过动作感应控制游戏。

光线传感器使终端能够根据周围光线的明暗程度来调节屏幕敏感，为智能终端节省电力。

电子罗盘利用地磁场来确定北极，配合 GPS 和地图完成相关的功能。

重力感应技术利用压电效应实现测量内部一个重物(重物和压电片一体)的重力正交两个方向的分力大小，来判定水平方向，通过对力敏感的传感器，感测终端在变化姿势时重心的变化，通过光标变化位置来实现选择的功能。重力传感器应用于支持摇晃切换所需的界面和功能，游戏的操控如控制赛车方向，控制小球跌落方向等。

加速度传感器：当终端跌落时，感应到加速度，自动关闭终端，以保护终端。

气压传感器通过一个对压强很敏感的薄膜元件工作，薄膜元件连接柔性电阻，当大气压变化时，电阻阻值发生变化。气压传感器的作用主要用于大气压的检测，可以感知当前高度并辅助 GPS 定位。

压阻式压力传感器是利用单晶硅材料的压阻效应和集成电路技术制成的传感器，常用于压力、拉力、压力差和可以转变为力的变化的其他物理量(如液位、加速度、重量、应变、流量、真空度)的测量和控制。

以上这些传感器通常是智能手机的标配，除此以外，归功于移动支付时代的到来，安全与便捷性要求的提高导致指纹识别传感器有全面普及的趋势。气压、心率、血氧、紫外线传感器等主要针对户外、运动、健康一类的用户群体，多见于三星高端手机，或者智能手表手环一类的产品。

智能手机早已不仅是通信工具，而且还是集成了多种信息、娱乐、健康管理等功能的产品，随着传感器技术的进步，未来智能终端会集成越来越多的传感器，实现越来越多的功能，满足人们的各种应用需求。

8. 外围无线模块

外围无线模块包括 Wi-Fi、蓝牙、红外、NFC、ANT＋和 FM 等，用以实现智能终端的各种无线传输和应用，如文件/数据传输、外设控制、上网、近场通信等，相关技术在第四章中介绍。

参考文献

[1]　手机结构原理[EB/OL]．[2015-10-27]．http://wenku.baidu.com/view/3aff9b16d0d233d4b04e690c.html?from＝search．

第 四 章
移动智能终端关键技术

4.1 智能终端的软件技术

　　智能终端软件系统由系统软件和应用软件构成，系统软件包括操作系统和中间件（应用框架）。操作系统是一个庞大的管理控制程序，大致包括 5 个方面的管理功能：进程与处理机管理、作业管理、存储管理、设备管理、文件管理。当前主流智能终端操作系统主要是 Android、iOS 和 Windows Phone。中间件一般包括函数库和虚拟机，使上层的应用程序在一定程度上与下层的硬件和操作系统无关。应用软件则提供用户直接使用的功能，满足用户需求。从提供功能的层次来看，可以这么理解，操作系统提供底层API，中间件提供高层 API，而应用程序提供与用户交互的接口。在某些软件结构中，应用程序可以跳过中间件（应用框架），而直接调用部分底层 API 来使用操作系统提供的底层服务。典型移动操作系统框架如图 4-1 所示。

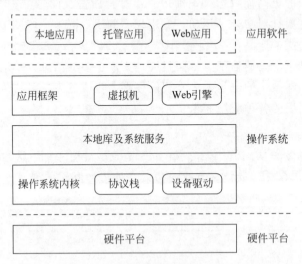

图 4-1　移动操作系统框架示意图

4.1.1　操作系统

操作系统的功能是管理智能终端的所有资源（包括硬件和软件），同时也是智能终端系统的内核与基石，其重要性不言而喻。谁主导操作系统，谁就站到信息技术发展顶端；谁掌握操作系统，谁就拥有远超其他公司的生命力。从 20 世纪 80 年代，家用电脑开始普及之时，微软就凭借 MS DOS 在信息技术产业崭露头角，继而从 20 世纪 90 年代起以 Windows 操作系统领军信息技术至今未见衰退；随着移动智能终端日益普及，谷歌公司在 2007 年推出 Android 操作系统以后作为新的霸主引领信息技术发展，苹果公司与此同时以搭载 iOS 操作系统的 iPhone 横空出世占据了移动互联网的半壁江山。国内公司企业和相关单位早已意识到操作系统的重要性，特别是在移动互联网时代，更是投入大量人力、物力和财力打造自主知识产权移动操作系统，但时至今日，依然没有出现重量级移动操作系统。伴随物联网、云计算和大数据的发展，面临信息技术突飞猛进和巨大变革实际，移动操作系统的愿望正在变得更加强烈。

4.1.1.1　发展阶段

移动操作系统和手机硬件芯片相互促进共同发展，基于时间可把移动操作系统划为三个阶段。

萌芽阶段：标志为从 1991 年开始陆续推出的英国 Psion 公司的 EPOC（Symbian 操作系统前身）、美国苹果公司的 Newton OS 和美国 Palm 公司的 Palm OS 等操作系统。该阶段移动智能终端操作系统的早期雏形开始出现，主要用于个人商务助理（PDA），具备简单的硬件资源管理和任务管理能力，但不具备语音通信功能。部分操作系统支持安装第三方应用，但由于终端平台的限制，应用功能十分有限。

发展阶段：标志为从 2000 年开始陆续推出的芬兰 Nokia 公司的 Symbian、美国微软公司的 WinCE 和加拿大 RIM 公司的 Blackberry OS 等操作系统。该阶段移动终端和 PDA 呈现出融合的趋势，首批真正意义上的移动智能终端开始出现。移动操作系统可安装第三方应用，但应用软件散布在各网站并需手动下载安装。操作系统支持上网功能，但主要借助 WAP 提供简单的信息网页浏览，拍照、录音、摄像和影音播放等多媒体功能成为操作系统标配。

繁荣阶段：标志为从 2007 年开始陆续推出的美国苹果公司的 iOS 和美国谷歌公司的 Android 等操作系统。本阶段移动智能终端发展迅速，应用商店为用户提供应用下载和安装，为开发者提供应用上传、推广、升级和销售，形成不断发展壮大的生态圈；支持多种传感器以及通过外围接口连接各类外设；终端与云端紧密结合，将移动互联网丰富多彩的内容和服务带给用户，实现了终端功能的进一步扩展；全面采用触摸、手势、语音等交互方式取代键盘和手写笔，使终端更容易上手，更便于操作。操作系统更加注重用户体验、强调营造生态环境的新型移动操作系统迅速成为市场主流。

市场现状：从全球来看，智能操作系统市场"iWAY"（苹果 iOS、微软 WP、谷歌 Android、阿里 YunOS）格局已经形成，但是移动操作系统当前仍是 iOS 和 Android 主导，市场研究机构 Strategy Analytics 2015 年第三季度数据显示，谷歌 Android 和苹果 iOS 系统的全球市场占有率分别为 84.1% 和 13.6%，两家之和高达 97.7%。在我国，根据赛诺的报告，2015 年中国智能机市场，Android 系统份额预计为 81.36%，苹果 iOS 系统份额预计为 11%，阿里 YunOS 份额预计为 7.10%。阿里 YunOS 已经成为国内第三大移动操作系统，截至 2015 年 12 月，阿里 YunOS 操作系统安装量累计突破

4 000 万部终端。

操作系统的重要性毋庸置疑，互联网发展已经成为国家战略，信息安全的重要性上升到新高度，同时，全球移动互联网的蓬勃发展与智能硬件的兴起，促使移动操作系统的形态和需求发生根本性转变。知名通信专家项立刚指出，移动终端用户早先较为注重的 UI 界面的美观易用、内存运行的流畅、设备管理的便捷等，目前逐渐变为需要更加人性化的云端操作、更安全好用的防护管理等，这些都为国产操作系统带来了机遇。

国产操作系统应紧抓智能硬件与云计算结合发展的风口，以兼容 Android 系统为支撑，从可穿戴设备、电视盒子、智能家居等相关产品入手，逐步延伸进入智能手机市场，今后 3～8 年下一代手机和智能硬件会发生革命性变化，国产操作系统背靠中国市场，如能提前布局有望跻身主流。

4.1.1.2　体系架构

移动操作系统是移动智能终端中管理控制硬件和软件资源，合理组织工作流程，以便利用这些资源为用户提供一个具有足够功能、使用方便、安全有效工作环境的系统软件，并在移动智能终端和用户之间起到接口作用。移动操作系统包括硬件管理、运行管理、存储管理、接口管理、数据管理和用户接口等基本功能。一般由操作系统内核、本地库及系统服务、应用框架三层构成，如图 4-1 所示。

操作系统内核是移动操作系统最核心的组件，是硬件与软件之间的抽象层，管理系统资源并向上层提供基础服务，以最高权限(如 root 或者 admin 权限)运行。具体工作包括：进程管理(负责管理移动应用和系统服务进程的启动、运行与退出)、内存管理(负责进程内存分配和回收管理，并且对碎片化的内存进行整理)、文件系统管理(负责文件的创建、读写和删除，文件权限的管理，以及包括 SD 卡在内外部存储的加载与管理)、设备抽象管理(借助设备驱动程序屏蔽相同类型不同厂商的硬件差异并进行管理，并向上层提供统一的硬件访问接口)和网络协议栈(按照协议规范进行网络接口和上层应用之间数据包的收发)。

本地库及系统服务是构建在操作系统内核之上，实现更高级的系统功能，并对应用框架乃至应用软件提供服务。主要包括图形显示、多媒体、数据库、字体渲染、加解密、标准 C 库函数等部件。本地库及系统服务本身并不直接与移动智能终端硬件打交道，故此调用这些本地库时无须进行用户态到内核态的上下文切换，大大提高系统运行效率。同时，相关进程通常以低于最高系统权限的普通系统权限运行，发生问题时候可以在一定程度上限制损失的范围。

应用框架构建在本地库和系统服务的基础之上，将操作系统的各项能力以应用编程接口形式提供给应用软件调用，并对移动应用提供运行时服务、支持和管理。各类移动操作系统底层大同小异，主要差异均体现在应用框架层。应用框架可支持如下三类应用中一种或者多种：本地应用、托管应用和 Web 应用。

4.1.1.3　机遇挑战

纵观发展历史，任何一个具体操作系统都有其适用阶段和适用范围。随着信息技术的飞速发展，新技术新业务对现行移动操作系统带来巨大挑战和机遇。

1. 机遇方面

性能功能：移动智能终端应用处理器运算频率普遍达到 2GHz 以上，图形处理器支持高清视频播放；容量更大，内存容量 2GB 以上，内部存储空间更是可达 128GB；传感器种类大幅增加并广泛用于移动智能终端。

通信能力：移动智能终端均具备接入蜂窝通信和无线局域网的能力，随着通信技术发展，通信速度已经和有线数据通信能力相当，下载速率 3G 约为 2Mbit/s，4G 提高至 100Mbit/s，并且支持更加长距离和快速度状态下的数据通信。同时，移动智能终端具备多种多样外围接口，可以进行多种多样无线和有线本地通信。

协同通信：移动智能终端早已不同于传统通信终端主要用于语音通话，互联网应用仅仅是偶然附加功能。如今"端—管—云"已大势所趋，移动智能终端与应用商店和应用服务器紧密结合，已经常态成为互联网的一个部分。同时，由于移动智能终端本身传感能力提升和外围接口增加，移动智能终端已经成为物联网终结或汇聚节点，具体如图 4-2 所示。

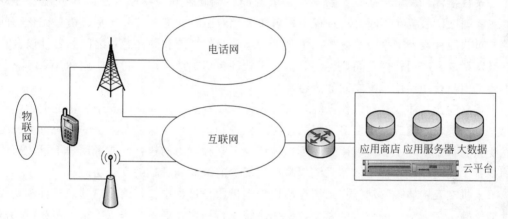

图 4-2　"端—管—云"协同系统架构

2. 挑战方面

用户体验：移动操作系统虽然发展比较成熟，但是由于缺少统一标准规范，用户总要针对性地学习不同移动操作系统以及相关系统的使用，给用户带来许多操作困扰和经济损失。与此同时，由于部分移动操作系统碎片化问题，应用软件和移动操作系统存在许多兼容性问题，降低用户乃至应用开发者的主观感受。另外，由于运行和存储的碎片化，移动智能终端使用越来越慢和存储不知不觉变少也日益困扰用户。随着新型终端和业务应用的涌现，用户对移动操作系统的用户体验要求也在日益提升。

安全问题：移动操作系统本身无法避免漏洞问题，一般来源于开发过程无意中留下的不受保护的缺陷或者入口点，存在攻击者利用这些漏洞在未授权的情况下访问或破坏系统的可能。同时，移动操作系统虽然提供应用签名、权限审核和沙箱隔离等安全机制，但远没达到消除安全威胁的程度，例如：移动操作系统 API 对第三方应用高度开放，并且用户提示和确认的机会较少，容易被恶意应用误用和滥用；移动应用软件往往采用压缩包形式存在，存在解压缩并被分析进而实施攻击的可能；部分移动操作系统支持开机自启动并后台运行，容易被恶意利用进行隐秘攻击。

开源问题：多数移动操作系统基于 Linux 等开源操作系统开发。依据 GNU 开源协议，开源操作系统需要公开源代码，以便他人进一步遵循 GNU 开源协议进行使用、编译和再发布。对于这样开源移动操作系统不可避免要经受来自外界的检验，同样给开源移动操作系统的发布带来巨大挑战。

4.1.1.4　评价指标

考评移动操作系统优劣主要包括处理性能、兼容指标、信息安全、人机交互、稳定性能和连接性能等六个指标，具体如下。

处理性能：反映移动操作系统提供应用服务时，系统所需要的处理资源和响应时间，包括：处理资源、存储空间、开机等待时延、系统解锁时延、应用进入时延、应用切换时延等。其中响应时间直接反映移动操作系统是否快速流畅。该指标除了与移动操作系统优化水平和软硬协同有关以外，同时直接受移动智能终端处理性能的影响。

兼容指标：表示移动操作系统与移动智能终端硬件和应用软件之间相互配合的程度。移动操作系统在不断升级过程中不可避免导致版本众多、碎片严重、质量变化等问题，对软硬件兼容带来一定挑战。主要包括移动操作系统和硬件芯片之间兼容性以及移动操作系统和应用软件之间兼容性等。应用软件包括本地应用、托管应用和 Web 应用，均要考虑与移动操作系统之间的兼容性。

信息安全：体现移动操作系统本身安全性能以及防范外界信息安全攻击的能力，目标是达到操作系统对系统资源调用的监控、保护和提醒，确保涉及安全的系统行为总是在受控的状态下，不会出现用户在不知情情况下某种行为的执行，或者用户不可控行为的执行。同时体现在移动操作系统本身尽可能少的漏洞和具备的安全功能。

人机交互：体现移动操作系统在给用户提供服务过程中，带给用户的友好性和功能性能体验。随着触摸屏技术的发展，操作系统支持用户在屏幕上进行手指点击或滑动的方式完成命令的输入，语音输入和眼动输入都正成为未来移动终端人机交互技术。不断增强的人机交互技术的价值在于给用户带来了更好的便捷性和易用性，操作更简单、更直观。与此同时，人机交互中除了输入技术还包括输出技术。

稳定性能：体现在操作系统长时间运行无故障的性能和抵抗错误输入进而维持系统正常运行的能力。稳定性能可分为整机稳定性指标和第三方应用稳定性指标：前者主要是标识移动操作系统长时间使用的平均无故障时间(MTBF)，期间没有发现终端重启及死锁等情况；后者主要是标识第三方应用在移动操作系统上进行长时间使用平均无故障时间(MTBF)，期间没有发现崩溃、强制关闭、冻僵等工作异常。稳定性能也包括容错性，体现移动操作系统在出现故障错误或异常情况下确保系统或者应用不发生无法预料的事故。

连接性能：反映移动操作系统与网络或其他通信设备通过空口进行互联互通时无线传输性能，影响其功能和业务不仅包括传统的语音通话、短信，还包括文件传送、网页浏览以及移动互联网应用，涉及的重要指标包含：语音呼叫性能、短信收发成功率、数据吞吐量、数据业务连接成功率、业务掉线率等。

4.1.1.5　移动操作系统的特点和发展

移动应用发展的关键是移动操作系统，移动操作系统需要同时考虑自身过硬和生态环境两方面因素。

1. 自身过硬

首先，不论目前是"两雄相争"（即 Android 和 iOS）还是"三国鼎立"（即 Android、iOS 和 windows phone）局面，新进移动操作系统一定要具备自己明显的优势，才可能后起直追。事实上，任何移动操作系统都有其应用范围和适用时段，现有移动操作系统本身是针对 10 年前的环境进行开发应用，本身并不完全适用于当前情况。当今情况下，新进移动操作系统优势应体现出对新技术新业务的应用和整合能力上，如对基于 HTML5 的 Web 应用技术的应用、对云计算和大数据的能力整合、对包括传感器在内硬件技术的使用，以及对包括互联网汽车、可穿戴终端和电子支付等无缝衔接。

其次，移动操作系统要关注处理性能、兼容指标、信息安全、人机交互、稳定性能和连接性能等六方面指标，从用户体验角度全方位进行考量。新进移动操作系统，特别需要关注的是信息安全方面的指标。传统移动操作系统的信息安全手段包括：安全引导、授权更新、漏洞缓解、应用沙箱、权限模型、加密技术、口令保护、远程保护、设备管理、应用审核等。大部分信息安全技术都实施在移动操作系统上。但是随着云计算和大数据的发展，移动操作系统正日益成为云平台的一个构成部分，借助云平台进行移动操作系统的信息安全保护，是移动操作系统性能提升的一个重要方向。另外一个明显的优点体现在随着移动操作系统部分资源和能力转移到云平台，其使用和维护也日益简单。

最后，虽然技术指标对移动操作系统至关重要，但其本身并没有考虑特定领域的应用行为特征，以至于高性能的操作系统不能给某些特定应用领域带来更多的效益。故此，移动操作系统不应该单纯追求理论上的性能指标，而更应该关注如何设计开发一个平衡的系统，提供经济实惠、方便好用、易于维护、稳定可靠的移动操作系统平台，从而缩短应用的开发周期，减少开发成本，满足特定领域应用的需求。

2. 生态环境

首先，移动操作系统需要配套支撑环境。传统配套支撑环境主要是应用软件商店和第三方应用服务器。随着云计算、大数据乃至更新网络技术的发展，有了更多技术和平台供移动操作系统选择，如何做到趋利避害，并设计更加智能的配套支撑环境是新进移动操作系统需要正视的问题。目前至少移动操作系统可以把部分处理和存储需求转嫁到云计算平台，部分数据分析任务转嫁到大数据平台。当然，如何平衡移动操作系统、云计算平台和大数据平台，如何使其运行更加智能高效和拥有更好用户体验，是移动操作系统设计开发需要深入考虑的问题。

其次，移动操作系统需要高度重视移动互联网生态系统的全面发展，不能使其成为无源之水和无本之木。移动互联网生态环境包括芯片设计商、芯片制造商、手机制造商、业务提供商、通信运营商和软件开发商。移动操作系统需要和以上各家单位形成产业联盟，实施共赢策略，才可能与现有移动操作系统进行竞争。同时，实施奖励策略，鼓励软件开发者开发富有创新性的应用，从而形成丰富多样的应用环境，吸引广大用户下载和使用相应应用软件，进而形成良性应用开发使用生态环境。

4.1.2　应用软件

移动终端应用服务模式中，移动 APP 快速替代原有网页，并成为移动互联网领域的主导模式，随着移动应用规模持续扩大，其已对实体经济社会形成了深远影响。移动应用成为经济社会信息体系新模式，其结合实体经济正走向营收。相比桌面互联网，移动互联网对传统行业具有更深远影响。移动互联网借助移动终端本身的移动性、便捷性快速融入诸多实体产业，从而带动了实体产业的发展。微信等新型移动即时通信产品的问世不仅丰富了短信、电话的内容与表现形式，更融入了资讯以及生活的各类信息，从而打通线上线下，深刻影响生产生活，推动传统产业变革和新兴业态的发展。当前移动互联网已经改变了诸如交通、商贷、民生、通信、医疗、餐饮等领域。

4.1.2.1　应用形态

智能终端应用软件都是针对特定操作系统的，需要使用针对性的开发语言和工具进行开发。应用软件形态主要分为：本地应用、托管应用和 Web 应用。本地应用是指直接运行在操作系统上的应用形态；托管应用运行在虚拟机上的应用形态；Web 应用是指运行在浏览器上的应用形态。现阶段智能终端应用形态以本地应用和托管应用为主，但是 Web 应用随着 HTML5 语言的出现以及智能终端多平台的发展也展现出良好的发展势头。

1. 本地应用

本地应用：基于编译语言（如 C/C++/Objective-C）进行编写，编译成本地可执行代码可以直接调用应用框架的应用编程接口并运行。此类应用软件运行效率高但是开发有一定难度。典型例子如苹果公司 iOS 操作系统。

iOS 系统的原生开发语言是 Objective-C，它对 C 语言进行了扩展，是一门面向对象的编程语言，主要应用于 Mac OS X 操作系统。2014 年，苹果发布了新的编程语言 Swift。Swift 是一门基于 C 和 Objective-C 的编程语言，它被设计用于开发 iOS 和 OS X 的应用程序。Swift 采用了安全的编程模式并添加了新的主流功能使编程变得更加灵活、简单、有趣。Swift 沿用了 Objective-C 的命名参数和动态对象模型，并提供了对 Cocoa 和 Cocoa Touch 框架的支持。另外，Swift 采用了与 Objective-C 一样的编辑和运行环境 LLVM，因此它可以兼容 Objective-C，开发者也可以在开发过程中无缝切换。

2. 托管应用

托管应用：基于解释语言（如 Java/C♯）进行编写，编译成字节码后经由虚拟机调用应用框架提供的应用编程接口来解释执行。此类应用软件运行效率一般但便于开发，典型例子如谷歌公司 Android 操作系统。

Android 应用程序框架以及应用程序是基于 Java 语言开发的。Java 语言具有高效、安全的特性，而且具有较强的平台移植性。开发者只需要使用 Android 的 SDK（Software Development Kit）以及随之一齐发布的开发工具 Android Studio（早期还可以使用 Edipse 集成工具 ADT），就能较为轻易地搭建 Android 应用的开发环境。由于

Android 系统的开放性，Android 应用开发者能够调用丰富的 API 接口开发功能新颖的应用程序，如利用陀螺仪等硬件设备，访问位置信息、运行后台服务、设置闹钟、向状态栏添加通知等。开发者可以完全使用核心应用程序所使用的框架 APIs。应用程序的体系结构旨在简化组件的重用，任何应用程序都能发布它的功能，任何其他应用程序可以使用这些功能(需要服从框架执行的安全限制)。

3. Web 应用

Web 应用：基于脚本语言(如 HTML、CSS 和 JavaScript)进行编写，并经由透过 Web 引擎调用应用编程接口来解释执行。Web 应用采用网页语言开发，具有开发简单、跨平台适配等优点，但是运行效率较低。典型例子如阿里巴巴云操作系统。

2014 年，W3C(万维网联盟)推出 HTML 5 标准，HTML 5 技术并不是单纯的一种开发语言，而是 HTML(Hyper Text Markup Language)、CSS(Cascading Style Sheets)和 JavaScript 的统称。HTML5 标准已经广泛应用于 Web 应用程序，其核心技术如网页存储、图形图像、音频视频以及地理定位等的应用都进行了标准化，并且 HTML5通过结合更多的 API 使得其核心技术在网络开发应用中显得极为重要。

4.1.2.2　应用模式

虽然"操作系统＋应用商店"仍是移动应用分发的主要渠道，但商店内部资源却趋向集中，超级应用开始占据实质主导位置。超级应用，以微信为例，通过整合互联网社交关系与手机通信录关系，添加移动位置与互联网信息图层，建立了一个多维立体的关系链，提供多媒体交互能力，开创移动互联网的融合通信产品，对通信业带来巨大挑战，也提升了应用话语权。微信在 5.0 版本后，通过添加支付、二维码扫描、社交游戏等元素使其进一步走出 IT 范畴，革新传统领域。如移动电子商务发展早期简单复制传统电商模式，体量不大，而微信通过二维码开启了 O2O(线上线下)商业模式，使得传统商贸迅速步入移动时代，实体经济采用微信作为推广、交易和支付平台，规模社交能量也急速提升移动电商规模。目前全球移动搜索、移动门户、移动微博的访问流量与时长都得到快速增长。移动应用借助终端本身的移动性、便捷性，快速融入诸多实体产业。如移动支付通过各类App 在公共交通、零售行业、餐饮行业得到普及；LBS 与打车服务结合形成全新的交通服务模式；移动即时通信成为 O2O 交易的新平台。同时，移动应用也与可穿戴设备、车载电子、智能服务器发展结合催生新业态，并加速向第一和第二产业延伸。

应用软件商店是指以互联网、移动通信网等信息网络为通道，为智能终端提供应用软件、数字内容等产品的交易服务平台，应用软件商店一般由智能终端制造商、网络运营商或者第三方运营商运营。其网络架构和系统结构如图 4-3 所示。

应用软件商店作为一种移动应用内容的发布渠道，在促进移动互联网业务蓬勃发展的同时，也带来了一些潜在的安全隐患，最常见的是不法分子利用这个渠道传播包含吸费陷阱、僵尸病毒、手机木马等恶意代码，损害用户信息安全和利益。其根源在于智能终端的开放软件平台架构。虽然开放软件平台架构为第三方应用软件的开发和使用带来了极大方便。但操作系统本身安全漏洞、后门的存在容易被恶意的应用开发者所利用，从而对用户的信息安全、网络安全带来隐患。恶意程序可以借助终端软件系统的安全漏

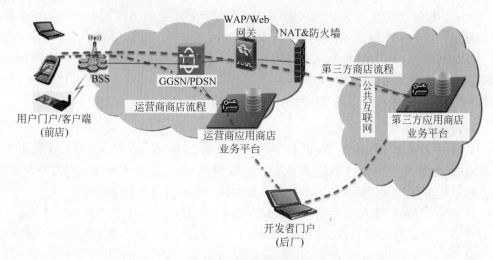

图 4-3　应用软件商店的网络架构

洞破坏、散播用户数据，甚至借助木马程序调动感染的终端发起对移动网络、网络中特定目标的攻击。恶意程序还可以通过终端操作系统的"后门"对终端进行远程控制、窃取信息。由于除智能终端预置应用软件之外，基本上都来自于应用软件商店，故此，非常有必要加强应用软件商店的安全措施，避免恶意代码散播到用户智能终端。

应用软件商店信息安全措施主要由技术手段和管理手段共同构成。技术手段主要目标是审核和验证提交到应用软件商店软件的合法性；而管理手段主要目标是验证开发者的资质以及对非法行为的惩罚措施。具体如下：

对第三方应用软件审核主要是由一系列应用软件审核和验证环节构成，具体如图 4-4 所示。

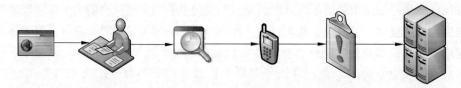

应用软件提交　应用文档检查　静态代码分析　动态代码分析　人工软件检查　应用软件上传

图 4-4　第三方应用软件审核和验证过程

1. 应用软件提交

第三方开发者可以通过应用软件商店开放的提交接口来提交应用软件。首先，第三方开发者往往需要在应用软件商店注册；之后，第三方开发者就可以按照应用软件商店的格式要求提交应用软件，提交应用软件同时需要提交说明文档（包括应用软件的功能说明、API 调用、开放区域等）。

2. 应用文档检查

该项检查主要针对软件功能、API 调用以及第三方开发者的资质等进行审核。一旦没有通过审核，则应用程序不被接受。

3．静态代码分析

静态代码分析在不运行代码的方式下，通过词法分析、语法分析、控制流分析等技术对程序代码进行扫描，验证代码是否满足规范性、安全性、可靠性、可维护性等指标的一种代码分析技术。静态代码分析可以帮助应用软件商店管理者查找代码中存在的结构性错误、安全漏洞等问题，从而保证软件的整体质量。静态代码分析主要具有以下特点。

（1）静态分析不运行代码只是通过对代码的静态扫描对程序进行分析。

（2）检测速度快、效率高，目前成熟的代码静态分析工具每秒可扫描上万行代码。

（3）代码静态分析是通过对程序扫描找到匹配某种规则模式的代码从而发现代码中存在的问题，这样可能存在漏洞的函数，有时会造成将一些正确代码定位为缺陷的问题，因此静态分析有时存在误报率较高的缺陷，可结合动态分析方法进行修正。

4．动态代码分析

动态分析是通过在模拟测试环境中执行程序进行程序分析的方法。为了使该测试全面有效，被测程序必须有足够的输入来产生有意义的行为。动态代码分析主要具有以下特点。

（1）动态代码分析完全依赖于模拟测试环境，并且模拟测试环境对测试结果有一定影响。

（2）由于输入有限，动态代码分析存在比较高的漏报率。

5．人工软件检查

人工把软件安装在智能终端上进行测试，测试一般有针对性，并且对测试人员经验要求比较高，主要用于查找以上测试环节中发现不了的信息安全问题。

4.1.3　开发生态

4.1.3.1　Android

2007 年 11 月 Google 公司正式发布基于 Linux 内核的开源手机操作系统 Android。自发布以来，该系统以其开放、自由的特性赢得了各大厂商开发人员以及用户的青睐。Android 是一个移动设备软件栈，其系统架构包含多个层次，主要有应用层、应用框架、Android 运行时库和系统库以及 Linux 内核，如图 4-5 所示。

1．应用层

Android 发布时会附带一些 JAVA 语言开发的应用程序，如联系人、电话、浏览器等。

应用框架设计了一组可以重用的组件，程序员可以访问这些组件，发布自己的应用程序。任何一个应用程序都可以发布它的功能模块，而且在 Android 的安全框架下，其他应用程序也可以访问和使用另一个应用程序的功能模块。应用框架包括视图、内容提供器、资源提供器、活动管理器等。

2．系统库和运行时库

（1）系统库包含了一些供 Android 不同组件使用的库，如基于 Embeded Linux 的

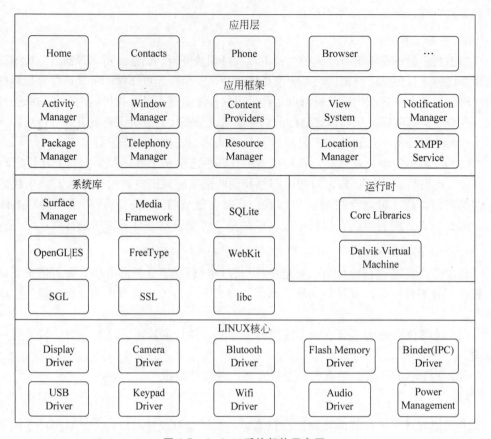

图 4-5　Android 系统架构示意图

C 系统函数库 libc，支持音、视频以及图片回放的媒体库，OpenGL 3D 引擎及功能强大的轻关系型数据库 SQLite 等。

（2）运行时库是 Android 系统的核心，提供了 JAVA 核心库的大多数功能。同时巧妙的构造了 Dalvik 虚拟机。Android 系统为每一个运行的应用程序都提供了一个单独的进程，应用程序都拥有一个独立的 Dalvik 虚拟机实例。Dalvik 虚拟机可以运行 DEX 类型的文件，即 Android 应用程序的实际可执行文件。

（3）Linux 核心。Android 的核心服务依赖于 Linux 核心，它能提供安全性管理、内存管理、进程管理、网络协议栈以及驱动等多种底层服务。

开发者需要使用 Android 的 SDK(Software Development Kit)进行应用程序的开发工作。早期开发者可以通过文本文件编辑器加命令行的方式或使用集成 ADT 的 Eclipse 可视化开发工具进行开发。随后谷歌于 2013 年推出了全新的 Android 开发工具 Android Studio。它基于 IntelliJ IDEA，集成了 Android 开发工具用于开发和调试，同时支持 Linux、Mac OS 和 Windows 等不同平台。

Android 应用程序最终被编译成为 APK 文件进行发布，编译过程非常复杂，包括了许多工具和过程，如图 4-6 所示。

应用程序编译时，先将原文件、资源文件、接口文件等原始文件通过 JAVA 编

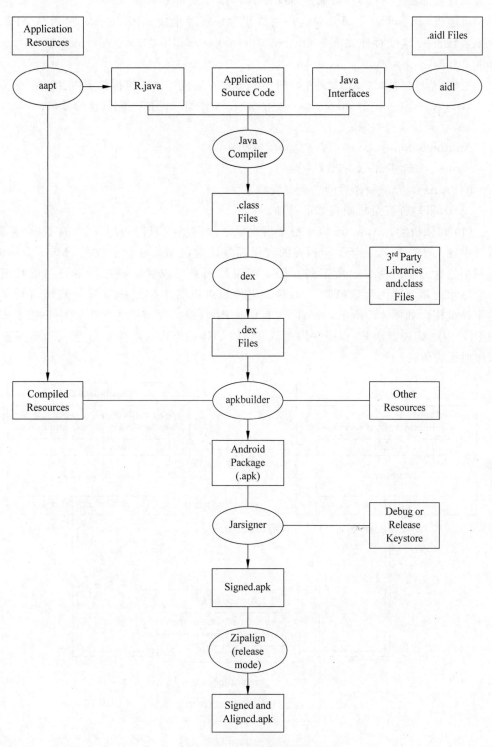

图 4-6　Android 应用程序编译过程

译器编译成 class 文件，然后通过 dex 工具将这些文件转换成 Dalvik 处理的 dex 字节码，再通过 apkbuilder 工具，整合所有应用程序资源生成 APK 文件，最后对 APK 文件签名认证后即可对外发布。(https：//developer. android. com/sdk/installing/studio-build. html)

生成的应用程序为 APK 文件，即 Android 安装包，一般包括如下内容：

META-INF/：一个 manifest，从 java jar 文件引入的描述包信息的目录；

res/：资源文件目录；

AndroidManifest. xml：程序全局配置文件；

classes. dex：Dalvik 字节码；

Resources. ars：编译后的二进制资源文件。

Android 软件安全机制有如下两种。

(1) 权限机制。Android 应用框架层提供了限制组件间访问的强制访问控制机制，系统中定义了一系列安全操作相关的权限标签，应用需要在配置文件(Manifest. xml)中利用这些标签声明自己所需的权限，当用户同意授权后，该应用下属的所有组件将会继承应用声明的所有权限。同时，组件也可以利用权限标签限制能够与其交互的组件范围。如图 4-7 所示，组件 CC1 要求 P1 权限，而应用程序 B 被用户授予了权限 P1，因此 CB1 继承 P1 权限并因而具有访问 CC1 的能力。组件 CA1 则因为不具备 P1 权限而无法访问 CC1。

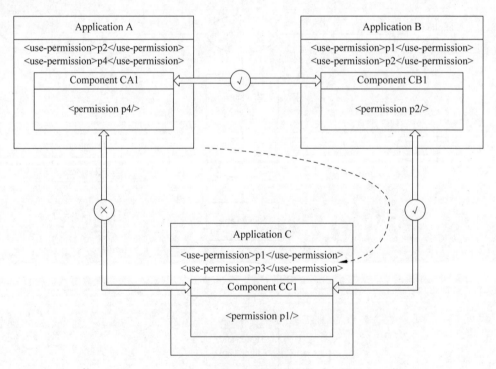

图 4-7　Android 权限机制

　　Android 支持普通(normal)、危险(dangerous)、签名(signature)以及签名或系统(signature Or System)四种权限保护级别。危险级别的权限在应用程序安装时会在屏幕上列出，而普通级别的权限是隐藏在折叠目录或屏幕上的。签名级别的权限只有在请求权限的应用程序与声明权限的程序是用相同的证书签名时才被授权。

　　(2) 隔离机制。Android 是基于 Linux 内核的，因此每个应用程序运行在自己的 Linux 进程中。通常每个应用程序被分配唯一的 Linux 用户 ID，因此 Linux 的自主访问控制机制保证应用程序的文件对于其他应用程序是不可见的。特别是 Android 应用程序运行在 Dalvik 虚拟机中，因此与其他应用程序的代码是隔离的。

　　Android 软件保护认证如下。

　　根据 Google 官方技术文档 Licensing Your Applications 声明，Android 软件认证目前为 Android Marketing 的收费应用使用。

　　第三方 App 可以在应用内部调用 Goolge 提供的 LVL(License Verify Library，许可验证库)，LVL 运行于第三方 App 的进程中，负责和本地 Market App 进行 IPC(进程间通信)，而 Market App 负责和远端的 Market License Server 进行网络通信，查询认证信息，然后返回给 LVL。最后第三方 App 里的 Activity 可以获得认证的结果并自行决定应对措施，比如验证不通过则先通知用户、直接退出等。可以根据应用的类型、面向的用户来自行决定。借助于 Market License Server，还可以实现更细致的策略，如允许应用免费使用几次等，如图 4-8 所示。

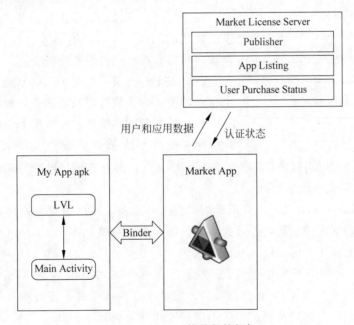

图 4-8　Android 软件保护框架

　　Android 软件认证保护的流程是在下载应用时 Google Market License Server 保存下载的应用 ID 和设备 ID，在下载安装之后每次应用启动时会通过和 Market License Server 交互从而确认本地的应用是否合法。交互的内容依然是应用 ID 和设备 ID，

Google Market License Server 会校验本地的应用 ID 和设备 ID，查看该设备是否注册使用该 App，如果非法复制软件到其他设备，由于应用 ID 和设备 ID 不匹配，认证会失败。而读取应用 ID 和设备 ID 的过程是由 Market App 来完成的，第三方 App 只是从 Market App 获取认证结果，然后决定应用是启动还是其他策略。

同时，为了确保安全的传输认证结果，Market License Server 和 LVL 的传输数据是受签名保护的。在开发者注册开发者账号时，可以申请账户对应的密钥对，公钥用户自己保存用于实现认证结果验证，私钥 Market License Server 替你保管用于实现签名。

4.1.3.2 iOS

iOS 是苹果公司的手机端操作系统，目前最新的版本为 10，iPhone 以封闭的 iOS 和 iTunes 紧密结合的方式来执行安装、升级、备份、媒体同步、程序管理的工作(包括云端同步的 Mobile Me)。

iOS 系统构架包括 4 层，分别是核心操作系统层(Core OS layer)、核心服务层(Core Services layer)、媒体层(Media layer)和可触摸层(Cocoa Touch layer)，如图 4-9 所示。

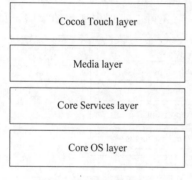

图 4-9　iOS 系统构架

Core OS 层：是一个符合 POSIX 标准的 Unix 核心，作为 iOS 的核心部分，为整个系统提供基础功能，包括内存管理、文件系统、电源管理、网络基础、安全特性、标准输入输出和设备驱动，还有一些系统级别的 API，这些功能都通过 C 语言的 API 来提供，可以直接和硬件设备进行交互。

Core Services 层：在 Core OS 基础上提供了更为丰富的功能，为用户提供核心服务，如电话本编程接口，核心数据管理和服务，位置服务，网络框架，安全框架，小型 SQL 数据库等。

Media 层：使应用程序可以使用各种媒体文件，进行音频与视频的录制，图形的绘制，以及制作基础的动画效果。

Cocoa touch Touch 层：主要用于用户在 iOS 设备上的触摸交互操作，为应用程序开发提供了各种有用的框架，并且大部分与用户界面有关。在 Cocoa touch Touch 层中的很多技术都是基于 Objective-C 语言的。

Apple 公司向 iOS 开发者提供了开发工具集 Xcode。Xcode 包含 iOS SDK，提供了所需的工具，编译器以及 Frameworks。开发者可以在该工具上进行项目管理、代码编辑、创建执行程序、代码及调试、代码库管理和性能调节等工作。

1. iPhone 安全架构

iPhone OS 相对于其他移动操作系统是完全封闭的。iOS 和 Mac OS X 的安全架构如图 4-10 所示。其中内核包含两部分：Mach 和 BSD。Mach 和 BSD 共同完成了内核的功能，其中：

Mach 是微内核架构（Micro-Kernel），负责提供最基本的操作系统服务，如进程调度、IPC、SMP、虚拟内存管理。

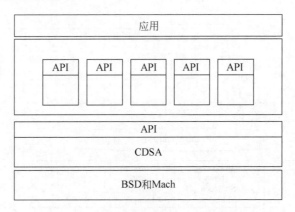

图 4-10　iOS 和 Mac OS X 的安全架构

BSD 实现 I/O、文件系统、网络等。IPhone 的文件访问控制就是基于 BSD 的。

内核之上是 CDSA（Common Data Security Architecture），主要提供认证、加密、数据安全存储等。

CDSA 直译为通用数据安全体系架构，是英特尔公司设计的一个安全体系架构规范，在设计完成之后英特尔公司又免费转交给开源组织去推行，希望它成为一个业界统一的安全体系架构标准。

CDSA 是一种层次化的安全体系结构，其安全架构划分为安全应用与安全模块两层。安全应用层主要是电子商务、信息服务等各种安全应用，安全模块层则为 CSP（密码学服务提供）等密码学和信息安全技术的整合。在安全应用层和安全模块层之间插入通用安全服务管理核心（CSSM）来处理安全组件的管理、链接和监视功能。围绕着 CDSA 的安全体系结构如图 4-11 所示，其中，CSSM 是整个 CDSA 体系架构的核心，内部包含完整性认证服务以及针对不同类型安全应用的安全管理模块。

CSSM 主要是通过整数认证和完整性验证来实现其安全功能。CDSA 实现安全的另一个核心部件是 EISL（嵌入式完整性服务库），在 CDSA 体系架构下，所有安全元件，包括安全应用和安全模块，都需要嵌入一个 EISL，EISL 会与 CSSM 内的完整性检验服务相配合，以检测安全元件的完整性，防止其遭到非法修改。在 CDSA 体系下，各安全元件之间，安全元件和 CSSM 之间是通过证书体制进行相互认证的。在安全应用要验证 CSSM 的完整性和证书的有效性，CSSM 也要验证安全应用的完整性和证书的邮箱性，随后 CSSM 链接安全模块，双方进行类似的相互认证，最后，安全应用和安全模块通过 CSSM 所建立的通道再进行相互认证，这些认证都通过后，系统开始正常的安全调用。iOS 的架构基本和 CDSA 规范一致，区别在于 iOS 对最上层 API 进行了重新封装。

2. iPhone 第三方开发者安全机制

Apple 需要所有开发人员对自己的 iPhone 应用程序使用数字签名技术。这个签名

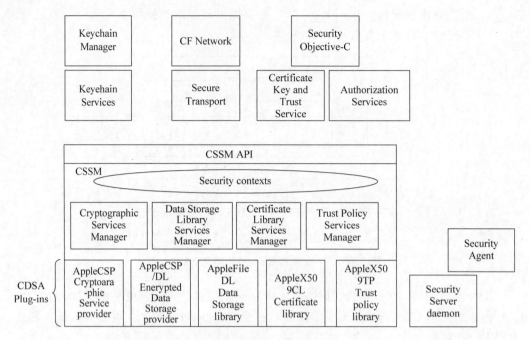

图 4-11　iOS4 CDSA 架构

用来表示应用程序的开发者一级保证应用程序在签名之后不被更改和损坏。要获得 iPhone 开发的签名证书，可以使用 Keychain Access 工具中的证书代理（Certificate Assistant）来创建一个证书签名请求（CSR）。当请求被核实后，就可以下载证书并安装应用。整个流程和 Symbian 完全一样，除了提供开发证书方是 Apple。

苹果版权保护采用自主知识产权的 Fair Play DRM 技术，有如下特点：

（1）未授权禁止复制。

（2）单账号 5 台同步授权设备许可。

具体的实现技术和 OMADRM 类似，通过 DRM 技术，苹果从某种程度上限制了内容的自由复制和非法传播，保护了内容。

4.1.3.3　Windows Phone

Windows Phone 8 是微软最新的移动操作系统，内核为 winRT，并且底层的构架使用了 Windows 运行时的构架。该平台支持编程语言 C++、C♯、VB. NET，在 XML 应用程序开发框架中可以用 C♯ 和 VB. NET，使用 C++ 编程需要 Windows 运行组件来调用。

Windows Phone 8 的模式类似 iPhone 的封闭性，Windows Phone 8 的应用程序模型目前支持第三方应用在前台执行，不完全支持后台应用，这样能在一定程度上降低系统风险。其安全原则给予最小特权和隔离原则，同时引入一个名为 Chamber 的安全隔离概念。Chamber 分为四层，其中 Least Privileged Chamber（LPC）为第三方预装应用和应用商店下载的应用而设计，拥有最小权限。

Windows Phone 8 的应用程序商店 Windows Phone store 是 Windows Phone 8 移动

终端安装应用程序的唯一方式，不支持通过其他方式来安装程序包。这在一定程度上杜绝了盗版软件，吸引开发者。应用程序想要发布，必须经过微软的代码签名。Windows Phone 8 的开发与验证流程如下：

（1）注册成为 Windows Phone 开发者，提供相关身份信息供验证同时交纳一定费用。

（2）免费获得微软推荐的应用开发环境。

（3）使用 C♯ 等语言开发应用。允许未经 Windows Phone store 签名测试就可以在真机进行测试。部署将受限于 IMEI。

（4）上传应用(XAP 包格式)，选择应用类型，选择发布的国家和价格。

（5）提交应用到 Windows Phone store。Windows Phone store 将进行各种检测。完成检测后进行代码签名发布到 Windows Phone store 销售。

为了对应用软件商店下载的软件进行版权保护，如一个用户下载完，把程序包复制到另一个终端，微软引入了 DRM 机制。用户从应用商店下载软件时，软件被加密传送，同时会传送一个加密的许可证，用于解密软件。

4.2 智能终端芯片技术

随着移动智能终端的发展，终端内部集成度越来越高，表现形式为芯片增多。现阶段移动智能终端内部芯片主要包括应用处理器芯片(AP)、基带芯片(BP)、射频芯片、连接芯片、电源管理芯片和传感器芯片等，这些芯片在智能终端中承担着不同的任务。"AP＋BP"的结构体系是当前移动智能终端核心芯片的主要体系，融合化解决方案是目前的发展趋势，如单一芯片系统(SoC)的"AP＋BP 解决方案"。

智能终端内部芯片架构图如图 4-12 所示。

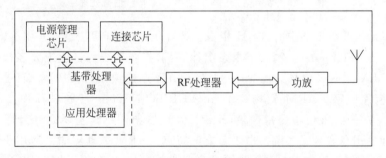

图 4-12　智能终端内部芯片架构图

一般来说，手机中的核心芯片是指基带芯片、射频芯片和应用处理器芯片。我们可以这样简单地理解：基带芯片完成信号从基带信号到音频单元(听筒或送话器)之间双向的处理和从音频终端(听筒或者送话器)到基带信号的处理；射频芯片负责完成信号从天线到基带信号之间双向的接收和发射处理；应用处理器完成除通信功能之外的其他功能，包括支持操作系统及各种应用。

4.2.1 基带芯片（Baseband Chip）

基带芯片又可以称作基带处理器，用来合成即将发射的基带信号，对接收到的基带信号进行解码。具体地说，就是发射时，把音频信号编译成用来发射的基带码；接收时，把收到的基带码解译为音频信号。

移动智能终端中的基带芯片主要包括 MCU（Micro Control Unit，微控制电路，也称 CPU 电路）、DSP（Digital Signal Processing，数字信号处理）、ASIC（Application Specific Integrated Circuit，专用集成电路）、音频编译码电路、射频逻辑接口电路等功能模块。其中 MCU、DSP、ASIC 电路共同完成数字基带信号处理，音频编译码电路、射频逻辑接口电路、AC/DC（模/数转换电路）共同完成模拟基带信号处理。数字基带信号处理和模拟基带信号处理结构图如图 4-13 所示。

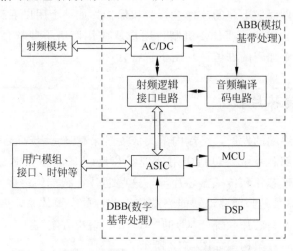

图 4-13　数字基带信号处理和模拟基带信号处理结构

数字基带处理（DBB）中的 MCU 相当于计算机中的 CPU，通常采用 RISC（Reduced Instruction Set Computer，精简指令系统计算机）指令系统，目前绝大多数的智能终端中都采用 ARM 处理器内核。ARM 公司本身并不制造或出售 CPU，而是将处理器架构授权给芯片厂家。ARM 架构（Advanced RISC Machine，更早称作：Acorn RISC Machine），是一个 32 位精简指令集（RISC）处理器架构，其主要设计目标为低耗电特性，广泛地使用在嵌入式系统。由于节能的特点，ARM 处理器非常适用于移动通讯领域，ARM 处理器可以在很多消费性电子产品上看到，从可携式装置（PDA、移动电话、多媒体播放器、掌上型电子游戏，计算机）到电脑外设（硬盘、桌上型路由器），尤其是在智能手机、平板电脑上一枝独秀。

MCU 执行的功能很多，包括系统控制、通信控制、身份验证、射频监测、工作模式控制和电池监测等，提供与计算机、外部调试设备的接口，如 JTAG 接口等。DSP 由 DSP 内核加上内建的 RAM 和加载了软件代码的 ROM 组成。DSP 通常提供如下功能：信道编解码、信道均衡、分间插入与去分间插入、卷积编码/解码、密码算法、自动增益控制等。ASIC 提供各种接口，包括 MCU 与用户模组之间的接口；MCU 与

DSP 之间的接口；MCU、DSP 与射频逻辑接口电路之间的接口；用户接口；SIM 卡/UIM 卡接口；产生时钟等。

模拟基带处理（ABB）主要是完成两个功能，一是将接收到的射频电路输出的信号转换成数字接收基带信号，送到数字信号处理器；或者将数字信号处理电路输出的信号转换成模拟的发射基带信号，送到射频部分的调制器电路。二是处理接收、发射音频信号，将从 DBB 接受的数字音频信号转换成模拟的话音信号，将模拟话音信号转换成数字音频信号，送到 DBB，完成模/数转换。

随着芯片支持通信模式的不断增多，基带芯片中所要支持的通信协议越来越复杂，需要越来越强的处理能力。智能手机芯片解决方案一路从 2 核心走向 4 核心、8 核心，甚至冲向 10 核心，尽管业界对于核心数与整体效能表现关系看法并不一致，然而智能手机行销策略纷纷强调更多核心数，且已获得终端市场消费者认同，使得国内外手机品牌大厂旗舰级中高阶智能手机搭载 8 核心、10 核心手机芯片比重持续增加。以 Android 平台的软件、硬件趋势来看，多工运算的设计方向，仍将驱动手机芯片往更多核心数发展，功耗越来越大，加上手机电池效能未能获得重大突破，智能手机芯片厂必须在效能与功耗之间取得平衡点。

4.2.2 射频芯片(Radio Frequency Chip)

射频芯片也被称作射频处理器。在移动智能终端中，射频芯片主要完成了除射频前端以外的所有信号的处理，包括射频接受信号的解调、射频发射信号的调制、VCO(压控振荡器)电路等，外围除了少数的阻容元件外，很少有其他元件。射频芯片的接收部分如图 4-14 所示，主要完成射频信号滤波、信号放大、混频，然后输出基带信号。

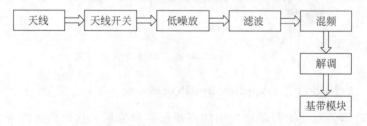

图 4-14 射频芯片接收部分结构

射频处理器的发射部分完成了射频信号的发射转化、震荡调制输出射频发射信号，如图 4-15 所示。

智能手机的射频处理器大部分采用零中频接收技术，即 RF 信号不需要变换到中频，而是一次直接变换到模拟基带 I/Q 信号，然后再解调。

智能手机支持的频段越来越多，这些越来越多的频段需要更多独立的射频前端(RFFE)元件，如功率放大器、多频带开关、双工器、滤波器以及匹配元件等。手机中的功率放大器都是高频宽带功率放大器，主要用于放大高频信号并获得足够大的输出功率。功率放大器内部集成了滤波器、放大器、匹配电路、功率检测、偏压控制等电路，

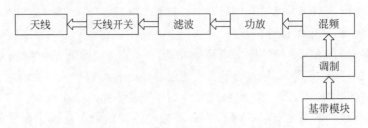

图 4-15　射频芯片发射部分结构

大部分智能手机的功率放大器都是多频段功放。

有人戏称，智能手机内部的印刷电路板(PCB)区域已成为移动终端第二大最珍贵且竞争最激烈的领域，仅次于无线电频谱。虽然手机支持的频段已经多达 10 个以上，但是显而易见，再没有多余的空间来增大射频前端的面积，如何解决这个问题？还得从提高射频前端集成度想办法。2013 年，美国高通技术公司推出的 Qualcomm® RF360 射频前端解决方案，旨在解决这一问题。该解决方案有一个高度集成的射频前端，基本整合了调制解调器和天线之间的所有基本组件，而面积只有原来的一半。

目前基带部分(Modem)一般在手机里面有两种存在形式，一种是放在 SoC 里面，也就是所谓的集成方案，代表厂商是高通和华为；而另一种就是在 SoC 之外单独加入 Modem，代表厂商是苹果，如图 4-16 所示。由于在 SoC 之外加入 4G Modem 的成本高，设计难度大，因此一般厂商现在都倾向于使用一体化的解决方案。

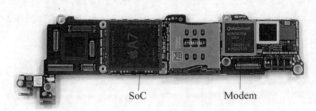

图 4-16　iPhone 5S 独立 Modem 解决方案

4.2.3　应用处理器(Application Processor)

应用处理器的发展源自手机应用的不断创新和发展。这里所讲的应用处理器独立于手机通信平台之外，完成除手机通信功能之外的其他应用，包括支持各种智能操作系统和 APP 应用，同时作为 SoC 片上系统也可高度集成通信处理器(CP)、图形处理单元(GPU)、I2C/LPDDR/USB/UART/eMMC 等外设接口和图像信号处理(ISP)，可支持高清显示、手机拍照、游戏、音乐播放、视频播放以及基于操作系统的各种应用。

对手机操作系统的支持，用户使用各种应用的流畅性、易用性等是对手机处理器性能的一大考验。经过几年高速发展，应用处理器的发展已经从单核、双核、四核发展到了八核，甚至 10 核及以上水平，主频也从当初的 13MHz 上升到 2.5GHz 以上，并已经开始支持 64 位多核心异构处理器，其处理能力和功耗水平有了质的飞跃。

目前，移动智能终端的应用处理器，90% 以上都是基于 ARM 授权 IP 架构来实现的，包括 32 位精减指令集 RISC 的 ARM7、ARM9、ARM11 和 ARM Cortex A5/A7/A8/A9，以及 64 位的 ARM Cortex A35/A53/A57/A72。当然也有部分厂商在 ARM 公版设计的基础上自行开发定制化核心，从而在性能和功耗方面能有更好的平衡，同时给用户差异化的选择，如高通 64 位 Kyro、32 位 Krait 核心、三星 64 位 Mongoose 处理核心、苹果 32 位 Swift、64 位 Cyclone/Typhoon/Twister、英伟达 64 位 Denver 核心等。另外也有采用英特尔 X86 架构的复杂指令集 CISC 系列的 CPU，虽然其市场占有率远低于 ARM 系列，如 Intel Atom 系列芯片 Z2580，以及 Marvell Xscale 系列 PXA320 芯片。

基带通信处理部分和应用处理部分通常都是基于数字电路设计，为了节约芯片面积和成本，基带部分通常与应用处理器高度整合在一起，从而简化终端设计难度，节省时间和成本。

GPU 通常作为应用处理器的一个重要的模块，专门用于处理图形运算，其在浮点运算、并行计算等方面的能力可以提供数十倍乃至上百倍于 CPU 的性能。GPU 所采用的核心技术有硬件 T&L、立方环境材质贴图和顶点混合、纹理压缩和凹凸映射贴图、双重纹理四像素 256 位渲染引擎等，而硬件 T&L 技术可以说是 GPU 的标志。GPU 中往往采用 3D 加速。比较著名的 GPU 有 nVIDIA 的 GeForce、Kepler 和 Maxwell 系列、ARM 的 Mali 系列、Imagination PowerVR SGX/GX 系列、高通 Adreno 系列，以及 vivante GC 系列等。

4.2.4　连接芯片(Connectivity Chip)

所谓的连接芯片主要集成了蓝牙、Wi-Fi、FM、NFC、ANT＋、GPS/BDS/GLONASS 等一种或多种功能的无线连接功能。连接芯片通常都是高度集成在一颗芯片里，其目的主要是将功能相近的功能单元集中在一起，减少套片芯片数量，为用户提供多种功能，从而节约了 PCB 版图的面积，同时也降低整机的成本。

4.2.5　电源管理芯片(Power Management IC)

电源管理芯片承担大部分智能终端电源管理的工作，传统分立的若干类电源管理器件或分立的电源管理芯片现在都被整合在单个封装芯片内，通过先进的 ADC/DAC 转换实现更高的电源转换效率和更低功耗，及更少的组件数以适应缩小的板级空间。电源管理芯片对电池进行智能充电管理，过压、过流、过温、短路保护，为手机内其他 IC 和射频器件、相机模块等提供多种电压的供电。

4.2.6　微机电系统(MEMS)

4.2.6.1　智能终端中的 MEMS 器件

微机电系统(Micro Electro Mechanical Systems，MEMS)是指可批量制作的，将微型机构、微型传感器、微型执行器以及信号处理和控制电路、直至接口、通信和电源等集成于一体的微型器件或系统，如图 4-17 所示。可以把它理解为利用传统的半导体工艺和材料，用微米技术在芯片上制造微型机械，并将其与对应电路集成为一个整体的技术。与传统的传感器相比，它具有体积小、重量轻、成本低、功耗低、可靠性高、适于批量化生产、易于集成和实现智能化的特点。

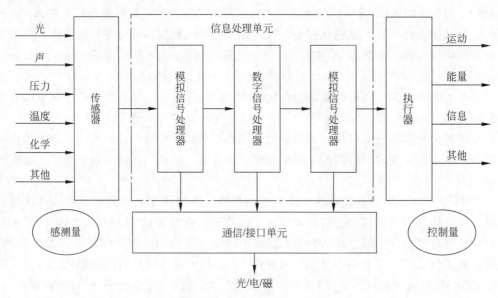

图 4-17　MEMS 的基本构成

近年来，MEMS 器件，逐渐成为智能手机、平板等移动设备的标准配备，在智能终端里，目前已经用到的主要器件有加速度计、陀螺仪、电子罗盘、压力传感器、硅麦克风、图像传感器、MEMS 微镜、BAW 滤波器和双工器、射频开关、TCXO 振荡器/谐振器等。如图 4-18 所示，特别是三轴加速度计、三轴磁力计和陀螺仪等，几乎是手机开发商必备的传感器解决方案。其中，加速度计由于成本低，体积小，又能够提供计

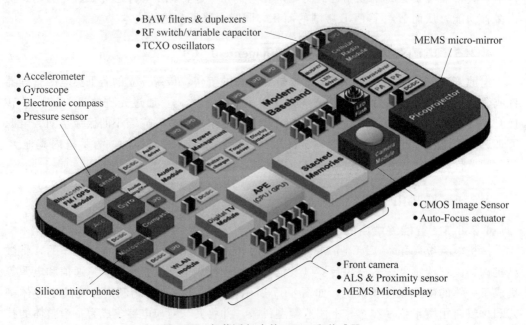

图 4-18　智能手机中的 MEMS 和传感器

步功能，搭配用于广受移动设备市场欢迎的运动健身相关应用程序中，至于磁力计则可测量磁场，进一步提供指南针、导航等应用功能。目前在移动设备设计中 MEMS 惯性传感器已占得重要地位，甚至像穿戴设备这类新兴的物联网产品也都开始大量采用。

以当前主流的 iPhone6 Plus 手机为例，iPhone 6 Plus 中传感器有 14 个，其中基于 MEMS 技术的传感器应用比例超过了 50%，详情如表 4-1 所示。

表 4-1　iPhone 6 Plus 基于 MEMS 技术的传感器应用

序号	名　称	公　司	规格型号	是否应用 MEMS 技术
1	六轴惯性测量单元（加速度计＋陀螺仪）	InvenSense	MPU-6700	是
2	三轴加速度计	Bosch	BMA280	是
3	气压传感器	Bosch	BMP280	是
4	磁力计	AKM	AK8963C	是
5	环境光传感器	AMS	TSL2581	是
6	MEMS 麦克风	瑞声科技（AAC）/Infineon	4 300 GWM1	是
		歌尔声学（Goertek）/Infineon	4356 3NASM2	是
		ST/Omron	SMP7 428	是
7	指纹传感器	AuthenTec/Apple	TMDR92	否
8	GPS 定位传感器	—	GLONASS	否
9	触屏传感器	Broadcom	BCM5976	否
10	CMOS 图像传感器（前置）	Sony	8 MP BSI CMOS Image	否
11	CMOS 图像传感器（后置）	Sony	1. 2 MP BSI CMOS Image	否

4.2.6.2　MEMS 技术特点

MEMS 传感器在生产制造方面主要基于 MEMS 技术，与集成电路技术相比，MEMS 技术包含有微传感器、微执行器、微作用器、微机械器件等的子系统，相对静态微器件的系统而言，MEMS 技术的加工技术难度要高。

与传统的传感器相比，它具有体积小、重量轻、成本低、功耗低、可靠性高、适于批量化生产、易于集成和实现智能化的特点。同时，在微米量级的特征尺寸使得它可以完成某些传统机械传感器所不能实现的功能。MEMS 的特点如下。

（1）微型化：MEMS 器件体积小、重量轻、耗能低、惯性小、谐振频率高、响应时间短。

（2）以硅为主要材料，机械电器性能优良：硅的强度、硬度和杨氏模量与铁相当，密度类似铝，热传导率接近钼和钨。随着器件结构越来越复杂，对其性能要求越来越高，尤其在微执行器、微动力、军用微器件中，对各种金属和合金材料、高分子聚合物、石英陶瓷等材料使用需求的越来越大，随着 MEMS 应用领域的不断扩大，非硅材料所占比重将进一步扩大。

（3）批量生产：用硅微加工工艺在一片硅片上可同时制造成百上千个微型机电装置或完整的 MEMS。批量生产可大大降低生产成本。

（4）集成化：可以把不同功能、不同敏感方向或致动方向的多个传感器或执行器集成于一体，或形成微传感器阵列、微执行器阵列，甚至把多种功能的器件集成在一起，形成复杂的微系统。微传感器、微执行器和微电子器件的集成可制造出可靠性、稳定性很高的 MEMS。

（5）多学科交叉：MEMS 涉及电子、机械、材料、制造、信息与自动控制、物理、化学和生物等多种学科，并集约了当今科学技术发展的许多尖端成果。

（6）特征尺寸在微米量级或以下（NEMS），具有机械结构（悬浮结构）。

（7）没有标准工艺，可以利用现有的 IC 工艺设备并采用独特的工艺技术。

MEMS，算是半导体产业中比较特殊的一个门类。相比于 CMOS 工艺，MEMS 工艺的集成度不仅是数量、规模上的，还具有另一个层面的意义——集成更多的器件类型和结构功能。它是学科交叉的产物。MEMS 和 CMOS 不同之处使得 MEMS 器件的大小差异可以很大，且没有统一的工艺标准。

从加工工艺上看，MEMS 技术在集成电路技术的基础上发展，并沿用了许多集成电路制造工艺，同时还发展了许多新的微机械加工工艺，如体微机械加工工艺、表面微机械加工工艺、LIGA 工艺、准 LIGA 工艺和微机械组装技术等。

从封装工艺上看，大部分 MEMS 器件都包含有可活动的元件，这些可活动的元件要和测试环境之间形成一个接触界面而获取非电信号，而外部环境对灵敏度极高的 MEMS 敏感元件来说都是非常苛刻的，它要有承受各方面环境影响的能力，比如机械的（应力，摆动，冲击等）、化学的（气体，温度，腐蚀介质等）、物理的（温度压力，加速度等）等，因此都必须采用特殊的技术和封装。

从器件种类上看，MEMS 器件种类繁多、有光学 MEMS、射频 MEMS（RFMEMS）、生物 MEMS 等，不同的 MEMS 其结构和功能差异很大，应用环境也大不相同。

由于 MEMS 技术与集成电路技术相比在材料、结构、工艺、功能和信号接口等方面存在诸多差别，难以简单的将集成电路技术移植到 MEMS 技术中，这就使得 MEMS 器件在设计、材料、加工、系统集成、封装和测试等各方面都面临着更加严苛的挑战。

中国作为全球最大的电子产品生产基地，消耗了全球 1/4 MEMS 器件，吸引了全球的目光。但是就目前来看，中国大部分 MEMS 及传感器仍依赖进口，在 2015 年全球前 50 名 MEMS 供应商中中国厂商仅有 4 家，分别是瑞声科技（AAC）、歌尔声学（Goertek）、共达电声（Gettop）和美新半导体（MEMSIC）。然而，排名稍微靠前的 AAC 和 Goertek 主要靠购买英飞凌的裸片来生产 MEMS 麦克风。不过最近六七年以来，国内对 MEMS 惯性传感器的研发热度很高，尤其是 2005—2008 年，而且大多集中在国内的顶尖研究机构。清华大学、北京大学、中科院、电子 26 所等，还有一些海外归国人员创立了一些 MEMS 传感器企业，如美新半导体、苏州敏芯微电子、深迪半导体（上海）有限公司等。中国的 MEMS 产业生态系统也正在逐步完善，从研究、开发、设计、代工、封测到应用，产业链已基本形成，上海、苏州、无锡都形成了研发中心。这些 MEMS 企业虽然出货量低，但是在一些低端消费领域开始有了竞争力。

4.2.7　低功耗管理技术

对芯片来说，低功耗管理技术最重要的是提高能量的效率，使用更少的能量(一方面降低功率，另一方面降低计算时间)，其主要目的是延长电池的寿命，提高产品竞争力。主要采取的技术手段有如下几种：

(1) 提高芯片的工艺制程：越先进的制程功耗越低，28nm 工艺制造的芯片比 40nm 工艺制造的芯片功耗下降。

(2) 降低电压：电压与功耗成正比，所以降低电压会降低功耗。

(3) 减少晶体管数量：在相同制程下，越少的晶体管数量拥有越低的功耗。

此外还有功耗优化总线，宏指令融合等方法。

4.2.8　芯片工艺

经常能听到芯片的 40nm 工艺、28nm 工艺、14nm 工艺，这个多少 nm 指的是 MOS 管在硅片上的大小，MOS 管就是晶体管，它是组成芯片的最小单位，一个与非门需要 4 个 MOS 管组成，一般一个 ARM 四核芯片上有 5 亿个左右的 MOS 管。世界上第一台计算机用的是真空管，效果和 MOS 管一样，但是真空管的大小有两个拇指大，而现在最先进工艺蚀刻的 MOS 管只有 7nm 大。

要在一个 15mm×15mm 的正方形硅片上制作出 5 亿个大小仅为 40nm 的 MOS 管，如果要用机械的方法完成这一过程是不可能的，实现这一工艺的方法是光蚀刻。借助光可以在硅片上蚀刻下痕迹，而通过掩膜控制哪些部分会被蚀刻。掩膜覆盖的地方，光照不到，硅片不会被蚀刻。硅片被蚀刻后，再涂上氧化层和金属层，再蚀刻。一般来说，制作硅片需要蚀刻十几次，每次用的工艺、掩膜都不一样。几次蚀刻之间，蚀刻的位置可能会有偏差，如果偏差过大，出来的芯片就不能用，偏差需要控制在几个 nm 以内才能保证良品率，制作硅片的技术是人类目前发明的最精密的技术之一。

芯片可以靠掩膜蚀刻达到批量生产，但是掩膜必须用更高精度的机器加工制作，成本非常高，一块掩膜造价十万美元。制造一颗芯片需要十几块不同的掩膜，所以芯片制造初期投入非常大，动辄几百万美元。芯片试生产过程，叫作流片，流片也需要掩膜，投入很大，流片之前，谁都不知道芯片设计是否成功，有可能流片多次不成功。所以做高端芯片仅掩膜成本就没有几个公司能够承担。

芯片量产后，制造成本相对来说就比较低了，好的掩膜非常大，直径 30 厘米，可以同时生产上百块芯片。芯片如果出货量很大，利润还是非常高的，但如果出货量很少，那芯片平均制造成本就会很高。因此芯片价格有没有竞争力，主要看使用该款芯片的智能终端出货量的多少。

在制造工艺上，从大小上来看，显而易见 20nm 比 40nm 好。20nm 意味着 MOS 管大小只有 40nm 的 1/4。MOS 管工作时是一个充电放电的过程，MOS 管越小，它充电需要的电量越小，所以功耗越小。而且 MOS 管小之后，门电路密度就大，同样大小芯片能放的 MOS 管数就越多，性能空间越大。40nm 工艺门电路密度是 65nm 的 2.35 倍。但以上都是在不考虑漏电和二级效应的情况下的理论数据。当然，IC 尺寸缩小也有其物理限制，当我们将晶体管缩小到 20nm 左右时，就会遇到量子物理中的问题，晶体管有漏电的现象，抵消缩小 L 时获得的效益。Intel 通过导入 FinFET(Tri-Gate)这个技术，能减少漏电现象。

当前，最先进的量产移动芯片已经进入 14/16nm 制程，但是制程受限于散热和量子效应，不可能无限缩小。摩尔定律已经失效，我们已经处于"后摩尔定律时代"。据报道即将发布的新的半导体行业路线图将首次发布一份未以摩尔定律为中心的研发计划。它将遵循一种或许可被称为"超越摩尔定律"的战略：以应用——从智能手机、超级计算机到云数据中心——为开端，然后向下看需要什么样的芯片来支持它们，而非让芯片变得更好并使应用跟随其后。这些芯片将包括新一代传感器、电源管理电路和更适用于移动计算的其他硅器件。

晶圆制造工艺技术需要巨额资金长期投入才能确保技术领先。截至 2016 年年底国际上晶圆制造领域格局是三分天下：英特尔、台积电、三星电子。中国的晶圆制造技术实力跟国际主流还有很大差距，比如有代表性的中芯国际，其最先进的制程还停留在 28nm，而第一梯队的英特尔、台积电以及三星电子分别是 14/16/14nm，10nm 可能在 2017 年年初将量产。

4.2.9　智能终端的芯片市场现状

在目前的智能手机市场中，随着竞争日益激烈，不少手机厂商被淘汰出局，同样不少上游的芯片厂也退出了手机市场，比如博通、NVIDIA、英特尔等。目前在芯片市场，除了三星、苹果、华为海思这几家主要供给自家手机使用的芯片厂商之外，只有高通、联发科和展讯等。其中，高通依然是手机市场的霸主，联发科则紧随其后，国产手机芯片厂商展讯在经历了被紫光收购并与 RDA 整合之后，在 2G 和 3G 市场占据了不少份额。Strategy Analytics 公司调研数据显示，2014 年全球智能手机 SoC 芯片销售额为 209 亿美元。从具体的营收情况来看，排在前五位的公司分别是高通、苹果、联发科、展讯以及三星 LSI。具体来看，高通市场份额高达 52%；苹果、联发科的市场份额分别为 18%、14%；排在第五位的三星 LSI 则创下六年来的新低，主要原因是其 Exynos 处理器表现疲软。基带芯片方面，2014 年全球基带芯片处理器销售额增长 14.1%，达到 221 亿美元，营收排在前五位的分别是高通、联发科、展讯、Marvell 与英特尔。其中高通基带芯片的市占率为 66%，联发科、展讯则分别为 17% 和 5%。

如图 4-19 所示，Gartner 的一份最新报告显示，2015 年手机基带芯片市场总共出货近 25 亿颗。其中，高通以 36.2% 的市场份额位列第一，展讯与 RDA 一起拿下了 25.4% 的市场份额，占据了全球 1/4 的市场，并且首次成功超越了联发科(联发科的市场份额为 24.7%)。可以看到，这三家已经拿下了全球 80% 以上的市场份额。在可以预见的未来，手机芯片市场的竞争将会集中在高通、联发科和展讯之间。具体来看，高通 2015 年总的芯片出货量接近 9 亿颗，其中 4G 芯片占比超过了 60%；3G 芯片占比 26% 左右；2G 芯片占比不到 5.6%。联发科在 2015 年芯片总出货量约为 6 亿颗，其中 4G 芯片占比约 27%；3G 芯片占比约 37%；2G 芯片仅占 6.5% 左右。展讯和 RDA 的 2015

年总的出货量为 6.3 亿颗，手机芯片是 5.3 亿颗，其中 2G 芯片占比高达 47％；3G 芯片占比 34％；4G 芯片仅占不到 3％。从上面这组数据，我们不难看出，目前高通在 4G 市场拥有着绝对优势，远超联发科和展讯。在 3G 市场，目前高通、联发科和展讯三者之间的差距已经不大。在 2G 市场，高通和联发科已经开始逐步放弃，相比之下展讯和 RDA 在这块的占比还很大。整体上看，目前整个手机芯片市场呈现出 2G 市场加速萎缩，3G 市场开始加速向 4G 过渡的趋势，4G 市场将会是接下来大家竞争的焦点。

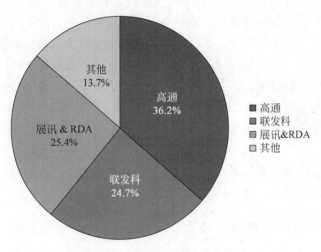

图 4-19　2015 年基带处理器市场份额

数据来源：Gartner。

　　高通的手机 CPU 主要分为骁龙 800/600/400/200 四个系列，410 是四核处理器、801 也是四核、615 是八核、810 是高端八核处理器。高通最新的采用 Kryo 自主架构的骁龙 820 处理器，可应用在智能手机、平板电脑、相机、汽车、VR 设备以及无人机产品上，性能相比骁龙 810 提升两倍，时钟频率可达 2.2GHz。联发科的智能手机 CPU 大致上可以分为 MT65xx 和 MT67xx 两个系列，其中 MT 这两个英文字母代表着联发科 MediaTek，65 和 67 这两位数字代表 CPU 属于 32 位产品还是 64 位产品，后面的两位 xx 则均为数字，原则上这两位数字越大，产品在该系列中的定位越高。2016MWC（世界移动通信大会）期间，联发科和展讯通信相继推出首颗 16nm 制程的 4G 芯片解决方案 Helio P20 和 SC9860，均是采用八核 A53＋Mali T880 的搭配。其中，联发科 Helio P20 主打"超薄低功耗"，作为其旗下首款采用 LPDDR4x 设计的单芯片，比 LPDDR3 高出 70％ 的传输频宽及 0.6V 的超低运作电压，节省超过 50％ 的功耗。展讯的 4G 芯片解决方案 SC9860 采用八核 A53＋Mali T880，支持全球全频段 LTE Cat.7。2016 年，华为手机旗舰机将大量采用海思设计的麒麟系列 SoC 芯片，预计海思在移动芯片领域的份额会进一步上升，未来，移动芯片领域的竞争将更激烈。

　　在平板的芯片市场方面，苹果 iPad 依然占领着 2015 年的平板市场（占 31％），高通份额为 16％，英特尔为 14％，MTK 则被远远甩在后面。整个市场萎缩了 33％，达到 27 亿美元，这也是平板芯片的首次滑坡（数据来源：Strategy Analytics）。

4.3 人机交互技术

4.3.1 人机交互技术简介

人机交互技术是指通过输入、输出设备，实现人与计算机通信的技术，它是终端用户界面设计中的一个重要内容。传统的人机交互方式是精确的交互方式，最普遍的包括：在计算机 DOS 下的利用定制的指令行来进行各种命令操作输入；通过带有定位能力的键盘、鼠标等设备精确地输入。这类交互方式需要借助物理输入、输出设备，如显示器、键盘、鼠标等。手机终端方面，传统的人机交互方式从最早的没有屏幕，需要借助键盘；到黑白屏幕、彩色屏幕等的出现，到后期触摸屏的出现取代键盘，不断发展。

随着科技进步，触摸屏、语音、传感器等技术迅猛发展，越来越多的非精确交互方式，通过更符合人们习惯的新的规则——机器学习人的思维与行为习惯来实现人机交互。例如，多点触屏技术让机器按照人的习惯进行指令输入，即使没有经过训练的人也能迅速学会使用。语音识别技术能识别人的语言，再加上远端的云，能让人仅动动嘴就能完成人机交互。体感识别技术则能够让人的身体变为机器可识别的控制器。更多的人机交互技术还在研究开发、初步试水中，例如增强现实技术等。

4.3.2 传统终端人机交互技术

自 1983 年的摩托罗拉 DynaTAC 8000X 诞生以来，手机已经陪伴人们走过 30 多年。由单一的打电话功能发展到多功能（打电话、发短信、浏览网页），一直到智能手机的出现。最早期的手机，人们只能通过键盘进行相应的交互操作。之后出现的屏幕，对于现在的手机来说是重要硬件之一。通过屏幕可以和手机进行互动，大大提高了用户体验。

第一台大哥大摩托罗拉 DynaTAC 8000X 不具有屏幕，用户需要通过按键操作手机终端。1987 年摩托罗拉在北京设立办事处后，将摩托罗拉 3200 作为第一款打开中国移动通信市场的产品。昂贵的售价加上上千元的入网费，这款大哥大便成为了个人身份的象征。摩托罗拉 3200 具有一块可支持双行单色显示的屏幕，支持英文短信，英文电话簿，支持 DTMF 音频发送，缩位拨号。可以说这款手机打开了黑白屏时代的大门。

1994 年，IBM 推出了 Simo Personal Communicator，采用了压力传感黑白屏来替代物理按键。这款手机配备了触摸笔，可用于记录文字。

再往后的 10 年间，手机的体型发展由原先的"大块头"渐渐变得更加小巧。但是在屏幕方面并没有太大改进。1998 年，西门子决定尝试推出"彩屏手机"——西门子 S10。这部手机被认为是第一部彩屏手机，然而它的屏幕只能显示红色、绿色、蓝色和白色。虽说这项新技术并不是那么实用，但却在当时仍然是一个革命性的创新。

终端厂商注意到了屏幕是人机交互设备的关键，随后纷纷采用基于液晶显示 LCD 作为显示屏幕，使得终端的显示效果、图片查看、视频播放等能力有显著提升。而就终端所采用的 LCD 屏幕技术而言，依次经历了 STN、CSTN 和 TFT 三个阶段，这里归纳为传统终端第一阶段的彩屏时代。

（1）STN 屏（Super Twisted Nematic）。

通过彩色滤光片显示红、绿、蓝三原色可显示出彩色画面，一般最高能显示 65536 种色彩。

优点：功耗小、省电。

缺点：亮度、色彩度、对比度差、反应速度慢。

（2）CSTN 屏，即 ColorSTN。

初期的彩屏手机主要采用 CSTN，CSTN 常用在折叠手机的外屏。CSTN 照明光源要安装在 LCD 的背后，在日光下很难辨清显示内容。

（3）TFT 屏（Thin Film Transistor），即薄膜场效应晶体管。

属于有源矩阵液晶显示器中的一种，利用薄膜技术所作成的电晶体电极，光源照射时先通过下偏光板向上透出，借助液晶分子传导光线，通过遮光和透光来达到显示的目的。TFT 屏幕上的每个像素点都由集成在像素点后面的薄膜晶体管来驱动。由于 TFT 屏幕的每一个像素都配备了一个独立的 TFT 控制单元，从而可以对每一个像素直接控制。因此每个像素的显示都是相对独立的，并且可以进行连续控制。

优点：屏幕像素可控，反应速度快，色彩数与画面质量较高，且成本低廉，技术成熟，非常适合大规模的使用。

缺点：需要玻璃基板和背光源模组，屏幕厚度比较大，成本和耗电量较高，可视视角、色彩饱和度等也不够理想。

屏幕材质虽然让手机进入了彩屏时代，但是这些屏幕在自身的设计上面都存在一定的缺陷，例如屏幕的色彩表现、屏幕分辨率、屏幕在节电方面的设计等。随着终端从功能机到智能机的质的飞跃，以及屏幕显示技术的开发演进，系统处理能力的大幅度提升，终端人机交互技术也进入一个新的发展阶段。

4.3.3 智能终端人机交互技术

如上所述，人机交互是通过输入、输出设备，实现人与终端设备交互的手段，包括人通过输入设备给机器输入交互信息、机器通过输出或显示设备给人提供交互信息，最终实现人机互动。该技术是当今移动智能终端技术体系中发展最为初级也最有潜力的技术，是移动智能终端的标志性技术之一。与其他旨在提升计算性能的技术不同，人机交互技术旨在让计算设备有更好的用户体验。包括未来显示技术、多模态交互技术、移动增强现实技术等，其中后者与智能空间、脑机交互等学科相关性较强，属于技术发展愿景，市面上的产品仅有代表性的几款产品推出，当前商用领域的人机交互技术集中体现在前两部分。

显示技术是最基本的人机交互技术，与高精度芯片、生物电池相比，创新机遇更多，目前 OLED、3D 显示、电子纸等热门技术相继商用，大幅提升了视觉体验。在多模态交互技术领域，近年来随着语音识别、多点触控等技术的应用，传统的交互手段将得到大大加强，键盘、窗口等传统的人机交互手段在移动通信设备上的使用大大提升。

4.3.3.1 显示技术

显示技术在人机交互中作为最直接、最高效的信息输入输出接口，在智能终端中继续扮演重要角色。目前智能终端中普遍采用的显示技术按屏幕材质主要分为如下两大类别。

（1）液晶显示 LCD(Liquid Crystal Display)：液晶是一种介于固态和液态之间的物质，称为液晶技术，用作显示屏幕中的中间透光层，它的工作温度为$-20℃\sim70℃$。LCD 屏幕的特点是自身不发光只透光，因此需要背光板。其基本原理是 LCD 中间的液晶层受到 TFT 的控制，即通过 TFT 上的信号和电压的改变控制液晶分子的转动方向，因此背板发出的光线在通过偏光板打入液晶层后就会产生改变，然后通过玻璃基板透出来之后就会产生各种显示效果。目前 LCD 技术已经非常成熟，且成本相对低廉，已大量应用在多个行业当中，目前的智能终端大部分仍采用 LCD 屏幕。

（2）发光二极管 LED(Light-Emitting Diode)：LED 是全固态物质，可以在$-40℃\sim70℃$的温度范围内工作。与 LCD 相比，LED 面板的最大特点就是自发光特性，无需背光板即可显示，因此具备非常高的可视角度和亮度，良好的色彩饱和度和对比度使得显示效果更为逼真。目前 LED 面板技术主要掌握在日韩企业手中，生产成本相对较高，尚未大规模普及。

目前市面上比较常见的 TFT、SLCD 都属于 LCD 的范畴，AMOLED 系列屏幕则隶属于 OLED 的范畴，其他的诸如 IPS、ASV、NOVA 等并非屏幕材质，都是基于TFT 屏幕的面板技术。总体分类如图 4-20 所示。

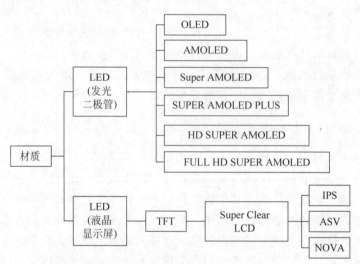

图 4-20　显示屏幕材质分类

随着技术的快速发展和材料科技的革新，未来 OLED 显示技术将渐渐成为智能终端主流屏幕技术，同时它还可以作为可折叠卷曲的显示材料，为下一代技术奠定了基础。同时为满足可穿戴等新型终端设备显示要求，电泳显示技术、TFT-LCD 显示技术、电子粉流体显示技术、电润湿显示技术等柔性显示技术在国内外巨头企业的推动下已开始进入市场。而在三维立体显示方面，结合 VR/AR 等突破性业务应用，裸眼 3D 技术已经正式商用到移动视频拍摄中，3D 显示、电子纸等显示技术也在逐步成熟和商用。

4.3.3.1.1　LCD 显示技术

作为一项成本低廉的成熟显示技术，LCD 仍广泛应用于各种智能终端中。从显示分辨率来看，其可涵盖从 VGA 到 4K 等各分辨率等级；从屏幕尺寸来看，其可切割成 1.0 英寸到 80 英寸的广域范围。同时技术上也不断改进和完善，衍生出 TFT-LCD 和 IPS 等显示技术。

TFT-LCD(Thin Film Transistor)：即薄膜场效应晶体管，TFT 屏幕上的每个像素点都是由集成在像素点后面的薄膜晶体管来驱动。由于 TFT 屏幕的每一个像素都配备了一个独立的 TFT 控制单元，从而可以对每一个像素直接控制，因此每个像素的显示都是相对独立的，并且可以进行连续控制。TFT 技术的最大优势就是成本低廉，技术成熟，非常适合大规模的使用。其缺点是由于需要玻璃基板，因此屏幕厚度比较大，同时功耗也比较高，可视视角、色彩饱和度等也不够理想。

IPS(In-Plane Switching)：IPS 屏幕是基于 TFT-LCD 屏幕的改良，IPS 技术改变了液晶分子颗粒的排列方式，采用水平偏转技术，加快了液晶分子的偏转速度，消除了传统液晶显示屏在受到外界压力和摇晃时会出现模糊及水纹、暗影的现象，在显示快速变化的画面时表现比较出色。由于液晶分子在平面内旋转，所以 IPS 屏幕拥有更大的可视角度，四个轴向方面都可以做到接近 180 度的视角，无论从正面还是各个侧面观看画面的效果都是相同的。IPS 屏幕被苹果等公司广泛采用，目前是市场的主流。

4.3.3.1.2　LED 显示技术

LED 显示技术作为新型屏幕显示技术，同样，按不同的技术路线和阶段可分为 OLED、AMOLED 和 Super AMOLED 三大类别，并且逐步应用在各终端厂商旗舰产品上。

1. OLED 显示技术

OLED 自 1987 年柯达公司成功研制出薄膜型有机发光器件以来，其发展就一直备受关注。1990 年，英国剑桥大学 Friend 等以聚对苯乙烯(PPV)为发光层材料制成了聚合物电致发光器件，开辟了聚合物薄膜电致发光器件的新技术时代。有机电激发光二极管由于同时具备自发光，不需背光源、对比度高、厚度薄、视角广、反应速度快、可用于挠曲性面板、使用温度范围广、构造及制程较简单等优异之特性，被公认为是继阴极射线管(CRT)、液晶显示(LCD)以及等离子显示(PDP)之后的新一代显示技术。

OLED 显示技术采用非常薄的有机材料涂层和玻璃基板，当有电流通过时，这些有机材料就会发光。通常 OLED 的基本结构是由一薄而透明具有半导体特性之铟锡氧化物，与电力之正极相连，再加上另一个金属阴极 OLED 器件。结构大致可分成：正极电极、有机发光层、电子传输层、空穴注入层、空穴传输层、电子注入层和负极电极等，如图 4-21 所示。电压驱动下，电子和空

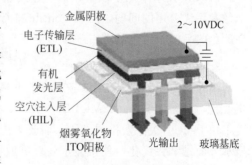

图 4-21　OLED 结构示意图

穴从阴、阳极注入电子传输层和空穴传输层，迁移至电致发光层形成激子，激发电致发光层产生辐射发光。相比传统无机半导体，OLED 所用有机光电材料的发光是由 Excitomic cells 中的激发态电子跃迁回基态时，产生自由载流子，包含了激发态迁移和电荷迁移。OLED 中各层材料的最高占据轨道(HOMO)、最低空轨道(LUMO)、分子激发能皆与分子内振动有关，对振动量和温度敏感。而 HOMO 和 LUMO 对 OLED 工作效率的影响至关重要。

OLED 显示屏幕可以做得非常轻薄，可视角度大，并且能够显著节省耗电量。由于 OLED 技术具备低功耗、主动发光、更轻、更薄等诸多优势，产品适用性方面，OLED 为固体显示，结构简单、轻巧、轻便、可采用柔性或者透明基质的特点。OLED 产品制备满足各种特殊情况、特殊条件下的现实需求、常规应用无须特别保护、满足不同尺寸高清晰显示、适用于与多种其他膜结构(电阻触摸屏)的结合使用。但是目前成本高也是 OLED 技术产品量产的一大瓶颈。

2. AMOLED 显示技术

AMOLED 全称是 Active Matrix/Organic Light Emitting Diode，即主动矩阵有机发光二极体面板。它作为 OLED 的一项改进型显示技术，不仅继承了 OLED 屏幕具备自发光特性，每个像素都可以自己发光，同时取消了背光板，屏幕做得更加轻薄，具备广视角和高对比度等优点。AMOLED 利用多层有机化合物来实现独立 R、G、B 三色光。它的前缀 AM(主动矩阵)相对的是 PM(被动矩阵)，它比后者的细节还原更细腻，而且响应时间也更快。AMOLED 屏幕的自发光特性使它在显示黑色时最为省电，也同时导致屏幕长时间使用之后出现各个像素点老化程度不同而产生颜色偏差的现象，也就是烧屏问题。

AMOLED 屏的每个像素可以独立控制是否发光，因此屏幕像素的增加直接导致屏幕成本的上升。为解决成本问题，三星公司采用 RGB-Pentile 技术对 AMOLED 屏幕进行了一些改造。目前电子设备的显示屏幕大都采用三基色原理，即由红色(Red)、绿色(Green)、蓝色(Blue)组合生成各种颜色。传统显示技术中三基色由三个子像素 Subpixel 代表，这三个子像素共同构成了一个像素点，其他各种颜色都是通过调整每个子像素的发光量组合而成的。RGB-Pentile 技术主要是通过相邻像素公用子像素的方法来减少子像素的个数，从而达到低分辨率模拟高分辨率的效果。

Pentile 技术降低了成本，但也导致显示某些圆形、弧形、梯形等不规则的图形时子像素无法公用的问题，后来 Pentile 进行了修复，让本该灭掉的子像素重新点亮来达到颜色的平衡。这种处理带来了边缘不平滑以及某些颜色过于艳丽等问题。

3. Super AMOLED 显示技术

同理，Super AMOLED 显示技术也是在 AMOLED 的基础上对其已有缺点做进一步改良，最新的 Super AMOLED Plus 技术对 Pentile 技术带来的问题进行了改进，不再采用 Pentile 次像素排列方式，而改为传统 RGB 三原色方案，同时在像素边缘和色彩显示方面做细致优化，使得显示效果更加细腻，避免了画面过于艳丽等一系列问题。

4.3.3.1.3　柔性显示技术

柔性显示器又称为可卷曲显示器，是用柔性材料如超薄玻璃、塑料或者金属箔片制成可视柔性面板而构成的可弯曲变形的显示装置。柔性显示器近年来发展迅速，已是显示技术领域的研究热点。三星、苹果、LG 等大型公司均在研究柔性显示技术的商业化和量产，其中 LG 已经率先实现了柔性显示屏的量产。

当前，OLED 显示技术渐渐成为屏幕主流，并可以作为可折叠卷曲的显示技术，应用于柔性屏幕。FOLED 显示屏就是利用 OLED 技术在柔性塑料、金属薄膜、超薄玻璃上制作显示器件，其基本结构为"柔性衬底/ITD 阳极/有机功能层/金属阴极"，发光机理与普通玻璃衬底的 OLED 相似。FOLED 在兼具玻璃衬底硬屏特点的同时，最大优越性是能够与塑料晶体管技术相结合实现柔性显示，反复的弯曲通常也不改变器件的显示性能，这对携带、运输都十分便利，可以制成电子报刊、墙纸电视、可穿戴的显示器等。

OLED 柔性显示具有画面质量高、响应速度快、加工工艺简单、抗挠曲性优良、驱动电压低等优点，且已初步实现了产品的量产化。未来的研发方向主要集中在：

（1）更高效率的电致发光材料及电子、空穴传输等功能材料的研究与开发。

（2）封装基板及相关封装材料的研究与开发。

（3）显示器件结构设计优化。

（4）器件寿命的进一步提高。

（5）低成本封装工艺及设备的研发。

（6）驱动电路的优化设计与提高等方面。

除 FOLED 外，柔性显示技术还包括电泳显示技术、TFT-LCD 显示技术、电子粉流体显示技术、电润湿显示技术等。

微胶囊型电泳显示是电泳显示技术中的一种，主要由美国 E.hlk 公司提出。如图 4-22 所示，它是将电泳粒子和绝缘悬浮液封装在微胶囊中，在两侧施加电场，通过控制每个微胶囊中分布的带正电白色粒子和带负电黑色粒子形成显示单元，也包括将其他光电材料进行微胶囊化等形成的类电泳显示模式。电泳技术具有几大优势：一是能耗

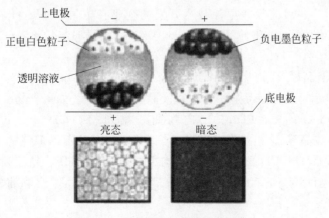

图 4-22　微胶囊型电泳显示原理图

低，由于具有双稳定性，在电源被关闭之后，仍然在显示器上将图像保留几天或几个月；二是电泳技术生产的显示器属于反射型，因此具有良好的目光可读性，同样也可以跟前面或侧面的光线结合在一起，用于黑暗环境；三是具有低生产成本的潜力，因为该技术不需要严格的封装，并且采用溶液处理技术如印刷是可行的；四是电泳显示器以形状因子灵活为特色，容许它们被制造在塑料、金属或玻璃表面上，所以它是柔性显示技术的最佳选择。

SiPix 电子纸技术属于微杯电泳显示技术的一种，比起微胶囊技术，SiPix 技术的反射率和对比度更高、价格更便宜。能显示彩色内容的 SiPix 电子纸是由明基友达集团旗下的达意科技所研发，其核心技术是该公司名为 Micro-cup（微杯）的独有技术。SiPix 电子纸的大致构造是在微杯中填充白色颗粒状着色液体。原理是通过上下移动颗粒，使颗粒颜色（白色）和液体颜色交替显现。如果采用黑色液体，便可实现普通的单色显示；如果改变填充液体的颜色，还能够实现多种组合的双色显示。所有颗粒的移动由贴在微杯上的驱动电极来实现。颗粒事先带电，因此通过切换电荷的正负，就可以使颗粒移动。至于驱动电极使用分段电极还是 1FT 底板则根据用途决定。所有微杯的高度和宽度都做成相同的尺寸。这意味着能够极其均匀地制造出薄膜。由于形状并不复杂，所以在成品率方面也具有不错的优势。

电泳技术存在的技术难题：一是响应速度比较慢，因为电泳技术依赖于粒子的运动，用于显示的开关时间非常长，长达几百毫秒，这个速度对视频应用是不够的。目前用于电泳显示的使开关时间达到几十毫秒的更快的材料正在开发之中；二是显示的双稳态以及转换速度慢，也影响了其连续显示色彩的性能。一些电泳显示器在两种色彩之间切换，而且彩色显示还需要一个彩色滤光片。该技术的驱动器正因双稳定性问题而面临挑战，双稳定性对显示有利，但它也带来了挑战，因为它需要采用一种独立的驱动器架构，从而导致显示器的成本上升；三是制造工艺复杂，对材料要求高，成本较高。

我国电泳显示研究起步晚，但进步很快，在材料研究及其应用基础研究方面有基础，并已有企业在积极开拓相关产品的研发。例如，中山大学和广州奥示科技有限公司合作，研制出黑白、红绿蓝彩色三原色电子墨水，并研制出了柔性显示屏，制作出了彩色三原色的显示屏。目前投入电泳技术开发的企业有美国 E. hlk 和 SiPix 公司、英国 PlaStic Logic、荷兰飞利浦旗下 Polymer Ⅵ sion、日本 BridgeStone、HitacK、Seiko Epson、韩国三星电子与乐金飞利浦（LPL）等厂商。

柔性 TFT 液晶显示（Thin Film Tmnsistor-Liquid Crystal Display，TFT-LCD）主要有双稳态液晶显示、铁电液晶显示、固态液晶膜液晶显示［如聚合物分散液晶（Polymer Dispersed Liquid Crystal，PDLC）、向列曲线排列相（Nematic Curvilinear Aligned Phase，NCAP）液晶等］、单稳态液晶显示、反铁电液晶显示等多种显示模式。

目前，柔性 TFT-LCD 显示的研发机构主要有 IBM、HP、精工爱普生、东芝、索尼、惠普、Kent Display、NemoPtic、三星、富士通、柯达、飞利浦、NHK、友达光电、天马微电子等。

液晶型柔性显示技术未来研发方向主要集中在：

（1）高电响应速度、抗外力冲击液晶材料的研究与开发。

（2）低驱动电压、低功耗等驱动电路的设计与提高。

（3）显示性能（如宽视角、高刷新率、高灰度等）的提高。

（4）全彩色化器件结构设计、优化及相关新材料的开发。

（5）高质量封装基板及相关封装材料的研究开发。

（6）低成本、高良品率连续生产工艺、设备等研发的方面。

电子粉流体技术：电子粉流体（Liquid Powder Display，LPD）显示是普利司通公司在 2004 年提出的显示技术。与电泳显示相类似，它是利用纳米级树脂微粒在电场中的运动实现图像和文字显示的显示模式。

普利司通 mBridgeStone 的电子纸被称为快速响应电子粉流体显示器（Quick Response Liquid Powder Display，QR-LPD），如图 4-23 所示，采用独创的电子液态粉末（Electmnic Liquid Powder，ELP）技术，将树脂经过纳米级粉碎处理后，形成带不同电荷的黑、白两色粉体，再将这两种粉体填充进使用空气介质的微杯封闭结构中，利用上下电极电场使黑白粉体在空气中发生电泳现象。QR-LPD 技术是一种双稳态（Bistable）、反射式的显示技术，将具有高流动性的高分子复合材料——电子粉流体的呈像特性运用于电子纸技术，以达到如纸张般的视觉效果以及电子纸特有的宽广视角、超高速反应与超省电等优点。由于 QR-LPD 电子纸屏幕需要使用高压驱动电子粉流体，因此耗电量比微胶囊技术更大。

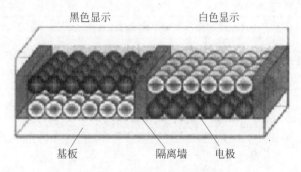

图 4-23 LPD 显示原理图

目前，电子粉流体柔性显示技术的主要研发机构有台达电、普利司通、美国辛辛那提大学、Sun Chemical、P01vmer Vision 和 Gamma-Dvnamics 等。

电子粉流体柔性显示技术的未来研发方向主要集中在：①低电压驱动、高电响应速度的电子粉流体材料等的研究与开发；②新型封装材料及技术的研发；③低成本相关制备工艺及设备的研究开发；④可实现全彩化的电子粉流体材料的研究与开发；⑤相关驱动电路的设计、研发、优化等方面。

电润湿显示（Electrowetting，EW），主要是由 Philips 旗下的 Liquavista 公司研发。利用电压控制被包围的液体的表层，产生像素变化。在未加电压时，有色液体与不透水且绝缘的电极外层间形成扁平薄膜，形成一个有色像素点；在电极与液体之间加电压，使液体与电极外层接触面的张力发生改变，稳定的静止态被打破，液体被移至旁边，形成部分透明的像素点，同时被染上颜色，从而获得显示图像效果。电润湿显示具有功耗低、亮度高、显示速度快、受外界环境影响小等优点。它解决了当今 LCD 的两大主要问题：在明亮光线条件下可读性低，以及耗电高两大问题。作为一种反射式显示技术，电润湿显示器的光反射效率超过 50%，因此，亮度比 LCD 高两倍，在强阳光下仍可观看。同时，电润湿显示器无须偏光片、无须极化，没有视角范围限制，所有可视角度皆表现稳定。最重要的是，由于消除了背光照明，可以显著降低功耗，所以功耗只有相同尺寸的 LCD 屏的 1/10。目前，Liquavista 已开发出 ColorMatch 电润湿显示产品，正致力于柔性电润湿显示产品的研发。其未来研发主要集中在：新材料体系的研发、低成本制备工艺/设备开发、驱动电路优化设计等方面。

柔性显示器件标准方面：全球针对柔性显示器件标准的制定工作始于 2008 年，韩国首次在 IEC/TC110 上提出成立新的工作组，针对柔性显示器件进行标准研制。2010年，柔性显示器件工作组（WG8）正式成立。其规划的标准路线如表 4-2 所示。

表 4-2　IEC/TC110 WG8 柔性显示标准路线图（更新于 2015 年 6 月）

标准编号	标准分类		标准名称	承担国家	状态	目标
IEC62715-1	术语和总规范	Part 1-1	术语和文字符号	韩国	IS	发布（2013 年 12 月）
		Part 1-2	通用规范	—	—	—
IEC62715-2	额定值和特性		—	—	—	—
IEC62715-3	分规范		—	—	—	—
IEC62715-4	空白详细规范		—	—	—	—
IEC62715-5	测试方法	Part 5-1	柔性光学测试方法	韩国和美国	CD	CDV（2015 年 10 月）
		Part 5-2	曲面光学参数	韩国	CD	CDV（2015 年 10 月）
		Part 5-3	视觉评价	日本	CD	CDV（2016 年 6 月）
		Part 5-x	衬底的翘曲测试	韩国	研究项目	
IEC62715-6	可靠性	Part 6-1	机械应力试验方法	韩国	IS	发布（2014 年 2 月）
		Part 6-2	环境试验方法	中国	CD	CDV（2015 年 10 月）
		Part 6-3	机械耐久性试验方法	中国和韩国	NP	CD（2016 年 10 月）

柔性显示的市场规模和潜力非常巨大，各项新技术、新工艺日新月异。三星、LG、美国 Apple、Philips、诺基亚、日本 SEL、HTC 等均全力推进基于柔性显示的新型光电产品的研发及量产。2012 年 4 月，韩国 LG 宣布开始量产世界上首款柔性 e-ink 显示屏，此显示屏为 6 英寸屏，分辨率为 1 024 × 768，重量为 14g，仅为同尺寸的玻璃显示屏的一半，厚度为 0.7mm，比玻璃显示屏薄 30%，据称该屏幕使用的是传统的薄膜晶体管加工工艺。2013 年 10 月，三星推出了全球首款曲面屏手机 Galaxy Round，其最大的特色是配有 5.7 英寸 FHD（全高清）曲面屏，具备左右对称弯曲的弧度，用户在接听电话时更贴脸型、更舒适。我国市场方面，2014 年 1 月，维信诺推出了 3.5 英寸的低温多晶硅（LTPS）柔性 AMOLED 全彩显示屏，厚度为 $22\mu m$，弯曲半径小于 5mm，重量不足 2.2g。国内外各大 IT 巨头在柔性显示领域研究和市场竞争激烈，三星和 LG 的曲面手机、苹果公司 Apple Watch 及国内相关产品的推出，是柔性显示在人们生活

中的实际应用，这一技术未来更有可能大规模应用在如便携式电子、可穿戴电子等领域，柔性显示必将成为下一代新型显示技术革命性发展与变革的引领者之一。

电子纸是一种特殊的显示屏幕，具有超轻薄、可重写、便于携带、断电时也能保持显示等特性。其显示效果接近自然纸张效果，免于阅读疲劳；还具有像纸一样阅读舒适、超薄轻便、可弯曲、超低耗电的显示特点。电子纸技术实际上是一类技术的统称，主要包括胆固醇液晶显示技术、电泳显示技术、电润湿显示技术、SiPix 微杯技术、微机电系统技术、电子液态粉末技术等，其中诸多技术也是柔性显示的关键技术，在未来显示技术中亦是至关重要。

4.3.3.1.4　裸眼 3D 显示技术

裸眼 3D 显示技术是以彩色 LCD 为图像显示器件，使用光学技术把左右眼图像投射到对应的眼睛从而获得立体显示效果。双眼视网膜图像存在水平方向上的视差是产生立体视觉的生理学基础，使用双镜头摄像机模拟人类双眼拍摄的两幅图像，播放时再通过光学通道进入对应的眼睛，就可获得立体视觉效果。

裸眼 3D 显示技术最大的优势是摆脱了眼镜的束缚，但是分辨率、可视角度和可视距离等方面还存在很多不足。从当前裸眼 3D 显示技术形式来看，主要包括光屏障式（Barrier）、柱状透镜（Lenticular Lens）、多层显示（Multi Layer Display）和指向光源（Directional Back-light）等几种。目前光屏障式和柱状透镜两种技术已进入商业应用阶段。

4.3.3.2　多模态识别技术

多模态识别技术包括语音识别、指纹识别等生物识别技术、多点触控等。

4.3.3.2.1　生物识别技术

生物识别技术是利用人类生物特征的唯一性和稳定性进行身份鉴别的自动识别技术。生物特征包括生理特征和行为特征：生理特征包括手掌特征（如指纹和掌纹）、面部特征（如人脸）和眼部特征（如虹膜、视网膜）等；行为特征包括声音特征（如声纹）、体态特征（如体形）和笔迹特征（如签字）等。生物识别技术具有如下特点：广泛性，每个人都具有生物特性；唯一性，每个人拥有的生物特征各不相同；稳定性，生物特征应该不随时间的变化而变化；可采集性，生物特征便于采集和测量。随着用户对移动智能终端使用的便利性和安全性要求提高，生物识别技术日益受到手机厂商的青睐。但是由于移动智能终端体积较小、采集面积有限并往往处于移动模式，同时处理性能和网络带宽有限，所以并不是所有生物识别技术都适用于移动智能终端。例如，移动智能终端很少采用基于行为特征（如体形和签字）和部分生理特征（如掌纹）的生物识别技术。从现有的识别技术发展趋势来看，移动智能终端应用较广泛的生物识别技术包括声音识别、指纹识别、人脸识别和虹膜识别。

语音控制主要包括语音识别、语义理解、语音合成等关键技术。其中，语音识别是指将语音中的内容、说话人、语种等信息识别出来，目前端云结合的语音识别实现方式是主流，一般是由终端负责采集语音，并压缩编码传送至云端，再借助云端强大的计算资源进行识别解码。识别结果将被进一步传送至后端语义理解等功能模块进行处理。语音合成是将文字或信息转化为自然流畅的语音。早期主要是采用参数合成方法，后来随着计算机技术的发展又出现了波形拼接的合成方法，随着基音同步叠加（PSOLA）方法的提出，基于时域波形拼接方法合成的语音的音色和自然度大大提高，如讯飞的商用波形拼接语音合成系统，效果已接近了播音员水平。Siri 技术作为语音识别技术的代表，主要通过人工智能和云计算技术实现高智能化的人机交互，支持用户通过语音实现与移动终端的交互，成为继键盘输入、触屏输入的第三代革命性技术。

指纹识别：根据被鉴别人指纹的纹路、细节特征等信息对操作或被操作者进行身份鉴定，每个人指纹纹路的图案、断点和交叉点不可能相同并且稳定不变。指纹识别是当前研究最深入、应用最广泛、发展最成熟的生物识别技术。目前大部分移动智能终端生物识别技术均采用指纹识别技术。通常在移动智能终端增加指纹采集模块采集指纹信息，进而用于解锁移动智能终端和移动业务鉴别。

具有代表性指纹识别应用包括：2013 年 9 月 11 日，苹果公司正式推出 iPhone 5S，新增指纹识别功能 Touch ID；HTC 方面已于 2013 年 10 月推出了搭载指纹传感器的旗舰机型 HTC One MAX；2014 年 2 月 25 日，三星发布集成有指纹识别功能的 Galaxy S5。

人脸识别：基于被鉴别人脸部特征信息进行身份识别的一种生物识别技术。人脸与指纹一样与生俱来，它的唯一性和不易被复制特性为身份鉴别提供了必要的前提。对于移动智能终端，可以通过前置摄像头采集用户脸部特征细节进行身份认证的一类生物识别技术。在使用过程中，其可以通过传感器来扫描、跟踪和鉴别用户的脸部动作等一系列快速操作，根据记忆存储和实时数据对比，进而达到辨识不同使用用户的目的。

虹膜识别：虹膜是位于黑色瞳孔和白色巩膜之间的圆环状部分，其包含有很多相互交错的斑点、细丝、冠状、条纹、隐窝等细节特征。这些特征决定了虹膜特征的唯一性，同时也决定了身份识别的唯一性。

相对于声音识别和指纹识别，人脸识别和虹膜识别安全性更高，但是实现的难度和成本也同样更高。在指纹识别可以基本满足移动智能终端生物识别要求的情况下，人脸识别和虹膜识别在移动智能终端上的发展速度会远远小于指纹识别。不论采用何种生物识别技术，所有生物识别工作都包括两个阶段：原始数据采集阶段和特征采集匹配阶段。在原始数据采集阶段，生物识别系统采集唯一的生物特征，转化成数字化的特征模版并存放在特征数据库中；在特征采集匹配阶段，系统采集用户输入的特征数据，并与特征数据库中的特征进行比对，如果匹配则鉴别成功。具体如图 4-24 所示。

4.3.3.2.2　触摸屏技术

人机交互技术中的触摸屏技术占据了主导地位，也是目前研发的重点。键盘是传统手机必备的配件，而屏幕触控交互技术的应用颠覆了手机的定义。触摸屏技术是一种新型的人机交互输入方式，与传统的键盘和鼠标输入方式相比，触摸屏输入更直观。屏幕触控交互为人机触觉交互提供有效的信息输入功能，并为用户提供了简单、方便、自然的人机交互方式。利用这种技术，用户只要用手指轻轻地触碰智能终端设备触摸显示屏上的图符或文字就能实现对终端的操作。触摸屏系统一般由触摸检测部件和触摸屏控制器两个部分组成，触摸检测部件安装在显示器屏幕前面，用于检测用户触摸位置，然后

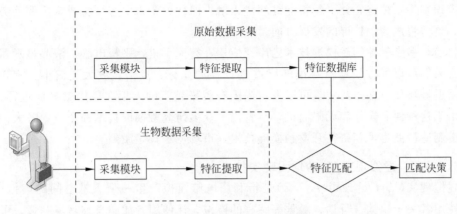

图 4-24 生物识别流程示意图

将相关信息传送至触摸屏控制器；而触摸屏控制器的主要作用是从触摸点检测装置上接收触摸信息，并将它转换成触点坐标。

触摸屏概念最早在 20 世纪 60 年代末 70 年代初由学术界提出，第一代触摸屏基于电阻技术，不久后出现了电阻式触摸传感的替代技术，其原理是让红外光穿过 LED 发射器和光电二极管阵列，之后又出现了基于表面电容技术的触摸屏和表面声波触控技术。电气和电子设备一般采用电阻式、表面电容式、投射电容式、表面声波式和红外线式 5 种类型的触摸屏技术，前 3 种比较适合于消费电子产品和移动设备，而后两种技术生产出的触摸屏太昂贵，由于体积太大不适合民用。近几年随着智能手机与平板电脑的全球性热销，带动整个触摸屏产业爆炸性增长，其中电容式触摸屏增长非常迅速。

触控技术包括单点触控和多点触控。单点触控一次只能向控制器传达一个触点信息；多点触控技术能够记录同时发生的多点触控信息，使智能终端系统可以同时响应操作者在屏幕上的多点操作，从而实现屏幕识别人的多个手指同时做的点击、触控动作。

多点触控技术始于 1982 年多伦多大学发明的感应食指指压的多点触控屏幕技术。同年，贝尔实验室发表了首份探讨触控技术的学术文献。1984 年，贝尔实验室研制出一种能够以多于一只手控制改变画面的触屏。1999 年，Fingerworks 公司推出了多点触控 iGesture 板和多点触控键盘，并于 2005 年被苹果电脑收购。2006 年，纽约大学的 Jefferson Y Han 教授领导研发的新型触摸屏可由双手同时操作，支持多人同时操作，而且响应时间非常短——小于 0.1s。2007 年，苹果公司及微软公司分别发布了应用多点触控技术的产品及计划——iPhone 及 Surface Computing，采用了透射式电容式触摸屏可支持多点触控，从而给用户带来了更加丰富的触控体验，令该技术开始进入主流的应用。

多点触控技术目前有两种：多点触摸识别手势方向（multi-touch gesture）和多点触摸识别手指位置（multi-touch all-point）。多点触摸识别手势方向是指多个手指触摸时，不能判断出它们的具体位置，但可以判断它们的相对运动方向，从而进行缩放、平移、旋转等操作；多点触摸识别手指位置可以辨识多个手指同时触摸时各触摸点的具体位置，后者难度远大于前者。苹果 iPhone 采用的是交互电容式触摸屏技术，从而实现多点触摸识别手指位置，并引领智能终端进入触控时代。未来电容屏将成为主要趋势，更灵敏、更薄将成为触控屏的发展方向。

目前，多点触控等触摸屏技术已广泛应用在智能手机、平板电脑、液晶显示器等终端中。人们可以很方便地对触摸屏终端进行移动光标、点击、放大、缩小、旋转、前进、后退等操作。在生活中，可以发现周围有越来越多的人正在使用触摸屏进行操作。正是由于这种便利操作和无限商机，孕育出了众多研究触摸屏技术的企业，各大传统移动终端制造厂商也争相研究开发触摸屏技术，市场竞争日趋激烈。

4.3.3.3　虚拟现实/移动增强现实技术

虚拟现实（Virtual reality，VR）是指利用电脑模拟产生一个三维空间的虚拟世界，提供使用者关于视觉、听觉、触觉等感官的模拟，让使用者如同身临其境一般，可以及时地、没有限制地观察三维空间内的事物。

尽管早在数十年前，VR技术的假象甚至原型设备就已经出现，但其真正走进大众、媒体的视线，不过三五年而已。2012年8月，一款名为Oculus Rift的产品登陆Kickstarter进行众筹，首轮融资就达到了惊人的1600万美元，也是在当时，一些敏感的投资人与媒体突然注意到了这项名为虚拟现实的技术。一年后，Oculus Rift的首个开发者版本在其官网推出。2014年4月，Facebook花费约20亿美元收购Oculus的天价，也成为了引爆虚拟现实的导火索。自此之后，谷歌、索尼、三星等巨头纷纷在虚拟现实领域开展布局；以育碧、EA为代表的3A游戏发行商也开始涉足VR游戏；国内同样不甘寂寞，诞生了暴风魔镜、焰火工坊、乐相、睿悦、TVR、蚁视等多家企业，腾讯、恺英、触控、乐视、小米、百度、苹果等知名企业，也都在布局VR中。VR技术的发展过程如图4-25所示。

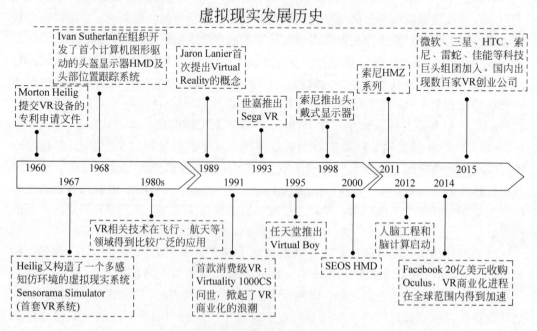

图4-25　虚拟现实发展历史

根据接入终端的不同，业内将 VR 头戴硬件设备粗略地分为三种：连接 PC/主机使用的称为 VR 头盔，插入手机使用的称为 VR 眼镜（或眼镜盒子），可独立使用的称为 VR 一体机。

其中与智能终端密切相关的移动端 VR 眼镜，被称为是离消费者最近的品类。如果说 VR 头盔瞄准的是虚拟现实"高端市场"，那么 VR 眼镜则是目前最接近消费者的一种产品形态。目前市面上的移动 VR 眼镜种类繁多、琳琅满目，但 TVR 时光机的创始人仿相原归纳道："目前移动 VR 可分为两种产品：一种是类似谷歌 Cardboard 的眼镜盒子；另一种是三星 Gear VR。"

谷歌 Cardboard 是一个以透镜、磁铁、魔鬼毡以及橡皮筋组合而成，可折叠的智能手机头戴式显示器，虽然造型简陋、功能单一（几乎只能看视频），但售价仅为 25 美元，迄今为止 Cardboard 销量超过 500 万台，远高于谷歌当初的预期。业内将 Cardboard 这样的产品俗称为"眼镜盒子"，见图 4-26，其结构简单，不需要复杂的电子元件及光学设计，成本低廉，因此厂家多、价格低、销量大、无壁垒。国内厂商所推出的移动 VR 硬件产品，大多都属于这一类型。

图 4-26　谷歌"眼镜盒子"

这类设备内部无显示设备，使用时需要一台智能手机，将手机塞入镜片后的托盘中，通过凸透镜给两眼造成视差来实现伪 3D 效果体验，这种设备属于入门级产品，成本较低，其体验效果不好。其核心是位于手机中的 3D 内容资源及眼镜盒子中的光学镜片。

而三星与 Oculus 联合研发的 Gear VR（见图 4-27），则是目前业内公认、体验最好的移动 VR 设备，几乎可以媲美 PC 端 VR。Gear VR 外置高精度、高刷新速率陀螺仪，适配三星手机的 OLED 2K 屏幕，专为 Note 4 等几款三星手机定制，在软硬件上做了很多深入底层的优化。内容输出平台还是手机，但是头戴设备已经加装了显示屏，甚至部分传感装置，可以识别对用户旋转运动和平移运动的双重感知，相比眼睛盒子，这类设备未来有机会以更强的沉浸感吸引更多爱好者。这也是 Gear VR 区别于一般眼镜盒子最主要的原因，在大大提升其产品体验的同时，也使得成本大幅上升（售价高达 99 美元）。此外，其内容的质量有保证。Gear VR 为内容开发者推出了定制开源 SDK，简化了游戏适配的过程，并能使得内容的优化更新更为出色；同时，其内容平台 Gear VR Store 优良的利益分配机制则使得业内优秀的开发者聚集在此，而有严格的审核机制则确保了内容的品质。

图 4-27　三星的 Gear VR 是加了
显示屏的眼镜盒子

AR 是在虚拟现实技术基础上发展起来的一种综合了计算机视觉、图形学、图像处理、多传感器技术、显示技术的新兴计算机应用和人机交互技术。增强现实技术利用计算机产生的虚拟信息对用户所观察的真实环境进行融合，真实环境和虚拟物体实时地叠加到了同一个画面或空间，拓展和增强用户对周围世界的感知，实现双向互动。目前参与 AR 设备的厂商还不多，但从长期来看，VR 和 AR 技术将高度融合。

随着移动互联网技术的成熟，各种智能终端平台相继推出，一大批以移动终端定位与状态感知、多媒体信息处理与展现技术为基础的增强现实应用开始涌现，称为移动增强现实（Mobile Augmented Reality，MobAR）应用。移动增强现实技术不仅具有传统的本质特点，如图 4-28 所示，它在借助计算机图形技术的真实环境中，将虚拟信息与场景无缝融合呈现给用户，与此同时移动增强现实技术由于智能终端具有很好的便携性，与增强现实技术的可移动性不谋而合，为用户提供了完全区别于传统 PC 端的感知和交互体验。实际上，AR 技术真正为世人所熟知还是源于一硬一软两款产品：最著名的 AR 硬件产品鼎鼎大名的 Google Glass，以及最负盛名的 AR 应用，同样来自谷歌的 Ingress。2013 年，谷歌公司推出了一款概念性产品：Project Glass，其不同于传统眼镜结构，只有在右眼前方有一块小的光学镜片。Google Glass 是一款 AR 穿戴式智能眼镜，集智能手机、GPS、相机于一身，可以帮助人们更好的探索和分享世界，具有语音识别、GPS 导航、收发电子邮件和视频聊天等功能。不过由于成本过高、缺少应用、分散注意力等硬伤，谷歌已于 2015 年初宣布放弃初代 Google Glass，二代产品则主要面向企业用户，不再推出消费者版。Ingress 则是由谷歌开发、基于 LBS 技术的移动 AR 网络游戏，玩家将走进一个真实的虚拟世界中，扮演蓝军（反抗军）或绿军（启示军）的特工，通过在真实世界中移动来获取游戏内名为 XM（Exotic Matter）的虚拟物质，并且在真实世界中存在的地标建筑（游戏内称为 Portal）周围展开对攻防战。

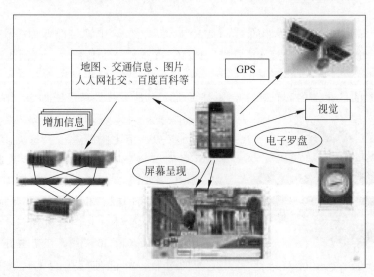

图 4-28　移动增强技术应用

此外，如电子商务场景，近年来在北京地铁站出现的虚拟购物超市，消费者只要通过手机拍摄想要购买的物品并发送给服务商，就可以享受送货上门的服务。同时，移动增强现实在导航、古迹参观、工业维修、游戏、娱乐等方面具有广阔的应用前景和巨大市场潜力。移动 AR 技术在旅游、导航等领域的应用比 PC 的 AR 应用具有明显的优势。比如在古迹游览中，智能手机上安装好特定应用软件将摄像头对准古迹，则可以在智能手机屏幕上看到相关介绍信息甚至精美复原图等。

　　增强现实系统的研发包括多个学科的理论以及背景，其中，计算机图形/图像处理、计算机网络、人机交互技术、三维视觉化、智能显示器、传感器追踪等关系密切。增强现实系统框架如图 4-29 所示。

　　增强现实系统一般不需要显示完整的场景，但它需要即时分析处理大量来自传感器的数据，以便进行精确的跟踪识别与三维注册。所以，增强现实系统一般都需要特定的软硬件平台支持和关键技术支撑。与传统的增强现实系统相比，如今的增强现实系统开发了移动应用这个新的领域，具有移动增强、无缝融合、实时反馈等特征。其工作流程大致如下。

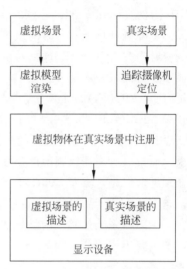

图 4-29　增强现实系统框架图

　　（1）获取即时场景信息。

　　（2）对传感器获取的信息进行跟踪识别。

　　（3）生成虚拟对象。

　　（4）在显示器端成像。

　　支撑移动增强现实的关键技术主要包括硬件和软件两个方面。

　　硬件方面主要是处理器模块、显示模块、传感器模块、交互模块、网络模块等。

　　处理器系统用于提供增强现实系统的计算能力，是评价移动互联网终端性能的重要参数，主要包括 CPU 和 GPU。视频处理芯片在 VR/AR 扮演关键角色。大部分 VR 体验者都会感觉到眩晕，它被认为是 VR 走向主流的最大障碍。在 VR/AR 世界里，与传统的视频图像处理技术不同，虚拟现实的视频图像处理是用于近似还原真实的世界，其对视频图像的渲染要求更为严格，因此对芯片运算能力和图像处理能力的要求更高，当所有信息以视频化的方式并放大数倍呈现于用户眼前时，数据运算能力与数据传输速度、屏幕刷新率便成为技术实现的重要瓶颈。从 PC 时代的英特尔，到智能手机时代的高通，VR/AR 领域或许也将诞生一些重量级的芯片平台。目前各家厂商已经开始抢占 VR/AR 市场先机。2015 年 11 月，NVIDIA 发布了 GameWorks VR（面向游戏开发人员）及 DesignWorks VR（面向设计人员）两种 VR 开发工具。用以降低延时率，加快立体渲染性能，从而提升 VR 沉浸体验。2015 年 12 月，高通发布了 Snapdragon 820。该芯片是高通首款定制设计的 64 位四核 CPU，内部集成了新一代 GPU（型号为 Adreno 530），能够呈现从立体摄像机实时拍摄的高清晰视频，能够识别图片和场景中超过 1 000 种不同的类别，保证虚拟显示头盔内身临其境的体验再一次进化。

　　显示系统主要提供智能终端的采集显示能力，包括显示屏幕、摄像头等，是实现增强现实应用的重要设备。随着 VR 逐渐兴起，国内外众多厂商纷纷加入 VR 阵营。体验过 VR 头显的朋友最深刻的感受就是眩晕甚至恶心、呕吐，它被认为是 VR 走向主流的最大障碍。当用户使用 VR 头显的时候，全部视野都被 VR 头显所覆盖，VR 也极力欺骗你进入虚拟世界，此时眼前一块屏幕展示的画面将给你强于普通画面 10 倍的视觉感受。这种情况下，造成眩晕的因素主要有两个：一是身体的运动和视野中所观测到的运动不匹配；二是头部运动和视觉观测到的头部运动不匹配。而延时恰恰是导致不匹配的主要成因。延时包括屏幕显示延时、计算延时、传输延时以及传感器延时。其中屏幕显示延时是 VR 设备延时的最主要因素，也即产生眩晕感的最重要因素之一，以 Oculus Rift 为例，Oculus Rift 总延时为 19.3ms，其中屏幕显示延时 13.3ms，延时占比达到 69%。降低屏幕显示延时的最简单方法就是提高刷新率，减少帧间延时，AMOLED 的响应时间是 LCD 的千分之一，显示运动画面绝对不会有拖影的现象，恰恰是解决屏幕显示延时的最好解决方案之一。此外，VR 设备还可以通过降低余晖的方法来减少帧内延时。AMOLED 每个像素都是主动发光的，可以做到低余晖，进一步降低延时，减少眩晕。AMOLED 屏幕主要用于部分高端智能手机上。相比于智能手机、PC、可穿戴电子设备，VR 硬件产品出货量尚少，远未进入大众应用市场。目前不仅 VR 产品出货量少，而且只有高端旗舰型产品才采用 AMOLED 作为显示屏，大多 VR 产品仍采用 LCD 显示屏。但是，随着 Oculus、SONY 等 VR 旗舰产品纷纷采用 AMOLED，预计未来越来越多的 VR 产品也将采用 AMOLED 显示屏。

传感器系统是实现增强现实的必要支持。当前，丰富的传感器设备已经成为智能手机的重要组成部分，如 GPS、电子罗盘、加速计、陀螺仪、重力感应器、位移传感器、光线感应器等。传感器系统使手机变得越来越智慧化，向着情境感知的方向发展，增强了手机体验感和用户互动，是实现增强现实系统的有力支持。交互系统的好坏直接影响着增强现实系统的体验。当前智能手机采用触摸屏、语音等交互方式，在人机操作关系上产生了很大的变革，可以通过多通道与计算机生成的虚拟信息进行交互式反应，使用户更自然地融入场景中去，具有更新鲜的体验感。无线通信技术和互联网技术是移动服务的支撑技术。在一些增强现实的应用中需要通过远程服务器来存储大量的数据信息，某些数据处理也要通过远程服务器来完成。传感技术是 VR/AR 人机交互的核心手段，其重要性不言而喻。目前虚拟现实巨头在加紧发展终端设备的同时，也积极布局传感技术，以期待在虚拟现实产业链上占据关键环节。从各大巨头的布局来看，微软掌握了深度传感器 Kinect；苹果收购了深度传感器 PrimeSense，并且在软件上收购了 FaceShift 和 Metaio，可配合 PrimeSense 进行传感技术深度布局；索尼收购了比利时传感器技术公司 Softkinetic Systems SA，拥有全世界最小带有精细化手势识别功能的 3D 深度摄像头；谷歌收购了 Lumedyne Technologies，掌握了光学加速度计、振动能量采集器、基于时域相应的惯性传感器等传感技术，此外谷歌的无人驾驶系统整合了声呐系统和雷达系统，将传感器应用发挥到了极致；Facebook 收购了 Oculus 平台，并在软件上收购 Surreal Vision，在室内三维重建领域技术领先。

软件方面关键技术包括：目标特征提取技术、目标跟踪注册技术、内容实时渲染技术等。随着用户对移动增强现实应用体验要求日益提高，必将对移动终端、增强现实平台的媒体计算能力提出更大的挑战，在复杂场景(如光线变化、快速运动)下的目标识别技术、将终端摄像头和终端其他多种传感器结合的目标追踪方法将是未来技术研究的方向。

目标识别指在相关场景中找到给定的目标物体，并对其进行标记。增强现实需要实现复杂移动场景中的实时目标识别，如可采用多特征（如色彩、纹理、轮廓融合的方式）对复杂场景进行特征提取和识别，然后将虚拟图像映射到真实场景的合适位置。

跟踪注册算法将虚拟物体合并到真实空间中的准确位置。增强现实系统应实时跟踪手机在真实场景中的位置及姿态，并根据这些信息计算出虚拟物体在图像中的坐标，实现实时、鲁棒、稳定、准确的跟踪，保证虚拟物体画面与真实场景画面精准匹配。它是增强现实系统中很重要的组成部分。

通过三维图形建模和渲染算法处理，在真实环境中叠加有增强显示效果的三维物体，进行逼真显示，帮助用户对环境的理解。当显示设备在空间随意移动时，虚拟图形能够随之变换大小、形状和角度等。从任意角度观察，虚拟图形和真实场景中的物体都必须遵循欧式定理，保持几何空间的一致性。

国际上移动增强现实技术研究广泛，诺基亚公司、西门子公司、索尼公司、德国的Lunatic 公司、IBM 公司、高通公司，以及美国、英国、日本、德国、奥地利、瑞典、新西兰、荷兰、澳大利亚等国的大学及研究机构都在从事移动增强现实技术的研究工作。相应的移动增强现实市场应用发展迅猛，荷兰的手机浏览器 Layar、奥地利实景导航 Wikitude、美国的 Yelp、谷歌公司的 Google glass、Nokia 公司的 Point&Find，都是通过摄像头辨识信息，通过网络得到相关信息，最终达到虚拟和真实的结合。我国增强现实技术研发和市场推广活动也日趋频繁，中小型创业公司（Total immersion、LayAR、触景科技、梦想人）不断涌现，从服务、软件、芯片和商业模式方面不断创新，市场规模不断增长，产业规模正在形成。然而，尽管移动增强现实系统已经显示出了在诸多领域中广泛的应用前景，但是由于技术条件和成本的限制，将其大规模的推广应用尚需一定的时日。

纵观 VR 产业链条，目前面临的问题突出体现为：沉浸不足、眩晕难除，其中，眩晕是 VR 用户的首要痛点，目前设备普遍易造成用户身体不适。由于造成眩晕的原因非常复杂，可综合概括为图 4-30 所述的四大方面。而这些方面的原因短期内难以完全消除，解决眩晕非朝夕之功——反过来讲，眩晕基本消除之时将是未来 VR 的关键拐点，踏过拐点后将迎来一轮大爆发。

4.3.4　人机交互技术的发展和应用

从 iPhone 的多点触控技术、Sift 语音控制技术到谷歌眼镜，未来显示、多模态识别、移动增强等新型人机交互技术彻底颠覆了传统手机定义，使智能终端具有了听觉、视觉、触觉，突破了移动终端各种物理局限，掀起了移动互联网的一波又一波发展高潮，极大地改善了移动智能终端的用户体验，降低了应用门槛。基于新型交互技术形成了一个又一个产业开发生态圈，挖掘出移动互联网无穷无尽的价值。新型交互技术已成为影响智能终端和移动互联网应用发展方向的一个关键环节。随着苹果在 iPhone 4S 中推出 Siri 语音应用支持用户通过语音实现与移动终端交互，并获得了市场的高度认可，

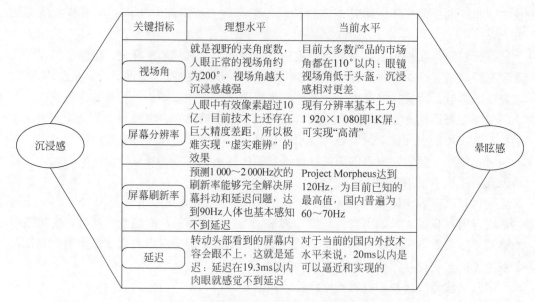

关键指标	理想水平	当前水平
视场角	就是视野的夹角度数，人眼正常的视场角约为200°，视场角越大沉浸感越强	目前大多数产品的市场角都在110°以内：眼镜视场角低于头盔，沉浸感相对更差
屏幕分辨率	人眼中有效像素超过10亿，目前技术上还存在巨大精度差距，所以极难实现"虚实难辨"的效果	现有分辨率基本上为1 920×1 080即1K屏，可实现"高清"
屏幕刷新率	预测1 000～2 000Hz次的刷新率能够完全解决屏幕抖动和延迟问题，达到90Hz人体也基本感知不到延迟	Project Morpheus达到120Hz，为目前已知的最高值，国内普遍为60～70Hz
延迟	转动头部看到的屏幕内容会跟不上，这就是延迟：延迟在19.3ms以内肉眼就感觉不到延迟	对于当前的国内外技术水平来说，20ms以内是可以逼近和实现的

沉浸感　　　　　　　　　　　　　　　　　晕眩感

图 4-30　虚拟现实在沉浸感上的眩晕原因

将语音交互技术运用到移动智能终端上开始受到众多企业关注，谷歌在 Android 4.1 系统中推出 Google Now 语音服务，我国科大讯飞、百度、搜狗等企业也相继推出智能终端语音应用产品及语音云平台服务，全球范围内语音交互技术及相关产业正兴起全新的高潮。此外，人脸识别、手势操作、增强现实、眼球追踪等交互技术也开始在智能终端中得到应用，三星 Galaxy S4 智能终端中除提供人脸识别解锁应用、手势控制电话接听等新型人机交互应用外，还提供眼球追踪功能，可对用户眼球运动作出反应，允许用户上下活动眼球来滚动屏幕或在用户目光离开显示屏时暂停视频播放等，成为终端产品的功能亮点。从键盘、触摸屏到语音控制、人脸识别、手势控制、增强现实、眼球追踪等技术，智能终端设备的人机交互方式在不断升级进化的同时也带来了更新奇有趣的操控体验，越来越直观、简便和自然的人机交互技术仍将是未来移动智能终端的重要突破方向。

除了手机、笔记本及平板电脑，人机交互技术还将超越这些传统市场，并在以下三大全新市场呈现爆发式需求。

可穿戴设备：新型显示技术是对可穿戴设备造成最直接影响的关键技术。如今的可穿戴显示技术，主要为应用于智能眼镜的 LCoS(硅基液晶)和智能手表的 OLED 显示技术。前者较适合具备增强显示应用的头戴式可穿戴设备使用，具有分辨率高、亮度和对比度高、相应速度快和低功耗驱动等优点，但是标准相对不统一，且技术门槛较高；后者在小屏应用领域相对较为成熟，被智能手表厂商广泛使用，但是利用传统 OLED 显示屏的手表，在造型上大多千篇一律，在产品识别性和美观性上有所欠缺，使得可穿戴设备迟迟未被大众所接受。然而，伴随三星和 LG 对柔性屏幕的率先使用，众多厂商纷纷步其后尘，例如，国内映趣科技的 In-Watch X、三星的 Galaxy Gear fit 和国外的众筹项目 Emopulse Smile。柔性显示领衔的新型显示技术将显著提高可穿戴设备的用户接受度，通过柔性弯曲显示技术有效改变产品形态，从而改变产品定位，使其不再是缩水或者裁减版的智能手机。可弯曲的柔性屏可从一定程度上缓解以往智能手表显示面积不足的问题。同时，新颖的设备造型也使得可穿戴设备外观设计更灵活，更具亲和力，更容易被市场和用户所接受。

可穿戴设备是增长最快的智能设备细分市场之一。支持灵活的触控/显示，是可穿戴设备取得成功的关键。因为增加触控功能，可为人们与可穿戴设备互动提供一种自然而然的方式。移动智能穿戴设备中的新型人机交互技术的应用如图 4-31 所示。

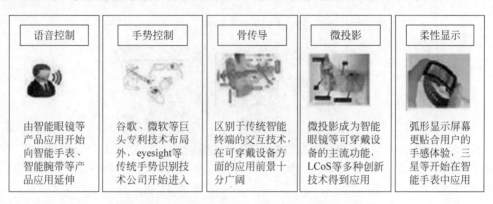

语音控制	手势控制	骨传导	微投影	柔性显示
由智能眼镜等产品应用开始向智能手表、智能腕带等产品应用延伸	谷歌、微软等巨头专利技术布局外，eyesight等传统手势识别技术公司开始进入	区别于传统智能终端的交互技术，在可穿戴设备方面的应用前景十分广阔	微投影成为智能眼镜等可穿戴设备的主流功能，LCoS等多种创新技术得到应用	弧形显示屏幕更贴合用户的手感体验，三星等开始在智能手表中应用

图 4-31　移动智能穿戴设备中的新型人机交互技术

智能汽车：汽车在未来不仅是一个出行产品或工具，还将是一个以"数据"驱动的数字终端。消费者良好的智能手机体验正在促进汽车人机界面发展，消费者对汽车智能化的需求在不断提高。未来每辆车上会有多个显示器和多个触控界面，但触控界面必须简便易用，不会分散驾驶员注意力。未来，要提供适用的汽车人机交互界面，如何利用力度和触觉是关键。

智能家居：智能触控界面正在简化我们的家居生活。如冰箱，未来智能化程度足够高的冰箱，可以根据储存在冰箱中的食品提供健康食谱。不管是冰箱，还是其他家用电器，增加触控显示界面后，人们就能够更高效和简单地管控这些设备。

人机交互领域未来 20 年间将重叠发生的四次变革浪潮。

交互：专注于个人设备。从按键到触控屏的转变是这次变革的关键，重点是提高触控性能和扩大触控范围；同时显示质量从 VGA 至 UHD(4K)；工业设计方面则是更纤薄的曲面显示。

个性化：专注于用户。变革的标志是密码的使用正在减少，取而代之的是生物识别（用户独有的特征）。这将推动移动支付的普及，但仍需要协调银行、支付机构、商家、技术提供商等各个环节。

情境识别：专注于环境。属于早期创业阶段，目标是让设备能够了解环境情况，能够预知用户的潜在需求。这需要不同类型的传感器一起工作，增强现实感。

全方位感知：专注于终极用户体验。这将是人机交互的前沿创新模式，它将超越智能设备本身，个人设备退居幕后，甚至消失在信息基础设施中，取而代之的是纤巧尺寸的传感器将无处不在。

4.4 机卡接口技术

4.4.1 定义及简介

机卡接口(Terminal-Card Interface，通常简称为 Cu 接口)，顾名思义，就是卡与终端之间交互的接口，对于大部分终端，表现为具有"卡槽"的物理形式。用户将运营商分配的卡插入终端的卡槽中，卡与终端间完成一系列的交互，从而使终端获得运营商的网络信号，实现用户通信的可能。图 4-32 给出了机卡接口的物理形态图示。

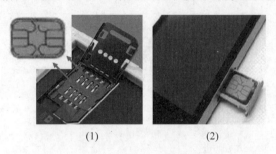

(1)   (2)

图 4-32　机卡接口(终端为可插拔卡槽类)图示

卡和终端的接口均为标准接口，有标准定义尺寸及触点分布等。卡上存储了终端用户接入网络所需要的专有数据信息，终端在注网时，需要先完成与卡的会话和数据交换，从卡上得到这些专有数据后才能向网络发起注册，再完成与网络间的各类参数(如身份识别、用户授权、安全验证和终端设置数据等)的交互验证。所以说机卡接口是终端通信信息交互的基础，是用户享用各类通信业务得以实现的前提，保证了用户通信安全、正常的进行。

目前国内外开展机卡接口关键技术和测试方法研究的标准组织主要包括：3GPP、3GPP2、GSMA 及 CCSA。研究内容涉及终端侧的质量安全(如物理、电气特性)、卡与终端的信息交互(如逻辑传输特性、文件读写)、卡内敏感信息的安全保护(如用户身份信息、鉴权加密密钥)、各类 UICC 应用及卡主动式会话应用的文件、数据、协议和安全机制等。下文将对通用集成电路卡和终端—卡间接口的基本技术要求进行逐一介绍。

4.4.2 通用集成电路卡(UICC)

通用集成电路卡(Universal Integrated Circuit Card，UICC)，是定义了物理特性的可移动智能卡的总称。如上文所述，UICC 是终端用户专有参数的存储核心，其存储内容主要包括用户身份信息、网络接入/鉴权信息、电话簿/短消息等业务信息、付费方式信息、多种逻辑应用信息及电子钱包等其他非电信应用模块信息。

本节将围绕 UICC 的物理类型、环境条件和各类平台应用展开说明。

4.4.2.1 物理类型及适用条件

标准中定义了 UICC 的物理类型、尺寸和触点分布。

UICC 共包含 8 个触点，各触点的定义和用途如表 4-3 所示。

表 4-3　UICC 各触点的定义和用途

触　点	定　义	用　途
C1	Vcc	供电电源触点
C2	RST	Reset 复位触点
C3	CLK	Clock 时钟信号触点
C4	RFU	预留触点
C5	GND	地线触点
C6	Vpp	编程电压（或为私有用途）
C7	IO	输入/输出触点
C8	RFU	预留触点

以上每个触点应不小于长 2mm、宽 1.7mm 的矩形表面区域。其中触点 C4 和 C8 为可选触点，为预留给将来使用的接口。如果存在 C4 和 C8 触点且 UICC 仅包含电信应用，同时没有使用这些触点用于额外的接口，那么在 UICC 内触点 C4 和 C8 不应被连接。终端侧则表现为两触点应被置于 L 状态，或者对 UICC 呈现高阻抗。同样，触点 C6 为编程电压触点，对于使用 2FF/3FF/4FF 卡的终端一般不需要提供，如果终端存在触点 C6，那么触点 C6 应对 UICC 呈现高阻抗或者被连接到触点 C5。

但如果 UICC 支持多应用或者终端支持使用这些触点的接口，那么这些触点可以被使用，且不会影响其他触点的正常状态。如对于有 NFC 功能的终端，触点 C6 则被用作 SWP 接口使用，实现 NFC 芯片与 UICC 的连接，此时 C2 触点的信号仍然对 ISO 7816 接口起复位作用，但对 SWP 接口就不适用，其只通过 C6 引脚复位，完成信息传递等。

另外，对于支持大容量 USB-IC 接口的终端，必须启用 C4 触点和 C8 触点，分别提供 USB D＋和 USB D－的信号传输。且若终端使用 USB 程序来检测 USB UICC 的存在时，仅需要保证 UICC 能维持所有触点上电的正常状态后，触点 C3 的时钟信号应支持随后关闭。

图 4-33 中给出了目前 UICC 的主要物理类型，包括 ID-1 UICC、Plug-in UICC、Mini-UICC、4FF-UICC、M2M UICC 等，现阶段常用的为第 2 至第 4 类型。主要区别在于物理外形、尺寸和应用环境方面。UICC 卡的物理尺寸均以上边沿和左边沿为基准。

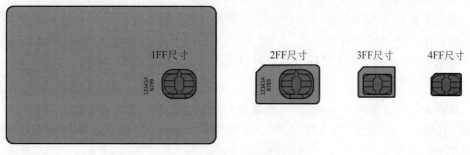

图 4-33　UICC 的物理类型

1. ID-1 UICC

ID-1 UICC 为全尺寸 1FF 卡，根据 ISO/IEC 7816 规范的要求，ID-1 UICC 长为 85.60mm，宽为 53.97mm，厚度为 0.76mm。终端应可以接受压纹 ID-1 UICC。ID-1 UICC 的触点位于卡的正面。

2. Plug-in UICC

Plug-in UICC 为 2FF 类卡，长为 25.00mm，宽为 15.00mm，厚度要求与 ID-1 一致：0.76mm，同时 UICC 上应有一个插入方向的标志。

Plug-in UICC 的物理尺寸和各触点的分布如图 4-34 所示。

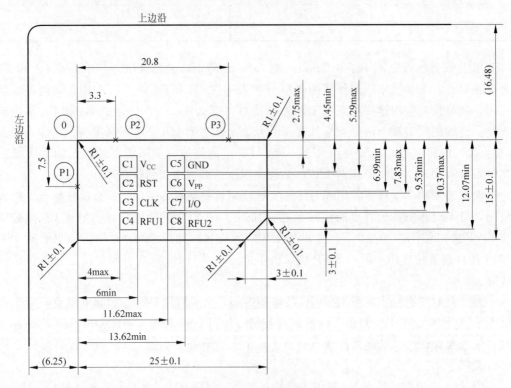

图 4-34　Plug-in UICC 的物理尺寸和各触点的分布（长度单位为 mm）

3. Mini-UICC

Mini-UICC 为 3FF 类卡，最早是因苹果公司为了提高 iPhone 集成度，减少 SIM 卡体积而提出，并被接受纳入标准。Mini-UICC 定义的长为 15mm，宽为 12mm，厚度及插入方向标志与 ID-1 型 UICC 一致。其物理尺寸和各触点的分布如图 4-35 所示。

4. 4FF-UICC

4FF-UICC 也称为 Nano 卡，同样是由苹果公司继 Mini-UICC 后提出的面积更小的 UICC 类型。4FF-UICC 的长为 12.3mm，宽为 8.8mm（二者误差均为 ±0.1mm），厚度为 0.67mm，误差为 [−0.07mm，+0.03mm]。

其物理尺寸和各触点的分布如图 4-36 所示。

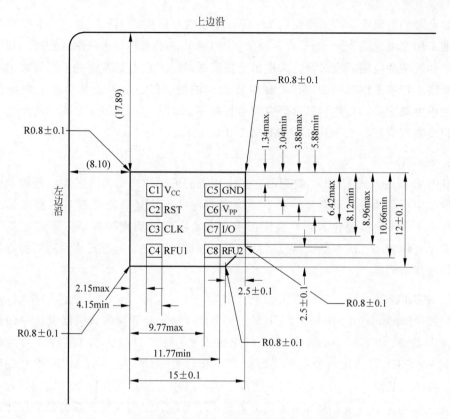

图 4-35　Mini UICC 的物理尺寸和各触点的分布 (长度单位为 mm)

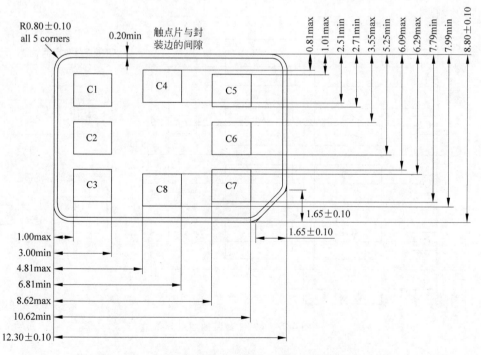

图 4-36　4FF-UICC 的物理尺寸和各触点的分布 (长度单位为 mm)

移动通信系统现阶段主要使用2～4FF尺寸的可插拔式 UICC 卡，其卡操作和存储的标准工作温度范围为［－25℃，＋85℃］。但随着技术尤其是物联网的发展，特殊的应用场景和复杂的应用环境对智能卡提出了更高要求，不仅有更宽泛的不同等级的工作温度、湿度、持续工作时间的需求，还对智能卡的耐腐蚀、抗冲击抗震动、数据保留时间、最小更新次数、功耗和尺寸等方面也提出了新的需求。因此，UICC 就产生了更多样的封装物理类型，如 eUICC 和 M2M UICC。

5. eUICC

eUICC 即嵌入式 UICC，物理形态上由传统的可插拔式变为内嵌式，智能卡固化在终端设备中不可插拔，具有与终端不可分离的特性。eUICC 可呈现多种物理形态，包括贴片式卡，或直接固化封装在电路板上，未来还有可能直接将模组集成在基带芯片中。其具有体积小、成本低、可以适应特殊的温湿度环境、物理可靠性高等特点，在物联网领域优势明显。

6. M2M UICC

M2M(Machine to Machine) UICC，是主要应用于物联网领域机器设备中的通用集成电路卡类型，其可以是传统形态的可插拔式2～4FF 卡，也可以是特有的封装形态MFF。MFF UICC 直接与通信模块焊接在一起，为 eUICC 之一。MFF 分为 MFF1 和MFF2 两种封装形态，MFF1 适用于插接方式，其中央触点可提供散热功能；而 MFF2的触点分布则为中央预置大容量散热装置提供了可能。二者从底部看的封装尺寸和分布分别如图 4-37 和图 4-38、表 4-4 和表 4-5 所示。

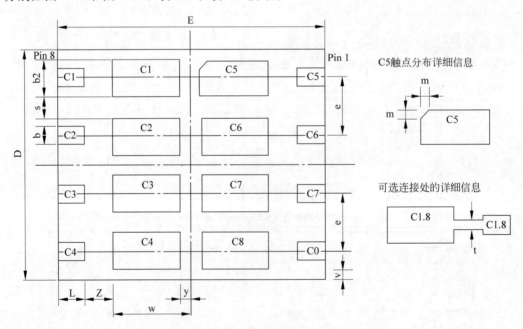

图 4-37　MFF1 封装的触点分布

表 4-4　MFF1 封装的尺寸

参数	描　　述	尺寸(mm)
E	封装体水平方向长度	6.00±0.10
D	封装体垂直方向宽度	5.00±0.10
L	外部管脚的水平方向长度	0.60±0.15
s	内部散热片下边缘到下一个散热片上边缘的宽度	min 0.20
w	封装中心线到封装内部散热片远端的距离	min 1.75
z	封装外部管脚到内部散热片的最近距离	min 0.20
t	连接外部管脚的延伸线的宽度	max 0.20
y	封装中心线到内部散热片近端的距离	0.20±0.10
v	封装体水平线到内部散热片边缘的最小垂直距离	min 0.10
b	封装外部金属管脚的最小垂直距离	0.40±0.10
b2	封装内部散热片的垂直方向宽度	min 0.70
e	封装外部金属管脚的中心线到相邻金属管脚中心线的距离	1.27，公差参照 bbb 和 ddd
bbb	中心线公差	0.10
ddd	触点间距离公差	0.05
m	C5 触点倒角的垂直宽度和水平长度	0.25±0.05

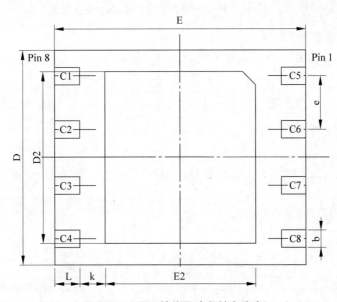

图 4-38　MFF2 封装尺寸和触点分布

表 4-5　MFF2 封装的尺寸

参数	描　　述	尺寸(mm)
E	封装体水平方向长度	6.00±0.15
D	封装体垂直方向宽度	5.00±0.15
L	外部管脚的水平方向长度	0.60±0.15
b	封装外部金属管脚的最小垂直距离	0.40±0.10

参数	描 述	尺寸(mm)
E2	封装内部散热片的水平方向长度	min 3.30
D2	封装内部散热片的垂直方向宽度	min 3.90
k	封装外部管脚到内部散热片的最近距离	min 0.20
e	封装外部金属管脚的中心线到相邻金属管脚中心线的距离	1.27，公差参照 bbb 和 ddd
bbb	中心线公差	0.10
ddd	触点间距离公差	0.05

4.4.2.2　平台应用

UICC 平台可以包含一个或多个逻辑应用，如按照网络制式来分，可有：用户标识模块 SIM(Subscriber Identity Module) 应用、UIM(User Identify Module) 应用、通用用户标识模块 USIM(Universal Subscriber Identity Module) 应用、CSIM(CDMA2000 Subscriber Identity Module) 应用、IP 多媒体业务标识模块 ISIM(IP Multimedia Service Identity Module) 应用；另外还有 eSIM(Embedded Subscriber Identity Module) 应用等。平时一个用户会说自己的卡是 2G、3G 或 4G 的；或者卡是属于联通的、移动的、电信的，其实都是根据 UICC 上支持的平台应用种类来确定的。

1. UICC 应用文件系统结构

图 4-39 给出了 UICC 应用文件系统的结构示例。

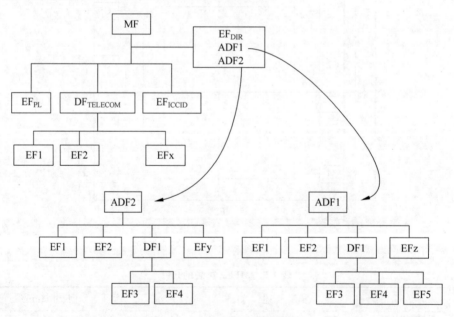

图 4-39　UICC 应用文件系统结构

UICC 卡应用文件系统中，定义了三种文件格式。

(1) MF(Master File)：主文件，一张卡仅有一个，为目录文件，只有头部分，无数据。文件 ID(FID)＝"3F00"。主文件在卡激活和 ATR 发起后被隐式选中成为当前目录。

（2）DF(Dedicated File)：专有文件，同为目录文件，只有头部分，没有数据，只存取文件地址指针。DF 文件名为应用标识符 AID，在卡里唯一存在。

1 级专用文件 ID 编号为"7FXX"。如 DF_{GSM} ＝"7F20"，DF_{CDMA} ＝"7F25"，$DF_{TELECOM}$ ＝"7F10"。

其中 ADF 为应用专用文件，3G 及之后的制式所特有，便于拓展新应用，实现了平台和应用的分离（2G 卡平台与应用不分）。每个应用在 UICC 上均对应一个 ADF，包括所有与应用相关的专用文件和基本文件。如 USIM 应用对应的专用文件 USIM ADF 是其所属的基本数据文件 EF 和专有文件 DF 的访问点。被激活的 ADF 文件 ID 可置为"7FFF"。

2 级专用文件 ID 编号为"5FXX"。如 $DF_{PHONEBOOK}$ ＝"5F3A"，DF_{WLAN} ＝"5F40"。

（3）EF(Elementary File)：基本文件，包括文件头和数据。基本文件分为透明结构、线性定长结构、循环结构和基于 BER-TLV 结构，如表 4-6 所示。

表 4-6　基本文件结构

基本文件结构	描　　　述
透明(Transparent)结构	透明结构的基本文件由一系列顺序字节组成。第一个字节的地址为"0000"，总字节长度在当前文件的 select 响应中指示。当文件要被读取或更新时，可根据相关地址提示得出起始字节位置和相关的数据长度
线性定长(Linear fixed)结构	线性定长结构的基本文件由一系列相同且长度固定的记录组成。第一个记录序号记为 1，记录的长度、数值和总记录个数在当前文件的 select 响应中指示。可通过记录序号、模式搜寻或配合记录指示器来寻址文件中的指定记录
循环(Cyclic)结构	循环结构的基本文件由一组相同固定长度和相同数量的记录组成，第一条和最后一条记录相连接。用于按时间顺序存储记录，当存储空间已满，则下一条要存储的数据将覆盖时间最早的存储记录。当有更新操作时，只有 PREVIOUS 记录应被使用；当有读取操作时，寻址方式可有 Next，Previous，Current 记录指示器或记录序号
BER-TLV 结构	BER-TLV 结构基本文件由一系列可由命令存取的数据对象组成（BER-TLV：Basic encoding rules-tag，length，value）。Tag 在一个基本文件中只能出现一次

在主文件之下的基本文件 ID 为"2FXX"，如 EF_{DIR} ＝"2F00"；

在 1 级专用文件之下的基本文件 ID 为"6FXX"，如 EF_{SMS} ＝"6F3C"；

在 2 级专用文件之下的基本文件 ID 为"4FXX"，如 EF_{CC} ＝"4F23"。

2. 文件选择

MF 主文件下的文件可以通过以下三种方式来被选择。

（1）通过文件标识符 FID 选择文件。通过 FID 来选择文件有权限限制，需要考虑到文件的所属当前目录、子文件及源目录。如一个文件被选为当前目录，则只有满足以下情况的文件才可支持：①当前目录下的任一直接相关的子文件；②与当前文件所属的DF文件同在一个源目录下的任一直接相关的DF文件；③当前目录的源文件；④同级的当前DF文件；⑤当前已激活的ADF文件（激活ADF文件只能用AID选择方式）；⑥主文件。

（2）通过路径选择文件。通过路径选择文件，为逐级往下的选择过程。有"select by path from MF"和"select by path from current DF"两种。

（3）通过短文件标识符（5bit）SFI选择文件。在DF文件下的任一EF文件，若其文件控制参数FCP中含有 tag＝"88"的TLV数据对象，且长度不为0（长度等于0则表示文件不支持SFI选择），则可使用DF或ADF级的特定命令替代select命令来被隐性选择。特定命令中携带长度为5bit的短文件标识符SFI。若EF文件FCP中无TLV数据对象，则使用该EF文件标识符的5个最低有效比特作为SFI。特定命令包括：READ BINARY、UPDATE BINARY、READ RECORD、UPDATE RECORD、INCREASE、SEARCH RECORD、RETRIEVE DATA 和 SET DATA。

3. 应用选择

如上所述，UICC平台上可包含一个或多个应用，每个应用都对应唯一的应用标识符AID。AID的结构如图4-40所示，由RID和PIX组成，总长度不超过16字节。

《---------------------------- Application IDentifier (AID) ----------------------------》	
Registered application provider IDentifier (RID)	Proprietary application Identifier eXtension(PIX)
《--------------5Byte -------------》	《--------------≤11Byte -------------》

图 4-40　AID 结构示意

（1）Registered application provider Identifier（RID）：注册应用程序提供商标识符。
RID定义了已注册的应用程序提供商的标识，长度为5个字节。各提供商的编号根据 ISO/IEC 7816-5 标准中的定义，如：①ETSI-RID标识：A000000009；②3GPP-RID标识：A000000087；③3GPP2-RID标识：A000000343；等。

（2）Proprietary application Identifier eXtension（PIX）：专有应用程序标识符扩展PIX为7-11字节长度的十六进制应用编码。①1-4位：应用编码，用于标识标准化的ETSI、3G卡等应用；②5-8位：国家编码，用于指示标准化应用提供商的国籍信息，编码由国际电信联盟ITU统一发布；③9-14位：应用提供商编码，为各应用提供商独立编码，参见 ITU-T E188[4]；④15-22位：应用提供商可选字段，最多8位数，由应用提供商自行使用，可用于指示版本信息，修订信息等。当AID的长度为16字节时，此21-22两位将预留做将来使用。

UICC应用将通过以下方式来选择。

（1）隐式应用选择。一个应用将通过AID的方式被选择激活，成为当前ADF。已经激活的ADF可用FID＝"7FFF"来隐式表示。隐式应用选择不推荐用于多应用卡。

（2）使用DF名称进行应用选择。UICC内可选的应用都由对应一个应用标识符

AID 来表示，应用标识符 AID 可作为按 1 至 16 字节编码的 DF 名称，唯一对应卡内的某一应用。如 SELECT(CDMA)、SELECT(GSM)、SELECT(USIM ADF)。

（3）使用 EF$_{DIR}$ 进行应用选择。EFDIR 文件为主文件下的线性定长结构基本文件，FID 指向"2F00"。每一个记录对应一个应用的条目。EFDIR 中每个应用的条目包含了 UICC 某个应用的应用标识符 AID 和该应用的标签。

如图 4-41 所示，为一个 USIM 应用的 EF$_{DIR}$ 文件的内容。

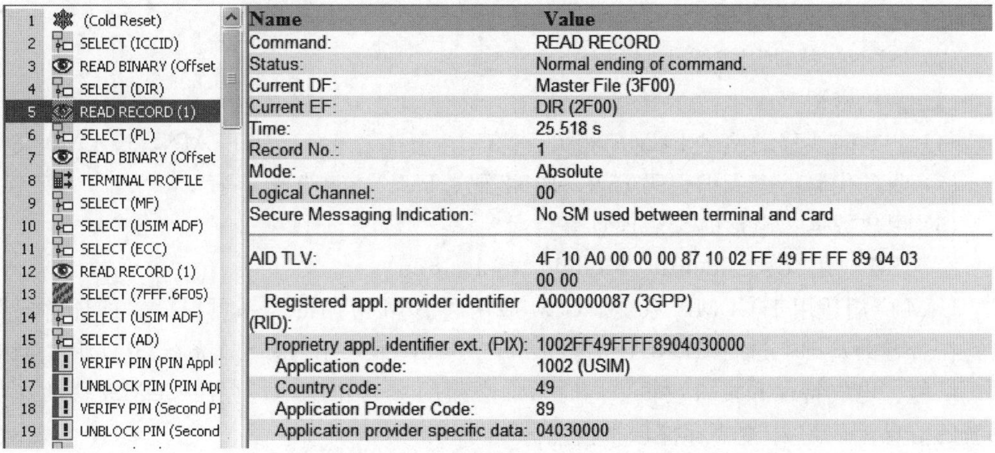

图 4-41　USIM 应用的 EF$_{DIR}$ 文件示例

4. 应用会话激活、终止、重置和问询

终端使用所选应用的 AID 作为参数来执行 SELECT 功能，被激活后的应用需要完成初始化过程，同时 UICC 会评估并使用适用于该应用的 PIN 码验证安全环境。应用初始化的完成由终端侧发起 STATUS 命令来指示，之后 UICC 进入操作状态；如果初始化程序没有被成功完成，则 UICC 停留在应用管理状态并向用户发送指示：所选应用不能被激活。

注意：在一个给定的时间给定的逻辑信道上只能有一个可选应用在运行，而一个应用程序会话可在多个并行通道中进行。

一个应用会话可以在 UICC 非活动状态的任何时间里被终止。终端侧将向 UICC 发送特定 STATUS 命令指示应用终止程序的开始。终止程序适用于以下任一种应用会话已激活的逻辑通道。

（1）隐式终止：使用 DF 名称进行的应用选择中其 AID 值与当前的激活应用 AID 不一致时（即要激活一个新的应用）。

（2）明确终止：当前的应用执行重选操作，需要先终止应用后再次激活。

（3）逻辑通道被关闭。

（4）终端执行了 UICC 的重启操作。

驻留在 UICC 中的应用列表可以在 UICC 非活动状态的任何时间里，通过对 EF$_{DIR}$ 执行读取程序。

5. 应用分类简介

1) SIM 应用(Subscriber Identity Module Application)

用户标识模块应用是应用于 GSM 系统中存储 GSM 用户签约信息的 UICC 应用。其具有应用和平台不分离的特性。其 ATR 中 CLAss 字节设置为"A0"。SIM 中主要存储包括以下信息。

(1) 鉴权接入相关身份识别码：国际移动用户识别码 IMSI、移动用户临时识别码 TMSI 等。

(2) ISDN：移动用户手机号码。

(3) 鉴权密钥 Ki、加密算法 A3、A8。

(4) 公共陆地移动网络 PLMN 相关：MCC、MNC、LAI、HPLMN、FPLMN 等。

(5) 业务代码：个人识别码 PIN、PIN2 码、PUK、计费费率等。

(6) 用户数据：电话簿、短消息等。

2) UIM 应用(User Identity Module Application)

UIM 应用适用于 CDMA 系统。UIM 应用和 SIM 应用的关系可以简单的理解成前者是在后者的基础上进行 CDMA 功能的扩展。UIM 卡采用与 GSM 系统 SIM 卡相同的物理结构、电气特性和接口逻辑，同时增加必须的参数和命令，存储 CDMA 移动蜂窝系统的信息。UIM 中主要存储以下信息。

(1) 用户身份识别和鉴权信息：IMSI、UIM_ID、ESN_ME、A-Key、SSD 等。

(2) 与移动台工作相关信息：包括优选的系统和频段信息、归属标识 SID/NID 等。

(3) 部分业务信息：短消息状态、电话簿等。

3) USIM 应用(Universal Subscriber Identity Module Application)

通用用户标识模块适用于 3G(WCDMA/TD-SCDMA)系统及 LTE 网络系统。其应用与 UICC 平台相分离，所有相关文件和参数存储在对应的专用文件 ADF 下，支持多业务的扩展。UISM 也可存储用户身份识别信息、网络鉴权接入参数、加密密钥算法、用户业务数据(包括多媒体消息)等。

与 SIM 相比，USIM 的区别主要体现在以下几个方面。

(1) ATR 中 CLAss 字节、P1\P2 参数、状态返回字 SW1 SW2 定义不同。

(2) USIM 采用双向鉴权，优于 SIM 的单向鉴权，安全性更高。

(3) USIM 机卡接口速率优于 SIM，约为 230bit/s。

(4) USIM 应用和平台相分离，可同时支持 4 个并发的逻辑应用，每个应用有对应的 ADF。

(5) USIM 支持更丰富的 USAT 逻辑通道，可使 USIM 卡上主动式指令发起多业务。

(6) USIM 中的电话号码簿可填写的联系人信息多于 SIM 的支持能力。

另外，从兼容性来说，终端支持机卡接口的向后兼容，即 3G/4G 终端可兼容 USIM(包括复合 USIM 与纯 USIM)和 SIM，对应接入网络系统；2G 终端则兼容 SIM 与复合 USIM，不兼容纯 USIM，且只可接入 2G 网络。

4) CSIM 应用(CDMA2000 Subscriber Identity Module Application)

CSIM 应用是适用于 CDMA2000 系统的应用，选择应用时应选择 ADF_{CSIM}，而非 DF_{CDMA}。CSIM 与 UIM 的对应关系可参照 3GPP USIM 和 SIM。CSIM 应用可与 USIM 应用、SIM 应用等集成在同一 UICC 上，称之为可移动用户标识卡 R-UIM。R-UIM 可兼容 CDMA、GSM 或其他制式的移动蜂窝系统，表现为选择对应于网络的应用激活和使用。

5）ISIM 应用(IP Multimedia Services Identity Module Application)

ISIM 是针对 IMS 网络的业务识别模块，是实现 VoLTE 和其他基于运营商 IMS 核心网的业务接入和认证的标准功能模块，用于存储由运营商提供的 IMS 专用数据。ISIM 应用随着 VoLTE 及 RCS 等相关业务的深入开展显示出其重要性，在 UICC 平台上包含并启用 ISIM 应用是技术和业务发展所趋。

ISIM 中主要存储的数据包括如下内容：

(1) IMPU：公共用户标识符。

(2) IMPI：私有用户标识符。

(3) 安全密钥：包括完整性密钥、加密密钥和密钥组标识符。

(4) 管理数据：包含根据 ISIM 类型有关的操作模式信息和各种数据。

(5) 所属地网络域名。

(6) 网络接入准则 ARR。

在实际 IMS 网络的部署过程中，会存在 UICC 卡上无 ISIM 应用的情况。此时，将根据 USIM 中的 IMSI 值衍生计算出接入 IMS 网络所需的公共和私有用户标识符，以满足不使用 ISIM 来访问 IMS 网络的机制。

6）eSIM 应用(Embedded Subscriber Identity Module Application)

eSIM 应用是基于物联网的发展和实际需求而产生的，同时也极大地推动了物联网的快速发展。eSIM 区别于现有的其他 UICC 卡主要体现在以下两方面。

(1) 从卡片物理形态上，eSIM 卡在物理形态上发生改变。由传统的可插拔式变为内嵌式，固化在终端设备中不可插拔，与终端不可分离。

(2) 从技术实现上，eSIM 技术支持用户在不更换卡的情况下，根据用户需求自主更换提供服务的运营商。具体方式是通过空中接口传输及远程管理方式，实现更换用于不同运营商的用户鉴权数据，变更套餐等。

目前 eSIM 应用的标准化工作和技术应用方案正在深入研究和加快发展中，市场上已出现的 APPLE SIM、华为天际通、小米漫游等，都可以视作是 eSIM 应用的雏形。相信随着技术（尤其是安全问题）的不断完善和实际市场的需求，eSIM 应用会得到推广和广泛应用，带来现有签约模式和用户使用习惯的改变。

4.4.3　机卡接口电气特性

1. UICC 的状态

UICC 在供电情况下，存在两种状态。

(1) 执行命令时，UICC 处于操作状态。操作状态包括从终端接收命令、执行命令以及向终端返回响应。

（2）除去执行命令，其余时间 UICC 则处于空闲状态。空闲状态下的 UICC 仍然能够保留所有相关的数据。

2. UICC 卡与终端的电压类别

UICC 卡和终端均支持 1.8V 技术及 3V 技术的电压类别，且任意两种卡和终端都可兼容操作，见表 4-7。

表 4-7　UICC 卡与终端的电压类别

定　义	说　明
1.8V 技术的智能卡	工作在 1.8V±10％ 和 3V±10％电压下的智能卡
1.8V 技术的终端	终端在 1.8V±10％ 和 3V±10％电压下运行机卡接口
3V 技术的智能卡	工作在 3V±10％ 和 5V±10％电压下的智能卡
3V 技术的终端	终端在 3V±10％ 和 5V±10％电压下运行机卡接口

注：以上均对 V_{pp} 不适用，见 2.3.2.1 节。

3. UICC 卡与终端的操作条件

UICC 卡与终端目前可支持 A/B/C 三类操作条件，在相应的操作条件下，终端应按照正常范围内的要求运行激活 UICC，同时各触点的电压、电流及其他电气特性指标应在规定范围内。

以触点 C1(V_{CC})为例，在各类操作条件下，V_{CC} 的正常操作电压范围值如表 4-8 所示。

表 4-8　C1 的正常操作电压范围

操 作 条 件	最小电压值(V)	最大电压值(V)	电 压 范 围
A 类操作条件	4.5	5.5	5V±10％
B 类操作条件	2.7	3.3	3V±10％
C 类操作条件	1.62	1.98	1.8V±10％

注：对于 M2M 类型的 UICC，终端模块不支持使用 A 类电压上电。

供电电压的类别由 UICC 的 ATR(TAi，$i>2$)来指示。事实上，除了以上的 A、B、C 三类供电电压外，标准 ISO/IEC7816-3 还预留定义了 D 类和 E 类电压类别。从以上卡与终端的电压类别定义中可以看出，卡与终端可同时支持连续的两个类别，比如 1.8V 技术的 BC、3V 技术的 AB；但不支持跳动的两个类别，比如 AC。在终端支持两种电压类别的情况下，终端会优先使用较低的电压类别来激活 UICC，收到 ATR 后终端将分析 ATR 的内容；若没有收到 ATR，UICC 应被去激活并再用较高一级的电压重新激活。

4. UICC 的激活和去激活

UICC 激活期间，终端应分析 ATR 并确定 UICC 的电压类别，供电电压的转换优先级应高于任何与供电电压转换无关的行为。在用户终端开机或在供电电压转换后 UICC-终端接口激活的过程中，为了防止对 UICC 造成损坏，各触点应按照规定的顺序来被激活。

图 4-42 和图 4-43 分别给出了 1.8V 电压上电的过程，及 1.8V 转换至 3V 电压上电的过程。上电顺序：VCC(&VPP)-IO-CLK-RST。

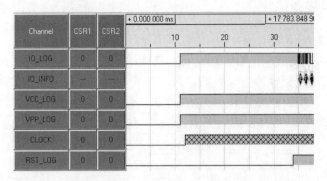

图 4-42　1.8V 电压上电的触点时序

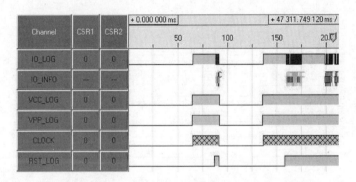

图 4-43　1.8V 转 3V 电压上电的触点时序

同样的，各触点应按照规定的顺序被去激活，如图 4-44 所示。基于时钟的状态，UICC-终端间接口的触点应以两种方式进行去激活。

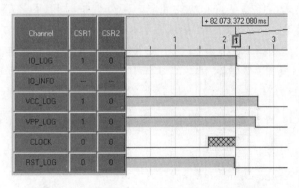

图 4-44　时钟正在运行的各触点去激活顺序

（1）如果时钟正在运行，机卡接口的触点应按照下面的顺序进行去激活：RST 处于低电平。时钟在低电平停止。I/O 处于 State A。VCC 去激活。

（2）如果时钟被停止并且没有重新启动，则只要保证在 VCC 离开高电平前所有信号都达到低电平，允许终端以任何顺序去激活所有的触点。

4.4.4　初始通信建立

1. 复位响应 ATR(Answer To Reset)

ATR 是在执行复位操作后 UICC 发给终端的第一个字符串，包含了当前 UICC 卡应用支持的功能描述和各种传输参数设置。终端解析 ATR 后，将按照 ATR 中的参数设置进行通信。终端应能够接收 ATR 中除传输协议以外的接口字符，历史字节和校验字节。如图 4-45 所示，ATR 中包含了：

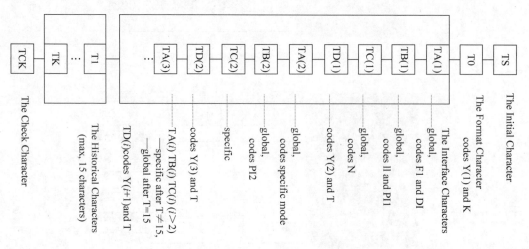

图 4-45　ATR 结构

(1) 初始字符 TS，指示了传输协议的正向或反向约定。

(2) 格式字符 TO，指示了接口字节的格式及历史字节的长度。

(3) 接口字符 TAi \ TBi \ TCi \ TDi，指示了传输因子 F 值和 D 值(TA1)，低电状态下时钟停止模式，传输字符和块的间隔，额外保护时间(TC1)等参数设置。

(4) 历史字节 T1…Tk，向外部指示了如何使用该卡。历史字节最多由 15 个字节构成，包含 3 个域，类别指示占 1 字节(UICC 发送的第 1 个历史字节，T1='80')；然后是可选的 COMPACT-TLV 数据对象，包括第 1 条信息"卡的数据服务"(T2='31')、第 2 条信息"卡的能力"(T4='73')；最后为 3 字节的状态指示。

注: 对于 SIM 和 UIM 来说，以上历史字节编码规则不适用，也不需要终端去解释。

(5) 校验字节 TCK。

2. PPS 程序(Protocol and Parameter Selection)

为了使用默认值(372, 1)以外的传输参数，终端和 UICC 应支持 PPS 程序。替代的传输因子 F 和 D 的参数值在 ATR 中(TA1)指示，应至少支持(F, D)=(512, 8)和(512, 16)，或其他值也可以被支持[如当终端和卡支持多媒体消息存储功能时，终端和卡应支持速率增强(512, 64)]。

对于 PPS1，终端应在 UICC 的 ATR(TA1)指示中选择值。当终端不支持或不能解析卡的 ATR 中的 TA1 所指示的值，终端应在使用默认值（372，1）前至少发起一次 PPS 程序，并在参数（Fi，Di）中指示它所支持的最高速率复位程序。

对于 PPS2，仅当 ATR 中 T＝15 后出现第一个 TBi（i＞2）时，PPS2 才被使用。此时终端应选择该指示的值，编码内容也一致。如果终端不支持在 T＝15 后的 TBi（i＞2）中所指示的任何特性，则终端可以不支持 PPS2。如 USB UICC 应在 ATR 中指示其支持 USB 的能力，一旦支持 USB UICC 的终端识别到 USB UICC，则会发送一个 PPS 请求指示 T＝15 并将 PPS2 设置为"C0"，这与 ATR 中第一个 TBi（i＞2）一致，表明切换到 IC USB 接口。

> **注：** 对于 SIM 和 UIM 来说，速率增强是可选的。如果要执行速率增强，那么至少要支持 F＝512 和 D＝8。

4.4.5　传输协议

终端与卡间定义了两种半双工异步传输协议，一种是基于字符（character）的 T＝0 协议；另一种是基于块（block）的 T＝1 协议。在成功进行了复位响应或 PPS 交换后，传输协议被启动。

1. 字符帧结构

如图 4-46 所示，在 I/O 线上传输的字符被嵌入到一个字符帧内。对于正向约定，字符中的逻辑"1"用 H 状态表示；反向约定则用 L 状态表示逻辑"1"。在字符传输前，I/O 线处于 H 状态。在 I/O 线上，数据的最高有效字节总是优先被传送。

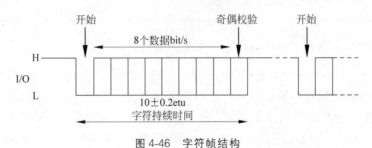

图 4-46　字符帧结构

一个字符由 10 个连续的比特构成：1 个在 L 状态的开始比特；8 个数据字节比特；1 个奇偶校验比特。

一个字符帧的时间起点为最后一次观察到的 H 状态和第一次观察到的 L 状态间的中间点。两个连续字符开始比特的前沿间的最小间隔应≥12etu。

2. 数据块的帧结构

T＝1 协议的通信开始于终端向 UICC 发送一个数据块，是在以下情况后被发起的。

（1）由冷复位引起的 ATR 后。

（2）由热复位引起的 ATR 后。

（3）成功地进行 PPS 交换后。

见表 4-9，每个数据块由导引字段、信息字段和结尾字段构成，其中导引字段和结尾字段是必选，信息为可选字段。

表 4-9 数据块的帧结构

导 引 字 段			信 息 字 段	结 尾 字 段
NAD	PCB	LEN	INF	EDC
1 字节	1 字节	1 字节	0-254 字节	1 字节

（1）导引字段—节点地址字节 NAD：NAD 字节定义了数据块的源地址和目的地址。

（2）导引字段—协议控制字节 PCB：PCB 字节指示了数据块的类别。

（3）导引字段—长度字节 LEN：LEN 字节指示了数据块信息字段的字节数，"00"时表示没有信息字段，"FF"意为预留。

（4）信息字段 INF：INF 为可选项，T＝1 协议支持三种不同类型的数据块，数据块的类型决定了 INF 字段的用途，见表 4-10。

表 4-10 数据块类型和用途

数据块类型	作 用	INF 字段用途
信息块 I-block	传送 APDU 的命令和响应	传送 APDU 的命令和响应
接收准备块 R-block	用于传送确认消息	不使用
监控块 S-block	用于发送控制信息，再同步、异常中止、BWT 扩展等	传送与应用无关的信息，当 V$_{pp}$ 上的信号错误，管理链接异常中断或重新同步时，INF 不出现

（5）结尾字段 EDC：包括被发送数据块的错误检测码。

3. APDU 和 TPDU 的映射

APDU 为应用层基本数据单元，根据信令作用分为 Command-APDU 和 Response-APDU；TPDU 为传输层的基本数据单元，同样分为 C-TPDU 和 R-TPDU，通常为成对出现。以 TPDU 为例，它们间的交互原理如图 4-47（APDU 的交互原理类似）所示。

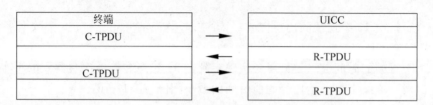

图 4-47 TPDUs 的交互

根据 APDU 中命令和响应是否包含数据，终端和 UICC 间的信令交互大致可分为 4 种情况，见表 4-11。

表 4-11 终端-UICC 间的信令交互

情况	命令是否包含数据	响应中是否包含数据
情况 1	无	无
情况 2	无	有
情况 3	有	无
情况 4	有	有

4. 卡接口传输协议分层结构

机卡接口的协议分层结构及终端-UICC 对应的五层结构，如图 4-48 所示。

(1) 物理层：主要有字符帧的结构和定义，适用于不同的传输模式。

(2) 数据链路层：包含字符构成、块的构成、块的标识、发送块、检测传输和序列错误、错误处理、协议同步，同时描述了针对两种传输协议的时间要求、特定选项等。

(3) 传输层：定义了对与每个协议源与应用的消息传输。包括 C-TPDU 和 R-TPDU 的反馈和信令要求。

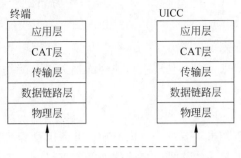

图 4-48 机卡接口协议分层结构

(4) CAT 层：用于承载由卡侧发起的主动式命令。由于卡应用主动式命令不像传统卡应用一样属于某几类应用，它包含特有的命令、发返回状态字和传输方式，如 terminal profile、envelope、fetch 等，故单列为一层。

(5) 应用层：定义了依照应用协议进行的消息交互。应用层协议数据交换由 APDU 命令响应对组成。终端应用层经由终端的传输层发送命令，UICC 处理该命令并使用 UICC 和终端的传输层向终端应用层发回一个响应，来完成命令的交互。

4.5 天线技术

4.5.1 终端天线的历史及发展趋势

4.5.1.1 终端天线的发展

信息技术的发展给终端带来了越来越多的功能，除了传统意义上的无线通话、短消息互发功能之外，各种各样的多媒体需求也越来越多，终端实际上已经成为了一个无线多媒体通信终端。这一切都要求更快的通信速率，而为了满足这个要求，业界开始分配更多的无线频段给通信用，而且也开始采用更高速的调制方式。在第二代移动通信系统 (2G) 时代，移动通信系统的主要代表是全球移动通信系统 GSM，在欧洲和中国主要使用 GSM900(880～960MHz)频段和 DCS1800(1 710～1 880MHz)频段，在北美则主要使用 GSM850(824～894MHz)和 PCS1900(1 850～1 990MHz)，因此即使是国际漫游的终端，也只需要满足四个频段的带宽需求。而到了第三代移动通信系统(3G)阶段，则除了要满足 2G 时代的频段外(向下兼容的需求)，对于 WCDMA 还增加了 Band I(1 920～2 170MHz)频段，以及 TD-SCDMA 的 Band34(2 010～2 025MHz)频段，因此设计 5 频带宽的天线覆盖 824～894MHz，880～960MHz，1 710～1 880MHz，1 850～1 990MHz 以及 1 920～2 170MHz 就成了必要。而当前实施的第四代通信系统(4G)则除了上述的频带之外，还有 Band17(704～746MHz)，Band28(703～803MHz)及 Band41(2 496～2 690MHz)等频段，事实上 4G 时代一个全网通终端要满足的频段要求达到了前所未有的宽度，低频(699～960MHz)，高频(1 710～2 690MHz)，这给天线设计带来了极大的挑战。另外除了蜂窝通信系统的要求之外，其他一些近距离通信标准如蓝牙(Bluetooth：2 400～2 480MHz)，无线局域网(Wi-Fi：2 400～2 480MHz)，以及全球导航系统(GPS：1 575.42MHz)，终端电视(CMMB：474～794MHz)等也有相应的天线要求。这一切要求反映到终端天线上就是对于天线带宽的需求，这对终端天线的设计带来了巨大的挑战。

同时终端也被赋予了一定的时尚品意义，除了通信功能之外，外观的漂亮，吸引人也是很重要的一方面。相比几年前动辄十几毫米厚的终端，现在的终端越来越纤薄，目前最薄的终端已经将终端的厚度做到了 5mm 以下，对于终端天线工程师来说，这意味着终端天线的可用空间在缩小。另外一个方面，大屏幕的终端可以提高用户的舒适体验，这使得终端的边框越来越小，以便在有限的空间提供给用户更大的可用屏幕，而终端的触摸屏和液晶显示面板是由金属或者网状的金属组成，这使得天线空间不仅在厚度方向上有了降低，同时在水平方向上的空间也被挤占很多，留给终端天线的空间环境变得越来越小，越来越恶劣。而天线的性能直接和空间尺寸有关，没有了辐射环境的天线是无法获得好的无线性能的。终端设计还有一个方面的趋势是金属元素的使用，和塑料相比，金属的质感更好，越来越多的高端终端开始采用更多的金属元素，从苹果公司 iPhone 4 使用金属环做天线，到华为 Mate 7、Mate S 使用金属背壳做天线，现在的终端基本上都被金属包围了。这一切使得如何设计一个既满足频段要求和 ID 要求，同时又有着良好辐射性能的天线变得非常困难。

而终端天线的无线性能直接和用户体验有关，一个不合格的天线设计，不仅会使用户在使用过程中产生掉话等现象，同时由于信号差，迫使终端以较高的功率向基站发射，也会造成终端功耗增大、电池续航时间短、终端易发热等不良用户体验。而对运营商而言，则意味着可能需要花费更多的资金来布置更多的基站才能满足覆盖需求。

以上这些都表明对于如何获得既有良好无线性能，又不牺牲终端美好外观的天线设计已经成为众多终端设计公司的努力方向。甚至可以说，一个成功的天线设计会对一款终端产品的吸引力带来决定性的影响。

图 4-49 是早期摩托罗拉终端的外置天线设计和诺基亚终端的内置天线设计。图 4-50 是苹果公司的 iPhone 4 终端(终端底部的金属环做为主天线)和华为 Mate S 终端(典型

的三段式金属 ID 设计，上中下分别是三段金属，中间由介质填充。上下两段金属则分别是主天线和分集天线加 GPS、Wi-Fi 天线设计）。

图 4-49　外置天线和内置天线

图 4-50　iPhone 4 金属环天线和华为 Mate S 三段式金属天线

4.5.1.2　电小天线的理论制约

尽管目前的智能终端发展很快，摩尔定律也在不停地缩小终端上各种电路的尺寸，但不幸的是，天线是一个只遵从麦克斯韦（Maxwell）方程组的器件，它不会按照摩尔定律那样每 $18 \sim 24$ 个月容量增加一倍。天线可以被做小，但这样的结果是牺牲无线性能。

理论上讲，终端天线基本上可以被归类为天线中的电小天线一类，根据惠勒（H. A. Wheeler）对电小天线的定义：对于在整个工作频段范围内，天线几何尺度与波长相比很小的天线，定义为电小天线，其长度满足：

$$l \leqslant \frac{\lambda}{2\pi} \tag{4-1}$$

式中：l 为天线的最大几何尺寸；λ 为工作波长。

惠勒对电小天线做了大量的研究和理论分析，结果表明在天线 $Q \gg 1$ 的情况下（电小天线基本上都满足这个关系），可以把电小天线等效为一个有着固定值的谐振电路，这时天线的 3dB 带宽和 Q 值大致满足如下关系：

$$BW = \frac{f_{\text{upper}} - f_{\text{lower}}}{f_{\text{center}}} = \frac{1}{Q} \tag{4-2}$$

同时惠勒采用了等效集总电路的方法分析了电小天线的 Q 值，惠勒计算出的 Q 值如下：

$$Q = \frac{1}{(k\alpha)^3} \tag{4-3}$$

式中：$k = \dfrac{2\pi}{\lambda}$，$\alpha$ 为天线球体的半径。

这个公式表明天线的 Q 值和它的周围环境密切相关，当等效周围环境大时，Q 值可以降低，也就意味着可以得到宽一点的天线带宽，当天线周围环境差时（如被金属包围），则等效半径 a 会很小，相应的 Q 值很大，也就难以得到满意的天线带宽。

图 4-51 是近些年天线技术发展的一张总结描述图，可以看出不同于半导体集成电路的快速发展，天线从早期的单频天线到现在的 4G 天线，虽然频段覆盖范围增加了，但这是以牺牲天线效率为代价的，从早期天线 90％ 的效率降到现在 40％ 的效率。当然早期的基站网络稀疏，覆盖距离大，也必然要求天线的效率高，而现在的网络覆盖早已经很成熟，且密集很多，通常情况下覆盖距离也不需要像早期那样严苛。

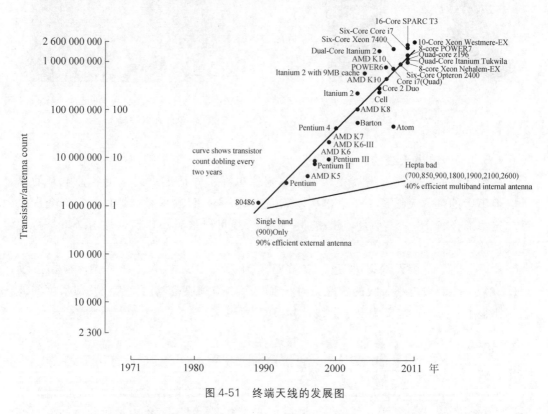

图 4-51　终端天线的发展图

4.5.2　终端天线的类型及设计

终端上使用的天线辐射片形式各异，多种多样，分类方法也有很多种。

从生产工艺上来讲可以分为：基于 LDS(激光直接成型)工艺的天线(这种技术直接在特殊处理过的结构支架上进行导电材料喷涂，相比较传统的贴片天线，它可以充分的利用现有的终端结构空间，实现 3D 维度的天线设计)，基于 Flex(蚀刻铜皮)的天线(传统天线，优势是灵活、便宜)，采用 PCB 走线制成的天线(天线直接由 PCB 上的走线形成，成本几乎为零，但是在做为主通信天线时，受限于 PCB，无法获得足够的天线高度和天线净空，性能受限，常用于 BT，Wi-Fi 等天线)，另外还有其他采用 LTCC(低温陶瓷共烧)技术的模块天线，以及目前 CNC(数控机床)工艺加工的终端外壳，金属环等，直接作为终端的天线。如图 4-52～图 4-56 所示。

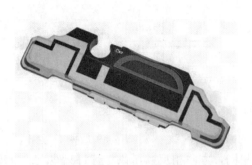

图 4-52 LDS 天线

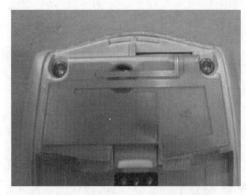

图 4-53 Flex 天线

图 4-54 PCB 天线

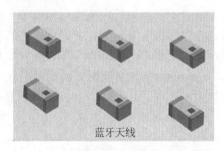

蓝牙天线

图 4-55 陶瓷天线

而从天线的工作原理来看，大致可以归纳为如下几种：Monopole（单极子天线）及 IFA 天线、PIFA 天线、Loop（环）天线、寄生天线等几种，下面以这种分类方法进行描述。

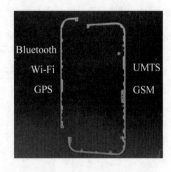

图 4-56 金属环天线

4.5.2.1 Monopole（单极子天线）

单极子天线其实是一根伸出于参考地的金属长线（见图 4-57），以不同的长度谐振与不同的工作频率。早期终端的拉杆天线就是典型的单极子天线，严格来讲，单极子天线只特指一些外置天线的应用，因为谐振的单极子天线需要在工作频率的 1/4 波长的长度，这使得单极子天线很长，无法内置在终端设计中。而一般我们用在终端上的所谓单极子天线其实是一种变种的单极子，叫作 ILA 天线（见图 4-58），即把单极子天线在一定高度时弯折，和参考地平面平行，这样占用的高度就显著降低，方便和终端结构集成。只是通常在终端天线领域，对于 ILA 和 Monopole 不做严格的区别。两者的分析也基本上是一样的，不同的只是 ILA 天线由于有折叠高度及地板的加载效应，会比 Monopole 天线短一些。

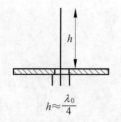

$$h \approx \frac{\lambda_0}{4}$$

图 4-57　Monopole 天线

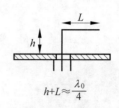

$$h + L \approx \frac{\lambda_0}{4}$$

图 4-58　ILA 天线

　　在讨论单极子天线之前，先看一下常见的双线传输线。如图 4-59 所示，上下平行的传输线上行有电流，且两根线上电流大小相同，方向相反。所以尽管每只线上的电流都有电磁场产生，但是在线间距 s 很小时，两线上产生的场相位相反，大小相同；在距离远大于 s 的地方，两只线产生的电磁场互相抵消，没有辐射产生。当把传输线的末端渐渐张开时（见图 4-60），电流方向就无法做到完全相反了，相同的部分开始互相叠加，产生辐射。而如果把传输线的末端各自张开 90°，形成图 4-61 的配置，则两根线上的电流就成为同相电流，其产生的电磁场相互叠加，形成辐射，而当上下两根线的长度如果都在工作频率对应波长的 1/4 长度时，则从输入端看，输入阻抗会接近纯阻性，也即谐振，如果此时的天线输入阻抗和传输线的特性阻抗接近，则完成匹配，有尽可能多的功率馈入天线中，并被辐射出去，这就是双极子天线的工作原理。严格的数学推导可以参考 Constantine A. Balanis 的天线名著 *Antenna Theory Analysis and Design*。当把双

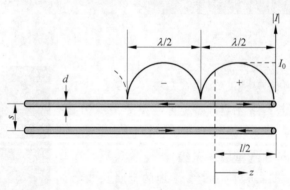

图 4-59　平行双线传输线

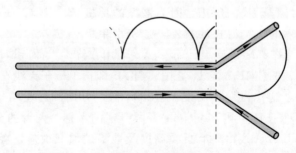

图 4-60　开口的传输线

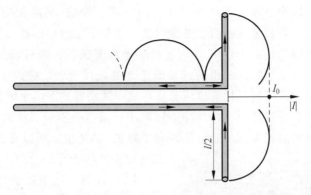

图 4-61 双极子天线

极子天线的一臂改成无限大的参考地平面时，根据镜像原理，在参考地平面会镜像出单极子天线的另外一支天线臂，这时仍可以采用类似双极子天线的分析方法进行分析，只是由于只有一支天线臂，天线的输入阻抗会减小为只有双极子天线的一半，同时辐射方向图也只在参考地平面的上方有，参考地平面的下方都被参考地屏蔽了。

而终端中的单极子天线（见图 4-62），虽然其名为单极子天线，但是因为在终端中参考地平面不可能做到无限大。现有的终端尺寸中，地板长度基本上和低频频段的 1/4 波长大致相比拟，因此当终端的单极子天线谐振时，地板很好的充当了双极子天线的另外一支天线臂。已有研究表明，终端低频辐射的 80% 能量来自地板，而不是单极子天线本身，这个时候终端天线其实更像是一个激励耦合器。

终端天线为了获得良好的辐射性能，必须有一定的净空区，即在三个维度上和金属保持一定距离。对于单极子大线而言，需要在参考地的上方有一定的净空区（见图 4-63），距离地板金属保持一定距离，具体距离大小视天线的带宽要求而定。由于净空的存在，单极子天线具有较为开放的辐射空间，带宽特性比较好。

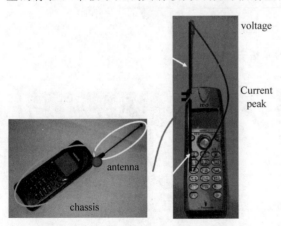

图 4-62 终端上的单极子天线

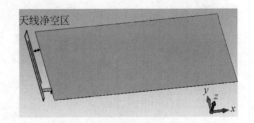

图 4-63 单极子天线及净空区

另一方面，在拥有更开放辐射空间的同时，也使得单极子天线容易受到外界环境的影响。如单极子天线加仿真头和仿真手的测试结果和在自由空间下的测试结果比，会相差的比较大。这是因为单极子天线在三维方向上都有净空（见图 4-63），使得仿真头手对于天线的影响相比较其他天线而言更加明显，更易产生频率偏移和损耗。单极子天线另外一个比较大的问题是由于在 Z 方向上没有地板屏蔽，天线近场的能量会在终端的正反两面都很强。在通话时，一边的近场能量会被人体吸收，造成单极子天线的 SAR 值比较大，这个问题可以通过把天线位置从终端的顶端挪到下端来解决，但这又会加重头手损耗的影响。有时候把 x 方向的净空区减小，虽然会影响天线的带宽和辐射性能，但是也会阻挡部分辐射到头部的能量，有利于降低 SAR 值。所以在设计天线时，需要综合权衡这些指标。

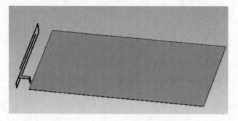

图 4-64　双频单极子天线

图 4-64 是双频单极子天线，图 4-65 是单极子天线的 S11 特性，图 4-66 和图 4-67 则分别是低频段的电流分布特性和高频段的电流分布特性。从电流分布可以大致看出较长的天线臂对低频谐振产生较大的贡献，而长天线臂和短天线臂都对高频谐振产生较大的贡献。

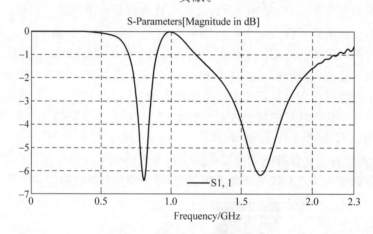

图 4-65　双频单极子天线的 S11

图 4-66　0.8GHz 时的天线电流分布

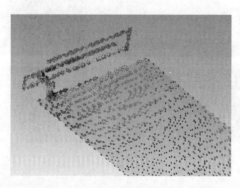

图 4-67　1.7GHz 时的天线电流分布

4.5.2.2　PIFA(平面倒 F 形)天线

PIFA 天线的英文全名是"Planar Inverted F-shaped Antenna"，即"平面倒 F 形天线"。由于整个天线的形状像个倒写的英文字母 F，故得名(见图 4-68)。其基本结构是采用一个平面辐射单元作为辐射体，并以一个大的地面作为反射面，辐射体上有两个互相靠近的 Pin 脚，分别用于接地和作为馈点。图 4-68 是一个典型的终端上应用的 PIFA 天线。

一般认为 PIFA 天线可以从如下两个角度演变而来：第一种起源于微带天线，天线谐振长度为半波长，辐射主要靠微带天线宽边的边缘等效缝隙，通过在贴片的中间加入短路片能起到与半波长贴片同样的作用，如此天线的尺寸就能缩小一半，进一步用短路针来代替短路板，即可实现 PIFA 天线。理解 PIFA 天线的另外一种途径则是从平面单极子天线入手，由于低剖面的要求，需要将突出的单极子天线水平放置，这样就使得天线的输入阻抗偏向

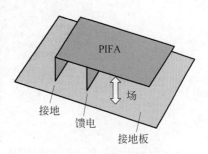

图 4-68　PIFA 天线

较大的容性，通过加入短路针引入电感量可以使得天线重新谐振。这种从单极子天线而来的一般叫作 IFA 天线，但是 IFA 天线是一种小尺寸天线，当辐射单元仅仅采用顶部的一个金属导线时，辐射效果并不理想(辐射电阻小)，因此为增大辐射电阻和提高辐射效率将顶部的辐射线用辐射平面替代，从而形成平面辐射单元，也即 PIFA 天线。图 4-69 显示了从 Monopole 天线到 ILA 天线再到 IFA 天线，最后到 PIFA 天线的演变过程。

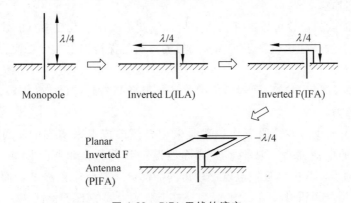

图 4-69　PIFA 天线的演变

根据以上的近似模型，目前已有不少文献对 PIFA 天线进行了分析，并得到很多有指导意义的结论。假设分析采用的 PIFA 天线结构参数如图 4-70 所示，相关结论大致如下。

PIFA 天线(矩形辐射体)的近似谐振频率：

$$f_0 = \frac{c}{4(l_1 + l_2)} \tag{4-4}$$

式中：c 为真空光速。

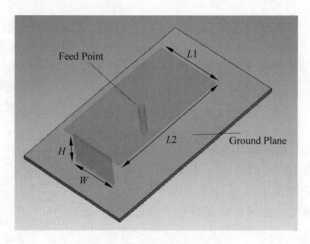

图 4-70　PIFA 天线的尺寸

这个公式也表明：矩形辐射体 PIFA 天线长边和宽边之和约等于 $\lambda/4$。

（1）辐射体和接地面之间的高度 H 对天线的工作带宽产生严重影响，带宽随着 H 的增加而增加。因为 PIFA 天线采用类似于谐振腔的结构，过低的高度会造成能量的过分集中，不利于辐射，形成很高的 Q 值，因此 PIFA 天线的带宽受到高度的影响，一般终端天线中 H 不允许低于 7mm，最好大于 8mm。另外，过高的高度也会在天线上激励起表面波，造成效率的下降。

（2）接地片的宽度也对带宽产生影响。增加接地片的宽度将增加带宽，降低接地片的宽度将降低带宽。

（3）改变馈点的位置可以改变输入阻抗，因此可以通过改变馈点的位置实现频率调谐。但是这种方法往往比较难于实现，一般的方法是保持馈电点不变而去改动天线的走线形状（Pattern）。

（4）PIFA 天线仅在半空间辐射，因此具有很高的前后比（6～8dB），和外置天线比有较好的 SAR 值。

终端 PIFA 天线的多频段工作一般是采用开槽的技术来实现的，通过在天线上开槽，实现不同的电流路径，从而形成高频段谐振和低频段谐振。图 4-71 是一个双频 PIFA 天线的例子，其中靠近馈电点比较短的那部分是高频辐射枝节，而距离馈电点比较远的那部分是低频辐射枝节，图 4-72 是这个双频天线的 S11 特性。

图 4-71　PIFA 双频天线

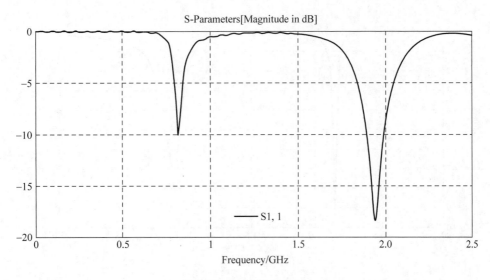

图 4-72　PIFA 天线的 S11

4.5.2.3　Loop(环)天线

Loop 天线是馈电点和接地点分别位于天线的首端和末端的一种天线(见图 4-73)，它的形状有些类似传统天线中的折合振子天线。这种天线中除了常规单极子天线的 1/2 波长谐振模式及该模式的奇次倍频之外(loop 天线因为天线末端的对地结构，单极子天线的 1/4 波长谐振模式转变为 1/2 波长谐振模式)，还存在一个整波长模式的谐振，这个谐振和折合振子天线的谐振模式也很相似，是由天线结构本身激励出的和终端地板基本没有关系，这一点是 loop 天线独有的特性。由这个模式激励出的天线辐射电流更多的是分布在天线上，而较少的分布在参考地板上。因此这个模式的辐射在 loop 天线放置在终端底部时一般会有比较小的 SAR 值(能量主要集中在天线本身上，而天线距离测试听筒的位置较远，因此 SAR 值较低)。

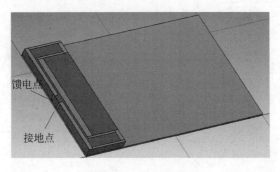

图 4-73　Loop 天线

图 4-74 是图 4-73loop 天线的仿真天线阻抗结果，其中低频的谐振由 loop 天线的 1/2 波长模式形成；高频处的第一个谐振，是由 loop 天线的 1 个波长模式(平衡模)形成，而高频处的第二个谐振，则是由 loop 天线的 3/2 波长模式形成的，这里 1 个波长的谐振和 3/2 波长模式谐振相互靠近，从而形成一个参差调谐，使得高频带宽加宽。

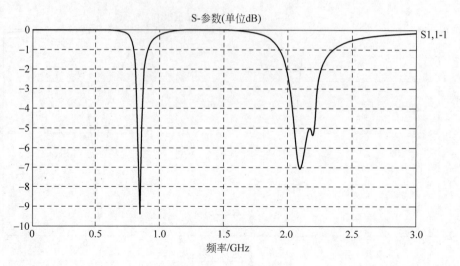

图 4-74 Loop 天线的 S11

　　图 4-75 是 loop 天线的工作模式分析，在 1/2 波长的长度时，会产生一个基于共模模式电流的谐振，而在 3/2 波长时，会产生另外一个同样的共模模式的谐振，这是和单极子天线相同。不同的是，在 1 个波长时，由于结构的对称性，loop 天线的两只臂会产生一个基于差模电流的谐振，从而会比单极子天线多出一个高频的谐振。

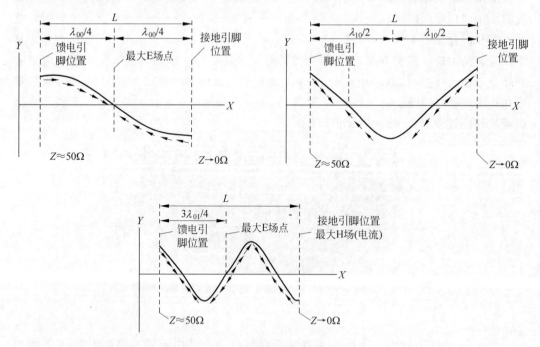

图 4-75 Loop 天线的电流模式分布

4.5.2.4　其他形式的天线

除了上述三种主要的天线外，其他常用的天线形式还有：寄生天线（见图 4-76），耦合馈电天线（见图 4-77），至于其他的更多形式的天线，则大多数是基于以上几类天线引申而来的。

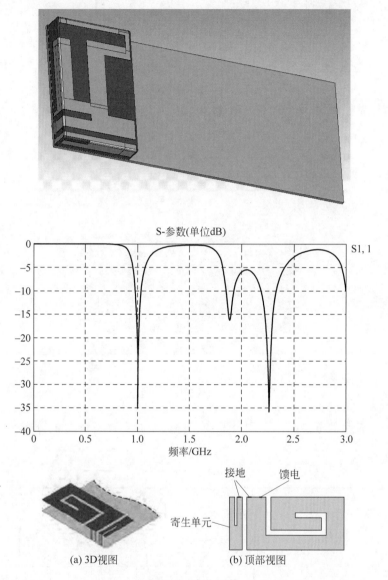

图 4-76 寄生天线

寄生天线一般是一个一段接地的辐射片，通过和旁边主天线的缝隙耦合或者电流耦合，形成一个独立的谐振，这个谐振可以谐振与高频，也可以谐振于低频，依具体辐射片的尺寸决定。寄生天线的接地脚可以直接接地，也可以通过串联电容或者串联电感来实现接地。两者的区别是一般情况串联电感接地会使得谐振频率向低处移动，串联电容接地会使得谐振频率向高处移动。

图 4-78 是一个放置在 PIFA 天线旁边的寄生天线，其中上部 PIFA 天线的两段走线，分别控制低频和高频的谐振，馈电点和接地点之间中间比较狭长的缝隙为 PIFA 天

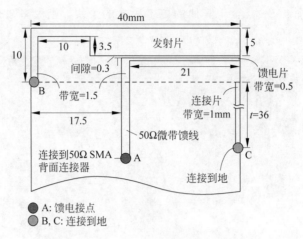

图 4-77　耦合馈电天线

图 4-78　PIFA 天线 + 寄生天线

线提供了一个较大的电感匹配，同时改变了部分低频和高频的电流分布。图 4-79 是它的 S11 特性。

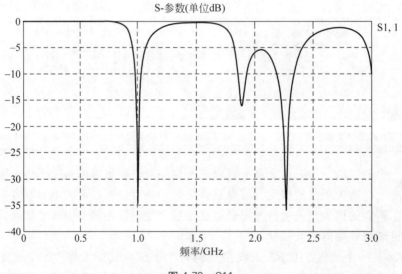

图 4-79　S11

下方的寄生天线单元通过和 PIFA 天线的缝隙耦合，形成了另外一个高频谐振，这个高频谐振与原天线的高频谐振相结合，拓宽了天线的高频带宽。

寄生天线不仅可以和 PIFA 天线结合，也可以和单极子天线，loop 天线等结合形成宽带天线，在当前的 LTE 终端中，高频的带宽要求为 1 710～2 690MHz，需要接近 1 000MHz 的带宽，单纯靠一个高频的谐振是很难完成的，因此寄生天线结合其他天线形成宽的高频谐振就是一个满足高频段带宽要求非常有效的方法。

4.5.2.5　仿真技术

受益于计算机技术的飞速发展，基于结构模型的仿真技术在天线设计中开始发挥越来越重要的作用。实质上，所有天线问题都是在求解特定边界条件下的 Maxwell 方程组，据此得出场分布、电流分布、天线阻抗等指标。只是由于天线结构及边界条件的复杂性，对于大部分天线问题，是没有办法通过解析方法求得闭合形式的解析解的，基本上只能通过数值方法来求解大部分电磁场问题。

数值方法的基本思想是把方程组中的连续变量函数离散化，将 Maxwell 方程组中连续的微分方程转化为差分方程，积分方程化为有限和的形式，从而建立起收敛的代数方程组，然后利用计算机技术进行求解。目前常用的数值方法大致可以分为如下几种：矩量法（MOM）、有限元法（FEM）、时域有限差分法（FDTD）以及以上几种方法的变种或者混合使用。

目前已经有了很多基于这些数值算法的商用软件，如德国 CST 公司的 Microwave Studio 软件使用有限积分法（FIT），美国 ANSYS 公司的 HFSS 使用有限元法，Keysight 公司的 Momentum 则使用矩量法。这些仿真软件是天线设计中重要的辅助工具。通过仿真，不仅可以在相应的终端模型还没有做出实验原型的时候就预估天线性能，同时仿真软件也可以把天线的电流分布、电场分布、磁场分布等实际中无法看到的参数在电脑上显示出来、为我们设计、调试天线建立起直观的概念。仿真软件对于定位一些寄生谐振产生的位置及原因也是很有帮助的（实际调试中，有时会遇到阻抗测试谐振很好，但是效率测试却效率不高的现象，这通常是由于某些接触不良引起的寄生谐振）。这些现象在仿真中是可以通过电流分布大致定位来源的，引起寄生谐振的地方一般都会有不正常的电流分布，或者过高，或者过密。其他如 Microwave Office、IE3D、XFDTD 等也都是非常优秀的 3D 仿真软件。

4.5.3　匹配电路的设计

匹配是射频电路设计中至关重要的课题，对于天线设计更是如此。阻抗匹配的基本思想是将阻抗匹配网络放在天线和射频开关之间，虽然在匹配网络和天线之间会有多次反射，但是在射频的馈电点一侧反射被一定程度的消除，从而使得馈源的功率可以有效的送进天线。理论上来讲，如果匹配器件是无损耗的且可以有无穷多级的匹配电路，那么所得到的天线带宽将只会受到 Bode-Fano 准则的限制。实际上，考虑到匹配电路的损耗和增加的成本等因素，一般终端中的匹配电路只用到三阶或者四阶，更高阶的匹配电路能够带来的带宽增加很有限，同时器件的损耗以及容差要求也会变得非常苛刻。

4.5.3.1　计算机辅助设计匹配电路

　　匹配网络严格的理论设计，要用到网络综合设计理论。天线匹配其实就是一个电抗二端口网络，它要实现的是在源端的 50ohm 阻抗和天线的任意阻抗之间无损耗过渡的一个二端口网络，因此完全可以利用网络综合的理论来实现。但是这种方法过于理论化，如同无法求解 Maxwell 方程组的解析解一样，这种方法也难以得到解析解。而得益于计算机技术的发展，采用计算机辅助设计，可以有效的解决网络综合问题。目前已经有多种商业软件可以完成自动匹配任务，用户只需要输入天线阻抗的 s1p. 文件，以

及要求的工作频段信息，软件就可以自动寻找最好的匹配网络拓扑结构，并计算出满足要求的匹配网络器件值，这已经成为天线工程师匹配设计的有效辅助手段之一。

4.5.3.2　Smith 原图辅助设计匹配电路

　　在实际调试中，采用 Smith 圆图来辅助设计匹配更为广泛。Smith 圆图是菲利普·史密斯(Philip Smith)于 1939 年发明的，它最初是为了帮助确定传输线的输入阻抗值，但后来被广泛的应用于匹配电路的辅助设计和测量数据的显示。它能够有效地用图来表明一系列的阻抗匹配过程，省去大量的计算，同时带来直观的理解，有经验的工程师通过阻抗在圆图上的位置可以很容易的看出匹配网络各个器件的影响度大小，并在短时间内就调试出满足要求的匹配网络。它已经成为射频和天线工程师不可缺少的工具。

　　Smith 圆图的实质是一个反射系数的极坐标图，其上套覆着阻抗和导纳曲线。把反射系数圆、阻值圆、抗值圆叠加在一起，就形成如图 4-80(a)、图 4-80(b) 和图 4-80(c) 所示的 Smith 阻抗圆图。

　　它具有以下规律，如图 4-81 所示。

　　(1) 在 Smith 圆图上：

　　① 串联一个电容的效果是归一化阻抗沿等阻圆逆时针转动；

　　② 串联一个电感的效果是归一化阻抗沿等阻圆顺时针转动；

　　③ 并联一个电容的效果是归一化阻抗沿等导圆顺时针转动；

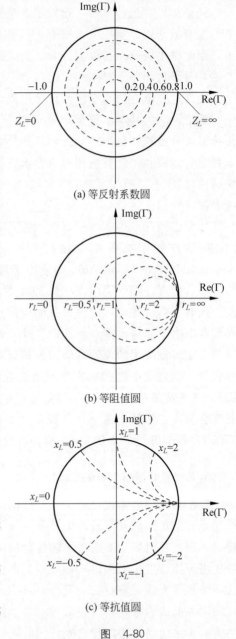

(a) 等反射系数圆

(b) 等阻值圆

(c) 等抗值圆

图　4-80

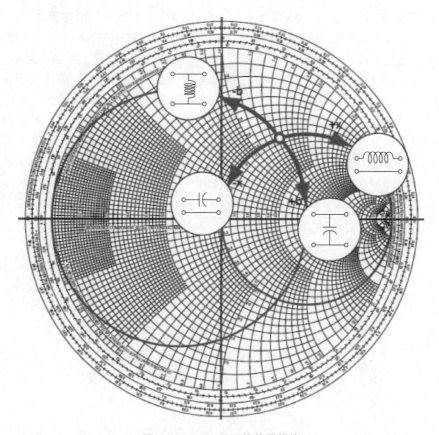

图 4-81　Smith 圆图的使用规律

④ 并联一个电感的效果是归一化阻抗沿等导圆逆时针转动。

（2）在 Smith 圆图上：

① 串联同一个电感，频率越高，影响越大；

② 串联同一个电容，频率越高，影响越小；

③ 并联同一个电感，频率越高，影响越小；

④ 并联同一个电容，频率越高，影响越大。

也就是说在一定程度上，串联电容和并联电感可以比较明显的影响低频段，而较少的影响高频段，而串联电感和并联电容则可以比较明显的影响高频段，而较少的影响低频段。

$$\begin{cases} L = \dfrac{X \cdot Z_0}{2\pi f} \\ C = \dfrac{1}{2\pi f \cdot (-X \cdot Z_0)} \end{cases} \tag{4-5}$$

（3）在 Smith 圆图上，对于同一频率点则有如下特性：

① 当串联电容时，在 Smith 圆图上转动的 X 越大，所串联的电容值越小；

② 当串联电感时，在 Smith 圆图上转动的 X 越大，所串联的电感值越大；

③ 当并联电容时，在 Smith 圆图上转动的 X 越大，所并联的电容值越大；

④ 当并联电感时，在 Smith 圆图上转动的 X 越大，所并联的电感值越小。

基于以上对于 Smith 圆图特性的分析，在实际天线调试中综合运用，可以很有效地帮助匹配网络的设计。图 4-81 是一个基于 Smith 圆图进行多频段天线匹配的例子。

一般而言，对于终端不管是三频、四频，还是五频天线，都可以分作两个频段，低频段(698~960MHz)和高频段(1 710~2 690MHz)。对高低频段同时匹配比较困难，需要较多的经验。通常的做法是先调好一个频段，再对另外一个频段进行匹配。由于高低频段的差别，当对低频段采用并联电感(L)、串联电容(C)的配置时，匹配作用会比较明显，同时对高频的影响也比较小。而对于高频段，采用串联电感(L)，并联电容(C)的配置，则有利于高频的匹配，又不影响低频。

如图 4-82 所示，一个 PIFA 天线在 Smith 圆图上的阻抗显示，其中高低频段的初始位置都处在感性区，低频段有一个谐振圈，高频段有两个谐振圈且两个圈靠近的比较紧密，看圆图阻抗位置感觉可匹配的潜力比较大。匹配调试步骤如下所述。

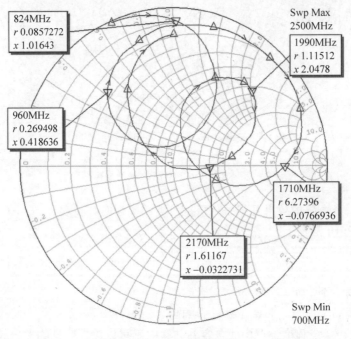

图 4-82　初始天线的阻抗

第一步：粗调，先串联一个电容，把高频拉到接近圆图的中间。这时由于串联电容 $C=2.2$pF 在低频的阻抗变化大于高频的阻抗变化($Z=80.42$ohm@900MHz，$Z=40.21$ohm@1 800MHz；对 50ohm 归一化之后 $Z=1.608$ @900MHz，$Z=0.804$ @1 800MHz)，且由于高低频初始位置相差不远，则这时在高频合适的情况下，低频段事实上已经从圆图上走过了圆中心的位置，低频这部分后面会通过并联电感纠正回来，如图 4-83 所示。

第二步：细调高频，然后并联一个 0.7pF 的电容，该电容由于容值小，且是并联，因此使得高频上有细微的变化，圆图上高频部分向圆图中心更加靠拢，完成了细调高频

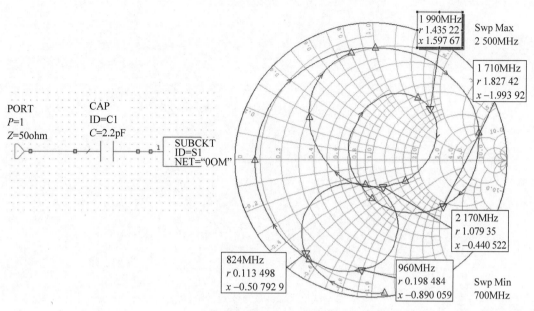

图 4-83　串联电容后的阻抗

的任务。因为并联电容对低频影响比高频小，且这个并联电容值很小，因此这个电容对低频基本没有影响，低频部分在圆图上的位置保持不变，如图 4-84 所示。

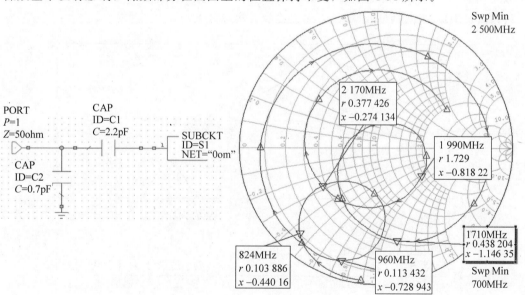

图 4-84　添加并联电容后的阻抗

　　第三步：细调低频，在第二步的基础上并联一个 6.6nH 的电感，该电感会把低频部分从 Smith 圆图的左下端拉到中间从而实现扩展带宽的作用。由于并联电感对高频的影响比对低频的影响小，且这个电感感值相对较大，因此这个并联电感对高频基本没有太大的影响，如图 4-85 所示。

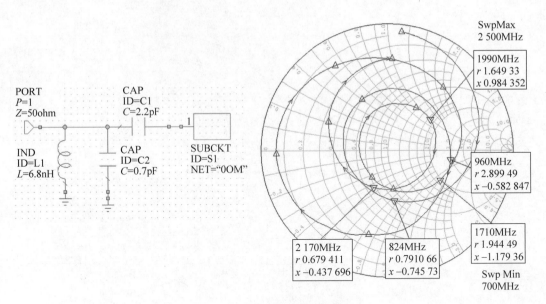

图 4-85　添加并联电感后的阻抗

　　这样利用三个器件，通过直观的在 Smith 圆图上进行调节器件值，就成功实现了高低频段的双频段匹配，同时扩展了高频，低频两部分的带宽，从 RL 图（见图 4-86）上可以看到最终天线在低频段的 824～960MHz，以及高频段的 1 710～2 170MHz 基本上都可以满足 RL-6dB 的要求，满足终端天线的五频段需求。

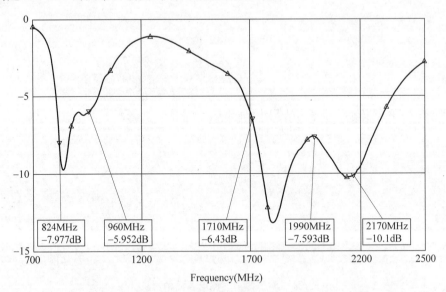

图 4-86　添加并联电感后的 RL

4.5.4　Tunable 天线

　　如前所述，由于 4G（LTE）时代的到来，LTE 需要的天线带宽非常宽（698～

960MHz，1 710～2 690MHz），传统天线在现有终端环境下很难满足这么宽的频段要求，因此可调谐天线越来越被关注。可调谐天线并不是新鲜事物，即使在终端上也早有使用，早期的拉杆天线，其实就是一种可调天线，通过调节拉杆的长度完成天线不同工作频段的切换，这应该算是手动调谐，使用并不方便。随着技术的发展，电调谐天线开始越来越广泛的被采纳。从目前使用的方法上来讲，电调谐天线大致可以分为如下三大类。

4.5.4.1 可切换天线的可调天线

为了满足 LTE 的高速吞吐量的需求，LTE 规范要求采用 MIMO 技术，也就是说一只终端上至少需要两支天线作为通信使用，一支天线作为主天线，另外一支天线作为辅天线，两者分别传输不同的信号，可以实现高速数据传输。但是由于终端内部空间的限制，基本上不太可能同时把两支天线都做到很好的性能。一般会把天线性能好的那一支作为主天线，负责终端的发射和接收；而另外一支性能差一些的做为辅天线，负责信号的接收。

可切换天线的方案就是充分利用了终端上采用两支天线的特点，通过实时监控主辅天线上的接收信号强度，来判断终端天线的实时性能。一般由于在通话过程中，人体手部会覆盖到终端天线或者人体头部靠近天线，改变了天线的外部环境，对天线产生加载效应，进而天线性能改变。这时有可能发生主天线的性能会恶化到不如辅天线的性能（主天线通常放置在终端的底部，容易被人体手部握住覆盖）。当终端监测到这个变化后，带有可切换天线方案的终端会进行主天线和辅助天线的切换，把原来的辅助天线改成主天线，主天线改为辅助天线。通过这样的切换，使得整机的性能，尤其是发射性能始终在使用主辅天线中最好的那一支，从而确保了终端发射性能始终处于比较好的状态。图 4-87 是一个可切换天线方案的示意图，其中 DPDT 是双刀双掷开关，它的输出有两个接口，分别接主天线和辅天线，而输入端的两个接口则分别接在主收发信机和辅接收机上，通过 DPDT 的切换来实现主辅天线的切换。DPDT 是这种方案的核心器件，它的插损（Insertion Loss）、线性度（Linearity）对最终的性能影响很大，在器件选择时要仔细考量。

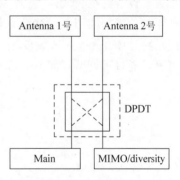

图 4-87 可切换天线的可调
天线方案示意

可切换天线方案比较适合目前市面上流行的三段式金属背盖终端设计，原因就是对于金属背盖式的终端，为了保证天线的辐射，需要在背盖金属上开一条缝隙，以便把天线和参考地分开。但是这条缝隙由于处在天线和参考地之间，电场较强，其对人体手部的覆盖比较敏感，一旦人体手部触摸到这条缝隙，天线的原始阻抗就会偏离 50Ω，天线性能急剧变差，iPhone 4 的天线门事件就是一个典型的当天线被用户手触碰上以后性能急剧恶化的例子。而通过实时把主天线切换为上面的辅天线，人体手部的影响就会被显著降低。

移动智能终端技术与测试

4.5.4.2 可切换匹配电路的可调天线

天线谐振频率的调整除了传统的对天线长度进行调整之外，通过调节匹配电路器件的值，使其在一定范围内变动，也可以实现天线谐振频率的变换。可切换匹配电路的可调天线就是基于这种思路进行设计的。设计时先根据天线的原始阻抗选择一个合适的匹配拓扑结构，在此基础上通过对该拓扑结构中某个匹配器件值进行调整，从而完成不同频段调谐的选择。具体实现时可以采用开关来选择不同的器件值，也可以使用可调谐器件（可调电容等）来实现匹配器件值的变化。

下面以一个 CMMB（中国移动多媒体广播）的天线为例子做一简单介绍，CMMB 的频段要求范围为 470～798MHz，带宽为 328m，在如此低的频段实现这么宽的带宽对于一般的终端天线而言几乎是不可能的事情（500MHz 时，1/4 波长长度为 150mm，已经接近终端的长度）。采用可调节匹配的方法来实现可以有效地节省需要的空间，同时又能满足要求。

假设这个 CMMB 天线采用单极子的形式，该天线的输入阻抗在 Smith 圆图的位置大致如图 4-88 所示，在 Smith 圆图左边为一条几乎绕着等电阻圆的一个弧形，图中的 MarKer3、MarKer2、MarKer1 分别为 470、600MHz、798MHz。从图中可见，显然从 470～798MHz 的所有频点的阻抗都距离 50Ω 比较远，阻抗匹配不是很好，但是如果并联一个合适值的电感，则处于 MarKer2～MarKer3 的部分会转向 50Ω，形成比较好的匹配，但是这个时候 MarKer1 部分就会变得很差。如果串联一个电容值可以变化的可变电容，使得在 MarKer1 的时候，串联较小值的电容（而在 MarKer3 的时候串联的电容值要设置为比较大），就可以将其拉到原来 MarKer2 的位置，而其后并联的电感会使得阻抗位置向圆图中心移动，从而 798MHz 附近的频段也可以得到很好的匹配（匹配电路结构见图 4-89）。图 4-90 则为在不同的频段采用不同的电容值匹配获得的 RL 结果。可见，通过可调节匹配的方法成功的覆盖了 CMMB 要求的频段范围。

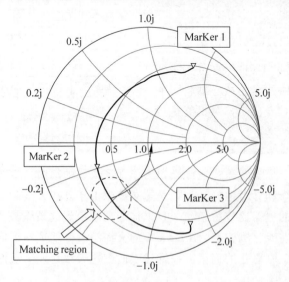

图 4-88　CMMB 天线的输入阻抗

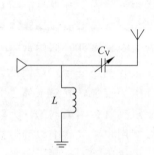

图 4-89　可调匹配网络

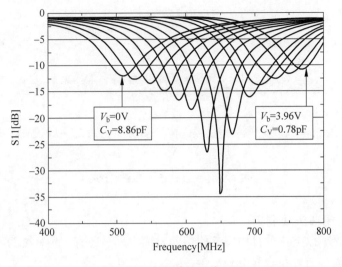

图 4-90　电调谐的天线 S11

4.5.4.3　可切换不同加载的可调天线

关于天线谐振频率的调整，另外一种有效的方法是加载调谐（Aperture Tuning）。匹配调谐的思路是在天线馈电点处通过串联或者并联不同的电容、电感来抵消天线自身的抗性从而获得谐振。而加载调谐不同于阻抗匹配，它通过改变天线上的加载负载的大小来实现谐振频率的调整。实际上可以通过在天线的天线臂上，并联不同的电容或者电感，即可以改变天线的谐振频率，调谐在不同的频段。图 4-91 是一个 PIFA 天线的电容加载例子，通过改变这个加载电容的大小，就可以使得天线的谐振频率发生变化，当选用比较小的电容时，天线的谐振频率会偏高一些。当不停增加电容值时，天线的谐振频率就会持续向低移动，从而完成不同频段的覆盖。

相比于匹配调谐，加载调谐对谐振频率的影响更为简单直接，它并不需要对天线的输入阻抗在 Smith 圆图上的位置有要求（而可切换匹配电路的调节方法则需要精心选择匹配网络拓扑结构以及匹配器件，并且天线在 Smith 圆图上的初始位置会很大程度的决定匹配网络拓扑结构的选择以及匹配调谐的难易），而只需要在天线臂上并联电容或者电感即可实现谐振频率的偏移。

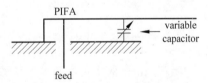

图 4-91　可调加载 PIFA 天线

加载调谐的关键点在于针对天线臂上的不同位置，同一加载器件对天线的谐振频率偏移的影响不同。因为天线上的不同位置，其相应的电压、电流也不相同，加载调谐的影响也就不一样。如图 4-92 所示的 PIFA 天线，在天线臂上的位置 1 和位置 2 都可以进行加载，但是在位置 2 处的调谐敏感度要强于位置 1，即同样变化 0.1pF 的电容，当处在位置 2 时，谐振频率的偏移会比处在位置 1 时要多。利用好这一点，即可以使用范围有限的可变器件实现较大范围的频率覆盖。需要提醒的是，一般由于位置 2 处电压比位置 1 处电压高，在选择可调谐器件时，需要对器件的耐压值做细致考量。

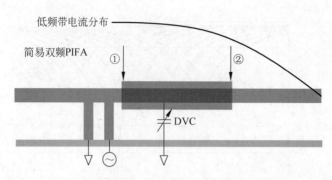

图 4-92　加载调谐的加载点比较

4.5.4.4　闭环天线调谐

可调天线除了以上三种目前广泛使用的方法之外，还有一种称之为闭环天线调谐器（见图 4-94）的器件目前也比较受业界关注。

如图 4-93 所示，前述三种方法都是基于开环方法，也就是说只要选定了工作频段，可切换的天线或者可切换的匹配电路，加载负载也就确定了。工作频段不变，这些参数就不会变化，即使由于外界环境的影响，天线的谐振频率发生偏移。而闭环调谐方法则是根据实时监测的反馈信号来实时对天线阻抗进行调整，比如天线在使用过程中，由于人头、手的影响导致谐振频率发生偏移，性能变差，闭环调谐机制一旦检测到这种信号的变动，就会自动调谐天线的匹配网络或者加载器件值，重新调整天线回到合适的阻抗位置。

图 4-93　开环调谐器　　　　　　　　图 4-94　闭环调谐器

闭环 tuner 的实现机制一般是通过位于天线匹配电路后端的失配传感器或者来自于收发信机中的耦合器中，实时的监测天线性能的变化，一旦发现天线阻抗失配或者接收到的信号发生剧烈变化，则阻抗调谐器就相应的调整天线参数使之在新的外界环境下重新调谐，并保持在最优值。

4.5.4.5　Tunable 器件

电可调谐天线，其核心部件是可调器件（如可调电容，可调电感，或者各种开关等）。由于天线上走的射频信号并不是单纯的行波，天线末端开放部分的反射电流和来自于馈电点的输入电流相互叠加，会造成天线上的不同点的电流大小不同，电压不同。对于发射天线而言，天线上的电流，电压还可能非常大，比如 GSM 低频段的标准最大发射功率为 32.5dBm，对应到 50ohm 标准情况下，其电压峰值为 26.67V，而在天线臂上，由于阻抗的失配，实际电压要比这个还要大。因此在高压，大电流下，可调器件的损耗，线性度也要经受到严峻的考验。

就实现方法上来讲，目前终端上常用的可调谐器件大致有如下三种：①基于传统半导体工艺的各种开关管，以及变容二极管等；②基于钛酸锶钡材料（BST）的可变电容；③基于 MEMS 工艺的可调器件（如可调电容，开关等）。

1. 基于半导体工艺的可调器件

基于传统半导体工艺的可调器件一般都是基于场效应管（PIN 管也可以做开关用，但是 PIN 管在当作开关使用时，会消耗很大的电流，这使得它显然不适合终端），通过控制场效应管的栅极电压的大小或者控制漏极和源极之间的导通和关断，形成开关，进而通过各种开关的组合，可以完成更多的可调功能。这种基于半导体工艺器件的优点在于：响应速度快、工艺成熟、成本较低。

图 4-95 和图 4-96 是一个射频开关的简化等效电路图，在 ON 状态下，有损耗的开关可以用一个简单的电阻来代替，而在 OFF 状态下，由于无法做到完全的隔离，开关则可以由一个串联的电容来代替；对于大部分在射频上应用的开关而言，这个 OFF 电容其实是有损耗的，用一个并联的电阻来表示这个损耗。

图 4-95　开关开状态的等效电路　　　　图 4-96　开关关状态的等效电路

对于一个单刀单掷（SPST）或者单刀双掷（SPDT）开关而言，它处于导通状态时的插损（Insertion Loss）主要由 ON 状态下的电阻 R_{ON} 决定，而关断状态时的隔离度则由这个电容 C_{OFF} 决定。对于某一种特定的半导体工艺，$R_{ON} \times C_{OFF}$ 是一个常数，也就是说需要权衡 R_{ON} 和 C_{OFF} 两者哪个重要，无法做到 R_{ON} 和 C_{OFF} 同时都很小。这使得这种开关在天线上的应用需要格外小心。

采用半导体工艺的另外一个应用较为广泛的器件是 Variactor（变容二极管），这种器件利用二极管的势垒电容和扩散电容受到外加电压控制而可以改变的原理，通过在二极管上加反向偏压，然后可以在一定范围内通过调节电压实现电容的改变。但这种器件只能在小信号范围内（做信号接收）使用，因为当信号电压太大时，大的信号电压会改变施加在二极管上的偏置电压，从而影响变容二极管的特性，过大的偏压同时也会使得变容二极管的线性度变差。

2. 基于钛酸锶钡材料的可调器件

钛酸锶钡（BST）是一种特殊的铁电材料，这种材料的介电常数会随着外加电压的改变而改变，当施加较大的正向电压时，介电常数会减小，而当电压减小时，介电常数会增大。利用这种效应，通过受控制的电压，即可以实现电容的电可调，从而制成可变电容。它的优点是使用这种材料制成的可变电容尺寸非常小，基本上和普通的分立电容尺寸差不多。它的缺点是因为采用的是不同于硅的钛酸锶钡材料，这种可调器件难于被集成到集成电路中。

3. 基于微机械(MEMS)工艺的可调器件

MEMS技术本质上是一种机械系统，属于微米技术范畴。它内部有可动结构，在电应力作用下，可动零件会发生形变或者移动，它采用类似集成电路(IC)的生产工艺和加工过程，用硅微加工工艺在硅片上制成微型可动的装置。MEMS器件的优点在于：MEMS器件中仅包含金属和介质，而不存在半导体结，因此既没有欧姆接触的扩散电阻，也不呈现势垒结的非线性伏安特性，所以RF MEMS具有超低的损耗、良好的线性特性。MEMS的膜片、悬臂等零件惰性极小，因而响应速度快，其运动受静电控制，使直流功耗降低，MEMS独特的工艺技术还使系统单片集成化成为了可能。

在RF MEMS方面，器件主要有MEMS可变电容、MEMS开关、MEMS可调电感、MEMS谐振器等。尤其是MEMS开关和传统的PIN二极管开关及FET开关相比，由于消除了PN结和金属半导体结，器件损耗显著降低，线性度极佳、隔离度高；而且由于是静电驱动，功耗低；工作频带宽，截止频率高(一般大于1 000GHz)，是一种值得期待的技术。

4.5.5 其他天线

当前的终端其实已经成为一个多媒体终端，除了正常的通信之外，其他的应用比如(GPS，Wi-Fi，NFC)等也是终端的必备功能。相比通信天线，这些天线一般都放置在终端的上部，常和摄像头以及各种传感器为邻，需要格外注意噪声干扰的问题。另外因为终端上部器件比较多，天线环境恶劣，常采用比较紧凑的型式，比如紧贴结构空间的PIFA天线或者采用陶瓷封装的陶瓷天线等。

1. GPS天线

GPS信号一般很微弱，到达地面的时候只有-150dBm左右，甚至更低。因此在设计GPS天线的时候，除了常规的天线增益要求之外，规避噪声影响也是一个很重要的方面。

如前所述，GPS天线一般放置在终端的上部，其原因一方面是因为终端下部被主天线占用，另一方面也是为了规避人手握的影响，防止在人手握到终端的时候，GPS天线性能急剧变差。但是由此带来的问题就是GPS天线必须和终端上部的各种摄像头(前置摄像头，虹膜摄像头，后置摄像头)、各种传感器、听筒以及和它们相关的各种软板紧密的结合在一起。而这些器件一般都走有高速时钟或者数据信号，富含丰富的高频分量，极易对GPS信号产生干扰。在设计的时候，需要把这些因素考虑进去，GPS天线距离这些器件尽量远离，或者做好足够的屏蔽、干扰措施。

2. Wi-Fi天线

Wi-Fi天线工作在$2.4\sim2.48$GHz的频段，频段较高且相对带宽范围较窄，因此一般设计难度不大，只是终端内部空间紧凑，现在较流行的做法是把Wi-Fi天线和GPS天线做在一起以节省空间，如图4-97所示。两者共用一个天线和馈电点，然后在后级电路中，由滤波器取出相应的信号。其中外围较长的天线走线负责GPS频段的谐振，而另外一只相对靠里的较短的天线负责Wi-Fi/BT频段的谐振。后期测试结果表明，

GPS 天线可以达到 50% 左右的效率，Wi-Fi/BT 天线可以约达到 30%～40% 的效率，满足实际使用需求。

3．NFC 天线

NFC 天线是一种近距离通信的天线，一般由线圈、铁氧体瓷片以及匹配电路组成。图 4-98 为一个放置在电池上的 NFC 天线，其中黄色部分为线圈，下面的黑色部分则是铁氧体瓷片，匹配电路则在电路板上以完成 NFC 天线和 NFC 芯片之间的阻抗匹配。

如图 4-99 所示为 NFC 天线工作原理：线圈提供 NFC 天线谐振需要的电感，以及和被通信线圈之间的耦合，铁氧体瓷片可以增加线圈的电感量，同时对 NFC 信号进行屏蔽，确保 NFC 信号只在需要通信的方向上和另外

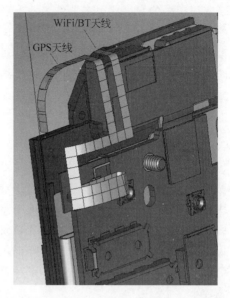

图 4-97　做在一起的 GPS 天线和 Wi-Fi 天线

一个线圈之间发生耦合，而不会把能量消耗在天线背面的终端屏蔽罩等器件上。匹配电路则把 NFC 天线的阻抗转化到和 NFC 芯片的输入阻抗相匹配的阻抗上，以利于信号最大功率传输。终端上的 NFC 天线一般工作在 13.56MHz，相比较传统天线，NFC 天线工作距离短(终端上一般只有 4cm 的通信距离要求)，通过近场电磁耦合来传输信号，其实质上可以看作是一个耦合线圈，而不是一个传统的天线。

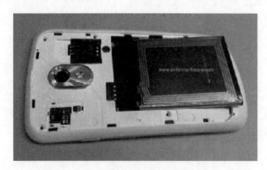

图 4-98　NFC 天线

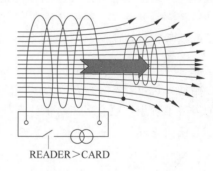

图 4-99　NFC 天线工作原理

NFC 天线的设计通常需要注意以下方面。

(1) 工作距离的远近在电流一定的情况下，通常由线圈的匝数多少和面积大小来决定。

(2) 天线的带宽要足够，从而可以无失真的传送通信信号。

(3) 要做好匹配电路的设计，达到共轭匹配，从而使得传输到天线线圈的能量最大。

4.5.6　终端上其他部分对天线性能的影响

天线作为终端整体的一部分，尤其是在开放场的情况下，其性能是和天线周围的环

境密切相关的。因此很多器件表面上看起来和天线毫无关系，但是对它们在终端上位置的选择以及相应的处理和天线息息相关。更为重要的是，如果这些器件在终端设计前期没有做到较好的评估，设计后期它们对天线的影响会很难消除，因为任何的改动都有可能会影响整个终端的器件布局，使得结构设计要重新评估，电路板设计也很可能要推翻重来。因此终端天线工程师，在终端设计前期深度参与结构布局，对关键器件影响进行准确评估，意义重大。

1. 扬声器

天线工程师和音频工程师是需要紧密合作，音频的很多器件（扬声器，麦克风，震动马达）都会和天线互相影响。首先是扬声器，由于终端内部空间的紧凑，扬声器和天线放在一起是经常遇到的情况，扬声器的一般构造是金属屏蔽壳包着的磁铁和线圈，然后通过扬声器引脚连接到前级的音频放大器等电路器件。如果没有很好的退耦和屏蔽，天线能量很可能会顺着扬声器引脚进入内部线圈并损耗在那里。因此通常扬声器的两只引脚需要串联大小适当的电感，以对射频信号进行退耦，而同时又尽量做到对音频的影响较小。

2. 麦克风

麦克风和天线之间的影响是相互的，这里有可能天线是受害者，也有可能麦克风是受害者。从射频的角度来看，麦克风可以看作是一块金属通过电路线连接到后级的电路中，如果这里不做好退耦工作，则麦克风对于天线会形成一个加载效应，造成谐振频率向低偏移，同时也会带来很大的损耗。而从另外一个角度来看，如果麦克风和天线靠得很近，则天线上较强的信号也会对麦克风造成影响，尤其是对于 GSM 信号，1/8 时隙的切换频率刚好落在音频的范围，很可能产生 TDMA 噪声，极端情况下用户会听到有规律的啪啪声，这实际是 GSM 信号的收发切换产生的。

3. 马达

震动马达也经常会放在靠近天线的地方，它对天线的影响有可能是来自内部电机线圈的屏蔽不理想，也有可能是来自于马达的机芯不总是在同一个位置（随着马达的转动，机芯会偏向不同的位置，从而对天线造成不同的影响）。

4. 摄像头

摄像头也是一个必须要仔细注意的器件，如果天线的能量耦合进入摄像头以及摄像头的驱动电路中，天线的效率就会降低。而摄像头驱动电路中的时钟信号（时钟信号含有丰富的高频分量）等，如果耦合进入天线中，则将会对接收信号带来很大的噪声，降低接收灵敏度。另外，现在的终端中，因为结构的限制，较多的使用柔性电路板，如果主板和摄像头是通过柔性电路板的，则需要更加注意两者和天线之间的相互影响，因为柔性电路板一般很难做到很好的电磁屏蔽。

5. 电池

电池通常在终端中占有较大的空间，如果电池和天线之间的距离过于小，天线的近场会在电池上激励起较强的反向电流，抵消天线的辐射，同时较大的电池尺寸也会使天线的有效空间变得很小，进而增加天线系统的 Q 值，结果就是天线带宽变窄，甚至效率下降。

6. 触摸屏

触摸屏是通过一层透明的 ITO 膜来实现对人手触摸感应的，需要注意的是尽管 ITO 膜对人眼是透明的，但是它对射频信号并不透明。在终端设计时，一定要仔细检查，不要让这层 ITO 膜落在天线的净空区内，如果一定要侵入天线净空区，也要做好足够的保护屏蔽措施，否则会在射频段引起较大的损耗，降低天线的效率。而触摸屏和显示屏这类的器件，设计更改和生产周期都很长，一旦前期忽视了，后期发现问题再做改动就会给项目带来很大的损失。

事实上，终端上的器件都有可能对天线的性能造成影响，或者谐振频率偏移，或者天线效率下降，也有可能是产生噪声，干扰接收灵敏度。作为天线工程师，需要做的就是在终端设计早期，尽量准确的评估这些器件的可能影响，据此做好位置摆放计划并做好保护措施。

4.6 外围无线接口技术

4.6.1 Wi-Fi

4.6.1.1 Wi-Fi 简介

无线保真（Wireless-Fidelity，Wi-Fi）实际是一种 WLAN 接入技术，其信号传输半径有几百米远。Wi-Fi 的目的是使各种便携设备（手机、笔记本电脑、PDA 等）能够在小范围内通过自行布设的接入设备接入局域网，从而实现与互联网的连接。

全球移动互联网的快速发展及智能终端的迅速普及，使得用户对随时随地接入互联网的需求进一步加大，目前，3G/4G 资费仍然较高、用户互联网接入需求提高等多方面因素催生 Wi-Fi 成为重要的互联网入口，Wi-Fi 技术成为用户使用智能终端接入互联网的一种重要手段。根据 CNNIC 统计显示，Wi-Fi 已成为用户首选的联网方式。Wi-Fi 技术在智能终端的应用和发展始于苹果公司，最初应用在智能手机上的 Wi-Fi 技术可以实现用户与运营商热点之间的数据连接，从而用户可以享受免费的无线网络。随着 Wi-Fi 技术的快速发展，其通信协议模式从发表于 1997 年的 IEEE 802.11 第一个版本，先后经历了 802.11a/b/g/n 及 802.11ac（第五代）的发展，采用的通信频段从 2.4GHz，扩展到 5GHz，通信的质量和数据流量也在不断提升。使用 5G 芯片的手机已经有苹果手机 iPhone 6、三星 Galaxy S4、HTC One、小米 4、LG G2、索尼 Z2、努比亚 Z7、华为荣耀 6 等。在应用的目的方面，Wi-Fi 技术主要是用于智能手机与无线局域网内的热点进行连接，主要实现下行为主的大数据量传输。

目前，Wi-Fi 的传输速度可以达到每秒 1Gbit/s，属于无线宽带范畴，可以满足个人和社会信息化的需求。Wi-Fi 网络的架构十分简单，厂商在机场、车站、咖啡店、图书馆等人员较密集的地方设置"热点"后，用户只需要将支持 Wi-Fi 的设备拿到该区域内，便可以接受其信号，高速接入互联网。一般而言，按使用用途可分为企业 Wi-Fi、家庭 Wi-Fi 和商用 Wi-Fi 三类，具体分类如图 4-100 所示。

三种Wi-Fi的区别

Wi-Fi类型	分布地点	用途
企业Wi-Fi	公司办公室、大堂、会客厅、走廊	供企业员工和访客使用
家庭Wi-Fi	普通消费者家里	用户在家里自给自足
商用Wi-Fi	机场、火车站、高铁、公交、餐厅、咖啡馆、商场、超市、酒店	由商家提供给消费者，有营销功能

商用Wi-Fi产业链玩家

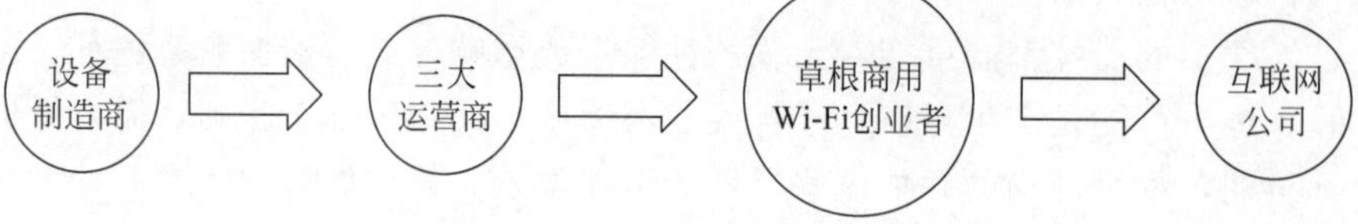

设备制造商 → 三大运营商 → 草根商用Wi-Fi创业者 → 互联网公司

图 4-100　Wi-Fi 的三种应用分类

目前，几乎所有的智能手机中都已经集成了 Wi-Fi 无线通信模块。根据相关的数据调查显示，基于智能机的 Wi-Fi 芯片出货量近年来屡创新高，同时随着 Wi-Fi 技术和相关芯片技术成本的不断降低，Wi-Fi 技术的应用和普及将会取得更加快速的发展。

4.6.1.2　Wi-Fi 技术特点

通过无线方式，实现手机、计算机等终端设备与网络之间的连接，Wi-Fi 技术能够实现无线宽带互联网的访问，在无线网络下，进行电子邮件的访问、Web 以及流式媒体。一般来说，在开放性的区域内，Wi-Fi 无线电波的覆盖范围广，其能够在 305m 的范围内进行通信，在封闭性的区域中，也能够达到 76～122m 的通信距离，同时，其对于现有的有线以太网络的整合而言有着十分重要的现实意义，而且，相对来说，Wi-Fi 技术虽然成本较低，但是能够提供更加便捷的服务给相关用户。具体来说，Wi-Fi 技术的优势主要体现在以下几个方面。

（1）信号范围广。通常来说，以蓝牙技术为基础的电波，其覆盖范围的半径大概只有 15m，而基于 Wi-Fi 技术的电波，其半径甚至能够达到 100m，从这一点上来看，无线 Wi-Fi 的电波覆盖范围是非常大的，不仅能够在一间办公室收到信号，甚至于整栋建筑也可以使用。

（2）无须布线。Wi-Fi 技术不需要对布线的过程进行考虑，这不仅对于网络空间的美化十分有利，而且对于设计成本的节约也有着十分重要的现实意义。举例来说，通过高速线路，能够将互联网接入到设置"热点"的车站、机场以及图书馆等人员比较密集的公共场所。在距离接入点半径数 10～100m 处，都能够收到"热点"发射出的电波，因此，在此范围内，只要使用安装无线设备的手机与电脑均能够实现与网络的连接，而且还能够在一定程度上减少资金的投入，节约成本。

（3）传输速度快。从整体上来说，虽然通过 Wi-Fi 技术传输的无线通信，质量较低，数据安全性能也不高，但是，Wi-Fi 技术的传输速度非常快，甚至能够达到 1Gbit/s，能够从很大程度上满足信息时代中，人们对网络传输速度的要求。

4.6.1.3 Wi-Fi 主要技术特性

4.6.1.3.1 Wi-Fi 网络

Wi-Fi 所基于的无线局域网 WLAN 通信系统一般由 AC(接入控制器)、AP(无线接入点)、STA(无线终端)、AAA 服务器以及网元管理单元等组成。其中，接入控制器(Access Controller，AC)，主要完成 WLAN 系统中接入控制单元(ACU)的功能，ACU 包含以下几个主要功能。

(1) 在 WLAN 无线接入子系统与相应业务网之间实现网关功能。

(2) 提供到业务网的接口功能。

(3) 将来自本 ESS 内的不同 AP 的数据进行业务汇聚。

(4) 用户接入控制功能，包括用户安全控制、认证功能。

(5) 用户计费信息采集功能(该功能也可以由 AP 实现)。

接入点(Access Point，AP)，即无线数据接入点，为移动终端或设备提供进入有线网络的数据通道，即互联网接入。主要用于宽带家庭、楼宇内部、仓库以及工厂等需要无线数据覆盖及监控的地方，典型距离覆盖几十米甚至达上百米，也有可以用于远距离传送，目前最远的可以达到 10km 左右。目前主要技术为 802.11 系列。大多数 AP 支持客户端模式(Client)可以用作无线网桥，在两个相隔较远的 AP 之间建立一条无线链路，即无线回传功能。

无线终端(Station，STA)，STA 可通过 AP 接入互联网，可与其他 STA 建立点对点通信。

无线终端 STA 与接入点 AP 之间的空中接口协议栈模型如图 4-101 所示。空中接口协议栈分为物理层和数据链路层。物理层由 PMD(物理媒质相关)子层和 PLCP(物理层汇聚协议)子层构成；PMD 主要完成物理实体之间通过无线媒质的比特发送和接收，PLCP 主要完成 MAC 子层协议数据单元(MPDU)到物理层数据帧的映射。MAC 子层的功能为：实现共享媒质的接入控制功能，解决接入竞争；根据信号强度和监测到的误包率，选择性能最好的一个无线接入点并与之通信；

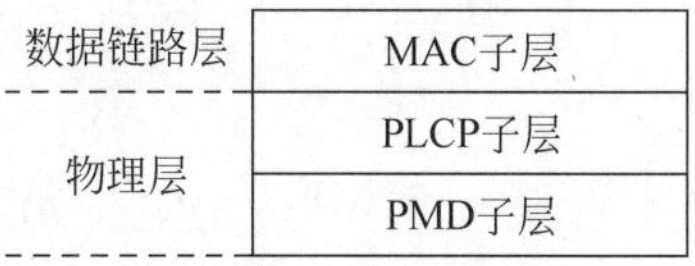

图 4-101　空中接口协议栈模型

提供安全服务、MSDU 重新排序服务和数据服务、将 MPDU 加密后再送往物理层或对物理层接收到的加密的 MPDU 进行解密后传送到 MAC 子层等。

4.6.1.3.2 工作频段

Wi-Fi 技术诞生于 1997 年，至今已经发展到了第五代。当年第一代 Wi-Fi 标准出现的时候，受到工艺和成本的限制，芯片的工作频率只能固定在 2.4GHz，最高传输速率只有 2Mbit/s。随后出现的 802.11a、802.11b、802.11g、802.11n 四个 Wi-Fi 版本的标准，速度越来越快，现在我们普遍使用的是 802.11n 的标准。比如 2004 年推出的 802.11n 比之前的 802.11g 快了 10 倍，比更早的 802.11b 快 50 倍，覆盖的范围也更广。Wi-Fi 芯片的传输速率越来越高，但直到 802.11n 初始还是运行在 2.4GHz 的频段上，因此速度仍然满足不了人们的需求。

5G Wi-Fi 即第五代 Wi-Fi 技术的简称。5G Wi-Fi 的诞生很好地解决了现在 Wi-Fi 面临的问题，采用 802.11ac 协议，运行在 5GHz 以上的高频段，带宽能提高到 40MHz 甚至 80MHz 或更高，传输速度最高提升到了 1Gbit/s，每秒可以传输约 125MB 的内容。

目前手机 Wi-Fi 的工作频段主要包括 2.4GHz 和 5GHz。

2.4GHz 频段，工作频率范围为 2 400～2 483.5MHz。该频段为 WLAN、无线接入系统、蓝牙技术设备、点对点或点对多点扩频通信系统等各类无线电台站的共用频率。各类无线电通信设备在该频段内与无线电定位业务及工业、科学和医疗等非无线通信设备共用频率，均为主要业务。2.4GHz 频段可用带宽为 83.5MHz，划分为 13 个信道，每个信道带宽为 22MHz。

5GHz 频段，频率范围为 5 150～5 350MHz、5 470～5 725MHz、5 725～5 850MHz。该频段为 WLAN、点对点或点对多点扩频通信系统、宽带无线接入系统及车辆无线自动识别系统等无线电台站的共用频段。

4.6.1.3.3 调制方式

工作于 2.4GHz 频段的 Wi-Fi 终端接口物理层必须符合 IEEE 802.11b 和/或 IEEE 802.11g 的标准。对于支持 IEEE 802.11b 的 Wi-Fi 终端设备支持直接序列扩频(DSSS)方式，不支持跳频扩频(FHSS)方式。对于支持 IEEE 802.11g 的 Wi-Fi 终端设备，能向下兼容 IEEE 802.11b 的设备。

工作于 5GHz 频段的 Wi-Fi 终端接口物理层必须符合 IEEE 802.11a 和/或 IEEE 802.11n 和/或 IEEE 802.11ac。802.11a 采用 OFDM 方式，每个子载波可以采用 BPSK、QPSK、16QAM 和 64QAM 调制方式，卷积编码速率为 1/2、2/3、3/4。IEEE 802.11n 采用 OFDM 方式，理论传输速率应达 600Mbit/s。IEEE 802.11ac 向下兼容 802.11a 和 802.11n，采用 OFDM 方式，调制方式扩展支持 256QAM。采用 MU-MIMO(up to 8-MIMO)、Beam-forming 等新技术，理论传输速度最高达到 6.9 Gbit/s，是 802.11n 600Mbit/s 的 10 倍之多。

4.6.1.3.4 无线指标

1. 发射功率

工作于 2.4GHz 频段的 Wi-Fi 终端设备的等效全向辐射功率应满足：

天线增益＜10dBi 时：≤100mW 或≤20dBm；

天线增益≥10dBi 时：≤500mW 或≤27dBm。

工作于 5GHz 频段的 Wi-Fi 终端设备的等效全向辐射功率应满足：

5.150～5.350GHz 频段：≤23dBm(EIRP)；

5.725～5.850GHz 频段：≤33dBm(EIRP)。

2. 功率谱密度

工作于 2.4GHz 频段的 Wi-Fi 终端设备：

当天线增益＜10dBi 时，最大功率谱密度不大于 10dBm/MHz(EIRP)；

当天线增益≥10dBi 时，最大功率谱密度不大于 17dBm/MHz(EIRP)。

工作于 5GHz 频段的 Wi-Fi 终端设备：

5.150～5.350GHz 频段：最大功率谱密度不大于 10dBm/MHz(EIRP)；

5.725～5.850GHz 频段：最大功率谱密度应不大于 13dBm/MHz[或 19dBm/MHz(EIRP)]。

3. 占用带宽

占用带宽是以指配信道中心频率为中心，包含总发射功率的 99％功率的带宽。

工作于 2.4GHz 频段的 Wi-Fi 终端设备：

单信道的占用带宽不大于 20MHz。

工作于 5GHz 频段的 Wi-Fi 终端设备：

5.725～5.850GHz 频段：单信道的占用带宽应不大于 18MHz。

4.6.1.4　Wi-Fi 相关标准

Wi-Fi 技术标准 IEEE 802.11 第一个版本发表于 1997 年，其中定义了介质访问接入控制层(MAC 层)和物理层。物理层定义了工作在 2.4GHz 的 ISM 频段上的两种无线调频方式和一种红外传输的方式，总数据传输速率设计为 2Mbit/s。两个设备之间的通信可以自由直接(ad-hoc)的方式进行，也可以在基站(Base Station，BS)或者访问点(Access Point，AP)的协调下进行。1999 年加上了两个补充版本：802.11a 定义了一个在 5GHz ISM 频段上的数据传输速率可达 54Mbit/s 的物理层，802.11b 定义了一个在 2.4GHz 的 ISM 频段上但数据传输速率高达 11Mbit/s 的物理层。2003 年发布的 802.11g 速率达到 54Mbit/s。2004 年推出的 802.11n 比之前的 802.11g 快了 10 倍，理论速率达到 600Mbit/s，为现在应用最普遍的 Wi-Fi 标准。

经历 802.11a、802.11b、802.11g、802.11n 四个 Wi-Fi 版本的标准之后，5G Wi-Fi(802.11ac)即第五代 Wi-Fi 传输技术于 2013 年发布。需要注意的是，并不是运行在 5GHz 频段的 Wi-Fi 就是 5G Wi-Fi 了，运行在 5GHz 频段的 Wi-Fi 协议标准包括 802.11a(第一代)、802.11n(第四代，同时运行在 2.4GHz 和 5GHz 双频段)和 802.11ac(第五代)，而只有采用 802.11ac 协议的 Wi-Fi 才是真正的 5G Wi-Fi。更高的无线传输速度是 5G Wi-Fi 的最大特征。业界认为，5G Wi-Fi 的入门级速度是 433Mbit/s，这至少是现在 Wi-Fi 速率的三倍，一些高性能的 5G Wi-Fi 还能达到 1Gbit/s 以上。

各版本的 Wi-Fi 技术标准如表 4-12 所示。

表 4-12　IEEE 802.11Wi-Fi 协议摘要

协　　议	频　　率	信　　号	最大数据率
传统 802.11	2.4GHz	FHSS 或 DSSS	2Mbit/s
802.11a	5GHz	OFDM	54Mbit/s
802.11b	2.4GHz	HR-DSSS	11Mbit/s
802.11g	2.4GHz	OFDM	54Mbit/s
802.11n	2.4GHz 或 5GHz	OFDM	600Mbit/s(理论值)
802.11ac	5GHz	OFDM	6933Mbit/s(理论值)

1. 传统 802.11

传统 802.11 于 1997 年发布，两个原始数据传输率 1Mbit/s 和 2Mbit/s，跃频展布频谱(FHSS)或直接序列展布频谱(DSSS)，频带频率为 2.4GHz，采用最初定义的载波监听多路访问/冲突避免(CSMA-CA)。

2. 802.11a

802.11a 于 1999 年发布，支持各种调制类型的数据传输率：6Mbit/s、9Mbit/s、12Mbit/s、18Mbit/s、24Mbit/s、36Mbit/s、48Mbit/s 和 54Mbit/s，采用正交频分复用(OFDM)带 52 子载波频道，频率频带 5GHz。

3. 802.11b

802.11b 于 1999 年发布，支持各种调制类型的数据传输率：1Mbit/s、2Mbit/s、5.5Mbit/s 和 11Mbit/s，频带频率为 2.4GHz。

4. 802.11g

802.11g 于 2003 年发布，支持各种调制类型的数据传输率：6Mbit/s、9Mbit/s、12Mbit/s、18Mbit/s、24Mbit/s、36Mbit/s、48Mbit/s 和 54Mbit/s，可以转换为 5.5Mbit/s 和 11Mbit/s，使用 DSSS 和 CCK，正交频分复用(OFDM)带 52 子载波频道，向后兼容 802.11b 使用 DSSS 和 CCK，频带频率为 2.4GHz。

5. 802.11n

802.11n 于 2008 年第二季度发布，支持各种调制类型的数据传输率：65Mbit/s、130Mbit/s、300Mbit/s 和 600Mbit/s，采用正交频分复用(OFDM)，使用多输入多输出(MIMO)和通道捆绑(CB)，频带频率为 2.4GHz 或 5GHz。

6. 802.11 ac

802.11 ac 于 2013 年发布，支持最高传输速率 6933Mbit/s，采用正交频分复用(OFDM)，频带频率为 5GHz，扩展带宽：20MHz、40MHz、80MHz、160MHz，调制方式：BPSK、QPSK、16QAM、64QAM、256QAM，新增新技术：MU-MIMO(up to 8-MIMO)、Beam-forming，理论传输速度最高达到 6.9Gbit/s，是 802.11n 600Mbit/s 的 10 倍之多。

4.6.1.5　Wi-Fi 技术发展

智能手机和移动互联网应用的快速发展，使得移动数据流量正在以难以估量的速度激增。为了有效缓解蜂窝网络流量压力、持续推动移动通信业务的发展，全球越来越多的运营商选择大力发展无线局域网(WLAN)。

ABI Research 的研究报告显示，为了分流无线流量并拓展服务范围，目前全球已经有 89% 的宽带服务运营商部署了 Wi-Fi 网络。

(1) 北美运营商在 2008 年开始部署 Wi-Fi 热点以分流数据业务对 3G 网络带来的频谱压力，目前已拥有 900 多万个公共 Wi-Fi 热点，分流了大约 85% 的移动数据流量。其中，美国运营商 AT&T 向其用户提供非常优惠甚至免费的 Wi-Fi 接入，引导数据流量从 3G 网络转移至 Wi-Fi，2011 年 AT&T 全球可用 Wi-Fi 热点已达 19 万个，全年

Wi-Fi 连接数达到了创纪录的 12 亿次。

（2）日本的 softbank 同时提供热点 AP 及家用 AP。在家用 AP 上，Softbank 采取了与 FON 合作的模式，共部署了 70 000 个家用 FONAP，平均分流了 20% 的 3G 流量。

（3）澳大利亚电信公司（Telstra）自 2014 年 11 月启动建设公共 Wi-Fi 网络，目前投入资金达 1 亿美元的公共 Wi-Fi 网络项目试用人数已超 70 万，部署的 Wi-Fi 热点达 1 000 个，传输的数据超 140TB。未来 5 年内建设 8 000 个热点。

（4）新加坡从 2014 年 4 月 1 日开始推出公众无线热点 Wireless@SG，具有自动使用手机卡登录的功能。与此同时，希望其无线热点的部署到 2015 年突破 1 万个，到 2016 年达到 2 万个。

（5）法国 Free mobile 则为 500 万个家庭用户提供带 Wi-Fi AP 的家庭网关。并在 Wi-Fi 上启用了基于 SIM 的无缝认证。改善用户的 Wi-Fi 体验。

（6）国内三大电信运营商经过 10 多年的网络建设，Wi-Fi 热点覆盖已成规模，部署热点 600 多万。

除传统运营商，新兴的互联网企业也看到了 WLAN 网络可能带来的商机，积极参与全球 WLAN 热点的部署和整合。从 2012 年起，国内开始大量出现各类商业 Wi-Fi，分布于各大具备流量价值的商业区域，如机场、咖啡厅，通过为用户提供免费上网的方式，获取商业价值。近两年，互联网公司也介入公众 Wi-Fi 领域，整合 Wi-Fi 资源，为用户提供更为方便快捷的免费 Wi-Fi 接入服务。公众 Wi-Fi 目前已经形成多种经营模式和经营主体并存的局面。

Facebook 正在着手一项雄心勃勃的计划，拟用大型太阳能无人机，构建覆盖全球每个角落，可让地球上所有人访问互联网的 Wi-Fi 网络。Facebook 对现有互联网可覆盖的人口基数并不满意。Facebook 的全球 Wi-Fi 战略中，包括卫星和无人机等多种平台。

2014 年 9 月，腾讯安全携手国内 TOP10 的顶尖商用 Wi-Fi 服务提供商以及星巴克、万达广场、华联商厦、眉州东坡等商家成立的"腾讯安全 Wi-Fi 联盟"成立。计划整合 Wi-Fi 网络上下游最强的资源，聚合各家企业的优势，为数亿用户提供最佳的无线网络体验，满足现阶段我国网民对于免费 Wi-Fi 网络的强烈需求。"腾讯安全 Wi-Fi 联盟"声称已经实现了对 10 000＋商场超市、15 000＋咖啡馆、35 000＋餐厅、45% 以上的机场和火车站更安全快捷的 Wi-Fi 覆盖。

阿里通信推出覆盖全国的免费 Wi-Fi 服务。2015 年 1 月 23 日，虚拟运营商阿里通信"淘 Wi-Fi"应用正式上线。用户通过淘宝账号登录该手机软件，可免费使用包括三大运营商在内全国 600 万个热点。每天 1 小时免费上网，时长不够可用"淘金币兑换"，还有多种方式"赚取"上网流量，进行交易。

2014 年 9 月，360 免费 Wi-Fi 项目被 360 列为最高级别：2014 年目标是要做到业界第二，2015 年前三个月就要成为第一。其中 360 手机助手和 360 手机卫士都调整到"免费 Wi-Fi"内容中来。同时，百度、小米也有类似于 360 的 Wi-Fi 产品，开启了争夺互联网入口之战。

这些新型商业 Wi-Fi 可以通过大数据和传统商业结合的方式为客户创造新的价值。

比如，利用 Wi-Fi 不但能收集包括用户使用场景、用户位置等场景性信息，还能够得到用户消费习惯、用户行为轨迹等用户行为数据，从这些数据中可以精确的统计用户消费规律、预测用户消费心理，当这些数据达到一定的规模后，将能够产生巨大的商业价值。传统商户(如商场)通过 Wi-Fi 入口，可以对进出商场的客流进行分析和记录，如客户数量、新老客户比例、客户停留时间、到访频率等，形成商场客流的用户属性与行为的 profile。这些数据可以让商家更全面了解顾客，根据客户行为习惯进行精准的客户营销，如根据客户喜好进行不同类型优惠券的发放，从而进一步优化产品和服务，进而提高销售量。

总之，随着移动互联网的发展和智能终端的普及，Wi-Fi 上网已逐渐形成用户习惯，特别是家用或公众场所的免费 WLAN 接入热点的使用，已越来越广泛。据统计，2014 年 Wi-Fi 无线连接运行着全球超过 42% 的移动数据流量和 90% 的平板电脑数据流量，并将用户与全球 4 700 多万个热点相连。在传统运营商和新兴的互联网企业的推动下，Wi-Fi 技术的发展也将如火如荼。

(1) Wi-Fi 技术的性能将进一步改进，Wi-Fi 网络设备 CERTIFIED AC 将成为主流并增加先进特性。展望更远的未来，WiGig 将提升 Wi-Fi 的连接能力，提供更高流量的链接，以支持室内连接和对电源线的替代。

(2) 双频带时代到来——2015 年，双频带 Wi-Fi 得到普及。ABI Research 预测称，在今年售出的 Wi-Fi 网络设备中，72% 的网络设备同时运行在 2.4GHz 和 5GHz 下。消费者将开始利用双频带网络的扩容优势，实施超高清与 4K 电视等要求更高的应用，并使越来越多的家庭网络设备获得支持。

(3) Wi-Fi Direct 新型开发者工具将得到更广泛的部署——值得应用开发商注意的是，Wi-Fi 行业正在不断改进核心技术，以提高技术的实用性。例如，继续促进最新推出的 Wi-Fi Direct 改进技术的普及，帮助开发者更轻松地开发"设备对设备"服务，这些服务可以在不同品牌和操作系统间实现互操作。

(4) 发现周边资源——最新推出的 Wi-Fi Aware 能够在建立连接之前提供服务，帮助开发者集中精力构建最出色的应用，实现"基于周边"的服务。

(5) Passpoint——Wi-Fi 联盟 WFA 在开展基于可有效帮助移动运营商整合 WLAN 业务、构建运营级网络 Hotspot 2.0 标准的 Wi-Fi CERTIFIED Passpoint 项目。无线宽带联盟(WBA)正在针对支持 WLAN 与蜂窝网之间无缝流量切换和跨运营商 Wi-Fi 漫游的下一代热点(NGH)项目进行第二阶段的测试。以 Passpoint 为基础的 Wi-Fi 漫游和无线宽带联盟的 NGH 项目在 2015 年面世。届时将有越来越多的国内及国际运营商和城市签署漫游合作协议，帮助全球消费者无缝连接 Wi-Fi 网络。

(6) 有线运营商继续投资于 Wi-Fi——有线提供商将继续扩展他们在家庭以外的服务，利用用户在旺季所购买的更多设备——通过这些举措，有线运营商将领先于部署速度较慢的移动运营商。

(7) 移动运营商压力倍增——有线运营商在 2014 年对 Wi-Fi 的飞速部署，在 2015 年继续增长，这令移动运营商面临扩展 Wi-Fi 部署范围日益增长的压力。移动运营商将通过 Wi-Fi 部署提供用户亟需的数据卸载功能，实现提供商之间的服务漫游。

（8）Wi-Fi 呼叫技术到达拐点——随着主要产品厂商、移动运营商和新兴企业不断推出 Wi-Fi 语音产品，Wi-Fi 在 2015 年成为最受欢迎的移动通话连接技术。

（9）消费者需求保障 Wi-Fi 增长——随着 Wi-Fi 移动技术的普及，消费者对安全与隐私的要求也水涨船高。现在，消费者可以随意选择连接点，也希望家庭及公共 Wi-Fi 提供商保护他们的隐私与安全。

（10）Wi-Fi 引领智能家居、工业物联网和车联网——在用户家中，将有更多家电、安全摄像头和能源设备通过 Wi-Fi 建立连接，汽车也能够在家中和途中接入网络，以达到娱乐、保养和安全等目的。一方面，企业也将利用现有的 Wi-Fi 基础设施，推动建筑与工厂自动化技术的进步。另一方面，不仅仅是蜂窝到 Wi-Fi 的分流，蜂窝/WLAN 并发及应用有望成为智能终端的标配。继 iPhone Siri 支持 MPTCP、三星 Download Booster 功能使用断点续传原理实现蜂窝和 Wi-Fi 双通道下载大文件（支持 HTTP 1.1，大于 30M）之后；2015 年 8 月，韩国电信发布第一个商用 mobile MPTCP proxyservice，在 GIGA LTE 网络部署 MPTCP proxy，支持三星 Galaxy S6/edge 手机的 MPTCP 功能；iOS 9 开始 iPhone 支持 Wi-Fi Assist，利用断点续传原理实现 Wi-Fi 弱连接时自动使用蜂窝移动数据，iPhone 正式加入由 Wi-Fi 自动切换至蜂窝网络阵营。此前一般终端都默认支持从蜂窝到 Wi-Fi 的切换，自此，终端的多流并发或切换功能基本完整。

4.6.2　蓝牙

4.6.2.1　什么是蓝牙

蓝牙技术是一种开放式无线通信标准，能够在短距离范围内使智能终端与各种外围设备如 PDA、打印机、数码相机、耳麦、键盘相连，如图 4-102 所示。蓝牙这个名称来自 10 世纪的一位丹麦国王哈拉尔蓝牙王，Blatand 在英文里的意思可以被解释为 Bluetooth（蓝牙），因为国王喜欢吃蓝莓，牙龈每天都是蓝色的，所以叫蓝牙。Blatand 国王将现在的挪威、瑞典和丹麦统一起来，蓝牙的来源就有了"统一"的含义，蓝牙技术在短距离范围内使各种设备以一个统一的标准进行无线通信。

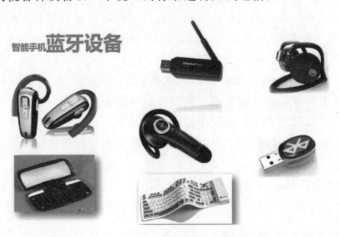

图 4-102　智能终端的蓝牙设备

蓝牙采用分散式网络结构以及快跳频和短包技术，支持点对点及点对多点通信，工作在全球通用的 2.4GHz ISM(即工业、科学、医学)频段。采用时分双工传输方案实现全双工传输。

蓝牙(BlueTooth)作为一种短距离低功耗传输协议，在物联网时代优势明显，其主要目的是为了替换一些个人用户携带的有线设备。从而蓝牙也成为了目前市场使用最普遍的短距离通信技术，广泛使用在移动智能终端(手机、平板电脑)、个人计算机和无线外围设备。同时蓝牙技术还被大量地应用于 GPS 设备、医疗设备，以及游戏平台(ps3、wii)等各种不同领域。据咨询机构 IHS 统计，受益于智能终端的快速普及，全球蓝牙芯片出货量稳步增长，2014 年达到近 25 亿颗，年复合增长率约为 15%。随着以智能穿戴，智能家居为代表的物联网的兴起，全球蓝牙芯片出货量还将有望呈现加速增长的态势。

蓝牙几乎成为智能终端的标配。蓝牙技术使智能终端与各种数码设备之间可以进行无线沟通，你可以轻松连接智能终端以及其他外围设备——在约 10m(30 英尺)距离之内以无线方式彼此连接。人们通常使用的蓝牙设备有蓝牙耳机、蓝牙音响、蓝牙打印机等，蓝牙手机可以在一定范围内与手提电脑以无线连接，让笔记本电脑通过智能终端进行无线上网；对两个同时持有蓝牙手机的用户，可以互相通过手机交换名片、电话和手机铃声，还可以无线对打游戏。在 10 米范围内，只需戴上蓝牙耳机，在汽车上或办公室里就可无线接听电话。

4.6.2.2 蓝牙的技术特性

蓝牙可以同时传输语音和数据，蓝牙采用电路交换和分组交换技术，蓝牙支持实时的同步定向联接(SCO 链路)和非实时的异步不定向联接(ACL 链路)，前者主要传送语音等实时性强的信息，后者以数据包为主。语音和数据可以单独或同时传输。蓝牙支持一个异步数据通道，或三个并发的同步话音通道，或同时传送异步数据和同步话音的通道。每个话音通道支持 64kbit/s 的同步话音；异步通道支持 723.2/57.6kbit/s 的非对称双工通信或 433.9kbit/s 的对称全双工通信。

蓝牙支持点对点及点对多点通信：蓝牙设备按特定方式可组成两种网络，分别是微微网(Piconet)和分布式网络(Scatternet)，其中微微网的建立由两台设备的连接开始，最多可由八台设备组成。在一个微微网中，只有一台为主设备(Master)，其他均为从设备(Slave)，不同的主从设备可以采用不同的链接方式，在一次通信中，链接方式也可以任意改变。几个相互独立的微微网以特定方式链接在一起便构成了分布式网络。所有的蓝牙设备都是对等的，所以在蓝牙中没有基站的概念。

蓝牙网络连接使用加密技术，同时采用口令验证连接设备，可同时与其他 7 个以内的设备构成蓝牙微网(Piconet)，1 个蓝牙设备可以同时加入 8 个不同的微网，每个微网分别有 1Mbit/s 的传输频宽，当 2 个以上的设备共享一个 Channel 时，就可以构成一个蓝牙微网，并由其中的一个装置主导传输量，当设备尚未加入蓝牙微网时，它先进入待机状态。

蓝牙的抗干扰能力较强，工作在 ISM 频段的设备很多，如微波炉、HOMERF、WLAN 产品等，蓝牙为了抵抗来自这些设备的干扰，采用跳频展频技术，扩频频率

1 600 次/秒,防止偷听和避免干扰;每次传送一个封包,封包的大小从 126～287bit;封包的内容可以是包含数据或者语音等不同服务的资料。

蓝牙模块体积小,便于集成,功耗较低。在蓝牙设备的通信连接(Connection)状态下,有四种工作模式——激活(Active)、呼吸(Sniff)、保持(Hold)、休眠(Park)。Active 是正常的工作状态,另外三种模式是为了节能所规定的低功耗模式。此外,随着市场应用的普及,蓝牙模块的成本越来越低。

蓝牙设备分为三个功率等级,对应的工作距离分别是:100mW(20dBm)、2.5mW(4dBm)和 1mW(0dBm),相应的有效工作范围为:100 米、10 米和 1 米。

4.6.2.2.1　蓝牙调制方式

1. GFSK

蓝牙使用称为 0.5BT 高斯频移键(GFSK)的数字频率调制技术实现彼此间的通信。也就是说把载波上移 157kHz 代表"1",下移 157kHz 代表"0",速率为 100 万符号(或比特)/秒,然后用"0.5"将数据滤波器的 $-3dB$ 带宽设定在 500kHz,这样可以限制射频占用的频谱。

如图 4-103 所示,横坐标表示的是时间信息,我们可以很清楚的看到前导接入码、数据包头和数据载荷部分。纵轴表示的是载波偏离的程度,当数据比特为 1 是表示偏差 157Hz,为 0 时表示 $-157Hz$。

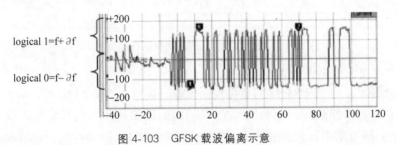

图 4-103　GFSK 载波偏离示意

2. π/4-DQPSK 和 8DPSK

EDR 模式下的一个重要的特点就是数据内的调制方式改变了。接入码(access code)和分组头(packet header)通过 BR 模式的 1Mbit/s 的 GFSK 调制方式来传输,而后面的同步序列、净荷以及尾序列通过 EDR 模式的 PSK 调制方式来传输。2Mbit/s 的 PSK 调制传输是采用 π/4 循环差分相位编码的四进制键控方式。每个码元代表 2 比特信息,如图 4-104 所示。

3Mbit/s 的 PSK 调制传输是采用循环差分相位编码的八进制键控方式(8DPSK),如图 4-105 所示。

每个码元代表 3 比特信息。对于 π/4-DQPSK 和 8DPSK 调制方式,支持 EDR 的蓝牙设备不具有强制性要求。只有在条件允许和比较好的环境下使用。

调制方式应该采用平方根形式的升余弦脉冲以便于产生等效的载有信息的低通信号 v(t)。发射机的输出是一个带通信号。

◆ Modulation schemes
  –p/4-DQPSK

b_{2k-1}	b_{2k}	φ_k
0	0	$\pi/4$
0	1	$3\pi/4$
1	1	$-3\pi/4$
1	0	$-\pi/4$

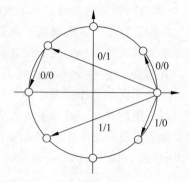

图 4-104　π/4-DQPSK 调制示意图

– 8DPSK

b_{3k-2}	b_{3k-1}	b_{3k}	φ_k
0	0	0	0
0	0	1	$\pi/4$
0	1	1	$\pi/2$
0	1	0	$3\pi/4$
1	1	0	π
1	1	1	$-3\pi/4$
1	0	1	$-\pi/2$
1	0	0	$-\pi/4$

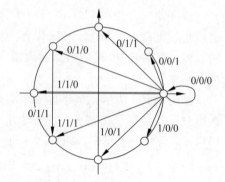

图 4-105　8DPSK 调制示意图

4.6.2.2.2　频率范围和信道

蓝牙系统工作在 2.45GHz 的免授权的工业、医疗免费 ISM 频段，所以它必须和其他无线通信标准共用频段，比如 WLAN。不同的国家使用不同的频带，在北美和欧洲使用 79 个间隔为 1MHz 的频道，载频为 $2\,402+k$MHz$(k=0,1,\cdots,78)$；日本、法国、西班牙使用 23 个间隔为 1MHz 的频道，载频分别 $2\,473+k$MHz，$2\,454+k$MHz，$2\,449+k$MHz$(k=0,1,\cdots,22)$。信道由在 79 个或者 23 个 RF 信道中跳变的 PN 跳变序列识别。

4.6.2.2.3　跳频序列和跳频机制

2.4GHz 的 ISM 频段中还有 802.11b，HomeRF 及微波炉、无绳电话等电子设备，为了与这些设备兼容，以及有效利用频谱、防止通信设备之间相互干扰，蓝牙采用了自适应跳频 AFH（Adaptive Frequency Hopping）、先听后说 LBT（Listen Before Talk）、功率控制等一系列独特的措施克服干扰，避免冲突。自适应跳频技术是建立在自动信道质量分析基础上的一种频率自适应和功率自适应控制相结合的技术。它能使跳频通信过程自动避开被干扰的跳频频点，并以最小的发射功率、最低的被截获概率，达到在无干扰的跳频信道上长时间保持优质通信的目的。所谓频率自适应控制是在跳频通信过程中，拒绝使用那些曾经用过但是传输不成功的跳频频率集中的频点，即实时去除跳频频率集中被干扰的频点，使跳频通信在无干扰的可使用的频点上进行，从而大大提高跳频通信中接收信号的质量。

每个微微网的跳变序列是唯一的，由主设备的 Bluetooth 设备地址决定。跳变序列的相位由主设备的时钟决定。在微微网中，所有单元都在时间上和跳频上与信道同步。信道分为时隙，每个时隙长 625us。每个时隙相应地有一个跳频频率，通常跳频速率为 1 600 跳/秒。时隙数根据微微网中主设备的 Bluetooth 时钟决定。时隙数从 $0\sim227^{-1}$，周期为 2s。系统使用 TDD 方案来使主设备和从设备交替传送，主设备只在偶数时隙开始传送信息，从设备只在奇数时隙开始传送，信息包的开始对应于时隙的开始。

4.6.2.2.4　蓝牙常见手机协议规范

1. A2DP 协议，可以实现蓝牙连接耳机或音响类设备听音乐

A2DP 全名是 Advanced Audio Distribution Profile，即蓝牙音频传输模型协定。A2DP 协议能够采用耳机内的芯片来堆栈数据，达到让声音高清晰度传输的目的。然而并非支持 A2DP 的耳机就是蓝牙立体声耳机，立体声实现的基本要求是双声道，所以单声道的蓝牙耳机是不能实现立体声的。蓝牙耳机或音响是否支持 A2DP 协议具体要看蓝牙产品制造商是否使用这个技术。

2. HFP 协议，让蓝牙设备可以控制电话

HFP 全称 Hands-free Profile，让蓝牙设备可以控制电话，如接听、挂断、拒接、语音拨号等，拒接、语音拨号要视蓝牙耳机及手机是否支持。

HFP 协议定义了音频网关（AG）和免提组件（HF）两个组件。

音频网关（AG）：该设备为音频（特别是手机）的输入/输出网关。

免提组件（HF）：该设备作为音频网关的远程音频输入/输出机制，并可提供若干遥控功能。

该协议就是当使用蓝牙接打电话时必须使用到的协议。因此要想实现蓝牙耳机接打电话，手机和蓝牙耳机也必须支持该协议。

3. PBAP 协议，电话簿存取规范

PBAP 协议用户蓝牙设备读取手机通信录（电话簿）中的内容，一般用于车载蓝牙或手机通信录导入导出中。

车载蓝牙就是在开车的过程中，可以把手机的电话簿映射到车的屏幕上，在车的屏幕上可以直接操作查找联系人和拨打电话。而实现这个功能就需要用到 PBAP 协议，该协议定义了可用于不同设备间检索电话簿对象的协议和程序。可以实现一端设备（客户端）浏览和下载另一端设备（服务器）的电话簿，但是不允许更改另一端（服务器）的电话簿。实现过程就是客户端—服务器的过程，客户端请求连接，服务器端授权后就可以正常访问和下载服务器端电话簿。

4.6.2.3　蓝牙技术的发展

4.6.2.3.1　标准演变

蓝牙技术最初由爱立信于 1994 年创立。1998 年 5 月，爱立信、诺基亚、东芝、IBM 和英特尔公司五家著名厂商，在联合开展短程无线通信技术的标准化活动时提出

了蓝牙技术。1999 年 5 月 20 日，这五家厂商成立了蓝牙"特别兴趣组"（Special Interest Group，SIG），即蓝牙技术联盟的前身，以使蓝牙技术能够成为未来的无线通信标准。芯片霸主 Intel 公司负责半导体芯片和传输软件的开发，爱立信负责无线射频和移动电话软件的开发，IBM 和东芝负责笔记本电脑接口规格的开发。1999 年下半年，著名的业界巨头微软、摩托罗拉、三星、朗讯与蓝牙特别小组的五家公司共同发起成立了蓝牙技术推广组织，从而在全球范围内掀起了一股"蓝牙"热潮。全球业界即将开发一大批蓝牙技术的应用产品，使蓝牙技术呈现出极其广阔的市场前景。SIG 拥有 Bluetooth® 商标和蓝牙标准的开发权。截至目前，拥有超过 24 000 家会员公司。

蓝牙的核心规范、应用规范、测试规范均由 SIG 制定，SIG 拥有完全的知识产权。

蓝牙的标准体系包括核心规范、应用规范和测试规范。蓝牙核心规范（Bluetooth Core Specification）包括三部分：硬件模块协议 Controller；软硬件接口-HCI；软件模块协议 Host。图 4-106 为蓝牙技术版本的演进示意，其各版本的特点见表 4-13。

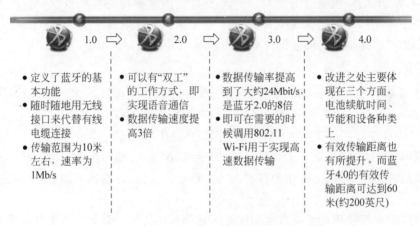

图 4-106　蓝牙版本的演进

表 4-13　蓝牙各版本的特点

版本号	速　率	优　点	缺　点
1.1(已作废)	748kb/s～810kb/s	最早的版本	易受同频率产品干扰
1.2(已作废)	748kb/s～810kb/s	引入抗干扰跳频功能	速率较低
2.0+EDR	1Mb/s～3Mb/s	传输速率提升/(时分)双工	配置流程复杂，设备功耗较大等未改善
2.1+EDR(主流)	1Mb/s、2Mb/s、3Mb/s	改善配置流程（支持 SSP），降低功耗（延长 IDLE 状态下的连接确认时间间隔：由 0.1s 改为 0.5s，待机时间提升 5 倍）	速率较低，不能支持高清视频等应用
3.0+HS	最高 54Mb/s	物理层支持 Bluetooth＋WLAN，采用全新的交替射频技术，动态选择适合射频技术	引入高速率所带来的高功耗（EPC 不理想）

续表

版本号	速　　率	优　　点	缺　　点
4.0(主流)	最高54Mb/s	三融合：传统蓝牙、低功耗蓝牙(重点)和高速蓝牙技术，这三个规格可以组合或者单独使用	低功耗下传输速率低，重连过程烦琐
4.1(2013年12月)	300Mb/s	简化用户操作流程，提高制造商设计灵活性，支持物联网接入，提高低功耗蓝牙传输速率	低功耗不能直接接入物联网
4.2	300Mb/s	支持低功耗IPV6	/

　　蓝牙的现行有效版本是2.1(+EDR)/3.0(+HS)/4.0(+HS)/4.1(+HS)/4.2，版本更新周期约3年。蓝牙应用规范(Profile Specification)包括基于传统蓝牙技术的profile和基于低功耗蓝牙技术的profile和Service，蓝牙测试规范(TSS&TP)针对每一个协议和profile，有单独的测试规范。

　　4.6.2.3.2　近期蓝牙版本和发展

　　1. 蓝牙4.0

　　蓝牙4.0规范于2010年7月7日正式发布，新版本的最大意义在于低功耗，其他重要特点还有：加强不同OEM厂商之间的设备兼容性、AES-128加密、降低延迟(3ms)、有效覆盖范围扩大到100米(之前的版本为10米)。该标准芯片被大量的手机、平板所采用，如苹果The New iPad平板电脑，以及苹果iPhone 5、魅族MX4、HTC One X等手机上都带有蓝牙4.0功能。

　　蓝牙4.0实际是个三位一体的蓝牙技术，它将三种规格合而为一，分别是传统蓝牙、低功耗蓝牙和高速蓝牙技术，这三个规格可以组合或者单独使用。首先，蓝牙4.0继承了蓝牙技术无线连接的所有固有优势；其次，增加了低耗能蓝牙和高速蓝牙的特点，尤以低耗能技术为核心，大大拓展了蓝牙技术的市场潜力。低耗能蓝牙技术将为以纽扣电池供电的小型无线产品及感测器，进一步开拓医疗保健、运动与健身、保安及家庭娱乐等市场提供新的机会。蓝牙低功耗顾名思义，以不需占用太多带宽的设备连接为主。前身其实是NOKIA开发的Wibree技术，本是作为一项专为移动设备开发的极低功耗的移动无线通信技术，在被SIG接纳并规范化之后重命名为Bluetooth Low Energy(以下简称低功耗蓝牙)。这三种协议规范还能够互相组合搭配、从而实现更广泛的应用模式，此外，Bluetooth 4.0还把蓝牙的传输距离提升到100米以上(低功耗模式条件下)。

　　蓝牙4.0主要分为两种模式：Single mode与Dual mode。Single mode只能与BT4.0互相传输无法向下兼容(与3.0/2.1/2.0无法相通)；Dual mode可以向下兼容可与BT4.0传输也可以跟3.0/2.1/2.0传输。

　　2. 蓝牙4.1

　　蓝牙4.1是蓝牙技术联盟于2013年年底推出的规范，其目的是让Bluetooth Smart技术最终成为物联网(Internet of Everything)发展的核心动力。如果说蓝牙4.0主打的是省电特性的话，那么此次升级蓝牙 4.1 的关键词是 IoT，为了实现这一点，对通信功能的改进是蓝牙 4.1 最为重要的改进之一。首当其冲的就是批量数据的传输速度，蓝牙 4.1 在已经被广泛使用的蓝牙 4.0 LE 基础上进行了升级，使得批量数据可以更高的速率传输。当然这并不意味着可以用蓝牙高速传输流媒体视频，这一改进主要针对的还是刚刚兴起的可穿戴设备。

在蓝牙 4.0 时代，Bluetooth Smart Ready 设备指的是 PC、平板电脑、手机这样的连接中心设备，而 Bluetooth Smart 设备指的是蓝牙耳机、键鼠等扩展设备。而在蓝牙 4.1 技术中，允许设备同时充当"Bluetooth Smart"和"Bluetooth Smart Ready"两个角色的功能，这就意味着能够让多款设备连接到一个蓝牙设备上。举个例子，一个智能手表既可以作为中心枢纽，接收从健康手环上收集运动信息的同时，又能作为一个显示设备，显示来自智能手机上的邮件、短信。借助蓝牙 4.1 技术，智能手表、智能眼镜等设备就能成为真正的中心枢纽。

除此之外，可穿戴设备上网不易的问题，也可以通过蓝牙 4.1 进行解决。新标准加入了专用通道允许设备通过 IPv6 联机使用。举例来说，如果有蓝牙设备无法上网，那么通过蓝牙 4.1 连接到可以上网的设备之后，该设备就可以直接利用 IPv6 连接到网络，实现与 Wi-Fi 相同的功能。尽管受传输速率的限制，该设备的上网应用有限，不过同步资料、收发邮件之类的操作还是完全可以实现的。

蓝牙 4.1 对于设备之间的连接和重新连接进行了很大幅度的修改，可以为厂商在设计时提供更多的设计权限，包括设定频段创建或保持蓝牙连接，这一改变使得蓝牙设备连接的灵活性有了非常明显的提升。两款带有蓝牙 4.1 的设备之前已经成功配对，重新连接时只要将这两款设备靠近，即可实现重新连接，完全不需要任何手动操作。以后使用蓝牙 4.1 的耳机时，只要打开电源开关就行了，不需要在手机上进行操作，非常的简单。此外，蓝牙与 LTE 无线电信号之间如果同时传输数据，那么蓝牙 4.1 可以自动协调两者的传输信息，理论上可以减少其他信号对蓝牙 4.1 的干扰。

3. 蓝牙 4.2

2014 年 12 月 4 日，蓝牙技术联盟公布了蓝牙 4.2 标准，改善了数据传输速度和隐私保护程度，还可以直接通过 IPv6 和 6LoWPAN 接入互联网。

蓝牙 4.2 给了用户更多可控性，设备在定位、追踪用户之前，需要得到用户许可，用户隐私保护性更好。最有亮点的莫过于蓝牙 4.2 可以通过 IPv6 连接网络。蓝牙技术联盟执行主管 Mark Powell 表示："蓝牙 4.2 标准继续让智能蓝牙成为连接生活中所有科技的最佳解决方案，无论是用于个人传感器，还是家庭间的互联。除了改善标准，全新的 IPSP 配置文件还为蓝牙开启了 IPv6 功能。"速度方面，蓝牙 4.2 变得更加快速，两部蓝牙设备之间的数据传输速度提高了 2.5 倍，因为蓝牙智能(Bluetooth Smart)数据包的容量提高，其可容纳的数据量相当于此前的 10 倍左右。

智能终端蓝牙 4.2 技术的操作系统还未到来，隐私性保护可以通过软件升级提升，但更快的传输速度与连接网络的特性还需要硬件支持。据了解，现有的蓝牙 4.0 适配器可以通过软件升级的方式支持蓝牙 4.2，而较老的蓝牙适配器则可以获得部分功能。此外，速度提升和数据包扩大的功能需要进行硬件升级。

4.6.3　NFC

4.6.3.1　NFC 概述

近距离通信技术（Near Field Communication，NFC），如图 4-107 所示，是由飞利浦公司发起，由诺基亚、索尼等著名厂商联合主推的一项无线技术。NFC 由非接触式射频识别（RFID）及互联互通技术整合演变而来，在单一芯片上结合感应式读卡器、感应式卡片和点对点的功能，能在短距离内与兼容设备进行识别和数据交换。这项技术最初只是 RFID 技术和网络技术的简单合并，现在已经演变成一种短距离无线通信技术，发展相当迅速。

图 4-107　NFC 标识

NFC 具有双向连接和识别的特点，工作于 13.56MHz 频率范围，作用距离 10cm 左右。NFC 技术在 ISO 18092、ECMA 340 和 ETSI TS 102 190 框架下推动标准化，同时也兼容应用广泛的 ISO 14443 Type-A、B 以及 Felica 标准非接触式智能卡的基础架构。NFC 芯片装在智能手机上，手机就可以实现小额电子支付和读取其他 NFC 设备或标签的信息。NFC 的短距离交互大大简化整个认证识别过程，使电子设备间互相访问更直接、更安全和更清楚。通过 NFC，计算机、数码相机、手机、PDA 等多个设备之间可以方便快捷地进行无线连接，进而实现数据交换和服务。NFC 具有成本低廉、方便易用和更富直观性等特点，NFC 芯片具有相互通信功能，并具有计算能力，在 Felica 标准中还含有加密逻辑电路，MIFARE 的后期标准也追加了加密/解密模块（SAM）。由于近场通信具有天然的安全性，NFC 技术在手机支付等领域具有很大的应用前景。

NFC 是从 RFID 技术发展而来，但两者之间还是存在很大的区别。首先，NFC 是一种提供轻松、安全、迅速通信的无线连接技术，相对于 RFID 来说，NFC 具有距离近、带宽高、能耗低等特点。其次，NFC 与现有非接触智能卡技术兼容，目前已经成为越来越多主要厂商支持的正式标准。最后，NFC 还是一种近距离连接协议，提供各种设备间自动的通信。同时，NFC 还优于红外和蓝牙传输方式。作为一种面向消费者的交易机制，NFC 比红外更快、更可靠而且简单得多。与蓝牙相比，NFC 面向近距离交易，适用于交换财务信息或敏感的个人信息等重要数据。

2004 年 3 月 18 日，为了推动 NFC 的发展和普及，NXP（原飞利浦半导体）、索尼和诺基亚创建了一个非营利性的行业协会——NFC 论坛，旨在促进 NFC 技术的实施和标准化，确保设备和服务之间协同合作。NFC 论坛已经正式颁布了 16 项技术规范，在全球拥有 160 多个成员，包括 SONY、Phlips、LG、摩托罗拉、NXP、NEC、三星、

atom、Intel、中国移动、华为、中兴、上海同耀和台湾正隆等公司。

NFC 当前广泛应用于包括支付在内的各类信息交互。NFC 通过用户和商户面对面交互，非接触式受理终端，使用非接触式芯片，在本地或接入收单网络完成支付过程。NFC 业务具备便利性。NFC 支付是技术成熟的近距离支付方案，反应时间快。手机属于随身携带物品，具备 NFC 支付功能的手机可让人们省去携带现金、银行卡、预付卡等的麻烦。目前，英国伦敦公共交通运输系统的支付，包括公交车、码头区轻轨、电车、铁路、地铁等，已全部完成向 NFC 银行卡迁移的过程，为 NFC 手机支付的市场进入提供了基础设施保障。类似创新同样出现在美国：移动支付公司 PayByPhone 在纽约、旧金山、迈阿密、伦敦、温哥华、渥太华和布鲁克林第 18 区等世界城镇化率最高（超过 90%）的地区完成了 NFC 系统的布局，注册用户使用移动电话的 NFC 功能即可在停车计时器上完成停车费支付。

4.6.3.2　NFC 技术特性

NFC 手机内置 NFC 芯片，比原先仅作为标签使用的 RFID 更增加了数据双向传送的功能，这个进步使其更加适合用于电子货币支付的，特别是 RFID 所不能实现的，相互认证和动态加密以及一次性钥匙（OTP）能够在 NFC 上实现。NFC 技术支持多种应用，包括移动支付与交易、对等式通信及移动中信息访问等。通过 NFC 手机，人们可以在任何地点、任何时间，通过任何设备，与他们希望得到的娱乐服务与交易联系在一起，从而完成付款，获取海报信息等。NFC 设备可以用作非接触式智能卡、智能卡的读写器终端以及设备对设备的数据传输链路，其应用主要可分为以下四个基本类型：用于付款和购票、用于电子票证、用于智能媒体以及用于交换、传输数据。

NFC 业务具有较高的安全性。其信用加密等安全功能集成在硬件上，相比其他基于软件应用的互联网支付，更多一层屏障。另外，较之于现金支付，其电子支付的模式不涉及假币和找零风险。

NFC 业务还具备广泛的可扩展性。该特征使 NFC 业务可与其他多项业务捆绑，帮助实现信息流、支付流、资金流和物流的 4 流合一。法国的 Cityzi 服务不仅让用户快速扫描自己的移动设备进入火车站，还方便其在随处可见的 NFC 标签上挥动移动设备获取地图、产品信息或其他服务。比利时的 Walibi 游乐园推出的 Walibi Connect NFC 系统可让游园者用移动设备扫描 NFC 腕带，来自动发送或更新喜欢的活动和景点到 Facebook 网页。苹果最新推出的 Apple Pay 更将 NFC 与安全原件（Secure Element）芯片结合，用于共同保障被受理银行卡的卡号不会被商户截取或通过支付过程进行传输。中国企业也不甘落后，贵州茅台 2013 年即宣布国酒茅台将率先启用新兴科技溯源体系，消费者可以通过具备 NFC 功能的手机终端查验带有 RFID 芯片标签的每一瓶茅台酒品名、规格、生产批次、生产日期、销售渠道等信息。茅台此举一旦推广，无疑会为消费者提供验明产品真伪的新渠道。

NFC 业务不仅增加了支付手段，简化了支付流程，更推动了线上与线下业务、实体与虚拟业务的融合，对 O2O 等新型商业模式的推广，乃至产生全新的业态具有极深远的影响。

NFC 有三种工作模式：卡模拟模式、P2P 模式和读写器模式，如图 4-108 所示。

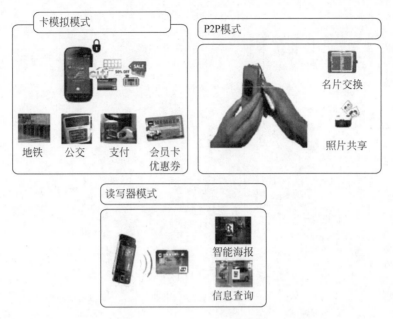

图 4-108　NFC 的三种工作模式

　　卡模拟模式用于非接触移动支付，如商场、交通等应用中，用户只需将手机靠近读卡器，然后输入密码确认交易或者直接接收交易即可，如门禁管理、车票、门票等。在此种方式下，卡片通过非接触读卡器的 RF 域来供电，即使手机没电也可以工作。法国的"Cityzi"服务使用该国某些地方的用户可以通过快速扫描手机进入火车站。澳大利亚悉尼使用 NFC 标签来引导岩石区的游客。

　　P2P 模式用来实现无线数据交换，将两个具备 NFS 功能的终端链接，可以实现数据点对点传输，如交换图片或者同步设备地址簿等。通过 NFC，多个设备如数字相机、手机、PDA 之间可以进行无线连接，交换资料。NFC 安卓手机也具有该功能。它可以通过 NFC 在几部兼容设备间传递数据。一款安卓虚拟扑克游戏 Zynga 就是基于 NFC 的 Android Beam 功能让用户将智能手机或设备互相接触实行多玩家在线游戏。

　　读卡器模式即作为非接触读卡器使用，如从海报或者展览信息电子标签上读取相关信息（即 RFID 功能），属于主动工作模式。例如，用户只需用 NFC 手机在 NFC 海报、广告、广告牌或电影海报上挥一挥就可以立即获得产品或服务的信息。商家可以把 NFC 标签放在店门口，那么用户就可以自动登录 Foursquare 或者 Facebook 等社交网络和朋友分享。

　　支持 NFC 的设备可以在主动或被动模式下交换数据。如图 4-109 所示，在被动模式下，启动 NFC 通信的设备，也称为 NFC 发起设备（主设备），在整个通信过程中提供射频场（RF-field）。

　　如图 4-110 所示，在主动模式下，每台设备要向另一台设备发送数据时，都必须产生自己的射频场，也就是说，发起设备和目标设备都要产生自己的射频场，以便进行通信。这是对等网络通信的标准模式，可以获得非常快速地连接设置。

图 4-109　NFC 被动通信模式

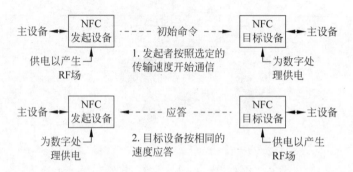

图 4-110　NFC 主动通信模式

　　NFC 的实现由两部分组成：NFC 模拟前端（NFC Controller 与天线）和安全单元。如图 4-111 所示。

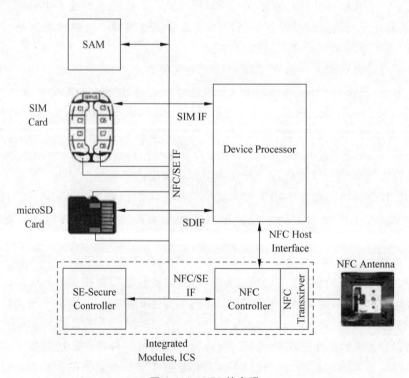

图 4-111　NFC 的实现

NFC 在手机中有几种实现方式，根据 SE 所在的位置不同，可以分为 NFC-SWP 模式、全终端模式和 NFC-SD 卡方式。NFC-SWP 模式安全芯片内置在 SIM 卡中，全终端模式安全芯片内置在手机硬件中，NFC-SD 卡方式安全芯片在 SD 卡中，VISA、银联有过尝试在智能终端中，以 SWP(Single Wire Protocol)连接方案为例，NFC 控制器与终端和卡的交互，如图 4-112 所示。

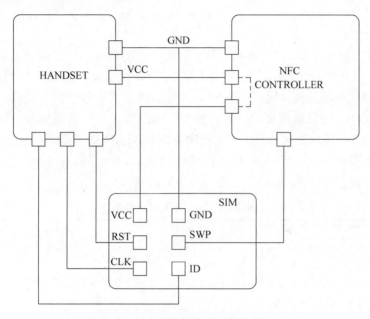

图 4-112　NFC 控制器与终端和卡的交互

　　近两年，在 NFC 应用领域，运营商和银联渐渐合流。运营商意识到，商圈资源、支付场景、POS 机布置，都离不开银联和银行的支持。银联也意识到，运营商拥有庞大的客户群，获得运营商补贴的手机厂家、卡商也都是宝贵的资源。此外，银联主推的 SD 卡方案被证实存在硬伤，推广上存在困难，双方一拍即合，转向推广"NFC＋SWP－SIM"方案。但是存在的问题依然严峻。门槛高，支付场景的构建异常艰难，非接触式产品不成熟，打造出来的产品并不快捷，比如，银行的电子借记卡，空中下载后要激活，激活操作必须在银行柜面完成，比电子信用卡还麻烦。根据中国银联的统计数据，截至 2015 年 9 月，近几年以 SWP-SIM 方式在全国发行的电子银行卡总量为 123 万张。虽然中国移动 2013 年全年的 SWP-SIM 卡采购数量即为 2 000 万张，不过，与 13 亿手机用户相比，基于 NFC 技术的手机支付任重而道远。

4.6.3.3　NFC 标准

NFC 是符合 ECMA 340 与 ETSI TS 102 190 以及 ISO/IEC 18092 标准的一种开放式平台技术，同时也兼容应用广泛的 ISO 14443 Type-A、B 以及 Felica 标准非接触式智能卡标准。这些标准详细规定 NFC 设备的调制方案、编码、传输速度与 RF 接口的帧格式，以及主动与被动 NFC 模式初始化过程中，数据冲突控制所需的初始化方案和条件。此外，这些标准还定义了传输协议，其中包括协议启动和数据交换方法等。

NFC 空中接口有以下标准：

ISO/IEC 18092 NFCIP-1/ECMA-340/ETSI TS 102 190 V1.1.1(2003-03)；

ISO/IEC 21481 NFCIP-2/ECMA-352/ETSI TS 102 312 V1.1.1(2004-02)。

NFC 测试方法有以下标准：

ISO/IEC 22563 NFCIP-1 RF 接口测试方法/ECMA-356/ETSI TS 102 345 V1.1.1
(2004-8)；

ISO/IEC 23917 有关 NFC 的协议测试方法/ECMA-362；

ISO/IEC 21481 和 ECMA 352 中定义的 NFC IP-2 指定了一种灵活的网关系统，用来检测和选择三种操作模式之一——NFC 数据传输速度、邻近耦合设备(PCD)和接近耦合设备(VCD)。选择既定模式以后，按照所选的模式进行后续动作。网关标准还具体规定了 RF 接口和协议测试方法。这意味着符合 NFCIP-2 规范的产品将可以用作 ISO 14443 A 和 B 以及 Felica(Proximity)和 ISO 15693(Vicinity)的读写器。

NFC 论坛已经正式颁布了 16 项技术规范，见表 4-14。

表 4-14　NFC 论坛技术规范

数据交换格式类技术规范
NFC Data Exchange Format(NDEF) Technical Specification——NFC 数据交换格式技术规范
NFC 论坛标签类型的技术规范
Type 1 Tag Operation Technical Specification 1.1——类型 1 标签操作技术规范
Type 2 Tag OperationTechnical Specification 1.1——类型 2 标签操作技术规范
Type 3 Tag Operation Technical Specification 1.1——类型 3 标签操作技术规范
Type 4 Tag Operation Technical Specification 2.0——类型 4 标签操作技术规范
记录类型定义的技术规范
NFC Record Type Definition(RTD) Technical Specification——NFC 记录类型定义的技术规范
Smart Poster Record Type Definition Technical Specification——智能海报记录类型定义的技术规范
Text Record Type Definition Technical Specification——文本记录类型定义的技术规范
URI Record Type Definition Technical Specification——URI 记录类型定义的技术规范
Signature Record Type Definition(RTD) Technical Specification——签名记录类型定义的技术规范
协议类技术规范
NFC Logical Link Control Protocol(LLCP) 1.1 Technical Specification——NFC 逻辑链路控制协议技术规范 1.1
NFC Digital Protocol Technical Specification——NFC 数字协议技术规范
NFC Activities Technical Specification——NFC 活动技术规范
NFC Simple NDEF Exchange Protocol(SNEP) specification——NFC 简单 NDEF 协议规范
NFC Controller Interface(NCI) Candidate Technical Specification——NFC 控制器界面技术规范(候选)
参考应用技术规范
NFC Forum Connection Handover 1.2 Technical Specification——NFC 论坛连接切换技术规范 1.2

NFC 论坛的宗旨是通过以上的技术规范，确保各个设备和各项服务之间的互操作性、鼓励使用 NFC 论坛的技术规范来开发产品，从而推动 NFC 技术的全面使用和普及。

综上所述，NFC 目前有三套并存的标准：一是 NFC 论坛定义的一系列标准；二是 ISO 组织定义的一系列标准；三是 ECMA 定义的相关标准。NFC 论坛标准包括：NFC 论坛协议绑定、RTD 和 NDEF 数据交换格式规范、LLCP 协议、NFC 标签规范、NFC 活动协议、MFC 数字协议；ISO 系列标准包括：ISO/IEC21481、ISO/IEC18092、ISO/IEC14443、ISO/IEC15693；ECMA 标准包括：ECMA-352、ECMA-340。三套标准体系在无线层、模拟层和数字协议层所涵盖的范围都不一致，对于 NFC 设备的标准化生产及测试极为不利。且 NFC 论坛、ISO 组织及 ECMA 的标准规范都仅定义了通信层面，而未涉及安全加密传输，同时也制约了 NFC 技术的应用和发展。

NFC 论坛、ISO 组织和 ECMA 定义的是 NFC 设备与外界的通信规范，而实现 NFC 功能的具体技术方案都基于两种芯片：NFC 芯片和智能卡芯片。对于手机内部 NFC 芯片和智能卡芯片之间的接口，不同厂商提出了不同的架构。目前有两种标准：一种是 ISO/IEC28361 标准，始于飞利浦公司提出的 S2C（NFC-WI）接口；另一种是 ETSITS102613 标准，始于 ETSI 发布的单线协议接口 SWP。实现方式的不同导致了 NFC 的终端架构不同，从而导致相应的标准不同。NFC 手机实现的两种架构为全终端方案和基于 SIM 卡的 NFC 方案。两种方案的主要区别是将 NFC 中的安全模块放在终端上还是 SIM 卡中实现。方案不同，则 NFC 终端的芯片标准及接口都会有较大的差异，直接影响 NFC 应用的商业模式及推广方式。目前 GSMA 在全球联合 45 个电信运营商主推基于 SIM 卡的 NFC 方案，其中包括中国移动和中国联通。

在我国，因为应用频率不同，电信运营企业与银行等产业链曾在 NFC 技术上的博弈持续了很长时间，一直处于 2.45GHz 标准和 13.56MHz 标准各行其道的竞争态势。直到 2012 年 6 月，中国移动与中国银联正式签署移动支付业务合作协议，被认为是运营商向 13.56MHz 标准靠拢的重要信号。2012 年 12 月，央行发布的《中国金融移动支付系列技术标准》采用了 13.56MHz 技术。该系列技术标准，涵盖了应用基础、安全保障、设备、支付应用、联网通用五大类共 35 项标准，以中国银联主导的国际主流技术标准 13.56MHz 作为 NFC 支付非接触通信技术的基础。该举措初步稳定了市场，使得 NFC 支付格局逐步成形。2013 年 2 月，中国银联与中国移动完成 TSM 平台对接，并联合全国近 40 家主流商业银行共同实现 NFC-SIM 产品的空中发卡，达成金融和通信两大行业在移动支付技术方面的兼容。2013 年 8 月，中国银联与中国银行、中国移动依托 TSM 移动支付平台推出的中国银行 NFC 手机支付产品正式投入商用。

与 13.56MHz 标准并行的 NFC 支付标准是中国移动主导的基于 2.45GHz 的手机支付技术，属于我国企业的自主创新，具备自有知识产权。自 2004 年启动研发到 2008 年推出首批 2.45GHz 手机支付产品，三大运营商已依据该标准开展了一定程度的实际应用。鉴于手机支付技术涉及国家核心利益和金融安全，工信部于 2014 年 8 月起就《基于 13.56MHz 和 2.45GHz 双频技术的非接触式销售点（POS）射频接口技术要求》征求意见，力主中国境内所有受理 NFC 支付的 POS 机具备同时支持上述两种射频技术。该要求是工信部互联互通标准基于 13.56MHz 和 2.45GHz 双频技术的首个立项标准，意味着中国 NFC 手机支付业务标准之争就此结束，两大标准融合于同一平台的新时代正式来临，NFC 手机支付双边市场平台全面触发的基础已奠定。

4.6.3.4　NFC 技术在智能手机上的应用

4.6.3.4.1　NFC 手机现状

具备 NFC 功能的手机，一般能支持被读、主读、P2P 三种工作模式，也有的 NFC 手机仅支持主读和 P2P 工作模式。NFC 手机的核心特点是手机上集成有 NFC 的射频芯片及天线线圈，根据 SE(Security Element，安全单元)的差异，分为 SWP 用户卡、嵌入式芯片、SD 卡三种，当然也有混合实现上述方案的方式，但对运营商而言，提及 NFC 手机，均指支持 SWP 机卡协作的手机。用户持有 NFC 手机，可实现刷手机消费，读取 NFC 标签信息，两 NFC 手机间的信息交互，图片传递等业务功能。目前中国移动定制终端对 NFC 功能提出了明确的要求，但现阶段尚未强制所有 4G 手机均支持 NFC 功能。

近年来，NFC 功能的智能手机出货量大增。据研究公司 HISTechnology 表示，NFC 手机出货量已经连续从 4.16 亿台攀升至 12 亿台。该公司还预测，从 2013 年到 2018 年年底，出货量有望增长 325%。经过多年的不懈努力，NFC 手机支付业务在国际市场已呈现良好的发展势头，国内市场则是在争议中稳步前进。

2012 年以来，继谷歌钱包(Google Wallet)、星巴克移动支付应用(Starbucks mobile payment app)逐步获得市场认同后，2014 年 9 月初麦当劳宣布在美国全境推出基于 NFC 支付的手机订购套餐服务。目前，NFC 手机支付产品还包括万事达卡的 PayPass、Telefonica 的 O2 Wallet 以及 VISA 的 V. me 等。最引人瞩目的莫过于 2014 年 9 月苹果公司推出的 Apple Pay 支持 NFC 支付，并携手包括美国银行、花旗银行、大通银行等众多美国顶级银行共同推广。NFC 支付在欧洲的发展势头同样迅猛，仅 2013 年一年时间，万事达和万事顺在欧洲的 NFC 交易笔数已翻了 3 番，交易量增加 4 倍。为此，万事达在欧洲设置了为期 6 年的时间框架，要求所有商户务必在 2020 年将现有全部终端升级至 NFC 受理标准。根据 Forrester Research 的相关预测，到 2016 年，美国 1/4 的消费者会拥有至少一台具备 NFC 功能的手机。万事达的数据则指出到 2018 年，全球三部移动电话中就有两部具备 NFC 功能。一旦用户将 NFC 手机支付嵌入个人生活，创新的步伐必然加快。

随着智能手机保有量和渗透率的加速上扬，NFC 支付在中国发达城市已逐渐成为潮流和发展趋势。作为 NFC 标准(13.56MHz)发起者的中国银联，截至 2014 年 5 月末已完成 NFC "闪付" 终端改造量 320 万台，占全国 POS 终端总量的 30%。三大运营商也同时发力，推动 NFC 手机的普及。国内主流智能手机生产厂商大都支持 NFC 功能，但也不排除在该问题上出现左右摇摆的厂商，如小米。2013 年 4 月出品的小米 2A 手机配置有 NFC 功能，小米为此还专门拍摄了介绍相关应用的视频《小米的一天》，但由于使用 NFC 功能的用户较少，该功能没有出现在 2014 年 7 月出品的小米 4 中。此前国内终端厂商也在手机上预装了荣耀钱包、OPPO 手机钱包、魅族 mPay 等，但似乎都是作为卖点之一，还没有哪家厂商把 NFC 作为核心来推广。

4.6.3.4.2　NFC 手机应用场景

针对 NFC 手机被读、主读、P2P 三种工作模式，有三类应用场景：

（1）"被读"模式下的应用场景：手机作为刷卡通信的智能 IC 卡，用户通过 NFC 手机在 POS 机/读卡器上实现刷卡消费、乘公交、刷企业一卡通、刷会员卡等业务。

（2）"主读"模式下的应用场景：手机作为读卡器，用户通过 NFC 手机可以读取 NFC 标签中的相关信息，可以完成防伪、溯源、信息采集、电子导游等业务。

（3）"P2P"模式下的应用场景：持有 NFC 手机的两个用户，通过手机的对碰实现手机间的文件传输、电子名片交互等业务。

4.6.3.4.3　NFC 功能对手机的软硬件要求

普通手机如果要具备 NFC 功能，需要进行如下几个软硬件方面的改造。

（1）硬件方面，需要新增 NFC 控制器芯片，负责信号转换及 NFC 相关控制功能，需新增 13.56MHz NFC 天线并安装相应的铁氧体材料，从而屏蔽金属对射频性能的影响。

（2）软件方面，基带芯片需要新增支持打开、关闭与 SWP-SIM 卡的逻辑通道功能，以及相关 AT 指令。

用户在手机终端上使用 NFC 功能不需要更换手机号码，但需要更换支持 SWP 的 USIM 卡，原因是为保证数据的安全性，需在 SIM 卡中保存移动支付应用及用户敏感信息。

进行非接触交易使用的通信设备包括非接触读卡器、NFC 手机（内置 NFC 芯片和天线）和 USIM 卡，NFC 手机提供射频接口，负责转发数据给 SIM 卡。对 SIM 卡而言，使用 SWP 接口实现与 NFC 手机的连接。

4.6.3.4.4　NFC 手机的支付安全

与目前市场的其他技术相比，使用 NFC 技术实现支付相对更安全，体现在以下方面。

（1）防止数据被窃听。NFC 是一种近距离的私密通信方式，两个设备彼此距离一般不超过 10cm。对于攻击者来说，最看重的问题在于最少需要的距离能接收到有用的 RF 信号。然而，攻击者受天线性能、接收器质量、RF 信号解码器质量、实施窃听位置、NFC 设备发出的电磁场强度等因素制约，且数据在被动模式下传输，所以数据较难被窃听。

（2）防止数据受破坏。主要通过以下三种方式。

- 由于 NFC 设备本身在传播数据的同时可探测攻击信号，一旦被探测出发生了此种攻击，NFC 设备会立即中断数据传输，基于此能力，手机在支付过程中可保证数据不被破坏。

- 应答设备回应不能延迟。这样攻击者不会遭遇正在传输信号的设备发出的信号。如果攻击者发送传播信号的时间比正确设备发出信号的时间短，攻击者才能成功完成数据的嵌入，如果两个时间相同，就会产生数据的破坏。

- 在两个设备中间建立安全通信信道，使 NFC 设备在进行数据通信过程中不会被嵌入数据。

4.6.3.4.5 NFC手机支付的前景

回顾NFC的发展历程,在我国,相比其他应用,迄今为止移动互联网领域几乎很少像NFC这样,从2003年诞生,其联盟拥有国际上数百个终端商和运营商成员,媒体不断给予关注和报道,国内多个城市进行试点,金融机构、运营商、终端商一直都没有放松对这一技术的把控和投入,但至今历经13年仍未真正普及商用的案例。在种种推动力下,NFC至今仍未得到广泛应用的原因很复杂,受支付宝、微信支付冲击是一个原因,支付宝、微信支付等移动终端扫描支付的方式在国内发展很快,实现方式比NFC更便捷,抢占了NFC的用户市场,而支付宝等支付方式都是互联网公司主导发展的,前期工作例如银行卡绑定等环节,都由互联网企业联手各方提前做好,本着便利消费者的目的快速推向市场,而NFC是跨界的合作,牵扯多方力量,没有明确的主导方,导致推广较为困难。此外,NFC实现起来需要新型刷卡器和NFC功能手机的支持,尽管目前上市的很多手机都配备了NFC功能,但源于消费者的不了解,消费习惯需要培养,加上需要更换SIM卡、软件需要升级等因素,商用门槛较高。

在NFC的传统生态圈中,运营商、银行投入较多并且希望掌控市场,但时至今日以苹果和三星为代表的终端企业带动国际上NFC支付快速发展的现实说明,目前终端厂商在NFC上的主导能力更强,甚至有可能取代运营商或者银联此前的地位,对如何让NFC落地商用其积极性和战略能力都优过运营商甚至银行。借助互联网思维,支付宝、微信支付等移动终端扫描支付方式占据了移动支付的先机,但二维码核心的安全问题仍未解决。而基于身份标识的NFC支付则更为安全,应用场景更丰富,支付体验更便捷。2016年,三星Samsung Pay、苹果Apple Pay相继与中国银联签约,加上中国移动再次表态在NFC上要发展1000万用户,NFC支付市场似乎又一次迎来了发展的契机。

4.7 导航定位

4.7.1 导航定位简介

常用的导航定位技术包括GPS、A-GPS、基站定位、直放站和室内覆盖定位、WLAN定位、IP定位、RFID定位等。

1. GPS基本介绍

GPS又称为全球定位系统(Global Positioning System),它是20世纪70年代由美国陆海空三军联合研制的新一代空间卫星导航定位系统,其主要目的是为陆海空三大领域提供实时、全天候和全球性的导航和授时服务,并用于情报收集、应急通信等一些军事目的。经过30余年的不断发展,目前GPS技术已经被广泛用于民用、商用和军用等多个领域,为世界各国和人民提供精确定位等。

2. GPS基本原理

GPS的基本定位原理是卫星不间断地发送自身的星历参数和时间信息,用户接收到这些信息后经过计算得出接收机的三维位置、三维方向以及运动速度和时间信息。

3. A-GPS 基本介绍

辅助 GPS(A-GPS)概念在 1981 年就被提出来了，A-GPS 就是给 GPS 接收机提供相关信息，以减少定位所需的时间并提高灵敏度，但 A-GPS 技术只是在美国无线 E911 要求出来后才成为有实质性作用和必须的技术。GPS 接收机作为独立方案应对 E911 阶段 II 的需要有很大的性能限制，特别是在定位速度上，而利用 A-GPS 技术，GPS 方案才能完全满足 E911 的需要。

A-GPS 定位系统是在通信系统的基础上，加上 A-GPS 服务器等组成，A-GPS 服务器可以连接一个或多个参考 GPS 接收机或辅助数据服务器，来向终端提供辅助数据。A-GPS 系统中的用户端设备，除了有通信功能外还是一个 GPS 接收机。A-GPS 服务器的主要功能是计算出相关辅助信息，并传送给用户终端设备，或者基于 A-GPS 终端所提供的伪距测量值及其他信息来对终端位置进行估计。

除 GPS 系统外，由于已经存在其他类似的卫星定位系统例如 GLONASS、SBAS、WAAS、QZSS 以及即将成熟的 Galileo 和北斗系统，3GPP 在 R7 中添加了对 GNSS 的辅助支持，即 A-GNSS。A-GNSS 一般认为从概念上包含 A-GPS，其工作原理和模式与 A-GPS 基本相同。

4. A-GPS 方案的两种模式

当前，通过无线通信系统实现的 A-GPS 方案有两种工作模式：基于用户终端的 A-GPS(UE-based A-GPS，MS-based A-GPS)和用户终端辅助的 A-GPS(UE-assisted A-GPS，MS-assisted A-GPS)。基于用户终端的 A-GPS 中用户位置的计算在用户终端设备，然后发送到通信网络。而用户终端辅助的 A-GPS 中位置的计算在通信网络，用户接收 GPS 信号，测量 GPS 伪距、载噪比以及多普勒频移等信息，并发送到通信网络，由通信网络结合其他已知信息计算出用户的位置。

5. 基站定位

基站定位技术是指利用基站与移动终端之间的无线信号的测量结果而计算终端位置的一系列的定位技术。由于不同的网络支持不同的定位技术，因此，基于基站的各种定位技术相当的多且复杂。主要包括：Cell-ID 定位技术、增强 Cell-ID 定位、前向链路三角定位法 EFLT/AFLT、增强观测时间差 E-OTD/到达观察时间差 OTDOA 定位法等。具体内容在下面的章节中展开描述。

6. 直放站和室内覆盖定位

为了低成本地解决室内覆盖和实现覆盖搬移，很多运营商选择部署直放站，但直放站会降低除 A-GPS 外的各种定位技术的可用性和精度，这是因为终端在进行无线信号测量时，将无法判断信号来自直放站还是直放站所依附的主基站，如果不加区分地直接使用会引入额外误差。要避免上述问题，一种解决方法是在直放站上发送附加的特殊"水印"信号，该"水印"信号不会影响移动网络通信，但可以被终端用来识别当前无线信号来自于直放站，从而在位置计算时进行区别处理；另一种解决方法是在基站数据库中对依附有直放站的主基站进行标识，当发现测量到的信号对应于有直放站的基站时，尽可能不在计算中使用，而只用那些对应于没有附属直放站的基站的测量信号。

7. WLAN 定位

WLAN 定位就是指利用 WLAN 网络的无线电信号来确定终端在某一参考坐标系统中的位置。通常是指终端的经纬度坐标。

WLAN 网络具有小范围覆盖、覆盖区域主要在闹市区和室内环境的特点，所以 WLAN 定位精度比基站定位精度高，且适合在 GPS 信号弱的地方工作。因此，WLAN 定位与基站定位和 GPS/A-GPS 定位相结合，将形成定位能力互补，发挥多定位方式的优势。

8. IP 定位

互联网是基于 IP 的网络，互联网上的每一台计算机、移动终端以及其他设备都有唯一的 IP 地址。正是由于 IP 地址有这种唯一性，我们可以利用 IP 地址来判断出当前使用者的位置。

IP 定位的原理是建立 IP 地址库，通过查找被定位者 IP 地址与实际地理位置相对应的方式来实现定位。对于网络运营商，如果结合用户接入网元的位置，可获取更精确的定位结果。

IP 定位的关键点在于 IP 地址库信息收集。目前已有的 IP 定位解决方案中 IP 地址库采用网络收集、网友纠错、共享分发的方式来建立和维护；如纯真版 IP 地址库，该数据库的数据来源于中国电信、中国联通、长城宽带、聚友宽带等 ISP 的 IP 地址地理位置数据，记录了 30 多万条数据。主要应用于基于位置的天气、网页客服、基于地区的 Web 应用、聊天等应用中的位置定位。

IP 定位也有不足之处，如：NAT 等 IP 地址翻译技术对 IP 定位的性能有负面影响；另外，IP 定位精度不能保证，其定位精度依赖于 IP 地址段的划分与部署范围。

9. RFID 定位

射频识别(Radio Frequency IDentification)技术，是一种无线通信技术，可以通过无线电信号识别特定的目标和读写相应数据，RFID 定位技术就是对接收到的射频信号进行处理。

4.7.2 基于 GSM 网获取用户位置信息的技术

目前基于 GSM 网获取用户位置信息(也称为 LBS)的技术主要有以下 3 种。

1. COO(Cell of Origin)

COO 定位技术即基于 Cell-ID 的定位技术，既是美国 E911 无线定位呼叫的第一阶段采用的技术，也是定位业务平台首先采用的定位方式。这种技术不需要更改手机或者网络，因此能够在现存的手机的基础上构造位置查找系统。它通过采集移动台所处的小区识别号(Cell-ID 号)来确定用户的位置。只要系统能够采集到移动台所在小区基站在地图上的地理位置，以及小区的覆盖半径，则当移动台在所处小区注册后，系统就会知道移动台处于哪一小区，当然小区的定位精度取决于其半径。在城市商业区，COO 定位完全能够满足要求。

COO 技术具体实现又分为以下两种情况。

(1) 基于网络的实现方法：服务器从网元（如 MSC/VLR 和 SGSN）获得 Cell-ID，再由服务器把 Cell-ID 翻译成可以直接应用的经纬度数据。这种方法的优点是手机不需任何改变，只需对现网稍做改动（仅升级交换机软件）就可支持定位服务。

(2) 基于手机的实现方法：手机把它的 Cell-ID 通过 WAP 或 SMS 发送给服务器；服务器把 Cell-ID 翻译成可以直接应用的经纬度数据。这种方法的优点是不需对现网做任何改动，只需手机增加相应功能（如使用 STK 卡）就可支持定位功能。

2. E-OTD 增强观测时差技术

E-OTD 定位技术是从测量时间差（OTD）发展而来的，OTD 指测量时间差，E-OTD 指测量的方式。具体实现方式如下。

(1) 手机需要测量至少三个基站的到达测量时间量（OTD 值）。

(2) 然后手机把上述 OTD 测量值上传到 SMLC（Serving Mobile Location Center），SMLC 一般放置在 BSC 内完成位置计算。

(3) 同时放置在 BTS 侧的 LMU（Location Measurement Unit）测量基站的参考时间量（RTD）并上传到 SMLC。

(4) SMLC 根据得到的测量时间差（OTD）和参考时间差（RTD）算出几何时间量（GTD），GTD＝OTD－RTD，由 GTD 可以计算出手机的位置（通过测量三个 BTS 到手机的信号传输时间，则可分别确定三个 BTS 与手机之间的几何距离，然后再根据此距离进行计算，最终确定手机的位置）完成定位服务。

上述第三步之所以要考虑测量参考时间量，是因为 GSM 网基站并不严格同步，因此需增加测量基站参考时间量这一环节。

3. A-GPS

直接采用 GPS 接收机定位实现简单，但由于在市区内或建筑物内一般很难收到卫星发回的 GPS 信号，无法实现定位，因此引入了 A-GPS 定位方法。

它的基本思想是通过在卫星信号接收效果较好的位置上设置若干参考 GPS 接收机，并利用 GSM 网把接收到的辅助 GPS 信号发给手机；同时配有 GPS 计算晶片的手机根据 GSM 网传来的 GPS 数据计算手机位置，这种方法将 GPS 与 GSM 网结合，实现一种精度高、定位快的方式——辅助 GPS 定位。

综合考虑投入成本、对现网的改变、对手机的要求等因素，目前世界上基于 GSM 网实现无线定位的技术方案主要采用基于 Cell-ID 的定位技术，因为这种技术实现简单灵活，虽然存在精度不太高的缺点，但考虑到大多数服务定位精度要求并不需要太高的背景下，已经可以利用这种技术来实现许多位置服务。

4.7.3 基于 CDMA 网络的定位技术

目前基于 CDMA 网络的定位技术主要有以下几种。

1. Cell-ID

根据 CDMA 蜂窝小区概念，由网络侧获取用户当前所在的 Cell 信息，然后根据用户上报的自身所处小区号等参数，获取用户当前位置。一般采用的方法是将用户所处小区的中心点位置估算为用户当前位置。此法与 GSM 网的同类方法类似。

2. AGPS

获取 GPS 卫星信号作为定位算法计算参数，确定用户位置的定位技术。用户将 GPS 卫星作为地理位置已知点，把获得的 GPS 伪距作为已知点到达未知点的距离来计算自身地理位置。此法同样在 GSM 网中也有应用，特点相同，在此不再复述。

3. AFLT

本法是采用用户接收到的 CDMA 基站信号来作为参数计算用户位置的定位技术。CDMA 网络中，用户的导频集中有多个基站导频信号，只要用户可以接收到 3 个或者 3 个以上的基站信号，就可以把这些基站作为地理位置已知点，把由基站信号到达时间计算出来的信号传播距离作为已知点到未知点的距离，根据三边定位算法确定用户位置。此法原理上与 GSM 网的 E-OTD 技术类似，但 2.5 代 CDMA 网络特别是 3G 网络是同步的，所以本法比 GSM 网的类似方法更快捷、准确。

就移动网络定位技术的发展前景而言，混合定位技术应该是最佳的，适于专业应用，此法是卫星定位(GPS 或其他)和 AFLT 等技术的结合，经互相补充正好弥补彼此的不足，是快速、精确定位的最佳方法。当然，对移动通信用户而言，这也是最昂贵的方法，目前已有这样的高端手机产品上市。

4.7.4 3G 中的移动定位技术

目前，在 3G 网络中广泛使用的移动定位技术有三种：基于网络的小区识别(CELL-ID)定位技术、OTDOA 定位技术、网络与终端混合的 A-GPS 定位技术。

1. 基于网络的 CELL-ID 定位技术

基于网络的 CELL-ID 定位技术是一种最简单的定位技术，适用于所有蜂窝网络，且无需对手机和网络进行修改，就可以向当前的移动用户提供自动定位业务。该技术根据移动终端所处的蜂窝小区 ID 号来确定用户的位置，因此其定位精度完全取决于移动终端所处蜂窝小区半径的大小，从几百米到几十公里不等。与其他技术相比，该技术投资较少，定位响应时间较短，一般在 3s 以内，但其精度最低，误差较大。

2. OTDOA 定位技术

OTDOA(Observed Time Difference of Arrival)是一种应用于 3G 网络的定位方式。这种定位技术通过移动终端测量不同基站的下行导频信号的到达时刻(Time of Arrival, TOA)实现定位，其定位精度较高，定位范围约为 $100\sim200m$。但对时间基准的依赖性较强，同时受多径干扰的影响也较大。OTDOA 定位响应时间比 CELL-ID 略长，大约要 10s。该技术无需对手机进行修改而只需修改网络，即可直接向现有用户提供服务。

3. A-GPS 定位技术

A-GPS(Assisted Global Positioning System)即网络辅助的全球定位系统，这种方法需要网络和移动终端都能够接收 GPS 信息，是一种结合了网络基站信息和 GPS 信息对移动终端进行定位的技术,可以在 2G 和 3G 网络中使用。此技术的优势主要在其定位精度上,在室外等空旷地区,正常工作环境下其精度可达 5～10m,堪称目前定位精度最高的一种定位技术。另外,利用网络传来的辅助信息可以增强 TTFF(Time To First Fix),其首次捕获 GPS 信号的时间大大减小,一般仅需几秒,而不像 GPS 的首次捕获时间可能需要 2～3min。A-GPS 定位响应时间为 3～10s。

此外,为了解决终端在室内以及在城市中被建筑物遮挡而难以接收 GPS 信号的缺陷,一般 A-GPS 技术解决方案还考虑了 CELL-ID 定位技术作为备用方案,这样就大大提升了 A-GPS 的定位能力。

4.7.5　基于 LTE 网络的定位技术

基于 LTE 网络的定位技术主要包括 CID、ECID、OTDOA 以及 A-GNSS 方法等。

4.7.5.1　基于 LTE 控制面定位系统结构

基于 LTE 控制面定位系统结构如图 4-113 所示,LTE 控制面定位节点包括 GMLC、E-SMLC、EPC、E-UTRAN、终端及位置服务客户端组成。

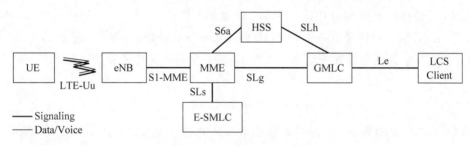

图 4-113　LTE 定位系统架构图

1. GMLC 功能

为了支持 LCS,GMLC 需要支持以下功能。

(1) 外部 LCS 客户端控制和鉴权功能(LCCF、LCAF)。对外部 LCS 客户端的控制和鉴权功能包括:

 ➢ 识别 LCS 客户并判定当前位置服务请求是否合法;
 ➢ 处理 LCS 的移动性管理,把外部 LCS 客户端的请求转发给终端用户当前所在的拜访 MME 处;
 ➢ 命令 LCCTF 进行位置信息的转化;
 ➢ 提供流程控制功能;
 ➢ 向 LSBF 提供计费信息;
 ➢ 对 LCS 客户端进行位置服务请求鉴权。

GMLC 有能力存储外部 LCS Client 的信息,这些外部 LCS Client 可能会向 GMLC 发起呼叫相关或呼叫无关的 MT-LR 请求。应存储的信息需满足 3GPP TS 23.271(R10)、TS 36.305(R10)中的要求。

（2）地理位置信息转换功能（LCCTF）。GMLC 能把经纬度信息转换为能被 LCS Client 识别的本地地理位置信息。

（3）位置业务的计费和操作维护功能（LSBF、LSOF）。GMLC 有能力提供位置业务相关的计费信息；并有能力提供位置业务相关的操作维护功能。

（4）用户隐私管理（LSPF、LSAF）。GMLC 应支持用户隐私数据，在 LCS Client 对终端进行位置请求的时候，检查被定位终端是否设置对 LCS Client 的隐私保护。GMLC 可选支持向被定位终端提供隐私级别设置、允许定位时间设置、定位通知等机制，保障终端位置信息不被侵犯。

GMLC 能够实现向被定位终端发送隐私确认消息，该确认消息的发送请求经由 MME 发送至被定位终端，MME 向终端发送通知消息，并根据终端消息回复判断是否向 E-SMLC 发送定位请求。

（5）定位方法。GMLC 的功能与位置信息的测量和计算无关，应能够支持所有的定位操作所需要的信息传递。

（6）路由选择和转发能力。GMLC 有能力通过 SLh 接口从 HSS 中获得移动用户的服务 MME 信息，通过 SLg 接口从 MME 获取位置信息。

（7）LTE 信令网位置业务、TCP/IP 网位置业务的处理。GMLC 通过 TCP/IP 接收其他外部应用实体的位置业务请求，支持 Le 接口发起的定位流程处理。

2. E-SMLC 功能

E-SMLC 的功能要求如下所述。

（1）终端位置的测量。E-SMLC 根据 MME 的定位请求，经由 MME 向 eNodeB 发送无线信号测量请求，并获取 eNodeB 返回的用户位置信息参数。

（2）移动终端位置的计算。E-SMLC 能根据 MME 发送的定位计算请求或者 eNodeB 返回的被定位用户位置信息参数进行被定位用户的位置信息计算，并能将位置信息结果返回给 MME。

（3）E-SMLC 应支持 CID 定位技术。CID 定位技术是最基础的定位技术，E-SMLC 应能默认支持。

（4）E-SMLC 应支持 ECID 定位技术（可选）。在 CELLID 定位计算的基础上，E-SMLC 能支持增强型的 Cell ID 定位测量及计算，通过对基站的信号强度、邻区报告等辅助信息提高定位精度。

（5）E-SMLC 应支持 OTDOA 定位技术（可选）。E-SMLC 能支持参考多个基站到达被定位终端的时间差。

（6）E-SMLC 应支持 AGNSS 定位技术（可选）。对于支持 AGNSS 定位的终端，E-SMLC 能支持通过 LPP 协议获取终端的 AGNSS 定位技术得到的位置信息。

（7）E-SMLC 应具有日志功能，对每一次定位操作留下日志记录。

（8）E-SMLC 应将自己的时钟实现 NTP 时间同步。

3. MME 功能

MME 功能包括负责 UE 订购授权，管理 LCS 定位请求。MME 的 LCS 功能包括定位请求处理，LCS 业务的授权和操作。

(1) MME 通过 SLg 接口和 GMLC 通信，通过 SLs 接口和 E-SMLC 通信。

(2) 定位用户授权功能(可选)：负责授权位置服务(LCS)对于一个特定的 UE 的位置信息提供。

(3) 系统维护功能：负责数据、定位能力的配置，包括 LCS Client 数据(可选)和 UE 数据的校验(可选)，系统故障管理和性能管理等。

(4) 终端隐私授权(可选)：负责执行所有的隐私相关的授权。对于目标用户的定位请求，应当校验该目标 UE 的隐私选项。

(5) 定位系统控制功能(可选)：负责统筹定位请求。MME 管理呼叫相关和非相关的 LCS 定位请求，从而分配网络资源去处理。MME 应能获取 UE 标识以判定 UE 的定位能力。

(6) MME 支持通过 SLs 接口向 E-SMLC 发送 CID 定位请求，携带用户的 CID 信息，要求 E-SMLC 进行定位计算，并接收来自 E-SMLC 的计算结果。

(7) 在 CID 定位流程中，如果 UE 处于连接状态，为解决 Intra-eNodeB HO 而位置信息不准确的问题，MME 可执行 Location Reporting Procedure 流程(TS 23.401 5.9.1)获取准确的 Cell ID(即通知 eNB 进行单次位置信息的上报，上报 Cell ID 给 MME)。

4. HSS 功能

(1) HSS 支持通过 SLh 接口与 GMLC 通信。

(2) 存储 LCS 订购数据和路由信息，能提供被定位用户目前所在的 MME 等信息。

5. e-NodeB 功能

(1) 支持与 UE 间的 LTE-Uu 接口，支持与 E-SMLC 之间的 LPP(a)接口(可选)。

(2) eNodeB 能基于请求或定期提供测量结果用于位置估计，并将测量结果报告给 E-SMLC(可选)。

(3) eNodeB 定位算法包括：基于 CID(Cell-ID)的定位测量、基于 OTDOA 的定位测量(可选)、基于 ECID 定位(Enhanced cell ID location)测量(可选)、基于 AGNSS 定位测量(可选)。

(4) 支持定位系统广播功能，提供广播能力，用来广播 OTDOA 定位方法或 AGNSS 定位方法所需的数据(可选)。

具体功能在 3GPP TS 36.305、23.271 中阐述。

4.7.5.2 CID 定位流程

定位流程如图 4-114 所示。

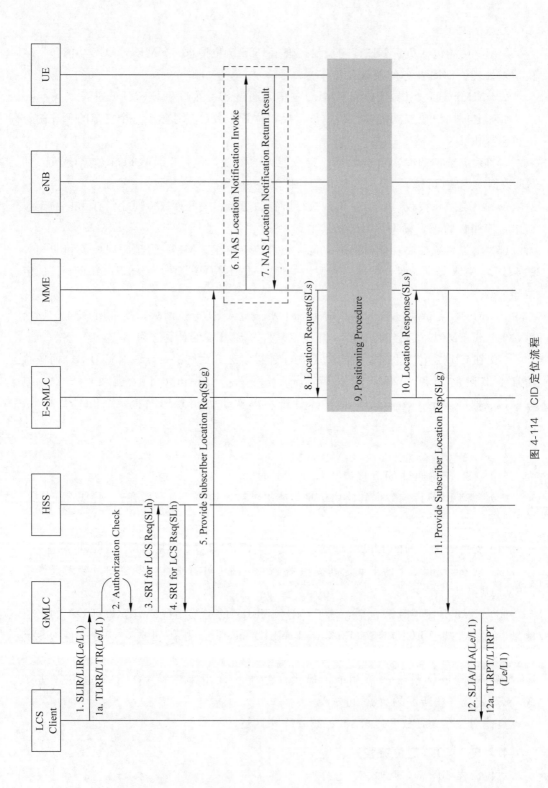

图 4-114 CID 定位流程

步骤 1：外部 LCS 客户端发起定位，LCS Client 向 GMLC 发起单次定位或周期定位请求，采用 Le/L1 接口。

步骤 2：GMLC 对请求进行鉴权，检查该 LCS Client 是否合法，对被定位终端的隐私权限检查、流量控制检查。

步骤 3：GMLC 与 HSS 交互，要求获得 UE 当前所在 MME 的地址信息，此接口使用 Diameter 协议封装，传输层协议为 SCTP。

步骤 4：HSS 向 GMLC 返回 MME 的地址。

步骤 5：GMLC 向 MME 发送 PSL 消息，消息中指明了隐私标示，即此次定位是否需要终端用户同意。

步骤 6：（此步骤可选）如果此次定位需要通知用户，或者需要用户确认，则 MME 向 UE 下发 NAS Location Request Invoke，要求终端在屏幕上提示终端用户进行确认。

步骤 7：（此步骤可选）终端用户进行确认。终端向 MME 返回 NAS Location Response 消息，包含了此次隐私确认的结果。

步骤 8：MME 判断定位过程可以继续，向 E-SMLC 发送 Location Request 消息。

步骤 9：（此步骤可选）E-SMLC 确定定位方法，并根据需要激活定位测量与计算流程（具体方式参见 5.2 节）。如果该定位方法返回的为测量参数，E-SMLC 使用该测量参数进行位置计算；如果该位置没有满足请求的精度，若存在着足够的时间，E-SMLC 会再次使用相同或不同的定位方法激活定位测量与计算流程。

步骤 10：E-SMLC 得到经纬度以后，向 MME 返回 Location Response 消息。

步骤 11：MME 向 GMLC 返回 PSL 响应，消息中包含终端经纬度。

步骤 12：GMLC 向 LCSClient 返回单次定位或周期定位响应消息（采用 Le/L1 接口），包含经纬度参数（周期定位计数器减一，重复步骤 3）。

4.7.5.3　E-CID 定位流程

E-CID 定位流程基于 Connection Oriented 方式传输 LPP 和 LPPa 协议消息。

4.7.5.3.1　E-CID 定位流程：基于 LPP 协议

此消息流程如图 4-115 所示。

步骤 1：MME 向 E-SMLC 发送 SLs 接口 Location Request 请求消息，要求 E-SMLC 执行定位计算。

步骤 2：E-SMLC 收到 MME 的定位请求后，向 MME 发起面向连接的消息，承载 LPP 协议的 Requestion Location Information 消息，要求 UE 上报测量报告。

步骤 3：MME 收到 E-SMLC 的请求后，通过 S1 接口的 NAS 消息承载 LPP 协议请求，发给 ENodeB。

步骤 4：eNodeB 收到 S1 接口的消息后，转为 Uu 接口消息，承载 LPP 协议请求，发给 UE。

步骤 5：UE 收到 Uu 接口的消息中承载的 LPP 定位请求，将终端的 ECID 测量报告组包通过 Uu 接口发给 eNodeB，携带 LPP 协议 provide Location Information 消息。

步骤 6：eNodeB 收到 Uu 接口的消息后，封装为 S1-NAS 消息发送给 MME。

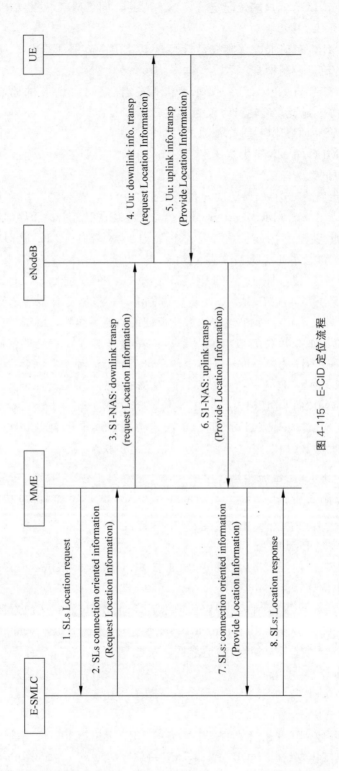

图 4-115　E-CID 定位流程

步骤 7：MME 收到 S1-NAS 消息后，转为 SLs 接口的消息，承载 provide Location Information。

步骤 8：E-SMLC 收到 SLs 接口携带的 LPP 消息中的 ECID 测量结果，进行计算，算出 UE 的经纬度位置，通过 SLs 接口的 Location response 消息返回给 MME。

4.7.5.3.2　E-CID 定位流程：基于 LPPa 协议

此消息流程如图 4-116 所示。

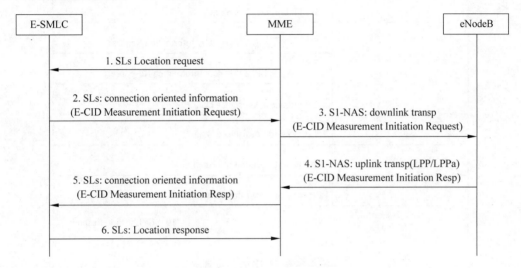

图 4-116　E-CID 定位流程

步骤 1：MME 向 E-SMLC 发送 SLs 接口 Location Request 请求消息，要求 E-SMLC 执行定位计算。

步骤 2：E-SMLC 收到 MME 的定位请求后，向 MME 发起面向连接的消息，承载 LPPa 协议的 E-CID Measurement Intiation Request 消息，要求 eNodeB 上报 UE 测量报告。

步骤 3：MME 收到 E-SMLC 的请求后，通过 S1 接口的 NAS 消息承载 LPPa 协议请求，发给 ENodeB。

步骤 4：eNodeB 收到 S1 接口的消息后，测量 UE 的 E-CID 信息，并在 S1-NAS 消息中携带 LPPa 协议的 E-CID Measurement Intiation Response 消息。

步骤 5：MME 收到 S1-NAS 消息后，转为 SLs 接口的消息，承载 E-CID Measurement Intiation Response 消息。

步骤 6：E-SMLC 收到 SLs 接口携带的 LPPa 消息中的 ECID 测量结果，进行计算，算出 UE 的经纬度位置，通过 SLs 接口的 Location response 消息返回给 MME。

4.7.5.4　OTDOA 定位流程

此消息流程如图 4-117 所示。

步骤 1：MME 向 E-SMLC 发送针对目标 UE 的 SLs 接口定位请求。

步骤 2：E-SMLC 通过 LPP 协议向 UE 发送终端定位能力请求消息（可选）。

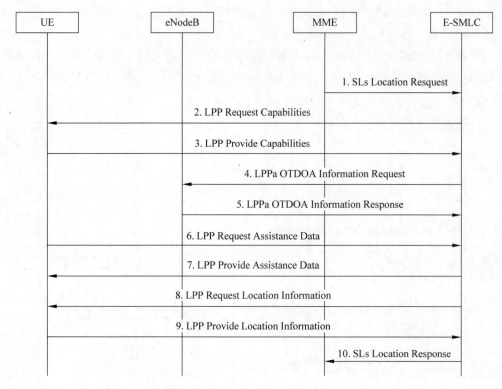

图 4-117　OTDOA 定位流程

步骤 3：UE 通过 LPP 协议向 E-SMLC 发送终端 OTDOA 定位能力消息，包括 otdoa-ProvideCapabilities 等能力信息（可选）。

步骤 4：E-SMLC 通过 LPPa 协议向 eNB 发送 OTDOA 定位信息请求消息，包含 OTDOA Information Type 等信息。

步骤 5：eNB 通过 LPPa 协议向 E-SMLC 发送提供 OTDOA 定位信息，包含 OTDOA Cells 等信息。

步骤 6：UE 通过 LPP 协议向 E-SMLC 发送 OTDOA 定位所需要的辅助数据请求消息，包含 otdoa-RequestAssistanceData 等信息（可选）。

步骤 7：E-SMLC 通过 LPP 协议向 UE 发送提供关于 OTDOA 定位的辅助数据消息，包含 otdoa-ProvideAssistanceData 等信息（可选）。

步骤 8～9：UE 通过 LPP 协议向 E-SMLC 发送位置信息测量结果消息，包含 otdoa-ProvideLocationInformation 等信息。

步骤 10：E-SMLC 估计出位置信息，通过 SLs 接口把位置信息以 LPP PDU 形式发给 MME。

4.7.5.5　A-GNSS 定位

4.7.5.5.1　自治卫星定位流程

全球导航卫星系统（GNSS）泛指所有的卫星导航系统，是提供自主的地理空间定位与全球性或区域性覆盖的卫星导航系统的总称,包括如下定位系统:北斗、GPS、Galileo、GLONASS、SBAS 和 QZSS 等。每个卫星导航系统都可以独立使用或者联合使用,当不同卫星系统协同工作,定位精度将会提高。GNSS 定位通过利用空间分布的 GNSS 卫星以及卫星与地面点的距离交会得出地面点位置。为有效定位,终端 GNSS 接收机需要接收 4 颗以上 GNSS 卫星发射的信号。

在自治卫星定位时,LTE 终端的 GNSS 模块不依赖于与 LTE 网络的交互,可独自接收 GNSS 信号进行定位。

4.7.5.5.2　网络辅助卫星定位流程

网络辅助卫星定位(A-GNSS)技术是一种通过移动通信网络(如 LTE)向终端的 GNSS 接收模块提供辅助信息来改善定位性能的技术,例如,减少终端的 GNSS 启动和捕获时间,使定位过程显著加速;增加终端的 GNSS 灵敏度,在低信噪比下无法通过解调 GNSS 信号获取的定位信息可以由网络辅助获取;相比于独立的 GNSS 定位,终端在 GNSS 接收模块的功率消耗更低,这是因为 LTE 网络辅助的 GNSS 接收模块在空闲态可以快速启动。

LTE 网络辅助的 GNSS 主要依靠终端的 GNSS 接收模块和一个持续工作的 GNSS 参考接收网络之间的辅助信息交互,被辅助的终端和提供辅助的 GNSS 参考接收网络应被同一颗 GNSS 卫星服务。有两种网络辅助模式被支持:UE 辅助定位模式和 UE 定位模式。在 UE 辅助定位模式中,UE 执行 GNSS 测量并将测量结果发送给 E-SMLC 进行定位计算,UE 也可能上报其他非 GNSS 来源的测量结果。在 UE 定位模式中,UE 执行 GNSS 测量并计算自己的位置,UE 也可能使用其他非 GNSS 来源的测量结果。如果 UE 具备独立 GNSS 测量能力,那么 UE 也可以自主定位,即 UE 基于 GNSS 信号计算自己的位置,该 GNSS 接收模块不需要来自网络的辅助。

E-SMLC 发送给 UE 的辅助数据包含以下内容:参考时间、参考位置、电离层模型、地球定向参数、GNSS-GNSS 时间偏差、差分 GNSS 校正、星历和时钟模型、实时完整性、数据比特辅助、捕获辅助、历书和 UTC 模型。其中,部分辅助数据用于辅助 GNSS 测量,例如,参考时间、可见卫星列表、卫星信号多普勒、码相位、多普勒和码相位的搜索窗;部分辅助数据用于辅助定位计算,例如参考时间、参考位置、星历和时钟校正。这些辅助数据对于 UE 辅助定位模式和 UE 定位模式都适用,具体使用哪些辅助数据取决于 LTE 网络和 UE 的能力。

UE 发送给 E-SMLC 的测量信息包括 GNSS 测量信息和非 GNSS 测量信息,具体发送的测量信息内容取决于 UE 采用的定位模式,如 UE 辅助定位模式或 UE 定位模式。在 UE 定位模式和 UE 自主定位模式中,UE 向 E-SMLC 上报的 GNSS 测量信息包含纬度/经度/高度及其不确定性,速度及其不确定性,此外,UE 还应上报支持的 GNSS 类型及其对应的定位方法。在 UE 辅助定位模式中,UE 向 E-SMLC 上报的 GNSS 测量信息有码相位、多普勒和载波相位,以及每个测量的质量估计。对于上述辅助模式,UE 还可能上报 GNSS 系统时间和 LTE 网络空口时间的关联,该信息被 E-SMLC 用于辅助 LTE 网络中的其他 UE。

A-GNSS 定位流程包含以下几种类型:定位能力传送流程、辅助数据传送流程和位置信息传送流程。这些流程可以由一方请求发生，也可以未经一方请求直接发生。

图 4-118 为 UE 发起的辅助数据传送流程。

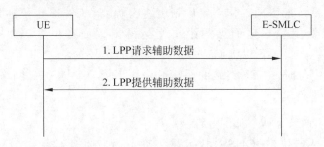

图 4-118　UE 发起的辅助数据传送流程

步骤 1：UE 决定其所需的 A-GNSS 辅助数据内容，并向 E-SMLC 发送一个 LPP 消息请求其所需的辅助数据。

步骤 2：E-SMLC 向 UE 发送一个 LPP 消息提供辅助数据，所有辅助数据的传送可能需要一个或多个 LPP 消息，即步骤 2 可以被 E-SMLC 重复多次。如果步骤 1 所请求的辅助数据在步骤 2 没有被提供，UE 会假定所请求的辅助数据在 E-SMLC 端不支持或不可用，E-SMLC 会向 UE 发送一个 LPP 消息指明不能提供 UE 所请求的辅助数据的原因，并可能携带其他可提供的辅助数据。

图 4-119 为 E-SMLC 发起的位置信息传送流程。

步骤 1：E-SMLC 向 UE 发送一个 LPP 消息请求位置信息以辅助 GNSS 定位，该 LPP 消息包含定位模式（如 UE 辅助定位模式、UE 定位模式、推荐 UE 定位但允许 UE 辅助定位模式、推荐 UE 辅助定位但允许 UE 定位模式、UE 自主定位模式），定位方法（如北斗、GPS、Galileo、GLONASS、非 GNSS 方法），UE 的测量类型（如精确时间的辅助测量、速度测量、载波相位测量、多频段测量、服务参数的质量）。

步骤 2：UE 执行 E-SMLC 所请求的位置测量，并在步骤 1 的响应时间失效前向 E-SMLC 发送一个 LPP 消息提供位置信息。如果 UE 不能执行 E-SMLC 所请求的位置测量，或者在响应时间失效前还没有获得所请求的位置测量，那么 UE 向 E-SMLC 发送一个 LPP 消息指明不能获得 E-SMLC 所请求的位置信息的原因，并可能携带其他已经获得的位置信息。

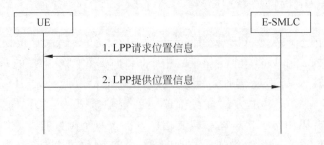

图 4-119　E-SMLC 发起的位置信息传送流程

4.7.5.6　北斗定位技术

4.7.5.6.1　北斗卫星导航系统介绍

北斗卫星导航试验系统(也称"双星定位导航系统")为我国"九五"列项,其工程代号取名为"北斗一号",其方案于1983年提出,基本功能包括:定位、通信(短消息)和授时。当前国家正在大力建设的北斗卫星导航系统(BeiDouNavigation Satellite System),也被称为"北斗二号",是中国正在实施的自主研发、独立运行的全球卫星导航系统,功能与GPS相同,即定位与授时。

北斗卫星导航系统与美国的GPS、俄罗斯的GLONASS、欧盟的GALILEO系统并称为全球四大卫星导航系统。

我国高度重视北斗系统应用及产业化,将北斗产业列为战略性新兴产业予以重点推进。目前,中国已形成由芯片模块、应用终端、运行服务构成的较为完整的北斗产业链,构建形成了北斗产业保障、应用推进和创新三大体系。在国家有关部委和地方政府的共同努力下,北斗系统应用领域已从行业应用拓展到大众应用。根据国务院新闻办公室2016年6月16日发布的《中国北斗卫星导航系统》白皮书的数据,2016年一季度,在我国境内出货的新款智能手机,使用北斗芯片的已超过30%。最好的芯片工艺线已达40nm,处于国际领先水平;自主芯片的性价比已超国际同类产品,最便宜的芯片在10元以内,到2016年4月,应用北斗技术的终端已超过2 400万台,应用北斗作为手机芯片的手机销量超过1 800万部。我国将面向智能手机、车载终端、穿戴式设备等大众市场,实现北斗产品小型化、低功耗、高集成,重点推动北斗兼容其他卫星导航系统的定位功能成为车载导航、智能导航的标准配置,促进在社会服务、旅游出行、弱势群体关爱、智慧城市等方面的多元化应用。

北斗卫星导航系统由空间端、地面端和用户端三部分组成。空间端包括5颗地球静止轨道卫星、30颗非静止轨道卫星。地面端包括主控站、注入站和监测站等若干个地面站。用户端由北斗用户终端以及与美国GPS、俄罗斯GLONASS、欧盟GALILEO等其他卫星导航系统兼容的终端组成。

"北斗一号"卫星定位系统,俗称有源定位。"北斗一号"卫星能定位出用户到第一颗卫星的距离,以及用户到两颗卫星距离之和,从而知道用户处于一个以第一颗卫星为球心的一个球面,和以两颗卫星为焦点的椭球面之间的交线上。另外中心控制系统从存储在计算机内的数字化地形图查询到用户高程值,又可知道用户处于某一与地球基准椭球面平行的椭球面上。从而中心控制系统可最终计算出用户所在点的三维坐标,这个坐标经加密由出站信号发送给用户。

"北斗二号"卫星定位系统,俗称无源定位。其基本工作原理是:空间段卫星接收地面运控系统上行注入的导航电文及参数,并且连续向地面用户发送卫星导航信号,用户接收到至少4颗卫星信号后,进行伪距测量和定位解算,最后得到定位结果。同时为了保持地面运控系统各站之间时间同步,以及地面站与卫星之间时间同步,通过站间和星地时间比对观测与处理完成地面站间和卫星与地面站间时间同步。分布国土内的监测站负责对其可视范围内的卫星进行监测,采集各类观测数据后将其发送至主控站,由主控站完成卫星轨道精密确定及其他导航参数的确定、广域差分信息和完好性信息处理，形成上行注入的导航电文及参数。

北斗导航系统特点：

（1）北斗导航系统可以提供导航定位服务，其精度可以达到重点地区水平 10m，高程 10m，其他大部分地区水平 20m，高程 20m；测速精度优于 0.2m/s。

（2）授时服务。授时精度可达到单向优于 50ns，双向优于 10ns。

（3）短报文通信服务。这一功能能够保证在我国及周边地区具备每次 120 个汉字的短信息交换能力。

（4）具备一定的保密、抗干扰和抗摧毁能力，使系统的导航定位用户容量不再受到限制，并且保证用户设备的体积小、质量轻、功耗低，满足手持、机载、星载、弹载等各种载体需要。

4.7.5.6.2　通信网络系统中的北斗定位系统

卫星导航定位和移动通信网络可以进行有效结合，组成辅助全球卫星导航系统（Assisted Global Navigation Satellite System，A-GNSS），利用移动通信网络传送辅助定位信息，以缩减导航芯片获取卫星信号的延迟时间，减少首次定位时间。随着移动通信技术的发展和移动增值业务的全面展开，以辅助全球定位系统（Assisted Global Positioning System，A-GPS）为代表的移动定位业务逐渐得到越来越多的应用。随着中国北斗卫星导航系统建设的逐步推进，通信网络辅助的北斗定位（A-BDS）也将在以后的终端中得到逐步的应用。与 A-GPS 类似，A-BDS 的原理是利用移动通信网络辅助定位，从而能加快定位速度，提高定位精度。

通信网络辅助的北斗定位在国际标准化组织中的工作已经展开，2013 年 2 月 26 日—3 月 1 日，第三代移动通信国际标准化机构（3GPP）第 59 次无线接入网（RAN）大会在奥地利维也纳召开，会议通过了 3GPP LTE 和 UMTS 支持基站辅助北斗定位技术的立项申请，成立工作项目（WI），这标志着北斗卫星导航系统在移动通信领域的应用推广进入了实质性阶段。该工作项目分为两部分，核心部分（Core Part）和性能部分（Performance Part）。其中性能部分的工作涉及通信网络辅助的北斗定位的最小性能要求，具体工作从 2013 年 11 月展开，截至 2014 年 6 月，已基本完成相关标准化工作，主要目标是对 3GPP TS 25.172 和 3GPP TS 36.171 进行修改，使其包含 A-BDS 最小性能要求。

通信网络辅助的北斗设备测试方法由 3GPP TS 36.571 第 6、7 章介绍，其中第 6 章为传导测试，第 7 章为空间测试。

基站辅助卫星定位需要由 3GPP、3GPP2、OMA 等国际标准化组织进行标准化。2013 年年初，工信部科技司和北斗办联合成立了"移动通信领域北斗国际标准联合推进工作组"以推动基站辅助北斗定位的国际标准化工作。LTE、UMTS、GSM 的基站辅助北斗定位标准化工作需在 3GPP 开展，目前工作进展顺利，技术标准已基本完成；性能标准已于 2003 年 11 月启动，于 2014 年 6 月完成；测试标准也随后启动，全部工作于 2015 年年中完成。CDMA2000 的基站辅助北斗定位标准化工作已于 2013 年 6 月在 3GPP2 启动，将与 3GPP 工作同步开展和完成。用户面的基站辅助北斗定位标准化工作需在 OMA 开展，目前国内相关工作正在筹备中。

4.7.5.6.3 LTE 终端北斗定位架构

LTE 终端北斗定位逻辑结构如图 4-120 所示。

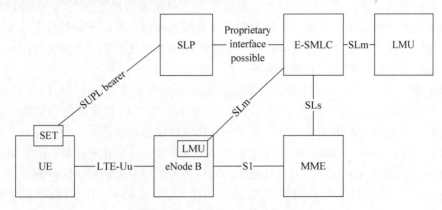

图 4-120 E-UTRAN 定位协议架构

该架构同时支持控制面和用户面定位。控制面定位过程中，MME 接收到其他实体（GMLC 或者 UE）针对某个目标 UE 的定位请求，或者 MME 自己决定触发定位服务（比如针对发起 IMS 紧急呼叫的 UE 发起定位）。随后，MME 向 E-SMLC 发送一个定位服务请求。E-SMLC 触发相关的定位过程（如提供辅助数据或者测量结果等），完成对 UE 的定位。此时，若选择北斗定位，则只需要 E-SMLC 与 UE 之间通过 LPP 协议进行对等通信，不需要涉及 E-SMLC 与 eNB 或者 LMU 之间的定位过程。获得相关结果后，E-SMLC 向 MME 提供定位服务响应。如果定位服务请求是来自于 MME 外的其他实体（比如 UE 或者 GMLC），则 MME 再将定位服务响应发送给相应的实体。

图中，SLP(SUPL Location Platform)为用户平面定位中的网络侧服务器，使用 SUPL 协议与 UE 进行用户面定位相关信息的交互。SUPL 也支持北斗定位方法，具体细节可参考相关的用户面定位协议。

网元功能。北斗控制面定位过程中，涉及两个网元，UE 和 E-SMLC。

UE：北斗定位中，测量来自于不同北斗卫星的信号；同时 UE 可以包含计算功能，在无法确定是否有网络辅助的情况下计算 UE 位置。

E-SMLC：定位控制中心，负责选择定位方法及触发相应的定位过程，提供北斗卫星导航系统的相关辅助数据，并计算定位最终结果和精度。

4.7.6 室内定位技术

室内定位是指在室内环境中实现个体位置定位、导航，主要采用无线通信基站定位、惯导定位等多种技术集成形成一套室内位置定位体系，从而实现人员、物体等在室内空间中的位置监控。

随着数据业务和多媒体业务的快速增加，人们对定位与导航的需求日益增大，尤其在复杂的室内环境。据统计，人们平均 $80\% \sim 90\%$ 的时间在室内，70% 的移动电话使用在室内,80%的数据连接使用在室内。如机场大厅、展厅、仓库、超市、图书馆、地下停车场、矿井等环境中,常常需要确定移动终端或其持有者、设施与物品在室内的位置信息。同时,室内定位技术为商用位置服务提供了极其诱人的市场前景,相关的位置服务业务可包括:紧急求救电话服务、物流管理、商业求助电话服务、个人问询服务、车辆导航服务、特定跟踪服务等。室内定位技术是目前国内外的研究热点,迄今室内定位系统和服务尚未普及,商机无限,室内定位应用向多元化发展,多家芯片厂商、终端厂商都推出了自己的室内定位解决方案。

2010 年 7 月 7 日,蓝牙计算联盟正式采纳蓝牙 4.0(也即 Bluetooth Low Energy 低功耗蓝牙)核心规范,与传统蓝牙相比,具有低功耗、更长的连接距离和更快的连接速度等优点,各大公司都争相推出基于蓝牙 4.0 的室内定位技术。

In-Location Alliance(室内定位联盟)在 2012 年 8 月成立,旨在推动基于蓝牙 4.0 技术、Wi-Fi 技术和移动通信的混合定位技术的室内定位技术及相关服务的创新和普及。

博通 2014 年 4 月推出具有精准室内定位技术的 5G Wi-Fi(802.11ac)系统单芯片(SoC),使得室内定位技术支持 5G Wi-Fi 和低耗蓝牙,最新的 5G Wi-Fi SoC 搭载 AccuLocate 技术,利用 Fine Timing Measurement(FTM) 技术达到高精确度的定位效果,而不受环境因素影响,定位精度达到亚米级。

高通于 2012 年 11 月增强了基于 Wi-Fi 的 IZat 方案,可在室内提供 3~5m 的精确定位,包括蜂窝、全球导航卫星系统(GNSS)、Wi-Fi、传感器和基于云的辅助解决方案。2013 年 12 月,高通推出名为 Gimbal 室内定位解决方案,基于低功耗蓝牙技术,定位精度达到 0.3m。

苹果于 2013 年 9 月发布 iBeacon 技术,基于蓝牙 4.0 中的低功耗蓝牙,定位精度最高可以达到 0.1 米。iBeacon 不仅可以在 iOS 系统上使用,还支持 Android 4.3 以上的版本,并支持较新的 Windows Phone 设备。2014 年 7 月苹果发布自己设计的"iBeacon"硬件产品,许多国内国际厂家也在开发类似产品,通过在室内空间部署一定数量的 iBeacon 基站,该基站周期性的向外界广播自己独有的与位置信息对应的 UUID 号,当持有蓝牙终端设备的用户进入该基站感应区,接收到基站广播的 UUID 号及 RSSI 值,通过一定算法即可进行精确定位。目前 iBeacon 技术在商用场景的应用已经比较成熟,主要用于基于位置的信息推送或近场定位导航。

2014 年 2 月,三星提交了一份名为 Flybell 的专利技术申请,该技术提供一项类似苹果 iBeacon 的服务。高通的 Gimbal、苹果的 iBeacon 和三星的 Flybell 都是类似的技术。

诺基亚于 2010 年推出室内精确定位解决方案 High Accuracy Indoor Positioning(HAIP),采用基于蓝牙的三角定位技术,最高可以达到亚米级定位精度。HAIP 需要使用固定于屋顶的使用阵列天线技术的定位节点(locator),可接收定位标签(tag)发射的特定格式的定位信号,进而通过定位服务器计算出到达角(AoA)和电子标签的坐标/位置。通常一个定位节点可以覆盖 100 平方米的范围(层高 4~5m),单个定位节点可最多同时支持 300 个定位节点。

2014 年 7 月,雅虎也发布了自己的室内地图解决方案。该功能基于诺基亚的 Here

技术，能为购物中心、车站或机场等建筑提供详尽的楼层分布、店铺分布以及联系人信息等数据。

2012年，谷歌推出名为"Google Maps Floor Plan MarKer"的室内地图应用，号召用户按照一定的步骤来提高室内导航的精度，过去几年中，谷歌室内地图日臻完善，2014年3月，谷歌宣布将推出印度22个大城市的室内地图，甚至可以告知用户所在楼层的电梯是上行还是下行。

室内定位技术和室外的无线定位技术相比有一定的共性，但是室内环境的复杂性和对定位精度和安全性的特殊要求，使得室内无线定位技术有着不同于普通定位系统的鲜明特点。因此，两者区域的标识和划分标准是不同的。基于室内定位的诸多特点，室内定位技术和定位算法已成为研究的热点，如何提高定位精度仍是研究的重点。

目前，室内定位技术种类繁多，可以分为两大类：①广域室内定位，如基于蜂窝定位、移动通信网络的辅助GPS(A-GPS)、伪卫星(Pseudolite)、地面数字通信及广播网络定位系统等；②局域室内定位，如无线局域网(WLAN)、蓝牙(Bluetooth，BT)、射频标签(RFID)、红外定位、超声波定位、超宽带无线电(UltraWideBand，UWB)、紫蜂(Zigbee)等。

广域室内定位方面，基于蜂窝定位的技术相较于其他技术更为成熟些，具体包括Cell-ID定位法、增强Cell-ID定位、增强观测时间差E-OTD/到达观察时间差OTDOA方法。目前，3GPP已经采纳的OTDOA/ECID技术可以应用于广域室内定位。另外3GPP室内定位的研究项目也已启动，3GPP TR 37.857已完成一些室内定位技术性能评估。

对于局域室内定位技术，目前暂时没有统一的技术标准和测试标准。

Wi-Fi定位就是指利用Wi-Fi网络的无线电信号来确定终端的位置。Wi-Fi网络具有小范围覆盖、覆盖区域主要在闹市区和室内环境的特点，Wi-Fi绘图的精确度在1m～20m的范围内，所以Wi-Fi定位精度比基站定位精度高，且适合在GPS信号弱的地方工作。因此，Wi-Fi定位技术可以应用于室内定位。

目前，Wi-Fi定位应用于小范围的室内定位，成本较低。但Wi-Fi收发器只能覆盖半径90m以内的区域，而且很容易受到其他信号的干扰，从而影响其精度，定位器的能耗也较高。

蓝牙定位与Wi-Fi定位相同，其优点在于蓝牙芯片成本低、功耗低，已在笔记本电脑以及手机上大量普及。蓝牙技术是一种短距离低功耗的无线传输技术，在室内安装适当的蓝牙局域网接入点，通过测量信号强度进行定位。蓝牙技术主要应用于小范围定位，例如，单层大厅或仓库。

目前，室内定位联盟主推基于低功耗蓝牙技术(Bluetooth Low Energy)的定位技术方案，使用蓝牙低功耗天线数组三角定位以及追踪蓝牙设备标记来实现，比起Wi-Fi三角定位的效率更高，加上所需成本更低、更容易部署，并且一般有内置蓝牙功能的手机就能够执行定位功能，是现阶段室内定位研究的热点。

射频识别(Radio Frequency IDentification)技术，是一种无线通信技术，可以通过无线电信号识别特定的目标和读写相应数据，RFID定位技术就是对接收到的射频信号进行处理。

射频识别技术利用射频方式进行非接触式双向通信交换数据以达到识别和定位目的。这种技术作用距离短，一般最长为几十米。但它可以在几毫秒内得到厘米级定位精度的信息，且传输范围很大，成本较低。同时由于其非接触和非视距等优点，有望成为优选的室内定位技术。目前，射频识别研究的热点和难点在于理论传播模型的建立、用户的安全隐私和国际标准化等问题。优点是标识的体积比较小，造价比较低。缺点是作用距离近，不具有通信能力，而且不便于整合到其他系统之中。

ZigBee 是一种新兴的短距离、低速率无线网络技术，它介于射频识别和蓝牙之间，也可以用于室内定位。它有自己的无线电标准，在数千个微小的传感器之间相互协调通信以实现定位。这些传感器只需要很少的能量，以接力的方式通过无线电波将数据从一个传感器传到另一个传感器，所以它们的通信效率非常高。ZigBee 最显著的技术特点是它的低功耗和低成本。ZigBee 能在数千个微小的传感器间相互协调通信以进行定位。感应器仅需极少的能量就可以将数据从一个传感器传送到另一个传感器。

基于 IEEE802.15.4 标准的局域网定位技术，精度可达 3m，但由于信号强度受环境影响较大，如人员走动、墙体/门的遮挡反射等均会导致定位精度下降。德州仪器(TI)于 2007 年 6 月推出了业界首款带硬件定位引擎的片上系统(SoC)解决方案CC2431。

除了以上提及的主要局域室内定位技术，还有其他红外定位、超声波定位、超宽带无线电(UltraWideBand，UWB)等技术。现有的几种室内定位技术都有其局限性，只适用于某些特殊场景。为了满足室内全覆盖、室内外无缝连接、高精度的定位服务需求，需要进一步研究多种技术的融合方案。

4.8　VoLTE/RCS

移动智能终端的语音实现方案，随着通信技术和终端技术的发展越来越复杂。20世纪八九十年代的第一代、第二代移动通信技术都是单模运行的，手机终端也是单模的，语音实现在电路域。2000 年后，随着 WCDMA 等第三代移动通信技术的引入，终端产业发生了重大变化，产生了多种多模多待终端，但是语音实现仍然在电路域。为进一步提高数据传输速率，改善用户使用体验，移动蜂窝网络演进到 LTE 时代。LTE 是一个纯分组域通信系统，不支持 2G/3G 电路域话音业务，只支持分组域话音业务(即VoLTE，Vocie over LTE)，或者通过回落到 2G、3G 网络完成电路域话音业务。VoLTE 方案将是 4G 网络达到全网覆盖时的最终语音实现方案。2016 年，中国移动已大范围商用 VoLTE，中国联通和中国电信亦计划最晚于 2017 年商用。

富通信业务[Rich Communication(Suite) Service，RCS]是由 GSMA(全球移动通信联盟)在 2007 年开始推进，构建在 IMS 网络之上，具有统一业务集定义的技术标准。它是基于手机电话号码簿实现语音、消息、状态呈现等多媒体业务的总称。RCS 业务受运营商推崇，其可以基于未来 VoLTE 的优势，把目前"各自为政"的语音、短信、数据业务融合升级成类似微信及 iMessage 的新服务，有利于运营商应对互联网业务的挑战。

4.8.1　4G 网络语音方案

目前，对于我国使用的 2G 和 3G 移动通信网，语音业务全部在电路域中实现。

未来 4G 网络达到全网覆盖时，将采用 VoLTE 语音方案。目前我国 4G 网络的语音实现，在 LTE 网络还没有达到全网覆盖时，仍然存在两类实现方式：第一类为基于电路域的 4G 语音解决方案；第二类为基于 IMS（多媒体子系统）的 4G 语音解决方案。

4.8.1.1　基于电路域的 4G 语音解决方案

在 VoLTE 业务未升级改造完成之前，仍需使用电路域语音业务，可采用相关的 4G 语音解决方案使语音业务在 2G 和 3G 网络上进行，其方案包括：CSFB 方案、SGLTE 方案、SVLTE 方案、SRLTE 方案。

第一种，电路域回落（Circuit Switched Fall Back，CSFB）方案。智能终端注册到 4G 网络，当发起语音呼叫时，语音回落到 WCDMA、TD-SCDMA 或 GSM 网络；中国移动和中国联通的语音均采用了这种方案。通常对于 CDMA 网络来说，语音回落到 CDMA 1x CS 域，称为 1xCSFB。CSFB 是一种单待的方案，只有一套收发信机，终端只能在一个制式网络上待机。LTE 网络和 CS 域网络之间具有互通网元或接口，通过 LTE 网络传递 CS 域网络的消息，即使注册到 LTE 网络却仍可感知 CS 域网络的需求，从而进行 CS 域的语音主、被叫业务以及短信业务的目的。由于只需要一套收发信机和射频芯片，可以降低终端成本、减少干扰、减小体积和重量，降低功耗。因此越来越多的终端厂商采用 CSFB 方案。

第二种，语音和 LTE 数据并发（Simultaneous Voice and LTE，SVLTE）方案。如图 4-121 所示，这种方案的终端是双收双发的 LTE PS 域和 CS 域的多模终端，LTE 数据域和 CS 域各有一套收发信机，终端能同时在两个网络待机，实现双待，并可以同时在 LTE 网络、CS 域网络进行通信。实现电路域业务和数据域业务并发。对于 CDMA

SVLTE 解决方案中，双通的两种模式共用基带芯片，而射频芯片和射频前端仍然是独立的两套。可支持双待双通。

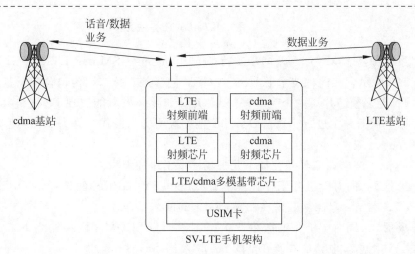

图 4-121　SVLTE 解决方案

运营商来说，由于 CDMA 和 LTE 是不同标准组织的通信技术，使用 1xCSFB 方案对网络有一定的改造要求，而采用 SVLTE 方案网络改动不大，因此大部分运营商采用了 SVLTE 方案，中国电信就采用了这一方案。缺点是终端由于采用了 2 个收发信机，与 CSFB 语音解决方案相比，终端芯片成本比较高、功耗比较大、互扰增加。

第三种，单射频模块 LTE(Single Radio LTE，SRLTE)单射频模块语音解决方案，如图 4-122 所示，SRLTE 与 SVLTE 方案的相同点是终端在 LTE 和 CS 域各有一套接收信机，终端能同时在两个网络待机，实现双待；不同于 SVLTE 方案的是终端只有一套发信机，只能和 LTE 网络或 CS 域其中的一个网络进行通信。该方案可以同时接收 LTE 网络和 CS 域网络的信息，因此不需要像 1xCSFB 方案那样在网络侧增加网元和接口；该方案对终端的要求，因为单发而不会产生两个发信机间的相互干扰，比 SVLTE 方案要求低；对网络的要求，因为不增加网元和接口，亦比 1xCSFB 方案要求低。和 SVLTE 终端相比，由于未采用独立的 2 个收发信机，可以降低芯片成本，目前中国电信的 4G 终端产品也采用了这一方案。

针对CDMA与LTE组合，以及CDMA系统混合模式的特点，推出双待单通解决方案。该方案最大的特点就是基带、射频和射频前端都各用一块芯片，双待的两种模式通过定时变换实现双待。

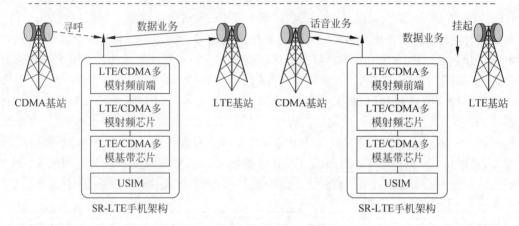

图 4-122　SRLTE 解决方案

第四种，GSM 与 LTE 同步支持(simultaneous GSM and LTE，SGLTE)方案，如图 4-123 所示，在此种技术下 LTE 与 GSM 同步被支持，因为包含两个芯片：一个是支持 LTE 的多模芯片；一个是 GSM 的芯片。如此一来就能实现 PS 网络数据和 CS 语音通话两种业务并发进行。目前 SGLTE 根据应用场景模式又分为 2 种类型，Type1 终端和 Type2 终端。

Type 1 终端，应具备在如下几种场景下工作的能力。

场景 1：同时待机并工作在 TD-LTE 和 GSM(GPRS)两种网络下，分组域驻留在 TD-LTE 网络，电路域驻留在 GSM(GPRS)网络；

场景 2：同时待机并工作在 TD-LTE 和 TD-SCDMA 两种网络下，分组域驻留在 TD-LTE 网络，电路域驻留在 TD-SCDMA 网络。

Type 2 终端，应具备在如下几种场景下工作的能力。

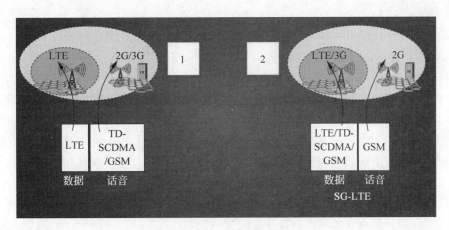

图 4-123　SGLTE 解决方案

场景 1：同时待机并工作在 TD-LTE 和 GSM（GPRS）网络下，分组域驻留在 TD-LTE 网络，电路域驻留在 GSM（GPRS）网络；

场景 2：同时待机并工作在 TD-SCDMA 和 GSM（GPRS）网络下，分组域驻留在 TD-SCDMA 网络，电路域驻留在 GSM（GPRS）网络。

4.8.1.2　基于 IMS 的 4G 语音解决方案

基于 IMS 的语音业务是采用 VoLTE 技术在数据域上实现的，VoLTE 技术是一种基于 IP 数据传输技术，业务承载于 4G 网络上，不仅提供高速率的数据业务，同时还提供基于 VoLTE 技术来实现的高质量的音、视频通话。与传统的电路域语音业务相比，VoLTE 语音解决方案可以使接通延时更短，同时接通率显著提高；由于采用高分辨率的解码技术，因此能够提供更高质量、更自然的音、视频通话效果。对移动运营商而言，VoLTE 系统的建立，可以更好地提高频谱利用率，降低网络运营成本，同时为用户提供更高质量的 IP 宽带语音视频业务。

对于采用多模单待方案的终端，应支持 VoLTE 语音方案，也应能够支持 CSFB 功能，并且应以 VoLTE 语音方案（IMS 域语音业务）优先，终端属性设置为"Voice Centric"。

对于采用多模双待方案的终端，应支持 VoLTE 语音方案，也应能够支持 CS 域通话功能。

支持 VoLTE 的 4G 终端语音呼叫方案选择如下。

采用多模单待方案的终端，驻留在 LTE 网络时，支持 VoLTE 的终端能够识别 LTE 网络的语音业务能力（是否支持 IMS 语音，是否支持 CSFB），并根据该网络能力选择相应的语音方案，发起和建立语音业务；在 IMS 域或通过 CSFB 方式在 CS 域发起语音业务。

➢ 当 LTE 网络同时支持 IMS 域语音业务，也支持 CSFB 功能时，VoLTE 终端优先选择在 IMS 域发起语音呼叫；

➢ 当 LTE 网络不支持 IMS 域语音业务，但支持 CSFB 功能时，VoLTE 终端选择通过 CSFB 方式到 2G/3G 网络的 CS 域发起语音业务。

采用多模双待方案的终端，在 LTE 模式下发起语音业务时，应能够根据当前网络的能力，自行进行语音方案选择：在 IMS 域或在 CS 域发起语音业务。

➢ 当 LTE 网络支持 IMS 域语音业务时，VoLTE 终端应支持在 IMS 域发起语音呼叫；
➢ 当 LTE 网络不支持 IMS 域语音业务时，VoLTE 终端选择在 2G/3G 网络 CS 域发起语音业务。

当 LTE 没有达到全网覆盖时，随着用户的移动，正在进行的语音业务会面临离开 LTE 覆盖范围后语音能否连续的问题，这时，单一无线语音呼叫连续性（Single Radio Voice Call Continuity，SRVCC）可以将语音切换到电路域，从而保证语音通话的不中断；当进行 VoLTE 语音业务的终端在部署了 IMS 核心网的 LTE 网络内移动时，通过 LTE 系统内切换保持 VoLTE 语音业务的连续性。

4.8.1.3 VoLTE 呼叫流程

VoLTE 是基于 IMS（IP 多媒体子系统）的语音业务。IMS 由于支持多种接入和丰富的多媒体业务，成为全 IP 时代的核心网标准架构。经历了过去几年的发展成熟后，目前已被 3GPP、GSMA 确定为移动语音的标准架构。VoLTE 网络对应的网络基本系统结构如图 4-124 所示，由 IMS 核心网、分组域核心网、电路域核心网（eMSC）、PCC 网络、用户数据库、无线网络（E-UTRAN）以及终端组成。

1. IMS 核心网

IMS 核心网由 P-CSCF/IMS-ALG/IMS-AGW、ATCF/ATGW、S-CSCF、I-CSCF、HSS、TAS、SCCAS、IM-SSF、MRF、MGCF/IM-MGW、BGCF、BSF/NAF/AP、IBCF/TrGW、TRF、E-CSCF、LRF、EATF、IP-SM-GW、ENUM、DNS 等功能单元组成。

2. 分组域核心网

分组域核心网由 MME、P-GW、S-GW 等功能单元组成。

3. 电路域核心网

电路域核心网由 eMSC 等功能单元组成。

4. PCC 网络

PCC 网络由 PCRF、PCEF（对应于 VoLTE 网络中的 P-GW）、AF（对应于 VoLTE 网络中的 P-CSCF）等功能单元组成。

5. 用户数据库

用户数据库由 HLR、EPS HSS、IMS HSS 等功能单元组成。

6. 无线网络

无线网（E-UTRAN）由 eNodeB 组成，信令面通过 S1-MME 接口接入到 MME，用户面通过 S1-U 接口接入到 S-GW。

VoLTE 语音切换至 2G 网络时，需 2G 无线网络 BTS/BSC 支持；语音切换至 3G 网络时，需 3G 无线网络 NodeB 支持。

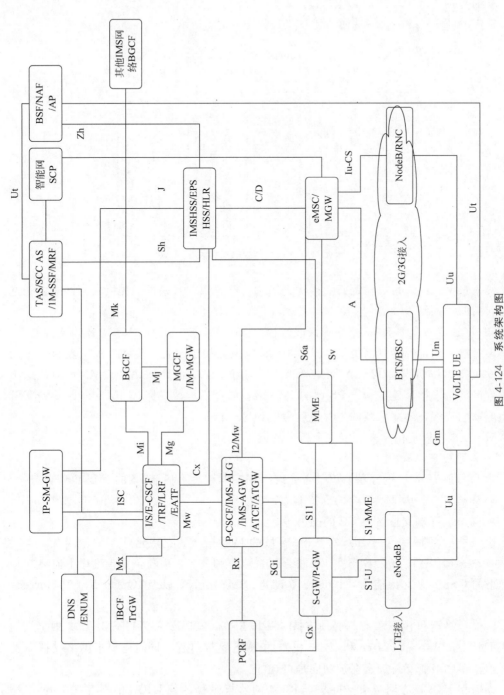

图 4-124　系统架构图

注：图中出现的多个网元逻辑实体不反映实际部署情况。

7. 终端

终端包括 VoLTE 手机终端。

在 VoLTE 网络中，终端通话建立流程如图 4-125 所示。

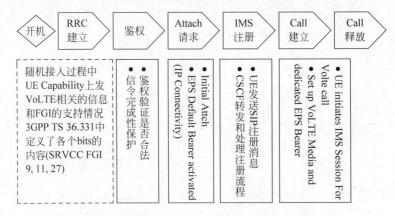

图 4-125　VoLTE 通话建立流程

接入选网：终端可以对语音业务优先级进行配置，并且根据优先级的不同需求来选择接入到何种网络。

eNodeB 应该在 E-RAB 建立和修改过程中向 MME 反馈其对 IMS 语音的支持能力，为终端对接入网选择的判断提供信息。MME 应该在初始附着流程和 TA 更新流程中向终端发送指示说明当前 PLMN 网络是否支持基于 PS 域的 IMS 语音。MME 通过这个指示告诉终端希望其建立基于 PS 域的 IMS 语音的会话承载。拥有"IMS voice over PS"能力配置的终端在建立承载的过程中应考虑到这个指示。

MME 根据以下信息来决定这个指示的设置：

➢ 本地策略；

➢ 与归属 PLMN 的漫游协议是否允许终端在本地使用基于 PS 的 IMS 语音业务；

➢ 终端对 PS 域 IMS 语音的支持能力；

➢ 网络和终端支持 SRVCC 的能力等。

这个指示说明一个 TA list 对基于 PS 域的 IMS 语音的支持能力。

另外 MME 还应该在 EPS/IMSI 联合附着流程和 TA/LA 联合更新流程中向终端指示网络的 CSFB 的支持能力，设定或不设定"SMS-only"以及"CSFB Not Preferred"指示。

鉴权：终端和 IMS 核心网必须支持 3GPP TS 24.229 及 3GPP TS 33.203 中定义的使用 IMS-AKA，Sec-Agree 和 IPsec 机制的 IMS 鉴权过程，同时还要求网络支持完整性保护。在网络侧支持加密保护功能是可选的。

终端和 IMS 核心网必须支持基于 ISIM 的鉴权过程。若 UICC 中不存在 ISIM，那么终端和 IMS 核心网必须支持 3GPP TS 24.229 附录 C.2 及 3GPP TS 33.203 附录 E.3.1 定义的基于 USIM 的鉴权过程。

终端和 IMS 核心网必须支持 3GPP TS 24.623 定义的在 Ut 接口的鉴权过程。

附着：为了实现 IMS 漫游，IMS 语音业务要使用统一的 IMS APN。基于运营商的策略，终端可以在初始附着的时候提供 APN，也可以在建立其他 PDN 连接的时候提供 APN。若终端在初始附着不提供 IMS APN，并且 IMS APN 不是默认 APN，则终端需要在后续的 PDN 连接中，建立到 IMS APN 的连接。

8. SIP 注册/注销过程

当终端使用 ISIM 卡时，注册用的 IMPU 存储在 ISIM 卡中；当终端使用 USIM 卡时，需根据 IMSI 导出 IMPU，导出方式参见 3GPP TS 23.003。

终端和 IMS 核心网必须支持 3GPP TS 24.229 中定义的 SIP 注册流程，这也包括 IETF RFC 3608 中定义的业务路由发现机制。网络必须支持 P-Visited-Network-ID 头域。终端必须包含 ICSI 值用于指示 IMS 多媒体电话业务，即 3GPP TS 24.229 5.1.1.2.1 节中定义的 urn：urn-7：3gpp-service.ims.icsi.mmtel。

终端和 IMS 核心网必须支持 3GPP TS 24.229 定义的 SIP 注销过程(终端能够订阅 3GPP TS 24.229 5.1.1.3 节中定义的注册事件包)。

为了支持视频呼叫，终端必须遵从 IETF RFC 3840 的要求，在 REGISTER 请求的 Contact 头域中增加"video"媒体功能标记。

9. 呼叫建立和终止

终端和 IMS 核心网必须支持 3GPP TS 24.229 中定义的 SIP 呼叫建立和呼叫终止过程。

终端和 IMS 核心网必须支持可靠的临时响应。

终端、IMS 核心网支持 Precondition，运营商根据需求决定是否启用该功能。

4.8.1.4　SRVCC 技术

如上面提到的，VoLTE 语音是基于 LTE 系统 IMS 分组域实现的，当 LTE 未能达到全网覆盖时，终端仍需通过切换回 2G/3G 网络的分组域来实现语音呼叫的连续性。为实现此目的，3GPP 在 R8/R10 阶段引入增强的单一无线语音呼叫连续性(Enhanced Single Radio Voice Call Continuity，SRVCC/eSRVCC)方案，在 SRVCC 方案中，由于需要在 IMS 网络中创建新承载，很容易导致切换时长高于 300ms，影响终端用户体验。而 eSRVCC 方案相对于 SRVCC 方案的增强在于减少了切换时长(切换时长小于 300ms)，使用户获得更好的通话体验。

SRVCC：媒体的切换点是对端网络设备(如对端 UE)，影响切换时长的主要因素是会话切换后需要在 IMS 网络中创建新的承载。

1. SRVCC 基本架构

在 LTE 覆盖范围内通过 IMS 提供 VoIP 语音，IMS 提供呼叫控制及后续的切换控制。

在用户通话过程中移出 LTE 覆盖范围时，IMS 作为控制点与 CS 域交互，将原有通话切换到 CS 域，保证语音业务连续性。

2. SRVCC 关键技术点

(1) 在 MSC Server 和 MME 之间定义 Sv 接口，提供异构网络间接入层切换控制。

（2）通过设置 IWF 互通网元，终结 Sv 接口，避免对原有电路域设备的改造。

（3）IMS 网络作为会话锚定点，统一进行会话层切换，保证会话跨网切换的连续性。

3. SRVCC 流程及切换性能

如图 4-126 所示，SRVCC 流程如下。

（1）发起 VoLTE 呼叫：SRVCC 终端发起向另一 IMS 终端的语音呼叫。

（2）呼叫建立：呼叫成功，媒体连接建立，双方进行通话。

（3）发起 SRVCC 切换：用户离开 LTE 覆盖，发生 SRVCC 切换，EPC 网络通知 SRVCC MSC 准备切换，MSC 完成电路域资源预留。

（4）终端切换：MSC 通过 LTE 网络通知终端切换到 2G/TD。

（5）远端媒体更新：SRVCC MSC 发起远端媒体更新，通知远端 IMS 终端通过 SRVCC MSC 接收和发送语音。

（6）媒体切换：进端 IMS 终端将媒体连接切换至 SRVCC MSC。

（7）呼叫接续：从 SRVCC 终端切换到 2G/TD 到进端 IMS 终端切换媒体完成。

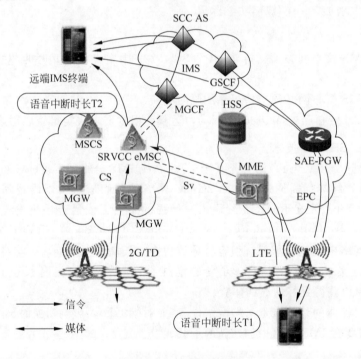

图 4-126　SRVCC 流程

eSRVCC：如图 4-127 所示，SRVCC 和 eSRVCC 二者的切换流程图，相比于 R8 阶段的 SRVCC，R10 阶段引入的 eSRVCC 媒体切换点改为更靠近本端的设备。具体方案就是增加 ATCF/ATGW 功能实体作为媒体锚定点，无论是切换前还是切换后的会话消息都要经过 ATCF（Access Transfer Control Function）/ATGW（AccessTransfer Gateway）转发。后续在发生 eSRVCC 切换时，只需要创建 UE 与 ATGW 之间的承载通道，对端设备与 ATGW 之间的媒体流还是通过原承载通道传输。这样其创建新承载通道的消息交互路径明显优于 SRVCC 方案，缩短了切换时长。

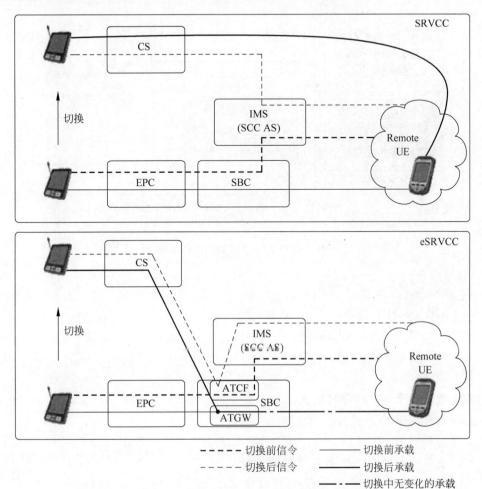

图 4-127 SRVCC 和 eSRVCC 二者的切换流程图

后续 R11 版本中，3GPP 又引入了 rSRVCC、vSRVCC 等技术，引入对 2G/3G 网络同 LTE 网络的双向语音切换等技术，进一步增强 SRVCC 功能，如图 4-128 所示。

4.8.1.5　VoLTE 终端特性

VoLTE 终端协议栈架构如图 4-129 所示，其必须满足相应的各层功能要求。

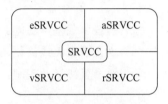

1. 业务配置管理功能

（1）支持 Ut 接口，支持对补充业务数据进行配置。

（2）支持 DM。

图 4-128　SRVCC 各版本技术

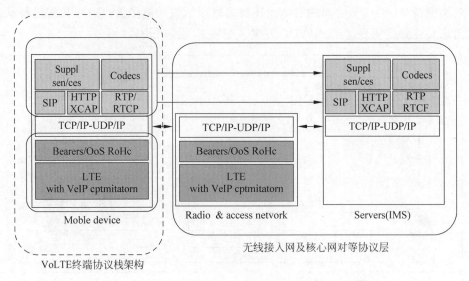

图 4-129　VoLTE 终端协议栈架构

2. 应用层功能要求

(1) SIP 协议栈：遵循 3GPP SIP profile。

(2) IMS 终端基本功能（IMS 注册，IMS 呼叫）。

(3) IMS 会话切换。

(4) Mid-call 特性。

(5) 支持基于 SIP 的即时消息。

(6) 支持基于 RCS 的融合消息功能。

(7) 编码要求：支持 AMR，AMR-WB，H.264 编解码类型。

(8) 支持应用层 QoS 参数到承载的映射。

(9) 基于 PGW 的 IMS 入口点发现机制。

3. NAS 层承载功能要求

(1) 支持多 PDN 连接，其中 IMS 与用 APN 单独建立 PDN 连接。

(2) 支持 SRVCC 能力上报、获知 LTE 无线是否支持 VoLTE。

4. L2/L3 功能要求

(1) 语音承载基本功能：QCI=1 的 QoS 保证、RLC 层。

(2) 语音承载无线优化功能：IP 头压缩功能。

(3) 异系统测量及控制、SRVCC 切换。

5. 物理层功能要求

物理层无线优化功能：半持续调度 SPS，TTI Bundling。

6. RRM 功能要求

语音承载算法优化功能：针对语音业务的 RRM 算法优化。

4.8.1.6 VoLTE 标准概况

3GPP 主要制定 VoLTE 网络技术方案,在 R5 版本中引入并定义了 IMS 体系架构和基本功能;在 R6 版本中细化了 IMS 的技术实现原理;R7 和 R8 版本主要增加了语音业务连续性的实现方案和技术要求,包括 VCC(语音呼叫连续性)、SRVCC(单无线频率语音呼叫连续性);R9 版本定义了 VoLTE 紧急呼叫流程及实现方式;R10 和 R11 提出并定义了 SRVCC 的增强方案 eSRVCC、rSRVCC 和 vSRVCC 等内容。

GSMA 主要制定 VoLTE 国际运营相关的需求,IR.92 和 IR.94 定义了 IMS 关于接听承载与 E-UTRAN、EPC、IMS 网络的音视频业务;IR.65 制定了 IMS 漫游和互通方案;IR.88 定义 VoLTE 对 EPC 的架构要求;IR.64 定义了 IMS 服务集中化和连续性的指导方案。

IR.92 IMS Profile for Voice and SMS

IR.94 IMS Profile for Conversational Video Service

IR.64 IMS Service Centralization and Continuity Guidelines

IR.65 IMS Roaming and Interworking Guidelines

IR.88 LTE and EPC Roaming Guidelines

VoLTE 的主要测试标准为 3GPP TS 36.523-1 和 3GPP TS 34.229-1。3GPP TS 36.523-1 终端协议一致性测试标准的主要测试规范内容为第 13 章节 SRVCC 相关的测试内容;3GPP TS 34.229-1 基于 SIP 和 SDP 的 IP 多媒体呼叫控制协议测试标准主要涉及的测试内容章节如下。

➢ PDP Context Activation(PDP 上下文激活);

➢ P-CSCF Discovery(P-CSCF)(呼叫会话控制功能);

➢ Registration(注册流程);

➢ Authentication(鉴权);

➢ Subscription(订阅);

➢ Notification(通告);

➢ Call Control(呼叫控制);

➢ Signalling Compression(SIGComp)(信令压缩);

➢ Emergency Service(紧急呼叫);

➢ Supplementary Services(补充业务);

➢ Codec selecting(编码选择);

➢ Media use cases(多媒体应用);

➢ SMS over IMS(基于 IMS 的短消息);

➢ Emergency Service over IMS(基于 IMS 的紧急呼叫)。

4.8.2 RCS

RCS,即富通信套件,它的概念是构建在 IMS 网络之上,为用户提供语音、消息、业务能力发现(可选)、社交呈现信息共享(可选)、IM 聊天、文件传输、图片及视频共享等多种业务的集合。

RCS是一个基础类通信业务能力的集合，在充分利用现有的技术和网络框架基础上，融合了现有各种业务与IMS技术提供的更丰富的多媒体业务。RCS将现有的语音、短信、彩信等基本业务进行了一次深刻的扩展，将即时通信/聊天、文件传输、图片共享、视频共享纳入到基本业务范畴，既保留和发展了运营商现有的业务，同时又将互联网的应用带入到移动网络。

4.8.2.1 RCS网络架构及协议要求

RCS基于IMS核心网络，可以有多种承载网络，包含且不限于2G/3G/LTE/Wi-Fi，如图4-130所示。

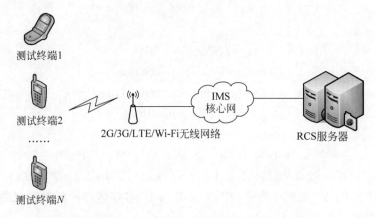

图4-130　RCS终端测试环境示意图

RCS服务提供需要IMS平台＋SIP服务器的支持，服务的实现以IMS标准架构作为控制平台，需要提供用以支持OMA兼容的在线状态/组列表管理和IM(即时通信)功能。RCS业务功能架构如图4-131所示。

服务器侧主要分为如下3个子系统。

1. 状态呈现和群组管理(PG)子系统

PG子系统主要包括七个部分：

- 呈现服务器(Presence Server)；
- 呈现文档管理服务器(Presence XDMS)；
- 资源列表服务器(RLS)；
- 资源文档管理服务器(RLS XDMS)；
- 聚合代理(Aggregation Proxy)；
- 共享文档管理服务器(Shared XDMS)；
- 内容文档管理服务器(Content XDMS)。

呈现服务器(Presence Server)接收并存储发布者发布的呈现信息和业务能力(hyper-availability)，当发布者的个人文档或呈现信息改变时通知观察者(Watcher)。用户终端(UE)、其他的应用服务器(AS)都可以作为订阅者(Watcher)，向呈现服务器订阅指定用户的呈现信息。

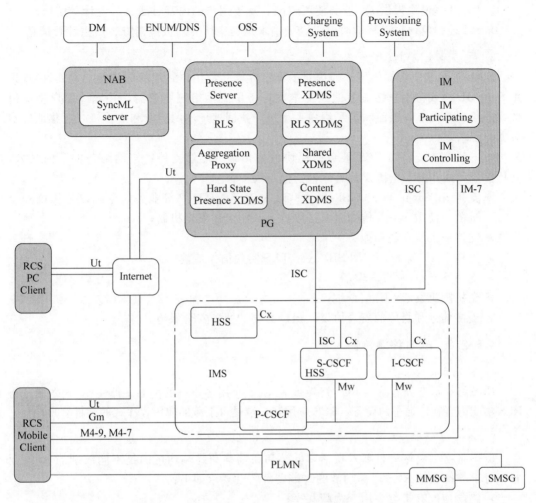

图 4-131　RCS 业务功能架构图

呈现文档管理服务器(Presence XDMS)管理有关呈现信息的文档,如呈现授权策略,并且接收相关呈现文档变化的订阅以及发送变化的通知。

资源列表服务器(RLS)支持用户使用订阅列表来订阅一组用户的呈现信息;用户的订阅列表信息保存在 RLS 上,由用户自己来维护。

资源文档管理服务器(RLS XDMS)管理有关资源列表文档,如呈现列表,并且接收相关资源文档的变化的订阅以及变化的通知。

聚合代理(AP)提供用户 XCAP 接入的鉴权,为 XCAP 请求服务器提供代理分发功能。

共享文档管理服务器(Shared XDMS)存储用户联系人列表(RCS 列表,Block 列表,Revoke 列表),接收相关网元的订阅,提供文档变化的通知。

内容文档管理服务器(Content XDMS)存储并且管理呈现的 MIME 对象。

2. 即时消息(IM)子系统

IM 子系统负责处理文件传输、一对一聊天、即时群组聊天的功能,包括 IM 共享模块、IM 控制模块:

> ➤ IM 共享模块提供 IM 业务使用权限、基于用户的内容过滤、产生计费信息；
> ➤ IM 控制模块可以将即时群组聊天请求发送给所有的被邀请方、产生计费信息。

3. 网络地址本(NAB)子系统

NAB 子系统负责提供用户通信录的网络存储、与用户终端的同步等功能。NAB 采用 SyncML 协议将用户终端上的地址本数据备份到网络侧服务器，并允许用户将备份数据下载到终端上，从而满足了用户丢手机时找回地址本的需求和换手机时迁移地址本数据的需求。

RCS 终端应支持对 RCS 业务所用协议的传输，能够支持特定网络条件下的接入，支持信令和媒体的安全协议，具体包括但不限于：

> ➤ 支持 SIP over TLS/MSRP over TLS/SRTP/RTCP 等业务信令和媒体协议安全机制，使用 Wi-Fi 传输时，必须进行采用上述安全机制；
> ➤ 支持防火墙穿越功能；
> ➤ 支持 NAT 穿越，采用 SIP over TLS 实现信令传输；
> ➤ 支持 SIP over TLS 保活；
> ➤ 支持随机发起 SIP 信令端口；
> ➤ 支持信令和媒体的安全协议，提供必要的业务安全保障。

4.8.2.2　RCS 终端特性

1. 终端形态

RCS 终端形态分为原生 RCS 终端或者 RCS 应用客户端的形态，原生 RCS 终端是将 RCS 功能内置在终端中的设备，RCS 应用客户端是可下载的应用程序式的软件客户端。

2. 终端硬件特性

RCS 业务对终端硬件要求灵活，低端和高端移动终端均可满足不同级别的 RCS 业务。对于支持全部 RCS 业务功能的终端硬件特性要求如下：

> ➤ 终端应配有摄像头用于视频共享；
> ➤ 应可以配置大功率扬声器用于视频共享过程中的语音输出；
> ➤ 通话可以免提接听；应提供耳机接口；
> ➤ 在视频共享过程中，发送端和接收端视频的帧率要求不低于 15fps，图像清晰流畅；
> ➤ 终端具备的显示屏幕尺寸、点阵大小、图标点阵大小应保证信息显示清晰无误；
> ➤ 为满足 RCS 正常运行，终端应提供与之相应的处理能力和存储空间以及其他硬件配置。

3. 媒体处理能力

对于支持全部 RCS 业务功能的终端需要具备如下媒体处理能力：

> ➤ 支持 VGA 以上图像分辨率；
> ➤ 必须支持 H.264、MPEG4 Part 10//AVC 格式；
> ➤ H.264 Profile：Baseline Profile(BP)；
> ➤ H.264 Level：1b；
> ➤ 推荐支持 H.263-2000 (profile 0 Level 45)编解码格式；

➢ 必须支持 JPEG 图像格式，GIF 和 PNG 图像格式可选。

4.8.2.3　RCS 功能特性

RCS 终端应支持对 RCS 业务相关配置参数的设置和修改，并能够根据参数完成网络注册鉴权过程。如果是原生 RCS 终端，且支持 RCS 应用读取用户卡鉴权信息，则 SIP 类的业务使用 IMS AKA 进行鉴权，非 SIP 类的业务使用 GBA 认证。对于其他类型的 RCS 终端，要求 SIP 类的业务使用 SIP Digest 鉴权，HTTP 类业务使用 HTTP Digest 鉴权。

开通 RCS 业务的终端，在 IMS 注册成功后，终端根据运营商指定的配置参数可选地支持通过能力，发现方式为通信录中的联系人添加 RCS 功能标签，并可根据能力发现结果执行如下功能：对不支持 RCS 功能的联系人可发起传统电话及短信彩信业务；对支持 RCS 功能的联系人，不仅可以发起传统电话及短信彩信业务，还可发起内容共享、文件传输、一对一或群组聊天业务，并可选支持订阅此联系人的社交呈现信息。

短信、彩信以及一对一或群聊的记录均以联系人为分类索引、以时间顺序、对话形式展示。彩信、短信、即时消息使用统一视图查看和收发消息。

RCS 终端可选支持社交呈现信息共享功能，RCS 用户可邀请、撤销 RCS 联系人订阅关系，支持其他联系人的呈现共享信息请求并发布个人呈现信息，用户亦可解除与 RCS 联系人的呈现状态关系。

RCS 终端支持的业务功能最小业务功能集包括如下内容。

(1) 终端业务配置：RCS 终端应使用基于 HTTP/HTTPS 的终端配置方式从 RCS 配置服务器获取配置数据。

(2) 独立消息：基于 OMA CPM 2.0，包括文本和多媒体消息服务，支持与现网 SMS 短消息和 MMS 消息互通。

(3) 一对一消息(含文本、多媒体内容)：指在两个 RCS 用户之间交换即时消息的业务，基于 CPM2.0。

(4) 群聊：三个或三个以上用户之间的多方即时消息业务。群组聊天可以直接创建，也可以由一对一聊天扩展而成。

(5) 文件传输：用户可在五种情景下发起文件传输：通信录/通话、媒体库/文件浏览器、相机应用、IM 或聊天窗口、通话屏幕(图片传输)。

4.8.2.4　RCS 标准概况

RCS 技术标准工作主要在 GSMA 组织中展开，从 2007 年开始成立工作组，截至 2016 年年底，按照时间顺序其功能规范的版本经历了 RCS 1/2/3/4/RCS-e/5/5.X/ 6.0，共 8 个阶段。其各版本如图 4-132 所示。

RCS-e 是 RCS 2 的简化版，是一个较为特殊的版本，其产生的主要原因是在前期推动 RCS 商用时，发现功能过多导致终端开发速度慢、网络难以迅速适应等问题。从 RCS 5 开始，RCS-e 和 RCS 4 又进行了整合，统一于一个版本，不再另行发展。

RCS 1 发布于 2008 年 12 月，该版本定义了通话中内容共享、通话或消息聊天时进行文件传输、增强型消息、社会呈现、服务能力信息、高可用性、黑名单、网络地址簿等基本业务。

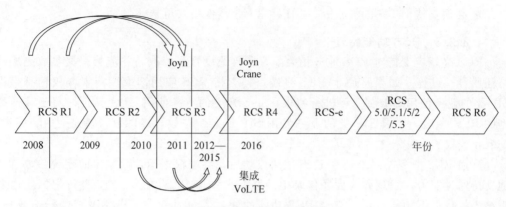

图 4-132 RCS 技术标准演进

RCS 2 发布于 2009 年 6 月，在业务功能上相较于 RCS 1 进行了增强，主要体现在：支持用户通过宽带接入的方式使用 RCS 业务，但此时用户可以发送短信，不可接收短信；支持使用多终端；支持基于运营商管理的网络地址簿及对用户进行自动配置。RCS 2 的亮点在于支持多终端，用户不仅可以在手机上使用 RCS，还可以在 PC 上使用，从而拓展了 RCS 的使用范围。

RCS 3 发布于 2009 年年底，对 RCS 2 的功能进行了增强：宽带接入的设备作为主要设备；支持非通话期间的内容共享、支持把共享内容传递给传统终端；增强的呈现信息，包括地理位置、URL 标签等；增强的消息，允许宽带接入的终端发送和接收彩信/短信；网络增值服务；对用户透明的开户和配置过程。

RCS 4 发布于 2010 年年底，最重要的变化是提出支持 LTE，另外也提出支持大文本消息、与短信的后向兼容、视频共享的暂停和恢复等功能。RCS 4 引入 LTE，契合了 LTE 迅速发展的潮流，也使 RCS 可以得到更多运营商的支持。

RCS-e 1.1 版本发布于 2011 年 4 月，最终版本 v1.2.2 发布于 2012 年 7 月 4 日。它是 RCS 2 的简化版本，去掉了社会呈现、心情短语等功能。

RCS 5.0 发布于 2012 年 4 月，它基于 RCS 1~4 和 RCS-e 1.2，包括了 RCS 1~4 和 RCS-e 1.2 的所有功能，融合了欧洲和北美的 RCS 标准。相比之前的各版本，RCS 5.0 扩展了一对一聊天、群组聊天、文件传输的功能，新增了 IP Video Call、HD Voice Call、地址位置交换，支持 OMA CPM 和 OMA SIMPLE IM。RCS 5.0 可以称作是 RCS 的集大成者，不仅包括了之前各 RCS 版本的功能，还新增了许多功能，是一个十分受人关注的版本。

OMA 组织规范了相应的测试标准。OMA ETS RCS V1.2.2 测试规范基于 GSMA RCS-e。OMA ETS RCS V5.1 测试规范基于 GSMA RCS 5 之后的版本。随着 GSMA RCS 版本的规范统一，从 RCS 5.0 开始不再另行发展，基于此 OMA 的测试规范将采用 OMA ETS RCS V5.1 标准。OMA ETS RCS V1.2.2 也已归并到 OMA ETS RCS V5.1 中，不再进一步发展。

4.8.2.5 VoLTE/RCS 融合

VoLTE 是基于 IMS 的语音业务，是电信行业内部解决 LTE 网络端到端语音实现的唯一的协议架构。同时，为了向用户提供更高质量的语音服务，VoLTE 对各个应用层面都提出了相应的要求，用来为语音传输提供一套行之有效的可靠保障。

RCS 是可以通过移动分组域或 Wi-Fi 接入的融合通信业务，可以与终端上的通信地址簿等结合并改善升级，提供更丰富的业务，包括实现视频和文件的共享功能、实现一对一的群组聊天功能和文件传输功能。RCS 是电话业务的合理补充，这项电话业务可以是一个传统的电话，也可以是 VoLTE。

VoLTE 语音、LTE 高清可视电话、消息、甚至 eSRVCC 等均是独立的业务能力，而 RCS 是一个包含了多种能力的产品套件形态。VoLTE 能力可以不基于 RCS 产品来提供，但结合 RCS 实现效果可能会更好。当 VoLTE 与 RCS 共存的时候，运营商要为用户提供统一的通信体验，包括统一的网络框架，统一发起通信业务的地址，统一的用户标识签约信息，并且能够依赖当前的充分可用的网络功能和各项业务的要求，实现业务的融合，这样的业务能够为用户提供最好的体验。当 VoLTE 与 RCS 相互融合时，网络和终端需要支持 VoLTE 和 RCS 结合在一起的各项业务体验。

RCS 与 VoLTE 都基于 IMS 的协议。IMS 协议栈提供用户鉴权、会话管理、媒体控制等功能，是终端侧实现融合通信业务的基础。目前，终端支持 VoLTE 与 RCS 融合有如下三种协议栈实现方式：

（1）AP 侧单栈：IMS 协议栈只在 AP 侧实现。

（2）CP 侧单栈：IMS 协议栈只在 CP 侧实现。

（3）AP+CP 双栈：AP、CP 侧根据各自特点和功能需要分别实现一个 IMS 协议栈，进行相应的 IMS 业务处理。例如，在 CP 侧的协议栈用于 VoLTE，AP 侧的协议栈用于其他业务功能。

上述三种方式，均可支持融合通信业务功能，但在业务扩展性、接口开放性、终端功耗上各有差异。其中，AP+CP 双栈实现方案兼顾了性能和灵活性，可支持基于 Wi-Fi 的融合通信业务，是目前推荐的优选方式。若 IMS 协议栈只在 CP 提供，则要求 CP 提供协议栈开放接口以便支持即时消息、VoWi-Fi 等功能开发。

VoLTE 与 RCS 融合需要由 IMS 核心网提供业务控制和服务。由于 RCS 具备互联网应用中的特性，普遍采用了内置于应用层面的 IMS 协议。不管各种终端的实现机制如何，不管一个网络用户使用了多少个不同的终端设备，IMS 核心网都有能力控制好来自各个不同的客户端的注册机制。对于部分运营商来说，不必等到终端厂商们都达成一致的时候，才能提供和部署 RCS 和 VoLTE 的融合业务。

在 RCS 演进的过程中，为了更好的融合 VoLTE 这项业务，如果在终端的语音设置里选择了 VoLTE，终端应尽量的留在 LTE 网络里，通过 VoLTE 为用户提供高质量并且安全可靠的语音服务功能。当 VoLTE 不可用时，RCS 就需要通过 LTE 或者 Wi-Fi 接入网络。VoLTE 和 RCS 使用同一个 IMS 核心网是发展的趋势，IMS 网络需要支持接入不同的 RCS 和 VoLTE 的实现机制，这种不同的接入方式可能取决于用户的选择、市场机制的不同以及运营商们的不同策略，接入的技术可以是 LTE、CDMA 和 Wi-Fi 等。

随着 RCS 标准的演进，最新版本已经包含了 VoLTE 的功能，但目前很多终端厂

商仍坚持采用独立的 IMS 协议栈来实现 RCS，因此很难完全支持 GSMA 定义的
VoLTE 和 RCS 的融合方案，还需要完善各项标准化的工作。

4.9　快速充电技术

智能终端在电池领域始终没有大的突破，越来越多的应用需求与几乎停滞的电池技
术形成了突出的矛盾。在此情况下，提高充电速度成为了一个另辟蹊径的办法。2015
年下半年之后，新上市的智能终端配备快速充电技术已经较为普及，新机型的功率普遍
上了 20W，在 3000 毫安时的电池下，10 分钟可以充大约 25％，30 分钟可以达到 60％
以上，在一定程度上解决了手机续航的燃眉之急。

手机充电时的电流并不是一直不变的，当手机处于低电量的时候，手机会要求充电
器全速工作进行充电，此时工作在峰值电流，充电速度非常快，但是损耗和发热也很
大。一般充电至 60％～80％后，根据各个厂家设定的不同，手机会给充电器发送信号
降低电流，以达到保护电池、降低损耗、减少发热等目的；在后面这个阶段，充电的功
率是大幅度降低的，也就是我们常说的涓流补电。快速充电，一般来说，可以认为是手
机从初始充电状态开始充电 30 分钟期间，进入电池平均功率大于等于 13.5W 或总充电
量大于等于电池额定容量的 60％的充电方式，在 60％电量的情况下，已经基本能满足
手机的正常使用。

4.9.1　快速充电技术原理

快速充电系统如图 4-133 和图 4-134 所示，包括快速充电移动终端(含电池)、线缆
和快速充电电源适配器。终端与适配器进行握手通信后，判断双方是否满足快速充电功
能要求以及适合的快速充电模式，然后由适配器根据协商的模式对终端进行充电。适配
器和线缆应采用分离式设计。

图 4-133　快速充电技术原理图

图 4-134　快速充电系统

充电时充电器先把市电 220V 降压到 5V 输出到手机 Micro USB 接口，然后手机内部电路再降压到 4.3V 左右给电池充电。这里面一共有两个降压的过程。手机充电电流是手机来控制的，而不是充电器。手机会自动检测充电器的负载能力，充电器功率大质量好，手机就会允许充电器加载更高的电流；充电器设计输出电流过小，那么手机也会限制给自己充电的电流。例如，一台手机最大支持 5V/1.5A 的输入，如果使用 5V/1A 的充电器，就会导致手机只能以 5V/1A 来充电，不仅充电速度慢，而且因为充电器一直全负荷工作发热严重；反之使用 5V/2A 的充电头，手机会控制只输入 1.5A 的电流，充电器负载较低，有充足的余量。通过测试使用几种充电器的三星 Galaxy S6 edge 我们可以直观的验证这一问题，如图 4-135 所示，使用标配(三星 Galaxy S6 edge @ 9v/1.67A)的支

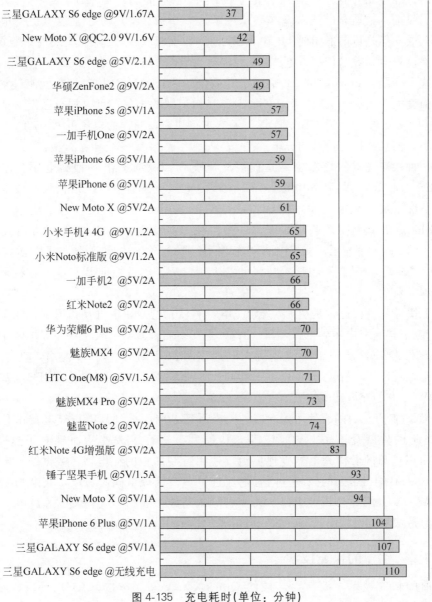

图 4-135 充电耗时(单位：分钟)

持快速充电的充电器进行测试时仅需要 37 分钟就可以完成充电，使用三星同款 5V/2.1A 充电器时间延长到 49 分钟，而使用三星同款的 5V/1A 充电器时间延长到 107 分钟。可以看出使用支持快速充电的标配充电器，比起使用 5V/1A 充电器的充电时间缩短为 1/3。

要想提高充电速度，关键在于提高充电的功率。功率(W)＝电流×电压，目前的主流快速充电技术基本是从提高充电电压或电流方面做文章。早期，手机电池都不大，这个时候 USB 接口默认的 5V/0.5A 就可以满足充电的需要；但是当智能机出现之后，功耗大幅上升，0.5A 已经满足不了需要了；于是定义了一个增强的 USB 充电识别标准：BC 1.2。它将充电电流最大扩展到 5V/1.5A。但是到了 2013 年左右，出现了 3000mA 时以上的智能手机，这个时候就算是 5V/1.5A 也不能满足需求了，于是再次扩展到 5V/2A。目前的快速充电技术基本都超过了这一指标。上述方法是通过提高电流来实现快速充电，但是目前通用的 Micro USB 接口和 USB 数据线，一般来说只能在 2A 的电流下保证安全高效的传输，电流超过 2A 硬件就会受不了。新的 USB Type C 接口可以解决这个问题。Type C 接口的触点数量数倍于 Micro USB 接口，这就使得它能承受的电流强度大大增加；同时 Type C 加入了互相识别的步骤，可以把自己定义成充电器或者受电设备。换句话说 USB Type C 天然支持快充，同样的电流下 USB Type C 损失也会更小，而且可以支持双向充电。

另一种快速充电的技术思路是提高充电电压。高通提出一种高电压技术路线—Quick Charge 2.0：提高充电器到 USB 接口的电压。提高电压可以在数据线电流负载不变的情况下提高充电功率，接口和数据线都不用更换，大大节省了成本。高通在 Quick Charge 2.0 上设计了两种方案—A 类和 B 类。手机使用的 A 类可以提供输出 5V、9V、12V 三种电压，实际上基本都只用 9V 这个挡位。B 类方案电压将支持到 5V、9V、12V、20V 四种电压，功率可以达到 60W，不过标准 B 基本上是给平板电脑和笔记本准备的。

以上快充的过程通常是从 5V 开始充电，然后充电器和手机互相识别，在电流最高 2A 的情况下提高充电器到手机 USB 端口的电压。目前真正实现了快速充电的手机，比如三星 S6/EDGE，低电量时的峰值充电速度可以达到 9V/1.5A 左右，功率大约为 14W，比 5V/1.8A 提高了约 50%。MOTO X STYLE/联想 P1/魅族 PRO5，基本上都到了 20W 左右的充电功率。

OPPO 的 VOOC 闪充使用了专门的充电系统。前面提到高电压充电技术是因为电流超过 2A 硬件就受不了，VOOC 闪充从硬件上进行了改变从而规避了这一限制。VOOC 可以简单的看作充电器直连电池，使用特制加强的充电器、数据线、电池，去除 Micro USB 端口带来的限制；同时电池进行多模块分组同时充电，充电功率提高至大约 25W。VOOC 整体设计去掉了大量增降压路线，线路损耗比 QC 等高电压方案小得多，但是成本相对较高，特制的充电器、数据线、电池导致兼容性较差。

4.9.2 主流的快充技术

目前的快充技术主要有：高通的 Quick Charge 1.0～3.0(QC)、MTK 的 MTP

Pump Express、OPPO VOOC 的闪充技术、USB 的 Power Delivery 等。而从技术特征上分析，它们的共同之处是输出功率大于市面上最常见的 USB 充电器的 5W(5V/1A)。

4.9.2.1 USB 标准

USB 标准又分为：

USB 1.0、2.0：5V/500mA；

USB 3.0：5V/900mA；

USB Battery Charge 1.2(BC1.2)：5V/500mA、5V/1.5A；

USB Type-C：5V/500mA、5V/900mA、5V/1.5A、5V/3A；

USB Power Delivery 2 v1.1：5V/2A、12V/1.5A、12V/3A、12V/5A、20V/3A、20V/5A；

USB Type-C 接口的充电器可以为手机提供 15W(5V/3A)的充电功率。

4.9.2.2 高通 Quick Charge 标准

高通在 2015 年 9 月 15 日发布了 Quick Charge 3.0(QC3.0)，比起还没全面普及的 QC2.0 技术提升了 27% 的充电速度，减少功率损耗 45%。高通快速充电使用的是提高电压的方式来减少线损，高通到目前一共有三代快速充电技术，分别是：

高通 QC1.0：输出规格 5V/2A，基本都是骁龙 600 平台；高通 QC2.0：输出规格 5V/9V/12V 三档，最大电流 3A，也就是目前使用最广泛的一种快速充电技术，支持的平台包括了骁龙 200/400/410/615/800/801/805/810，另外也授权给其他厂商使用，例如，三星的快速充电技术、Intel 的 BoostMaster 快速充电技术，其实也属于高通 QC2.0；高通 QC3.0：使用了被称为最佳电压智能协商(Intelligent Negotiation for Optimum Voltage，INOV)的算法，支持 3.6~20V 的工作电压动态调节，以 200mV 为步进。兼容的平台包括了高通骁龙 820、620、618、617 和 430，并且向下兼容 QC2.0 和 QC1.0 的设备，可以使用在 USB Type-A 接口、USB micro 接口和 USB Type-C 接口上。

根据官方说法，QC3.0 较上一代的效率可提升 38%，可在大约 35 分钟的时间里将一部典型的手机从零电量充电至 80%。Quick Charge 3.0 能够与此前的版本配套设备直接兼容，以高通骁龙 820 为代表的新一代处理器也都将支持这一技术。

4.9.2.3 MTK Pump Express 快充技术

MTK 的 MTP Pump Express 快充技术分为两种，一种带 Plus 一种不带 Plus，带 Plus 的可以支持到 9V/12V，从规格来看，普通的 Pump Express 支持前者，充电电流不超过 2A，而支持 Pump Express Plus 的产品则可以达到 12V/3A，这一类产品目前市面上比较少。如表 4-15 所示为 MTK 的快速充电官方技术规格。

表 4-15 MTK 快速充电官方技术规格

	Pump Express	Pump Express Plus
Adaptor type	PSR	PSR(or SSR)
Cgarger type	Linear	Switching

	Pump Express	Pump Express Plus
Charging current	≤2A	≥3A
Interface & Protocol	VBUS/PE	VBUS/PE+
Adaptor output voltage	3.6~5.0V	5.0~7V, 9V/12V
Cost Reduction	S0.25(1.5A Switching Charger)	N/A
Adaptor power	5W(1.2A) 7.5W(1.5A) 10W(2.0A)	15W(9V/1.67A)→3A Charge Current 24W(12V/2A)→4.5A Charge Current
Certification	Optional	Required

4.9.2.4　OPPO VOOC 的闪充技术

除了以上四种使用广泛的快速充电技术，另外还有一种来自 OPPO 手机的被称为 VOOC 的闪充技术。其做法是采用了高达 4.5A 的电流对电池进行充电，配合 8 触点电池和 7Pin 的 USB 接口，增加传输的触点数量有利于减少接触损耗，本来 Micro USB 接口只有寥寥几个 Pin 无法承受大电流的问题也得到改善，这也属于快速充电的一种，但仅限于 OPPO 的手机使用，不具备兼容性。

总体上来说，相比联发科的方案需要在手机端和充电器端同时适配对应芯片，高通的方案则只需要在充电器端内置新的通信协议芯片，在手机端只需通过软件升级即可。不过，由于前者的高度集成特性，联发科方案的成本更低。而对于有些特立独行的 OPPO 来说，尽管其 VOOC 闪充方案在效果上看表现优异，但其问题在于涉及定制的电路、电芯及数据接口，同时仅能适配于自家机型。各种快充技术之间并不兼容，支持 Quick Charge 的产品或者 MTK Pump Express 需要分别通过相关认证。

4.9.3　快充的标准

上述几种快充技术协议互相之间并不兼容。此外在普通充电技术和快速充电技术并存的情况下，快速充电移动终端、快速充电适配器与非快速充电移动终端、非快速充电适配器的兼容使用，以及在不同品牌快速充电移动终端与快速充电适配器之间实现快速充电是需要解决的问题。

目前国内正在制定这方面的标准，中国通信标准化协会已经通过了《移动通信终端用快速充电技术要求和测试方法》的立项，该标准正在起草过程中。该标准主要规定了移动通信终端用快速充电握手通信协议及系统中移动通信终端、交流电源适配器、线缆、电池的技术要求和测试方法。标准中定义了两种类型的快速充电：

Ⅰ型快速充电 type Ⅰ fast charge：主要通过提高电源适配器的输出电压来提高终端充电功率和速率的充电模式。

Ⅱ型快速充电 type Ⅱ fast charge：主要通过提高电源适配器的输出电流来提高终端充电功率和速率的充电模式。

标准中对快速充电电源适配器能力分级及额定输出规格进行了定义，随着该标准的讨论和制定，快速充电有望在一定的程度上统一接口，方便智能终端的使用。

4.10 外设接口

移动智能终端上使用的数据和充电接口主要有 Mini USB 接口、Micro USB 接口、USB3.0 数据线接口、苹果 Docking 接口、苹果 Lightning 数据线接口和代表未来趋势的 USB Type C 接口等。

4.10.1 USB 接口

USB 是英文 Universal Serial BUS 的缩写，中文含义是"通用串行总线"。USB 是在 1994 年年底由英特尔、康柏、IBM、Microsoft 等多家公司联合提出的。USB 是一个外部总线标准，用于规范计算机与外部设备的连接和通信。USB 接口支持设备的即插即用和热插拔功能。USB 接口可用于连接多达 127 种外设，如鼠标、调制解调器和键盘等。USB 自从 1996 年推出后，已成功替代串口和并口，并成为当今个人计算机和大量智能设备必配的接口之一。

USB 目前共有三种接口，分别为 Type-A(Standard-A)、Type-B(Micro-B) 以及 Type-C。标准的 Type-A 是计算机、电子配件中最广泛的界面标准，鼠标、U 盘、数据线上大的一方都是此接口，体积也最大；Type-B 标准则主要应用于 3.5 英寸移动硬盘、打印机、显示器等设备，体积要比 Type-A 小。而为了移动电子设备的便携性，还诞生了 Mini USB 和升级版的 Micro USB 标准，前一种被广泛应用在数码相机、数码摄像机、测量仪器上，后一种 Micro USB 则是我们目前智能手机最常见的接口。

USB 至今推出过 1.0/1.1/2.0/3.0/3.1 五个版本：

(1) 第一代：USB 1.0/1.1 的最大传输速率为 12Mbit/s，于 1996 年推出。

(2) 第二代：USB 2.0 的最大传输速率高达 480Mbit/s，且向下兼容 USB 1.0/1.1。

(3) 第三代：USB 3.0 最大传输速率 5Gbit/s，向下兼容 USB 1.0/1.1/2.0。

4.10.2 Mini USB 接口

Mini USB 接口如图 4-136 所示，其又被称为迷你 USB，是为在 PC 与数码设备间传输数据而开发的技术。Mini USB 分为 A 型、B 型和 AB 型，B 型 5Pin 这种接口可以说是常见的一种接口了，这种接口由于防误插性能出众，体积也比较小巧，所以正在赢得很多的厂商青睐，这种接口广泛出现在读卡器、MP3、数码相机以及移动硬盘上。

图 4-136 Mini USB 接口

4.10.3 Micro USB

在智能终端上，当前 Andriod 主流的数据线和充电接口是 Micro USB，其数据接线图如图 4-137 所示。2004 年 6 月包括沃达丰、Orange、T-Mobile、O2、西班牙的

Telefonica、意大利电信(Telecom Italia Mobile)和日本的 NTT DoCoMo 等全球主要移动网络运营商,以及诺基亚、三星、摩托罗拉、索尼爱立信和 LG 等主要手机厂商成立了开放移动终端平台(Open Mobile Terminal Platform:OMTP)组织。2007 年 9 月,OMTP 公布了全球统一的手机充电器接口标准为 Micro USB,新的 Micro USB 规范支持手机等移动设备上的 USB 技术,并且为今后更小、更紧凑的便携设备做好了准备。手机、MP4、数码相机等各种便携设备可以在不经 PC 中转的情况下进行互联、通信。Micro USB 接口的使用使得一个接口即可进行充电、音频及数据连接。Micro USB 接口成为智能终端统一的接口与欧盟的推动密不可分。欧盟 WEEE 部门要求手持装置制造商使用统一的接口和协议以减低浪费,由于 Micro USB 充电器能够统一,则可省去新产品的充电器。

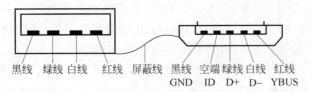

图 4-137　Micro USB 数据线接线图

Micro USB 是 USB 2.0 标准的一个便携版本,是 Mini USB 的下一代规格,比 Mini USB 接口更小,Micro USB 连接器比标准 USB 和 Mini USB 连接器更小,节省空间,具有高达 10 000 次的插拔寿命和强度,盲插机构设计。Micro USB 标准支持目前 USB 的 OTG 功能,即在没有主机(如个人计算机)的情况下,便携设备之间可直接实现数据传输。兼容 USB1.1(低速:1.5Mb/s,全速:12Mb/s)和 USB 2.0(高速:480Mb/s),同时提供数据传输和充电,特别适用于高速(HS)或更高速率的数据传输。

4.10.4　USB3.0 数据线接口

USB 3.0 是最新的 USB 规范,英特尔公司(Intel)和业界领先的公司一起携手组建了 USB 3.0 推广组,旨在开发速度超过当今 10 倍的超高效 USB 互联技术。该技术是由英特尔,以及惠普(HP)、NEC、NXP 半导体以及德州仪器(Texas Instruments)等公司共同开发的,应用领域包括个人计算机、消费及移动类产品的快速同步即时传输。USB 3.0 具有后向兼容标准,并兼具传统 USB 技术的易用性和即插即用功能,而 USB 3.0 数据线适用于电脑及其具备 USB 接口的周边产品(打印机、摄像机、传真机、扫描仪、U 盘、MP3、MP4 等)之间的数据传输。

4.10.5　苹果 Docking 接口

Apple Docking 接口是苹果公司的一种有 30 个管脚的数码设备数据接口,如图 4-138 所示,苹果的 Docking 数据接口已经用了 10 年之久,其早期产品如 iPhone 4s、iPad 2 都是使用的这种接口。

图 4-138　Apple Docking 接口

4. 10. 6 苹果 Lightning 数据线接口

Lightning 接口是苹果随 iPhone 5 一同发布的新款数据线，适用于 iPad 4、iPad mini、iPhone 5 及以上。Lighting 的正反两侧都有 8 个触点，每一个触点的功能都由数字芯片定义，大大缩小了底部的空间。苹果官方宣布新接口减少了 80％的体积。不分正反面，这样可以方便使用者。之前的 Docking 接口非常难分辨正反面，插入的时候如果方向不对还容易对整个卡槽造成物理损伤。新接口的触点旁边会有一个小小的凹槽，弧度比较低。同时新材质的应用让接口容易保持清洁，由于新接口在插拔的时候内部的一个弹片需要滑动接触，因此在清洁方面也比之前的 Docking 接口有优势。

4. 10. 7 USB Type C 接口

USB 是通用串行总线接口，通用这个词确实做到了，目前我们使用的外设中就属 USB 设备最多最方便，但是随着 USB 接口更新换代，为了满足不同市场应用，USB 接口也衍生出了 Type-A、Type-B 接口，这两种接口还有标准型、Mirco(硬盘底座很多是 Micro-B 接口)及 mini(智能手机、平板用的最多)这样的子分类，如图 4-139 所示，而且 USB 2.0 及 USB 3.0 的 mini、Mirco 接口不通用。USB 接口虽然是通用接口，但衍生版本越来越多，通用性已经变得较差。

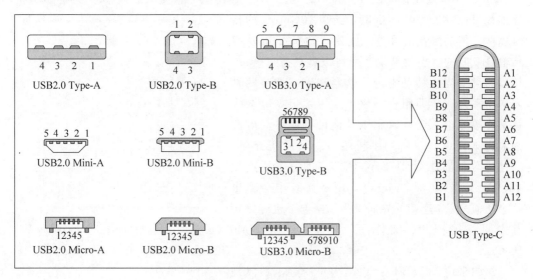

图 4-139 USB 接口家族

这种情况下，USB Implementers Forum(USB-IF)重新打造了 USB-C 这种接口，该接口被定义为新一代 USB 接口规范，而且要适应智能手机、平板、笔记本等移动设备。USB-C 接口是面向未来的，还要适应多种接口协议，所以它总计有 24 个针脚，而 USB 3.0 接口通常是 9～11 个，USB 2.0 只有 4 个针脚。针脚的增多并没有导致 USB-C 接口体积变大，实际上它还缩小了体积(相对标准口来说)，满足了移动设备的需求。

Type-C 标准是随着 USB 3.1 版本一同发布的，所以很多人就认为只要是 Type-C 接口就一定是 USB 3.1 版本。实际上 Type-C 对 USB 版本并无要求，甚至可以在老版本的 USB 2.0 上使用。Type-C 将 USB 规范的各个部分结合在一起，将为所有应用程序形成一套完整的布线、功率和信号管理系统。USB 2.0 Type-C 电缆支持 USB 2.0 低速、全速和高速格式。USB Type-C 全功能电缆也支持 USB 3.1 Gen1 和 Gen2 超速＋和极速 10G 数据率。Type-C 互连使用 USB 功率输出(PD)，使 100 W 功率容量可进行更快速的电池充电，并为大型设备如笔记本电脑、显示器和电视等供电。USB Type-C 最高能支持 20V/5A，如表 4-16 所示，但这需要 USB PD，而支持 USB PD 需要额外的 pd 芯片。

表 4-16 USB 功率支持表

模 式	标 称 电 压	最 大 电 流
USB2.0	5V	500mA
USB3.0	5V	900mA
USB BC1.2	5V	Up to 1.5A
USB Type-C @1.5A	5V	1.5A
USB Type-C @3.0A	5V	3A
USB PD	可配置 Up to 20V	可配置 Up to 5A

无方向性是 Type-C 的优势，通俗说就是可以正反插。Type-C 非常薄，约 8.3mm× 2.5mm 的大小放在移动设备上并不突兀。Type-C 还能完整支持 USB 3.1 的全部功能，比如提供高达 100W 的供电、最高 10Gbit/s 的传输速率、传输影音信号等。此外，Type-C 的功率传输是双向的，也就是说我们可以将任意 Type-C 接口的设备当作移动电源。这意味着它拥有两种发送功率方式，即用户不仅可以用笔记本电脑为移动终端充电，也可以利用其他设备或移动电源为笔记本充电，或者用手机给另一台手机充电。在使用两面都是 USB Type-C 端口的数据线连接后，在 Android 6.0 Marshmallow 系统中会弹出一个类似 OTG 连接的界面，指示两部手机可以相互之间传输图片、文件、充电等，如图 4-140 所示。

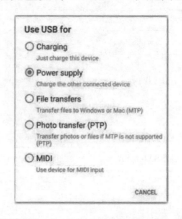

图 4-140 Android 6.0 Marshmallow 系统 USB Type-C 端口界面

总的来说，USB-C 接口是大势所趋，不仅是对于智能手机来说的，还包括 PC、笔记本电脑、平板电脑以及物联网设备都有可能全面升级到 USB-C 接口。但就 2015 年已上市的智能手机来看，已发布的型号除了发挥正反插的方便之外，在充电、高速传输等方面并没有真正发挥 Type-C 的全部性能，其中少数宣称支持 USB 3.0 速度，其他都还是 USB 2.0。

4.11 机身材质

智能终端的外壳不仅仅是终端外观的一部分，其材质和工艺对手机的保护、性能和用户体验等也有着重要意义。从 20 世纪八九十代手机出现至今，手机的外观、配置等均有了翻天覆地的变化，手机外壳也随之演变。最初的手机外壳使用的是工程塑料材质，包括聚碳酸酯(PC)、ABS、尼龙、聚矾等，而后出现了凯夫拉纤维、碳纤维、玻璃、陶瓷、不锈钢、金属等材质的外壳。总的来说，可以分为塑料、玻璃和金属三类材质。

4.11.1　塑料材质

在功能机时代，大多数手机用的是 ABS 塑料，如图 4-141 所示，ABS 是丙烯脂—丁二烯—苯乙烯共聚物的缩写，这种材料便宜，容易加工，容易做表面处理(电镀上一层金属)，是最常用的材料。但是这种材料强度低，不耐高温，要做到手机需要的强度，就得有一定的厚度(早期还没有金属骨架这个概念)，而这就让手机难以轻薄，所以早期的手机动辄 20mm、翻盖手机 25mm 的并不少见。此外，这种材料一旦表面油漆脱落会显得很低档，所以高档手机一般会谨慎选择，现在的手机使用此材质的已经很少了。目前智能终端上最常见的塑料是聚碳酸酯(poly carbonate)。这种塑料强度要比 ABS 好，同样强度可以比 ABS 塑料做的轻薄一些。耐高温也比 ABS 要好。

图 4-141　ABS 塑料机壳

塑料材质的优点较多，首先工艺难度和成本较低，对于任意弧度或者造型都能一次成型。此外，采用塑料材质手机普遍较轻，方便拆卸更换电池。材质本身对手机功能也无任何影响。聚碳酸酯的一个重要优点是它不会减弱手机无线电信号。当然，塑料材质的缺点也比较突出，就是观感和手感较差，"廉价感"强，不适用于高端机型。

尽管有着不会阻挡手机信号、价格便宜的优点，但是塑料也有着明显的缺点，它不是优良的热导体。散热上的缺点，导致采用塑料材质的手机/平板处理器以及图形处理器的频率，会比采用金属机身手机/平板的低。聚碳酸酯具有很优秀的抗冲击性，但是因为强度原因会厚重一些，双层注塑也做不到太薄。这对以前的功能机无所谓，到了大屏幕智能机的时代，人们开始寻求更好的材料。

4.11.2　玻璃材料

无论是塑料还是金属，硬度都是不太高的，如果没有保护套保护很容易划出小划痕。于是，乔布斯在 iPhone 4 上使用了玻璃。玻璃的优点是硬度高，特别是蓝宝石玻璃，日常生活中几乎遇不到什么东西能比它更硬。而软一点的康宁玻璃只要稍加保护(贴膜)，也能使已经使用了几年的手机完整如新。玻璃是当今除塑料和金属以外第三大广泛应用于移动终端的机身材料。玻璃在这三种材料当中，硬度和抗冲击力是最好的，但同时也是最易碎、脆弱的，容易损毁。现在，铝硅酸盐玻璃要比 Gorilla 玻璃更加常见。

玻璃的热导率介于金属和塑料之间，但其实只比塑料稍微高一点；玻璃材料对无线信号影响不明显,使用玻璃外壳手机可以内置天线。玻璃材质的手机,整机显得十分通透,外观十分精致。玻璃最大的弱点是易碎,另外是不易改变形状,所以当我们看到手机使用玻璃作为外壳材质时,通常只是一个平面。要加工成弧线,无论是热弯还是CNC(数控机床)打磨都很费工夫。

4.11.3 金属材料

金属机身通常采用钢或者铝合金材料,钢的编号有 100 多种,不锈钢也有几十种,铝合金从 1~9 系,每个系都有若干种型号。手机通常选择 304 或者 314 不锈钢和 6、7 系铝合金。金属机身具有档次感高、手感细腻有光泽、强度高、耐腐蚀等优点。金属材质当前通常运用在高端机型。得益于硬度高的优点,金属机身的手机表面往往更难划损。热导率高是金属材质另外一个优点,这能够让处理器完全发挥性能。随着 iPhone 5s 引入了金属机身,国内外旗舰机型纷纷采用金属材质。

金属材质虽有种种优点,但缺点也不可避免,金属材料有屏蔽性,会影响无线信号。目前比较普遍的解决办法是在金属上加入塑料分割线以保证射频信号的传输。随着技术的进步,一些智能终端可以根据手握状态和环境自动切换到信号最优的天线,更好地解决金属屏蔽信号的问题,全金属一体化外壳的智能终端也出现了。金属硬度高,所以能够为内部元件提供更好的保护。但是,当它摔下之后,也更容易产生创伤似的痕迹。因为加工的成本高,良品率低,金属机身也往往意味着最终产品将更加昂贵。另外,更高的热导率,也往往意味着金属手机容易变烫/凉,这一点上塑料手机的握感会更加舒适。

总体来说,塑料外壳的制作工艺已经相当成熟,可塑性强,可一次成型,信号的接收能力也最佳,把这些因素考虑到手机材质的综合成本中去,塑料的价格优势较为明显。在现有的手机中,2 000 元以下的手机还是以塑料外壳为主,最主要的原因就是塑料成本低,这样就可以将成本比重放在内部硬件的性能之上。玻璃材质相比工程塑料,看上去稍微高档一些,但使用范围远没有塑料广泛。金属材质的外壳成本主要体现在两个方面:一方面,材质本身的成本,理想的金属应该具备高硬度、优异的强度重量比、抗腐蚀、耐磨等特性;另一方面,金属材质加工工艺也较为复杂,切割、锻压、打磨等流程缺一不可,在产品初期良品率通常较低。

现在的智能终端往往混合使用多种材料来制造外壳,弥补相互之间的弱点。比如说,塑料的热导率不好,那么可以使用镁制作的中框,把热量尽快传导到屏幕或其他部位中去。在聚碳酸酯中添加 ABS 工程塑料,就可以显著增加它的硬度。而防散射涂层,则让玻璃摔碎时,不至于变成碎片。

如今的智能终端市场,高、中、低三个价位的手机在硬件性能上差距越来越小,越来越多的厂商将注意力放在产品外观设计上,在工艺设计成为智能终端竞争的重要方面这个趋势下,金属材质 2015 年逐渐在市场上占据越来越大的份额。中高端机型采用金属材质的比率不断增加。当前金属机壳加工工艺较为复杂,成品率低,所以性价比较高的塑料外壳仍占据主流,但金属材质将成为手机外壳的大势所趋,在将来可能会占据主导地位。

4.12　摄像头技术

4.12.1　摄像头成像原理

移动智能终端摄像头和数码相机摄像头成像原理相同，即镜头对所拍景物生成的光学图像投射到图像传感器表面，光电器件将光信号转换成电信号，经过 A/D 转换后变为数字图像信号，再送到数字信号处理芯片中加工处理，通过 I/O 数据传输到显示屏显示，获得图像。移动智能终端摄像头成像原理图如图 4-142 所示。

图 4-142　移动智能终端摄像头成像原理图

移动智能终端摄像头和数码相机摄像头成像原理一致，但因镜头、图像传感器及图像处理器等不同，导致二者在成像质量上存在差别。下面详解各部分成像过程。

镜头是将拍摄景物在传感器上成像的器件，它通常由几片透镜组成。从材质上看，摄像头的镜头可分为塑胶透镜和玻璃透镜。玻璃透光性以及成像质量都具有较大优势，但玻璃透镜成本也高。另外，镜头上配置数码变焦的移动智能终端摄像头，由于数码变焦仅通过处理器把图片内的每个像素面积增大，如使用像素的插值算法实现画面放大，从而达到局部放大景物的目的，因没有改变焦距，所以在一定程度上会影响图像的质量。而镜头上加上光学变焦的数码相机摄像头，依靠镜头结构和镜片的移动来放大和缩小拍摄的景物，故获取的景物清晰自然。目前，业界正在使用马达以实现移动智能终端摄像头的良好光学变焦。下文将介绍的评测参数如视场角、畸变、镜头均匀性、分辨率等都和镜头的性能相关。摄像头成像品质的好坏，与镜头有一定关系，当然，它是总效果的影响因素之一。

移动智能终端摄像头相比数码相机摄像头，因其自身体积、功耗及成本等原因，配置的图像传感器不同。图像传感器又称为感光元件(分 CCD 和 CMOS 两大类)，它是一种半导体芯片，其表面包含有几十万到几百万个感光二极管，这些感光二极管受到光照时，就会产生电荷。像素值是衡量此类感光芯片的重要指标，像素值越大，照片的分辨率就越大，可打印尺寸也越大。像素值是影响拍摄图像质量的因素之一，但它并不是主要因素，影响成像质量还包括镜头、感光元件的尺寸、性能等因素，所以同等像素值的感光芯片成像质量也有优劣之分，像素值高的感光芯片成像质量也不一定好于像素值低的。感光器件尺寸越大，捕获的光信息越多，感光性能越好，信噪比越好。相同尺寸的感光芯片像素增加固然好，但也会导致单个像素的感光面积缩小，损失图像质量。如果增加像素的同时又想维持现有图像质量，就必须维持单个像素感光面积不变，这就增大了总体感光面积，无疑提高了成本。所以大尺寸的感光芯片价格也偏高。图像传感器的整体性能对分辨率、噪声、灵敏度等参数起着重要作用。总之，图像传感器是组成移动智能终端摄像头的重要组成部分之一，对成像质量的优劣起着重要作用。

图像处理器会进行后图像处理，通过一系列复杂的数学算法运算，对数字图像信号参数进行优化处理，并把处理后的信号传到存储或显示部件。若该模块采用良好的图像处理算法，则担当起了提升图像传感器捕获的图像质量的重任，包括图像增强、噪声消除、根据光线条件进行的自动调节等。同时处理器的工作性能反映移动智能终端摄像头的整体操作响应速度，比如开机速度、对焦速度、拍摄间隔以及处理大量数据的能力等。

在移动智能终端摄像头成像过程中，闪光灯是其一个辅助的可选功能的配件。在成像质量上，闪光灯是加强曝光量的方式之一，尤其在昏暗的环境，打开闪光灯有助于让景物更明亮。当然，使用闪光灯也会出现弊端，例如，拍人物时，出现照片中的红眼现象。因为闪光灯的闪光轴与镜头的光轴距离很近，在外界光线很暗的条件下，人的瞳孔会相应变大，光线可能会在眼睛的瞳孔发生残留的现象。因此许多厂商为避免红眼现象发生，将消除红眼功能加入设计，如在闪光灯开启前先打出微弱光让瞳孔适应，然后再执行真正的闪光，从而避免红眼发生。移动智能终端摄像头闪光灯从 LED 灯方案发展到氙气灯方案，再发展到 LED 灯补光灯方案，厂商在不断地努力，而且闪光灯还有一些除用于拍摄时补光之外的其他作用，比如手电筒、拍摄前的辅助对焦等。但从拍照本质看，厂商在闪光灯上的努力远不及将图像传感器和镜头做得更好来得有价值。

快速对焦则是保证智能终端拍照体验的一个重要因素。目前应用在智能终端上的主要对焦技术有如下几种。

反差式对焦原：随机移动镜片模组，当画面从模糊到清晰再到模糊时，画面的对比度也会有一个升高再降低的过程，当 ISP 识别出对比度从最高点开始下降时，驱动镜头模组返回到对比度最高的状态，从而完成对焦。

相位对焦：通过在传感器上加入光线感应像素，直接感知对焦物体光量，从而直接对焦到准确位置。虽然速度更快，但从原理中我们也能发现相位对焦的缺点：在弱光环境下很难区分对焦物体和非对焦物体的光量导致对焦困难。所以即使是目前采用了相位对焦的苹果、华为等产品也采用了相位对焦＋反差对焦的双重对焦方式保证对焦的快速和准确。

激光辅助对焦：激光发射器当摄像头开启时就会不间断的发射激光，而接收器则负责接收激光遇到物体反射回来的光线，通过计算测得距离实现快速对焦。激光对焦已经应用多年，包括测距望远镜，激光测距仪等设备已经民用。激光对焦的缺点也显而易见：距离。激光发射器的功率直接影响激光对焦能够工作的距离。现有市面上手机的激光对焦传感器功率较小，也就是说对于近处物体的对焦速度提升明显，而对于远处物体作用则较为微弱。

Focus Pixel 技术：是苹果独创的技术，本质上来说也是一种相位检测像素技术，被应用到了 iPhone 6 和 iPhone 6 Plus 的身上。得益于苹果设计的全新图像信号处理器，Focus Pixels 可为传感器提供更多图像信息，带来更好更快的自动对焦，甚至在预览时就可一目了然。它们现在可以拍摄 30/60fps 的 1 080p 视频，以及 240fps 的 720p 的慢动作视频。

此外还有红外对焦、平面图像 PDAF 等。智能手机多种对焦方式混合对焦提升对焦速度的模式基本已经成为主流。如我们说到的相位对焦、反差对焦、激光对焦，甚至双摄像头三角定位对焦有望在同一款手机上出现。

4.12.2　摄像头相关技术参数

（1）光圈：光圈为镜头较为重要的一个参数。光圈是安装在镜头上控制通过镜头到达传感器的光线多少的装置。光圈的值通常用 f/1、f/2 来表示。数字越大，光圈越小，进光量越少；反之亦然。光圈除了控制通光量，还具有控制景深的功能。景深与光圈的关系是光圈越大，景深越浅；光圈越小，景深越深。移动智能终端摄像头的镜头通常的光圈值为 f/2.0、f/2.4 或 f/2.8。

（2）焦距：焦距为镜头另外一个重要的参数。镜头是一组透镜，当平行于主光轴的光线穿过透镜时，光会聚到一点上，这个点叫作焦点，焦点到透镜中心（即光心）的距离，就称为焦距。通俗地讲，焦距是从镜头的透镜中心到成像面（也就是传感器平面）上所形成的清晰影像之间的距离。根据成像原理，镜头的焦距决定了该镜头拍摄的物体在传感器上所形成影像的大小。比如在拍摄同一物体时，焦距越长，就能拍到该物体越大的影像。长焦距类似于望远镜。

（3）畸变：镜头畸变实际上是光学透镜固有的透视失真的总称，这种失真对于照片的成像质量非常不利，毕竟摄影的目的是为了再现，而非夸张，但因为这是透镜的固有特性，所以无法消除，只能改善。目前最高质量的镜头在极其严格的条件下测试，在镜头的边缘也会产生不同程度的变形和失真。畸变的类型可分为枕型畸变和桶形畸变。

（4）视场角：在智能终端摄像头中，以镜头为顶点，以被测目标的物象可通过镜头的最大范围的两条边缘构成的夹角，称为视场角。视场角的大小决定了光学仪器的视野范围，视场角越大，视野就越大。通俗地讲，目标物不在这个角内则不会被记录。

（5）像素和有效像素：像素就是图像传感器上能单独感光的物理单元。图像传感器中，能进行有效光电转换，并输出影像信号的像素为有效像素。有效像素大小和数量决定了图像传感器的影像分辨能力。

（6）光学有效像素总数：移动智能终端摄像头内置的图像传感器将被摄物通过镜头所成之像转换成电子影像信号的有效像素总数。

（7）标称像素总数：标称像素总数又称标称分辨率，是指感光芯片有效像素的总和，以行数×列数的形式表示，如 640×480 就表示传感器在水平方向和垂直方向各有 640 个和 480 个像素点。在感光芯片和移动智能终端产品中常用万像素、兆像素值来表示该产品所支持的标称像素总数。如目前移动智能终端产品中前置摄像头流行的标称像素总数为 500 万，常用表示为 5M，行列数为 2 560×1 920；后置摄像头标称像素总数为 800 万，常用表示为 8M，行列数为 3 264×2 488。

4.12.3　摄像头技术发展趋势

摄像头已遍布我们生活的每一个角落，如车载监控/倒车影像；道路交通安全监控；智能电视及移动终端等。因移动智能终端的便携和移动性能，使得用户对移动终端摄像头体验需求日益提升。随着该产业链的积极推动，摄像头从最初的 30 万像素发展到今天的 1 300 万像素、1 600 万像素甚至超越 2 000 万像素。相关技术发展将会围绕以下方面展开。

（1）像素：高像素即努力提高拍照的分辨率，拍照可获取更多图像细节。但像素走高同时会导致摄像头模组发热量增大，噪点抑制下降，后端平台运算速度需配套提升，图像处理负担加大等问题。除传统的像素走高之外，也有终端厂商在像素方面不提倡超高像素，但努力提升成像画质，即像素面积不断增大，造成单像素尺寸更大的芯片在单位时间内获取的光通量增大，芯片整体感光度更优。在日常拍照中噪点抑制提升，弱光环境下表现提升，视频录制时画面明亮度明显提升。

（2）动态图像或视频录制：分辨率、帧率为其主要指标，部分移动智能终端摄像头动态图像标称每秒 30 帧，但通常这是在极佳的拍摄状态和拍摄环境才能达到的指标。如在夜景、光线不佳或快速运动的状态下拍摄，该项技术还需完善和增强。

（3）高动态范围（HDR）：高动态范围照片能够显示明暗范围更大的景像。

（4）光学防抖：即让用户在多样的环境下拍摄到稳定、清晰的照片，将是移动智能终端摄像头发展的一个重要趋势。其中，OIS（Optical Image Stabilization）光学防抖技术已在移动智能终端上应用，其实现主要依赖硬件和软件算法性能的提升。

（5）曝光：其精准性直接影响到成像图像的质量。

（6）元器件及机械组件设计：自动聚焦与变焦所需的马达与搭配藏身镜头模块内的结构设计；传感器、镜头与机械装置的结构设计。

（7）闪光灯：确保即使在弱光环境下，手持拍摄也能够拍出清晰、稳定的照片。如补充高像素所需的高照光源搭配 LED 的闪光灯设计。

摄像头是智能手机市场的差异化竞争点之一。近年来手机像素提高受到阻碍。严格意义上来说，手机摄像头像素的提高不等同于拍照质量的上升。高像素意味着在同一个感光芯片上像素点数目增多，意味着更大的输出尺寸，即像素越高，放大照片所造成的失真越小。但是拍照效果很大程度与感光元件每个像素点的尺寸有关。像素点尺寸越大，每个像素点所能接收到的"光子雨"也就越多。而在一块既定面积的感光芯片上，像素数目的增多势必会减少单个像素点的尺寸，进而影响整个芯片接收到的"光子雨"总数。因此像素提升会影响进光量从而影响拍照质量，但倘若降低像素增大感光面积又会使照片缺少细节。双摄像技术可以有效地解决像素点感光面积与像素提升之间的矛盾。双摄像头的进光量增加一倍，直接提高照片感光度，降低图像噪点，在弱光和夜景拍摄中效果会更好。此外，双摄像头在快速对焦与景深控制方面也有一定的优势。对于平行与非平行两种不同结构的双摄像头，实现景深控制的方式不同。主副（非平行）双摄像头结构中，主摄像头负责拍摄，副摄像头责测算景深范围和空间信息提供可靠地实际景深范围，从而实现快速准确对焦。而平行双摄像头通过软硬结合的方式实现景深控制。

在双摄像头领域，算法是核心。两个摄像头拍摄的区域或功能不同，两个摄像头拍摄出两个独立的部分如何合二为一，这就需要算法处理、合成。目前全球双摄像头应用主流算法公司有：Arcsoft（虹软）、Qualcomm、MTK、CorePhotonics、LinX、舜宇光电、华晶光电。算法的实现过程首先要求算法公司、手机公司、模组厂定义好双摄像头规格；然后把双摄像头交给平台商做单颗摄像头的驱动调试和效果调试，同时完成两颗摄像头的同步；然后交给算法公司做双摄像头算法调试和植入，这是最难实现的环节。双摄像头制造难点在于两颗摄像头摆放问题，而这又直接导致双摄像头良品率较低。因为每一个摄像头都有一定的取景范围，必须保证两个摄像头的取景视野不会重叠，即对两个摄像头的同轴度要求极高，仅能将两颗摄像头取景交错角度缩小到 0.1 度，距离精度控制在 0.05mm 以内，再通过算法让合成的照片不出现叠影。在封装流程，在传统的 CSP 及 COB 摄像头封装中，涉及 CIS、镜座、马达、镜头、线路板等零配件的多次组装，均是根据设备调节的参数进行零配件的移动装配，零配件的叠加公差越来越大。因此，为了保证双摄像头的同轴性，从线路板的走线、VCM 马达选择、摄像头底座设计、工艺流程与封装流程都必须进行改进。除此之外，要在双摄像头实现更高级 AF/OIS(自动对焦/光学图像防抖)功能，则不可避免的要解决另一个难题：磁干扰问题，传统方式的 AF/OIS 摄像头模组抗磁干扰能力非常弱。两个摄像头模组必须保持一定距离，才能正常工作。

2016 年，双摄像头在智能手机上开始在高端机上出现，如华为 P9、华为荣耀 V8、LG G5、联想 Projcet Tango AR 手机等，预计将会引领更多品牌手机涌入双摄像头阵营。有一组数据仅供参考：2016 年双摄像头市场渗透率逼近 10%，预计 2019 年双摄像头全球市场空间为百万枚，平均复合增长率达到 131%(数据来源：海通证券)。

参考文献

[1] 移动终端白皮书[R]. 北京：工业和信息化部电信研究院，2012.

[2] 移动互联网白皮书[R]. 北京：中国信息通信研究院，2015.

[3] 刘金媛，孟宪遵，丁海韬. 改变移动互联网的新型人机交互技术[J]. 电信科学，2013(6).

[4] 逢淑宁，文婷. 移动智能终端发展建议[J]. 信息通信技术，2014(2).

[5] 落红卫. 移动智能终端生物识别应用与安全研究[J]. 保密科学，2014(9).

[6] 刘宇尘. 基于安卓系统的人机交互应用研究[D]. 合肥：中国科学技术大学硕士学位论文，2012.

[7] 赵博选，王琦. 柔性显示技术研发现状及发展方向[J]. 电视技术，2014，38(4).

[8] Youngho Lee, Jongmyung Choi. Texture Extraction from Video and Image Warping for AR Coloring Book[J]. Lecture Notes in Electrical Engineering，2014(330)：361-365.

[9] 麻兴东. 增强现实的系统结构与关键技术研究[J]. 无线互联科技，2015，5(10).

[10] 北斗卫星导航系统发展报告[R]. 北京：中国卫星导航系统管理办公室，2013.

[11] 3GPP TS 36.302Evolved Universal Terrestrial Radio Access (E-UTRA)；Services provided by the physical layer[S].

[12] 室内定位技术研究报告[R]. 北京：中国通信标准化协会，2015.

[13] 民用北斗设备测试方法研究[R]. 北京：中国通信标准化协会，2014.

[14] 混合定位技术研究报告[R]. 北京：中国通信标准化协会，2012.

[15] 混合定位技术研究报告[R]. 北京：中国通信标准化协会，2012.

[16] 基于 LTE 控制面的定位系统设备技术要求[S]. 北京：中国通信标准化协会，2015.

[17] LTE 移动通信终端支持北斗定位技术要求[S]. 北京：中国通信标准化协会，2015.

[18] 3GPP TS 36.214 Evolved Universal Terrestrial Radio Access (E-UTRA)；Physical layer；Measurements[S].

［19］　3GPP TS 36.171 Evolved Universal Terrestrial Radio Access（E-UTRA）；Requirements for Support of Assisted Global Navigation Satellite System（A-GNSS）［S］.

［20］　3GPP TS 36.509 Evolved Universal Terrestrial Radio Access（E-UTRA）and Evolved Packet Core（EPC）；Special conformance testing functions for User Equipment（UE）［S］.

［21］　3GPP TS 36.355 Evolved Universal Terrestrial Radio Access（E-UTRA）；LTE Positioning Protocol（LPP）［S］.

［22］　3GPP TS 36.455"LTE Positioning Protocol A（LPPa）（Release 10）"［S］.

［23］　蓝牙技术及认证简介［R］. 北京：中国信息通信研究院，2013.

［24］　姚传富. NFC：让移动支付梦想成真［N］. 人民邮电报，2011-07-19.

［25］　杨吉焕. 运营商手机支付：真的已经穷途末路了吗？［N］. 人民邮电报，2015-11-13.

［26］　NFC 基础培训［EB/OL］. 海信特科. ［2013-12-17］. http://www.docin.com/p-760933968.html.

［27］　马近朱，深度思考 NFC 手机支付业务的发展、优势和关键问题［EB/OL］. ［2014-12-24］. http://news.rfidworld.com.cn/2014_12/3e246f66895778ed.html.

［28］　鲁义轩. NFC 的最后一搏？［J］. 通信世界，2016，（03）.

［29］　万屹. 商用 Wi-Fi 向何处去？［R］. 北京：中国信息通信研究院，2013.

［30］　Black—黑数码：史上最详细的快充技术科普［EB/OL］. ［2015-10-11］. http://bbs.ngacn.cc/read.php?tid=8615197.

［31］　移动通信终端用快速充电技术要求和测试方法［S］. 北京：中国通信标准化协会，2015.

［32］　micro USB［EB/OL］. http://baike.baidu.com/link?url=YvXtCRBxQh703Gos2VxbfT0xfwu_kYKC0V1HhdIBl_evTQejN1AeqGw-0_i20t18L04SRICkpDqV-kiOJQuE0a.

［33］　了解手机接口 USB Type-C［EB/OL］. ［2015-10-23］. http://www.hugesky.com/showarticle.php?tid=5898.

［34］　USB Type-C 接口有什么优势？［EB/OL］. ［2015-03-16］. http://www.lulian.cn/article-188-cn.html.

［35］　半导体行业将发布以应用为导向的新路线图［N］. 中国科学报，2016(3).

［36］　吴凡. 移动智能终端大战：操作系统国产化加速布局［N］. 深圳特区报，2016/2.23.

［37］　落红卫. 移动操作系统现状分析与发展建议［J］. 保密科学技术，2015(8).

［38］　落红卫. 开源开放给智能手机行业带来的机遇与挑战［J］. 移动通信，2014，8(17).

［39］　落红卫. 移动健康系统架构与关键技术［J］. 电信网技术，2014(1).

［40］　陈平，谢磊，张天闻. 双摄像头研究报告［R］. 北京：海通证券，2016.

第五章

智能终端的信息安全

伴随着移动互联网的飞速发展和日益普及，移动智能终端被广泛使用并成为人们日常工作生活中必不可少的组成部分。但与此同时，移动智能终端处理能力强大、获取信息灵活、存储数据便捷、应用开发方便等特点不可避免地会带来大量安全隐患：恶意扣费、个人信息泄露、流量耗费、数据篡改、资源占用、病毒木马等。作为移动智能终端的管理控制中心，移动应用的繁荣发展和安全问题的大量滋生均来自于移动操作系统。移动操作系统采用功能更加强大、平台更加开放的架构，本身就可能产生更多的安全漏洞。同时，移动操作系统为开发者提供大量应用编程接口，给攻击者带来更多恶意攻击的机会。此外，由于移动智能终端中存储了包括通信录、消息和通话记录、账号密码等大量重要用户信息，不可避免吸引了更多恶意攻击。

5.1 操作系统

移动操作系统安全机制目标是消除自身安全漏洞并提高安全防范能力，达到对系统资源调用的监控、保护和提醒，确保涉及安全的系统行为总是在受控的状态下，不会出现用户在不知情的情况下某种行为的执行，或者用户不可控行为的执行。目前主流移动操作系统使用类似安全机制，本部分将以 Android 系统为例进行共性安全机制分析，Android 系统安全架构如图 5-1 所示。

Android 系统安全架构包括若干安全单元，不同安全单位依赖组合，形成基本安全功能：应用沙箱、权限管理、加密机制、应用签名和管理安全。

5.1.1 应用沙箱

应用沙箱是一种按照安全策略限制程序行为的执行环境。系统每安装一个应用时，都会单独为其在系统中分配一个低权限属主（包括用户名、用户 ID 和用户组）以及权限，应用运行时只能在限定执行环境中运行，操作相应文件、数据和内存，不同沙箱之间的应用无法互相影响。Android 使用数字签名来区分不同的应用开发者，若两个应用的签名证书是相同的，Android 就认为它们来自同一个开发者，此时若应用设置了 shared User Id 选项，系统就会为两者分配相同的用户 ID（相当于置于同一个沙箱内），使它们

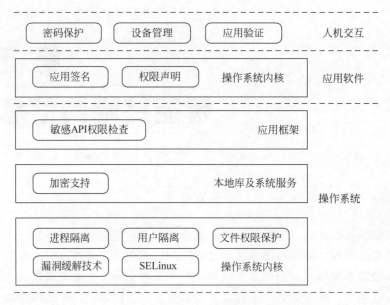

图 5-1　Android 系统安全架构

可以直接共享私有数据。

5.1.2　权限管理

在 Android 中，敏感操作(如读联系人、发短信)不能通过直接读系统文件或访问硬件的方式来完成，而必须调用系统 API 接口实现。每个涉及敏感操作的 API 都设置有权限保护，开发者若要在应用中调用敏感 API，必须在代码中进行声明。安装应用时，系统向用户明示该应用需用到的所有权限，只有当用户明确同意时，安装才会继续。应用一旦安装，其权限就固化下来，并且系统会在应用运行过程中进行权限检查，若发现应用调用某 API 但未申请相应权限，则应用被立即终止。

5.1.3　加密机制

加密机制是 Android 安全基础，具体体现在：数据加密(为应用程序提供了对数据的加密，其中实现了常用的标准密码学算法，如 AES、RSA、DSA 和 SHA)、传输加密(为应用程序以加密方式进行网络数据传输提供完善的支持，如 SSL 和 HTTPS 网络安全协议)和文件加密(对存储文件进行加密)。

5.1.4　应用签名

应用软件在发布时均需打包和签名。与通常在信息安全领域中使用数字证书的用途不同，Android 利用数字签名来标识应用的作者和在应用间建立信任关系，而不是用来判定应用是否应该被安装。这个数字证书并不需要权威的数字证书签名机构认证，而是由开发者来进行控制和使用，用来进行应用包的自我认证。

5.1.5　管理安全

移动操作系统通常提供面向终端用户的管理安全机制，包括密码保护(用户可选择启用锁屏密码，系统支持密码解锁、图案解锁、指纹解锁和人脸解锁等)和设备管理(移动操作系统安全策略配置，包括密码安全策略、远程锁定策略和远程擦除策略等)等。

5.2　应用软件

移动应用的迅速发展极大程度上刺激了移动互联网持续创新，降低了移动应用开发门槛并为用户带来了丰富多彩的互联网体验，促进了移动互联网全面发展。但是移动应用软件尤其是在线应用在飞速发展的同时也滋生了大量的安全隐患，包括恶意扣费、个人信息泄露、流量耗费、数据篡改、资源占用、病毒木马等严重问题，甚至传播涉黄、反动等非法内容。究其原因，一方面在移动互联网中，除了安装手机防病毒软件外，缺乏针对不良及恶意应用传播的技术制约手段，例如移动应用程序的来源认证、对恶意应用的追踪溯源机制等；另一方面移动应用平台(包括商店和第三方服务器)对其承载的移动应用安全管理尺度不一，没有统一标准规范，应用平台的自身安全防护能力不健全等，都是恶意应用、不良应用能够上架流通的重要原因。移动恶意代码通常是在移动应用软件开发或二次打包的过程中植入，以诱骗欺诈、隐私窃取、恶意扣费等方式攫取经济利益或传播垃圾信息。中国互联网协会反网络病毒联盟《移动互联网恶意代码描述规范》将移动互联网恶意代码分为八大类：恶意扣费、隐私窃取、远程控制、恶意传播、资费消耗、系统破坏、诱骗欺诈和流氓行为。在这八类恶意代码中危害表现最突出的恶意程序为：恶意扣费类、隐私窃取类、资费消耗类。恶意扣费：在用户不知情或未授权的情况下，通过隐蔽执行、欺骗用户点击等手段，订购各类收费业务或使用移动终端支付，导致用户经济损失的，具有恶意扣费属性。隐私窃取：在用户不知情或未授权的情况下，获取涉及用户个人信息的，具有隐私窃取属性。资费消耗：在用户不知情或未授权的情况下，通过自动拨打电话，发送短信、彩信、邮件，频繁连接网络等方式，导致用户资费损失的，具有资费消耗属性。

5.2.1　安全威胁

安全威胁可以分为主动安全威胁(利用移动终端的安全缺陷，对其他实体带来的安全威胁)和被动安全威胁(移动终端自身面临的被攻击的危险)两类。

5.2.1.1　主动威胁

(1) 移动终端软件被攻击者利用，获得未授权的网络服务。攻击者可能会获得移动终端用户的终端操控权，在未授权的情况下使用用户的无线网络资源，如非法进行网络访问，盗取用户通信资费等。

(2) 移动终端软件被攻击者利用，获得未授权的应用服务。攻击者可能会获得移动终端用户的终端软件控制权，在未授权的情况下使用用户的移动应用软件，如非法在移动终端上安装恶意软件，非法获取用户其他应用软件的信息。

（3）移动终端软件被攻击者利用，获得各种敏感数据。攻击者可能会获得移动终端用户的终端控制权，在未授权的情况下操控用户的移动终端与其上的应用软件，如非法获得用户移动终端上的个人数据，非法获取用户移动应用软件上的隐私数据等。

（4）移动终端软件被攻击者利用，对网络实体发起攻击。攻击者可能会获得移动终端用户的终端控制权，从而在未授权的情况下对用户的移动终端，或通过移动终端向网络通信终端发起恶意攻击。

5.2.1.2　被动威胁

（1）移动终端软件的敏感信息被窃取或泄露。移动用户的敏感数据会在不知情的情况下被窃取安装在移动终端的应用软件中。

（2）移动终端软件受到病毒、木马等恶意代码的入侵。移动用户会在不知情的情况下被开放移动终端的通信端口，从而使移动终端暴露在没有防护的网络环境下，提升了恶意软件侵入的概率。

（3）受到攻击者的欺骗，授权给入侵者各种资源访问权限。移动用户会在不知情的情况下被入侵者的伪装程序欺骗，从而使自身的终端资源访问权限泄露。

（4）攻击者利用被控制的移动终端，获取私有的、敏感的数据。移动用户会在不知情的情况下被窃取移动终端上存储的地理位置、通信录、通话与信息记录等个人隐私数据。

（5）受到电源耗尽攻击、Timing 攻击等威胁。移动用户会在不知情的情况下被窃取到终端的控制权，从而恶意操控改变移动终端资源，使用户无法正常使用。

5.2.1.3　根源分析

移动恶意代码起源于应用软件开放的开发和应用环境。以 Android 系统为例，Android 操作系统本身提供应用签名、权限审核和沙箱隔离三项重要的安全机制，来限制和约束应用软件行为。虽然很大程度上在保证灵活性的前提下加强了应用软件安全能力，但远没达到消除安全威胁的程度。具体如下：

（1）Android 支持可装载内核模块机制（LKM）。在这种机制下，大多数内核模块都是可以被重新编译、装载和卸载的。系统启动后，LKM 可以像其他内核模块一样被链接进入系统。部分恶意代码利用这种灵活扩展机制，通过修改内核代码使自己的恶意代码模块可以拦截正常的系统调用，并改变正常的软件行为，如隐藏进程、监控操作和记录键盘等。恶意代码可以修改系统调用表中的函数地址为自己的函数，执行完自己定义的代码。Android 反射机制使恶意代码在任何对象中，都有调用目标类的所有的字段和方法的可能，增加了系统的安全威胁。

（2）Android 系统的权限机制以进程为监控单元，但是应用的进程间通信 IPC 机制带来共谋攻击威胁。共谋攻击是指两个或多个应用分别获取一部分关键功能和权限，各自不会对系统安全造成威胁，但是这几个应用的功能共同作用则产生后果严重的攻击，并不易被安全监控系统发觉。

（3）Android 平台的权限安全机制可以保证应用程序在用户安装以后执行的操作不会超出它申明的权限列表。但大部分应用程序权限授予方式是一个全选或者全不选的决定，如果用户想使用该应用程序，只能将应用程序申明的所有权限授予给应用程序，否则将无法安装该应用程序。市面上虽然已有一些产品可以完成权限的细粒度的控制功能，但是这些产品普遍需要用户参与是否权限授予的判定，这种方式对于用户不太友好，用户很难成为业务专家，所以很难实施。

（4）应用软件均以 APK 包的格式存在。应用软件在发布时都必须被签名，与通常在信息安全领域中使用数字证书的用途不同，Android 仅仅利用数字签名来标识应用的作者和在应用间建立信任关系，而不是用来判定应用是否应该被安装。而且，这个数字证书并不需要权威的数字证书签名机构认证，而是由开发者来进行控制和使用的，用来进行应用包的自我认证。同时，APK 包本身较易被反编译，并重新打包，任何一个开发人员都可以对应用程序进行再次打包，因此很多恶意软件开发者从网络上下载各种热门应用，解压后加入他们开发的恶意代码，重新进行打包，并利用第三方应用商店或者论坛进行传播。

5.2.2　保护技术

任何事情都具有两面性：对于良性应用软件，躲避技术可以称为保护技术，防止应用软件被反编译被盗版；对于恶意代码，主要被用于逃避恶意行为被发现或者检测，具体如下。

5.2.2.1　代码混淆

代码混淆是指对原始程序进行处理，得到与原程序功能完全一致但结构迥异的新程序。代码混淆可在源代码级别或可执行代码级别进行，目前主流的代码混淆技术主要是针对源代码级别的混淆，通过对程序布局（变量名、文本格式、注释等）、控制流程（跳转分支等）、关键数据等进行混淆转换，以增大逆向的难度，防止分析人员将文件反汇编出来。

代码混淆的分类主要有三种：根据代码混淆的对象，代码混淆可以分为布局混淆、数据混淆、控制混淆和预防变换；根据代码混淆所处理的程序语言，代码混淆可以分为源码混淆、Java 字节码混淆和二进制混淆；根据代码混淆所针对的攻击过程，代码混淆可以分为针对反汇编的混淆和针对反编译的混淆。

1. 布局混淆

布局混淆是较简单的一类混淆变换。它又称为词法变换，通常是针对程序的布局，如源代码的格式、变量的名称等，进行变换。常用的方法是删除或隐藏程序中有关的信息，如删除调试信息、删除程序注释、删除常量池中的变量名和方法名、改变程序的格式、加密字符串、改变程序中的变量名和函数名等。

2. 数据混淆

数据混淆的对象是程序中的数据结构，其目的主要是增加数据流分析，如程序切片分析的难度。数据流分析是分析程序中所有变量的定值（对变量赋值或输入值）和引用之间关系的过程。通过数据流分析可以不必运行程序就发现程序运行时的行为，因而它对于理解程序具有重要作用。一般地，可以从数据的存储与编码、聚集和顺序三个方面来对数据进行混淆，如针对数据存储与编码的混淆有变量编码、变量拆分等；针对数据聚集的混淆有数组拆分、数组合并、数组折叠、返回类型封装、类熔合、类分裂等；针对数据顺序的混淆有常量、数组重排等。

3. 控制混淆

控制混淆的主要目的是隐藏程序的控制流信息，它所混淆的控制流属性主要有：聚集、顺序和计算。针对控制流聚集的混淆变换有函数内联与外廓、函数克隆、循环展开等；针对控制流顺序的混淆变换有指令、循环、表达式重排等；针对控制流计算的混淆变换有表解释、循环条件扩展、可规约流图变换为不可规约流图、过程内控制流压平、过程间控制流压平、基于 Hash 函数的控制混淆、基于不透明谓词的控制混淆、基于自修改代码的控制混淆、基于函数指针数组的控制混淆、基于多分支语句的控制混淆和基于相邻指令重叠的控制混淆等。

4. 预防变换

预防变换主要是利用现有 Java 反编译器或反编译技术中存在的一些问题，进行有针对性的变换。由于 Java 字节码中包含许多有关类型、域和函数名的信息，Java 反编译器可以利用这些信息生成与 Java 源程序类似的高级语言表示的程序。为保护 Java 程序，研究者针对 Java 反编译器，提出了若干种混淆方法。它们主要是通过利用 Java 字节码和 Java 语言在表达能力上的差异，在程序中引入语法和语义错误，以使得反编译失败。

作为一种特殊的程序变换，正确性是代码混淆需要具有的最基本的性质，即它需要保证混淆前后程序的可观察行为不变。为分析混淆的正确性，Drape 提出了一种混淆抽象数据类型的方法。混淆被看作是一种数据精化，从而可以形式化地分析混淆的正确性。该方法已被应用于多种不同的数据类型，如树、矩阵和数组等，以及描述现有常见的数据混淆变换。

评价一个代码混淆变换的优劣可以从以下四个方面来考虑。

(1) 力度(Potency)：它描述了代码混淆变换对程序可读性的影响程度。一般地，混淆的力度越大，说明混淆后程序的可读性越差。

(2) 抗攻击性(Resilient)：它是从程序自动化分析的角度来衡量代码混淆的效果，通常需要考虑两方面的因素：一是构造一个反混淆器的开销；二是反混淆器执行所需的时间和空间开销。

(3) 额外开销(Cost)：设计一个代码混淆算法时还应该考虑性能退化问题，即代码混淆变换给程序带来的额外的时间和空间开销。

(4) 隐蔽性(Stealth)：代码混淆变换还应具有一定的隐蔽性，以防止攻击者定位到被混淆的代码，从而进行反混淆。在实际应用中，用户最关心的是代码混淆的混淆效果，即它是否能增加攻击者分析程序的难度。力度和抗攻击性是分别从人工分析和程序自动分析两个方面来衡量代码混淆的混淆效果。

5.2.2.2 软件加壳

保护软件不被非法修改或反编译的程序，先于原程序运行并拿到控制权，进行一定处理后再将控制权转交给原程序，实现软件保护的任务。加壳后的程序能够防范静态分析和增加动态分析的难度。根据软件加壳的目的和作用，可分为以减小软件体积为目的的压缩保护壳和以保护软件为目的的加密保护壳。随着加壳技术的发展，很多加壳软件在具有较强的压缩性能的同时，也有了较强的软件保护性能。

5.2.2.3 防篡改技术

软件防篡改技术，需要程序员对程序设计有着非常深入的理解，可以在二进制编码级或源码级将"陷阱"嵌入到程序中。一个成熟的防篡改代码通常需要具有如下两个功能：第一，可以及时发现代码的非授权篡改；第二，当发现篡改行为时，可以让程序异常退出或者输出结果变得不正确。防篡改软件架构主要有四个设计原则：

(1) 将秘密信息分散在程序的时间和空间中。

(2) 对存在依赖关系的交错操作，进行混淆保护。

(3) 在程序中植入唯一编码。

(4) 环环相扣的可信计算，形成可信网络。

这些设计原则也作为代码多样性、软件哨兵和代码混淆等软件保护技术的基本原则。软件防篡改架构主要由两个部分构成：完整性验证内核和环环相扣的可信验证机制。

5.2.2.4 防调试跟踪

防止逆向人员利用动态调试器对软件进行调试，以避免程序运行过程被逆向人员追踪，防止关键算法和敏感信息的泄露。防调试跟踪技术一般通过对调试器的特征检测来实现，如检测敏感进程名称、检测进程是否处于调试状态、检测反常权限、检测时间差、检测断点等。当检测到系统中存在调试器时，程序可做出适当的反应，如退出程序或执行异常处理等。

5.2.2.5 软件水印

软件水印以软件产品为操作对象，将软件的版权和用户身份等信息嵌入到程序中，以达到软件保护的目的。软件水印是密码学、软件工程、算法设计、图论、程序设计等学科的交叉研究领域。软件水印嵌入和提取方法可分为静态水印和动态水印。

静态软件水印保存在可执行程序中，例如安装模块部分、指令代码、调试信息的符号部分。根据水印保存的位置，可以将静态软件水印分为静态数据水印和静态代码水印两类。静态数据水印隐藏在头文件、字符串和调试信息等数据中。静态代码水印则更多地借鉴了多媒体水印的思想，水印被隐藏在目标代码的冗余信息中。

动态软件水印保存在程序的执行状态中。根据水印保存的程序状态和水印的提取方式，可以将动态水印分为数据结构水印和执行跟踪水印两类。数据结构水印把水印信息隐藏在堆栈或全局变量域等程序状态中，通过检测特定输入下的程序变量当前值来进行水印提取。执行跟踪水印通过程序在特定输入下，对运行程序中指令的执行顺序或内存地址走向进行编码生成水印，水印检测则通过控制地址和操作码顺序的统计特性来完成。衡量软件水印技术好坏的标准主要有：隐藏信息量（表示程序代码中嵌入的水印数据量）、隐蔽性（表示嵌入数据对于观察者的不可察觉程度）和弹性（表示嵌入数据对攻击的免疫程度）。

5.2.3　检测技术

面对日益增多的恶意代码程序及其变种，如何快速有效地检测应用软件中的恶意行为是当前信息安全检测的重要挑战之一。主流的恶意代码检测技术包括基于特征码检测、基于代码分析检测和基于行为监视检测等。

5.2.3.1　基于特征码检测

如图 5-2 所示为基于已知恶意应用进行逆向分析后提取的特征码进行的检测。特征码可以唯一地标示恶意代码，并且它不会出现在正常软件内。特征码包含偏移地址和该地址的二进制信息，比如字符串、操作码、资源信息等。特征码往往是通过手工处理分析得到的，需要花费很长的时间和人力成本。特征码检测因为它的高准确性和比较低的误报率而被各种安全软件广泛使用。但是，特征码检测的缺陷是无法检测到未知病毒的攻击。而且，特征码检测对病毒的变种检测效果也不太好，需要人工提取各种病毒变种的共有特征。随着恶意代码数目的增加，恶意代码特征库越来越大，扫描引擎的扫描速度会降低，同时病毒库会占用更多的空间。

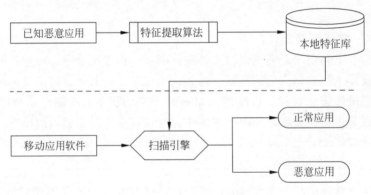

图 5-2　基于特征码检测流程

5.2.3.2　基于代码分析检测

此技术为在不运行代码的方式下，通过词法分析、语法分析、控制流、数据流分析等技术对程序代码进行扫描的一种代码分析技术。通常流程如图 5-3 所示：首先，系统以 Android 应用程序 APK 文件作为输入，通过代码反编译模块进行反编译，获得 Android 源代码；其次，源代码分析模块对源代码进行词法/语法解析、语言结构分析和数据流/控制流分析，得到敏感数据以及 API 调用；最后，安全分析模块根据制定的安全规则，对敏感数据以及 API 调用进行分析，确定是否为恶意行为。基于代码分析检测可以对安全规则和安全分析模块进行启发式恶意代码检测扩充，用于检测未知恶意行为。基于代码分析检测自动化程度高，可以完整覆盖较全的检测路径和部分未知恶意行为，但是误报率较高且需要对检测结果进行核验。

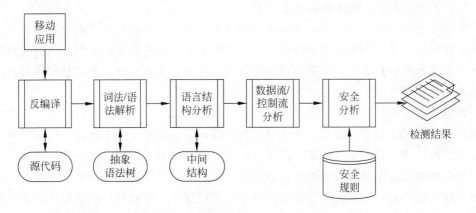

图 5-3 基于代码分析检测流程

5.2.3.3 基于行为监视检测

如图 5-4 所示,主要利用程序执行过程中的行为特征作为恶意代码判定的依据。与特征码检测时提取静态的字符串不同,行为特征是携带动态信息和语义理解的复杂多变的数据结构。使用不同语言编写的程序可能拥有相同的行为特征,所以基于行为特征的恶意代码描述不再是针对一个独立的恶意代码程序而是针对具有类似行为的一类恶意代码集合。恶意代码的传播、隐藏、系统破坏及信息窃取等功能在程序运行时的行为特征中必将有所体现,这些行为特征往往比较特殊,可以用于区别恶意代码程序和正常程序。杀毒软件的主动防御技术,就是基于对进程行为的全程监控,一旦发现触犯恶意规则的行为,则发出警告。行为监控往往需要借助沙盘和虚拟化等技术,以确保恶意代码执行过程中不会对分析系统造成破坏,并且方便将恶意代码清除或将系统还原到干净的状态。基于行为监控的检测降低了恶意代码检测误报的风险,但是由于针对特定行为特征监控,基于行为监控的检测增加了检测的漏报率。同时,基于行为监控的检测处理速度远低于特征码检测。

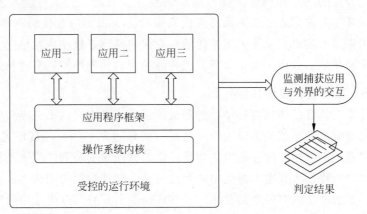

图 5-4 基于行为监视检测流程

5.2.3.4 移动恶意代码检测最新研究

随着恶意代码数目的增加，未知恶意行为的出现，以及躲避技术的应用，恶意代码检测系统需要完成更多更复杂的任务。人工智能系统正越来越多地被引入恶意代码检测领域，为恶意代码检测带来了新的思路和方法。目前，主流的被应用于恶意代码检测领域的人工智能技术包括：数据挖掘和机器学习。

数据挖掘是指从数据库的大量数据中揭示出隐含的、先前未知的并有潜在价值的信息的非平凡过程。数据挖掘是一种决策支持过程，它主要基于人工智能、机器学习、模式识别、统计学、数据库技术等，高度自动化地分析数据，做出归纳性的推理，从中挖掘出潜在的模式，帮助决策者做出正确决策。由于恶意代码隐藏于应用程序当中，应用程序本身代码量就已经很大，当前应用程序总量也很多，故此数据挖掘是最适合恶意代码检测的技术之一。事实上，数据挖掘早已应用于恶意代码检测领域，其主要思想是：首先，提取恶意代码和正常程序的特征，提取的特征可以是文件的静态特征，也可以是文件执行时的动态特征，对特征进行编码，构成恶意代码特征集合和正常文件特征集合；其次，基于数据挖掘算法对分类器进行训练；最后，进行恶意代码检测效果的测试。

机器学习是研究计算机怎样模拟或实现人类的学习行为以获取新的知识或技能，重新组织已有的知识结构使之不断改善自身的性能。机器学习从研究人类学习行为出发，研究一些基本方法（如归纳、一般化、特殊化、类比等）去认识客观世界，获取各种知识和技能，以便对人类的认识规律进行探索，深入了解人类的各种学习过程，借助于计算机科学和技术原理建立各种学习模型，从而为计算机系统赋予学习能力。用于恶意代码检测领域的机器学习的主要思想是：首先，提取恶意代码和正常程序做预处理并形成特征；其次，根据特征创建恶意代码检测模型；再次，机器学习算法分析收集到的数据，分配权重、阈值和其他参数达到学习目的，形成最终检测规则库；最后，进行恶意代码检测效果的测试。

基于人工智能的恶意代码检测技术同样遇到许多问题：人工智能系统本身系统复杂，理论算法还不是非常成熟；不像恶意代码库特征，未知恶意代码判定标准不确定，给检测系统带来很大困难；基于人工智能的恶意代码检测系统往往系统庞大，执行效率远低于传统检测系统。故此，真正基于人工智能的恶意代码检测还有很长的路要走。

5.2.3.5 移动软件安全认证

移动软件安全认证是指应用程序经过测试验证后，经由可信第三方对应用程序进行数字签名。移动终端在下载安装应用程序之前，对经过签名的应用程序进行签名验证，只有通过签名验证的应用程序才能被认为是可信的继而被安装到终端上。利用移动软件安全认证技术可以在很大程度上避免用户下载安装未经授权的应用软件，从而避免用户下载恶意代码或含非法内容的应用程序。移动代码签名是目前业界常用的对智能终端软件进行管理的有效手段。Symbian、Apple、Windows Phone 等终端平台厂商都采取了各自的数字签名认证机制，对调用特定的 API 软件进行测试认证，对通过测试的软件进行数字签名。未经过签名验证的应用程序在移动终端安装运行时将无法调用敏感 API

或将会对用户进行安全提醒。Andriod 采用了另外一种签名机制，没有应用程序测试的环节，只有开发者对应用程序的自签名。

使用移动代码签名机制后每个应用程序从开发到消亡一共需要经历五个阶段，即代码开发、代码检测、代码签名、代码发布、代码废弃。移动代码生命周期描述如图 5-5 所示。

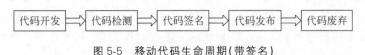

图 5-5　移动代码生命周期(带签名)

（1）应用程序开发者开发应用程序并对应用程序代码进行调试；

（2）将开发后的代码提交给代码检测中心对代码进行检测；

（3）检测通过后由代码签名服务器对代码进行签名；

（4）经过签名的代码可以发布给消费者；

（5）如果代码签名过期或发现代码不适合被再使用，利用证书吊销机制来使代码废弃。

对应的工作流程如图 5-6 所示。

图 5-6　代码签名流程

1. 代码开发阶段

在代码开发阶段，代码开发者除了要对代码做必要的调试外，还要进行开发者签名。开发者签名的作用有：唯一标识应用程序的开发者身份；保证代码在提交后的完整性；保证代码的可追溯。

开发者提交带有开发者签名的应用程序后，接收方(通常是应用商店)要验证开发者签名，以确认代码在提交的过程中没有被篡改。

2. 代码检测阶段

代码检测中心负责对应用程序进行测试认证。通常应用商店都有这样的检测系统，或由独立的检测中心对应用程序进行全面的测试。代码检测中心通常做的检测包括代码的可用性测试、性能测试、安全测试等。通过检测后，检测中心就将应用程序提交至代码签名中心进行签名。

3. 代码签名阶段

代码签名中心先为该应用程序申请一个数字证书，然后用该证书对应的私钥对应用程序进行签名，并将应用程序、签名以及该应用程序的代码签名证书一并打包。随后将私钥销毁，确保该私钥不做他用。打包后，代码签名中心将打包的文件提交至应用程序商店。

4. 代码安装和使用阶段

在应用程序安装阶段，经过签名的应用程序下载到手机终端后，终端首先要验证该应用程序的证书是否有效，然后验证签名，通过验证后，终端认为该应用程序是安全可信的，再安装应用程序。

在应用程序运行阶段，终端要检测该应用程序的证书是否有效（通过 OCSP 协议）。如果发现该证书已被吊销，则停止运行该应用程序。同时当应用程序调用终端 API 时，终端根据证书中该程序可调用的 API 列表，来控制程序的 API 调用，即应用程序只能调用其允许调用的 API。

5.3 用户数据

5.3.1 数据类型

移动智能终端个人信息主要来源于用户存储、应用生成和系统固有三个方面。首先，基于使用方便考虑，用户往往会把联系方式、日程安排、办公文件、图片视频和账号信息等用户信息存储在移动智能终端。用户在使用这些数据的时候，可以随时从移动智能终端调出查看甚至直接使用。其次，大多数联网应用在运行过程中生成用户数据，记录业务通信记录和交互消息，描述用户具体身份和当前状态，记录用户行为和喜好数据。例如：消息类业务应用（包括邮件、短消息、多媒体消息和即时消息）会生成消息数据，位置类业务应用会生成位置信息，浏览类业务应用会生成访问历史记录。根据个人具体情况不同，用户数据对用户本身的重要程度也各有不同。但是，用户数据泄露事件本身依然非常敏感。最后，移动智能终端系统自带的固有数据，包括 SIM 卡信息、终端型号、设备参数和操作系统等信息。这些信息都是移动智能终端出厂前固化，系统安装后定义或者外部插卡时携带，这些信息暴露也会给移动智能终端带来潜在安全威胁。

通常，个人信息的主要衡量指标为重要度和敏感度。重要度主要表示个人信息对用户自身的重要程度，主要关注该数据的完整性和可用性；敏感度主要表示个人信息对他人的利用价值，主要关注数据的机密性。表 5-1 为通常个人信息分类表（仅作参考，敏感度和重要度在具体情况下略有不同）。

表 5-1 个人信息分类表

数据的类型	生 成 方 式	敏 感 度	重 要 度
IMEI	固有数据	◎	◎
手机号码	固有数据	●	●
通话记录	应用生成	●	◎
短信/彩信	应用生成	◎	●
录音	应用生成	◎	●
电子邮件	应用生成	◎	●
GPS 位置	应用生成	●	○
照片/视频	用户存储	◎	◎

数据的类型	生 成 方 式	敏 感 度	重 要 度
便笺	用户存储	○	◎
通信簿	用户存储	◎	◎
音乐	用户存储	○	○
口令	用户存储	●	◎
文档	用户存储	◎	○
日程安排	用户存储	○	○

注：●表示高；◎表示中；○表示低。

5.3.2 安全威胁

移动智能终端个人信息主要面临两类安全威胁：内部弱点和外部攻击，如图 5-7 所示。内部弱点是指移动智能终端内在脆弱性导致其不能抵抗恶意环境的影响，例如数据明文存储、访问控制缺失、安全机制缺失、访问提示缺乏等；外部攻击是指任何试图非授权访问、蓄意破坏、恶意修改和删除移动智能终端上用户数据的行为。例如空口窃听、恶意代码、越权访问等。内部弱点是移动智能终端的内在属性，而外部攻击是任何对移动智能终端进行攻击的外部行为。通常，攻击者利用移动智能终端的内在弱点来实施外部攻击。

图 5-7 移动智能终端个人信息安全威胁示意图

5.3.2.1 内部弱点

作为功能强大和结构复杂的电子设备，移动智能终端不可避免地存在若干个安全弱点，主要包括系统缺陷、应用开发接口管理不足、用户确认机制缺乏和开放无线接口。

（1）系统缺陷：任何产品都不可能完美无瑕，同样，移动智能终端在软件和硬件上不可避免地存在若干安全缺陷。一些安全缺陷可以在短期内就被发现并更正，但还有许多安全缺陷在很长时间之内无法发现，即便发现了，某些缺陷也很难更正或者补救。如果这些安全缺陷涉及用户数据访问并被攻击者利用，则用户数据存在极大的泄露风险。

（2）应用开发接口管理不足：移动智能终端的最大特点即提供灵活的应用开发接口，以便应用程序开发和安装。通常，应用开发接口可以划分为用于第三方应用开发者的开放应用开发接口和用于公司自己远程维护的受控应用开发接口。受控应用开发接口通常具有较高权限，往往可以直接访问个人信息。如果此类应用开发接口由于管理不善被攻击者获取，则个人信息将面临泄露问题。即便是开放应用开发接口，也可能被赋予了某些特定权限从而直接获取部分用户数据。

（3）用户确认机制缺乏：部分应用程序在没有用户提示或者有限信息情况下安装。基于这种情况，攻击者可以直接或者使用虚假信息向移动智能终端注入恶意代码，从而达到获取用户信息的目的。另外，部分如用户数据读取、修改或者删除等敏感操作可以静默运行，从而攻击者可以在用户没有任何感知情况下操作用户数据。

（4）开放无线接口：在无线通信环境中，移动智能终端所接收和发送的用户数据可以被轻易地捕获。如果没有对用户数据实施严格的加密等保护措施，相应的用户数据易被截获并破译。

5.3.2.2　外部攻击

由于移动智能终端内存储了大量有价值用户数据，特别是商务信息和认证信息，出于经济利益考虑，目前，众多攻击者已经把目光转向移动智能终端存储的用户数据，并发起了各式各样的入侵手段，具体如下。

（1）物理控制：就是偷盗、借用和捡拾到移动智能终端以后直接访问其存储的用户数据。另外，用户不正确处理淘汰掉的移动智能终端也可能导致类似用户信息泄露。

（2）接口攻击：由于移动智能终端通信接口的开放性和灵活性，攻击者很容易发起相应针对用户数据的攻击。相应攻击主要包括被动攻击（通信窃听）和主动攻击（通信数据修改、损坏和删除操作）。

（3）恶意代码：用户数据泄露的主要途径。开放应用开发接口不仅方便了应用程序开发，同样方便了恶意代码开发。另外，灵活快速的连接方式加剧了恶意代码的传播，特别是移动智能终端在与计算机同步、互联网下载、消息业务和蓝牙通信等过程中也可能感染恶意代码。同样现实情况是，应用程序安装虽然给用户众多安全提示，但是用户往往忽略这些提示而进行安装，带来用户数据泄露的安全风险。

（4）后门程序：主要来源于移动智能终端系统缺陷和受控应用开发接口泄露。一些操作系统存在例如认证不足和权限错误等安全缺陷，基于这些安全缺陷可以绕过安全策略而直接访问用户数据。如果攻击者可以直接使用受控应用开发接口，那么攻击者可以直接通过这些接口访问用户数据。

5.3.3　移动智能终端个人信息保护措施

移动智能终端个人信息保护的主要目标即机密性、完整性和可用性。机密性是指用户个人信息不能被非授权者、实体或进程利用或泄露的特性；完整性是指在传输和存储个人信息的过程中，确保个人信息不被未授权的篡改或在篡改后能够被迅速发现；可用性是指在用户个人信息在经过一系列传输和处理以后，依然可以被识别和应用。实现对移动智能终端上个人信息保护主要有两种途径：加强自身保护措施和应用联网保护措施。

5.3.3.1　加强自身保护措施

移动智能终端个人信息保护首先要从加强移动智能终端自身做起：消除操作系统、应用软件和外围接口等带来的安全隐患。通过使用安全机制和安全软件来增强移动智能终端的安全能力，具体如下。

（1）终端访问控制：用户数据安全隔离，终端的一般数据与用户私密数据放置在存储芯片互相隔离的区域内，在终端放置用户私密数据的存储区域内，未获得授权或非法的程序不可访问该区域内的内容；最小化功能模块特权，每个用户根据身份验证的结果只拥有刚好能完成其工作的权力。将用户的电话、短信、照片等转存到软件自己的数据库；用户可以进行密码设置，当要进行查看时必须通过正确的密码输入才能获得访问权限。对于移动智能终端本身应提供移动智能终端自身的密码/指纹识别保护。当移动智能终端处于待机状态时可以使用相应的密码或指纹识别对移动智能终端进行锁定。

（2）应用开发接口管理：严格管理受控应用开发接口，确保该类应用开发接口不被第三方获得，同时，加强应用程序审核，如果该类应用开发接口出现在第三方应用程序中，则不可让该应用程序上线。细化开放应用开发接口控制其访问用户数据权限，减少该类应用开发接口访问用户数据的机会。

（3）病毒查杀预防：无论如何提高移动智能终端安全系数，移动智能终端都没有绝对的安全，特别是对于移动智能终端，由于用户能随意安装应用软件，故此感染病毒的可能性远大于普通移动智能终端，而防病毒软件则成为了保证移动智能终端安全的重要条件。由于开放式操作系统的多样性，针对不同的操作系统开发出的杀毒软件大相径庭，但至少应具备如下功能：全盘扫描功能、实时监控功能、文件系统监控功能、文件修复功能、日志功能和病毒库更新功能。对于使用开放式操作系统的移动智能终端，在出厂时应安装杀毒软件，并且用户可以根据自己的需要来安装、卸载和更换相应杀毒软件。

（4）用户数据删除：移动智能终端提供数据彻底删除功能，以保证被删除的用户数据不可再恢复出来。一般的删除功能仅会删除数据在存储器件中放置位置的索引，而该区域内实际存储的数据没有完全清空，在数据被删除之后，非法程序通过读取该区域的内容，仍有可能从读取到的数据中恢复被删除的私密数据。彻底删除功能可把该区域内实际存储的数据彻底消除，可在对应的存储区域使用全"0"或全"1"进行填充。

5.3.3.2　应用联网保护措施

事实上，移动智能终端自身个人信息保护有很大局限性：智能手机操作系统多样导致没有适用于所有操作系统的手机防病毒软件；占用手机资源偏大导致手机防病毒软件本身就耗用智能手机处理和存储资源；手机防病毒软件配置复杂等。故此，提出了网络与终端相结合的手机病毒治理方案——安全联动系统。一方面，该方案有效地保护智能手机免受手机病毒的侵害；另一方面，能够有效地防止手机病毒对网络的攻击。

（1）联网数据备份：为了方便快捷地实现在用户数据丢失和损坏以后用户数据的恢复，最佳方法即实施联网数据备份。目前大部分运营商和移动智能终端生产商均提供网络数据备份业务，用户可以定期或者不定期把个人信息（如通信地址、通话记录、短信彩信和系统设置等）备份到备份服务器，如发生意外情况可以从网络将数据进行恢复。

（2）远程保护功能：出于移动智能终端丢失和被盗后的用户数据安全保护，移动智能终端应提供用户数据的远程保护功能，以便用户在手机遗失或其他情况下，终端中的用户数据不被泄露。主要功能包括远程锁定移动智能终端、远程取回用户数据、远程销毁用户数据。移动智能终端提供的远程保护功能也应具备安全设置，确保远程保护功能仅在达到了用户预设条件的情况下才会启动。

（3）安全联动系统：为了从源头上对抗由不安全终端带来的网络安全威胁，安全联动系统提供从网络接入控制到应用服务控制的多层安全控制手段。网络接入控制可以与应用服务控制相互补充，同时弥补应用服务控制的局限性，有效控制网络蠕虫、黑客攻击等基于复杂机制的安全风险；另外，通过应用服务控制，可以从源头上阻止针对特定服务的攻击带来的网络流量冲击，有效防止病毒在网络中的传播。

5.4 可信计算

5.4.1 需求分析

基于移动智能终端体系架构，围绕移动智能终端安全需求，业界已有具体移动智能终端可信技术需求。

安全芯片是为系统提供安全配置、数据加密、安全存储、密钥管理和数字签名等安全功能的专用芯片。安全芯片是很多信息系统的重要组件，重要信息需要经过安全芯片的处理进行安全传输和交换。为了解决目前面临的各种安全问题，移动智能终端正在逐步使用安全芯片。安全芯片形式多样，一般包括处理器单元、安全算法单元、芯片保护单元、存储控制单元、定时器单元和外部接口单元。通过在芯片内部完成核心密码算法和安全存储的密钥信息，信息加解密、数字签名与认证等安全保护行为，保护数据很难被窃取。安全芯片的核心是密码算法，密码算法不仅具有信息加解密能力，还具有数字签名、身份验证、密钥分配等功能，可以保证信息保密性、完整性和正确性。基于安全芯片可以建立包括硬件存储保护、终端身份认证和通信信息加解密等安全功能，可以实现数据加解密、安全数据传输、身份识别、数字签名等功能。

操作系统安全目标是用户对所有敏感行为可知可控。操作系统应当阻止一切非法修改和刷新。实现操作系统完整性和一致性验证的一个有效方法是采用安全启动方式。同时，移动智能终端操作系统应具备应用编程接口（API）调用权限的分级控制功能，可有效防止应用越级调用或非法调用应用编程接口（API）。移动智能终端操作系统同时应具备监控开机自动启动程序的修改及变更的能力。有些应用软件在一开机时就需要自动启动，但也有些恶意软件在用户不知情的情况下开机后自动启动并在后台运行。为了避免恶意软件的自启动，移动智能终端操作系统应具备开机自动启动程序的监控能力。移动智能终端应当在出厂时就维护一张开机自启动程序列表，当发现不在列表内的软件在开机时自动启动，则操作系统应能够给用户提示，在得到授权用户确认后才能够继续正常启动过程，并修改开机自启动程序列表。

应用软件目标是要保证可进行来源的识别，对已经安装在其上的应用软件可以进行敏感行为的控制。数字签名是解决网络通信中特有安全问题的一种有效方法，它能够实现电子文档的辨认和验证，在保证数据的完整性、私有性、不可抵赖性方面起着极其重要的作用。为保证移动应用在手机上正常安全运行，所有应用程序都应通过数字签名和数字证书来保证数据完整性和不可否认性。同时，移动智能终端应提供相应机制对所安装的第三方应用软件的敏感行为调用进行配置，确保用户对应用软件进行的敏感行为调用的可知可控。

通信接口目标是对所有通信连接可知可控。对于无线数据接入，移动智能终端应能够监测所有应用程序的无线数据连接尝试，当出现无线数据连接尝试时，移动智能终端能够发现该连接尝试并给用户相应的提示。在无线数据连接建立后，移动智能终端能够对无线数据连接传输的数据进行监控。对于有线外围接口接入，当有线外围接口建立数据连接时，移动智能终端应给用户相应的提示，仅当授权用户确认本次连接时，连接才可以建立。

用户数据应安全可靠，在各种情况下（更换手机、丢失、被盗）都能保证用户隐私数据不被泄露。一般数据与用户隐私数据放置在存储芯片互相隔离的区域内，在终端放置用户隐私数据的存储区域内，未获得授权或非法的程序不可访问该区域内的内容。终端使用加密功能，对真实的用户私密数据加密后再放置于存储区域内。移动智能终端提供数据彻底删除功能，以保证被删除的用户数据不可再恢复出来。同时，移动智能终端应提供远程保护功能，以便终端遗失情况下用户数据不被泄露。

5.4.2　可信技术

可信移动智能终端构架是安全技术的综合应用，并且需要全面考虑其体系架构：从硬件芯片可信到操作系统可信，再到应用软件可信，同时考虑通信接口可信和用户数据可信。而且，需要从两条主线来构架。横向主线是移动智能终端同时需要考虑敏感资源和场景：敏感资源和场景应运行在可信环境，其他资源和场景应运行在普通环境，并且通过硬件的特殊设计来进行代码隔离。纵向主线是通过从可信环境进行安全启动来保证系统启动的安全性，进而引导进入可信操作系统乃至应用软件的信任链传递过程，最后由可信操作系统引导启动普通环境操作系统。两个环境之间切换通过监控模式进行，从普通环境进入安全环境受到严格控制以及监控，并且可信环境可以看到普通环境情况，普通环境看不到可信环境情况。目前普通环境和可信环境隔离有如下方案。

（1）独立的双操作系统。如图 5-8 所示，两套操作系统直接安装在系统的不同分区，相互独立，两个系统不共享系统内核或没有共同的内核，两个系统不能同时运行，

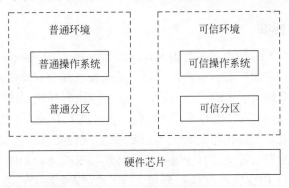

图 5-8　独立双操作系统架构

需要重启才能切换到另一个操作系统。

（2）直接在硬件上做虚拟的双操作系统。如图5-9所示，直接在硬件上做虚拟，上面搭载两个操作系统，这两个操作系统不共享内核完全隔离，两个系统同时运行，采用软切换模式进行切换，不需要重启。

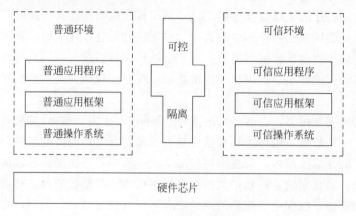

图5-9　虚拟双操作系统架构

（3）共享内核但不共享应用运行时环境的双操作系统。如图5-10所示，两个操作系统共享同一内核，但是两个操作系统使用不同的应用运行时环境，两个操作系统也同时运行，使用时无须重启手机，可一键实现两个系统的无缝切换。

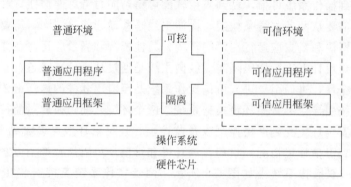

图5-10　双应用框架系统架构

5.4.3　可信标准

可信执行环境（TEE）是由国际组织 Global Platform（GP）制定的，参与者包含服务提供商、设备厂商、芯片厂商、运营商、操作系统提供商和移动应用开发者等，主要针对移动智能终端开放环境。TEE 是与设备上的普通执行环境（REE）并存的运行环境，并且给普通执行环境（REE）提供安全服务。可信执行环境（TEE）比普通执行环境（REE）安全级别更高，但是比起安全元素（SE）的安全性要低。可信执行环境（TEE）能够满足大多数应用的安全需求。具体可信执行环境（TEE）架构如图5-11所示。

普通执行环境（REE）和可信执行环境（TEE）在安全性上存在明显差别，具体如表5-2所示。

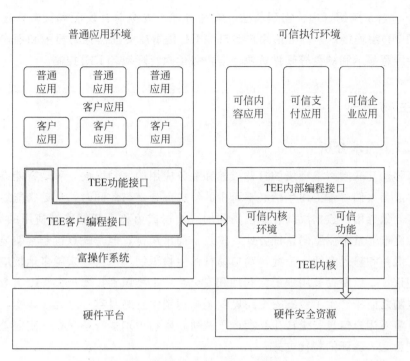

图 5-11　可信执行环境(TEE)系统架构

表 5-2　普通执行环境(REE)和可信执行环境(TEE)差异对照表

对比项	普通执行环境(REE)	可信执行环境(TEE)
软件控制权	用户可自行下载	须经授权下载
独立性	视具体操作系统而定，部分提供虚拟化或沙箱架构	与一般操作系统分离，独立性依具体实现方式而定
认证	不需认证	需要认证
操作系统	提供丰富 API	提供较少 API
软件安全防护	未经认证的操作系统保护机密性和完整性有限	经认证的操作系统保护机密性和完整性
硬件安全防护	无法防护	具有一定防护性，强度依各厂商硬件实现而定

可信执行环境(TEE)主要由普通执行环境(REE)内的 TEE 客户编程接口(TEE Client API)、TEE 功能接口(TEE Functional API)，以及可信执行环境(TEE)内的可信应用程序、TEE 内部编程接口(TEE Internal API)、可信操作系统、硬件安全资源构成。可信应用程序需基于可信操作系统。普通应用程序可以通过 TEE 客户编程接口(TEE Client API)和 TEE 功能接口(TEE Functional API)与可信应用程序通信，以获取可信执行环境(TEE)内部资源。

国际组织 Global Platform(GP)目前已经规范了 TEE 客户编程接口(TEE Client API)、TEE 内部编程接口(TEE Internal API)、部分 TEE 功能接口(TEE Functional API)，以及应用管理、调试功能、安全保护轮廓等。TEE 内部编程接口(TEE Internal

API)主要包含了密钥管理、密码算法、安全存储、安全时钟资源和服务，还有可信用户接口(TUI)编程接口等。可信用户接口(TUI)是指在关键信息的显示和用户关键数据输入时，屏幕显示和键盘等硬件资源完全由可信执行环境(TEE)控制。

5.5 生物识别

5.5.1 需求分析

伴随移动互联网网络环境的日益成熟和业务应用的蓬勃发展，移动智能终端功能日益强大并成为人们日常工作生活必不可少的组成部分。与此同时，移动智能终端存储了越来越多的敏感用户数据。防止非法访问用户数据成为移动智能终端使用的头等大事。移动智能终端通常采用密码认证方式，优点是简单易行，但是缺点也非常明显：记忆困难、容易混淆和输入麻烦。为此，简单易行的生物识别技术正越来越多地被应用于移动智能终端认证，以便提升用户的便利性和安全性。生物识别技术极大程度上方便了用户使用，但随之而来产生了新的安全问题：生物识别信息终身唯一且无法改变，一旦被他人截取，将对用户信息安全产生长期严重威胁；生物识别本身还存在一定误差，目前往往只能作为密码认证的替代方式。

5.5.2 特征分析

生物识别技术是利用人的生物特征的唯一性和稳定性进行身份鉴别的自动识别技术。生物特征包括生理特征和行为特征：生理特征包括手掌特征(例如指纹和掌纹)、面部特征(例如，人脸)和眼部特征(例如，虹膜、视网膜)等；行为特征包括声音特征(例如，声纹)、体态特征(例如，体形)和笔迹特征(例如，签字)等。相对于传统密码技术，生物识别技术具有如下特点：广泛性，每个人都具有该生物特性；唯一性，每个人拥有的特征各不相同；稳定性，生物特征应该不随时间的变化而变化；可采集性，生物特征便于测量。随着用户对移动智能终端使用的便利性和安全性要求提高，生物识别技术日益受到手机厂商的青睐。但是由于移动智能终端体积较小、采集面积有限并往往处于移动模式，同时处理性能和网络带宽有限，所以并不是所有生物识别技术都适用于移动智能终端。例如移动智能终端很少采用基于行为特征(例如，体形和签字)和部分生理特征(例如，掌纹)的生物识别技术。从现有的识别技术发展趋势来看，最适合用于移动智能终端的生物识别技术包括指纹识别、人脸识别和虹膜识别。

目前，由于移动智能终端处理能力和生物识别技术本身限制，生物识别技术无法完全替代传统密码保护机制，往往作为密码认证的替代方式。

5.5.3 安全风险

生物识别信息本身即用户隐私信息，这些生物识别信息可用于电子支付、门禁安全和司法鉴定等。同时，生物识别服务于移动智能终端安全，主要任务是保证存储于移动智能终端内部的用户数据安全。与传统密码体系不同的是：生物特征唯一标识用户身份，并且终生不变，一旦泄露则无法通过修改来挽回，故此，保障移动智能终端生物识别信息的安全异常重要。生物识别隐私威胁示意图如图 5-12 所示。

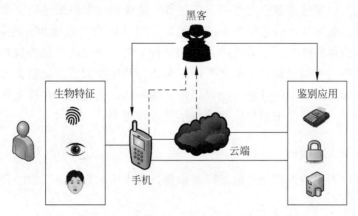

图 5-12　生物识别隐私威胁示意图

移动智能终端生物识别主要面临两个方面的安全威胁：内部漏洞和外部攻击。

内部漏洞主要包括设计缺陷、算法缺陷和后门隐患。

（1）设计缺陷：移动智能终端生物识别还在发展阶段，在软件和硬件上不可避免地存在若干安全缺陷。一些安全缺陷可以在短期内就被发现并更正，但还有许多安全缺陷在很长时间之内无法发现，即便发现了，某些缺陷也很难更正或者补救，由此导致关键信息泄露。

（2）算法缺陷：由于移动智能终端本身处理性能和网络带宽限制，移动智能终端生物识别相对来说算法简单，导致受到攻击的可能性大大增加。同时，算法缺陷（例如生物识别信息未加密、运算处理过程保护措施不足）导致用于生物识别的原始特征存在被还原的可能。

（3）后门隐患：用户使用的仅仅是移动智能终端呈现出的表面功能，由于移动智能终端在生产和流通领域经过众多环节，在这些环节中存在移动智能终端被植入后门程序的可能性。特别是生物特征信息远比可更改鉴别更为重要，后门隐患也是当前移动智能终端生物识别重要威胁之一。

外部攻击主要包括特征破解、身份冒用和恶意代码。

（1）特征破解：偷盗、借用和捡拾到移动智能终端以后直接访问其存储的生物识别信息数据。如果相应信息没有严格保护，则存在生物识别信息被破解并非法使用的危险。如果可以恢复出关键生物识别特征信息，则可以将该信息承载在特定介质上伪冒真实用户。

（2）身份冒用：不论是通过特征破解方式，还是通过直接仿冒方式，只要与在任何应用（访问移动智能终端、使用移动支付业务、获取用户关键数据等）情况下的生物特征模式相匹配，攻击者都可以伪冒真实用户访问用户移动智能终端和开启并使用业务应用。例如经过简单的拓印、倒模等工序即可制成高度仿真的硅胶指纹套，足以通过电子门禁验证。

（3）恶意代码：恶意代码抓住移动智能终端生物识别安全漏洞进行攻击，或者诱骗用户执行相应病毒程序。移动智能终端生物识别恶意代码具有几个主要特性：传播性，通过各种方式向更多的设备进行感染；传染性，能够通过复制来感染正常文件，破坏文件的正常运行；破坏性，轻者降低系统性能，重者破坏丢失数据和文件导致系统崩溃，更有甚者可以损坏硬件，对于监控病毒，则进行生物识别特征信息的偷盗。

移动智能终端生物识别带来最严重的安全威胁是生物识别特征数据被他人获取后带来的风险，例如通过电子门禁进入用户工作生活场地、通过用户在线交易认证盗用用户财务，更有甚者，故意使用用户生物特征信息进行犯罪。

5.5.4　安全措施

移动智能终端生物识别特征信息需要采用技术手段和管理措施相结合的方式全面进行保护。

1. 技术手段

系统地实施移动智能终端生物识别信息保护，通过提高自身安全和加强外部防护来提高其安全性。

（1）提高自身安全

① 模糊存储：生物特征信息应采用包括加密在内的模糊存储模式，即便生物特征信息泄露也不会使原始信息被第三方获取并使用；在运算处理过程中同样尽量不使用原始生物特征信息以防止原始信息泄露。

② 强化算法：增强生物识别匹配算法强度，在移动智能终端处理能力范围内，增加生物识别匹配算法的向量维度和复杂度，防止野蛮匹配攻击和生物信息虚假介质，同时也提高了生物识别特征信息的保护强度。

③ 提升权限：提升生物特征信息访问权限，消除可能存在的权限漏洞，确保未授权用户或者程序无法访问生物识别信息；同时相应应用程序接口要有明确的权限赋予限制，明确相关接口赋予的允许或拒绝操作的权限。

（2）加强外部防护

① 物理安全：用户对移动智能终端要像对待信用卡那样完全控制。如果移动智能终端借给其他人，势必存在安全危险，同时，安全策略可能被更改，导致生物识别信息泄露而用户却一无所知。

② 限制传输：禁止原始生物识别信息的网络传输，并且采用生物识别信息单向算法来处理原始生物识别信息。

③ 防毒工具：通过防毒工具发现和处置移动智能终端恶意代码，安全使用环境是生物识别信息安全的基础。

2. 管理措施

三分技术，七分管理。移动智能终端生物识别信息保护同样要结合技术标准和法律法规。

（1）技术标准：开展移动智能终端生物识别标准化工作，制定包括生物特征提取、模糊加密存储、匹配处理、认证协议以及相关设备标准，同时还应明确移动智能终端生物识别技术的应用场景和安全要求。

（2）法律法规：加强生物识别信息的数据管理，严格把关生物识别数据的使用。明确规定哪些主体在哪些应用场景下允许使用生物识别信息，并对生物识别信息的收集、使用、存储和转移等各个环节提出具体管理要求。

5.6　安全意识

事实上，目前发生的手机安全事件主要集中在手机本身的使用上，而手机又直接归用户掌握和使用，所以手机安全防护的关键是对手机的安全保护，特别是用户的手机安全使用意识。俗话说：三分技术，七分管理。故此，手机安全主要在于结合手机安全技术，提高安全使用方法，以下是通用的手机安全措施。

（1）确保手机物理安全，也就是说，保证手机完全归所有人所有和控制。类似于计算机，手机丢失不仅仅意味着手机本身价值的损失，同时也意味着手机中存储的信息或者手机的接入能力的窃取。事实上，由于手机随身携带和体积较小等特点，手机丢失是目前事实上的最大安全威胁。另外，手机不能轻易外借，即便外借也要保证没有任何危害行为，以确保没有恶意软件被安装、某些敏感服务被开启和手机信息被窃取。

（2）启用手机安全机制，特别是手机接入认证。

（3）对于手机存储的机密和重要数据，要定期备份。目前部分高端手机提供了蓝牙、红外、USB 等数据接口，用户可以使用这些接口建立手机和计算机的连接，再通过软件完成相应的操作（如计算机与移动终端的文件传输、对移动终端文件的查找和删除等操作）。

（4）减少数据暴露危险。手机的任何安全机制都存在被旁路或者攻破的危险，甚至已删除信息都可以从内存中恢复，因此，应尽量避免把敏感信息（例如个人和财务账号等）存到手机中。

（5）恶意软件主要是通过数据通道（例如，多媒体消息、蓝牙和互联网等）传输到移动终端。对接收者来说，任何未知号码和未知设备传送的信息都是怀疑对象。绝大多数恶意软件都需要用户的配合才能产生效果，所以用户不能随意认可或者操作这些被怀疑对象。尽量规避有问题的行为，如不要轻易到网站上下载一些软件，以避免病毒和木马的侵害；收到来历不明的彩信，最好一律删掉。

（6）手机往往具备了众多无线接口（例如，Wi-Fi、蓝牙和其他无线接口），很多无线接口都有潜在的安全威胁，特别是一些无线接口默认开启并且自动连接。因此，如果不使用无线接口，最好把这些无线接口关闭，如果开启，则需要启动认证机制。目前移动终端具备众多的功能，从安全角度考虑，有必要关闭一些不常使用的功能。

（7）智能手机往往具备丰富的功能，但是许多功能对于企业应用并没有什么意义。对于这部分功能，最好关掉，另外，对于一些敏感业务软件也可以通过一定安全机制限制为只能用户自己接入使用。

（8）严格保护手机 SIM 卡，特别是手机在维修时一定要拔出 SIM 卡，防止 SIM 卡复制，必要时启动 SIM 卡 PIN 码和 PUK 安全机制，防止 SIM 卡非法访问。

（9）根据实际情况可以安装必要的安全防护软件。目前手机安全防护软件有：防病毒软件、移动终端防火墙、生物识别软件、加密软件、入侵检测等。并不是所有安全防护软件都要安装到手机上，要根据手机情况和具体应用在手机上适当安装安全防护软件。

参考文献

[1] 落红卫. 移动智能终端可信需求与技术[J]. 中国电信建设，2015，(7).

[2] 落红卫，杜云. 移动智能终端保密安全研究[J]. 保密科学技术，2015，(5).

[3] 落红卫. 移动恶意代码分析及检测技术研究[J]. 信息通信技术，2015，(1).

[4] 落红卫. 移动智能终端生物识别应用与安全研究[J]. 保密科学技术，2014，(9).

[5] 落红卫，魏亮. 可穿戴设备安全威胁与防护措施[J]. 现代电信科技，2014，(3).

[6] Hongwei Luo, Guili He, Xiaodong Lin , et al. Towards Hierarchical Security Framework for Smartphones[J]. IEEE International Conference on Communications in China：Communications Theory and Security (CTS)，2012，239-244.

第 六 章
移动智能终端测试技术

移动智能终端，作为集多种先进技术和功能于一体的电子产品，从设计、生产到最终交付用户手中，需要经过一系列的测试。根据测试的主体和目的的不同，移动智能终端的测试可以分为：设计阶段的功能验证、出厂质量检测、进网检测、CCC 等法规测试、运营商入库测试、终端用户体验评价、市场监督抽检等。从测试技术领域来分，移动智能终端产品的测试项目涉及射频测试、协议测试、电磁兼容测试、天线测试、SAR 测试、电气安全测试、机卡接口测试、应用软件测试、用户体验测试、信息安全防护、电池耗电测试等。这些测试涵盖终端性能的各个方面，通过这些细分领域的测试，可以全面地综合衡量移动智能终端各方面的性能是否满足相关技术标准的要求，是否能达到良好用户体验的要求。

在这些测试领域中，最为关键的是移动终端的一致性测试。一致性测试通过检查移动智能终端对相关技术标准的符合性，来验证产品是否严格遵守技术标准，是否能满足标准和规范的要求，同时确保终端和网络间的互联互通特性，具体测试内容主要包括协议一致性、射频 RF 一致性、无线资源管理 RRM 一致性、机卡接口一致性等。目前，中国、欧洲和北美都将一致性测试作为市场准入的基本条件之一，终端一致性测试是移动智能终端进入各国市场前的必要环节。

本章从测试技术领域的角度出发，对移动智能终端的射频和无线资源管理一致性、协议一致性、机卡接口一致性、业务功能、电磁兼容、用户体验、SAR、安规等方面的测试分别进行介绍。

6.1 射频和无线资源管理一致性测试

6.1.1 射频 RF

射频 RF 部分主要测试移动智能终端收发信号的能力，作为检测终端整体无线性能的重要部分，其不仅考察终端射频芯片、前端器件等性能指标，同时也能直接检测终端通信芯片 Modem 部分模拟和数字基带部分的处理能力。对于发射机部分，一方面要求能够精确产生符合标准要求的有用信号；另一方面也要求把无用发射和干扰信号控制在一定水平之内，使得发射信号在功率等级、载噪比、带外抑制、频谱模板和时间同步等方面均符合标准要求；对于接收机部分，要求能够在一定的无线信道环境下，不仅能够可靠、准确地接收、分离和解调有用信号，同时也要求有一定的抗干扰和纠错能力，并且具有较大的接收动态范围。

移动智能终端的射频一致性测试主要包括信号功率及功率控制、信号调制和解调两大部分，具体涵盖发射机指标、接收机指标、性能要求、信道状态信息上报等测试项目。

6.1.1.1 信号功率及功率控制

信号功率及功率控制对于发射机而言，主要考察终端的无线发射功率、输出功率频谱范围是否符合标准要求，以及验证终端能否根据网络配置正确地设定其发射功率。

信号功率及功率控制对于接收机而言，主要考察终端接收各种信号的能力，验证终端能否在满足一定正确度的前提下接收标准要求范围内的信号电平和频谱分布，同时其接收能力能否达到标准要求。

GSM/WCDMA/TD-SCDMA/CDMA 1X/cdma2000/LTE-FDD/TD-LTE 每种制式都包含信号功率及功率控制相关测试，以下以 LTE 制式终端举例，进行详细介绍。

1. 发射机信号功率及功率控制

发射机信号功率及功率控制主要考察如下三项发射机性能指标。

(1) 最大输出功率：测试终端的最大发射功率是否满足标准要求。如果终端最大发射功率过大，会对其他信道或终端造成干扰；而如果最大发射功率过小，则会造成基站无法正常收到信号，进而导致用户无法正常使用网络服务，降低网络覆盖范围等后果。所以，终端出厂前必须保证其最大输出功率在标准要求范围之内。如针对 TD-LTE 终端，3GPP TS 36.521-1 第 6.2.2 节中对 BAND 38 下的最大发射功率要求为 (23 ± 2.7)dBm。

(2) 最大功率回退：为保证发射信号不失真，当终端上行发射信号的峰均比较高时，为避免信号过度饱和，需进行最大发射功率回退，以便发射信号落到功率放大器 PA 的线性区间，从而确保发射信号具有较高的保真度。

(3) 终端配置输出功率：在 LTE 中，为确保终端的输出功率不超过指定的最大允许上行发射功率 PEMAX 和终端功率等级限定的最大功率 PUMAX 二者中的较小者，在 3GPP TS36.521-1 第 6.2.5 节中规定的测量到的终端输出功率应满足如表 6-1 所示的要求。

表 6-1　终端发射功率要求

功率测量点	信道带宽/最大发射功率					
	1.4MHz	3.0MHz	5MHz	10MHz	15MHz	20MHz
终端发射功率测量点 1	频率范围 $f\leqslant3.0$GHz：(-10 ± 7.7)dBm 频率范围 3.0GHz$<f\leqslant4.2$GHz：(-10 ± 8.0)dBm					
终端发射功率测量点 2	频率范围 $f\leqslant3.0$GHz：(10 ± 6.7)dBm 频率范围 3.0GHz$<f\leqslant4.2$GHz：(10 ± 7.0)dBm					
终端发射功率测量点 3	频率范围 $f\leqslant3.0$GHz：(15 ± 5.7)dBm 频率范围 3.0GHz$<f\leqslant4.2$GHz：(15 ± 6.0)dBm					

考察输出功率范围的测试项目主要包括如下三点。

（1）最小输出功率。考察终端发射的最小功率是否满足标准要求，最小输出功率过大，会对其他系统产生干扰。

（2）发射关断功率。发射关断功率定义为发射机关闭时的平均功率。UE不允许发射时，或处于不发射子帧的周期时，发射机被认为是关闭状态。同样，如果终端关断功率过大，也会对其他终端和系统造成干扰。所以必须保证终端的最小输出功率和发射关断功率在标准要求范围之内。

（3）开关时间模板。开关时间模板验证终端能否准确地打开或者关闭其他发射机，否则会对其他信道造成干扰或者增加上行信道的发射误差。

3GPP TS 36.521-1 中第 6.3.4.1 节对开关时间模板的要求如图 6-1 所示。

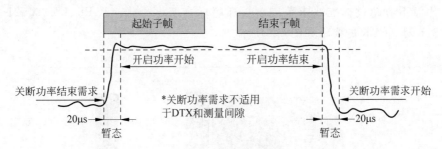

图 6-1 开关时间模板的要求

考察功率控制主要包括：

（1）开环功率控制。考察终端开环功率控制的容限，比值应满足标准要求，确保信号功率的准确性。

（2）闭环功率控制。考察终端的闭环功率控制步长，UE应能够正确地从下行TPC命令中获得TPC命令。

（3）总功率控制容差。当功率控制参数为常数时，验证UE保持其功率电平的能力。

（4）绝对功率控制容差。用于验证UE在连续发射或大传输间隔（传输间隔超过20ms）的非连续发射开始时，发射机将其初始输出功率设置为特定值的能力。

（5）相对功率控制容差。验证UE发射机根据目标子帧功率改变其最大发射功率的能力，该目标子帧功率是最近一次发射参考子帧的功率，并且这些子帧传输间隔小于等于20ms。

（6）输出功率的失步处理（连续发射）。验证UE在连续发射的情况下检测DPCH信道的质量并根据检测结果控制其发射机的开或关的能力。

（7）输出功率的失步处理（不连续发射）。验证在UE非连续发射状态时，为了保持同步，基站会发送 special burst，UE 需要检测 special burst 信号的质量并根据检测结果控制其发射机的开或关。

（8）载频峰值功率和功率等级。验证被测设备的发射机载频峰值功率和不同功率控制等级下的输出功率符合规范。发射机载频峰值功率是指发射机载频功率在一个突发脉冲的有用信息比特时间上的平均值。载频峰值功率和功率等级验证被测设备能按照规范要求调整准确的输出功率。

功率控制的目的是限制终端的干扰电平和补偿信道衰落，保证终端的发射功率在标准要求的容限范围之内。所以测试终端的功率控制性能需满足标准要求。

考察终端射频频谱发射的主要测试项目如下。

（1）占用带宽。验证 UE 在发射带内实际占用的带宽不超过 UE 支持带宽的规范极限值。

（2）频谱发射模板。考察终端的输出功率应使发射频谱在标准要求范围之内，无用的频谱发射会对其他系统产生干扰。

（3）邻道泄漏功率比（ACLR）。ACLR 为 UE 在滤波器指定信道与相邻信道功率的比值，比值不应超过标准要求范围，指标超标会产生干扰。3GPP TS 36.521-1 中第6.6.2.3 节对 ACLR 的要求如图 6-2 所示。

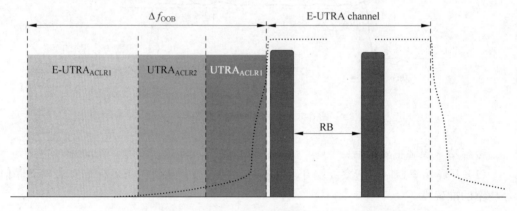

图 6-2　ACLR 的要求

（4）发射机杂散辐射。验证 UE 传输信号产生的杂散辐射不能对其他信道或系统产生无用干扰。

终端的有用频谱发射必须严格符合标准要求，而带外发射和杂散发射属于无用发射，更需要进行严格控制，否则会对其他用户的系统造成严重的干扰。

LTE 制式下功率相关发射机具体测试项目如下。

- UE Maximum Output Power；
- Maximum Power Reduction（MPR）；
- Additional Maximum Power Reduction（A-MPR）；
- Configured UE transmitted Output Power；
- Minimum Output Power；
- General ON/OFF Time Mask；
- TDD PRACH Time Mask；
- TDD SRS Time Mask；
- Power Control Absolute power tolerance；

- Power Control Relative power tolerance；
- Aggregate power control tolerance；
- Occupied bandwidth；
- Spectrum Emission Mask；
- Additional Spectrum Emission Mask；
- Adjacent Channel Leakage power Ratio；
- Transmitter Spurious emissions；
- Spurious emission band UE co-existence。

WCDMA 制式下功率相关发射机具体测试项目如下。

- Transmitter Characteristics/Maximum Output Power；
- UE max output power，HS-PDCCH；
- Maximum Output Power with HS-DPCCH（Rel-6 and later）；
- Maximum Output Power with HS-DPCCH and E-DCH；
- Transmitter Characteristics/Output Power Dynamics in the Uplink/Open Loop Power Control in the Uplink；
- Transmitter Characteristics/Output Power Dynamics in the Uplink/Inner Loop Power Control in the Uplink；
- Transmitter Characteristics/Output Power Dynamics in the Uplink/Minimum Output Power；
- Transmitter Characteristics/Output Power Dynamics in the Uplink/Out-of-synchronization Handling of Output Power；
- Transmitter Characteristics/Transmit ON/OFF Power/Transmit ON/OFF Time Mask；
- Transmitter Characteristics/Change of TFC；
- Transmitter Characteristics/Power Setting in Uplink Compressed Mode；
- HS-DPCCH；
- Transmitter Characteristics/Occupied Bandwidth（OBW）；
- Transmitter Characteristics/Spectrum Emission Mask；
- Spectrum emission mask with HS-DPCCH；
- Spectrum emission mask with E-DCH；
- Transmitter Characteristics/Adjacent Channel Leakage Power Ratio（ACLR）；
- Adjacent Channel Leakage Power Ratio（ACLR）with HS-DPCCH；
- Adjacent Channel Leakage Power Ratio（ACLR）with E-DCH；
- Transmitter Characteristics/Spurious Emissions。

GSM 制式下功率相关发射机具体测试项目如下。

- Transmitter output power and burst timing-MS with permanent antenna connector；
- Transmitter output power in GPRS multislot configuration；

- EGPRS Transmitter output power and burst timing-MS with permanent antenna connector；
- Transmit power control timing and confirmation，single slot；
- GPRS Uplink Power Control-Use of and CH parameters；
- GPRS Uplink Power Control-Independence of TS Power Control；
- EGPRS Uplink Power Control-Use of and CH parameters；
- EGPRS Uplink Power Control-Independence of TS Power Control；
- Transmitter-Output RF spectrum；
- Output RF spectrum in GPRS multislot configuration；
- Output RF spectrum in EGPRS configuration。

2. 接收机信号功率及功率控制

接收机功率相关指标主要包含以下几个方面。

（1）参考灵敏度电平。主要考察终端接收小信号的能力。如果终端参考灵敏度电平不合格，将会降低 eNodeB 有效覆盖范围。如 3GPP TS 36.521-1 中第 7.3 节，对 FDD BAND 1、20MHz 带宽灵敏度的要求为：当输入信号输入电平为 -93.3dBm，终端的吞吐量应达到参考测量信道定义的最大吞吐量 95% 以上。

（2）最大输入电平。考察终端接收大信号的能力。如果终端最大输入电平不合格，将会降低 eNodeB 近端的覆盖范围。

（3）邻道选择性。考察 UE 在特定参考测量信道给定的平均吞吐量，邻道信号频率偏离所分配信道的中心频率，在无附加噪声的情况下接收数据的能力。如果终端的邻道选择性指标太差，当存在其他 eNodeB 在邻道发射时，就会降低 eNodeB 覆盖范围。

（4）带内阻塞。考察当一个干扰信号落在 UE 接收频带内或者 UE 接收频带正负 15MHz 带宽范围内时，接收信号的能力，UE 的吞吐量应满足指标要求。

（5）带外阻塞。考察当一个 CW 干扰信号在 UE 接收频带正负 15MHz 带宽范围之外时，接收信号的能力，UE 吞吐量应满足指标要求。

（6）窄带阻塞。考察终端在小于标称信道间隔的频率上有一个窄带 CW 干扰时，UE 在所分配信道频率上接收信号的能力。如果 UE 窄带阻塞性能差，当存在其他 eNodeB 发射时就会降低 eNodeB 覆盖范围。

（7）杂散响应。考察终端因 CW 干扰信号（该信号的频率不满足带外阻塞的限制）而导致的性能下降时，接收机在特定信道频率上接收期望信号的能力。如果终端杂散响应能力差，当其他任一频率干扰信号存在时就会降低 eNodeB 覆盖范围。

（8）杂散辐射。考察接收机抑制接收机中产生或放大的杂散信号功率的能力，该指标也直接影响了接收机的性能。

LTE 制式下功率相关接收机具体测试项目如下。

- Reference sensitivity level；
- Maximum input level；
- Adjacent Channel Selectivity（ACS）；

- In-band blocking；
- Out-of-band blocking；
- Narrow band blocking；
- Spurious response；
- Spurious emissions。

WCDMA 制式下功率相关接收机具体测试项目如下。

- Receiver Characteristics/Reference Sensitivity Level；
- Reference sensitivity level for DC-HSDPA；
- Receiver Characteristics/Maximum Input Level；
- Receiver Characteristics/Maximum Input Level for HSPDSCH Reception（16QAM）；
- Maximum Input Level for HS-PDSCH Reception（64QAM）；
- Maximum Input Level for DC-HSDPA Reception（16QAM）；
- Maximum Input Level for DC-HSDPA Reception（64QAM）；
- Receiver Characteristics/Adjacent Channel Selectivity（ACS）（Rel-99 and Rel-4）；
- Receiver Characteristics Adjacent Channel Selectivity（ACS）（Rel-5 and later releases）；
- Adjacent Channel Selectivity（ACS）for DC-HSDPA；
- Receiver Characteristics/Blocking Characteristics；
- Blocking Characteristics for DC-HSDPA；
- Receiver Characteristics/Spurious Response；
- Spurious Response for DC-HSDPA；
- Receiver Characteristics/Spurious Emissions。

GSM 制式下功率相关接收机具体测试项目如下。

- Receiver/Bad Frame Indication-TCH/FS-Random RF Input；
- Receiver/Bad Frame indication-TCH/FS-Frequency hopping and downlink DTX；
- Receiver/Bad Frame Indication-TCH/HS-Random RF input；
- Receiver/Bad Frame Indication-TCH/HS-Frequency hopping and downlink DTX；
- Receiver/Bad frame indication-TCH/AFS（Speech frame）；
- Receiver/Bad frame indication-TCH/AHS；
- Receiver/Reference sensitivity-TCH/FS；
- Receiver/Reference sensitivity-TCH/HS；
- Receiver/Reference sensitivity-FACCH/F；
- Receiver/Reference sensitivity-FACCH/H；
- Reference sensitivity-TCH/EFS；
- Reference sensitivity-TCH/AFS；
- Reference sensitivity-TCH/AHS；

- Reference sensitivity-TCH/AFS-INB;
- Reference sensitivity-TCH/AHS-INB;
- Reference sensitivity-TCH/WFS;
- Receiver/Usable receiver input level range;
- Co-channel rejection-TCH/FS;
- Co-Channel rejection-FACCH/F;
- Co-Channel rejection-FACCH/H;
- Receiver performance in the case of frequency hopping and co-channel interference on;
- Co-channel rejection-TCH/AFS;
- Co-channel rejection-TCH/AHS;
- Co-channel rejection-TCH/AFS-INB;
- Co-channel rejection-TCH/AHS-INB;
- Co-channel Interference-TCH/WFS;
- Co-channel rejection-In Band Signalling TCH/WFS;
- Adjacent Channel Interference-TCH/WFS;
- Adjacent channel rejection-control channels;
- Blocking and spurious response-speech channels;
- GPRS Receiver Test-Minimum Input level for Reference Performance;
- GPRS Receiver Test-Co-channel rejection for packet channels;
- EGPRS Receiver Test-Minimum Input level for reference performance (PDTCH/MCS, USF/MCS);
- EGPRS Receiver Test-Co-Channel rejection (PDTCH/MCS, USF/MCS);
- EGPRS Receiver Test-Adjacent channel rejection (PDTCH/MCS, USF/MCS);
- EGPRS Receiver Test-Blocking and spurious response;
- EGPRS Receiver Test-Usable receiver input level range。

6.1.1.2 信号调制和解调

终端的调制解调性能需满足标准要求，它体现了终端发射和接收信号的质量。

如对于 LTE 系统而言，OFDM 系统对频偏和相位噪声比较敏感，OFDM 技术区分各个子信道的方法是利用各个子载波之间严格的正交性。频偏和相位噪声会使各个子载波之间的正交性能恶化，造成整个系统性能恶化。所以频率误差等调制解调性能指标是终端射频部分必须要考察的。

1. 发射信号调制解调性能

发射信号调制解调性能主要包含以下几个方面。

（1）频率误差：验证实际信号频率与目标信号频率误差值，考察终端正确处理传输信号频率的能力。3GPP TS 36.521-1 中第 6.5.1 节对频率误差的要求为：$|\Delta f| \leqslant (0.1\ \text{PPM} + 15\ \text{Hz})$。

（2）误差矢量幅度 EVM：EVM 用来测量参考波形和被测量波形的差别，差别称为误差矢量。在计算 EVM 前，被测量波形通过采样时间、RF 频率偏移和 IQ 初始偏移校正，验证信号的调制矢量误差来保证信号传输的质量，具体如图 6-3 所示。

（3）发射互调：验证终端抑制其互调产物的能力，互调指标太差，会影响信号质量。

此外，验证信号质量的测试项目还包括载波泄漏、非分配 RB 的带内发射、EVM 均衡器频谱平坦度等。

LTE 制式下调制解调相关发射机具体测试项目如下。

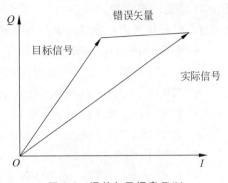

图 6-3 误差矢量幅度 EVM

- Error Vector Magnitude（EVM）；
- Carrier leakage；
- In-band emissions for non allocated RB；
- EVM equalizer spectrum flatness；
- Transmit intermodulation。

WCDMA 制式下调制解调相关发射机具体测试项目如下。

- Transmitter Characteristics/Transmit Intermodulation；
- Transmitter Characteristics/Transmit Modulation/Error Vector Magnitude；
- Error Vector Magnitude（EVM）with HS-DPCCH；
- Error Vector Magnitude（EVM）and phase discontinuity with HS-DPCCH；
- Transmitter Characteristics/Peak code domain error；
- Transmitter Characteristics/TransmitModulation/UE phase discontinuity；
- Transmitter Characteristics/TransmitModulation/PRACH preamble quality。

GSM 制式下调制解调相关发射机具体测试项目如下。

- Transmitter-Frequency error and phase error；
- Transmitter-Frequency error under multipath and interference conditions；
- Frequency error and phase error in GPRS multislot configuration；
- Frequency error and modulation accuracy-EGPRS；
- Frequency error under multipath and interference conditions-EGPRS。

2. 接收信号调制解调性能

接收信号调制解调性能主要包含以下几个方面。

（1）互调特性。考察终端在互调信号干扰下接收数据的能力。

（2）信道的解调性能。主要考察对信号的解调能力，如 WCDMA 制式下，静态条件下信道的 DCH 解调、衰落条件下信道的解调、移动传播条件下的 DCH 解调、生/灭传播条件下的 DCH 解调、下行开环发射分集模式下的 DCH 解调、下行闭环发射分集模式下的 DCH 解调、小区间软切换条件下的 DCH 解调等。

又如 LTE 制式下，小区特定参考信号下的 PDCCH 解调，包括 LTE TDD/FDD PDSCH 单天线端口性能、发射分集性能、开环空分复用、闭环空分复用、单层空分复用、双层空分复用等，还包括 PCFICH/PDCCH 信道的解调、PHICH 信道的解调、PBCH 信道的解调等。

LTE 制式下调制解调相关接收机具体测试项目如下（以 TDD 为例）。

- Wideband intermodulation；
- TDD PDSCH Single Antenna Port Performance；
- TDD PDSCH Single Antenna Port Performance；
- TDD PDSCH Single Antenna Port Performance with 1PRB；
- TDD PDSCH Transmit Diversity 2×2；
- TDD PDSCH Transmit Diversity 2×2；
- TDD PDSCH Transmit Diversity 4×2；
- TDD PDSCH Open Loop Spatial Multiplexing 2×2；
- TDD PDSCH Open Loop Spatial Multiplexing 4×2；
- TDD PDSCH Closed Loop Single/Multi Layer Spatial Multiplexing 2×2；
- TDD PDSCH Closed Loop Multi Layer Spatial Multiplexing 2×2；
- TDD PDSCH Closed Loop Single/Multi Layer Spatial Multiplexing 4×2；
- TDD PDSCH Closed Loop Multi Layer Spatial Multiplexing 4×2；
- TDD PDSCH Performance (UE-Specific Reference Symbols)；
- TDD PDSCH Single-layer Spatial Multiplexing on antenna port 5 (Release 9 and forward)；
- TDD PDSCH Single-layer Spatial Multiplexing on antenna port 7 or 8 without a simultaneous transmission；
- TDD PDSCH Single-layer Spatial Multiplexing on antenna port 7 or 8 with a simultaneous transmission；
- TDD PDSCH Dual-layer Spatial Multiplexing；
- TDD PCFICH/PDCCH Single-antenna Port Performance；
- TDD PCFICH/PDCCH Transmit Diversity 2×2；
- TDD PCFICH/PDCCH Transmit Diversity 4×2；
- TDD PCFICH/PDCCH Transmit Diversity 4×2；
- TDD PHICH Single-antenna Port Performance；
- TDD PHICH Transmit Diversity 2×2；
- TDD PHICH Transmit Diversity 4×2；
- TDD PHICH Transmit Diversity 4×2；
- TDD sustained data rate performance。

WCDMA 制式下调制解调相关接收机具体测试项目如下。

- Receiver Characteristics/Intermodulation Characteristics；
- Intermodulation Characteristics for DC-HSDPA；
- Performance requirements/Demodulation in Static Propagation conditions/ Demodulation of Dedicated Channel (DCH)；

- Performance requirements/Demodulation of DCH in Multi-path Fading Propagation conditions/Single Link Performance；
- Performance requirements/Demodulation of DCH in Moving Propagation conditions/Single Link Performance；
- Performance requirements/Demodulation of DCH in Birth-Death Propagation conditions/Single Link Performance；
- Performance requirements/Demodulation of DCH in downlink Transmit diversity modes/Demodulation of DCH in open-loop transmit diversity mode；
- Performance requirements/Demodulation of DCH in downlink Transmit diversity modes/Demodulation of DCH in closed loop transmit diversity mode (Test 1)；
- Performance requirements/Demodulation in Handover conditions/Demodulation of DCH in Inter-Cell Soft Handover (Release 5 and earlier)；
- Performance requirements/Demodulation in Handover conditions/Demodulation of DCH in Inter-Cell Soft Handover (Release 6 and later)；
- Performance requirements/Demodulation in Handover conditions/Combining of TPC commands from radio links of different radio link sets。

射频指标的好坏直接影响终端的性能，随着通信制式的增加，市场、运营商需求的增长，射频性能的要求也越来越高，射频需要验证的指标也会在以前的基础上随之增多，如 LTE 新增的测试项目射频频谱平坦度，频谱平坦度对应频带内波纹的大小，直接影响终端射频的稳定性，因此必须保证终端的射频频谱平坦度在要求范围之内。

6.1.1.3　测试标准

针对不同制式，射频测试使用的 3GPP 标准有：

（1）LTE：3GPP TS 36.521-1 3rd Generation Partnership Project；Technical Specification Group Radio Access Network；Evolved Universal Terrestrial Radio Access (EUTRA)；User Equipment (UE) conformance specification Radio transmission and reception Part 1：Conformance Testing。

（2）WCDMA：3GPP TS 34.121-1 3rd Generation Partnership Project；Technical Specification Group Radio Access Network；User Equipment (UE) conformance specification；Radio transmission and reception (FDD)；Part 1：Conformance specification。

（3）TDS-CDMA：3GPP TS 34.122 3rd Generation Partnership Project；Technical Specification Group Radio Access Network；Terminal conformance specification；Radio transmission and reception (TDD)。

（4）CDMA 1X：3GPP2 C.S0011 3rd Generation Partnership Project 2；Recommended Minimum Performance Standards for cdma2000 Spread Spectrum Mobile Stations。

（5）CDMA EVDO：3GPP2 C.S0033 3rd Generation Partnership Project 2；Recommended Minimum Performance Standards for cdma2000 High Rate Packet Data Access Terminal。

（6）GSM/GPRS/EDGE：3GPP TS 51.010-1 3rd Generation Partnership Project；Technical Specification Group GSM/EDGE Radio Access Network；Digital cellular telecommunications system（Phase 2＋）；Mobile Station（MS）conformance specification；Part 1：Conformance specification。

6.1.1.4 测试平台

针对不同制式，射频测试使用的仪表平台主要有以下几种。

1. ANRITSU ME7873L LTE RF/RRM Conformance Test System（平台为 TP104）

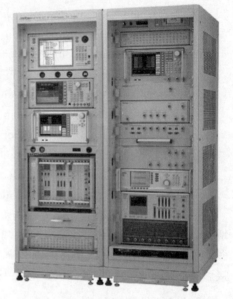

LTE RF/RRM 一致性测试系统 ME7873L（见图 6-4）是世界上最先通过 GCF 验证的 RF 测试平台（测试用例于 2010 年 4 月在 CAG♯22 通过验证），它支持 GCF 批准的大多数测试用例。该系统使用信令分析仪 MD8430A 作为 LTE 基站模拟器，并配置 Anritsu 研发的测试仪器、接口硬件和软件。ME7873L 支持 TRx、性能和 CQI 测试用例，终端在呼叫测试模式或无呼叫测试模式均可。目前支持的 LTE 频段包括 FDD1～FDD5、FDD7～FDD14、FDD17～FDD21、FDD24～FDD30 以及 TDD33～TDD41。

2. Anritsu ME7873F W-CDMA Trx/Perf/ RRM/HSPA RF/RRM Test System（平台为 TP57）

AnritsuME7873F 测试平台（见图 6-5）支持全球大多数获 GCF/PTCRB 批准的 TS34.121 RF 一致性测试用例。通过以 MD8480C W-

图 6-4 ANRITSU ME7873L LTE RF/RRM 一致性测试系统

CDMA 信令分析仪为核心的各种不同仪器和专用软件，可对处于回环状态的 W-CDMA 终端进行各种测试，以及无呼叫状态测试。另外，其一体式设计可对全球范围内使用的 10 个 UMTS 频段（Ⅰ、Ⅱ、Ⅲ、Ⅳ、Ⅴ、Ⅵ、Ⅷ、Ⅸ、Ⅺ 和 ⅩⅨ）进行一致性测试。

3. R&S TS8980RF Conformance Test System for GSM/EDGE/WCDMA/LTE（平台为 TP98）

R&S TS8980 系统（见图 6-6）不仅是 LTE 与 LTE-A（包括 FDD 与 TDD 模式）射频认证领域领先的 GCF 认证测试平台，其测试能力还覆盖了 GSM、WCDMA 的射频测试，3G 和 LTE 的无线资源管理测试，并全面广泛地支持世界主流运营商的定制化射频测试。

4. Rohde & Schwarz TS8950RF Conformance Test System for GSM/EDGE UE（平台为 TP5）

R&S TS8950 系统（见图 6-7）是目前全球最为成熟的 GSM 射频一致性测试系统，支持 GSM850/900/1 800/1 900 四个频段，是 GCF/PTCRB 射频认证领域领先的测试平台，其测试能力还覆盖了 GSM、GPRS、EDGE、AMR、VAMOS 等射频测试，支持 Phase 2 至 Rel-9 相关特性。

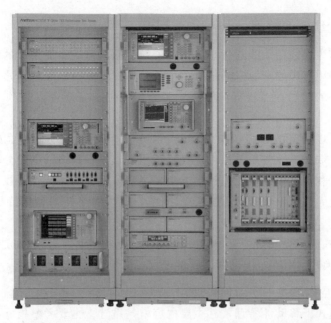

图 6-5　Anritsu ME7873F W-CDMA Trx/Perf/RRM/HSPA RF 一致性测试系统

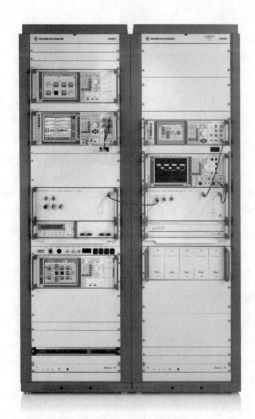

图 6-6　Rohde & Schwarz TS8980RF 一致性
　　　　测试系统

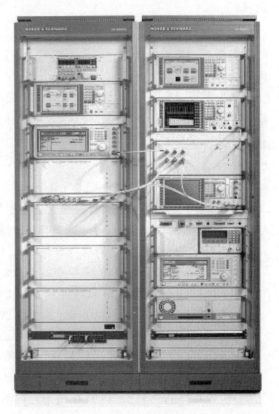

图 6-7　R&S TS8950RF 一致性测试系统

6.1.2　无线资源管理

以移动通信为代表的无线通信系统都是资源受限的系统，而用户的数量却在持续高速增长。如何利用有限的资源来满足日益增长的用户需求，已经成为移动通信系统发展过程中急需解决的问题。无线资源的概念是很广泛的，它既可以是频率，也可以是时间，还可以是码字。

无线资源管理(Radio Resource Management，RRM)是在有限带宽的条件下，为网络内无线用户终端提供业务质量保障，其基本出发点是在网络话务量分布不均匀、信道特性因信道衰弱和干扰而起伏变化等情况下，灵活分配和动态调整无线传输部分和网络的可用资源，最大程度地提高无线频谱利用率，防止网络拥塞和保持尽可能小的信令负荷。

以 LTE 制式为例无线资源管理主要包括空闲模式移动性管理(重选)、连接态下的移动性管理(切换)、RRC 连接控制、测量过程、测量性能、测试标准、测试平台。

6.1.2.1　空闲模式下移动性管理

所谓空闲模式下移动性管理，其主要内容就是重选。主要考察指标是小区重选过程中的检测和驻留的速度。各种制式下的小区重选均主要包括同频、异频、跨系统的小区重选。

1. 同频小区重选

同频小区重选，其目的是验证当前的和目标小区运行在相同载波频率时，UE 能按同频小区重选要求，搜索和测量这些小区。

例如 LTE 制式下的同频的小区重选，包括 E-UTRAN FDD-FDD 的同频小区重选、E-UTRAN TDD-TDD 的同频小区重选、E-UTRAN FDD-FDD 5MHz 带宽的同频小区重选。又如 WCDMA 和 TDS 制式下的同频小区重选包括 UTRAN TDD-TDD 的同频小区重选、UTRAN FDD-FDD 的同频小区重选、单载波小区重选等。

2. 异频/系统小区重选

异频/系统小区重选，其目的是验证当相邻小区相对于当前运行在不同载波频率时，UE 能按异频/系统小区重选要求，搜索和测量这些小区。到同频邻小区的小区重选由一组同频小区的测量和评估需求所控制。

例如 LTE 制式下的异频/系统小区重选，包括如下测试项目：

(1) E-UTRAN FDD-FDD 的异频小区重选；

(2) E-UTRAN TDD-TDD 的异频小区重选；

(3) E-UTRAN TDD-FDD 的异频小区重选；

(4) E-UTRAN FDD-TDD 的异频小区重选；

(5) E-UTRAN FDD-FDD 存在不允许的 CSG 小区的异频小区重选；

(6) E-UTRAN TDD-TDD 存在不允许的 CSG 小区的异频小区重选；

(7) E-UTRAN 到 UTRAN 小区的重选；

(8) E-UTRAN 到 GSM 小区的重选；

（9）E-UTRAN 到 HRPD 小区的重选；

（10）E-UTRAN 到 cdma 1x 小区的重选。

WCDMA 和 TDS 制式下的异频/系统小区重选也大致分为这几部分，如下：

（1）空闲模式下多载波小区重选；

（2）从 UTRAN TDD-TDD 的异频小区重选；

（3）从 UTRAN FDD-FDD 的异频小区重选；

（4）从 UTRAN TDD-FDD 的异频小区重选；

（5）从 UTRAN TDD-FDD 的异频小区重选；

（6）从 UTRAN-GSM 的异频小区重选；

（7）RAT 异频小区重选。

LTE 制式空闲模式下的移动性管理，具体测试项目如下（以 TDD 为例）。

- E-UTRAN TDD-TDD cell re-selection intra frequency case；
- E-UTRAN FDD-TDD cell re-selection inter frequency case；
- E-UTRAN TDD-FDD cell re-selection inter frequency case；
- E-UTRAN TDD-TDD cell re-selection inter frequency case；
- E-UTRAN TDD-TDD Inter frequency case in the existence of non-allowed CSG cell；
- E-UTRAN TDD-UTRAN TDD cell re-selection；
- E-UTRAN TDD-UTRAN TDD cell re-selection：UTRA is of higher priority；
- E-UTRAN TDD-UTRAN TDD cell re-selection：UTRA is of lower priority；
- E-UTRA TDD-UTRA TDD cell reselection in fading propagation conditions：UTRA TDD is of lower priority；
- E-UTRAN TDD-GSM cell re-selection。

WCDMA 制式空闲模式下的移动性管理，具体测试项目如下。

- Idle Mode/Cell Re-Selection/Scenario 1：Single carrier case；
- Idle Mode/Cell Re-Selection/Scenario 2：Multi carrier case；
- Idle Mode/UTRAN to GSM Cell Re-Selection/Scenario 1：Both UTRA and GSM level changed；
- Idle Mode/UTRAN to GSM Cell Re-Selection/Scenario 2：Only UTRA level changed；
- Idle Mode/UTRAN to GSM Cell Re-Selection/Scenario 3：HCS with only UTRA level changed。

6.1.2.2　连接模式下的移动性管理

连接模式下的移动性管理涉及的内容是在连接模式下的切换和小区重选过程。主要考察内容是在连接模式下，切换或重选等移动性管理操作的速度。

已知目标小区切换的流程如图 6-8 所示。

未知目标小区切换的流程如图 6-9 所示。

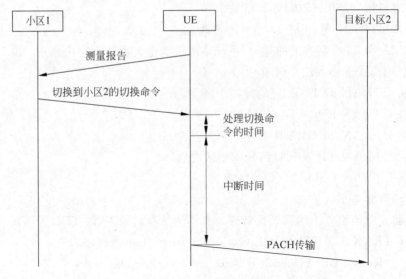

图 6-8　已知目标小区切换流程

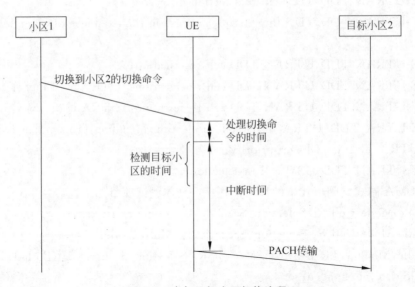

图 6-9　未知目标小区切换流程

1. 连接模式下的切换测试

连接模式下的切换测试又分为同频切换、异频切换、软切换、硬切换等。LTE、WCDMA、TDS 中都包含同频切换和异频切换，如 LTE 中 E-UTRAN TDD 到 TDD 同/异频硬切换、E-UTRAN FDD 到 FDD 同/异频硬切换、从 E-UTRAN TDD 到 UTRAN TDD 切换、从 E-UTRAN TDD 到 UTRAN FDD 切换、从 E-UTRAN FDD 到 UTRAN FDD 切换、从 E-UTRAN FDD 到 GSM 硬切换、从 E-UTRAN TDD 到 GSM 硬切换，同样的 WCDMA 和 TDS 制式中具体的同/异频切换如下。

(1) UTRAN FDD 到 FDD 同/异频硬切换。

（2）UTRAN TDD 到 FDD 硬切换。

（3）UTRAN TDD 到 TDD 同/异频硬切换。

（4）UTRAN FDD/TDD 到 GSM 的异频切换。

此外，WCDMA 制式下还有软切换，如 UTRAN FDD 到 FDD 的软切换。LTE 制式下还包含未知目标小区的切换，如 LTE 中 E-UTRAN TDD 到 TDD 未知目标小区的切换、E-UTRAN FDD 到 FDD 未知目标小区的切换、E-UTRAN 到 UTRAN 未知目标小区的切换、E-UTRAN 到 GSM 未知目标小区的切换，以及从 E-UTRAN 到 cdma 的跨系统切换，如 E-UTRAN 到 HRPD 的切换、E-UTRAN 到 cdma 1x 的切换、E-UTRAN 到 HRPD 未知目标小区的切换、E-UTRAN 到 cdma 1x 未知目标小区的切换等。

2. 连接模式下的小区重选

连接模式下的小区重选主要在 WCDMA 和 TDS 制式下，主要如下。

（1）CELL_FACH 状态下的小区重选（邻小区同/异频的情况）。

（2）CELL_PCH 状态下的小区重选（邻小区同/异频的情况）。

（3）URA_PCH 状态下的小区重选（邻小区同/异频的情况）。

（4）增强型 CELL_FACH 状态下的小区重选（邻小区同/异频的情况）。

LTE 制式连接模式下的移动性管理，具体测试项目如下（以 TDD 为例）。

- E-UTRAN TDD-TDD Handover intra frequency case；
- E-UTRAN TDD-TDD Handover inter frequency case；
- E-UTRAN TDD-TDD inter frequency handover：unknown target cell；
- E-UTRAN FDD-TDD Handover inter frequency case；
- E-UTRAN TDD-FDD Handover inter frequency case；
- E-UTRAN TDD-UTRAN FDD handover；
- E-UTRAN TDD-UTRAN TDD handover；
- E-UTRAN TDD-GSM Handover；
- E-UTRAN TDD-GSM handover unknown target cell；
- E-UTRAN TDD-UTRAN TDD handover：unknown target cell。

WCDMA 连接空闲模式下的移动性管理，具体测试项目如下。

- UTRAN Connected Mode Mobility/FDD to FDD Soft Handover；
- UTRAN Connected Mode Mobility/FDD/FDD Hard Handover to intra-frequency cell；
- UTRAN Connected Mode Mobility/FDD/FDD Hard Handover to inter-frequency cell；
- UTRAN Connected Mode Mobility/Inter-system Handover from UTRAN FDD to GSM；
- UTRAN Connected Mode Mobility/Cell Re-selection in CELL_FACH/One frequency present in neighbour list；
- UTRAN Connected Mode Mobility/Cell Re-selection in CELL_FACH/Two frequencies present in the neighbour list；

- UTRAN Connected Mode Mobility/Cell Re-selection in CELL_FACH/Cell Reselection to GSM；
- Cell Reselection during an MBMS session，two frequencies present in neighbour list；
- UTRAN Connected Mode Mobility/Cell Re-selection in CELL_PCH/One frequency present in the neighbour list；
- UTRAN Connected Mode Mobility/Cell Re-selection in CELL_PCH/Two frequencies present in the neighbour list；
- Cell re-selection during an MBMS session，one UTRAN inter-frequency and 2 GSM cells present in the neighbour list；
- UTRAN Connected Mode Mobility/CellRe-selection in URA_PCH/One frequency present in the neighbour list；
- UTRAN Connected Mode Mobility/CellRe-selection in URA_PCH/Two frequencies present in the neighbour list；
- Serving HS-DSCH cell change。

6.1.2.3 RRC 连接控制

RRC 连接控制包括 RRC 重建、随机接入、同步和时序关系调整控制等的测试。

1. RRC 重建

终端 RRC 重建定义为从终端确认无线链路失败到终端开始在 PRACH 信道上发送前导脉冲之间的时间间隔。各个制式下的 RRM 测试均包含重建的测试，如 TDS 和 WCDMA 制式下具体的测试项目为 RRC 重建时延的测试。LTE 制式下的 RRC 重建又分为同频和异频，具体如下。

（1）E-UTRAN TDD 同频 RRC 重建。

（2）E-UTRAN FDD 同频 RRC 重建。

（3）E-UTRAN TDD 异频 RRC 重建。

（4）E-UTRAN FDD 异频 RRC 重建。

（5）E-UTRAN FDD 同频 5MHz 的 RRC 重建。

2. 随机接入

随机接入的需求的主要目的是确保随机接入时正确的 UE 行为，以及发送随机接入时 UE 发射功率的精度和定时误差在合适的限制范围内。主要考察内容包括 PRACH 前导脉冲和消息部分的前导数量、重传次数和功率指标等。

针对 WCDMA 制式具体的考察项目有。

（1）终端接收到 ACK 时的正确行为。

（2）接收到 NACK 时的正确行为。

（3）随机接入超时的正确行为。

（4）随机接入达到最大发射功率时的正确行为。

针对 TDS 制式具体的考察项目包含：接收 FPACH 的正确行为、达到最大发射功率的正确行为。而针对 LTE 的随机接入测试，又分为基于竞争的和基于非竞争的，包含以下几个方面。

（1）E-Utran TDD/FDD 基于竞争的随机接入测试。

（2）E-Utran TDD/FDD 基于非竞争的随机接入测试。

（3）E-Utran FDD 基于竞争 5MHz 带宽的随机接入测试。

（4）E-Utran FDD 基于非竞争 5MHz 带宽的随机接入测试。

（5）SCell 在 sTAG 基于非竞争的随机接入测试。

（6）在 sTAG 基于非竞争的随机接入测试等。

3. 同步和时序关系调整控制

在网络中工作的数字移动通信终端，应按照标准要求，实现和网络的完全同步，依照网络下发的定时控制指令，完成发送和接收时序关系的控制与调整，并满足相应的精度要求，确保网络的同步和稳定。

LTE 制式 RRC 连接控制具体测试项目如下（以 TDD 为例）。

- E-UTRAN TDD Intra-frequency RRC Re-establishment；
- E-UTRAN TDD Inter-frequency RRC Re-establishment；
- E-UTRAN TDD-Contention Based Random Access Test；
- E-UTRAN TDD-Non-Contention Based Random Access Test；
- Redirection from E-UTRAN TDD to GERAN when System Information is provided；
- E-UTRA TDD RRC connection release redirection to UTRA TDD；
- Redirection from E-UTRAN TDD to GERAN when System Information is not provided；
- E-UTRAN TDD-UE Transmit Timing Accuracy；
- E-UTRAN TDD-UE Transmit Timing Accuracy（Non DRx UE）；
- E-UTRAN TDD-UE Timing Advance Adjustment Accuracy。

WCDMA 制式 RRC 连接控制具体测试项目如下。

- RRC Connection Control/RRC Re-establishment delay/Test 1；
- RRC Connection Control/RRC Re-establishment delay/Test 2；
- RRC Connection Control/Random Access/Correct behaviour when receiving an ACK（Rel-5 and earlier）；
- RRC Connection Control/Random Access/Correct behaviour when receiving an ACK（Rel-6 and later）；
- RRC Connection Control/Random Access/Correct behaviour when receiving an NACK；
- RRC Connection Control/Random Access/Correct behaviour at Time-out；
- RRC Connection Control/Random Access/Correct behaviour when reaching maximum transmit power；
- RRC Connection Control/Transport format combination selection in

UE/Interactive or Background，PS，UL：64 kbit/s；

- Timing and Signalling Characteristics/UETransmit Timing。

6.1.2.4 测量过程

终端的测量过程，主要指频率内测量过程，主要分为同频测量和异频测量。

（1）同频测量，按照同频小区搜索要求，在不同的传播衰落条件下，UE 正确报告时间的能力。

（2）异频测量，按照异频小区搜索要求，在不同的传播衰落条件下，UE 正确报告时间的能力。

如 WCDMA/TDS 制式下，终端的测量过程主要分为：

（1）AWGN 传播条件下的事件触发报告（同频测量）。

（2）AWGN 传播条件下，多个邻区的事件触发报告（同频测量）。

（3）AWGN 传播条件下，两个可检测邻区的事件触发报告（同频测量）。

（4）衰落条件下，正确报告邻区情况（同频测量）。

（5）AWGN 传播条件下，正确报告邻区情况（异频测量）。

（6）衰落条件下，正确报告邻区情况（异频测量）。

LTE 制式下，终端的测量过程主要有以下几部分。

（1）异步小区中，衰落传播条件下，同频事件触发的报告。

（2）同步小区中，衰落传播条件下，同频事件触发的报告。

（3）有 DRX 的同步小区中，衰落传播条件下，同频事件触发的报告。

（4）异步小区中，衰落传播条件下异频事件触发的报告。

（5）有 DRX 的异步小区中，衰落传播条件下，异频事件触发的报告。

（6）有 DRX 的异步小区中，AWGN 传播条件下使用 L3 过滤时，异频事件触发的报告等。

LTE 制式测量过程的具体测试项目如下（以 TDD 为例）。

- E-UTRAN TDD Radio Link Monitoring Test for Out-of-sync in DRX；
- E-UTRAN TDD Radio Link Monitoring Test for In-sync in DRX；
- E-UTRAN TDD-TDD intra-frequency event triggered reporting under fading propagation conditions in synchronous cells；
- E-UTRAN TDD-TDD intra-frequency event triggered reporting under fading propagation conditions in synchronous cells with DRX；
- E-UTRAN TDD-TDD Intra-frequency identification of a new CGI of E-UTRA cell using autonomous gaps；
- E-UTRAN TDD-TDD Intra-frequency identification of a new CGI of E-UTRA cell using autonomous gaps with DRX；
- E-UTRAN TDD-TDD Inter-frequency event triggered reporting under fading propagation conditions in synchronous cell；
- E-UTRAN TDD-TDD Inter-frequency event triggered reporting when DRX is used under fading propagation conditions in synchronous cells；

- E-UTRAN TDD-TDD inter-frequency event triggered reporting under AWGN propagation conditions in synchronous cells with DRX when L3 filtering is used；
- E-UTRAN TDD-TDD Inter-frequency identification of a new CGI of E-UTRA cell using autonomous gaps；
- E-UTRAN TDD-TDD Inter-frequency identification of a new CGI of E-UTRA cell using autonomous gaps with DRX；
- E-UTRAN TDD -UTRAN FDD event triggered reporting under fading propagation conditions；
- E-UTRAN TDD-UTRAN TDD SON ANR cell search reporting under AWGN propagation conditions；
- E-UTRAN TDD -UTRAN TDD enhanced cell identification under AWGN propagation conditions；
- E-UTRAN TDD-GSM event triggered reporting in AWGN；
- E-UTRAN TDD-GSM event triggered reporting when DRX is used in AWGN；
- E-UTRAN TDD-E-UTRAN TDD and E-UTRAN TDD Inter-frequency event triggered reporting under fading propagation conditions；
- Combined E-UTRAN TDD-E-UTRA TDD and GSM cell search. E-UTRA cells in fading；GSM cell in static propagation conditions；
- E-UTRAN TDD -FDD Inter-frequency event triggered reporting under fading propagation conditions in asynchronous cells；
- E-UTRAN TDD -FDD Inter-frequency event triggered reporting when DRX is used under fading propagation in asynchronous cells；
- E-UTRAN TDD-FDD Inter-frequency identification of a new CGI of E-UTRA cell using autonomous gaps；
- E-UTRAN FDD -TDD Inter-frequency event triggered reporting under fading propagation conditions in asynchronous cells；
- E-UTRAN FDD -TDD Inter-frequency event triggered reporting when DRX is used under fading propagation conditions in asynchronous cells；
- E-UTRAN FDD-TDD Inter-frequency identification of a new CGI of E-UTRA cell using autonomous gaps。

WCDMA 制式测量过程的具体测试项目如下。

- UE Measurements Procedures/FDD intrafrequency measurements/Event triggered reporting in AWGN propagation conditions；
- UE Measurements Procedures/FDD intrafrequency measurements/Event triggered reporting in AWGN propagation conditions（Rel-4 and later）；
- UE Measurements Procedures/FDD intrafrequency measurements/Event triggered reporting of multiple neighbours in AWGN propagation condition；
- UE Measurements Procedures/FDD intrafrequency measurements/Event triggered

reporting of multiple neighbours in AWGN propagation condition (Rel-4 and later)；

- UE Measurements Procedures/FDD intrafrequency measurements/Event triggered reporting of two detectable neighbours in AWGN propagation condition；
- UE Measurements Procedures/FDD intrafrequency measurements/Event triggered reporting of two detectable neighbours in AWGN propagation condition（Rel-4 and later)；
- UE Measurements Procedures/FDD intra frequency measurements/Correct reporting of neighbours in fading propagation condition（Rel-4 and later）；
- UE Measurements Procedures/FDD interfrequency measurements/Correct reporting of neighbours in AWGN propagation condition（Release 5 and earlier）；
- FDD inter frequency measurements-Correct reporting of neighbours in AWGN propagation condition（Release 6 and later)；
- UE Measurements Procedures/FDD interfrequency measurements/Correct reporting of neighbours in fading propagation condition（Release 5 only）；
- FDD inter frequency measurements-Correct reporting of neighbours in fading propagation condition（Release 6 and later)；
- FDD inter frequency measurements-Correct reporting of neighbours in fading propagation condition using $TGL1=14$；
- GSM measurements/Correct reporting of GSM neighbours in AWGN propagation condition；
- Combined Inter-frequency and GSM measurements/Correct reporting of neighbours in AWGN propagation condition。

6.1.2.5 测量性能要求

终端测量性能的测试主要考察终端测量能力的准确性，主要包含以下指标测量：RSCP 精度测量、载波 RSSI、UE RSRP 精度、UE RSRQ 精度等。

测量精度分为同频测量和异频测量。

（1）CPICH RSCP。测量小区的 CPICH RSCP 功率值并进行比较，测量精度需满足标准要求。

（2）载波 RSSI。定义为接收带宽功率，测量载波的 RSSI 值进行比较，测量精度满足标准要求。

（3）UE RSRP 精度。RSRP 由 UE 在一个测量周期中所有测量带宽上的小区专用参考信号上测量。RSRP 是一种信号强度度量，也是小区覆盖的指示。RSRP 定义为考虑的测量频率带宽上承载参考信号的资源元素上接收功率的线性平均值。测量小区的 RSRP 功率值精度满足标准要求。

（4）RSRQ 精度。RSRQ 被定义为一个 E-UTRA 载波的 RSRP 与 RSSI 之比。RSRQ 中的 RSSI 部分为总的接收功率，包括所有干扰源来的干扰，干扰源有服务和非服务小区、邻信道干扰和热噪声。测量小区的 RSRQ 值进行比较，测量精度满足标准要求。

（5）无线资源管理是衡量一个系统服务质量优劣，是否被运营商接纳的重要性能指标，是对移动通信系统的空中接口资源的规划和调度。

LTE 测量性能要求下的具体测试例如下（以 TDD 为例）。

- TDD Intra Frequency Absolute RSRP Accuracy；
- TDD Intra Frequency Relative Accuracy of RSRP；
- TDD-TDD Inter Frequency Absolute RSRP Accuracy；
- TDD-TDD Inter Frequency Relative Accuracy of RSRP；
- FDD-TDD Inter Frequency Absolute RSRP Accuracy；
- FDD-TDD Inter Frequency Relative Accuracy；
- TDD Intra Frequency Absolute RSRQ Accuracy；
- TDD-TDD Inter Frequency Absolute RSRQ Accuracy；
- TDD-TDD Inter Frequency Relative Accuracy of RSRQ；
- FDD-TDD Inter Frequency Absolute RSRQ Accuracy；
- FDD-TDD Inter Frequency Relative Accuracy of RSRQ；
- E-UTRAN TDD-UTRA TDD P-CCPCH RSCP absolute accuracy。

WCDMA 测量性能要求下的具体测试例如下。

- E-UTRAN FDD RSRP absolute accuracy；
- E-UTRAN FDD RSRQ absolute accuracy。

6.1.2.6　测试标准

针对不同制式，无线资源管理测试使用的 3GPP 标准有：

（1）LTE：3GPP TS 36.521-3 3rd Generation Partnership Project；Technical Specification Group Radio Access Network；Evolved Universal Terrestrial Radio Access (E-UTRA)；User Equipment (UE) conformance specification；Radio transmission and reception；Part 3：Radio Resource Management (RRM) conformance testing。

（2）WCDMA：3GPP TS 34.121-1 3rd Generation Partnership Project；Technical Specification Group Radio Access Network；User Equipment (UE) conformance specification；Radio transmission and reception (FDD)；Part 1：Conformance specification。

（3）TDS：3GPP TS 34.122 3rd Generation Partnership Project；Technical Specification Group Radio Access Network；Terminal conformance specification；Radio transmission and reception (TDD)。

6.1.2.7　测试平台

针对不同制式，无线资源管理测试使用的仪表平台主要有以下几种。

1. ANRITSU ME7873L LTE RF/RRM Conformance Test System(平台为 TP104)

LTE RF/RRM 一致性测试系统 ME7873L(见图 6-10)是世界上领先的 RRM 测试平台，它支持 GCF 批准的大多数测试用例。该系统使用信令分析仪 MD8430A 作为 LTE 基站模拟器，并配置 Anritsu 研发的测试仪器、接口硬件和软件。ME7873L 支持无线资源管理、移动性管理、RRC 连接控制、小区间测量工程等测试用例，终端在呼叫测试模式或无呼叫测试模式均可。目前支持的 LTE 频段包括 FDD1～FDD5、FDD7～FDD14、FDD17～FDD21、FDD24～FDD30 以及 TDD33～TDD41。

2. Anritsu ME7873F W-CDMA Trx/Perf/RRM/HSPA RF Test System（平台为 TP57）ME7873F 测试平台（见图 6-11）支持全球大多数获 GCF/PTCRB 批准的 TS34.121 RF/RRM 一致性测试用例。通过以 MD8480C W-CDMA 信令分析仪为核心的各种不同仪器和专用软件，可对处于回环状态的 W-CDMA 终端进行各种测试，以及无呼叫状态测试。另外，其一体式设计可对全球范围内使用的所有 10 个 UMTS 频段（Ⅰ、Ⅱ、Ⅲ、Ⅳ、Ⅴ、Ⅵ、Ⅷ、Ⅸ、Ⅺ 和 ⅩⅨ）进行一致性测试。

3. R&S TS8980RF Conformance Test System for GSM/EDGE，WCDMA，LTE（平台为 TP98）

R&S TS8980 FTA-2 系统（见图 6-12）不仅是 LTE 与 LTE-A（包括 FDD 与 TDD 模式）射频认证领域领先的 GCF 认证测试平台，其测试能力还覆盖了 GSM、WCDMA 的射频测试，3G 和 LTE 的无线资源管理测试，并全面广泛地支持世界主流运营商的定制化射频测试。

图 6-10　ANRITSU ME7873L LTE RF/RRM 一致性测试系统

图 6-11　Anritsu ME7873F W-CDMA Trx/Perf/RRM/HSPA RF/RRM 一致性测试系统

4. Starpoint SP8200LTE RRM Conformance Test Platform(平台为 TP122)

SP8200 LTE 终端 RRM 一致性测试系统(以下简称 SP8200,GCF TP122,见图 6-13)是北京星河亮点技术股份有限公司自主研发的 LTE 终端 RRM 一致性测试系统。该测试系统能够完成 LTE 终端各项 RRM 功能/性能指标测试,包括 TD-LTE 和 LTE FDD 单一制式下的小区间重选、测量、切换,以及 TD-LTE、LTE FDD、TD-SCDMA、WCDMA、GSM 等多种接入技术共存时的互操作测试。SP8200 支持 3GPP TS36.521-3 以及 34.122/34.121-1 协议规定的 140 个 LTE 相关 RRM 一致性测试项目。

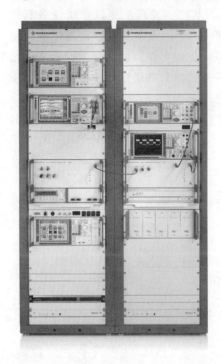

图 6-12　R&S TS8980RF/RRM 一致性测试系统

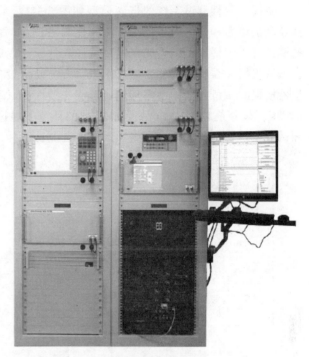

图 6-13　Starpoint SP8200LTE RRM 一致性测试系统

6.2　协议一致性测试

协议一致性测试是移动终端协议软件测试的基础和关键,它是在特定的网络系统配置条件下,验证移动终端协议栈是否符合协议规范的要求,判断终端设备是否能良好地与移动网络互联互通,同时具备必要的容错和兼容性处理能力。具体而言,这些协议规范通常都是基于产业界公认的国际和国内标准化组织制定的完备的、体系化技术标准,如 ITU、3GPP、3GPP2、ETSI、GSMA 和 CCSA 等。

协议一致性测试的主要目的是保证在现实网络环境下终端协议的信令流程正常稳定,测试内容主要体现在网络设备增容,如增加同、异频临小区;网络结构演进,如增强网络能力;增加新业务,如数据业务、组合业务等,使用网络模拟器等硬件设备模拟一切可能的条件,使通信产品遵循统一的标准,从而保证被测设备通信流畅。

基于统一的测试系统架构，协议一致性测试内容根据制式主要可以分为 GSM/GPRS/EDGE、cdma 1x、WCDMA、cdma2000、TD-SCDMA、TD-LTE、LTE FDD。本章首先介绍协议一致性测试系统架构，接着按照不同的制式介绍相应的系统协议分层结构、测试内容、测试标准及相关的测试平台。

6.2.1　协议一致性测试系统

6.2.1.1　系统架构

协议一致性测试系统的概念模型如图 6-14 所示。其测试原理是测试系统设备利用抽象测试语言和网络模拟器来观测和控制被测试对象(UE)。通过测试语言将标准规定的测试行为编译成测试代码，通过编译软件编译以后，生成可执行的文件。这些文件结合编解码器和系统适配器，完成测试语言与硬件设备控制端口的适配，从而控制网络模拟器模拟测试所需要的网络环境，形成一致性测试系统，最终驱动系统仿真器来测试终端 UE。被测终端 UE 在网络设备模拟的环境下通过空中接口或者射频线连接到相应的测试环境执行由测试语言所编译成的各种测试行为。

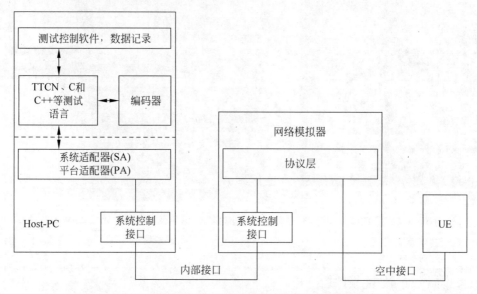

图 6-14　协议一致性测试系统架构

6.2.1.2　测试过程

协议一致性测试过程包括如下三个阶段。

(1) 协议一致性测试组合的生成：测试组合(Test Suite)是为检验移动终端设备是否符合协议标准而统一组织的测试规范的集合。它是根据被测试对象层的协议规范(Protocol Specification)和服务规范(Service Specification)，以及根据两者制定的协议一致性说明 PICS(Protocol Implementation Conformance Statements)和协议测试的附加信息 PIXIT(Protocol Implementation extra Information for Testing)制定的测试集合。

(2) 协议一致性测试准备：一致性测试准备是进行一致性测试之前测试机构同 IUT

实施者间交换信息的过程。

(3) 协议一致性测试实施:一致性测试实施主要完成一致性评价、测试选择和参数设定、基本互连测试、能力测试、特性测试、结果分析和最终一致性评价功能,并生成协议一致性测试报告(Test Report)。

总体来说,协议一致性测试的工作划分为四个步骤,如图 6-15 所示。

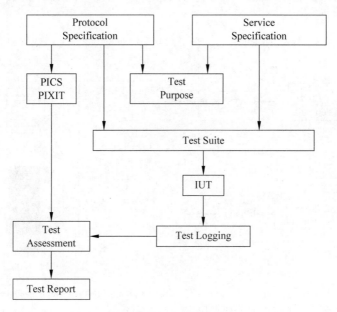

图 6-15 测试过程

(1) 根据协议规范、服务规范确定测试目的。

(2) 通过专用的测试语言,生成并描述测试组合(Test Suite)及测试用例(Test Case)。

(3) 通过测试系统,按 Test Suite 及 Test Case 对被测终端进行测试。

(4) 根据测试记录(Test Logging)参考 PICS 和 PIXIT 对被测终端进行评估,最后给出测试报告。

6.2.1.3 测试语言

协议一致性测试系统的 Test Suite 使用专用测试语言(Tree and Tabular Combined Notation,TTCN)进行编写。它定义了严格的语法和语义规则,最早是由国际标准化组织(International Organization for Standardization,ISO)于 1983 年提出,最后在 1998 年 11 月的 ISO/IEC 9646-3[Information technology-Open Systems Interconnection-Conformance testing methodology and framework-Part 3:The Tree and Tabular Combined Notation (TTCN)]明确定义。此后 ITU-T、ISO/IEC、ATM Forum、ETSI 等标准化组织均广泛使用 TTCN 语言作为协议一致性测试集合的描述语言。

TTCN 发展历程中一共有 3 个版本,分别为 TTCN、TTCN-2、TTCN-3。TTCN 第一版不能设计和描述并行行为,人们很快意识到对 TTCN 的并行能力的扩展的重要性,这也是 TTCN-2 出现的直接原因。尽管在 TTCN-2 中做了扩展,但是对于新出现的不同领域的不同种类的测试仍存在很多缺陷和不足，直到 2000 年 10 月，第三版本的 TTCN-3 问世，并重新命名为 Testing and Test Control Notation version 3（TTCN-3）。TTCN-3 分为核心语言（Core Language）、表格表示格式（Tabular Presentation）、消息序列图（MSC）表示格式等多种使用形式。但核心语言是其他形式的基础，是完整的、独立的，也是 TTCN 工具之间的标准交互格式，是其他格式的语义基础。TTCN 的测试过程如图 6-16 所示。

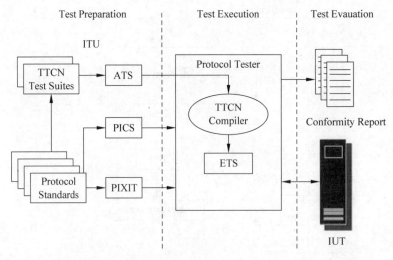

注：ATS——Abstract Test Suite；ETS——Executable Test Suite；IUT——Implementation Under Test；
ITU——International Telecommunications Union；
PICS——Protocol Implementation Conformance Statement；
PIXIT——Protocol Implementation Extra Information for TTCN

图 6-16　协议一致性测试流程

在一个常规的协议测试系统实体中，测试语言相当于测试系统的大脑，它指导系统的一系列测试行为和判断标准，随着互联网的发展，越来越多的协议标准被制定出来。现行的 GERAN、UTRAN 和 EUTRAN 的协议测试根据测试设备厂家的不同所采用的测试语言也是多种多样的。

在 GERAN 系统中，由于 GSM 协议一致性是最早的测试制式，3GPP 等标准化组织仅制定了测试标准，并未发布统一测试语言，故仪表厂商根据 3GPP TS 51.010-1 中协议的测试流程描述，使用 TTCN、C 或者 C++ 等编程语言来编写测试用例，因此不同厂家的 GSM 协议测试设备的测试流程和效果不尽相同。

随着 UTRAN 系统的出现，国际标准组织发现了这一问题，为提高测试一致性，使用 TTCN-2 制定了统一的测试语言。对于 UTRAN 系统，3GPP TS 34.123-1 是其协议测试规范，3GPP TS 34.123-3 是相应的测试语言的描述，其统一规定了测试所需各层协议信令流程的脚本。仪表厂商在实现测试时，不需要独立编写测试语言的流程，可根据 ETSI 发布的统一的 TTCN-2 的语言脚本，做好底层的适配和硬件的控制，提高了测试的一致性。发展到 EUTRAN 阶段，随着测试语言的发展，多数 EUTRAN 的测试语言均采用 TTCN-3 来编写，Test Suite 亦由 ETSI 统一发布。各系统使用的测试语言及相应实现特点如表 6-2 所示。

表 6-2　不同制式测试原语比较

协议一致性测试脚本	GERAN 协议	UTRAN 协议	E-UTRAN 协议
编写语言	TTCN、C、C++	TTCN-2、TTCN-3	TTCN-3
编写依据	根据测试标准描述编写	统一测试原语集合	统一测试原语集合
不同厂商设备特点	不同厂商测试设备的测试流程会有出入	不同厂商测试设备的测试原语一致	不同厂商测试设备的测试原语一致
一致性情况	较弱	较强	较强

6.2.2　协议一致性测试内容

协议一致性测试主要用于验证移动通信终端信令流程和消息内容是否符合规范标准，从而保证终端的信令和协议要求一致。协议一致性测试主要涉及的协议层包括接入 AS 层(MAC、RLC、PDCP、RRC)和非接入 NAS 层(MM、SM、CM)。

6.2.2.1　通信系统协议分层

1. GERAN 系统的协议分层

GERAN 的协议分为两层结构，如图 6-17 所示，分别为：接入层 AS——SNDCP/LLC/RLC/MAC 建立 GSM 各系统之间进行消息通信所需的可靠专用数据链路；非接入层 NAS——主要负责收发和处理信令消息的实体，如移动性管理(Mobility Management，MM)、连接管理(Connection Management，CM)和会话管理(Session Management，SM)。

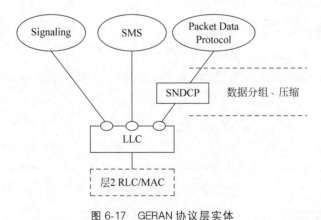

图 6-17　GERAN 协议层实体

（1）LLC 层

LLC 主要功能是在终端 MS 与服务 GPRS 支持节点(Serving GPRS Support Node，SGSN)之间提供一条稳定可靠的传输链路。LLC 为 MS 和 SGSN 提供一条加密的数据链路。当 MS 在同一 SGSN 下的小区间移动时，LLC 连接可以维持不断，当 MS 在移动到另一个 SGSN 下的小区时，LLC 连接需释放，然后重新建立。LLC 可以独立于底层的无线接口协议（RLC/MAC）。为了达到此目的，LLC 协议运行在 MS 和 SGSN 之间进行参数协商。LLC 的主要功能包括：

① 在 SNDCP 层和 LLC 层之间传输原语。

② 在 MS 与 SGSN 之间传输 PDU 的规程。

③ 丢帧和错帧情形的检测和回复。

④ MS 与 SGSN 之间的流量控制。

⑤ PDU 的加密传输。

（2）SNDCP（子网适配层）

SNDCP 位于 LLC 层之上，作为网络层和链路层的过渡，SNDCP 主要负责进行数据的分段、压缩等处理，并送入 LLC 层进行传输。SNDCP 层将从网络层收到的 SNDC 原语映射为 LLC 层原语，具有头压缩和数据压缩功能使 MS 和 SGSN 之间传输的数据量尽量少，对 PDU 进行分割重组向上满足网络层、向下满足 LLC 的接收和发送。

2. UTRAN 和 E-UTRAN 系统协议分层

由于 UTRAN 和 E-UTRAN 的协议分层结构类似，故区别于 GERAN 协议统一介绍。这两个通信系统也分为三层体系结构，但比 GERAN 通信系统在 AS 层用 PDCP 层代替 SNDCP，同时简化去掉 LLC，RLC 的业务类型和功能也得到了完善和改进，如图 6-18 所示。

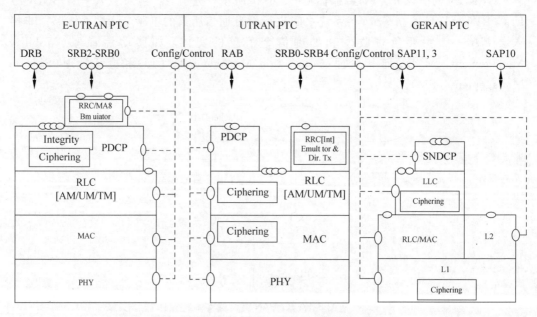

图 6-18　UTRAN 和 E-UTRAN 的协议分层结构

（1）无线资源控制-RRC

无线资源控制 RRC 层在 E-UTRAN 和 UTRAN 系统中起着至关重要的作用，为非接入层 NAS 提供连接管理、消息传递等服务；对接入网的底层协议实体提供参数配置的功能；负责 UE 移动性管理相关的测量、控制等功能。信令无线承载（Signalling

Radio Bears，SRB)作为 RRC 协议的承载，通过不同的逻辑信道 CCCH、DCCH 等承载不同的消息内容，包括 RRC 连接请求、RRC 连接建立、RRC 连接重建立、RRC 连接建立完成等消息内容，在 E-UTRAN 和 UTRAN 两个系统中的 SRB 数量分别为 SRB0-SRB2 和 SRB0-SRB4，E-UTRAN 的 RRC 状态也从 UTRAN 的 IDLE、CELL_FACH、CELL_DCH、CELL_PCH 和 URA_PCH 的五种连接状态改进为空闲态和连接态两种，可见 E-UTRAN 在 RRC 模块要比 UTRAN 简洁。RRC 连接的建立完成，意味着非接入层上行 NAS 消息成功传送，如 Attach Request、TAU Request、Service Request、Detach Request 等。RRC 连接流程的建立意味着被测终端从空闲态变为连接态，导致这一连接的原因有业务建立、Attach 等，在终端 RRC Connection Request 消息中会携带连接的建立原因、终端的配置信息等。在 UTRAN 系统中的 RRC 建立流程与 E-UTRAN 的流程类似，只是不同于终端上发消息包含的 IE 信息及表达方式。对于 GERAN 系统来说，由于没有 RRC 这一功能实体，相应的连接建立请求由 Channel Request 消息取代。

协议一致性测试在 RRC 层主要的测试内容包括 RRC 连接管理控制过程、无线承载控制过程、RRC 移动性管理过程、测量控制过程、MBMS 多媒体广播多播业务以及终端能力查询和完整性保护信令流程。

（2）无线链路控制-RLC

无线链路控制(Radio Link Control，RLC)是 UTRAN/E-UTRAN 等无线通信系统中的无线链路控制层协议，属于 AS 的一部分，为用户面和控制面数据传输提供分段和重传业务。GERAN 作为较早的无线通信系统，其逻辑链路控制 LLC 这一模块在之后的通信系统中逐渐被 RLC 所取代。如图 6-19 所示，每个 RLC 实体由 L3 的 RRC 配置，根据业务类型分为三种模式：透明模式(TM)、非确认模式(UM)、确认模式(AM)。以 E-UTRAN 的 RLC 层的模型为例，对于 UM 和 TM 各有一个发送与接收实体，AM 接收发送同属于一个实体，因此仅 AM 实体支持自动重传请求(Automatic Repeat Request，ARQ)，在同一个实体的发送端需要接收端提供确认信息来决定是否需要重传。

TM RLC 实体通过 BCCH、DL/UL CCCH、PCCH 和 SBCCH 发送和接收 RLC 层的协议数据单元(RLC PDUs)，传送数据格式为 TMD PDU；UM RLC 实体通过 DL/UL DTCH、MCCH、MTCH 或者 STCH 发送和接收 RLC 层的协议数据单元(RLC PDUs)，传送数据格式为 UMD PDU；AM RLC 实体通过 DL/UL DCCH 或者 DL/UL DTCH 发送和接收 RLC 层的协议数据单元(RLC PDUs)，传送数据格式为 AMD PDU。

协议一致性测试在 RLC 主要的测试内容包括三种模式下的数据传输、AM RLC 模式下的 ARQ 流程和数据连接重建立流程等内容。

（3）分组数据汇聚协议-PDCP

GERAN 系统中的子网汇聚依赖协议 SNDCP，在随后的通信系统中被分组数据汇聚协议 PDCP 所取代，PDCP 属于无线接口协议栈的第二层，处于控制平面上的无线资源管理 RRC 消息以及用户平面上的因特网协议 IP 包。PDCP 具有 IP 头压缩和解压、传输用户数据、维护无线网络子系统 SRNS、用户面数据和控制面数据的加密和解密以及控制面数据的完整性保护与完整性验证等功能，其中加密和解密以及完整性保护仅在

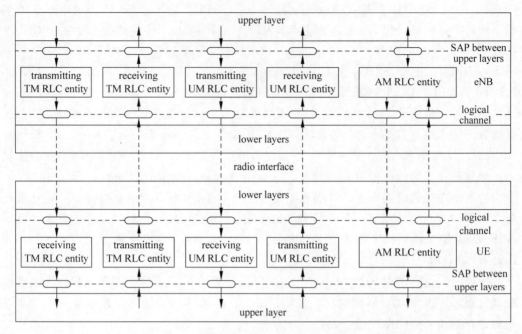

图 6-19　RLC 子层结构模型

E-UTRAN 系统中具备该功能。一个被测终端可以定义多个 PDCP 实体，可以对携带用户数据的每个 PDCP 实体进行配置。每个 PDCP 实体携带一个无线承载的数据。根据无线承载所携带的数据，PDCP 实体对应于控制平面或者用户平面。

E-UTRAN 的协议一致性测试在 PDCP 层测试内容主要体现在加密和完整性保护，UTRAN 的协议一致性测试在 PDCP 层主要集中在头压缩 ROHC 的测试。

3. CDMA 系统协议分层

3GPP2 中定义了两个协议测试规范标准，分别是 cdma2000 1x（1xRTT）和 cdma2000 1xEV-DO（高速分组数据 HRPD），主要涉及的通信系统是仅支持语音 cdma 1x、支持语音和数据的 cdma2000 1x 和仅支持数据 cdma2000 EV-DO。图 6-20 为 CDMA 通信系统的分层结构。

（1）1xRTT 协议分层结构

层 1：物理层

物理层为高层业务提供传输的物理信道以及完成各种物理信道的处理，包括编码、解码、调制等。

层 2：MAC 媒体访问控制层和 LAC 链路接入控制

MAC 媒体访问控制层控制 CDMA 的业务到物理层的接入过程，MAC 定义和分配空中接口的逻辑信道，并控制移动台接入这些共享的逻辑信道。在 MAC 中分为 RLP（Radio Link Protocol）、SRBP（Signal Radio Burst Protocol）、前向和反向业务信道（Forward and Reverse Packet Data Channel）和多路复用和服务质量传递（Multiplexing and QoS Delivery）的四个实体。RLP 无线链路协议，主要负责数据业务的传递，是一种面向

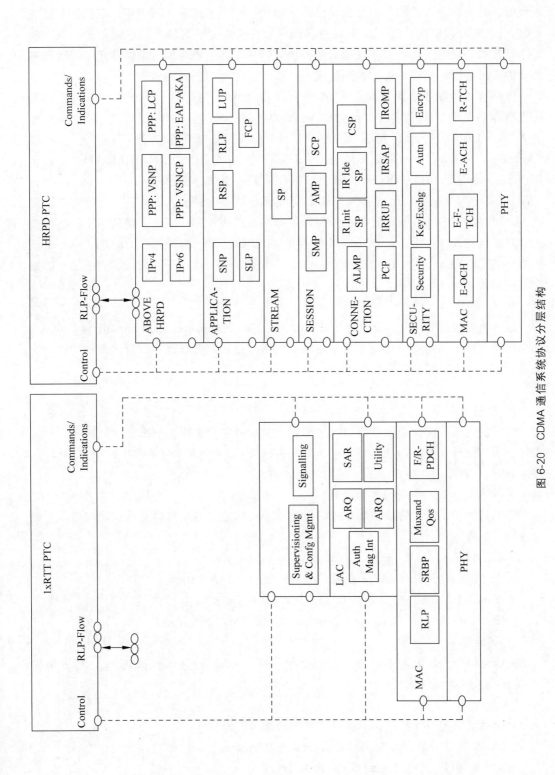

图 6-20 CDMA 通信系统协议分层结构

连接的，基于否定应答的数据发送协议，对发送过程中的错误进行声明，以保证其服务质量，便于高层进行处理。SRBP 信令无线突发协议主要负责信令信息的传递，是一种基于无连接协议的实体。多路复用和服务质量传递实体主要根据资源的使用情况和服务质量的要求将逻辑信道映射到物理信道。

链路接入控制主要保证高层信令在无线信道传输的可靠性。上层的信令信息或和突发数据有关的逻辑信道必须经过 LAC 层的处理才能进入 MAC 层，但话音和数据业务不经 LAC 的处理直接进入 MAC 层。LAC 层包括 5 个功能子层：鉴权子层（Authentication and Message Integrity Sublayer）、ARQ 子层（ARQ Sublayer）、寻址子层（Addressing）、功能子层（Utility）、分割和重装子层（Segmentation and Reassembly，SAR）。其中鉴权子层只用于接入信道，完成部分鉴权功能；ARQ 子层为逻辑信道提供 SDU（Service Data Unit）的可靠传输，并排除重复的发送；寻址子层只用于公共信道上，对特定的 MS 提供标识；功能子层主要对 LAC PDU 进行分割和重装；SAR 子层主要完成 CRC（Cyclic Redundancy Check）功能，将处理后的 PDU 切成适合 MAC 层处理的数据块。

层 3：网络层

层 3 主要包括 Super visioning and Configuration Management 和 Signalling Protocol 两个功能实体，其主要的功能是为非接入层提供连接和配置管理，以及信令的传递，为通话协商、接入控制等提供信令通道。

（2）HRPD 协议分层结构

① 物理层

规定前向和反向物理信道结构，主要规定发送消息的长度、速率、时间同步、调试方式、信道编码等要素，最终将消息、数据发送给对方。EV-DO 物理层对于控制信道、接入信道、前/反向业务信道采用不同的封装过程。

② MAC 层

完成对物理信道的访问控制功能，主要将不同信道的消息打包发送到物理层，主要包含的功能实体有：

- ECH（EnhancedControl Channel MAC Protocol）；
- E-F-TCH（EnhancedForward Traffic Channel MAC Protocol）；
- E-ACH（Enhanced Access Channel MAC Protocol）；
- R-TCH（Subtype 3 Reverse Traffic Channel MAC Protocol）。

③ 安全层

完成空口加密功能，主要进行密钥交换、鉴权、加密，确保信息安全，可采用加密/鉴权模式或者默认模式。

④ 连接层

完成系统的捕获、连接和释放，主要的功能实体为：

- ALMP（Default Air Link Management Protocol）；
- CSP（Default Connected State Protocol）；
- PCP（Default Packet Consolidation Protocol）；

- IR-SAP(Inter-RAT Signalling Adaptation Protocol);
- IR-Init SP(Inter-RAT Initialization State Protocol);
- IR-Idle SP(Inter-RAT Idle State Protocol);
- IR-RUP(Inter-RAT Route Update Protocol);
- IR-OMP(Inter-RAT Overhead Messages Protocol)。

⑤ 会话层

完成链接建立以及协议协商,主要功能实体为:

- SMP(Default Session Management Protocol);
- AMP(Default Address Management Protocol);
- SCP(Default Session Configuration Protocol)。

⑥ 流层

完成应用层数据和信令流的 QoS 标识。

⑦ 应用层

完成空中链路数据和信令应用,将消息包经过 SNP 协议封装,制定消息路由;然后经过 SLP_D 协议封装,制定传送方式;最后经过 SLP_F 协议分割封装,传送到流层。应用层的主要应用实体为:

- SNP(Signalling Network Protocol);
- SLP(Signalling Link Protocol);
- RSP(Route Selection Protocol);
- RLP(Radio Link Protocol);
- LUP(Location Update Protocol);
- FCP(Flow Control Protocol)。

6.2.2.2 协议测试内容

1. 协议测试内容

对于 GSM/GPRS/EDGE 的协议测试,其主要内容包括:

①小区选择和重选;②接收信号测量;③发射功率控制时间和确认;④协议层三 RR/MM/CC/AMR/VAMOS 等功能;⑤BS/TS 电信业务测试;⑥SS 附加业务测试;⑦SMS 短信业务测试;⑧GPRS 寻呼/TBF 建立和释放等流程;⑨GPRS MAC 媒体接入控制协议测试;⑩GPRS RLC 无线链路控制协议测试;⑪GPRS MM 移动性管理测试;⑫GPRS SM 会话管理流程;⑬GPRS LLC 和 SNDCP 功能测试;⑭DTM 双传输模式测试;⑮EDGE 寻呼/TBF 建立和释放等流程;⑯EDGE MAC 媒体接入控制协议测试;⑰EDGE RLC 无线链路控制协议测试;⑱EDGE DTM 双传输模式测试;⑲从 GSM 到 UTRAN 的系统间 Handover 切换。

2. cdma2000 1x(1xRTT)协议测试内容

对于 1xRTT 的协议一致性测试主要依据国际标准 3GPP2 C.S0043(cdma2000 扩频系统信令一致性测试规范,Signaling Conformance Test Specificationfor cdma2000 Spread Spectrum Systems),是 cdma2000 1x 技术中最重要的协议测试规范,其主要测

试内容包括：

①空中接口测试；②基本呼叫流程测试；③空闲切换测试；④切换测试；⑤功率控制；⑥注册测试；⑦鉴权测试；⑧业务重定向测试；⑨用户呼叫配置测试；⑩并发业务测试；⑪前向信道兼容性测试。

3. WCDMA/TD-SCDMA 协议测试内容

对于 WCDMA/TD-SCDMA 的协议测试涉及的主要模块和功能有：通话（主被叫）、CS/PS 域短信、PDP 激活、网络模式的选择（单模/双模）、搜网/鉴权、射频、AT 指令的解析等。其主要内容包括：

①待机模式网络和小区选择；②层二 MAC/RLC/PDCP/BMC 协议测试；③RRC 无线资源控制层功能和流程；④MM 移动性管理基本流程；⑤CC 电路域呼叫控制；⑥SM 会话管理流程；⑦P-MM 数据域移动性管理基本流程；⑧紧急呼叫相关基本测试；⑨RB 无线承载相关互操作测试；⑩SS 附加业务测试；⑪SMS 短信业务测试；⑫多层业务功能测试。

4. cdma2000 1xEV-DO 协议测试内容

对于 1xEV-DO 的国际测试主要依据国际标准 3GPP2 C.S0038（高速速率分组数据业务空中接口信令一致性规范，Signaling Conformance Specification for HighRate Packet Data Air Interface），其主要测试内容包括：

①信令应用测试；②分组应用测试；③多流分组应用测试；④流层测试；⑤会话层测试；⑥连接层测试；⑦安全层测试；⑧MAC 层测试；⑨物理层测试；⑩BCMCS（广播多播业务）测试。

5. LTE 协议测试内容

对于 LTE FDD/TD-LTE 的协议测试按照协议分层，包括以下几部分内容：空闲模式操作、MAC、RLC、PDCP、RRC、EPS 移动性过程、会话管理、无线承载测试、组合过程和通用测试等。具体内容有：

①待机模式网络和小区选择；②层二 MAC/RLC/PDCP 协议测试；③RRC 无线资源控制层功能和流程；④EPS MM 移动性管理基本流程；⑤EPS SM 会话管理流程；⑥短信和紧急呼叫相关基本测试；⑦EPS RB 无线承载相关互操作测试；⑧多层业务功能测试；⑨ETWS 地震海啸报警系统消息测试；⑩DSMIPv6 双栈移动 IPv6 移动性管理测试；⑪LTE MBMS 多媒体广播多播业务测试；⑫PWS 公共报警系统消息测试；⑬D2D 终端直连接近服务测试。

6.2.3　协议一致性测试标准

移动通信系统协议一致性测试内容主要包括的制式为 GSM/GPRS/EDGE、CDMA2000 1x（1xRTT）、WCDMA、CDMA2000 1x EV-DO、TD-SCDMA、TD-LTE、LTE FDD 制式。依据的标准见表 6-3。

表 6-3 协议一致性测试标准

测试内容	国际标准名称	国内标准
GSM/GPRS/EDGE	**3GPP TS 51.010-1** 3rd Generation Partnership Project；Technical Specification Group GSM/EDGE Radio Access Network；Digital cellular telecommunications system（Phase 2+）；Mobile Station（MS）conformance specification；Part 1：Conformance specification	YDT 1700—2007 移动终端信息安全测试方法； YDT 1215—2006 900/1800MHz TDMA 数字蜂窝移动通信网通用分组无线业务(GPRS)设备测试方法：移动台
CDMA1X	**3GPP2 C.S0043** 3rd Generation Partnership Project 2；Signaling Conformance Test Specification for cdma2000 Spread Spectrum Systems	YDT 1576.21—2013 800MHz/2GHz cdma2000 数字蜂窝移动通信网设备测试方法移动台(含机卡一体)第 21 部分：协议一致性基本信令
CDMA2000	**3GPP2 C.S0038** 3rd Generation Partnership Project 2；Signaling Conformance Specification for High Rate Packet Data Air Interface	YDT 1876—2009 800MHz/2GHz cdma2000 数字蜂窝移动通信网测试方法高速分组数据（HRPD）（第二阶段）空中接口信令一致性
WCDMA	**3GPP TS 34.123-1** 3rd Generation Partnership Project；Technical Specification Group Radio Access Network；User Equipment（UE）conformance specification；Part 1；Protocol conformance specification	YDT 1700—2007 移动终端信息安全测试方法； YDT 1844—2009WCDMA/GSM(GPRS) 双模数字移动通信终端技术要求和测试方法(第三阶段)； YDT 2220—2011WCDMA/GSM(GPRS) 双模数字移动通信终端技术要求和测试方法(第四阶段)
TDSCDMA	**3GPP TS 34.123-1** 3rd Generation Partnership Project；Technical Specification Group Radio Access Network；User Equipment（UE）conformance specification；Part 1；Protocol conformance specification	YDT 1700—2007 移动终端信息安全测试方法； YDT 1773—2011 2GHz TD-SCDMA 数字蜂窝移动通信网高速下行分组接入(HSDPA)终端设备协议一致性测试方法； YDT 1780—2008 2GHz TD-SCDMA 数字蜂窝移动通信网终端设备协议一致性测试方法； YDT 1780.1—2011 2GHz TD-SCDMA 数字蜂窝移动通信网终端设备协议一致性测试方法(补充件)； YDT 1842—2011 2GHz TD-SCDMA 数字蜂窝移动通信网高速上行分组接入(HSUPA)终端设备协议一致性测试方法

续表

测试内容	国际标准名称	国 内 标 准
TD-LTE	**3GPP TS 36.523-1** 3rd Generation Partnership Project；Technical Specification Group Radio Access Network；Evolved Universal Terrestrial Radio Access（E-UTRA）and Evolved Packet Core（EPC）；User Equipment（UE）conformance specification；Part 1：Protocol conformance specification	YDT 2576.4—2013 TD-LTE 数字蜂窝移动通信网终端设备测试方法（第一阶段）第 4 部分：协议一致性测试； YDT 2597—2013TD -LTE/TD -SCDMA/GSM(GPRS)多模单待终端设备测试方法
LTEFDD	**3GPP TS 36.523-1** 3rd Generation Partnership Project；Technical Specification Group Radio Access Network；Evolved Universal Terrestrial Radio Access（E-UTRA）and Evolved Packet Core（EPC）；User Equipment（UE）conformance specification；Part 1：Protocol conformance specification	YDT 2578.4—2013 LTE FDD 数字蜂窝移动通信网终端设备测试方法（第一阶段）第 4 部分：协议一致性测试； YDT 2684—2013 LTE/TD-SCDMA/WCDMA/GSM(GPRS)多模单待终端设备测试方法

6.2.4　协议一致性测试平台

　　协议一致性的测试平台相对比较简单，主要由网络模拟器、射频合路器以及协议分析仪构成。随着通信产业的飞速发展，通信设备也从最早的笨重复杂的多台设备变成了灵巧的单台设备。虽然协议测试语言是统一的，但是测试平台多种多样，协议一致性测试的常用测试平台如下。

　　1. Anite 协议一致性测试系统（见图 6-21）

　　Anite 在协议一致性测试领域覆盖了 2G、3G 和 4G 中几乎全部的测试用例。在 2G 与 3G 时代，Anite 与 Agilent 合作，以 Agilent 8960 综测仪作为 GSM 小区模拟器，外

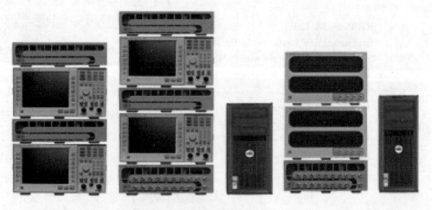

图 6-21　Anite SAT 和 Anite 9000

加自主研发的基带处理器 ABP，能够成功模拟 GSM 和 WCDMA 小区，完成 2G 和 3G 的协议测试，主要的认证平台为 TP50 Anite SAT；在 4G 协议测试领域，Anite 加大投入，研发出 Anite 9000 硬件设备来模拟 LTE 小区。Anite 9000 问世后又将 GSM 和 WCMDA 小区的模拟能力集成到了设备中，目前一台 V2.5 版本的 Anite 9000 可以成功模拟 2G/3G/4G 小区信号，完成协议测试，主要认证的平台为 TP113/TP116/TP128 Anite Conformance Toolset。

2. Rohde & Schwarz 协议一致性测试系统（见图 6-22）

罗德与施瓦茨的协议一致性测试设备与 Anite 在该领域的覆盖能力不相上下，最早 Rohde & Schwarz 是使用 CRTU-G 来模拟 GSM 小区测试协议一致性的，认证的测试平台为 TP9 Rohde & Schwarz CRTU-G；在 3G 协议一致性领域，CRTU-W 来模拟 WCDMA 小区完成 3G 的协议一致性测试，测试的主要平台为 TP19 Rohde & Schwarz CRTU-W 和 TP30 Rohde & Schwarz CRTU-2G3。因为 CRTU-W 最高仅支持 Rel-6 相关协议特性验证，且目前已经停止生产，罗德与施瓦茨公司宣布停止 CRTU 的升级，维护工作到 2018 年截止，取而代之的是 CMW500，它不但可以覆盖 CRTU-G 和 CRTU-W 的测试功能，而且能够模拟 LTE 和 CDMA 网络，支持目前为止最新功能的协议测试用例，认证的测试平台为 TP92 Rohde & Schwarz CMW500。

图 6-22　Rohde & Schwarz CMW500 和 Rohde & Schwarz CRTU-W

3. Anritsu 协议一致性测试系统（见图 6-23）

安立在协议一致性方面的开发比较晚，安立的测试系统仅覆盖了 3G 和 LTE 的协议一致性测试内容。在 3G 协议测试领域，安立的测试平台编号为 TP17 Anritsu MD8480B based Protocol Conformance Test System（PCTS）和 TP62 Anritsu MD8480C Based Protocol Conformance Test System（PCTS）；在 4G 协议测试领域，安立的 ME7834L 在业界也被广泛采用，认证的平台编号为 TP119 Anritsu ME7834 Mobile Device Test Platform。

4. Spirent 协议一致性测试系统

在 CDMA 协议测试领域，Spirent 一直处于业界领先地位，大多数的 CDMA 协议测试均是在 Spirent APEX-SC 设备（见图 6-24）上进行的，它通过 Spirent SR3452 模拟 cdma 1x 网络，通过 Spirent SR3462 模拟 CDMA EVDO 网络，通过合路器合并两路型号来提供测试所需的模拟网络。

图 6-23　Anritsu ME7834L

图 6-24　Spirent APEX-SC

6.3　机卡接口一致性测试

目前针对终端的机卡接口测试主要有工业和信息化部进网检测认证、国际联盟组织如 PTCRB/GCF 的准入认证及各家运营商制定的入库和定制认证，不同认证类型的依据标准和测试内容根据终端的产品类型、网络制式等有所对应，但整体上对测试和操作方法以及环境要求方面并无区别。下面将从机卡接口测试的主要参照标准、环境要求、终端机卡接口测试系统以及机卡接口的主要测试内容四个方面来对终端的机卡接口测试技术做大体介绍。

6.3.1　环境要求

机卡接口的环境要求包括卡自身的操作和存储条件要求，以确保卡的性能可靠及耐用性；另外还有对终端测试时的环境要求，以保证终端机卡接口测试的结果准确，不受环境干扰。

1. 卡操作和存储的环境条件

一般来说，卡操作和存储的标准温度范围为：$-25℃\sim+85℃$。同时 UICC 可选支持扩展的温湿度范围，要求可经受温度 85℃、相对湿度 90%～95%、持续时间 1 000 小时的等效环境条件。如对于 eUICC，为能适应各类应用场景，要求卡能兼容的操作和存储环境条件更为宽泛。表 6-4 列出了 UICC 卡操作和存储的特殊环境条件所要求的温度范围，对各类 UICC 均适用。

除了环境温度、湿度外，卡操作和存储的环境条件依据应用场景的不同还要考虑其他因素，如对于 eUICC，还需要考虑环境的腐蚀性、振动、数据保留时间、数据可读写次数、更新时间等。

表 6-4　UICC 卡操作和存储的特殊温度要求

温 度 等 级	特殊环境温度范围
A	$-40℃\sim+85℃$
B	$-40℃\sim+105℃$
C	$-40℃\sim+125℃$

2. 测试环境要求

在实验室模拟场景测试来说，卡接口的验证环境不十分敏感。根据实际情况，考虑环境条件对测试结果的影响，建议对表 6-5 所示的环境因素进行考虑。

表 6-5　机卡接口测试需考虑的环境因素

环 境 因 素	对测试结果的影响	建议监控(是/否)	建议环境范围	备　　注
大气压	无	否	—	
温度	一般	是	$15℃\sim+35℃$	
湿度	一般	是	$20\%\sim75\%$	
噪声	无	否	—	
电磁场强	一般	是	—	建议使用屏蔽室

在以上测试的环境条件中，为了避免网络模拟器的射频信号受到实际通信网络信号的干扰影响测试结果，卡接口测试一般需要在屏蔽的环境中(屏蔽室或屏蔽盒)进行。以屏蔽室设计为例，需要考虑到表 6-6 所示的几个要素。

表 6-6　机卡接口测试的屏蔽室设计要素

屏蔽室条件	对测试结果的影响	建议采取的措施
静电防护	一般	屏蔽室内采用静电地板、铺设地网并配备加湿器
接地	大	屏蔽室全部接地，电源和地分开
通气	一般	屏蔽室安装排风扇
设备干扰	无	有干扰的测试系统分开，采用 cable 线直接系统测试
区域隔离	无	可能会产生相互干扰的测试系统分放在不同屏蔽室内

6.3.2　测试内容

本节所述内容是根据目前主要的一致性卡接口测试所写，不包括 NFC-UICC 和 USB UICC 与终端的机卡接口特性。且由于 ISIM 和 eSIM 的测试标准、方法和测试能力尚未成熟，还没有实际样例可参考，故这两项应用的相关机卡接口测试在本节不做叙述，以下所写测试内容适用于除以上特殊说明外的其他 UICC-终端的机卡接口。

机卡接口的测试内容主要可以分为三大部分：物理电气和逻辑特性、卡应用特性、卡应用工具箱特性。

1. 物理电气和逻辑特性 UICC

卡接口的 UICC 部分测试，主要包括物理特性测试、电气特性测试、初始通信测试和传输协议测试等。下文将举例介绍。

（1）物理特性测试定义了每个触点的最大压力值和触点单元的曲率半径。

（2）电气特性测试包括电压转换状态测试，如 UICC 类型识别和电压转换测试、上下电过程状态和终端开机前的状态测试、热复位测试等。各触点的电气性能测试，包括：C1（V$_{CC}$）和 C2（RST）触点的电压测试、C3（CLK）触点的电压、频率、时钟信号占空比、信号的上升/下降时间的测试、C7（IO）触点的电压、电流、信号的上升/下降时间的测试等。

（3）初始通信测试包括复位响应 ATR 字符的测试、UICC 的时钟停止模式测试及速率增强测试等。初始通信测试及传输协议测试可统称为卡内参数传输完整性测试。

（4）传输协议测试包括字符传输测试，如终端与 UICC 间互发送比特/字符的持续时间测试；字符传输 T＝0 协议的时间要求测试、命令处理测试、纠错检错测试及块 T＝1 传输协议的时间要求测试、纠错检错测试、错误处理测试、链接管理测试、块重传和再同步测试等。

2. 卡应用特性

各类卡应用特性测试归结起来大致包括签约相关测试、安全相关测试、PLMN 相关测试、签约无关测试、应用服务处理测试等；对于支持 LTE 的 USIM 应用，还包括 CSG 列表处理测试和 NAS 安全上下文处理测试。

（1）签约相关测试包括卡内鉴权参数的处理测试，即在不同制式的网内，存储在卡中的鉴权参数均被作为识别终端唯一的标识，通常还存在一个网络事先分配、用作终端临时身份标识的参数。它们存储在卡上，在终端和 UICC 初始化过程中被读取。测试验证在终端和网络侧的寻呼附着交互过程中，这些卡内鉴权参数能被正确读取、匹配、响应和更新。

对于支持 SIM 应用和 USIM 应用的终端，签约相关测试还包括卡内接入控制参数的处理测试，验证终端在卡—终端初始化过程中能够读取存储在卡上的接入控制值，并在此后的过程中根据其接入控制等级和服务网络接入条件的内容控制终端的网络接入。

（2）安全相关测试包括用户个人识别码 PIN/PIN2 的保护测试，如输入、修改和解锁，验证各类 PIN 码（通用 PIN、应用 PIN、本地 PIN）的访问条件；固定拨号 FDN 测试和缩位拨号 ADN 等列表测试，验证功能的开启、列表更新、状态响应处理能力。

（3）PLMN 相关测试，以 USIM 应用为例，可包括 FPLMN 列表的增/删和更新测试；UPLMN 列表的更新和优先级顺序选择测试；OPLMN 列表的更新和优先级顺序选择测试及高优先级 PLMN 的搜索处理测试等。

（4）签约无关测试可包括卡内电话簿处理过程测试；短消息能力处理报告测试；MMS 相关测试及 UICC 存在与否的检测测试等。其中卡存在与否的测试是为了保证在卡会话过程中 UICC 不被移走。在 UICC-终端接口的非活动周期，终端以不超过 30 秒的频率间隔发送 STATUS 命令，当在最近一次接收到对 STATUS 命令的无效响应后，终端将在 5 秒内结束通话或 EPS 承载。

（5）应用服务处理测试通常因不同类应用而异，如 USIM 的 ACL 列表处理测试、AoC 计费管理测试；CSIM 的应用标签、设备模块信息测试及 SIM 的 ACM 频率和响应测试等。

（6）CSG 列表处理测试和 NAS 安全上下文处理测试为支持 LTE 的 USIM 应用的特殊测试项。LTE 的鉴权、完整性保护和加密的安全参数存储于一个 EPS 安全上下文中，NAS 安全上下文的处理是验证终端产生的该套密钥标识的 EPS 安全上下文，如果 USIM 中 EF$_{EPSNSC}$ 存在，终端会将所有参数存储在其中，且文件正确更新；如果 USIM 中存在的 EMM 参数不可用，终端则将所有参数存储在非易失性存储器中。

3. 卡应用工具箱特性

卡应用工具箱特性是指通过一组指令（TERMINAL Profile、FETCH、主动式指令、ENVELOPE、TERMINAL RESPONSE、终端返回状态字 SW1 SW2）来实现的卡主动性服务机制。测试内容主要包括：

（1）终端能力信息下载（Profile Download）测试。终端通过 Profile 下载过程通知 UICC 其对各项应用工具箱功能的支持情况，除此之外，还将屏幕显示区相关的参数发送给 UICC。这个过程也可以称为应用工具箱初始化。如果终端不发送任何命令，则 UICC 就认为终端无该能力支持情况。

（2）主动式 UICC 指令（Proactive UICC）测试。支持应用工具箱的 UICC 在成功执行一个初始指令后，如果希望终端执行一个预期指令，则将状态字 SW1 SW2 置为相应值来通知终端从 UICC 中取一个指令并执行，该指令就称为主动式指令。终端收到状态字后，应向 UICC 发送 FETCH 指令来取得 UICC 要求执行的指令，UICC 收到 FETCH 指令后将主动式指令发送给终端，终端收到该主动式指令后立即尝试执行，并通过 TERMINAL RESPONSE 将执行结果（包括终端对主动式指令是否成功执行或失败原因）反馈给 UICC。

主动式指令较多，有如 DISPLAY TEXT、GET INPUT、PLAY TONE、REFRESH、SEND SHORT MESSAGE、POLLING OFF、PROVIDE LOCAL INFORMATION、TIMER MANAGEMENT，以及 BIP 类相关 OPEN/CLOSE CHANNEL、RECEIVE/SEND DATA、GET CHANNEL STATUS 等。

（3）封装指令（ENVELOPE）测试。终端通过 ENVELOPE 指令向 UICC 传送应用工具箱信息，终端发送给 UICC 的带有数据部分的命令中都是通过 ENVELOPE 命令实现的。可应用于：

1）数据下载。终端可以通过专用指令（SMS-PP 或 Cell Broadcast）或 BIP 类承载（OPEN CHANNEL 等）将数据经过 Cu 接口下载到 UICC 中，在 Cu 接口数据信息的传输使用 ENVELOPE 命令。

2）菜单选择。UICC 通过主动式指令 SET UP MENU 定义一组菜单选项，由终端显示在用户界面上，用户选择其中的某个菜单项或请求帮助信息时，终端将通过 ENVELOPE（Menu Selection）指令将用户的选择项的标识返回。

3）卡执行的呼叫控制和短信息控制。终端在所有非紧急呼叫建立和发送短信之前应先通过 ENVELOPE（CALL CONTROL）指令将呼叫建立的详细信息（如拨号字符串和当前的服务小区信息）送给 UICC，等待 UICC 的响应。

4）事件下载。在主动式 UICC 命令中卡可以设置一组事件，并要求终端监视事件的发生并传送细节。可以监视报告的事件包括电话呼入、位置状态变化、屏幕显示参数改变等。

5）计时器超时。卡可以通过主动式指令管理在终端中运行的计时器，在计时器超时时通知卡。

6.3.3　测试标准

机卡接口测试参照的主流标准分为两类，一类是 3GPP/3GPP2/GSMA/ETSI 发布的国际标准；另一类是由 CCSA 发布的行业标准。二者存在对应关系，行业标准制定多数是不同程度地采用了成熟的国际标准。表 6-7 列出了当前各应用机卡接口适用的主要国标和行业标准参考测试标准（只包含已发布的标准，报批稿及其他在编的标准未纳入）。

表 6-7　终端机卡接口测试标准列举

类别	名　称	适用范围
国际标准	3GPP TS 51.010-1(s27-s30)：Mobile Station（MS）conformance specification；Part 1：Conformance specification-Testing ofthe SIM/ME interface	SIM-终端机卡接口
国际标准	3GPP TS 51.010-4：Mobile Station（MS）conformance specification；Part 4：Subscriber Identity Module（SIM）application toolkit conformance test specification	SIM-终端机卡接口
行业标准	YD/T 2631.1—2013：900/1800MHz TDMA 数字蜂窝移动通信网 SIM-ME 接口测试方法第 1 部分：终端 SIM 应用	SIM-终端机卡接口
行业标准	YD/T 2631.2—2013：900/1800MHz TDMA 数字蜂窝移动通信网 SIM-ME 接口测试方法第 2 部分：SIM 应用工具箱	SIM-终端机卡接口
国际标准	3GPP2 C.S0048：Mobile Equipment（ME）Conformance Testing with R-UIM for cdma2000 Spread Spectrum Standards	R-UIM-终端机卡接口
国际标准	3GPP2 C.S0035：CDMA Card Application Toolkit(CCAT)	R-UIM/CSIM-终端机卡接口
行业标准	YD/T1683—2007：CDMA 数字蜂窝移动通信网移动设备（ME）与用户识别模块（UIM）间接口测试方法	R-UIM-终端机卡接口
行业标准	YD/T 2523—2013：CDMA 数字蜂窝移动通信网通用集成电路卡（UICC）与终端间接口测试方法终端 CCAT 应用特性	R-UIM/CSIM-终端机卡接口
国际标准	3GPP2C.S0101：Mobile Equipment（ME）Conformance Testing with CSIM for cdma2000 Spread Spectrum Standard	CSIM-终端机卡接口

续表

类别	名 称	适 用 范 围
行业标准	YD/T2348—2011： CDMA 数字蜂窝移动通信网通用集成电路卡（UICC）与终端间接口测试方法终端 CSIM 应用特性	CSIM-终端 机卡接口
国际标准	ETSI TS 102.230： Smart Cards；UICC-Terminal interface；Physical，electrical and logical test specification	USIM-终端 机卡接口
国际标准	3GPP TS 31.121： Universal Mobile Telecommunications System（UMTS）；LTE；UICC-terminal interface；Universal Subscriber Identity Module（USIM）application test specification	USIM-终端 机卡接口
国际标准	3GPP TS 31.124： Universal Mobile Telecommunications System（UMTS）；LTE；Mobile Equipment（ME）conformance test specification；Universal Subscriber Identity Module Applica-tionToolkit（USAT）conformance test specification	USIM-终端 机卡接口
行业标准	YD/T1763.1—2011： TD-SCDMA/WCDMA 数字蜂窝移动通信网通用集成电路卡（UICC）与终端间 Cu 接口测试方法第 1 部分：终端物理、电气和逻辑特性	USIM-终端 机卡接口
行业标准	YD/T 2582.1—2013： LTE 数字蜂窝移动通信网通用集成电路卡（UICC）与终端间 Cu 接口测试方法第 1 部分：支持 LTE 的通用用户识别模块（USIM）应用特性	LTE USIM-终端 机卡接口
行业标准	YD/T2582.2—2013： LTE 数字蜂窝移动通信网通用集成电路卡（UICC）与终端间 Cu 接口测试方法第 2 部分：支持 LTE 的通用用户识别模块应用工具箱（USAT）特性	LTE USIM-终端 机卡接口
行业标准	YDT1763.2—2011： TD-SCDMA/WCDMA 数字蜂窝移动通信网通用集成电路卡（UICC）与终端间 Cu 接口测试方法第 2 部分：终端通用用户识别模块（USIM）应用特性	TD-SCDMA/WCDMA USIM-终端 机卡接口
行业标准	YDT1763.3—2011： TD-SCDMA/WCDMA 数字蜂窝移动通信网通用集成电路卡（UICC）与终端间 Cu 接口测试方法第 3 部分：终端通用用户识别模块应用工具箱（USAT）应用特性	TD-SCDMA/WCDMA USIM-终端 机卡接口
国际标准	3GPP TS 31.134： Mobile Equipment（ME）conformance test specifica-tion；IP Multimedia Services Identity Module（ISIM）interworking with IP Multimedia Subsystem（IMS）test specification	ISIM-终端 机卡接口 测试内容暂无

类别	名　称	适 用 范 围
国际标准	3GPP TR 31.829： Conformance requirements for IP Multimedia Services Identity Module（ISIM）application test specification	ISIM-终端 机卡接口
国际标准	ETSI TS 103.383： Smart Cards；Embedded UICC；Requirements Specification	eSIM 技术规范 测试标准暂无
国际标准	GSMA SGP.01： Embedded SIM Remote Provisioning Architecture	eSIM 技术规范 （M2M）
国际标准	GSMA SGP.02： Remote Provisioning Architecture for Embedded UICC Technical Specification	eSIM 技术规范 （M2M）
国际标准	GSMA SGP.11： Remote Provisioning Architecture for Embedded UICC Testl Specification	eSIM 测试规范 （M2M）
国际标准	GSMA SGP.21： RSP for Architecture	eSIM 测试规范 （Consumer）
国际标准	GSMA SGP.22： RSP Technical Specification	eSIM 测试规范 （Consumer）
国际标准	ETSI TS 102 922-(1/2)： Test specification for the ETSI aspects of the IC _ USB interface；（Part1：Terminal features/Part2：UICC features）	USB UICC-终端 机卡接口
国际标准	ETSI TS 102 694-(1/2)： Test specification for the Single Wire Protocol（SWP）interface；（Part1：Terminal features/Part2：UICC features）	NFC UICC-SWP 接口
国际标准	ETSI TS 102 695-(1/2)： Test specification for the Host Controller Interface（HCI）；（Part1：Terminal features/Part2：UICC features）	NFC UICC-CLF 接口

对于 eSIM 的相关标准，目前广为行业认可、进展最快的是 GSMA 的规范。GSMA 的 eSIM 规范现阶段是按照应用场景，分为了 M2M 和消费电子领域两方向，其中 M2M 方向的技术和测试标准规范已比较成熟；而消费电子方向的技术规范刚完成了 phase2 版本的发布，多数终端产品厂家都宣称将以该版本作为产品的技术参考规范。消费电子方向的测试规范目前暂未编制完成，预计的时间点为 2017 年度。GSMA 的计划是在消费电子规范的 phase3 阶段，将 M2M 和 Consumer 做一个融合，具体进程还有待确定。

国内方面，CCSA 的 eSIM 行标制定组也是以 GSMA 规范为参考，TC10 组主要编制的是 M2M 领域的 eSIM 规范，消费电子领域的目前是集中在 TC11 工作组。相关标准均在起草或修订中。

6.3.4　测试平台

实验室的终端机卡接口测试系统主要由卡模拟器和网络模拟器两大部分构成，模拟图如图 6-25 所示（可能存在的软件控制台，如控制电脑等未体现）。

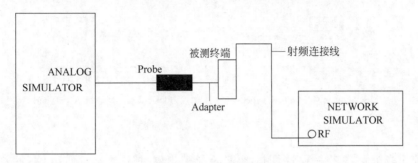

图 6-25　机卡接口测试系统

UICC 卡模拟器和网络模拟器之间通常通过网线直连或路由分配相连接，可实现自动调用。网络模拟器上安装有与卡模拟器相对应的 SIMFONY，当卡模拟器侧执行用例时，SIMFONY 能够自动调取网络模拟器上对应的脚本用例，测试完成后所有的日志均存储在卡模拟器平台上。这种情况下，卡模拟器为系统的控制主设备，网络模拟器为从设备。

还有一种系统连接情况是卡模拟器和网络模拟器间通过主控软件实现互联。两者与主控 PC 相通，通过主控软件同时调用卡侧和网络的执行用例。测试执行完毕后，所有日志都存储在主控 PC 上。

若卡模拟器和网络模拟器是不相通，无法实现自动调用和控制的系统，那么执行操作时，两端设备均要独立操作，执行步骤和过程需要相互配合。测试的日志也由卡模拟器和网络模拟器分别存放。

1. UICC 卡模拟器

机卡接口测试采用卡模拟器来模拟 UICC 卡，模拟器根据测试规范要求，设置卡内参数，模拟各类 UICC 应用状态。执行用例时，卡模拟器自动匹配适用参数，且每条用例相互独立，执行不分顺序，不互相影响。

卡模拟器通常由一个 Probe 引出，Probe 一端连接模拟器主机，另一端连接模拟卡的引线侧。模拟卡接入终端后，引线侧接入 Probe。测试过程中，尽量保持模拟卡不弯折、不扭曲，否则容易损坏卡片。根据引线和缺口的相对位置，可分为 A、B、C、D四类，如图 6-26 所示。

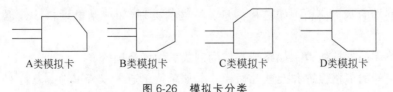

图 6-26　模拟卡分类

311

对于使用直接焊在 PCB 板上的 eUICC 的终端的机卡接口测试，目前除了使用引线将各触点引出、连接到可插入以上四类模拟卡的卡托上进行测试外，还有一种适用于 MFF2 类型的模拟卡，可直接焊接在终端 M2M UICC 预置的位置上，对使用该类卡的终端的机卡接口进行测试和通信监控，如图 6-27 所示。

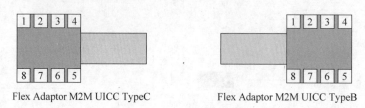

Flex Adaptor M2M UICC TypeC　　　　　　　　　Flex Adaptor M2M UICC TypeB

图 6-27　M2M UICC 示意图

目前市场上可满足一致性测试要求的卡模拟器并不常见，使用最多的就是德国 COMPRION 公司生产的 UT3 Platform 和 IT3 Platform(IT3 平台的卡模拟器将于 2017 年左右停止维护)，满足机卡接口 UICC、USIM、USAT、USB UICC-ME、NFC UICC-SWP 的测试需求；以及德国 7 Layers 公司生产的 Inter-lab Test Solution，可满足机卡接口 USIM、USAT、NFC UICC-SWP 的测试需求。另外，还有美国 UL 的卡模拟器 SmartStation3，主要支持开放接口和开发调试；以及 COMPRION 公司的卡测试平台 SpectroTP。

2. 网络模拟器

机卡接口测试使用的网络模拟器，除了网络和小区参数需要满足要求外，通常还需要考虑与卡模拟器的兼容和匹配，或是可运行机卡接口用例脚本、有可行的测试解决方案。同时，网络模拟器需要提供可调试可开发的平台接口，以满足测试用例开发和参数调配的需要。

用于机卡接口测试的网络模拟器，其信号输出一般通过 RF Cable 与终端的射频口直连。理论上终端的主、辅射频口均需要有信号输入。

目前市场上可用于机卡接口测试系统的网络模拟器，常见的包括日本 Anritsu 公司生产的 MD8470 和 MD8475；德国 Rohde & Schwarz 公司生产的 CRTU-G、CRTU-W、CMW500；美国 Spirent 公司生产的 SR3452，及 Agilent 公司的网络模拟器系统等。国内的仪表公司如星河亮点，也在相关网络模拟仪表上开发机卡接口测试脚本用例。

3. 被测终端

在机卡接口测试前，通常需要确认终端的以下几点信息。

(1) 终端的基本信息，如芯片信息、终端的类别(如移动电话机、数据终端、车载等)等。

(2) 终端的支持能力，如终端支持的制式、频段范围等。

(3) 终端的卡槽位置和互联互通模式，如单待单通、双待单通、双待双通。

(4) 终端的射频口位置。

(5) 终端的初始状态，如高层业务是否关闭(高层业务如短信自注册、呼叫前转、

IPv6、移动数据等）、当前网络模式是否匹配、工程菜单指令是否提供等。

6.4　移动智能终端业务和功能测试

　　智能终端支持的业务是指由核心网络（一般是指移动运营商）提供给移动用户的服务，包括三类：第一类是最基本的语音业务、短消息业务、呼叫转移等业务；第二类是不同速率的分组域数据业务，例如，GPRS、HSDPA、HSUPA 等；第三类是移动运营商提供的更高一层的数据应用服务，例如，彩信、视频通话等。

　　智能终端支持的功能是指与支持的业务相关的或相对独立的人机接口方面的应用，例如与业务紧密相关的功能包括电话本功能、振铃功能等；相对独立的功能应用有如闹钟功能、存储卡功能、定位功能等。

6.4.1　移动智能终端支持的业务和功能分类

　　根据智能终端提供给用户的服务内容，业务和功能可分为如下类别。

　　（1）通信服务类业务及功能：包括语音业务、紧急呼叫、短消息业务、补充业务。其中补充业务又包括号码识别类、呼叫提供类、呼叫完成类、多方通信类、计费类和呼叫限制类补充业务。通信服务类功能是运营商提供给智能终端的一种基本业务。

　　（2）显示类/指示类功能：包括主/被叫信息显示、运营商标识、业务指示器、呼叫时间提示指示、呼叫进展信号指示、信号强度指示、短消息指示及证实、电池容量指示及告警、充电状态指示、时间日期。

　　（3）接口类功能：包括键盘、开关、数据接口、存储卡接口、耳机接口功能。

　　（4）个人信息类功能：包括短消息、通话记录、电话簿。

　　（5）信息安全类功能：包括签约识别管理、PIN 码保护、设备识别号查询。

　　（6）多卡多待多通功能：包括多卡选择、主辅卡功能、卡槽标识、多卡语音和数据业务等功能。

　　（7）其他功能：包括网络选择、双音多频、输入法、中文支持能力、充电功能、照相和摄像功能、说明书的其他功能。

6.4.2　移动智能终端支持的主要业务和功能

6.4.2.1　语音业务

　　语音业务是数字移动电话机支持的最基本的业务之一，可以在电路域上实现，也可以在分组域上实现，对于支持语音业务的智能终端而言，一般提供多种方式进行拨号、接听、通话或挂机操作，而对于支持多制式的多模数字移动电话机（例如，同时支持 GSM、CDMA1X、CDMA200、WCDMA、TD-SCDMA、LTE）应在每一个支持的制式上，均支持语音业务。目前，我国使用的 2G 和 3G 移动通信网，语音业务全部在电路域中实现。而 4G 网络的语音实现，分为两类：第一类为基于电路域的 4G 语音解决方案，即 CSFB、双待方案；第二类为基于 IMS（多媒体子系统）的 4G 语音解决方案，即 VoLTE、SRVCC 方案。

6.4.2.2 紧急呼叫业务

1. 紧急呼叫定义

国际标准 3GPP TS22.101 中规定了紧急呼叫(Emergency Call)的定义,是指根据国家法律和法规的要求,将相关的呼叫路由到用户所在地区的紧急业务中心。

2. 紧急呼叫号码

国际标准 3GPP TS22.101 中,明确规定了 112、911、000、08、110、999、118 和 119 等 8 个紧急呼叫号码,要求终端能够存储上述紧急呼叫号码,以便在无卡状态下能够识别上述号码并按照紧急呼叫流程发起通话。

美国、欧洲和澳洲均采用一个紧急号码,其中美国的紧急号码是 911,欧洲的紧急号码是 112,澳洲的紧急号码是 08。对于只有一个紧急号码的国家,具有统一的紧急呼叫中心。

我国于 2011 年 5 月发布的 YD/T 2247—2011《不同紧急情况下公众应急通信基本业务要求》,规定了我国的紧急呼叫号码分别为 110(匪警)、119(火警)、120(急救)、122(交通事故),其中号码"120(急救)、122(交通事故)"未被纳入国际标准 3GPP TS22.101 中。

3. 紧急呼叫终端要求

对于支持语音业务的智能终端在插入和未插入用户识别卡时(SIM/UIM/USIM)均可拨打紧急呼叫;终端应支持相关所在国家的紧急呼叫号码,例如,中国应支持 110 (匪警)、119(火警)、120(急救)、122(交通事故)。另外,在终端待机界面方面,在"无网络覆盖"状态下,无论是否插卡,手机待机界面不应显示类似可以拨打紧急呼叫的提示信息。移动终端在"无卡有网络覆盖"状态下,待机界面应提示用户可以进行紧急呼叫。终端在"有卡有网络覆盖"下终端处于加密锁屏状态下应保证锁屏状态下不解锁即可拨打紧急呼叫号码。对于多卡终端情况,根据每个当前可用卡槽支持的制式和插卡状态,以及信号状态来判断是否处于"无网络覆盖""无卡有网络覆盖""有卡有网络覆盖"状态。

6.4.2.3 短消息业务

短消息业务是移动运营商提供的最基本的业务,是指在 PLMN 网络中,终端短消息实体之间通过业务中心(SMC)传送一定长度的消息的服务。其中业务中心(SMC)能够存储和前转短消息,集存储、交换、中继功能于一体。短消息业务定义了移动发起短消息(MO)和终止短消息(MT)两类业务。移动发起短消息是由移动台发送给业务中心的短消息,这些消息可能发给别的移动台,也可能发给固网用户。而移动终止短消息是由业务中心转发给移动台的消息,这些消息有可能来自移动台(移动发起短消息),也可能来自其他短消息设备。短消息业务流程包括移动台发起短消息(MO)流程和移动台终止短消息(MT)流程。

MO 流程:移动台发起短消息(MO)是移动台 MS 向短消息中心提交短消息,到收到短消息中心返回的应答短消息的过程,流程如下。

（1）移动台 MS 向 VLR 提交申请和鉴权请求（Access Request and Possible Authentication）。

（2）移动台向 MSC 提交短消息（Message Transfer）。

（3）MSC 向 SMC 提交短消息（Message Transfer）。

（4）SMC 向 MSC 发送应答信息（Success or Error）。

（5）MSC 向 MS 回送应答（Success or Error）。

MT（Mobile Terminated）流程：移动台终止短消息是指短消息中心按一定的规则把短消息发送给目标移动台，到收到移动台 MS 返回的应答消息的过程。（SMC）找到目标号码的 HLR，发送消息到 HLR 查询目的手机当前的 MSC，成功后，由 SMC 发送短消息到实际目的地的 MSC，由 MSC 将短消息发送给目标手机，手机收到短消息后向 SMC 回送应答消息，流程如下。

（1）SMC 向 HLR 查询路由（SendRoutingInfo _ for _ ShortMessgage），从 HLR 取回用户的 IMSI 号码和目前用户所在 MSC 地址。

（2）SMC 向 MSC 前转短消息（Forward _ ShortMessgae）。

（3）MSC 向 VLR 查询发送路由（SendInfoFor _ MT _ SMS），从 VLR 取回当前手机用户所在的小区位置信息。

（4）MSC 向移动台 MS 发送短消息（Message Transfer）。

（5）MS 向 MSC 回送 MT 消息的 ACK 消息。

（6）MSC 向 SMC 回送转发报告（Delivery Report）。

对于支持短消息业务的智能终端，智能终端应能正常发送和接收短消息；在收到短消息时应有提示，如果该短消息未被读取，还应有未读标记；在移动终端发出短消息后，根据网络的反馈信息，确认该短消息被对方收到；如果移动终端已经激活了接收报告，则在人机界面上确认该报告。如果当用户识别卡或手机短消息存储器容量不足而不能继续接收短消息时，应在移动终端的人机界面上显示短消息溢出提示信息或者发出短消息溢出提示音。用户根据短消息的存储位置删除一个或几个短消息后，该标识应消失。该指示消失后，应至少保证下一条短消息接收。

6.4.2.4　公共预警短消息业务

公共预警短消息业务指国家突发公共事件预警信息发布机构在突发公共事件发生前，通过手机短消息向公众发布预警信息，通知突发公共事件即将来临并告知公众预防措施，以减少突发公共事件带给国家和人民生命、财产的损失。目前，我国及基础电信运营企业已开始逐渐建立与公共预警短消息配套的网络设施，而对于智能终端来讲，如何实现公共预警短消息业务将是手机厂家面临的挑战。

依据 2006 年初颁布的《国家突发公共事件总体预案》对突发公共事件的分类，公共预警短消息的范围应包括自然灾害、事故灾难、公共卫生事件和社会安全事件四类突发公共事件。各类突发公共事件按照其性质、严重程度、可控性和影响范围等因素，一般分为四级：Ⅰ级（特别重大）、Ⅱ级（重大）、Ⅲ级（较大）和Ⅳ级（一般）。

在国务院办公厅发布的《国务院办公厅关于加强气象灾害监测预警及信息发布工作的意见》文件中，明确提出加强预警信息发布，建立快速发布"绿色通道"，其中手机短信作为重要的手段之一，并且提出强化预警信息传播，其中包括"各基础电信运营企业要根据应急需求对手机短信平台进行升级改造，提高预警发送效率，按照政府及授权部门的要求及时向灾害预警区域手机用户免费发布预警信息"的文字。

移动网络发送公共预警短消息是通过小区广播系统或短消息中心来实现的，手机应支持接收预警短消息业务，支持公共预警特殊提示（音频信号和震动）；用户接收和呈现预警信息时，无须任何操作即可显示预警信息；处于通话状态时，应可优先接收并显示Ⅰ级公共预警短消息。

公共预警短消息对于终端有如下要求。

（1）对于Ⅰ级的警告通知，用户不能选择关闭接收。

（2）据我国政府监管要求和运营商策略，UE应可启用或禁用接受非Ⅰ级公共预警短消息。

（3）应具备设置公共预警短消息专用的报警指示（包括音频提醒和专用的振动节奏）的功能。

（4）可具体设置当收到警告通知时用户可操作的界面，如关闭该音频或振动，对于Ⅰ级的警告通知报警指示应持续到用户主动关闭（如按向下键）。

（5）接收警告通知时，不能影响接收后续的警告通知。

（6）应具备用户配置与预警信息相关的功能，至少支持调整预警提示音的音量。

（7）UE应能直接显示告警信息。

（8）应能自动消除重复的通知。

（9）UE收到警告通知后，不支持答复、复制或粘贴通知内容的能力。

（10）UE处于通话状态时，应可优先接受并显示"Ⅰ级"公共预警短消息。

6.4.2.5 呼叫提供类业务

呼叫提供类业务包括无条件呼叫前转、遇移动用户忙呼叫前转、无应答呼叫前转、移动用户不可及呼叫前转（仅适用于支持 GSM、WCDMA、TD-SCDMA 等制式的移动终端）、隐含呼叫前转（仅适用于支持 cdma2000、cdma2000HRPD 等制式的移动终端）。

呼叫前转是指当移动终端用户作被叫时，若该用户的前转业务被激活且呼叫过程满足前转条件，则呼叫将被转接到预先设定的第三方号码上。呼叫前转有以下优点。

（1）系统向用户提供呼叫前转业务后，用户可以自主地进行激活/去活操作。这意味着用户可以灵活地控制呼叫前转的执行，从而方便地选择接听的终端和场合，避免了用户接听呼叫的遗漏。

（2）呼叫前转能够产生业务增值，并有助于提高呼叫接通成功率。

移动用户 A 登记呼叫前转业务，登记的前转号码为以下号码之一：①移动用户 B 的 DN(Directory Number)；②PSTN(Public Switched Telephony Network)用户 C 的电话号码；③某一语音邮箱号码。

用户可以通过自己的操作对呼叫前转业务进行控制。譬如，激活业务、去活业务、登记一个前转目的号码等。呼叫前转业务只影响用户作被叫的情况，并不影响用户的始发呼叫。对于移动用户来说，可在以下状况时进行呼叫前转。

(1) 无条件呼叫前转(Call Forwarding-Unconditional，CFU)允许用户将他的所有来电转接到预先设置的另一个电话号码上或用户的语音邮箱中。一旦 CFU 业务被激活，则当任意用户呼叫用户 A 时，无论用户 A 处在何种状态，所有呼叫都会前转至用户 B 或者用户 C 或者某一语音邮箱。

(2) 遇忙呼叫前转(Call Forwarding-Busy，CFB)是指当用户忙时，允许用户将他的来电转接至预先设置的另一个电话号码或用户的语音邮箱。如果用户 A 已激活 CFB，当任意用户呼叫用户 A 时，若 A 忙，呼叫就会前转到用户 B 或者用户 C 或者某一语音邮箱。用户忙包括两种：①网络决定忙——由 HLR 发起，是指由网络记录的用户状态为真忙，如用户正通话等；②用户决定忙——由落地局发起，是指被叫用户收到呼叫振铃通知时，直接拒绝应答而产生的，即 MS 振铃时被叫用户拒绝接听。

(3) 无应答呼叫前转(Call Forwarding on no Reply，CFNRy)是指当被叫出现无应答等情况时，允许用户将他的来电转接到预先设置的另一个电话号码上或用户的语音邮箱中。一旦 CFNRy 业务被激活，则当任意用户呼叫用户 A 时，若出现下述任一情况，呼叫都会前转到用户 B 或者用户 C 或者某一语音邮箱：①系统寻呼 MS 失败或长时间振铃后用户没有应答；②用户处于去活状态；③系统不知道用户的当前位置；④用户当前不可接入。

(4) 不可及前转(Call Forwarding on Mobile Subscriber not Reachable，CFNRc)是指当呼叫发生时，网络试图与被叫方的移动台联系，但失败了，在这种情况下，被叫方通过选择本业务，将这次呼叫转发给他事先指定的第三方。

6.4.2.6　呼叫完成类业务

呼叫完成类业务包括呼叫等待和呼叫保持，是指移动用户正在通话过程中，如遇新的来电，这时新的来电一方被置于呼叫等待状态，移动用户收到相关提示信息(呼叫等待提示音及来电用户信息)，同时新的来电一方也收到正在通话的语音提示。在来电等待过程中，移动用户可不挂断原电话而接听新的来电，这时原通话处于呼叫保持状态。对于 GSM、WCDMA、TD-SCDMA 的网络用户，两路电话可以自由切换，当挂断其中任何一路电话时，终端应自动回到另一路电话而不是同时挂断两路电话。

6.4.2.7　计费类补充业务和呼叫限制类补充业务

计费类补充业务包括两类具体业务，第一类为计费信息通知(AOCI)，是指显示某次呼叫的计费信息，如通话时长；第二类为计费费用通知(AOCC)，是指某次呼叫所产生的实际费用。

呼叫限制类补充业务，包括：

(1) 闭锁所有呼叫(BAOC)：除紧急呼叫外，不允许任何呼叫呼出。

(2) 闭锁所有国际呼叫(BOIC)：闭锁所有的国际呼叫，仅允许与本国的 PLMN 或固定网建立呼叫。

(3) 闭锁除归属 PLMN 国家外所有国际出呼叫：限制除指本国 PLMN 之外的所有国际出呼叫(BOIC-exHC)，仅可与本国的 PLMN 或固定用户，以及与归属 PLMN 运营商在不同国家经营的同一个 PLMN 或固定网建立呼出呼叫。

（4）闭锁所有入呼叫：关闭接入任何呼入呼叫。

（5）当漫游除归属 PLMN 国家后，闭锁入呼叫：当移动用户漫游到归属 PLMN 所跨及的国际之外时，闭锁所有入呼叫。

6.4.2.8 分组域数据业务

所谓分组业务是指将用户数据分割为一定长度的报文进行传输和交换，每个一定长度的报文都被称为一个分组（Packet）。在每个分组的前面加上一个分组头，分组头中主要为地址信息，用以指明该分组发往什么地方，然后由交换机根据每个分组的地址标志，将它们转发至目的地，这一过程称为分组业务。目前智能终端的彩信、流媒体、因特网及微信等业务都是通过分组域业务（PS）实现的。智能终端根据支持的不同制式，采用了 GPRS、HSDPA、HSUPA、LTE 等技术实现报文的传输和交换，在分组域上可实现各种业务，例如，彩信业务、视频通话业务、流媒体业务等。

6.4.2.9 显示/指示类功能

显示/指示类功能包括主/被叫信息显示、运营商标识、业务指示器、呼叫时间提示指示、呼叫进展信号指示、信号强度指示、短消息指示及证实、电池容量指示及告警、充电状态指示、时间日期。对于显示/指示类功能要求如下。

（1）主/被叫信息显示功能要求：智能终端应能正确存储和显示主叫号码和被叫号码对应的标识信息。

（2）运营商标识显示功能要求：智能终端应能正确存储和显示网络运营商标识，运营商信息应符合"中华人民共和国电信"条例要求。

（3）业务指示器功能要求：业务指示器能根据网络反馈的信息，实时显示当前的服务状态，显示与说明书保持一致，如数据连接状态、无条件呼叫转移状态。

（4）呼叫时间指示信息功能要求：通话过程中，被测移动终端应能显示实时通话时长；通话结束后，被测移动终端应能显示该通话的总时间长度。

（5）呼叫进展信号指示功能要求：移动终端应根据网络返回的信令信息给出指示，如信号音、声音提示、可视的符号或图形显示。

（6）信号强度指示功能要求：移动终端应示意性地显示接收的信号强度。

（7）短消息指示及证实功能要求：移动终端收到短消息时应有提示；如果该短消息未读取，还应有未读标记。移动终端发出短消息后，如果根据网络反馈信息，确认该消息已被接收方收到，并且如果移动终端已激活接收报告，则应在人机界面上确认该报告。

（8）短消息溢出制式功能要求：当用户识别卡或手机短消息存储器容量不足而不能接收短消息时，应显示溢出指示信息。用户在删除一个或几个短消息后，该指示应消失。该指示消失后，应保证下一条短消息接收。

（9）电池容量指示及告警功能要求：移动终端应具备电池容量指示，且在容量不足时具备告警指示，电池容量指示应随电池电量的变化进行同趋势改变。

（10）充电状态指示功能要求：终端在充电过程中，屏幕应正确显示电池正在充电的提示信息，且应以渐进图形方式显示出电池正在充电的状态。

6.4.2.10　接口类功能

接口类功能包括键盘功能、开关功能、数据接口功能、存储卡功能、耳机接口。对于智能终端而言，其提供的相应接口功能应正常工作。

6.4.2.11　个人信息类功能

个人信息类功能包括短消息功能、通话记录功能、电话簿功能，其具体要求如下。

（1）移动终端短消息应能进行删除、回复、转发等操作。

（2）通话记录应能指明通话记录的通话类型（已拨、已接、未接）、主叫号码或主叫号码对应的标识信息（已接和未接）、被叫号码或与被叫号码对应的标识信息（已拨打）。

（3）通话记录应能进行单条删除和全部删除操作。

移动终端应具备电话簿功能，支持用户识别卡和移动电话簿中记录的创建、查询、编辑、删除和读取功能。

6.4.2.12　信息安全类功能

信息安全类功能包括签约识别管理、PIN码保护、设备识别号查询指示。

（1）签约识别管理要求：如果移动终端在开机工作状态下用户识别卡被取下，移动终端正在进行的业务应中断，不能进行除紧急呼叫业务以外的其他通信。同时被测移动终端人机界面上显示应有"出入或检测用户识别卡"的相关提示。

（2）PIN码保护功能要求：对于设置PIN码保护的用户识别卡需要输入正确的PIN码后才能对用户识别卡进行操作。对于未设置PIN码保护的用户识别卡，移动终端应无须输入PIN码即能进行正常操作。

（3）设备识别号查询指示功能要求：移动终端具有的设备识别号应为全球唯一。移动终端应支持设备识别号查询，且查询的设备识别号应与设备标识号一致。对于人机界面的移动终端，应通过人机界面查询设备识别号。

6.4.2.13　多卡多待多通终端功能

多卡是指智能终端支持两个用户识别卡（SIM卡、UIM卡、R-UIM）卡槽；双待是指两个相同或不同的无线接入技术同时待机；多通是指支持多个相同或不同的无线接入技术同时通信。多卡多待多通功能主要核心是对多卡多待多通并发情境下不同应用场景的处理功能。多卡多待多通终端根据不同的应用场景应实现如下功能。

场景1：空闲状态，拨打非本机号码，应实现以下功能。

（1）移动终端应可以由用户选择以任意一个本机号码进行拨打。

（2）无论以哪一个本机号码拨打，用户均应能进行正常通话。

（3）呼叫接续界面应能够指明主叫所用的用户识别卡。

（4）用户挂断通话后，应能返回多待状态。

（5）如果移动终端支持默认用户识别卡拨打方式，在移动终端设置了默认的用户识别卡为语音呼叫号码后，移动终端应选择默认的语音呼叫号码拨打非本机号码且通话正常。

场景2：空闲状态，单个本机号码来电，多卡多待终端应实现以下功能。

（1）无论是哪一个本机号码来电，用户均应能正常接通，接通后均应能进行正常通话。

（2）来电界面应能显示主叫方号码或对应的标识信息。

（3）来电界面应能指明主叫方所拨打的本机号码或本机用户识别卡。

（4）未接来电应在待机界面上有明显提示。

（5）未接来电显示应包含主叫方号码或对应标识信息，并应能够指明主叫方所拨打的本机号码或本机用户识别卡。

（6）用户应可以回拨未接来电。

场景3：空闲状态，多个本机号码同时来电，多卡多待终端应实现以下功能。

（1）移动终端应能够同时显示所有主叫号码或对应的标识信息，并应能够指明所有主叫方分别所拨打的本机号码或本机用户识别卡。

（2）用户应能够选择其中任意一个来电接听。

（3）其中一个来电接听后，其他来电应继续有提示或呼叫等待或自动拒接等。

场景4：一个本机号码通话期间，其他本机号码来电，多卡多待终端应实现以下功能。

（1）移动终端应有提示，且原通话质量应不受影响。

（2）移动终端应能显示主叫方号码或对应标识信息，并能够指示主叫方所拨打的本机号码或本机用户识别卡。

（3）移动终端应能够允许用户选择接听新来电。若用户选择接听来电，移动终端应能够正常切换到新的本机号码的来电，原通话中断或保持。若用户拒绝接听或未处理其他本机号码的来电，用户应可以继续进行原通话，对于用户未处理其他本机号码的来电的情况，移动终端屏幕上应有未接来电显示。未接来电显示应包含主叫方号码或对应标识信息，并应能够指明主叫方所拨打的本机号码或本机用户识别卡。

（4）通话结束后，对于未接来电，应可以进行回拨。

场景5：一个本机号码拨号过程中，其他本机号码来电，多卡多待终端应实现以下功能。

（1）移动终端应有提示，并且应能显示主叫方号码或对应的标识信息，并能够指示主叫方所拨打的本机号码或本机用户识别卡。

（2）移动终端应能够允许用户选择接听来电。若用户选择接听来电，移动终端应能够正常切换到其他本机号码的来电，原拨号过程应中断。若用户拒绝接听或未处理其他本机号码的来电，原拨号过程应继续。对于用户未处理其他本机号码的来电情况，移动终端屏幕上应有未接来电显示。未接来电显示应包含主叫方号码或对应标识信息，并应能够指明主叫方所拨打的本机号码或本机用户识别卡。

（3）通话结束后，对于未接来电，应可以进行回拨。

场景6：空闲状态，发送短消息，应实现以下功能。

（1）移动终端应可以由用户选择以任意一个本机号码发送短消息。

（2）无论是以哪一个本机号码发送短消息，短消息均应能正常发送。

场景7：空闲状态，接收短消息状态下，应实现以下功能。

（1）无论是向哪一个本机号码发送短消息，短消息均应能成功接收。

（2）未查看的短消息应在待机界面上有明显提示。

（3）接收到的短消息中应有发送方号码。

（4）应能够指明发送方发给的本机号码或用户识别卡。

（5）可以对短消息进行回复。

场景 8：处理并发数据状态下，应实现以下功能。

（1）在一个支持数据业务的本机号码的数据业务处于激活状态期间，其他本机号码使用数据业务后，原数据业务应能保持连接。

（2）当第二个数据业务中断后，原数据业务应能够继续。

场景 9：一个本机号码通话期间，其他本机号码发送短消息状态下，应实现以下功能。

（1）短消息应成功发送。

（2）原通话语音应保持不断。

场景 10：一个本机号码通话期间，其他本机号码接收短消息，应实现以下功能。

（1）短消息应成功接收，并能正常阅读。

（2）未查看的短消息应在界面上有明显提示。

（3）接收到的短消息应标识发送方号码或发送方号码对应的标识信息，并应能够指明发送方发给的本机号码或用户识别卡，且短消息的内容应正确无误。

（4）应能够正确回复短消息。

（5）原通话语音应保持不断。

场景 11：一个本机号码使用数据业务期间，其他本机号码来电，应实现以下功能。

（1）移动终端应有提示，并且移动终端应能显示主叫方号码或对应标识信息，并能够指示主叫方所拨打的本机号码或用户识别卡。

（2）移动终端应能够允许用户选择接听来电。若用户选择接听来电，移动终端应能够正常切换到其他本机号码的来电，原数据业务中断、休眠或保持激活。若用户拒绝接听或未处理其他本机号码的来电，用户应可以继续进行原数据业务。

（3）对于用户未处理其他本机号码来电的情况，移动终端屏幕上应有未接来电显示。未接来电显示应包含主叫方号码或对应标识信息，并应能够指明主叫方所拨打的本机号码。

（4）数据业务结束后，对于未接来电，应可以进行回拨。

场景 12：一个本机号码使用数据业务期间，其他本机号码发送短消息，应实现以下功能。

（1）短消息应成功发送。

（2）原数据业务应不受影响。

场景 13：一个本机号码使用数据业务期间，其他本机号码接收短消息，应实现以下功能。

（1）短消息应成功接收，并能正常阅读。

（2）未查看的短消息应在界面上有明显提示。

（3）接收到的短消息中应有发送方号码，并应能够指明发送方发给的本机号码，且短消息的内容应正确无误。

（4）原数据业务应不受影响。

6.4.2.14　其他功能

其他功能包括网络选择功能、双音多频功能、输入法、中文支持能力及说明书的其他功能。

对于智能终端来讲，应给用户提供网络选择功能，使用户可以方便地进行手动选网。对于支持语音的智能终端，应提供双音多频功能。并且智能终端应提供简体中文、数字的输入法并且能接受输入，在国内销售的智能终端产品应支持简体中文。对于说明书的其他功能应能够按照说明书的操作方法实现。

网络选择即 PLMN 选择，就是我们通常所说的移动网络选择，PLMN 有以下种类。

（1）HPLMN：Home PLMN，MS 的归属 PLMN。

（2）EHPLMN：与 HPLMN 等效，但彼此之间有优先级。

（3）RPLMN：注册成功的 PLMN。

（4）VPLMN：来访 PLMN，非 HPLMN。

（5）FPLMN：被禁止接入的 PLMN。

终端用户可以对网络选择方式进行设置，当有多于一个可用网络时，用户可以使用网络选择功能选择其中一个网络，PLMN 选择有两种模式。

（1）自动模式：这种模式利用 PLMN 的优先级列表，自动选择可用的最高优先级的 PLMN。终端按照下面的顺序来选择和尝试注册 PLMN。

1）HPLMN（如果 EHPLMN 列表不存在或为空）或者最高优先级的 EHPLMN（EHPLMN 列表存在）。

2）存在 SIM 卡中的"User Controlled PLMN Selector with Access Technology"数据文件中按照优先级顺序排列的 PLMN。

3）存在 SIM 卡中的"Operator Controlled PLMN Selector with Access Technology"数据文件中携带的 PLMN。

4）其他随机搜索到的信号质量好的 PLMN。

5）能搜寻到的降序信号排列的 PLMN。

（2）手动模式：此模式使移动台经过搜网后会指示当前有哪些 PLMN 可用，当用户手动选择了一个 PLMN 时，移动台会尝试从该 PLMN 上获得服务。

移动台通常会驻留在它的 Home PLMN（HPLMN）或者 equivalent Home（EHPLMN）上。但也可以选择 visited PLMN（VPLMN），为了防止移动台不停地在不允许接入小区发起尝试，当移动台被告知一个区域（LA or TA）处于 forbidden 状态时，这个 LA 或 TA 会被添加到存储在移动台里面的"forbidden LAs for roaming"或"forbidden TAs for roaming"。当移动台关机或者移除 SIM 卡后，这些列表将会被删除。

MS 在其所有的接入技术下指示出所有的 PLMN，这包括了在"forbidden PLMNs"列表和提供 MS 不支持的服务的 PLMN。支持 GSM COMPACT 的 MS 应该也指示 GSM COMPACT PLMNs（which use PBCCH）。显示时，PLMN 将按照下面的顺序显示。

1）显示 HPLMN（如果 EHPLMN 列表不存在或为空），或者有一个或多个

EHPLMN 可用时，则依据在 SIM 卡里面的设置，显示最高优先级的 EHPLMN 或者按优先级顺序显示所有的可用 EHPLMN。如果 SIM 卡里面没有明确设置，则只显示最高优先级的 EHPLMN。

2）储存在"User Controlled PLMN Selector with Access Technology"里的 PLMN（按列表顺序）。

3）储存在"Operator Controlled PLMN Selector with Access Technology"里的 PLMN。

4）其他能搜寻到的最好信号的 PLMN。

5）能搜寻到的降序信号排列的 PLMN。

6.4.3　智能终端主要业务和功能的测试

智能终端主要业务和功能测试主要依据国内行标 YD/T 2307—2011《数字移动通信终端通用功能技术要求和测试方法》，各部分测试内容具体如下。

6.4.3.1　语音业务功能测试

测试的主要目的是验证对于支持语音业务的智能终端，能否提供一种或多种方式进行拨号、接听、通话、挂机操作，所支持的方式是否正常有效，通话功能是否正常。

测试方法：

（1）通过直接输入号码的方式，用被测终端向其他非本机号码发起语音通话，接通并进行通话，通过被测移动终端挂机。

（2）通过电话簿记录、通话记录、短消息提取设置快捷方式，用被测移动终端拨打其他非本机号码。

（3）用其他非本机号码向被测移动终端发起语音通话，接听来电。

预期结果：

应能提供一种或多种方式进行拨号、接听、通话、挂机操作，所支持的操作方式正常有效。

在以上测试中应对支持的每一个移动终端制式进行测试时，如果终端支持 VoLTE，应对其注册到 VoLTE 模式下，对语音通话进行测试。

6.4.3.2　紧急呼叫业务功能测试

测试的主要目的是验证支持语音业务的智能终端在插入和未插入 SIM 卡状态下是否支持紧急呼叫。

测试方法：

（1）移动终端不插入用户识别卡，在运营商网络正常下分别拨打紧急呼叫号码 110、119、120、122。

（2）将用户有效的识别卡插入移动终端，开机并正常注册到运营商网络后，分别拨打紧急呼叫号码 110、119、120、122。

预期结果：

（1）对于支持 cdma1x 或 cdma2000 制式的被测终端，应能直接接入到 110、119、

120、122 紧急呼叫中心；对于支持 GSM、WCDMA、TD-SCDMA 制式的终端应接入其紧急呼叫中心后，可听到语音提示"匪警请拨打 110，火警请拨打 119，急救中心请拨打 120，交通事故请拨打 122"。

（2）被测终端应正常接入到紧急呼叫中心 110、119、120、122。

6.4.3.3　短消息业务功能测试

测试的主要目的是验证短消息发送接收编辑是否正常。

测试方法：

（1）编辑一条新短消息，通过直接输入号码、在号码簿中选择、回复已经存在的短消息方式，向其他非本机移动终端号码发送短消息。

（2）用其他非本机号码向被测智能终端发送短消息。

预期结果：短消息发送接收正常。

6.4.3.4　呼叫补充类业务功能测试

测试的主要目的是验证智能终端支持呼叫补充类业务的能力，包括无条件呼叫转移、遇忙呼叫转移、无应答呼叫转移、遇用户不可及呼叫转移（GSM、TD-SCMA、WCDMA）、隐含呼叫转移（CDMA1X、CDMA2000）激活、取消。

测试方法：

在手机"通话设置"一栏，分别对来电转移的几种方式进行设置和取消，通过拨打被叫手机的方式，在不同设置条件下，验证被叫手机的来电是否被转移或取消。

6.4.3.5　呼叫完成类业务功能测试

测试的主要目的是验证终端支持呼叫等待和呼叫保持功能是否正常，包括激活、去活和调用。

测试方法：

（1）在被测手机的设置中开启呼叫等待。

（2）被测手机拨出第一路电话，在通话中，用配合手机拨打被测手机。

（3）被测手机接听配合手机电话。

（4）被测手机第一路和第二路电话的切换。

（5）被测手机挂断其中任何一路电话。

（6）在被测手机的设置中关闭呼叫等待。

（7）被测手机拨出第一路电话，在通话中，用配合手机拨打被测手机。

预期结果：

（1）呼叫等待设置正常。

（2）被测手机在通话中，应有提示音提示第三方配合手机的来电，并且显示配合手机的来电信息（电话号码或姓名）。

（3）被测手机可接听第三方配合手机的电话，通话正常。

（4）被测手机可随意切换两路电话，切换后另外一路保持。

（5）被测手机可选择任何一路电话挂断，而另外一路正常保持，正常通话。

（6）呼叫等待关闭正常。

（7）被测手机拨出第一路电话，在通话中，用配合手机无法拨通被测手机。

6.4.3.6 分组数据业务功能测试

分组数据业务功能测试的主要目的是验证智能终端支持分组数据业务类型是否正常工作，测试可以在模拟实验网或实际移动运营商的网络中进行。通过智能终端的待机制式选择，将智能终端注册到相应的（2G、3G、4G）PLMN 网络，智能终端通过进行 FTP 下载或运行其他数据业务，来验证支持的分组数据业务是否正常工作，也可在智能终端装入测速软件，监控分组数据业务的传输速率。

6.4.3.7 显示类/指示类功能测试

显示类/指示类功能测试的主要目的是验证显示内容/指示内容是否正确显示当前手机的工作状态。可通过拨打电话的方式，来验证主/被叫号码信息、呼叫时间提示信息、呼叫进展提示信息是否正常；通过手机待机屏幕显示信息，验证运营商标识信息、业务指示器、信号强度信息、电池容量信息是否正常；通过发送接收短消息可以验证相关的短消息类的指示信息。

6.4.3.8 接口类功能测试

接口类功能测试的主要目的是验证支持的接口是否正常工作。应对智能终端键盘、开关、数据接口、存储卡接口、耳机接口分别进行测试，可以通过在键盘上输入文字和数字的方式对键盘进行验证；通过点击开关机键，对开关机功能进行验证；通过对智能终端存储卡的读取，验证存储卡接口是否正常工作；通过插入耳机，测试耳机是否能配合手机正常工作；通过和其他信息设备连接，来验证数据接口是否正常工作。

6.4.3.9 个人信息类功能测试

此部分包括短消息删除、回复、转发功能的测试；通话记录功能的测试；电话簿功能（创建、查询、编辑、删除、读取）的测试。

通过对智能终端的短消息操作，分别验证其删除、回复、转发功能是否正常；通过拨打电话，以主叫和被叫的方式，验证其通话记录功能是否正常；通过对电话簿的操作，验证电话簿功能是否正常。

6.4.3.10 信息安全类功能测试

测试内容包括签约识别管理、PIN 码保护、设备识别号码查询指示。

1. 签约识别管理的测试（仅对开机情况下能够取下用户识别卡的被测移动终端进行此项测试）

测试方法：

（1）被测手机在未插入用户识别卡情况下开机，检查其屏幕信息。

（2）将用户识别卡插入被测移动终端，开机后与其他用户保持通话状态。

（3）将用户识别卡从被测移动终端中取出，检查其屏幕信息。

（4）尝试呼叫其他用户以及紧急呼叫。

预期结果：

（1）被测移动终端应有无卡指示，界面指示应与说明书一致提示。

（2）被测终端应处于正常通话状态。

（3）被测终端正在进行的呼叫应中断，被测移动终端人机界面上应给出与说明书一致的提示。

（4）被测移动终端不能进行紧急呼叫以外的其他通信。

2. PIN 码保护功能测试

测试方法：通过对智能终端 PIN 码保护进行设置（包括开启、关闭、PIN 码修改），重新开机后，验证智能终端是否运行其 PIN 码保护功能，当输入正确和错误的 PIN 码时，处理流程是否正常；但 PIN 码保护关闭后，开机是否正常。

3. 设备识别号码查询指示功能测试

在开机状态下，按照说明书描述的查询方法进行查询，验证查询结果是否和产品标识标注的保持一致。

6.4.3.11 网络选择功能的测试

测试的主要目的是验证当智能终端在有多于一个网络时，用户可以使用此功能选择其中一个网络。

测试方法：

（1）被测终端插入用户识别卡，开机。

（2）对被测终端进行模式设置，选择其中一种模式（例如 3G/2G 模式或 4G/3G/2G 模式）。

（3）对被测终端进行手动选网。

（4）选择任意一个可用网络。

（5）被测手机进行语音呼叫及发送短消息。

（6）对被测终端选择剩余所有其他模式，重复步骤（2）～步骤（5）。

预期结果：

（1）被测终端应正常注册到可用的运营商的网络。

（2）被测终端成功地注册到所选择的模式的移动网络。

（3）被测终端应显示覆盖其所处位置所有的运营者标识，对于不可用或禁止的 PLMN 在显示时应该有所区别，对于同一个运营商的不同网络（如中国移动 2G/3G 网络）应区别显示。

（4）被测终端应成功地注册到已选的可用的网络中。

（5）语音和短消息功能正常。

（6）被测终端分别满足步骤（2）～步骤（5）。

6.5 用户体验测试

当前，智能终端已经成为人与世界沟通的工具，终端的功能也越来越多，但是增加的功能不一定能带来更好的用户综合体验。各种应用极大地拓展了智能终端的应用场景和使用时间，在人们的碎片时间已经被智能终端的各种应用占据的情况下，如何评价终端在使用时带给用户的感受越来越重要。终端的标称性能越来越高，但 CPU 核数、频率以及各种硬件指标并不能代表终端最终的使用性能，传统的物理指标上的符合性和一致性测试也不能完全体现终端给用户感知到的"好坏"。用户越来越关心智能终端实际使用中的性能，如上网体验、浏览体验、游戏体验、音视频体验、发热、实际运行下的功耗等，这些影响着用户对终端使用时的综合感受和对终端的购买选择。在此趋势下，业界越来越把用户体验评测作为手机等智能终端评测的重要方面。

6.5.1 用户体验简介

6.5.1.1 用户体验的概念和要素

用户体验（User Experience，UX 或 UE）是用户使用产品时的心理感受和之后对产品的印象、评价，是指用户使用产品（包括物质产品和非物质产品）或者享用服务的过程中建立起来的心理感受，涉及人与产品、程序或者系统交互过程中的所有方面。对于产品生命周期的商业价值实现，用户体验是产品成功与否的关键，这里的体验包含了产品和由产品产生的服务与用户互动所产生的所有体验（来源于 CCSA 智能终端用户体验标准体系研究）。

行业和立足点不同，对体验的称呼也会有些不同。在服务行业或者经营层面上，很多人会称之为顾客体验（Customer Experience）；对于软件或者产品，则称之为用户体验（User Experience，UX）。

有一个非常有名的模型阐明了 UX 的构成要素，加瑞特（Jesse James Garret）在《用户体验要素：以用户为中心的产品设计》中给出了 UX 的五个要素，如图 6-28 所示。

（1）战略层包括用户需求和产品目标两部分。

① 用户需求：用户希望从产品中得到什么，这些目标如何满足他们所期待的其他目标。

② 产品目标：我们自己对产品的期望目标，可以是商业的，或是其他。

（2）范围层包括功能规格和内容需求两部分。

① 功能规格：针对功能型产品的"功能组合"的详细描述。

② 内容需求：针对信息型产品"内容元素的要求"的详细描述。

（3）结构层包括交互设计和信息架构两部分。

① 交互设计：针对功能型产品，定义系统如何响应用户的请求。

② 信息架构：针对信息型产品，合理安排内容元素以促进人类理解信息。

（4）框架层包括信息设计、界面设计和导航设计。

① 信息设计：针对所有产品的一种促进理解的信息表达方式。

② 界面设计：针对功能型产品，安排好能让用户与系统的功能产生互动的界面元素。

③ 导航设计：针对信息型产品，屏幕上的一些元素的组合，允许用户在信息架构中穿行。

（5）表现层包括感知设计。

感知设计：针对所有产品的视觉呈现。

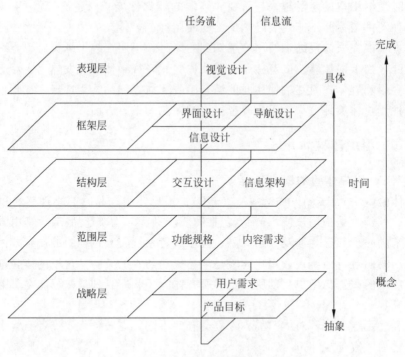

图 6-28 UX 的五个要素

通过这个模型可以看出，用户界面这一表现层所能表现的内容是很有限的。多数和用户体验相关的内容必须从框架层和结构层来考虑，在某些情况下，需要返回根本的战略层。因此，用户体验不是在完成产品开发后再予以考虑，用户体验的考虑必须贯穿产品设计生产的整个过程，才能实现优秀的用户体验。

6.5.1.2 以人为中心的设计

1999 年，以用户为中心的设计有了国际标准 ISO 13407 *Human Centred Design Process for Interactive Systems*，这是有关交互式系统以人为中心的设计过程的国际标准，描述了在交互式计算机产品生命周期中进行以用户为中心的设计开发的总原则以及关键活动。依据该标准还可以对一个产品开发过程是否采用了以用户为中心的方法进行评估和认证。

2010 年 ISO 13407 被修订，改为 ISO 9241—210《人机交互系统——以人为中心的交互式系统设计》。ISO 9241—210 包含被广泛研究实践过的以用户为中心/以人为中心的方法，为整个人机交互系统设计流程同时提供了必选和推荐的以人为中心设计思想的流程框架。该标准可以理解为组织在不同阶段各个交互方法的框架指导建议，通过 ISO 9241—210 可以将人机交互里不同方法的逻辑关系联系在一起，从而为完整的设计周期设计开发高品质的完整的用户体验提供了一个保证。

ISO 9241—210 标准将用户体验定义为"人们对于已经使用或期望使用的产品、系统或者服务的认知印象和回应"。通俗来讲就是"这个东西好不好用，用起来方不方便"。因此，用户体验是主观的，且注重实际应用。

ISO 定义的补充说明有如下解释：用户体验，即用户在使用一个产品或系统之前、使用期间和使用之后的全部感受，包括情感、信仰、喜好、认知印象、生理和心理反应、行为和成就等各个方面。该说明还列出三个影响用户体验的因素：系统、用户和使用环境。

ISO 9241—210 提供了以人为中心的设计思想（Human-Centred Design），在学术上区别于一般的以用户为中心的设计方法（User-Centred Design）。在官方文档里面有相关注明解释：ISO 9241—210 考虑的设计对象不仅仅是传统上的用户，而是针对产品以人的需求为出发点，受到其影响所涵盖的一系列相关角色，所以 ISO 9241—210 标准的阅读对象不仅仅局限于专业用户体验/交互设计师，对其他以产品为中心所涉及的从项目市场销售到项目后勤里跟用户体验打交道的所有相关人员都有阅读的价值，尤其是设计整个交互产品甚至整个交互路线规划的管理人员。

ISO 9241—210 标准文档的内容主要分为以下 4 点。

1. 以人为中心的设计相关概念阐述

相关概念分别为：适用性、使用环境、效力、效率、人体工程学相关人为因素研究、目标、以人为中心设计、交互式系统、产品原型、产品满意度、利益相关者、任务、可用性、用户、用户体验、用户界面、产品验证和产品核查。

以上各个概念在 ISO 相关文档里具有更详细的解释，ISO 9241—210 文档仅仅作出了基本解释并标记相关文档。

2. 以人为中心的设计思想使用的益处

合理地使用以人为中心的设计思想来进行设计和开发可以同时使得最终用户、产品设计和产品制造三方从经济和社会角度上都获得本质的利益。

（1）设计合理性程度很高的产品可以带来更好的商业和技能上的反馈结果。

（2）在类似消费品一类的产品里，用户愿意花费在良好设计的产品/系统上。

（3）当良好的设计可以使得用户不需要任何外部协助下理解并正确使用产品时，售后客服的开销会减少。

（4）在有的国家和地区，产品设计和制造方被法律要求去保护用户的健康安全，而一个良好的以人为中心的设计思想可以减少类似风险。

具体来说，使用以人为中心的设计思想的产品将会带来如下更好的品质。

（1）提高用户的生产力及机构的执行效率。

（2）更利于理解使用，从而可以减少培训和支持的费用。

（3）针对用户能力的包容性需求，提高产品可用性从而提高其适用性。

（4）提高用户体验。

（5）减少使用上的不便以及使用时的心理压力。

（6）提供具有竞争力的优势，比如提高产品形象。

（7）有助于客观上的可持续发展。

3. 以人为中心的设计思想的基本要素

（1）设计是基于对用户、任务和环境的理解。

ISO 建议去思考、识别、认知所有直接使用，或者在其他用户使用时被间接影响到的相关用户以及其他相关方群组。用户、任务以及环境的一系列特征被称为使用情景（Context of Use），使用情景是设计过程中建立需求的一个必要的信息来源。

（2）在设计和开发的过程中用户需要自始至终地参与。

让用户参与设计开发可以带来宝贵的从产品角度出发关于使用情景、任务以及用户期望的工作方式的信息。用户参与最好是积极的，不管是直接参与设计，还是作为相关数据收集对象或者是作为项目评估者。选择的用户应该是有代表性的，包括作为设计对象的典型用户的特征、技能、经验以及适用范围。用户参与的频率以及性质根据项目需求不同而深浅不一。ISO 相信随着开发者和用户交互程度的提高，相对应的用户参与设计开发所带来的效力也会提高，同时也会带来用户接受度和用户黏度的提升。

（3）设计是由以用户为中心的分析结果来驱动和重新定义的。

用户的反馈结果是一个决定性的设计参考信息来源。与用户一起评估设计并根据他们的反馈意见来改进设计可以有效地减少系统不符合用户群需求的风险。举例来说，某些产品可以代表当前最先进的设计思考理念，但是从交互角度上超出了一般用户的理解接受范围或者是使用需求，最后导致市场接受程度不高，也违背了设计改进用户生活的宗旨，比如苹果公司的牛顿掌上电脑。微软公司的 WP7 系统在刚发布以后也遇到类似的问题，不过在最新的 WP7 Mango 系统里会有大量的修正，与用户做妥协来提高接受程度，循序渐进地改进用户体验。

（4）设计过程是迭代的。

针对交互式系统的最合适的设计必定经过迭代这一过程来最终达到。迭代可以用来逐渐地排除设计过程中的不确定因素。因为人机交互的复杂性导致在设计的初期，设计师不可能完整并准确地定义设计方向的每个细节。很多需求以及用户期望会在设计过程中慢慢浮现，这会影响设计师使之重新定义对用户以及任务的理解，并发掘用户潜在的需求，预先提供解决方案。

（5）设计针对的是整个用户体验。

ISO 对用户体验的定义是十分宽泛的：它受到交互式系统从软硬件角度上的表现、功能、系统性能、交互行为、对用户的包容度的影响，同时也受到用户本身的过往体验经历、对产品的态度、技能、习惯以及个性的影响。在针对用户体验设计时，需要考虑用户的 Knowledge in the head 以及 Knowledge in the world，此外品牌和广告策划，以及用户本身的长处、用户的局限性、用户的能力、对产品的期望都会直接影响到用户体验，在设计产品方案时都需要做有针对性的安排规划。

（6）设计团队需要包含多学科的技能和视野。

以人为中心的设计团队没有必需的规模要求，但是这个团队应该能够经常在设计与执行时的权衡决策上进行沟通与协作。在 ISO 9241—210 中列举了以下设计开发团队可能需要的参考知识、背景与观点。

① 人体工程学与人为因素、可用性、适用性、人机交互、用户学习。

② 用户以及其他相关受益群（包括任何可以表达他们观点的组群）。

③ 应用邻域以及主题相关的专业意见。

④ 市场、品牌、销售、技术支持以及维护、健康与安全。

⑤ 用户界面、视觉以及产品设计。

⑥ 技术文档编写、培训、用户支持。

⑦ 用户管理、服务管理及企业管理。

⑧ 商业分析、系统分析。

⑨ 系统工程、硬件及软件工程、程序、生产制造以及维护。

⑩ 人力资源、产品规划以及其他相关方面。

项目可以受益于具备多项技能的团队成员之间在交互与协作中获得的新的创造力以及想法，并且团队成员之间彼此的了解可以使得成员能够了解对方的局限性以及现实状态，可以带来彼此更多的宽容与理解。比如技术专家可以对用户更加敏感，用户也可以理解技术实现上的局限性。

4．以人为中心的设计思想执行规划

ISO 推荐以人为中心的设计思想应该贯穿整个项目的生命周期，从概念定义、分析、设计、执行、测试到维护。在执行中，以下三点需要仔细分析并留意其对人为因素的影响。

（1）可用性是如何结合产品或者服务的设计目的和使用方式的。

（2）当可用性程度很低的时候容易产生各种各样的设计问题以及用户体验使用风险。

（3）开发项目的性质。

以人为中心的设计具体的执行规划应注意以下几点。

（1）为以人为中心的设计行为确定合适的方法和资源。

（2）定义规章流程，与其他系统设计开发行为一起整合所有以人为中心的设计行为要素以及对应的产出。

（3）识别确定在以人为中心的设计行为要素过程中个体与组织的责任，以及各自的职能范围。

（4）开发有效的流程来建立从以人为中心的设计行为里获得的反馈并保证沟通的质量，保证一个正确的权衡标准来减少与其他设计的矛盾，同时拥有一套设计输出的整理方法。

（5）在整个设计开发过程里，建立合适的以人为中心设计行为的节点来确定各个交互设计阶段。

（6）认同一套可行的时间表来允许设计的迭代，使用反馈结果来改进设计。

ISO 认为以人为中心的设计在开发过程中开展得越早，将会对之后的开发成本节省越大。

6.5.2　智能终端的用户体验评测方法

在智能终端用户体验评测领域，目前还没有类似传统指标（如射频、协议一致性等）那样被广泛认可、一致的标准和评测方法，运营商、终端厂家、测试机构和评测机构从不同的角度出发，进行着不同类型的用户体验评测。总的来说，用户体验测试可分为以下几种类型。

6.5.2.1 基于主观感受的评价

这类评测以主观评价为主，以人对被测终端主观感受的各个方面如外观、设计、材质、音视频性能、可用性等进行分析和评价。

这类评价方法可以分为分析法（Analytic Method）和经验法（Empirical Method）。分析法也被称为专家评审（Expert Review），是一种让终端产品可用性工程师或设计师等专家基于自身的专业知识和经验进行评价的一种方法。而经验法收集用户的使用数据和反馈，比较典型的是用户测试法（User Testing），也包括问卷调查等方法。可以简单地认为分析法和经验法的区别是用户是否参与其中。

分析法是评价人员基于自身的专业知识及经验进行评价的一种方法，并可能辅以一些简单的测试数据，这类评测没有严格的测试标准和测试依据，更多使用描述性的语言，对于"小白"客户比较直观易懂，使用户能够从大体上对被测终端的优缺点有直观的认识。目前国内常见的评测网站有手机评测网、ZEALER、中关村在线等，这类网站上有大量这类以主观评价为主（有时会带有一些通过简单设备测量出的客观数据）的评测文章和视频。这类评测的内容和结果主观性较强，并且部分内容介绍和评测的边界较为模糊，评测结果没有统一的评价标准，严格来说，更多地是给用户提供一种参考。

用户测试（User Testing）是经验法的一种重要方式，使用一种类似访谈的方法，测试对象可以是手机，也可以是各类型的终端设备。虽然测试方法各异，但最基本的内容大致相同：①请用户使用产品来完成任务；②观察并记录用户使用产品的整个过程。

用户测试首先需要招募测试对象，当然，不是任何人都能参加招募，他必须是目标客户。为了寻找满足条件的人，一般都会委托调查公司对具有代表性的调查对象进行小规模的在线问卷调查。调查公司请这些调查对象填写含有多个调查项目的问卷，然后从中选择尽量多的满足条件的人，并预约时间，最后把名单送到寻找参与者的公司。测试时，可能会使用可用性实验室（Usability Lab）。可用性实验室里有专业的设备，比如计算机、摄像机、麦克风等。用户测试中会让参与者完成某些任务，如使用手机下载音乐、在网上商城购买商品等；记录人员观察并记录参与者的反应，心理学等领域的分析会细致到参与者的每一个小动作甚至犹豫的时间；最后所有信息整理后做成报告，将发现的问题传达给设计团队。用户测试通常为设计公司为了解产品的设计缺陷和提升用户体验而进行。在日本，这类测试和可用性实验室（Usability Lab）较多，测试对象包括手机、网站、软件产品、数码产品等，使用正规的实验室对 10 个人做一个半小时的测试，且全权委托调查公司来操作，大概需要 300 万日元（约 18 万元人民币）。

分析法与经验法相比有个明显的优点，就是时间和费用的开销较小。如果请用户来做 1~2 小时的用户测试，涉及交通、劳务等费用，而且需要时间招募用户，从实验准备阶段到结束要花几天时间。而分析法只需要评价人员有足够的时间和体力，甚至可以当天就得出评价结果。用户测试基于真实的用户数据和反馈，因此说服力较强。

6.5.2.2 主客观测试结合的用户体验评价

这类测试以客观指标为基础，通过仪器仪表测量获取客观量化数值的一类指标，再结合主观评测指标(即需要通过用户参与获取主观认识和感受的一类指标)，在这些测试结果的基础上，通过一定的统计评价方法对被测的智能终端给出用户体验的综合评价结果。这种评价方式有准确的测试数据为基础，较为严谨，有说服力。在测试依据和标准化上，目前国内外正在致力于该用户体验评价体系的标准化研究。

中国信息通信研究院在前期研究基础上，正在进行该用户体验评价体系的构建，并已经编写完成了中国通信标准化协会《智能终端用户体验标准体系研究报告》，后续将陆续制定相关的系列行业标准。在《智能终端用户体验标准体系研究报告》中，提出了基于主客观评测的综合性用户体验评价方法，该评价体系的主要评测内容包括：

1. 主观指标

智能终端的主观评测指标包括可用性和满意度等。

(1) 可用性

可用性是体现用户与终端交互过程中对产品满意程度的重要指标，反映的是终端能否满足功能需要、符合用户的行为习惯和认知，同时保障用户能高效愉悦地完成任务和工作，达到预期的目的。可以看出，这里面涉及几方面因素：

第一，可用性不仅涉及人机交互界面的设计，也涉及整个系统的技术水平。

第二，可用性是通过人为因素反映的，通过用户操作各种任务去评价的，因此受人的主观差异性的影响。

第三，环境因素必须被考虑在内，在各个不同领域，评价的参数和指标是不同的，不存在一个普遍适用的评价标准。

第四，要考虑非正常操作情况。例如用户疲劳、注意力比较分散、紧急任务、多任务等具体情况下的操作。

因此，可用性评测也从几个角度来进行：一是以任务为视角，看用户掌握终端的哪些功能、使用的频率如何以及是否可独立实现该功能，其中应对常规功能、非常规功能和个性化功能进行区分；二是以行为为视角，看用户需要多长时间、多少步骤(包括有效的、无效的、错误的)完成该任务，每次操作获取反馈信息的频率如何；三是以体验为视角，看用户完成任务的过程是否愉悦，结果是否满意。

(2) 满意度

满意度反映的是用户通过使用智能终端满足个人需求后的愉悦感，是愉悦感和满足感的数字化体现，是用户体验的最终呈现。相比其他主客观指标，满意度具有更大的外延，不仅包括用户与终端交互过程中的感知质量，还包括交互前的品牌感知和体验预期，以及交互后的价值质量和售后服务，是一个更综合化的指标，不可预知、难以判断的因素很多，但却最能够反映用户对终端产品的喜爱和忠诚度。

2. 客观评测指标

智能终端的客观用户评价指标，可以包含以下八个方面。

(1) 连接性能

如表 6-8 所示，连接性能是反映用户使用智能终端与网络或其他通信设备通过空口进行互联互通时无线传输性能的重要指标，影响的功能和业务不仅包括传统的语音通话、短信，还包括文件传送、网页浏览以及移动互联网应用，涉及的重要指标包含：语音呼叫性能、短信收发成功率、数据吞吐量、数据业务连接成功率、业务掉线率等。在对通信性能进行检测时，很重要的一点是需要模拟和遍历真实的无线网络环境以及可能出现的应用场景，包括高铁、地铁、体育场、市内商业区、办公区、住宅区、城乡接合带、乡村等，从而充分验证终端无线连接性能。

表 6-8 连 接 性 能

相关业务/ 终端状态	测试用例	描　　述
电话	语音呼叫（主叫/被叫）成功率	① 这部分内容与传统移动通信标准的差异在于关注实际业务体验性能而不是产品的工程实现（如协议规范、射频指标等）； ② 连接技术不局限于蜂窝通信技术，还包括 Wi-Fi、蓝牙等局域网或个域网技术； ③ 成功率：配置测试环境以满足预置条件，通过手动或自动的方式发起业务，成功或失败后重新进入初始状态并重复之前的操作直到满足测试样本总数的要求，统计成功的次数所占的百分比； ④ 时延：配置测试环境以满足预置条件，通过手动或自动的方式发起业务，触发测试用例执行并第一时间获取终端反馈的目标信息，如声音、信令等，采用合理和有效的方式分析终端获取用户指令和反馈目标结果的时间，并计算相应的时间差； ⑤ 吞吐量/掉线率：配置测试环境以满足预置条件，通过手动或自动的方式发起业务，保持相关业务直到满足时间的要求，如业务发生中断则重新建立业务，监测整个测试过程中终端的吞吐量数据，统计业务的中断次数
	不同语音解决方案的语音呼叫（主叫/被叫）时延（如 VoLTE/CSFB/SRVCC 等）	
	语音长保成功率	
信息	短消息收发成功率	
文件传送和共享	文件传送（下载/上传）连接建立成功率	
	文件传送（下载/上传）掉线率	
	文件传送（下载/上传）数据速率	
网页浏览	网页连接建立成功率	
工作状态下	开机驻网时延	
	脱网重连时延	
	语音业务基础上，数据业务的成功率和速率	
	数据业务基础上，语音业务的成功率	

（2）处理性能

如表 6-9 所示，处理性能是反映终端为用户提供功能或应用服务时，用户所感受到的等待时延、响应流畅性的指标，包括开机等待时延、UI 解锁时延、应用进入时延、电话簿录入时延、屏幕滑动流畅性等。在众多关于用户体验的要素中，"流畅、快速"是非常重要的一条，而响应时延直接与此体验相关。该指标受终端应用处理器性能的影响，同时也与终端设计过程中的软硬件协同和优化水平有关。系统处理性能的提取可以有两种方法，一种是嵌入式，即仅仅通过读取软件 Log 的形式获取输入和输出的时间差；另一种是非嵌入式，即通过外部机械手模拟用户的点击和滑动行为，从而获取更加接近用户真实等待时延、流畅性的统计数据。

表 6-9　处 理 性 能

相关业务/ 终端状态	测 试 用 例	描　　述
电话	"电话簿"进入时延	
	"电话簿"导航图标切换时延	
	"电话簿"联系人查找时延	
	"拨号"进入时延	
信息	"短信"进入时延	
	短消息打开时延	
	短消息新建时延	
	彩信打开时延	
	彩信图片加载时延	
	"邮箱"进入时延	
	邮件打开时延	
	邮件新建时延	
	邮件加载附件时延	
网页浏览	"浏览器"进入时延	① 主要从终端用户可感知的客观指标反映终端本地运算处理能力,包括响应时延(从终端接收到用户输入到反馈目标结果的时间差)和界面流畅度(相邻帧图像切换时的平滑程度);
	网页首次加载时延	
	网页二次加载时延	
	网页滑动流畅度	
	网页缩放流畅度	② 响应时延:设置终端满足预置条件的要求,采用手动或外部机械手自动的方式执行点击操作,触发测试用例执行并第一时间获取终端反馈的目标信息,包括显示界面变换、声音、震动等。采用合理和有效的方式分析终端获取用户指令和反馈目标结果的时间,并计算相应的时间差,即响应时延;
多媒体	"照相机"启动时延	
	拍照时延	
	主副摄像头切换时延	
	"照相机"与"图库"相互切换时延	
	"图库"进入时延	
	图片打开时延	③ 流畅度:设置终端满足预置条件的要求,采用手动或外部机械手自动的方式执行滑动操作,获取滑动过程中终端显示界面变换的图像。采用合理和有效的方式分析和计算影响终端图像显示流畅度的指标,如帧率、帧间距方差等
	图片删除时延	
	音频播放器客户端进入时延	
	本地音频加载时延	
	视频播放器客户端进入时延	
	本地视频加载时延	
第三方应用	安装时长	
	卸载时长	
	启动时延	
	退出时延	
	LBS 业务的定位时延	
使用状态下	开机时延	
	关机时延	
	重启时延	
	图案解锁时延	
	PIN 码解锁时延	
	Home 页面屏幕滑动流畅度	
	大容量通讯录界面滑动流畅度	
	大容量图库图片滑动流畅度	

（3）稳定性

如果终端长时间不关机，系统在长时间运行的情况下内存会增加，从而导致系统运行缓慢、应用程序运行出现故障、终端自动关机等情况。因此终端系统稳定性评判可以通过长时间运行某些应用程序来检测终端正常运行的平均时间。稳定性指标如表 6-10 所示，可分为整机稳定性指标和第三方应用稳定性指标。前者主要是标识智能终端进行长时间使用的平均无故障时间（MTBF），以发现终端重启及死锁等缺陷；后者主要是标识第三方应用在终端上进行长时间使用的平均无故障时间（MTBF），以发现出现崩溃、强制关闭、冻僵等工作异常。

表 6-10　稳　定　性

相关业务/ 终端状态	测 试 用 例	描　　　述
电话	联系人多次增删	
	语音电话多次拨挂	
	语音电话多次接挂	
	视频电话多次拨挂	
	视频电话多次接挂	
信息	短信多次增删	① 稳定性测试是衡量终端可靠性的重要指标，体现终端在规定时间内是否能够保持功能实现和性能稳定，反映了产品的质量； ② 利用加速寿命试验的方法及增加取样数量的方式，来缩短终端出现失效的时间，以便在短期内得到终端的平均失效间隔时间，进而保证终端在可用期的可靠度； ③ 测试原则：多台终端长时间不间断测试； ④ 测试环境要求：应考虑无线网络环境的变化，支持多种网络制式的模拟网和现网环境；网络环境可定制
	短信多次群发	
	短信多次打开关闭	
	彩信多次增删	
	彩信多次群发	
	彩信多次打开关闭	
	群发发送不带附件的邮件	
	群发带有附件的邮件	
	多次打开关闭邮件	
	多次增删邮件	
文件传送和 共享	多进程文件传送（下载/上传）	
	多次建立、关闭文件传送进程	
网页浏览	多次打开浏览器、新建网页、关闭浏览器	
多媒体	长时间播放在线音乐	
	多次录制、打开和删除音频	
	多次打开音乐播放器、播放音乐、关闭音乐播放器	
	长时间播放在线影音	
	多次录制、打开和删除视频	
	多次打开影音播放器、播放影音、关闭影音播放器	
	多次拍照、打开图片、删除图片	
第三方应用	多次安装卸载	
其他	记事本多次增删	
	任务的多次添加、打开和删除	
	闹铃多次增删	
	多进程多次切换	
	文件管理器中文件夹多次增删	

（4）兼容性

兼容性指标如表 6-11 所示，主要是标识智能终端中各硬件之间各软件之间或是软硬件之间的相互配合程度。对于智能终端来说，兼容性主要体现在其硬件、操作系统以及应用软件三者间的相互配合使用。

表 6-11　兼　容　性

相关业务/终端状态	测 试 用 例	描　　述
数据	不同的音频文件格式播放	① 网络环境兼容性主要考察终端在不同网络环境下进行交互业务（如拨打电话、上网操作等）的能力； ② 数据兼容性主要考察不同音视频文件在终端上正常工作的能力； ③ 应用软件兼容性主要检测同款 APP 在不同终端上功能正常运行的能力，如安装、卸载、界面适配、主要业务功能等； ④目前国内终端定制化 ROM/OS 种类繁多，碎片化现象严重，几乎所有终端厂商都在原生系统上或多或少加以改进。对这些定制化系统而言，底层需与原生系统适配，上层需与基于原生系统开发出的第三方应用适配。如果适配不好，会出现系统与某些硬件不兼容，或者某些应用无法正常使用的状态，具体表现为闪退、死机、功能无法使用甚至手机变砖等。为了保证用户体验，需要对这些定制化操作系统进行兼容性测试； 目前一种测试方法是根据原生安卓系统特性，对定制化 OS/TOM 进行一致性测试。测试内容主要涵盖以下几方面：虚拟机、数据结构、API接口、权限、资源调用等
	不同的视频文件格式播放	
网络环境	蜂窝网络中拨打电话	
	蜂窝网络中上网操作	
	Wi-Fi 环境上网操作	
	多模终端不同制式下拨打电话	
第三方应用	不同应用软件的安装、卸载及使用	
操作系统	安卓虚拟机兼容性	
	安卓数据结构兼容性	
	安卓接口兼容性	
	安卓权限兼容性	
	安卓资源调用兼容性	

终端操作系统中，以安卓为代表的开源系统占据了 70% 以上的市场。源代码的开放在增加其市场占有率的同时，也带来了系统版本多样、碎片化严重、使用质量良莠不齐、对硬件和应用软件兼容性差等问题。测试方法可采用整机功能测试、UI 界面测试、CTS（针对安卓）测试等。

终端应用软件可分为原生应用和网页版应用两种，建议从以下两方面考虑其兼容性：①浏览器兼容性；②第三方软件兼容性。

测试方法可采用应用软件功能测试、UI 兼容性测试、安装卸载测试、适配性测试等。

（5）容错性

随着人们对于智能终端的要求越来越高，智能终端系统、软件的复杂度也越来越大。与之相矛盾的是，使用智能终端的人群年龄结构、知识背景都比较复杂，因此在使用智能终端的过程中，经常会出现没有按照正常的流程操作软件、没有按照正常的内容进行输入等情况。这两种情况都造成了终端厂商、软件厂商在制造中必须要考虑终端系统、应用软件的容错性。

容错性主要是终端操作系统或者 APP 的容错能力，检查终端操作系统或者 APP 在出现故障错误或者异常条件下自身是否具有防护性的措施或者某种故障、异常的恢复手段。容错性是在出现故障错误或异常条件下，容错性好的终端能确保操作系统或者 APP 不发生无法预料的事故。从容错性的概念看出，容错性实际上是一个对抗性的过程。例如：终端 ROM 在终端死机、断电等异常条件下，数据不会丢失或者损坏，并在终端恢复后，一切数据能够正常使用；终端上的 APP 在出现 ANR 等问题时，不会造成 APP 文件损坏，并在再次启动 APP 时，能够正常地运行。容错性指标如表 6-12 所示。

表 6-12　容 错 性

相关业务/终端状态	测试用例	描　述
电话、信息、浏览器	丢网容错	1. 测试目标：确保操作系统、APP 和数据库恢复到预期的已知状态； 2. 测试范围： (1) 终端出现故障错误或在异常条件下，终端操作系统是否正常运行； (2) 终端出现故障错误或在异常条件下，终端操作系统数据是否被破坏或者丢失； (3) 终端出现故障错误或在异常条件下，终端上 APP 是否正常运行； (4) 终端出现故障错误或在异常条件下，终端上 APP 数据是否被破坏或者丢失 3. 测试中会出现的故障、异常： (1) 终端通信信号断掉； (2) 终端无线网络断掉； (3) 终端自动重启； (4) 终端死机； (5) 终端 APP 出现问题
	非正常内容输入容错	
	非正常操作容错	
文件传输与共享	丢网容错	
多媒体	音、视频文件格式播放容错	
第三方应用	丢网容错	
	非正常内容输入容错	
	非正常功能使用容错	
工作状态下	断电容错	

容错性测试是对终端出现故障错误或在异常条件下自身是否具有防护性的措施或某种故障、异常恢复能力的测试。从容错性测试的概念可以看出，当终端出现故障时如何进行故障的处理与数据的恢复是十分重要的。

容错性测试主要包括两个方面：

① 输入异常数据或进行异常操作，以检验终端的保护性。如果终端的容错性好，操作系统或者 APP 只给出提示或内部消化掉，而不会导致操作系统或者 APP 出错甚至崩溃。

② 故障、异常的恢复性测试。通过各种手段，让操作系统或者 APP 强制性地发生故障，然后验证操作系统或者 APP 已保存的用户数据是否丢失，操作系统、APP 的数据是否能尽快恢复。

(6) 续航性能

续航性能主要反映终端长时间持续工作时影响用户体验的指标，包括：续航时长、功耗、发热、充电四项指标，如表 6-13 所示。续航时长是指终端在无外部电源供给情况下的可持续工作时长。随着智能终端不断向大屏、高频、多核、多媒体应用的方向发展，续航性能越来越影响用户的实际体验，受到用户的广泛关注。

表 6-13　续 航 性 能

相关业务/ 终端状态	测 试 用 例	描　　述
电话	语音电话功耗	
	语音电话续航时长	
	长时间语音电话发热量	
	视频电话功耗	
	视频电话续航时长	
	长时间视频电话发热量	
	特定网络质量下的发热量	
文件传送和 共享	文件传送(下载/上传)功耗	
	文件传送(下载/上传)续航时长	① 平均功耗：依靠假电池替代终端原装
	长时间文件传送(下载/上传)发热量	电池为终端供电，恢复终端为出厂设置，
网页浏览	网页浏览功耗	执行测试用例并采用电流计监测整个测试
	网页浏览续航时长	过程中终端的功耗数据；
	长时间网页浏览发热量	② 续航时长：采用终端原装电池供电，
多媒体	拍照功耗	恢复终端为出厂设置，电池充满电，执行
	拍照续航时长	测试用例或根据用户行为模型选择测试用
	连续拍照发热量(闪光灯开)	例的组合，记录终端从电池满电到自动关
	图片浏览功耗	机的时长；
	图片浏览续航时长	③ 发热：定义一定的测试环境温湿度，
	高清视频播放发热量	并在温箱中进行实现。执行各种测试用例，
	音频录制功耗	运用红外热像仪定时拍摄测试过程中终端
	音频录制续航时长	设备各表面的红外热成像温度图，通过图
	长时间音频录制发热量	像处理来检测该设备在这一测试用例下的
	音频播放功耗	发热规律，包括最高温度值、升温速度、表
	音频播放续航时长	面温度分布等，从而确定该终端设备的热
	长时间音频播放发热量	舒适度体验等级；
	视频录制功耗	④ 充电：人们频繁使用智能终端，加之
	视频录制续航时长	终端的续航表现不尽如人意，终端的充电
	长时间视频录制发热量	性能就显得尤为重要，包括充电的发热量、
	视频播放功耗	充电时长和效率
	视频播放续航时长	
	长时间视频播放发热量	
第三方应用	安装功耗	
	卸载功耗	
	游戏运行功耗	
	游戏运行续航时长	
	长时间游戏运行发热量	
	导航运行功耗	
	导航运行续航时长	
	长时间导航运行发热量	
待机	待机状态下的功耗	
	待机状态下的续航时长	
	待机状态下的发热量	
充电	充电状态下的发热量	
	无电自动关机状态下充满电的时长	
	快速充电 1 小时的充电效率	

功耗是决定续航时长的关键因素。在终端电池容量一定的情况下，应用场景和业务，基本决定了终端的续航时长，也是产品研发设计时的重要参考指标。发热不仅影响用户长时间使用终端后的触觉感受，在极端情况下甚至会伤害用户的健康。发热与终端功耗紧密相关，同时也与终端表面的材质、环境的温度和湿度有关联，发热对用户舒适度的影响与用户自身的触觉灵敏度和耐受性也有很大关系。在评测研究过程中，应在典型的环境温湿度条件下，针对不同终端的外壳材质给予差异化的温度舒适阈值，建立典型应用场景测试终端表面温度分布来评估使用者热感受；并根据面向市场需求，针对上述不同因素制定热感受的权重，形成对特定产品的综合评分。

（7）多媒体性能

音频相关的用户体验包括用户在使用智能终端进行通信、音频播放等各类应用模式时的体验，同时也包括在保证各应用基本体验的前提下，终端对过大声信号防范能力和用户听力保护能力的评估，如表 6-14 所示。

针对通信模式下的用户体验，将主要从用户在进行语音通信时所能感知到的终端音频性能和语音质量类指标进行评估。根据智能终端应用场景的区别以及通信实现方式的差异，具体指标及测试方法可参考 YD/T 1538《数字移动终端音频性能技术要求及测试方法》、YD/T 1686《IP 电话设备语音质量及传输性能技术要求和测试方法》以及 YD/T 2308《车载窄带语音通信设备传输性能要求和测试方法》。

而音频播放等应用模式下的用户体验评估，主要需参考从终端耳机接口处或者耳机处的用户能感知到的声音播放性能和质量类指标进行评估，具体指标及测试方法可参见 YD/T 1885《移动通信手持机有线耳机接口技术要求和测试方法》。

另外，对于用户听力保护能力的评估，需主要考虑智能终端在终端耳机接口处或者耳机处用户能感知到的声音强度类指标，具体详细指标和测试方法可参见 YD/T 1884《信息终端设备声压输出限值要求和测量方法》。

视频相关的用户体验包括用户在使用移动监控、视频通信应用等业务时，用户可感知到的端到端质量评测，包括视频帧频、QoS、QoE 等各项指标的评级；也包括使用智能终端时的视频拍摄、即时聊天、在线游戏时视频质量评测，例如拍摄帧频和预览帧频等。同时，智能终端的手机摄像头、显示屏的关键指标和用户体验极其相关，对摄像头的指标进行评测亦是用户体验的关注重点，这包括摄像头像素、摄像头视觉分辨率、白平衡、色彩还原、几何失真等各类指标。

针对上述视频相关用户体验，相应的具体指标和测试方法可参见 YD/T 1607《数字移动终端图像及视频传输特性技术要求和测试方法》。

（8）人机交互性能

人机交互性能主要体现在用户完成任务或获取业务体验的过程中，在与终端交互时产品带给用户的性能体验。早期的终端以按键或滑轮的形式来实现命令输入，到了智能终端时期，随着触摸屏技术的发展，用户采用在终端屏幕上进行手指点击或滑动的方式完成命令的输入。随着技术的进一步发展和演进，语音输入、眼动输入都开始成为下一代终端的关键人机交互技术。不断增强的人机交互技术的价值在于给用户带来了更好的便捷性和易用性，操作更简单、更直观，这一变化很难通过量化的形式体现。但是，没

表 6-14　多媒体性能

相关业务/终端状态	测试用例	描　述
电话	语音通话上行响度	
	语音通话下行响度	
	语音通话上行频率响应	
	语音通话下行频率响应	
	语音通话上行失真	
	语音通话下行失真	
	语音通信上行总体语音质量	
	语音通信下行总体语音质量	
	语音通话噪声抑制性	
	语音通话上行空闲信道噪声	
	语音通话下行空闲信道噪声	
	语音通话上行延时	
	语音通话下行延时	
	语音通话回声	
	语音通话侧音	
	语音通话双工衰减	
	语音通话声冲击	
多媒体	音频播放频率响应	① 主要定义清楚测试时用户所处不同场景、做到实验场景的可控性，以及各指标相应的衡量准则；
	音频播放动态响应	② 视频播放、视频通话的用户体验涉及摄像头性能、终端性能及网络性能等
	音频播放立体声分离度	
	音频播放信噪比	
	音频播放失真	
	拍照图片分辨率	
	拍照图片纹理细节	
	拍照图片噪声	
	拍照图片色彩还原准确度	
	拍照图片白平衡	
	拍照图片色彩饱和度	
	拍照图片动态范围	
	拍照图片色彩均匀性	
	拍照图片亮度均匀性	
	拍照图片几何失真	
	拍照图片坏点和缺陷	
	摄像清晰度	
	摄像流畅度	
	视频播放清晰度	
	视频播放流畅度	
	视频通话清晰度	
	视频通话流畅度	
第三方应用	应用软件运行时界面的清晰度	
	应用软件运行时界面的流畅度	

有精确度、灵敏度等指标的保障，人机交互技术是无法为用户带来良好用户体验的。另外，人机交互中除了输入技术外还包括输出技术，目前在智能终端中，最重要的输出模块就是屏幕，屏幕的大小、清晰度、保真度、对比度等都直接影响用户获取反馈的效率和舒适度，具体详细的指标和测试方法可参见 YD/T 1607《数字移动终端图像及视频传输特性技术要求和测试方法》。屏幕测试方法如表 6-15 所示。

表 6-15 屏 幕 测 试

相关业务/终端状态	测 试 用 例	描　述
输入交互	屏幕点击精度	① 作为终端与用户交流最基础最重要的部分，屏幕输入实质主要考察用户手指与屏幕接触时的性能。具体可通过点击精度、点击灵敏度、屏幕线性度、滑动跟随度、触摸范围、多点触控等参数评估； ② 作为终端与用户交流最基础最重要的部分，屏幕输出主要考察显示屏的性能。显示屏可以通过亮度、对比度、坏点、分辨率、色域、均匀性、子像素排列、显示的阶梯过渡、伽马曲线、响应时间、视角、色温等参数以及尺寸来评估； ③ 随着终端技术的演进，用户与终端非触摸性的新交互方式也得到了广泛应用和发展，例如语音识别、手势交互、眼球追踪、虚拟现实等。新交互方式的识别度，对终端控制的准确度和响应时间都会直接影响用户与终端的交互体验
	屏幕点击灵敏度	
	屏幕线性度	
	屏幕滑动跟随度	
	屏幕触摸范围	
	屏幕多点触控	
	语音识别的识别度（对不同语速、语句长度和环境的抗干扰性的识别能力）	
	非触摸性手势交互识别度	
输出交互	显示屏亮度	
	显示屏对比度	
	显示屏坏点	
	显示屏分辨率	
	显示屏色域	
	显示屏均匀性	
	显示屏子像素排列	
	显示屏显示的阶梯过渡	
	显示屏伽马曲线	
	显示屏视角	
	显示屏色温	
	细节分辨能力	
	色彩饱和程度	
	颜色显示的准确度	
	语音控制的准确度	
	语音控制的响应时间	
	非触摸性手势交互控制的准确度	
	非触摸性手势交互控制的响应时间	

6.5.2.3 综合评价

当使用主观评价和客观测试得到相应的结果之后，可以对各项结果进行加权综合评价，从而可以给出被测智能终端的整体用户体验测试结果。通常报告中可以通过各测试维度的柱状图或雷达图，直观地给出智能终端在各个测试领域的综合用户体验性能。

6.5.3　基于评测软件的 Benchmark 测试

Benchmark 测试以简单易用的特点得到了终端用户的大量使用，测试过程只是运行测试软件或者 APP 应用，结束后即可得到评分结果。但是它的缺点在于测试环境无法统一，被测终端的软件版本、使用时长、安装的软件、应用程序存在较大差异，因此测试重复性差。另外一个被质疑的问题是某些 Benchmark 测试软件的评测和统计方法不公开，并且各软件的评测结果不统一，用户感觉无所适从。

6.5.3.1　Benchmark 测试的概念

Benchmark 测试是指通过设计科学的测试方法、测试工具和测试系统，实现对一类测试对象的某项性能指标进行定量的和可对比的测试。同传统的计量测试一样，可测量、可重复、可对比也是 Benchmark 测试的三大原则。一个良好的 Benchmark 测试工具，不但能够评价计算系统的性能，而且能促进计算技术的进步。

移动智能终端 Benchmark 测试是通过运行一段（一组）程序或者操作，来评测终端相关性能的活动。测试内容可以基于终端硬件，如 CPU、GPU、储存器等，也可以基于应用，如多媒体处理、游戏、功耗等。

1. Benchmark 测试的发展

比较早期的 Benchmark 测试程序是著名的 Whetstone，是在 20 世纪 60 年代由英国国家物理实验室（NPL）的科学家詹姆斯·威尔金森（James Hardy Wilkins）组织开发的一个用以测试系统浮点运算能力的 Benchmark 测试工具。英国的国家物理实验室，是英国历史悠久的计量基准研究中心，承担英国的国家计量院职能。在很长时间里，NPL 都是欧洲乃至全世界最有创新精神的研究所之一，也是水平最高的研究机构之一。威尔金森在计算机领域有许多贡献，Whetstone 是其中之一。Whetstone 规模不大，对存储器容量要求较小，主要使用高速缓冲存储器，适用于评估小型的科学、工程应用系统。Whetstone 除了可以测试机器的硬件性能外，还可以用来评估系统数学程序集、语言编译器及其处理效率，其测试结果用 KWIPS（每秒执行 1 000 条 Whetstone 指令）或 MWIPS（每秒执行 1 000 000 条 Whetstone 指令）表示。1976 年，Whetstone 被作为英国的官方测试标准公布，已有 Fortran、Pascal 等多种版本，常被用作工作站的测试程序。Benchmark 测试程序 Whetstone，主要由执行浮点运算、整数算术运算、功能调用、数组变址、条件转移和超越函数的程序组成。

早期的 Benchmark 测试程序一般是程序内核、只有几百行代码的小型 Benchmark 测试程序或模拟实际应用的特征编写的综合 Benchmark 测试程序，后期一些 Benchmark 测试应用常常被集中起来，成为 Benchmark 测试程序集，能够有效地评测微型计算机的各种应用性能。目前，美国在计算机性能 Benchmark 测试领域居于国际领先地位，美国国家计量技术机构国家标准技术研究院研究发布了大量数学函数计算程序，并被美国一些组织发布的 Benchmark 测试程序所引用，促进了计算性能 Benchmark 测试的进步和发展。

国际上在 Benchmark 测试方面比较有影响力的组织有 Standard Performance

Evaluation Corporation（SPEC）、BAPCo（Business Applications Performance Corporation）、Principled Technologies、嵌入式微处理器基准评测协会（EEMBC）、Futuremark、Transaction Processing Performance Council（TPC）等。

SPEC 是美国对系统应用性能进行标准评测的权威组织，它旨在确立、修改以及认定一系列服务器应用性能评估的标准。该组织成立于 1988 年，是由斯坦福大学等全球几十所知名大学、研究机构、IT 企业组成的第三方测试组织。随着计算机产业的发展，需要多种面向不同应用的 Benchmark 测试程序集。SPEC 的许多 Benchmark 测试程序可以用于微型计算机的评测，但其主要应用仍然为服务器。典型的 Benchmark 测试工具包括 SPEC CPU2006、CINT2006、CFP2006 等，偏重于 CPU 的性能测试。

BAPCo 组织，是成立于 1995 年的非营利性组织，其成员包括 PC 硬件厂商、软件厂商及第三方硬件性能评估机构。BAPCo 注册在加拿大，主要业务在美国。BAPCo consortium 性能测试应用公司主要致力于开发针对个人电脑的客观的性能评测工具，基于广泛使用的应用和操作系统。目前的成员包括：Acer、ARCIntuition、ChinaByte、CNET、Compal Electronics、Dell、Hewlett-Packard、Hitachi、Intel、LC Future Center、Lenovo、Microsoft、Western Digital、Wistron、Samsung、Sony、Toshiba、Zol。该组织推出的计算机 Benchmark 测试程序 SYSMark 是一款硬件效能评估工具，即一整套用于测试电脑的商业运算性能和制作性能的软件，目前最新版本是 SYSMark 2014。

SYSMark 系列软件是通过在以真实、贴切的应用软件以及模拟真实用户在计算机上的操作来得出计算机的性能数据。即在真实的应用环境下，进行有价值的系统效能评估。使用者可以通过它得到不同平台之间的数据并可加以对比，该数据具备一致性和可靠性。SYSMark 软件是政府/教育部门选购 PC 系统的主要测试用软件，在这类市场上的影响力比较大。

SYSMark 软件的测试负载基本是一种增加项目、逐渐细化的趋势，在 SYSMark 2004 的两个子项目——Internet Content Creation 和 Office Productivity，到 SYSMark 2007 的四个子项目——E-Learning、Office Productivity、Video Creation 和 3DModeling，再到 SYSMark 2012 的六个子项目——Office Productivity、Media Creation、Web Development、Data/Financial Analysis、3D Modeling、System Management。由于测试负载过多，SYSMark 2012 成为最不易使用的 Benchmark 测试工具，许多测试人员都不能正确安装和使用 SYSMark 2012，测试时间也非常长，经常要几个小时，用户体验不佳。于是，到了 SYSMark 2014 这一代产品，测试负载则减少为三个项目——Office Productivity、Media Creation 和 Data/Financial Analysis，删减了 Web Development、3D Modeling 等测试项目（对应着 Adobe After Effects、Adobe Dreamweaver、Auto Desk 3DS Max、Auto CAD 等应用软件）。SYSMark 系列软件最重要的特点是其负载都是真实的应用，它是由实际应用软件组成的一个测试脚本，像 Microsoft Office、Adobe Creative Suits 这些应用软件原本就是我们日常生活中经常会使用到的工具，以这些软件为基础的测试程序脚本显然也是有很强参考价值的。SYSMark 2014 由于测试负载的变化，所包含的应用软件也比前一代产品有所缩减，不过在软件版本上都已经升级为最新版本。对于相同配置的系统来说，由于测试脚本的缩减，进行 SYSMark 2014

测试所用的时间会比进行 SYSMark 2012 测试所用的时间有所减少。Office Productivity 测试场景包含以下应用软件的测试脚本：Office 2013、Google Chrome、Acrobat XI Pro、Winzip Pro 17.5。Media Creation 测试场景包含以下应用软件的测试脚本：Photoshop CS6 Extended、Premiere Pro CS6、Trimble Sketch Up Pro 2013。Data/Financial Analysis 测试场景包含以下应用软件的测试脚本：Excel 2013、WinZip Pro 17.5。

Principled Technologies 是一家美国的市场调研企业。其采取社区开发的方式，推出 Benchmark 测试，由其成员开发相关 Benchmark 测试软件。BenchmarkXPRT 社区有 50 个成员，来自于大约 30 家公司，社区成员共同参与 Benchmark 测试的设计、开发和 Bata 测试。BenchmarkXPRT 社区的 Benchmark 测试公司都可以访问 Benchmark 测试的源代码。BenchmarkXPRT 社区的 Benchmark 测试软件包括：

（1）MobileXPRT：测试安卓设备响应性的应用，分为性能测试和 UX 测试。

（2）TouchXPRT：测试 Windows 8 和 Windows RT 设备响应性的应用，其基于 5 个日常运行的测试场景（美化照片、照片混合、视频分享、创造音乐播客、创建幻灯片）。

（3）WebXPRT：测试所有可联网设备的网络浏览功能以及性能的网上工具。

（4）HDXPRT：测试进行内容创建任务的电脑的功能和响应性的程序。

（5）BatteryXPRT：测试安卓设备的功耗。

EEMBC（嵌入式微处理器基准评测协会）成立于 1997 年，主要致力于 Benchmark 测试，涵盖云计算和大数据、移动设备（手机和平板电脑）、网络、超低功耗微控制器、物联网（IOT）、数字媒体、汽车和其他应用领域。协会成员包括：AMD、ARM、DELL、Intel、MTK、MARVELL、Qualcomm 等 50 多家公司。于 2014 年 6 月 18 日推出 AndEBench-Pro，用于提供安卓设备 Benchmark 测试。

Futuremark 公司成立于 1997 年，是为个人计算机和便携设备提供商提供性能测试和服务的供应商。主要推出的 Benchmark 测试软件包括 3DMark 和 PCMark 等。3DMark 是 Futuremark 公司的一款专门测量显卡性能的软件，从智能手机、平板电脑到高端多 GPU 游戏台式机，均可利用 3DMark 进行 BenchMark 测试。PCMark 是 Futuremark 公司的一款测量整机性能的软件，其推出的适用安卓版本的 PCMark 使用基于日常任务而不是抽象算法的测试来测评安卓智能手机和平板电脑的性能及电池使用寿命。

TPC（事务处理性能委员会）是一个非营利组织，成立于 1988 年。这个组织主要的功能是定义事务处理、数据库的基准，用于评估服务器的性能，并且把服务器评估的结果发布在 TPC 的官方网站上。TPC 是由十几家服务器厂商组成的（华为是该组织唯一的中国公司），参与制定商务应用基准程序（Benchmark）的标准规范、性能和价格度量，并管理测试结果的发布。

2. 智能终端与计算机应用计算性能测试的区别

在传统的 PC 平台上应用大致可分为四类，分别是办公应用、多媒体应用、网络和通信应用、图形应用。智能手机设备因屏幕尺寸与输入设备的不同而有所差异，如图 6-29 所示。

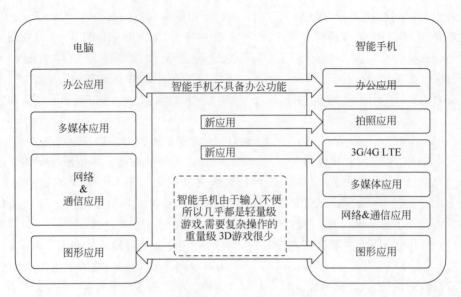

图 6-29　智能终端与计算机应用区别

（1）手机与 PC 的主要区别是办公应用不同，手机因为屏幕尺寸与输入方式的问题办公应用相对弱化。

（2）图形应用在手机与 PC 上都非常流行，但有所不同的是 PC 上轻量级的休闲游戏与重量级的 3D 游戏都非常受欢迎。但手机上因为输入不便所以几乎都是轻量级游戏，需要复杂操作的重量级 3D 游戏很少。

（3）此外手机上也有很多 PC 没有的新应用，如拍照。拍照是手机上非常流行的功能，可以说重要性仅次于 3G/4G 通话。这些都是在 PC 上没有的新类型应用。

6.5.3.2　Benchmark 评测软件概况

目前业界应用于移动智能终端的应用计算性能评测方法及软件种类繁多，评测内容及评测方法尚未达成统一的认知。从测试内容角度来看，部分测试软件倾向于通过测试智能终端的一些基本硬件性能来评价终端性能，例如，安兔兔、鲁大师软件等，测试负载包括 CPU、GPU、储存器等；而部分测试软件则倾向于通过测试智能终端的一些真实应用来反映终端总体性能，例如国外的 Mobile XPRT、Web XPRT 等，测试负载包括多媒体处理、游戏、不同应用下的功耗等。

6.5.3.2.1　鲁大师评测

鲁大师评测测试内容主要包括：CPU 整数性能运算、CPU 浮点性能运算、GPU 2D 性能、GPU 3D 性能、内存（RAM/ROM/数据库）性能测试、显示屏性能测试。它依据不同的权重比例综合单项测试得到最终的得分，鲁大师评测安卓版 V3.0 测试项目和得分体系如图 6-30 所示。

（1）CPU 性能测试（见图 6-31）：包括整数运算和浮点运算。

其中整数运算：由于计算机的数值与人们日常理解的数值有所不同，计算机内部是通过电路的通断开关控制两种状态来表达二进制数，所谓整数运算其实就是类似于做二

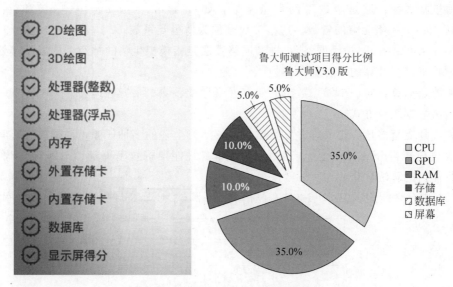

图 6-30　鲁大师评测项目及分数比例

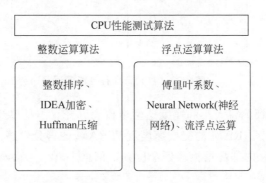

图 6-31　鲁大师 CPU 性能测试

进制的加法计算，其理论逻辑比较单一。

鲁大师目前采用的算法包括了以下几项。

整数排序：标准的堆排序算法，设计固定运算总量，统计完成次数。

IDEA 加密：IDEA 算法是一种数据块加密算法，它设计了一系列加密轮次，每轮加密都使用从完整的加密密钥中生成的一个子密钥。

Huffman 压缩：霍夫曼编码是可变字长编码（VLC）的一种。该方法完全依据字符出现概率来构造异字头的平均长度最短的码字，有时称之为最佳编码，这里是指应用霍夫曼编码算法对文件进行压缩处理。

其中浮点运算：浮点（Float）指的是带有小数的数值，浮点运算即是小数的四则运算，这种运算通常伴随着因为无法精确表示而进行的近似或舍入。因为计算机只能存储整数，所以实数都是约数，这样浮点运算是很慢的而且会有误差。浮点运算是一种计算能力测试的通用方案，比如常见的 π（圆周率）计算。

关于浮点测试鲁大师评测目前采用的算法包括以下几项。

傅里叶系数：这是级数项的常量系数，如 $\{a_0, a_1, a_2, a_3, \cdots, a_n\}$ 和 $\{b_1, b_2, b_3, \cdots, b_n\}$ 是一组无穷的常数。这些常数被称为傅里叶系数。

Neural Network（神经网络）：神经网络算法是指模拟生物的神经结构以及其处理信息的方式来进行计算的一种算法。

流浮点运算：对一个浮点数组的所有元素做乘、除、乘方等运算。

测试数据统计方式

鲁大师支持多核心多线程并发测试，能够运行上述的多种任务，根据单位时间内完成的次数核算得分。实际运行结果由 CPU 本身性能架构效率决定，不针对 CPU 的特性进行任何的算法优化。

（2）内存性能测试（见图 6-32）：包括 RAM 测试、FLASH 闪存测试和数据库测试。

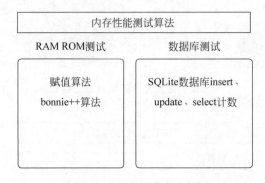

图 6-32　鲁大师内存性能测试

鲁大师的 RAM 评测将大小和速度这两个概念分开，不是单纯地让内存运行特定指令来计数。RAM 大小＋RAM 的交换速度就是 RAM 的得分思路。

RAM 大小评分：内部数据检测到个位数，依据 1GB＝1 024MB 的计数进行检测给分，容量越大得分越高。

RAM 的运行速度：RAM 的概念与 ROM 的读写概念不一样，因为它断电数据就会丢失，所以没有读写这一说。鲁大师的测试将进行常见赋值算法，根据单位时间内完成的赋值运算次数得到 RAM 性能得分。

FLASH 闪存测试：

鲁大师认为 FLASH 闪存大小和扩展 TF 卡的大小是同一个概念。因为目前手机并不类同，有不少手机能够支持扩展卡，所以其扩展的大小分数相对来说是无限大的，内存大小的评分对于用户的使用参考没有价值。所以鲁大师的 FLASH 闪存测试主要是针对速度进行的，通过 bonnie++算法测试内置、外置存储卡的读写速率。

数据库测试这个概念并不是针对某一个硬件进行的，所谓数据库效率，就是存储数据的结构优劣，数据表及其数据调用效率。比如我们经常做的数据存储、数据加载、数据删除这些操作都是针对数据调用的，数据库测试就是检测数据运转的效率，与硬件的性能相关，同时也与手机系统底层结构有关系，是一个整体的数据性能概念。

鲁大师的数据库测试是计算指定个数的 SQLite 数据库的 insert、update、select 操作指令完成的时间，根据时间长短换算数据库性能得分。作为一个开源的嵌入式数据库产品，SQLite 具有系统开销小、检索效率高的特性，一般移动平台如 iPhone、Android 都使用 SQLite 数据库。

（3）GPU 性能测试方案

图形测试一般都是通过大量的 3D 纹理渲染、光影渲染等高强度的计算来检测硬件设备的性能表现，鲁大师的 GPU 测试也是沿用了这一公认的测试理念，虽然是与 PC 端同样的 3D 引擎，但是为了适应移动设备较弱的性能，3D 测试部分做了特效削减以适应移动设备。

2D 部分设计了一个动态的光影贴图，测试 GPU 的 Alpha Blend 性能和像素渲染能力。

3D 部分分为以下两个测试场景。

场景一：模仿游戏场景（见图 6-33）

鲁大师开发了专用的 3D 测试用例，模拟常见的 3D 手机游戏环境，主要测试三角形生成能力、贴图渲染能力。

图 6-33　鲁大师 GPU 性能测试场景一

场景二：Swirl Engine 3D 引擎

第二个场景采用了与鲁大师 PC 版相同的 3D 测试的环境，此测试场景采用了 Swirl Engine 3D 引擎，测试的项目包括：

法线贴图：法线贴图是一种显示三维模型更多细节的重要方法，它解算了模型表面因为灯光而产生的细节。法线贴图是可以应用到 3D 表面的特殊纹理，不同于以往的纹理只可以用于 2D 表面。作为凹凸纹理的扩展，它使每个平面的各像素拥有了高度值，包含了许多细节的表面信息，能够在平平无奇的物体外形上，创建出许多种特殊的立体视觉效果。

定向光照贴图（Directional Light Map）（见图 6-34）：也叫阴影贴图，这是一种可以在不减少帧率的情况下达到真实感光照和阴影效果的方法，在场景中放置任意数目的静态光源，它会为每个面预计算光流量（Light Flow）和静态阴影，是 3D 游戏中多数都会使用的技术。

Bloom 效果：Bloom 与手机上常见的 HDR 相似，也是一种常见的渲染泛光的

图 6-34　鲁大师定向光照贴图测试场景

效果。

反射映射(Reflection Mapping)：用预先计算的纹理图像模拟复杂镜面的一种高效方法。纹理用来存储被渲染物体周围环境的图像。

球谐光照(Spherical Harmonics Lighting)：球谐光照是实时渲染技术中的一种，属于 Precompute Radiance Transfer(PRT)的范畴。经过预处理并存储相应的信息之后，它可以产生高质量的渲染及阴影效果，实时重现面积光源下 3D 模型的全局光照效果。

（4）屏幕测试

鲁大师屏幕测试包括坏点检测、灰度检测、多点触控检测、可触控区域检测。

6.5.3.2.2　安兔兔系统评测

1. 安兔兔评测简介

安兔兔是一款专门为 Android、Windows Phone 手机以及平板电脑等设备进行性能评测的软件，测试内容包括 CPU 性能、RAM 性能、GPU 性能和存储性能等方面，通过这些测试对手机的单项硬件性能和整体性能做出评分。具体为，CPU 浮点和整数运算、RAM 运算和速度、GPU 2D 和 3D 绘图性能、存储 I/O 性能、数据库 I/O 性能。

此外，安兔兔评测内容还包括手机屏幕检验、手机的稳定性以及散热性能检测、手机电池待机时间检测等。

2. 安兔兔评测负载

安兔兔基本性能测试内容与鲁大师类似，包括 CPU 性能、RAM 性能、GPU 性能和存储性能等方面，但是其并未公开具体的测试项目和方法。除了这些性能之外，其测试内容还包括：

（1）手机屏幕检测

屏幕检测功能包含屏幕坏点测试、多点触摸测试、灰阶测试、色彩测试几个选项。

在屏幕检测功能当中，主要有"屏幕坏点测试"和"多点触摸测试"两个选项。这两个选项能够比较直观地检测出屏幕质量。

通过坏点测试，可以了解到手机有无坏点、暗点、暗斑、漏光、颜色不均匀等问题。点击这个选项之后，手机屏幕会显示出"红、绿、蓝、黑、白、灰"六种基色，如果在这六种基色的状态下看不到任何瑕疵，那么可以推断出这款手机的屏幕没有问题。

多点触摸测试可以检测屏幕有无盲区，能否达到厂商宣传的同时触摸点数，从而确定屏幕的质量有无问题。一般手机厂商都会声称屏幕支持几个点同时触摸，测试的目的就是检测实际能否达到厂家宣传的数值。

灰阶测试：屏幕可显示的暗处灰阶越多，则代表屏幕控制亮度的能力越强；暗处细节越丰富，灰阶越分明，显示的画面也就越逼真。

目前手机屏幕像素基本是 8 位的，红、蓝、绿都有 256 个级别，黑白也有 256 个级别，能够正确显示的越多，色彩过渡越细腻，不会有色彩条纹，也不会死黑死白丢灰阶。

色彩测试：主要测试屏幕在不同亮度下显示的色彩还原能力，从而体现屏幕的色彩饱和度。如果色彩过渡的每个格都能看清，则屏幕色彩过渡很好。

（2）手机稳定性测试

安兔兔稳定性测试是通过加长 CPU 测试时间实现的。在 CPU 满载测试的过程中，记录下手机的 CPU 得分以及电池温度。测试结果得到的曲线平滑、波动小，则说明手机的稳定性比较好；如果得到的曲线波动很大，则说明手机运行不稳定。

智能手机正常工作温度是 $(0\sim35)$℃；最佳使用温度是 22℃；极限温度是 $(-20\sim45)$℃。各大元器件对温度的要求如下。

① 屏幕（液晶屏）。液晶屏的正常工作温度范围在 $(-20\sim70)$℃之间，但是一旦温度降低到零度以下，液晶屏工作亮度和相应时间都会受到很大的影响。一般的智能手机，一旦温度降到零下 10℃，手机的屏幕就开始变暗，进入低电量状态；到了 -20℃几乎都不能开机了，到 -30℃屏幕和电池都会不能用。

② 手机 CPU 温度。一般情况下，CPU 温度控制应不超过室温 30℃以上，也就是说室温是 20℃，CPU 温度控制在不超过 50℃为宜。CPU 工作温度范围可以在 $(25\sim75)$℃，过高会重新启动或死机，温度在 50℃以下比较合适。

③ 手机外围电路温度。手机的外围电路，就是除去 CPU 剩下的电路，电容的温度在 $(-10\sim65)$℃之间，晶体管（三极管、二极管）一般不要超过 70℃为好。

④ 锂电池。智能手机都使用的是锂电池，正常工作温度是 $(0\sim40)$℃，极限为 $(-20\sim70)$℃。由于锂电池使用的是电解液，一些溶剂低温性能较差，高温还会导致放电工作电压降低，因此建议锂电池最好工作在 $(0\sim40)$℃之间。

总的来说，手机的总体温度以不超过 50℃为宜。因为热量是由内向外传递的，所以手机的 PCB 板温度要比我们感觉到的温度高 $(3\sim5)$℃，当感知到手机外壳非常烫手的时候，手机内芯片的温度更高，此时需要结束后台程序，禁用无用进程。

（3）手机电池性能测试

安兔兔电池性能测试，主要是通过不同的应用场景来测试电池的掉电量，并通过数字或者图表方式将数据展现给使用者。

（4）防作弊

其实很多厂商想要提高分数时都是使用修改系统时间这种方式，这是常见的一种欺骗行为。由于跑分软件的原理是根据运行指定时间完成多少任务来打分，系统时间变慢后，跑分软件运行过程将被人为加长，运算完成的任务量就越多，这样得出的分数便超过正常值。当然也有个别厂商通过提高处理器频率来提高分数。"安兔兔评测"V5 版启用了网络时间校验功能。

防作弊功能是指在跑分结束后，如果成绩的数值出现红色并伴有"问号"，表明该款产品的跑分成绩并未经过安兔兔的网络时间校验。不能通过时间校验的原因有以下三种可能。

① 以修改系统时间的作弊方式进行跑分，导致跑分成绩无法通过安兔兔服务端的时间校验。

② 系统屏蔽了安兔兔评测软件的联网功能，导致无法进行时间校验（在 hosts 表或系统层对 antutu.com 一系列域名屏蔽，导致无法连接安兔兔服务端）。

③ 在跑分的时候，手机并没有联网或网络不通，导致无法进行时间校验。

如果在联网状态下成绩显示的数值是白色，说明该款产品没有针对跑分进行"优化"操作，分数可信。

6.5.3.2.3 Mobile XPRT 评测

（1）Mobile XPRT 评测简介

Mobile XPRT 评测系统由 Principled Technologies 公司推出，分为性能测试和 UX 测试两个方面。在性能测试中，不像我们传统熟知的 Antutu、鲁大师等使用浮点运算等计算机硬件的底层应用给出性能评分，而是使用基于真实场景的终端用户体验相关测试内容。UX 测试即流畅度测试模块，它会模拟用户翻看 APP 图标、浏览网页的日常操作，并且通过帧数高低最终给出结果。Mobile XPRT 可以通过 Google Play 商店进行下载。

评测报告中包括每一项所测出的时间、帧率，最后给出一个分数，可以通过最终分数了解具体每一项的指标和整体状况。

（2）Mobile XPRT 评测负载

如图 6-35 所示，Mobile XPRT 中的性能测试包括人脸识别、照片特效、照片拼贴、创建幻灯片和内容加密五个部分。

前两项中，人脸识别和照片特效会模拟用户使用摄像头追踪人脸、使用各式滤镜等操作，从而量化测试机型的性能，这样也就更加贴近用户的真实使用，从而将难以表达或量化的用户体验感以严谨的方式测试出来。

人脸识别环节，Mobile XPRT 会测试 7 张照片人脸识别时长。

在照片特效的测试环节中，Mobile XPRT 会测试 20 张照片并分别使用如旧色调、虚光晕、灰色调、锐化等应用滤镜，从而给出评测机型运行这些照片特效所需要的总时长，这个是单线程。总时长越短则说明测试机型的成绩越好。

照片拼贴也是单线程，Mobile XPRT 会将 4 张照片拼接为一张，总计制作 5 幅拼贴画从而计算总时长。

创建幻灯片，是用多幅不同的照片，拼在一起形成某种具有特效的和过渡效果的幻灯片，单线程和多线程混合在一起，启用特效的时候为单线程，视频编码的时候是多线

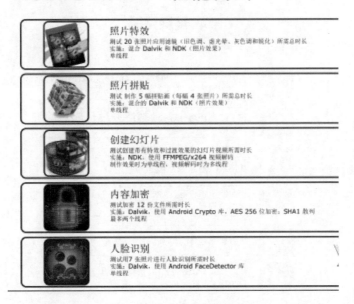

图 6-35　Mobile XPRT 评测项目

程。使用的编码格式是 SMPAG。

内容加密，测试加密 12 份文件所需时长。

另外一部分 UX 测试中，则会模拟用户的各种操作。例如列表滚动操作、网格滚动操作、图库滚动操作、浏览器滚动和缩放操作这些部分，通过帧数高低最终给出结果，从而将测试机型在这些操作中的流畅性量化。

6.5.3.2.4　Web XPRT 评测

1. Web XPRT 评测简介

Web XPRT 主要针对网页浏览，其在 JavaScript 和 HTML5 这两方面进行测试，Web XPRT 是针对常用浏览器来开发的测试，可以适配于 IE、Chrome、Firefox 和 Safari 等多个浏览器，能够支持 Android、iOS、Windows 8、Windows 8 RT 等多种跨操作系统来进行测试对比。

2. Web XPRT 评测负载

如图 6-36 和图 6-37 所示，Web XPRT 评测负载包括照片增强、整理专辑、股票期权定价、本地笔记、销售图表和探索 DNA 序列等。

（1）照片增强部分基于 HTML5 Canvas 技术，使用三种图像效果（Sharpen、Emboss、Glow）对两张图片进行图像处理，测试处理时间。Web XPRT

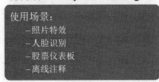

Web XPRT* 2013

测量 **JavaScript/HTML5** 性能

发布机构：**Principled Technologies***

使用场景：
- 照片特效
- 人脸识别
- 股票仪表板
- 离线注释

真实使用情况的日常生活场景

Web XPRT 针对常用浏览器进行了测试
- Internet Explorer、Chrome、Firefox 和 Safari

支持多种操作系统
- Android*、Windows* 8、iOS*

可用于评估广泛的设备
- 手机、平板电脑和2合1设备

图 6-36　Web XPRT 评测项目

图 6-37　Web XPRT 评测界面

2015 提高照片的像素到 1 024×768。本部分主要衡量 HTML5 Canvas、Canvas 2D 和 JavaScript 性能。

（2）整理专辑部分测试对 5 张照片进行人脸识别的时间，照片大小为 720×480、720×504 和 693×504 像素。本部分主要衡量 HTML5 Canvas、Canvas 2D 和 JavaScript 性能。

（3）股票期权定价部分计算并显示股票投资组合。本部分主要衡量 HTML5 Canvas、SVG 和 JavaScript 性能。

（4）本地笔记测量在本地存储中进行加密、存储和显示的时间。本部分主要衡量 JavaScript、AES 加密和 asm.js 性能。

（5）销售图表计算并显示基于网络应用的销售数据的多个视图。本部分主要衡量 HTML5 Canvas 和 SVG 性能。

探索 DNA 序列测量对 Open Reading Frames（ORFs）和氨基酸过滤 8 个 DNA 的时间。本部分主要衡量 HTML5 Web Worker 和 JavaScript（String、regexp、array）性能。

6.5.3.2.5　BatteryXPRT 评测

针对安卓的 BatteryXPRT 2014 是一个基准应用，由 Principled Technologies 公司推出，它能够在不到 6 小时的测试时间里预测安卓手机的电池寿命。它还能进行传统的电池寿命耗尽测试。BatteryXPRT 2014 提供飞行模式或无线模式下测试设备的电池寿命。在安卓性能合格的情况下，BatteryXPRT 测试它的电池续航时间，它所测试的都是智能手机常用的功能，如图 6-38 所示，包括用户界面、视频播放、轻媒体编辑、音频播放和网页浏览等，在使用这些功能的时候，测试电池的续航时间。

另外 BatteryXPRT 是采用循环的方式来进行电池的测试，可以让它一直测试，直到完全耗电完毕，然后告诉用户用了多少时间，或者可以在它测试达到 5 个小时以上，就可以给出这个电池预计的接下来的待机时间，这样进行三轮的测试只需要一天多一点的时间，节省时间。

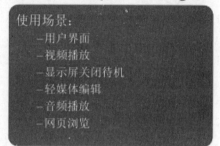

图 6-38　Battery XPRT 测试场景

6.5.3.2.6　3DMark 评测

3DMark 评测系统是 Futuremark 公司推出的游戏性能 Benchmark 评测方法。新 3DMark 针对不同测试设备和测试环境设置了三组完全不同的测试场景，分别是 Ice Storm、Cloud Gate 和 Fire Strike。Ice Storm 针对便携式智能移动设备以及超级本，Cloud Gate 针对普通笔记本平台及家用 PC 平台，而 Fire Strike 则针对性能高的游戏 PC 平台。

在 Ice Storm 测试场景中，新 3DMark 提供了重负载顶点 Vertex 及像素 Pixel（相对而言）、独立粒子特性、阴影以及 Post Processing 后处理过程能力的测试，实现手段则是 Direct3D Feature LEVEL 9 和 OpenGL-ES 2.0。Futuremark 公司充分利用了 DirectX 11 API 的 Direct3D LEVEL 通道向下兼容的特性，PC 及超级本支持 DirectX 9.0 以上 API 的硬件可以在该测试中运行在 Direct3D Feature LEVEL 9 的状态下。而针对安卓和苹果终端的移动设备，Ice Storm 则使用了 OpenGL-ES 2.0 路径来完成测试。

Ice Storm 测试包括两项显卡测试和一项物理测试。显卡测试第一部分是大量顶点测试并具有阴影，第二部分是高像素测试，包括粒子和后处理。物理测试在单独 CPU 线程数运行 4 个软、硬物体碰撞模拟。

Futuremark 公司于 2015 年 3 月又推出 3DMark v1.5.3263，新增了一个 Sling Shot 测试场景，主要是为高端智能手机、平板电脑准备的，要求比目前的 Ice Storm 测试高了一个量级。支持 OpenGL-ES 3.1/3.0 规范，Android 系统需要 5.0 以上版本，内存至少 1GB，OpenGL-ES 3.1 则要求 1.5GB，渲染分辨率则是 2K 级别的。它依然包含三个图形测试、两个物理测试阶段，但凭借超多的三角形和更好的画面效果，该测试对 GPU 的压力较大。

6.5.3.2.7　GFXBench 评测

GFXBench 软件是一款跨平台 3D 图形 Benchmark 测试软件，GFXBench 3.0 测试项目分为高水平测试、低水平测试和特殊测试。其中高水平测试包括新增加的"曼哈顿"

"曼哈顿离屏"以及 GFXBench 2.7 中的"霸王龙(T-Rex)"和"霸王龙离屏"。低水平测试也就是比较常规压力不算太大的渲染测试，而特殊测试则有两个渲染测试和一个电池测试。

GFXBench 3.0 新增的"曼哈顿"场景要求设备支持 OpenGL-ES 3.0，除了设备本身的芯片需要具备 OpenGL-ES 3.0 的支持之外，操作系统本身也要具备对 OpenGL-ES 3.0 的支持，Android 4.3 的系统可以支持这一特性。

电池测试不同于 GLBenchmark 2.5.1 中的从满电跑到电池耗尽的测试方法，GFXBench 3.0 使用运行"霸王龙"场景 30 次的方法来测试电池的寿命和 FPS 稳定性，测试完成之后绘制电池曲线和 FPS 曲线，API 的最低要求是 OpenGL-ES 2.0，有少部分机型不能运行。

（1）高水平测试

使用高端游戏式场景来测试设备的整体 3D 图形性能。测试引擎具有复杂效果，以对 GPU 施压并就运行游戏或执行其他 GPU 密集型任务(例如 UI 渲染、导航)时所发挥的 3D 图形性能提供反馈。

① 曼哈顿

首次测试将利用设备上的 OpenGL-ES 3.0 功能。测试场景是具有大量景观照明灯的夜间城市环境。它采用针对几何通道(四色附件作为纹理)、漫反射和镜面照明的延迟渲染和多渲染目标(MRT)。若要了解设备在原生分辨率下的性能表现，需运行"屏上"测试。若要将设备与其他设备的测试分数进行比较，需运行"离屏"测试(检验设备在 1 080p 分辨率下的性能表现)。

② 霸王龙

基于 OpenGL-ES 2.0 的霸王龙测试包括具有动画纹理和后处理效果的高清晰度的纹理、材料、复杂几何形状、颗粒、动态模糊。图形管道还具有以下效果，例如平面反射、镜面高光、软阴影。若要了解设备在原生分辨率下的性能表现，需运行"屏上"测试。若要将设备与其他设备的测试分数进行比较，需运行"离屏"测试(检验设备在 1 080p 分辨率下的性能表现)。

（2）综合测试

综合测试通过运行相同的高水平测试 30 次，来测量设备在游戏场景中的电池寿命和 FPS 稳定性。它会在测试过程中记录 FPS 和电池充电情况，结果显示在电池图形中。该测试产生两个得分，一个是以分钟为单位的预计电池寿命，而另一个是由最慢的测试运行所渲染的帧数。其主要包含如下 7 个方面的综合测试：低水平测试、算术逻辑单元、阿尔法混合、驱动程序开销、纹理填充、特殊测试、电池测试。

① 算术逻辑单元

通过使用复杂的片段着色器和渲染单个全屏四边形，来测量设备的纯着色器计算性能。支持 Offscreen(离屏)与 Onscreen(上屏)两种模式，API 接口的最低版本要求为 OpenGL-ES 2.0。

② 阿尔法混合

通过渲染具有高分辨率未压缩纹理的半透明屏幕对其四边形，来测量设备的阿尔法混合性能(多个透明图层混合后的渲染处理)。支持 Offscreen(离屏)与 Onscreen(上屏)两种模式，API 接口的最低版本要求为 OpenGL-ES 2.0。

③ 纹理填充

通过渲染四层压缩纹理来测量设备的纹理性能，这是游戏中的常见场景。支持 Offscreen(离屏)与 Onscreen(上屏)两种模式，API 接口的最低版本要求为 OpenGL-ES 2.0。

④ 驱动程序开销

通过逐个渲染大量简单对象、更改每个项目的设备状态，来测量 OpenGL 驱动程序的 CPU 开销。也就是为了测试 CPU 与 GPU 底层的沟通能力，其能力最终作用于 GPU 的运算吞吐能力。无 Offscreen、Onscreen 模式区别，API 接口的最低版本要求为 OpenGL-ES 2.0。

6.5.3.2.8 泰慧测评测软件

1. 泰慧测评测简介

泰慧测是一款中国信息通信研究院开发用于评测智能手机性能的软件——泰慧测 Testwise Release1.0，目前推出了 Android 版本，预计未来也会开发 IOS 等平台的版本。泰慧测基于实际应用，根据用户使用情况推出了 7 大测试模块，每个测试模块通过模拟用户的操作或模拟实际应用情况，为智能终端的不同特性打出分数，最后综合整个测试情况给出最终评分。泰慧测评测还致力于提供一个公平、透明的评测体系，公开其测试负载和分数算法。

2. 泰慧测评测负载

泰慧测评测包括：图片特效测试，视频性能测试、网页浏览性能测试、存储性能测试、拍照测试。

1) 图片特效测试

测试终端图片处理的能力，通过测试包括对多幅照片进行复古、锐化、拼接和面部识别的处理时延，评估图片特效处理性能，如图 6-39 所示。

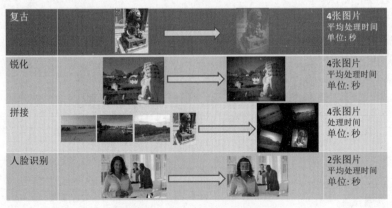

图 6-39 泰慧测图片特效测试

2）视频性能测试

分别测试高清视频压缩性能和防抖动处理性能。

高清性能测试是将一段 1 080p HD H.264 视频转换成 720p 视频，并将转换后的视频存入储存中。防抖动性能测试则使用 OpenCVVideoStab 技术将一段视频进行防抖动处理后进行储存，测试视频防抖处理时延，并在处理完成后在同一界面同时显示处理前和处理后视频，直观比对处理前后效果。

3）网页浏览性能测试

包括销售图表测试和数据处理测试，如图 6-40 所示。两项测试均基于 WEBVIEW。销售图表测试将销售数据通过 HTML5 Canvas 和 SVG 技术转换为多种图表显示的时延，备忘录测试从手机中读取数据并进行加密处理和排序的时延，使用 AES 加密算法以及 ASM.js 接口处理。通过销售图表和备忘录测试终端网页浏览器性能，测试处理时间，以秒为单位。

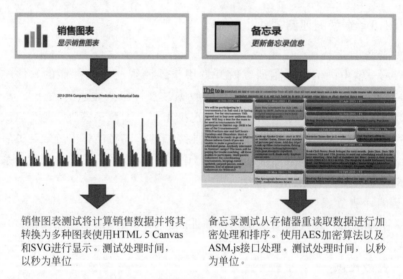

图 6-40　销售图表测试和备忘录测试

4）存储性能测试

测试终端压缩文件、解压缩文件、SQLite 插入、读取、更新和删除操作的时延，评估手机 I/O 存储性能，如图 6-41 所示。

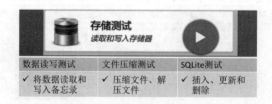

图 6-41　存储性能测试

5）拍照测试

如图 6-42 所示，分别测试终端前置和后置摄像头的启动时延，及拍照时延。启动时延即手机摄像头启动的时间。拍照时延即摄像头拍照并将照片存储到手机后的时间。

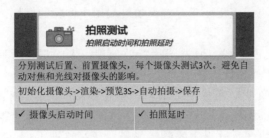

图 6-42　拍照性能测试

6.5.3.3　智能终端 Benchmark 评测方法分析

图 6-43 所示为 Mobile XPRT 和 AnTuTu 评测软件的测试内容的比较。

MobileXPRT 2013 Metrics	AnTuTu v5.7.1 Metrics
Performance	**Hardware Tests**
Apply Photo Effects (seconds)	UX Multitask
Create Photo Collages (seconds)	UX Runtime
Create Slideshow (seconds)	CPU (st/mt) Integer
Encrypt Personal Content (seconds)	CPU (st/mt) Float [sic]
Detect Faces in Photos(seconds)	RAM Operation
User Experience	RAM Speed
List Scroll (FPS)	GPU 2D Graphics
Grid Scroll (FPS)	GPU 3D Graphics
Gallery Scroll (FPS)	I/O Storage
Browser Scroll (FPS)	I/O Database
Zoom and Pinch (FPS)	

图 6-43　Mobile XPRT 和 AnTuTu 评测软件的测试内容比较

如上面介绍和图中显示，AnTuTu 等基于智能终端基本硬件性能的 Benchmark 评测方法，一般侧重于对硬件本身基本性能的评测，负载指标涵盖 CPU、GPU、RAM、存储指标和屏幕指标等。

（1）CPU 负载：主要测试终端的整数、浮点逻辑运算能力。

（2）GPU 负载：一般来说图形测试分为 2D 平面测试和 3D 空间模型测试。一般是通过设计特定的光影效果，进行定量运算，统计完成单位画面的速度，或者说是连续处理图像的速度，即帧数 FPS。

（3）RAM 负载：主要通过测试 RAM 存储大小及其读写速度，来反映电脑的整体运算速度。RAM 的容量越大，能够临时存储的任务数据量越大，RAM 的速度越快（可以理解为内存主频频率），其数据交换速度越快。

（4）存储负载：测试存储的读写速度，及对数据库执行插入、选择等命令的速度。

（5）屏幕负载：通过测试屏幕坏点、灰度测试、彩条测试、多点触控等屏幕操作，一定程度上反映屏幕的色彩、亮度、触摸等基本性能。

Mobile XPRT、泰慧测等软件则采用基于真实应用性能的 Benchmark 评测方法，一般通过测试用户的真实应用，来综合反映终端用户体验的好坏。测试内容涵盖但不限于下述几点。

（1）拍照/图片处理负载：通过图片特效处理、人脸识别、照片拼接处理等应用，评测终端的拍照/图片处理性能。

（2）浏览器处理负载：通过图片编辑、整理专辑、股票期权定价、本地笔记等应用，评测终端 HTML5 Canvas、Canvas 2D 和 JavaScript 等的性能。

（3）游戏性能负载：通过真实的游戏场景，评测终端 DirectX 和 OpenGL-ES 图像处理及物理性能。

（4）功耗负载：模拟用户不同场景下的用户界面、视频播放、轻媒体编辑、MP3 音频播放、网页浏览等，反映终端的功耗情况。

（5）流畅度性能：模拟用户翻看 APP 图标、浏览网页的日常操作，并且通过帧数高低最终给出结果，反映终端操作的流畅性。

相比而言，基于智能终端基本硬件性能的测试一般是让某一硬件处于峰值状态下来测量它的性能，而基于 real-life 的测试则是通过某些应用综合反映不同硬件组合下的终端性能，同时间接评测不同的硬件性能。因此可以说基于智能终端 Benchmark 评测方法是更均衡性的一个测试，因为影响一个手机应用速度的不是某个硬件的峰值，而且很少有应用会让某个硬件一直工作在它的峰值状态，但不同硬件组合，如果之间的均衡性做不好，某一个次要瓶颈就会影响应用的整体表现，应用表现不好，用户感受就不好。

经过近五十年的发展，Benchmark 体系已经相当成熟了。Benchmark 评测的易用性使越来越多的用户采用 Benchmark 测试的数据作为参考或者依据来评测终端的性能体验。在测试负载的构建上，我们认为 Benchmark 测试应该反映用户的实际体验，尽可能接近实际的需求，所以采用贴近真实应用的实际的负载是基准性能测试的重要趋势。Benchmark 测试应具可重复、可对比特征，随着 Benchmark 测试越来越多地被应用，其公正性也越来越重要，客观、公正的 Benchmark 测试工具才能促进产业的发展。

6.6 电磁兼容测试

6.6.1 电磁兼容测试依据的标准

国内移动智能终端电磁兼容认证测试，根据终端的制式使用对应的行标或者国标，如表 6-16 所示。此外，CCC 认证依强制性产品认证实施规则 CNCA-16-01 进行。

国际移动智能终端电磁兼容认证测试，主要有欧洲的 CE 认证，北美的 FCC 认证，北欧四国挪威、芬兰、瑞典、丹麦所执行的 NEMKO、FIMKO、SEMKO、DEMKO 认证，EK（韩国）、T-MARK（日本）、PSB（新加坡）、SASO（沙特阿拉伯）认证等。这些电磁兼容测试由于一直居于政府强制性管制的测试范围内而受到广大设备制造商的重视。在国内的设备商，一般主要进行 CE 和 FCC 认证，CE 认证依据 2004/108/EC 电磁兼容指令进行，FCC 认证依据美国联邦通信法规相关部分（47CFR 部分）的要求进行，具体依据的电磁兼容产品测试标准如表 6-17 和表 6-18 所示。

表 6-16　国内认证依据的电磁兼容测试产品标准

序号	产 品 名 称	标 准 号	标 准 名 称
1	GSM 移动终端	GB/T 22450.1	900/1 800MHz TDMA 数字蜂窝通信系统电磁兼容性限值和测量方法 第 1 部分：移动台及其辅助设备
2	CDMA 移动终端	GB/T 19484.1	800MHz/2GHz cdma2000 数字蜂窝移动通信系统的电磁兼容性要求和测量方法 第 1 部分：用户设备及其辅助设备
3	TD-SCDMA 移动终端	YD/T 1592.1	2GHz TD-SCDMA 数字蜂窝移动通信系统电磁兼容性要求和测量方法 第 1 部分：用户设备及其辅助设备
4	WCDMA 移动终端	YD/T 1595.1	2GHz WCDMA 数字蜂窝移动通信系统电磁兼容性要求和测量方法 第 1 部分：用户设备及其辅助设备
5	cdma2000 移动终端	GB/T 19484.1	800MHz/2GHz cdma2000 数字蜂窝移动通信系统的电磁兼容性要求和测量方法 第 1 部分：用户设备及其辅助设备
6	LTE 移动终端	YD/T 2583.14	蜂窝式移动通信设备电磁兼容性能要求和测量方法 第 14 部分：LTE 用户设备及其辅助设备

表 6-17　CE 认证依据的电磁兼容测试产品标准

序号	产 品 名 称	标 准 号	标 准 名 称
1	通用要求	ETSI EN 301 489-1	电磁兼容性和无线电频谱管理（ERM）；电磁兼容性（EMC）无线电设备和服务标准；第 1 部分：通用技术要求
2	GSM 移动终端	ETSI EN 301 489-7	电磁兼容性和无线电频谱管理（ERM）；电磁兼容性（EMC）无线电设备和服务标准；第 7 部分：移动和便携式无线电及辅助设备数字蜂窝无线电通信系统（GSM 和 DCS）
3	cdma2000/CDMA 移动终端	ETSI EN 301 489-25	电磁兼容性和无线电频谱管理（ERM）；电磁兼容性（EMC）无线电设备和服务标准；第 25 部分：CDMA 1X 扩频移动台和辅助设备
4	LTE/WCDMA 移动终端	ETSI EN 301 489-24	电磁兼容性和无线电频谱管理（ERM）；电磁兼容性（EMC）无线电设备和服务标准；第 24 部分：IMT-2000 CDMA 直接扩频（UTRA 和 E-UTRA）移动和便携式（UE）无线电及辅助设备

序号	产品名称	标准号	标准名称
5	具有蓝牙或 Wi-Fi 功能的移动终端	ETSI EN 301 489-17	电磁兼容性和无线电频谱管理（ERM）；电磁兼容性（EMC）无线电设备和服务标准；第 17 部分：宽带数据传输系统
6	具有 GPS 或 NFC 功能的移动终端	ETSI EN 301 489-3	电磁兼容性和无线电频谱管理（ERM）；电磁兼容性（EMC）无线电设备和服务标准；第 3 部分：运行频率在 9kHz～246kHz 的短距离设备（SRD）
7	有 FM 功能的移动终端	EN 55013	声音和电视广播接收机和相关设备—无线电干扰特性—极限和测量方法
		EN 55020	声音和电视广播接收机和相关设备—免疫特性—极限和测量方法

表 6-18　FCC 认证依据的电磁兼容测试法规

序号	产品	法规号	名称
1	工作在以下频段的公共移动通信设备： (1) (869～880)MHz； (824～835)MHz； (2) (890～891.5)MHz； (845～846.5)MHz； (3) (880～890)MHz； (835～845)MHz； (4) (891.5～894)MHz； (846.5～849)MHz	FCC 47 CFR PART 22	公共移动服务
2	工作在以下频段的个人移动通信设备： (1) (1 850～1 890)MHz， (1 930～1 970)MHz， (2 130～2 150)MHz， (2 180～2 200)MHz； (2) (901～902)MHz， (930～931)MHz， (940～941)MHz	FCC 47 CFR PART 24	个人通信服务

续表

序号	产　品	法　规　号	名　　称
3	工作在以下频段的无线通信设备： (1)(2 305~2 320)MHz， (2 345~2 360)MHz； (2)(746~758)MHz， (775~788)MHz， (805~806)MHz； (3)(698~746)MHz； (4)(1 390~1 392)MHz； (5)(1 392~1 395)MHz， (1 432~1 435)MHz； (6)(1 670~1 675)MHz； (7)(1 915~1 920)MHz， (1 995~2 000)MHz； (8)(1 710~1 755)MHz， (2 110~2 155)MHz； (9)(2 495~2 690)MHz； (10)(2 000~2 020)MHz， (2 180~2 200)MHz； (11)(1 695~1 710)MHz； (12)(1 755~1 780)MHz； (13)(2 155~2 180)MHz；	FCC 47 CFR PART 27	各种无线通信服务
4	无线设备	FCC 47 CFR PART 15	射频设备
	无意发射设备	15B	部分 B-无意发射设备
	移动终端具有使用以下频段工作的功能，如蓝牙、Wi-Fi 功能： (1)(902~928)MHz； (2)(2 400~2 483.5)MHz； (3)(5 725~5 850)MHz	15C	部分 C-有意发射设备
	移动终端具有使用以下频段工作的功能，如 Wi-Fi 功能： (1)(5.15~5.35)GHz； (2)(5.47~5.725)GHz； (3)(5.725~5.85)GHz	15E	部分 E-未经授权的国家信息基础设施设备

6.6.2　电磁兼容测试项目

移动智能终端设备对于不同的认证类型，电磁兼容的测试项目及要求都不相同，详细的测试要求见相关的行业标准，测试项目参见表 6-19。移动智能终端具有 FM、蓝牙、Wi-Fi、NFC 等功能时，要依据相关标准，对这些功能进行电磁兼容测试，测试项目及要求参见相关标准。

表 6-19　移动智能终端电磁兼容测试项目

序号	测 试 项 目	认 证 类 型		
		CCC	CE	FCC
1	辐射功率	×	×	√
2	辐射杂散骚扰	√	√	√
3	辐射骚扰	√	√	√
4	传导骚扰	√	√	√
5	射频场感应的传导骚扰抗扰度	√	√	×
6	射频电磁场辐射抗扰度	√	√	×
7	静电放电抗扰度	√	√	×
8	电快速瞬变脉冲群抗扰度	√	√	×
9	浪涌（冲击）抗扰度	√	√	×
10	电压暂降、短时中断和电压变化抗扰度	√	√	×

注：×—不需要；√—需要。

6.6.3　电磁兼容测试方法简介

电磁兼容测试方法根据测试标准及认证类型的要求会有些差异，CCC 认证及 CE 认证测试方法大致相同，而 FCC 认证的要求会和前几个认证类型有些细节方面的差异，以下只对电磁兼容测试项目的通用方法和测试原理进行简单介绍。骚扰即被测设备产生电磁波的现象，抗扰是指被测设备能够承受的电磁干扰的能力。

6.6.3.1　辐射功率和辐射杂散骚扰测试

辐射功率测试是指对智能移动终端工作频率的发射功率进行测试，辐射杂散骚扰测试是指对智能移动终端工作带宽外的单个或多个频点上的发射功率进行测量。二者的区别就是，一个是对带内工作频率进行测量；一个是对带外的可能的频率进行测量。测量设备及测试方法类似，测试设备包括频谱分析仪、测试天线、信号源、功率放大器、全电波暗室及其辅助的线缆、预放大器和滤波器等。

测试方法包括替代法和预校准法两种。替代法，第一步将智能移动终端放到全电波暗室中，使用接收天线和频谱分析仪进行测试，记录测试频点和测试值；第二步将智能移动终端取出，使用发射天线替代，调节连接发射天线的信号源，使得频谱分析仪测试的频点和数值与第一步测试的相同，记录发射信号源的值；第三步进行计算，信号源的值与发射线路的值和发射天线的增益值进行计算后，得出智能移动终端的辐射功率值或杂散骚扰发射功率值，如图 6-44 和图 6-45 所示。

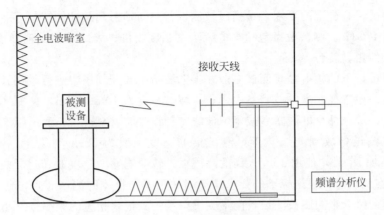

图 6-44　第一步测试被测设备

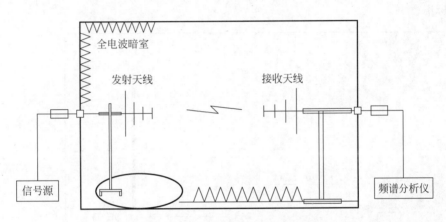

图 6-45　第二步使用替代天线进行测试

预校准法，第一步将测试系统及空间衰减的参数进行校准；第二步将校准的参数预置到测试软件中；第三步是进行测试，直接出具测试结果。

两种方法各有特点，替代法测试一般采用手动测试，测试需要更换测试布置，占用测试时间比较长，但是测试不确定度会相对较小。预校准法由于对一些参数已经进行了校准，软件直接调用，测试一步到位，相对测试比较简单且节省测试时间，但是测试不确定度相对会大一些，由于其方便性，这种方法有很多实验室都在采用。具体的测试方法见 YD/T 1483 标准。

6.6.3.2　连续骚扰测试

连续骚扰测试分为辐射骚扰和传导骚扰测试。辐射骚扰是被测设备发射的电磁波通过空间传播电磁噪声能量的过程，主要包括磁场耦合和电场耦合。传导骚扰是被测设备通过一个或多个导体(如电源线、信号线、控制线或其他金属体)传播电磁噪声能量的过程。传导骚扰还包括不同设备、不同电路使用公共地线或公共电源线所产生的公共阻抗耦合。两种骚扰传播的方式不同，电磁波的频段也不同。

辐射骚扰测试就是在一定条件下特定的距离处，测试被测设备发射的电场强度大小，这个值要符合标准的要求，是衡量被测设备空间辐射到某处的能量，一般测试频率从 9kHz 到 40GHz。测试设备包括半电波暗室、接收机、天线及测试辅助设备如线缆、测试桌、天线塔、转台等。

在 1GHz 以下的辐射骚扰测试一般在半电波暗室或开阔场中进行，在目前复杂的电磁环境下，一般选择在半电波暗室中进行，测试距离为 10m 或 3m。在 1GHz 以上辐射骚扰测试，一般选择全电波暗室或半电波暗室铺设吸波材料进行，测试距离一般为 3m。测试时，被测设备放到测试桌上，测试桌的高度一般为 80cm，对于 FCC 15C 测试 1GHz 以上的频率时，使用 150cm 高的测试桌。转台能够 360 度旋转，天线能够 1m 到 4m 升降。在测试时，根据标准的要求选择测试距离和具体的测试布置，通过转台角度与天线高度的组合来测试被测设备的最大发射场强并记录相应的频率点。测试的最大场强值不能超过标准规定的限值。具体的测试如图 6-46 所示，具体的测试方法见 GB 9254 标准。

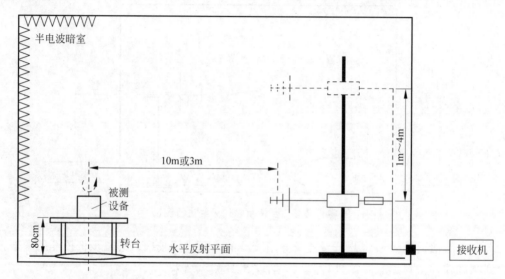

图 6-46　辐射骚扰测试

传导骚扰测试是测试与被测设备相连的线缆上骚扰电压或电流的大小，这个值符合标准的相关要求，用以限制对其他设备的干扰，测试频率一般从 9kHz～30MHz。测试设备主要包括屏蔽室、测试接收机、人工电源网络、电压探头、电流探头及相应辅助设备如线缆、衰减器、水平/垂直参考接地平面和测试桌等。

为了避免环境的干扰，传导骚扰测试一般在屏蔽室中进行，根据标准要求，使用人工电源网络或电压探头或电流探头进行测试，测试被测设备通过线缆传导的骚扰电压或电流值，具体布置见图 6-47，具体的测试方法见 GB 9254 标准。

6.6.3.3　持续抗扰度测试

持续抗扰度测试包括射频电磁场辐射抗扰度测试和射频场感应的传导骚扰抗扰度测试，测试时用信号为 1kHz 正弦波调幅，调制度为 80％用来模拟实际骚扰影响。射频电

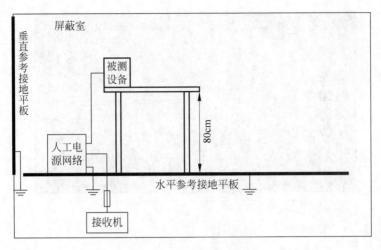

图 6-47　传导骚扰测试

磁场辐射抗扰度试验主要是模拟空间电磁波对在此电磁环境下的设备的干扰，在实际的电磁环境中，电磁干扰源主要有两种，一种为有意产生电磁辐射的辐射源，如固定的无线广播电视台的发射机以及其他各种无线设备和工业电磁源；另一种是无意产生电磁辐射的辐射源，如电焊机、晶闸管整流器、荧光灯、感性负载的开关操作等。

　　射频电磁场辐射抗扰度测试设备主要包括全电波暗室、发射天线、功率放大器、功率计、功率探头、信号源、相应的性能监控设备和相应的测试辅助设备如线缆、测试桌和电场探头等设备。测试前，先确定发射天线与被测设备的距离，在此距离上能满足发射场强的要求，一般为 3m 测试距离。为了满足发射场强测试距离有时可以小于 3m，但是一般不小于 1m 测试距离以避免近场干扰。为了保证整个被测设备的各处场强都足够均匀以便确保试验结果的有效性，测试前对距离地面 80cm、1.5m×1.5m 的垂直平面进行校准，这个区域内的场强变化及场强的强度都符合标准的要求，此区域为均匀区。测试时被测设备放到此均匀区内，发射天线的位置与校准时一致，按校准时的数据进行场强的发射。具体布置如图 6-48 所示，详细的测试方法见 GB/T 17626.3 标准。

　　射频场感应的传导骚扰抗扰度试验主要是模拟在 9kHz～80MHz 频率范围内来自射频发射机电磁场的干扰。被测设备的输入和输出线缆很可能成为无源的接收天线网络，骚扰信号耦合到线缆（如电源线、信号线、地线等）上，产生的感应电流通过线缆的传导对设备造成干扰。在测试过程中，主要是用信号源、功率放大器、功率计和功率探头组成的测试系统或专用的发生器、耦合去耦网络、电流钳或电磁钳来模拟和施加干扰信号到被测设备的线缆上，通过监控设备来判断被测设备受干扰的程度。试验一般在屏蔽室中进行，避免环境的电磁场干扰被测设备。测试布置如图 6-49 所示，详细的测试方法见 GB/T 17626.6 标准。

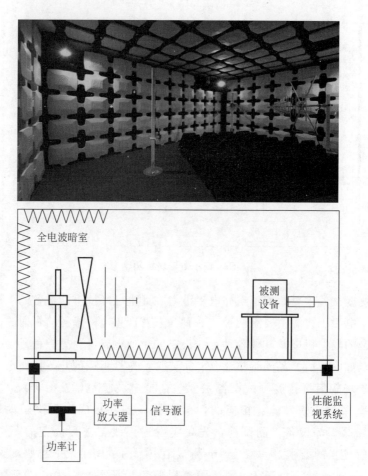

图 6-48　射频电磁场辐射抗扰度测试

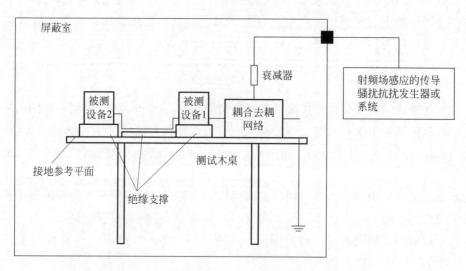

图 6-49　射频场感应的传导骚扰抗扰度测试

6.6.3.4 瞬态抗扰度

瞬态抗扰度的主要特点是干扰脉冲持续时间短，但是脉冲数量多或单个脉冲的能量强，主要包括电快速瞬变脉冲群抗扰度、浪涌(冲击)抗扰度以及电压暂降、短时中断和电压变化抗扰度。

电快速瞬变脉冲群抗扰度试验，目的是评估电气和电子设备由闪电、接地故障或切换电感性负载而引起的瞬时扰动的抗干扰能力，通过耦合到电源线、控制线、信号线上的脉冲群来模拟实际的干扰。根据傅里叶变换，干扰波形的频谱是从 5kHz～100MHz 的离散谱线，每条谱线的距离就是脉冲的重复频率。电快速瞬变脉冲群干扰主要为共模干扰，单个脉冲的能量较小，不会对设备造成故障，但脉冲群干扰信号会对设备线路结电容充电，当上面的能量积累到一定程度之后，就可能引起线路(系统)出现问题。测试方法见 GB/T 17626.4 标准。

浪涌(冲击)抗扰度是模拟开关操作(例如，电容器组成的切换、晶闸管的通断、设备和系统对地短路和电弧故障等)或雷击(包括避雷器的动作)在电网或通信线上产生的暂态过电压或过电流的情况。这种情况称为浪涌或冲击，其呈现为脉冲状，波前时间为微秒，脉冲半峰值时间从几十微秒到几百微秒，脉冲幅度从几百伏到几万伏，或从几百安到上百千安，是一种能量较大的骚扰。测试方法见 GB/T 17626.6 标准。

电压暂降、短时中断和电压变化抗扰度是评估当电网电压突然下降暂降或出现短时中断或电压发生变化的时候，与电网连接的电气、电子设备的功能和运行可能会受到一定程度的影响。造成这些变化的原因是由于电网、变电设备发生故障或者负荷突然发生大的变化或者负荷相对比较平稳的连续变化造成的。这些现象的发生是随机的，无规律可循，但是一旦出现往往会干扰电气、电子设备的正常工作。测试方法见 GB/T 17626.11 标准。

这三种测试都使用专用的模拟器及相应的耦合去耦网络进行测试，主要是对电源端口和信号线端口进行测试，具体要求根据相应的标准进行。

6.6.3.5 静电放电抗扰度

静电是一种客观自然现象，产生的方式很多，如接触、摩擦、冲流等。两种不同材料摩擦后分开，会分别带有正、负电荷，处于带电(静电)状态。在正常状况下，一个原子的质子数与电子数量相同，正负平衡，所以对外表现出不带电的现象。但是电子环绕于原子核周围，一经外力即脱离轨道，离开原来的原子 A 而侵入到其他的原子 B。A 原子因缺少电子数而带有正电，称为阳离子；B 原子因增加电子数而带负电，称为阴离子。造成不平衡电子分布的原因即是电子受外力而脱离轨道，这个外力包含各种能量(如动能、位能、热能、化学能等)。在日常生活中，任何两个不同材质的物体接触后再分离，即可产生静电。

若在分离的过程中电荷难以中和，电荷就会积累使物体带上静电。所以物体与其他物体接触后分离就会带上静电。通常在从一个物体上剥离一张塑料薄膜时就是一种典型的"接触分离"起电，在日常生活中脱衣服产生的静电也是"接触分离"起电。

固体、液体甚至气体都会因接触分离而带上静电。为什么气体也会产生静电呢？因为气体也是由分子、原子组成，当空气流动时分子、原子也会发生"接触分离"而起电。所以在我们的周围环境甚至我们的身上都会带有不同程度的静电，当静电积累到一定程度时就会发生放电。

移动终端主要是通过与人体的接触或与衣物的摩擦产生静电放电现象，从人体产生的静电场和放电电流会直接影响移动电话的电子器件。静电场的强度取决于充电物体上的电荷数量，和与其他电荷量不同的物体之间的距离。人体上的电压通常会达到$(8\sim10)kV$。有时电压会更高，达到$(12\sim15)kV$。许多文献称，人体的电压可以达到$30kV$。但这是假设身体的最小辉光放电半径为1厘米。实际上，人体有许多部位的半径小于1厘米，因此在通常条件下是不会出现这种电压的。人体上的最高电压约为$20kV$（衣服、头发或鞋上会有更多的电荷，因为这些物质导电性较差，因此受电晕的影响较小）。虽然静电场本身会造成问题，但放电的后果更严重，放电后会产生直接注入电荷的效应，使原来存在于人体与移动电话之间的能量，转移到移动终端内部的电子器件上，产生的强大瞬时电流会使某些元器件改变工作状态甚至被毁坏。携带大量能量的放电电流的特点是：电流将选择一条电阻最小的路径直接到地。

在模拟静电放电测试时，主要使用静电放电枪（见图6-50）进行。一般在屏蔽室或房间内中进行，由于湿度与温度对静电放电有影响，其中湿度影响更大，因此测试时要严格控制室内的温、湿度符合标准的要求。测试方法见GB/T 17626.2标准。

图6-50　静电放电枪

6.7　电磁辐射测试(SAR)

手机辐射对人体健康的影响是一个广泛被关注但尚无确切结论的问题。在手机电磁辐射是否会给人体健康带来确定性危害方面，存在着彼此矛盾的各种报告，尤其是由于可能存在非热效应，而这些效应是否会对人体健康带来危险目前还不明确，因此还需要进一步和长时间的科学研究。但是在法律法规方面，对终端的电磁辐射有着严格的测试限制和测试要求。

6.7.1　终端电磁辐射的标准和要求

6.7.1.1　终端的电磁辐射

电磁辐射，就是能量以电磁波的形式向外界发射。电磁辐射并非新鲜事物，大到宇宙星体、小到人体自身都在以各种形式发射电磁能量。只是20世纪90年代以来各种无线通信设备迅速普及，公众跟各类人工电磁场接触越来越频繁，对电磁辐射健康效应的关注度也越来越高了。

当生物体暴露于射频电磁场之中的时候，会因为吸收电磁场的能量而升温。这种机制最常见的应用是微波炉。这种能导致组织受热引起的生物效应一般称为"热效应"。另外，也有研究者认为电磁场存在"非热效应"。他们认为，低强度的电磁场虽然并不足以使生物体产生显著温度上升，但是弱电磁场照射的长期积累也可能是一些生物效应产生的原因。特别是他们通过一些"流行病学调查"，得到了诸如在长期低强度电磁场照射下，特定人群会出现心悸、脱发、失眠等情况的结论。但是由于流行病学调查自身设计和解释上的问题，目前这种作用的机理还并不明确，也不能排除其他相关因素的影响。

研究结果表明，目前还没有能被世界卫生组织（WHO）确认的电磁场非热效应的机理（包括重复性的实验）。"非热效应"目前仍然处于研究和重复实验的阶段。

目前并没有令人信服的证据证明各种收发信机，尤其是移动电话的电磁辐射会对人体健康造成影响，但是从人体安全的角度出发，世界各个国家和地区都基于现有的研究成果纷纷制定电磁辐射指令和标准。

6.7.1.2　ICNIRP 导则

1974 年，国际辐射防护协会（IRPA）设立了非电离辐射（NIR）工作组，与世界卫生组织（WHO）环境卫生部合作开始对各种类型的 NIR 防护方面的问题进行研究。在此基础上，1992 年一个新的独立的科学组织——国际非电离辐射防护委员会（ICNIRP）成立了。该委员会的职责是调查各种形式的 NIR 可能带来的危害，制定有关 NIR 暴露限值的国际导则，并处理与 NIR 防护相关的各方面问题。

1997 年 ICNIRP 综合评价了电磁辐射健康效应领域的研究成果，制定了 ICNIRP 导则。这个导则得到了 WHO 的认可，并为世界上大多数国家和地区所采用。ICNIRP 导则规定，频率范围在 3kHz～300GHz 的低频电磁场、射频电磁场与红外线、可见光和一部分的紫外线等被统称为"非电离电磁场"。它们的能量没有大到像"电离辐射"那样足以导致原子或者分子中电子逸出或者化学键断裂的地步。它们与生物体的作用更多地在于相互耦合，使生物体吸收能量，从而使组织升温，或者在低频的时候对生物体产生刺激。

ICNIRP 导则建议根据不同的频率使用电流密度（mA/m^2）、比吸收率（SAR，W/kg）等物理量作为基本限值或者由 SAR 推导出的场强（电场，V/m；或磁场，A/m）、功率密度（W/m^2）等物理量作为参考限值来衡量电磁场对人体的健康效应。表 6-20 就是导则中给出的电磁辐射基本限值。

表 6-20　电磁辐射基本限值

暴露特性	频率范围	头部和躯干电流密度（mA/m^2）(rms)	全身平均 SAR（W/kg）	局部暴露 SAR（头部和躯干）（W/kg）	局部暴露 SAR（肢体）（W/kg）
职业暴露	1Hz 以内	40	—	—	—
	(1～4) Hz	40/f	—	—	—
	4Hz～1kHz	10	—	—	—
	(1～100)kHz	f/100	—	—	—
	100kHz～10MHz	f/100	0.4	10	20
	10MHz～10GHz	—	0.4	10	20
公众暴露	1Hz 以内	8	—	—	—
	(1～4) Hz	8/f	—	—	—
	4Hz～1kHz	2	—	—	—
	(1～100)kHz	f/500	—	—	—
	100kHz～10MHz	f/500	0.08	2	4
	10MHz～10GHz	—	0.08	2	4

从表中可以看到，在我们常见的无线通信频段，导则选择 0.08W/kg 作为公众暴露的全身平均 SAR 值的限值。这是为什么呢？

如前所述，ICNIRP 导则在无线通信频段是基于热效应机制建立的。现有的动物实验结果发现，生物体体温升高 1℃，将可能对生物体特别是一些敏感组织（例如眼睛等）产生不可逆转的伤害，因此把温度升高 1℃ 选定为一个安全"界限"。大量的动物电磁照射实验确定 SAR 为 4W/kg 的电磁辐射剂量将可能产生 1℃ 的组织升温。在此基础上，为了能充分对健康进行保护，采用 10 倍的安全余量，将 0.4W/kg 作为职业人群的电磁辐射基本限值，又进一步采用 5 倍的安全余量，选择 0.08W/kg 作为公众暴露的基本限值，也就是说公众暴露的基本限值仅仅是有可能产生健康效应的辐射值的五十分之一，这样就大大提高了限值的安全域量。

那么什么时候选择基本限值，什么时候选择参考限值呢？一般而言，可以根据具体产品的使用场景选择，也就是用人体会处在产品产生的电磁场的"近场"或者"远场"作为选择依据。"近场"和"远场"的划分目前没有统一的规定，具体跟无线通信产品的尺寸、工作频段、天线尺寸、发射功率等相关，比较复杂。不过就电磁辐射健康效应而言，我们可以采用一个比较简单的判断方法：如果设备使用时靠近人体在 20cm 之内，则可以用 SAR 来评估其电磁辐射，如果超过了 20cm 则可以选择场强或功率密度。

比如手机、对讲机以及各种可穿戴设备（眼镜、腕表等）就应该用 SAR 来评估其电磁辐射，而基站等设备则可以用场强或功率密度来评估，评估设备如图 6-51 所示。至于 Wi-Fi 设备，当使用智能手机的 Wi-Fi"热点"功能时应该用 SAR 来评估，而对于分布在公共场合、工作场所或者家庭环境中的 Wi-Fi 无线路由器，则可以选择场强或功率密度评估。需要特别说明的是，由于近场评估非常复杂，远场评估设备是不能用于近场评估的。

图 6-51　典型远场场强和功率密度评估设备

目前，我国使用的电磁辐射限值标准在近场等同于 ICNIRP 导则，对通信设备的评估方法则主要依据 YD/T 1644《手持和身体佩戴使用的无线通信设备对人体的电磁照射人体模型、仪器和规程》系列标准进行。该标准详细规定了 SAR 测量系统的要求和测量的流程。为了充分保障人体健康，评估方法强制要求被评估的无线通信设备以最大功率发射以得到最恶劣条件下的 SAR 值，这也就意味着设备正常使用状态下的电磁辐射值要远远低于其按标准测量得到的值。所以只要是通过标准方法检测合格的产品，其电磁辐射健康效应都是有保障的。

6.7.2　各国认证要求

6.7.2.1　中国进网检测

1. 暴露限值

依据 GB 21288—2007《移动电话电磁辐射局部暴露限值》的要求，任意 10 克生物组织、任意连续 6 分钟平均比吸收率（SAR）值不得超过 2.0W/kg。

2. 标识要求

所有提供给公众靠近人体头部使用的移动电话应标识下列内容：在产品说明书中应以黑体字表示"本产品电磁辐射比吸收率（SAR）最大值为X.X W/kg，符合国家标准GB 21288—2007的要求"，并鼓励在产品外包装上标明电磁辐射比吸收率（SAR）最大值（注：X代表数字0～9）。在产品说明书上应标明心脏起搏器、助听器、植入耳蜗等使用者在使用本产品时需注意的事项。

3. 方法标准

YD/T 1644.1—2007《手持和身体佩戴使用的无线通信设备对人体的电磁照射——人体模型、仪器和规程——第一部分，靠近耳边使用的手持式无线通信设备的SAR评估规程（频率范围300MHz～3GHz）》。等同采用IEC 62209-1标准。

6.7.2.2 CE认证

1. 限值标准

EN 50360-2001 + A1：2012：Product standard for the measurement of Specific Absorption Rate related to human exposure to electromagnetic fields from mobile phones.

EN 50566(2013)：Product standard to demonstrate compliance of radio frequency fields from handheld and body-mounted wireless communication devices used by the general public（30MHz～6GHz）.

上述产品标准引用了Council Recommendation 1999/519/EC of 12 July 1999的规定，限值等同采用了ICNIRP导则的要求。

2. 方法标准

IEC 62209-1：Human exposure to radio frequency fields from hand-held and body-mounted wireless communication devices-Human models，instrumentation，and procedures-Part 1：Procedure to determine the specific absorption rate（SAR）for hand-held devices used in close proximity to the ear（frequency range of 300MHz to 3 GHz）.

IEC 62209-2(2010)：Human Exposure to Radio Frequency Fields from Handheld and Body-Mounted Wireless Communication Devices-Human models，Instrumentation，and Procedures-Part 2：Procedure to determine the Specific Absorption Rate（SAR）in the head and body for 30MHz to 6 GHz Handheld and Body-Mounted Devices used in close proximity to the Body.

6.7.2.3 FCC认证

1. 标准要求

（1）限值标准

ANSI C95.1（1992）：Safety Levels with Respect to Human Exposure to Radio Frequency Electromagnetic Fields，3 kHzto 300GHz.

（2）方法标准

IEEE 1528（2013）：IEEE Recommended Practice for Determining the Peak Spatial-Average Specific Absorption Rate （SAR） in the Human Head from Wireless Communications Devices：Measurement Techniques.

2. FCC 认证：KDB

FCC 下设的工程技术办公室(Office of Engineering & Technology，OET)实验室分室会不定期地推出各类命名为知识数据库(Knowledge Database，KDB)的文件，用于指导认证测试。电磁照射相关的 KDB 制定工作非常活跃，一般每年会有两次左右的小幅更新。

KDB 大致可分为：产品类(如移动和便携式设备 KDB447498)、测试方法类(如 SAR 测量及报告要求 KDB865664)、政策类(如 TCB 豁免清单 KDB628591)等三大类。读者可自 FCC 官方网站方便地获取以上 KDB：https://apps.fcc.gov/oetcf/kdb/reports/GuidedPublicationList.cfm。

6.7.2.4 其他国家和地区的相关认证

1. 加拿大

加拿大工业部 2005 年发布的频谱管理和通信射频标准规范 RSS－102《无线电通信器材射频照射符合性(全频段)》规定了与电磁照射相关的认证要求。

该规范在通信频段(300MHz～15GHz)内无论是限值还是评估方法都与 FCC 的要求是类似的。

2013 年底开始使用最新版 IEEE1528。

2. 澳大利亚和新西兰

澳大利亚政府依据通信法于 2003 年发布了无线电通信——电磁辐射符合标识，该公告连同 2006 年发布的补充条款一起规定了电磁照射符合性评估的要求。

该公告采用澳大利亚照射防护和核安全署发布的标准《射频场最大照射等级照射防护标准——3kHz～300GHz》作为限值标准，基本等同于 ICNIRP 导则的规定。测量方法则使用 AS 2772.2《澳洲射频照射标准，第二部分：测量远离和方法——300kHz～100GHz》。

新西兰采用与澳大利亚相同的限值和测量方法。

3. 日本

日本通务省在《电磁照射防护导则》中规定了有关电磁照射应当遵循的限值要求。其针对公众的照射限值、基本限值采用了 ICNIRP 导则的要求，而通信频段的导出限值则采用了 ANSI C95.1—1999 的要求。

通务省要求任何靠近人体头部使用的无线电产品其 SAR 值应当小于 2W/kg。测试方法等同于 IEC 62209-1 的要求，但平均功率小于 20MW 的无须测试。

4. 韩国

韩国通信委员会(KCC)下属的无线电研究所(RRA)负责制定通信产品的电磁辐射

符合性法规和标准。《电磁波人体防护技术要求》(KCC 2008—37 号文件)规定了电磁照射限值。其中针对无线通信终端的 SAR 值要求采用了 ANSI/IEEE C95.1—1999 的规定，而适用于普通公众的环境要求则等同采用了 ICNIRP 导则中相应导出限值的要求。

无线通信终端采用《比吸收率测量技术要求》(RRA 2008—16 号公告)和《电磁场强和比吸收率一致性评估导则》(RRA 2008—18 号公告)作为评估方法，其要求基本等同于 IEC 62209—1 的要求。

5. 巴西

巴西通信省下设的国家电信司(ANATEL)负责开展相关认证工作。其发布的第 533 号决议是进行电信设备 SAR 评估认证的法规，其限值为 10g 平均 2.0W/kg，方法则综合采用 IEC 62209-1、IEC 62209-2(草案)、FCC OET65c 和 IEEE 1528 中规定的方法，针对靠近人体头部和身体部分使用的各类移动终端设备都详细规定了其测试方法。

6. 印度

2009 年 5 月印度 TEC(电信工程师中心)发布了 TEC/TSTP/GR/SAR/001/01.MAR-09 文件，规定了 SAR 测量的步骤。其限值为 10g 平均 2.0W/kg，方法则遵循 IEC 62209-1 的要求。

2015 年 8 月起限值标准全面修改等同于 FCC 的要求。

6.7.3　SAR 的概念与测试

6.7.3.1　什么是 SAR

国际科学界用 SAR 值来对手机辐射进行量化和测量。SAR 的英文全称为 Specific Absorption Rate，中文一般称为比吸收率。SAR 的意义为单位质量的人体组织所吸收或消耗的电磁功率，单位为 W/kg。

给定密度(ρ)的体积微元(dV)内质量微元(dm)所吸收(消散)的能量微元(dW)对时间的微分值就是 SAR：

$$\text{SAR} = \frac{\text{d}}{\text{d}t}\left(\frac{\text{d}W}{\text{d}m}\right) = \frac{\text{d}}{\text{d}t}\left(\frac{\text{d}W}{\rho \text{d}V}\right) \tag{6-1}$$

SAR 也可以通过下面任意一个式子得到：

$$\text{SAR} = \frac{\sigma E^2}{\rho} \tag{6-2}$$

$$\text{SAR} = c_h \frac{\text{d}T}{\text{d}t}\bigg|_{t=0} \tag{6-3}$$

式中：SAR——比吸收率，单位是瓦特每千克；

E——组织内电场强度的 rms 值，单位是伏每米；

σ——介质导电率，单位是西门子每米；

ρ——组织密度，单位是千克每立方米；

c_h——组织的比热容，单位是焦耳每千克和开尔文；

$\dfrac{\text{d}T}{\text{d}t}\bigg|_{t=0}$——组织内初始时刻温度对时间的微分，单位是开尔文每秒。

6.7.3.2　降低手机 SAR 值的方法

在工程测试中，手机 SAR 值主要是测试它的峰值是否超标，因此减小 SAR 值的原理是如何把电流分布均匀化。在手机设计中 SAR 是一个综合的问题，在设计手机天线时既要求高的 TRP 又要有低的 SAR 值，这需要在手机整机设计初期就对天线有很好的评估，尤其是 PCB 布板、天线位置和周围器件的放置对天线都有较大的影响。

在手机设计中，有很多方法可以降低 SAR 值。在设计初期，首先要求布板工程师、结构工程师充分考虑 PCB 的设计、天线的位置、speaker、micro、vibrator、battery 等对天线影响大的器件的合理放置，在设计过程中可以通过调试 PCB 上的热点来降低 SAR 值；在设计天线时一般采用 PIFA 天线，它具有较低的 SAR 值，这是因为 PIFA 天线和 PCB 之间有较大的区域并且和 PCB 地构成回路，电流能较均匀地分布，这样 SAR 便不会产生较强的 Peak 值；在设计后期，可以通过降低发射功率来降低 SAR 值，从理论分析看，手机的发射功率降低 1dB，SAR 数值大约会降低 0.3W/kg，它们是成正比的，但是在降低发射功率后，会影响手机的发射效率，因此在手机设计中要权衡利弊。

另一个降低 SAR 值的较好方法是：保证其发射功率，改变天线的方向图，减小面向人头部峰值。一种叫软磁性片的材料可以很容易地达到这种目的，它是由磁性材料和树脂制成的电磁屏蔽材料。该材料具有高磁导率、高电阻率等特点。将这种材料贴到手机键盘和 PCB 之间，有效地改变了天线的近场，改变天线的辐射强度，从而降低手机面向头部的电磁辐射，达到降低 SAR 值的目的。

6.7.3.3　SAR 测试简介

SAR 测量系统主要由人体模型、电子测量仪器、扫描定位系统和被测设备夹具等组成。测量通过自动定位的迷你小型场强探头测量模型内部的电场分布来进行。根据测得的场强值可以计算出 SAR 的分布以及峰值空间平均 SAR。在对手机进行 SAR 测试的时候，如果天线可以伸缩，两个位置都要测试，也就是全伸出和全收缩的位置；可翻（滑）盖移动电话，如果开盖和合盖时均能打电话，则两种状态都要进行测试。

1. 测量的环境要求

（1）环境温度在 18℃～25℃之间，测量过程中液体温度变化不能超过 ±2℃。

（2）环境电磁噪声不能超过 0.012 W/kg（下检出限 0.4W/kg 的 3%）。

（3）被测无线通信设备不能连接到本地公众通信网。

（4）反射、辅助射频发射机等的影响应该小于测得 SAR 值的 3%。

2. 人体模型（见图 6-52）

标准的模型形状是根据人体学研究中 90% 成年男子头部的研究报告而制定的，模型的耳朵模拟人使用手持设备时耳朵的扁平状态。点 M 是嘴部参考点，LE 是左耳参考点（ERP），RE 是右耳参考点（ERP）。这些必须标注在模型的外表面上便于根据模型进行无线设备的重复定位。模型的外壳材料应该对于组织模拟液配方中用到的化学成分具有抵抗力。包括耳朵间隔在内的人体模型的外壳应该由低介电常数、低损耗材料制成（$\tan(\delta) \leqslant 0.05$，$\varepsilon \leqslant 5$）。与 SAM 标准模型的 CAD 文件相比，人体模型的形状制造公差

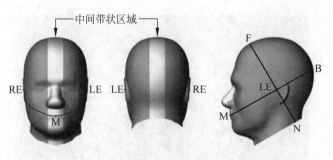

图 6-52　人体模型

应小于±0.2mm。除了耳朵及其延伸部分外，在手机投影内的任何区域，壳体的厚度为(2±0.2)mm。低损耗的耳朵间隔器(与头部模型相同的材料)应该在 ERP 和组织模拟液边界之间提供 6mm 的间隔，且公差为±0.2mm。在头部正中间从前到后平面的±1.0cm 带状区，制作公差应该是±1.0mm。

3．人体组织模拟液

盛放于人体模型内的组织模拟液的电介质特性如表 6-21 所示(头部液体)。在频率范围内的其他未给出的频点，特性参数可通过内部插值得到。

表 6-21　人体模型内的组织模拟液的电介质特性

频率(MHz)	相对介电常数(ε_r)	导电率(σ)S/m
300	45.3	0.87
450	43.5	0.87
835	41.5	0.90
900	41.5	0.97
1 450	40.5	1.20
1 800	40.0	1.40
1 900	40.0	1.40
1 950	40.0	1.40
2 000	40.0	1.40
2 450	39.2	1.80
3 000	38.5	2.40

6.7.3.4　测试系统的要求

为了评估三维 SAR 分布，装有探头的扫描定位系统应可以扫描模型的整个暴露体积。扫描定位系统的机械结构不应干扰 SAR 测量。扫描定位系统应该至少通过三个参考点和模型相关联，这些点由使用者或系统制造商定义。探头尖端在测量区域内的定位准确度应优于±0.2mm。定位分辨率是每一个测量系统能在其上执行测量的增量，分辨率应该是 1 毫米或者更小。设备夹具必须保证设备能够根据标准要求进行定位，并保证在倾斜位置下角度公差在±10。夹具必须由低损耗和低介电常数的材料制成：损耗正切值≤0.05，相对介电常数≤5。SAR 测试系统如图 6-53 所示。

图 6-53　SAR 测试系统

6.7.3.5　测试步骤

1. 基本准备

（1）在 SAR 测量前 24 小时内必须对组织模拟液的电介质特性进行测量。测量电介质特性时，组织模拟液的温度应与 SAR 测量过程中相同，且温度变化不能超过 ±2℃。

① 对于 300MHz～2GHz 之间的频率，测得的导电率和介电常数应在表 6-22 目标值的 ±5% 以内。

② 对于 2GHz～3GHz 之间的频率，测得的导电率应在表 6-22 目标值的 ±5% 以内，对测得的相对介电常数的允许公差可放宽至不超过表 6-22 目标值的 ±10%，但是必须采用可获得的配方尽可能地接近表 6-22 目标值。介电常数与目标值的偏差对 SAR 的影响应包含在不确定度评定中。

不同频率下的导电率和介电常数对应值如表 6-22 所示。

表 6-22　不同频率下的导电率和介电常数对应值

频率（MHz）	相对介电常数（ε_r）	导电率（σ）S/m
300	45.3	0.87
450	43.5	0.87
835	41.5	0.90
900	41.5	0.97
1 450	40.5	1.20
1 800	40.0	1.40
1 900	40.0	1.40
1 950	40.0	1.40
2 000	40.0	1.40
2 450	39.2	1.80
3 000	38.5	2.40

(2) 对于水平布置的人体模型，装入其中的组织模拟液深度至少应在 ERP 之上 15cm。测量前应仔细搅拌液体，并保证没有气泡。应注意避免液体表面的反射，在 300MHz～3GHz 频率范围内是靠 15cm 的液体深度来实现的。液体的黏性不应妨碍探头的移动。

2. 系统检查

在 SAR 测量前必须对系统进行检查。系统检查的目的在于确保系统工作时满足其规格要求。系统检查是一项可再现的测量，以保证系统在进行符合性测量时可以正常工作。执行系统检查旨在用于检查短期内可能存在的漂移和系统其他不确定度，例如：液体参数的变化；组件故障；组件漂移；设置中的操作失误或软件参数的错误；系统中的不利条件，例如射频干扰。

系统检查是一项完整的 1g 或 10g 平均 SAR 测量。将 1g 或 10g 平均 SAR 测量值归一化至标准场源的输入功率目标值，并和相应测量频率、标准场源以及特定的平坦模型下的 1g 或 10g 平均 SAR 目标值进行比较。确定各次系统检查的误差，必须在系统检查目标值的±10％之内。进行系统检查时测量频率应该在被测设备中间频率的±10％之内。

3. 待测终端的准备

(1) 应该使用被测无线设备自身内部的发射机。天线、电池和附件都应是制造商指定的。测量前电池应充满电，测量过程中不应有其他外部电缆连接。

(2) 使用内部测试程序或适当的测试设备(接着天线的基站模拟器)来控制设备的输出功率和工作频率(频道)。对靠近耳边使用的情况，无线设备应被设置在最高功率电平发射。电磁照射测试应基于被测设备的功能和照射特性来进行。例如工作模式、天线配置等。

(3) 对于最终商业版本的产品应在所有的正常工作配置(没有连接任何电缆)下进行测试。在产品上连接线缆很有可能改变产品上的金属和导电部分的射频电流分布。此外，如果使用原型样机进行测试，那么必须证实其商业版本有完全相同的机械和电特性。如果这一点得不到保证，就必须重新对未修改的商业版产品进行抽样测试。

(4) 如果被测设备不能在最高的时间平均功率电平上工作，那么可以在较低的功率上进行测试，然后把测试结果按比例换算到最大输出功率对应的值，前提条件是被测设备的 SAR 响应是线性的。

4. 无线设备相对于模型的定位

标准规定了手机在头部模型上的两种测试位置"贴脸"和"倾斜"，如图 6-54 所示。手机应在这两种位置下分别在 SAM 模型的左侧和右侧进行测试。如果手机结构特殊，按照标准描述的正常使用位置不能实现，比如不对称的手机，应当将手机定位于代表手机正常使用状态的位置，并在报告中对此进行详细记录。

5. 测量频率

(1) 被测设备应当在所有的发射频道都符合照射标准的要求。但是在每一频道下进行测试不切实际也没有必要。

(2) 对于手机的每一工作模式，应当在最靠近中心发射频率的频道进行测试。如果发射频段的带宽超过了其中心频率的 1％，那么在发射频段的低端频率和高端频率的频

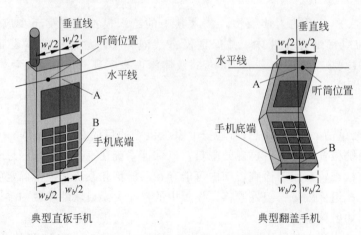

图 6-54　"贴脸"和"倾斜"测试位置

道也应当进行测试。

（3）如果发射带宽超过了其中心频率的 10%，应按照公式（6-4）确定测试频道的数目：

$$N_c = 2 \times \text{roundup}[10 \times (f_{\text{high}} - f_{\text{low}})/f_c] + 1 \tag{6-4}$$

6.7.3.6　测试过程

（1）从模型内表面起在其法线方向上 10mm 或更小范围之内测量局部 SAR。测量点可以贴近耳朵。

（2）在模型内（区域粗扫阶段）测量 SAR 的分布。SAR 的分布是沿着模型一侧的内表面进行扫描的，至少在比手机和天线的发射区更大的区域内进行扫描。空间网格步长应该小于 20mm。如果使用表面扫描，那么探头偶极子的几何中心和模型内表面之间的距离应该是 8mm（±1.0mm）或更小。在所有测试点上，建议（但不是必须的）探头与表面法线的夹角小于 30°。如果夹角大于 30°并且测量距离接近一个探头尖端直径，那么边界效应就会变得很大且与极化有关，因此需要考虑这个附加的不确定度。

（3）从所扫描的 SAR 的分布中，确定 SAR 最大值的位置，同时也要确定在 SAR 最大值 2dB 以内的区域粗扫的局部最大值。仅当主要峰值在 SAR 限值 2dB 之内时（对于 1g 平均的 1.6W/kg 的限值是 1W/kg，对于 10g 平均的 2.0W/kg 的限值是 1.26 W/kg），才需要测量其他峰值点。

（4）在最小体积为 30mm×30mm×30mm（局部细扫阶段）内以 8mm 或更小的网格步长测量 SAR 值。垂直方向上的网格步长应该是 5mm 或更小。独立的网格应把中心定在第（3）步中所找到的每个局部 SAR 最大点。

（5）在与第（1）步完全一样的位置再次测量局部 SAR。建议漂移不要超过±5%。

6.7.3.7　SAR 测量数据的后处理

1. 内插法

如果测量网格的分辨率达不到用于计算给定质量内的平均 SAR 值所需的要求，就要在测量点之间进行内插。

2. 外推法

用于测量 SAR 的电场探头通常包括三个非常接近的、相互正交的偶极子，并且封装在保护套中。测量（校准）点位于离探头尖端几毫米的地方，并且当需要明确 SAR 测量点的位置时，我们就要考虑这个偏移。

3. 平均体积的定义

平均体积应该在一个能构建 1g 或 10g 质量的立方体。1 000kg/m³ 的密度可表示头部组织的密度（不用模型中液体的实际密度）。1g 立方体的边长应该是 10mm，10g 的应该是 21.5mm。

如果立方体与模型相交，应使它朝向接触模型表面的三个制高点，或表面中心正切的一个正面。应修正立方体最接近于模型表面的一个面，使其与表面相吻合，并且所增加的体积要从立方体的相对面减去。

4. 找寻最大值

为了寻找最大值，平均立方体应该在局部最大 SAR 值附近靠近模型内表面的局部细扫体积内移动。有最高的局部最大 SAR 值的立方体不应该在局部细扫体积的边缘/周边。如果发生这种情况，必须移动局部细扫体积并且重新测量。

6.8　天线测试

6.8.1　终端天线性能参数

天线是负责传导电流和辐射电磁场互为转化的器件，因此它的参数就有路方面的参数，也有场方面的参数。如图 6-55 所示，从路的角度看参数有输入阻抗、工作带宽、工作频率等；而从场的角度看参数主要有辐射方向图、方向性系数、效率、增益、极化等。路的参数与场的参数之间是通过天线上的电流分布连接在一起的。

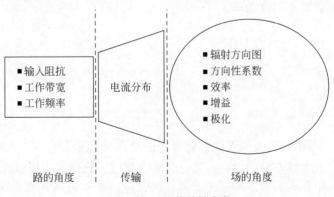

图 6-55　天线的特性参数

场参数再细分的话，又可以分为近场参数和远场参数。近场参数主要是 SAR（人体比例吸收率）和 HAC（辅助助听器兼容性），远场参数则主要是 TRP（全向辐射功率）、

TIS(全向接收灵敏度)以及天线辐射效率等。对于方向性系数参数，由于终端的电路板(PCB)会作为终端天线的一部分，参与到终端天线的辐射中，且对辐射场型的影响非常大，而终端电路板的形状一般较为固定，终端天线的方向性系数也多由此决定，因此在终端天线的指标中，方向性系数一般关注较少。

具体而言，终端天线的常见指标如下。

1. 天线输入阻抗

天线输入阻抗即馈电端输入电压和输入电流的比值。一般表示为：$Z_A = R_A + jX_A$。它的大小取决于天线辐射片的形状、终端上主板的形状以及周围环境器件的影响。实际工作中，常用回波损耗(RL)来表示天线的阻抗，它表示反射功率和入射功率的比值。在终端天线的设计中，一般要求 RL 的值在-6dB 以下。因为在终端设计中，射频的参考阻抗固定为 50ohm，所以 RL 和输入反射系数有如下对应关系：

$$S11 = \mathrm{RL} = -10\log_{10}\left(\frac{P_r}{P_i}\right) = -20\log_{10}(\varGamma) \tag{6-5}$$

其中，$S11$ 为输入反射系数，也就是输入回波损耗；P_r 为反射功率，P_i 为入射功率；$\varGamma$ 为反射系数，即反射电压/入射电压，为标量。

2. 辐射效率

馈入天线的能量一部分会因为阻抗的不匹配被反射回去，另外一部分会被天线自身的损耗所吸收，而最后剩下的那部分才是被辐射出去的能量。因此天线的效率一般被分为总效率和辐射效率两个定义。总效率是没有扣除掉回波损耗那部分能量时计算出的效率，辐射效率则是指天线理想匹配时的效率。其公式定义分别如下。

总效率：

$$\eta_{\text{total}} = \frac{P_{\text{Radiated}}}{P_{\text{InputPower}}} \tag{6-6}$$

其中，P_{Radiated} 表示辐射的功率，$P_{\text{InputPower}}$ 则表示输入的功率，包括馈入天线的功率和因为阻抗不匹配反射的那部分功率。

辐射效率：

$$\eta_{\text{radion}} = \frac{P_{\text{Radiated}}}{P_{\text{Radiated}} + P_{\text{Loss}}} \tag{6-7}$$

或者

$$\eta_{\text{radion}} = \frac{R_R}{R_R + R_L} \tag{6-8}$$

其中，R_R 是辐射电阻，代表从天线辐射出去的那部分能量。P_{Loss} 为天线损耗功率。R_L 是损耗电阻，代表天线本身的电阻损耗、介质材料的损耗以及周围器件吸收的能量。

通常在设计中，两种效率都是需要关注的，总效率可以体现终端天线整体的性能，包括匹配电路设计的好坏。辐射效率则体现了天线环境的好坏，如果天线的谐振不是由天线本身辐射带来的，而是由于不恰当的结构设计或者不恰当的电路设计产生的假谐振，则虽然会有比较好的输入回波损耗指标，却不会有很好的辐射效率。这在设计中是需要避免发生的。

3. 方向系数，辐射方向图

天线方向性系数的定义为：在天线远场处，天线在最大辐射方向上的辐射功率流密度与相同辐射功率的理想无方向性天线在同一距离处的辐射功率流密度之比。其公式定义如下：

$$D = \frac{4\pi}{\int_0^{2\pi}\int_0^{\pi}\sin\theta\,|F(\theta,\varphi)|^2\,\mathrm{d}\theta\mathrm{d}\varphi} \tag{6-9}$$

其中，$F(\theta,\varphi)$ 是天线的方向函数。

终端天线的辐射不仅有天线本身的贡献，而且辐射更多来源于终端主板的贡献，因此，方向性不仅取决于天线设计，也取决于终端主板的形状，尤其是在低频段更是如此。

4. 人头手损耗

终端在使用过程中，不可避免地会和头部、手部接触，而头部和手部对空间信号的阻挡和吸收会引起信号损耗，造成天线性能下降；同时头部、手部也会对天线造成一定的加载效应，使天线的有效谐振频率偏移。因此在实际的测试指标中，还要考虑加上头部、手部模型后的天线性能，自由空间的性能只能代表终端在自由空间状态时的性能，只有在加上头部、手部效应后的性能才和真正的实际使用更贴近。苹果 iPhone 4 终端的天线门事件就是一个典型的人体头、手对天线性能产生影响的例子（当用户的手覆盖到天线末端的开缝时，人体手的电容效应会使天线末端通过缝隙和另外一边的地在射频段导通，从而引起天线谐振偏移，功率损耗，终端信号急剧变差，产生掉话现象）。一般来说，PIFA 天线由于天线下方接地板的存在，头和手损耗会比单极子天线的小一些，但这也和实际终端的外观设计、结构设计有关。

5. TRP 和 TIS(总体辐射功率和总体辐射灵敏度)

TRP 是由天线辐射出去的总体功率，用来评价终端的功率发射能力，通过对整个辐射球面的发射功率进行积分并取平均值获得。计算公式如下：

$$\mathrm{TRP} = \oint U(\theta,\phi)\mathrm{d}\Omega = \int_{\theta=0}^{\pi}\int_{\phi=0}^{2\pi} U(\theta,\phi)\sin(\theta)\mathrm{d}\theta\mathrm{d}\phi = \frac{1}{4\pi}\int_{\theta=0}^{\pi}\int_{\phi=0}^{2\pi}\mathrm{EiRP}(\theta,\phi)\sin(\theta)\mathrm{d}\theta\mathrm{d}\phi$$

$$\tag{6-10}$$

其中，θ 和 ϕ 指的是手机旋转的球面坐标角，每一个 θ 和 ϕ 角都会测试出水平和垂直极化两组功率，对应 $\mathrm{EiRP}(\theta,\phi)$，TRP 就为各方向的辐射功率球积分得出。

TIS 则是衡量终端接收灵敏度的指标，它的计算公式如下：

$$\mathrm{TIS} = \frac{4\pi}{\oint\left[\dfrac{1}{\mathrm{EIS}_\theta(\theta,\phi)} + \dfrac{1}{\mathrm{EIS}_\phi(\theta,\phi)}\right]\mathrm{Sin}(\theta)\mathrm{d}\theta\mathrm{d}\phi} \tag{6-11}$$

其中，θ 和 ϕ 同公式(6-10)，$\mathrm{EIS}_\theta(\theta,\phi)$ 则是每个角度对应的辐射灵敏度。

TRP 和 TIS 的性能直接关系终端的无线联通性能，同时在无线运营商方面，良好的终端无线性能也会让运营商减少基站数量，降低运营成本。因此，全球主要无线运营商对于在其运营网中定制的终端，都有强制性的 TRP 和 TIS 性能要求。TRP 和 TIS 的测试一般都要在天线暗室中按照一定的通信协议进行测试的。

6.8.2 终端天线测试方法

6.8.2.1 无源测试

终端天线的阻抗测试主要是通过矢量网络分析仪进行的 S11 测试。终端天线的效率测试则主要是通过无反射天线暗室进行。

终端天线的阻抗测试如图 6-56 所示，在做好的终端模型或者工程机中，焊接同轴电缆，把同轴电缆的中心芯线连接至天线馈电点，同时要注意同轴电缆的外层地要在距离天线馈电点最近的地方接地，否则裸露过长的中心芯线会造成测量不准确，且同轴电缆的外层地要保证和终端的参考地有充分且良好的接触，同轴电缆的另外一端接在矢量网络分析仪的输入端口，然后看 S11 参数。在测试过程中，要确保终端天线周围没有较大尺寸的金属，一般会

图 6-56　利用矢量网络分析仪在
测试天线的阻抗

选用大的泡沫材料(对天线影响小)作为测量的支撑体，同时测试时要保证天线与地面有一定的距离，以防止地面反射的影响。

另外需要注意的是，关于测试夹具中测试电缆的焊接位置，一般情况下需要把电缆在终端上的伸出点位置设置在终端板上电场最弱的地方，这样可以使焊接的电缆对于天线阻抗测试的影响最小，不恰当的电缆焊接会使得电缆成为天线的一部分，参与辐射，影响测量的准确性。

6.8.2.2 有源测试

1. TRP & TIS 测试

终端天线的 TRP(Total Radiated Power)& TIS(Total Isotropic Sensitivity)测试是通过专门的无反射天线暗室测试系统进行的。

无反射天线暗室外面是一个屏蔽良好的屏蔽室，内部所有墙壁和顶层，包括地板则都贴满吸波材料，以使得入射的电磁波都可以被良好地吸收而无反射，从而确保测量天线接收到的只有需要方向的信号功率。图 6-57 是两个无反射天线暗室的图例，其中图 6-57(a)是矩形的天线暗室，图 6-57(b)是锥形的天线暗室。

具体 TRP 测试时，终端按照相应的通信协议和基站综测仪建立通话，同时基站综测仪控制终端使终端处于最大功率发射状态，然后通过在暗室中的转台对终端的位置进行调整，以 15 度为步长，测量每一个角度的发射功率，通过在三维空间进行扫描，并进行积分计算求接收的功率平均值，实际中计算公式如下(一般需要选择高、中、低三个信道进行测试，分别得到相应信道的功率值)：

$$\text{TRP} \cong \frac{\pi}{2NM} \sum_{i=1}^{N-1} \sum_{j=0}^{M-1} \left[\text{EIRP}_\theta(\theta_i, \phi_j) + \text{EiRP}_\varphi(\theta_i, \phi_j) \right] \sin(\theta_i) \qquad (6\text{-}12)$$

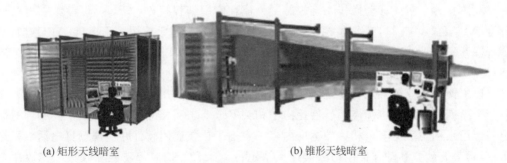

(a) 矩形天线暗室　　　　　　　　　　(b) 锥形天线暗室

图 6-57　两种不同形状的天线暗室

式中：M，N 为球坐标系中 θ，ϕ 方向的取样点数。

　　TIS 测试时，同样使终端按照相应的通信协议建立通话，并通过转台对终端的位置进行调整，以 15 度为步长进行测量，并进行积分计算平均值。TIS 的测试时需要根据终端上报的误码率或者误帧率实时调整基站仿真器的发射功率，直至达到终端的灵敏度限值。因此相比较 TRP 的测试时间，TIS 的测试时间一般会长很多，基于不同的实验室配置和测试精度要求，时间从单信道的 20 分钟到 60 分钟不等。TIS 的测试也需要对同一频段内高、中、低三个信道分别进行测试，以确保整个频段内的性能都可以满足要求。TIS 的计算公式为：

$$\text{TIS} \cong \frac{2NM}{\pi \sum\limits_{i=1}^{N-1} \sum\limits_{j=0}^{M-1} \left[\dfrac{1}{\text{EiS}_\theta(\theta_i, \phi_j)} + \dfrac{1}{\text{EiS}_\phi(\theta_i, \phi_j)} \right] \sin(\theta_i)} \tag{6-13}$$

其中，M、N 为球坐标系中 θ, ϕ 方向的取样点数。

　　如前所述，为了准确地模拟终端在各种用户使用情况下的性能，对于 OTA 测试除了自由空间（Free Space）的测试外，还有头、手模拟的性能测试，而有些运营商为了准确地评估终端在各种情况下的性能，还会添加上浏览（Browse）情形的测试，即把终端放在手中进行浏览网页时，终端 OTA 性能的测试。

6.9　信息安全测试

6.9.1　测试验证

　　对于移动操作系统测试验证主要包括两方面内容：可知可控测试（终端用户对移动操作系统敏感行为可知可控）和安全漏洞测试（移动操作系统没有安全漏洞被利用进行恶意攻击）。

6.9.1.1　可知可控测试

　　可知可控测试主要体现移动操作系统给用户提供的知情权和选择权，具体是：应用软件应通过各种形式的用户提示告知用户应用将要进行的行为、行为的目的、行为的方式、应用场景以及可能造成的后果，用户有自主选择权，可选择是否允许该行为的执行，即可确认或取消。

具体步骤：对应移动操作系统敏感行为梳理应用编程接口（API），可参考邮电行业标准《YD/T 2407—2013 移动终端安全能力技术要求》；基于应用编程接口（API）进行测试程序开发，形成敏感行为测试程序进行测试，可参考邮电行业标准《YD/T 2408—2013 移动终端安全能力测试方法》。

以上两个行业标准从智能终端硬件、操作系统、外围接口、应用层、用户数据安全等多个角度对智能手机和应用软件提出了相关安全要求和相应的检测方法，其中通过制定与应用跟用户数据安全相关的标准内容，明确了预装应用软件在实现拨打电话、发送短信/彩信、建立移动通信网络数据连接、定位、录音、拍照等功能和收集、修改用户数据时应遵守的具体技术要求，以及检测机构在对智能手机和预装应用软件进行安全检测时相应采取的检测方法。目前，两项技术标准已作为智能手机进网安全检测的技术依据使用，两项标准也为智能手机预装应用软件的研发、安全评测和管理等提供技术依据。以上两个标准仅仅是基础标准，对于具体移动操作系统，需要梳理对应敏感性的应用编程接口（API）。

此外，应用测试软件形式可以是计算机侧测试软件或者终端侧测试软件，具体形式也取决于移动操作系统是否支持计算机侧测试。

6.9.1.2 安全漏洞测试

安全漏洞测试主要检测移动操作系统是否有漏洞可能被利用。漏洞又称脆弱性，早在 1947 年冯·诺依曼建立计算机系统结构理论时就认为计算机系统和自然生命有相似性，有天生的类似基因的缺陷，在其使用和发展过程中可能产生意想不到的问题。漏洞是移动操作系统本身的弱点和缺陷。漏洞本身的存在虽不会造成破坏，但是可以被攻击者利用，从而带来安全威胁和损失。作为复杂信息系统，移动操作系统只能尽量减少漏洞却无法彻底消除。安全漏洞测试通常采用模糊测试方式（Fuzzing 测试），模糊测试是一种基于缺陷注入的自动软件测试技术。通过编写模糊测试工具向移动操作系统提供某种形式的输入并观察其响应来发现问题，这种输入可以是完全随机的或精心构造的。对被测移动操作系统出现的故障或异常进行监控，以确定由哪些测试数据引起什么样的问题，同时，确定所发现的漏洞是否可重现，如果重现成功，则进一步判断该漏洞是否可被利用。目前，主要有两种类型的模糊测试方式：盲目模糊测试方式无须深入了解移动操作系统本身，通过完全随机方式发现问题。智能模糊测试方式是基于对移动操作系统了解，有目的地编写模糊测试工具。编写有效的模糊测试工具需要花费时间，但能够对某些感兴趣的部分集中测试，所以更加有效。

事实上，漏洞很难靠某一个单位或者某几个人来发现，通常都是基于现有漏洞库形式。目前，知名漏洞库有通用漏洞库（CVE）、美国国家漏洞数据库（NVD）和中国国家信息安全漏洞库（CNNVD）。CVE 是 MITRE 公司提出的漏洞命名规范，目前已受到业界的广泛认可，成为最权威的漏洞命名标准之一，NVD、US-CERT 公告、SANS Top 20 及其他诸多重要漏洞库和漏洞公告中均使用的是 CVE 漏洞名称，厂商及研究人员也普遍使用和引用 CVE，是否兼容 CVE 已成为信息安全产品的基础要求，CVE 凭借与黑客组织、软件厂商、安全公司等广泛的关系，真正成为他们之间沟通的桥梁。NVD 是美国政府建立的漏洞数据库，采用 CVE 编号并和 CVE 一一对应，在 CVE 基础上扩充了 CVE 的属性项，包括受影响实体、漏洞类型、危害评级（参考 CVSS 得分）、参考网址等，NVD 通过其规范的漏洞描述、漏洞评级和详细的漏洞参考信息等内容，称为国际权威的漏洞共享平台。CNNVD 是中国信息安全测评中心为切实履行漏洞分析和风险评估的职能，负责建设运维的国家级信息安全漏洞库，为我国信息安全保障提供基础服务。现实情况中，多数移动操作系统安全问题发生在已知安全漏洞上，因此针对已知漏洞安全扫描至关重要，图 6-58 是典型基于已知漏洞的漏洞扫描系统。

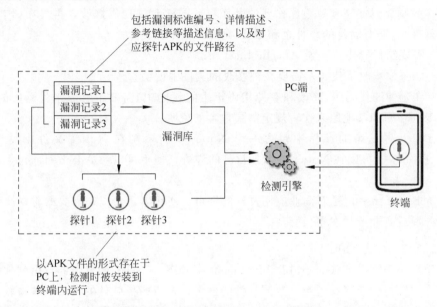

图 6-58　基于已知漏洞的漏洞扫描系统

不同于其他安全问题，漏洞治理的关键就在于发现及时和响应要快。作为移动操作系统开发商，在可能的情况下建立自身漏洞众筹平台，在漏洞产生恶意后果之前及时弥补，采用补丁修复和安全加固两种形式来对移动操作系统进行安全性能提高，防患于未然。

6.9.2　软件开源许可

目前，国际上相关开源组织已对移动网络环境下的安全认证制定了大量安全协议与规范为应用软件的认证办法提供支持，从应用的角度主要分为两类：针对于软件版权的认证与许可；针对于软件访问的认证与许可。

6.9.2.1　Apache License 2.0

Apache 协议 2.0 同时为用户提供版权许可与专利许可。

Apache 协议同时包括：

（1）永久权利：一旦被授权，永久拥有；

（2）全球范围的权利：在一个国家获得授权，适用于所有国家。假如你在美国，许可是从印度授权的，也没有问题；

（3）授权免费，且无版税：前期，后期均无任何费用；

（4）授权无排他性：任何人都可以获得授权；

（5）授权不可撤销：一旦获得授权，没有任何人可以取消。比如，你基于该产品代码开发了衍生产品，你不用担心会在某一天被禁止使用该代码。

分发代码方面包含一些要求，主要是，要在声明中对参与开发的人给予认可并包含一份许可协议原文。

Apache License 是著名的非营利开源组织 Apache 采用的协议。该协议和 BSD 类似，同样鼓励代码共享和尊重原作者的著作权，同样允许代码修改，再发布（作为开源或商业软件）。需要满足的条件也和 BSD 类似：

（1）需要给代码用户一份 Apache License；

（2）如果你修改了代码，需要在被修改的文件中说明；

（3）在延伸的代码中（修改和有源代码衍生的代码中）需要带有原来代码中的协议、商标、专利声明和其他原来作者规定需要包含的说明；

（4）如果再发布的产品中包含一个 Notice 文件，则在 Notice 文件中需要带有 Apache License。可以在 Notice 中增加自己的许可，但不可以对 Apache License 构成更改。

Apache License 也是对商业应用友好的许可。使用者也可以在需要的时候修改代码并作为开源或商业产品发布/销售。

6.9.2.2　GNU GPL

通用性公开许可证（General Public License，GPL）。GPL 同其他的自由软件许可证一样，许可社会公众享有运行、复制软件的自由；发行传播软件的自由；获得软件源码的自由以及改进软件并将自己做出的改进版本向社会发行传播的自由。GPL 还规定，只要这种修改文本的整体或者其某个部分来源于 GPL 的程序，则该修改文本的整体就必须按照 GPL 流通，不仅该修改文本的源码必须向社会公开，而且对于这种修改文本的流通不准许附加修改者自己做出的限制。因此，遵循 GPL 流通的程序不能同非自由的软件合并。GPL 所表达的这种流通规则称为 copyleft，表示与 copyright（版权）的概念"相左"。

GNU General Public License（GPL）有可能是开源界最常用的许可模式。GPL 保证了所有开发者的权利，同时为使用者提供了足够的复制、分发、修改的权利。

（1）可自由复制：你可以将软件复制到你的计算机，你客户的计算机，或者任何地方。复制份数没有任何限制；

（2）可自由分发：在你的网站提供下载，拷贝到 U 盘送人，或者将源代码打印出来从窗户扔出去（环保起见，请别这样做）；

（3）可以用来盈利：你可以在分发软件的时候收费，但你必须在收费前向你的客户提供该软件的 GNU GPL 许可协议，以便让他们知道，他们可以从别的渠道免费得到这份软件，以及你收费的理由；

（4）可自由修改：如果你想添加或删除某个功能，没问题，如果你想在别的项目中使用部分代码，也没问题，唯一的要求是，使用了这段代码的项目也必须使用 GPL 协议。

GPL 协议的主要内容是只要在一个软件中使用("使用"指类库引用,修改后的代码或者衍生代码)GPL 协议的产品,则该软件产品必须也采用 GPL 协议,即必须是开源和免费。这就是所谓的"传染性"。GPL 协议的产品作为一个单独的产品使用没有任何问题,还可以享受免费的优势。

由于 GPL 严格要求使用了 GPL 类库的软件产品必须使用 GPL 协议,对于使用 GPL 协议的开源代码,商业软件或者对代码有保密要求的部门就不适合集成/采用作为类库和二次开发的基础。

6.9.2.3　GNU LGPL

GNU 包含另外一种协议 LGPL(Lesser General Public License),它对产品所保留的权利比 GPL 少,LGPL 适合那些用于非 GPL 或非开源产品的开源类库或框架。因为 GPL 要求,使用了 GPL 代码的产品必须也使用 GPL 协议,开发者不允许将 GPL 代码用于商业产品。LGPL 绕过了这一限制。

LGPL 是 GPL 的一个主要为类库使用设计的开源协议。和 GPL 要求任何使用/修改/衍生之 GPL 类库的软件必须采用 GPL 协议不同,LGPL 允许商业软件通过类库引用(link)方式使用 LGPL 类库而不需要开源商业软件的代码。这使得采用 LGPL 协议的开源代码可以被商业软件作为类库引用并发布和销售。

但是如果修改 LGPL 协议的代码或者衍生,则所有修改的代码,涉及修改部分的额外代码和衍生的代码都必须采用 LGPL 协议。因此 LGPL 协议的开源代码很适合作为第三方类库被商业软件引用,但不适合希望以 LGPL 协议代码为基础,通过修改和衍生的方式做二次开发的商业软件采用。

GPL/LGPL 都保障原作者的知识产权,避免有人利用开源代码复制并开发类似的产品。

6.9.2.4　BSD

BSD 在软件分发方面的限制比别的开源协议(如 GNU GPL)要少。该协议最主要的版本有两个:新 BSD 协议与简单 BSD 协议,这两种协议经过修正,都和 GPL 兼容,并为开源组织所认可。

新 BSD 协议(3 条款协议)在软件分发方面,除需要包含一份版权提示和免责声明之外,没有任何限制。另外,该协议还禁止以开发者的名义为衍生产品背书,但简单 BSD 协议删除了这一条款。

BSD 开源协议是一个给予使用者很大自由的协议。基本上使用者可以"为所欲为",可以自由的使用,修改源代码,也可以将修改后的代码作为开源或者专有软件再发布。

但"为所欲为"的前提是当你发布使用了 BSD 协议的代码,或者以 BSD 协议代码为基础做二次开发自己的产品时,需要满足三个条件。

(1) 如果再发布的产品中包含源代码,则在源代码中必须带有原来代码中的 BSD 协议;

(2) 如果再发布的只是二进制类库/软件,则需要在类库/软件的文档和版权声明中包含原来代码中的 BSD 协议;

（3）不可以用开源代码的作者/机构名字和原来产品的名字做市场推广。

BSD 代码鼓励代码共享，但需要尊重代码作者的著作权。BSD 由于既允许使用者修改和重新发布代码，也允许使用或在 BSD 代码上开发商业软件发布和销售，因此，是对商业集成很友好的协议。而很多的公司企业在选用开源产品的时候都首选 BSD 协议，因为可以完全控制这些第三方的代码，在必要的时候可以进行修改或者二次开发。

6.9.2.5　MIT

MIT 协议可能是几大开源协议中最宽松的一个，除了必须包含许可声明外，再无任何限制，核心条款是：

该软件及其相关文档对所有人免费，可以任意处置，包括使用、复制、修改、合并、发表、分发、再授权或者销售。唯一的限制是，软件中必须包含上述版权和许可提示。

这意味着：

（1）你可以自由使用、复制、修改、可以用于自己的项目；

（2）可以免费分发或用来盈利；

（3）唯一的限制是必须包含许可声明。

MIT 是和 BSD 一样宽泛的许可协议，作者只想保留版权，而无任何其他限制。也就是说，你必须在你的发行版里包含原许可协议的声明，无论你是以二进制发布的还是以源代码发布的。

6.9.2.6　Mozilla Public License

MPL，允许免费重发布、免费修改，但要求修改后的代码版权归软件的发起者。这种授权维护了商业软件的利益，它要求基于这种软件的修改无偿贡献版权给该软件。这样，围绕该软件所有代码的版权都集中在发起开发人的手中。但 MPL 是允许修改、无偿使用的。MPL 软件对链接没有要求。

6.9.2.7　WPKI

WPKI（无线公开密钥体系）是对传统的基于 x.509 公开密钥体系（PM）的优化和扩展，它将互联网电子商务中 PKI 的安全机制引入到移动电子商务中，采用公钥基础设施、证书管理策略、软件和硬件等技术，有效建立安全和值得信赖的无线网络通信环境。WPKI 技术能满足移动电子商务保密性、完整性、真实性、不可抵赖性的安全性要求，消除了用户在交易中的风险。WPKI 技术主要包含以下几个方面。

（1）证书中心 CA

CA 是数字证书的申请及签发机关，是第三方的可信任机构，具备权威性，是 WPKI 的核心，专门负责发放、撤销和管理数字证书。

（2）数字证书库

用于存储已签发的数字证书，用户可由此获得所需的其他用户的证书及公钥，用户可通过证书证明自己的身份，并验证其他人身份的真实性。

（3）密钥备份及恢复系统

WPKI 的必备组件，确保证书的安全性。

（4）应用接口

一个完整的 WPKI 必须提供良好的应用接口系统，使各种应用能以安全、一致可信的方式与 WPKI 交互，确保安全网络环境的完整性和易用性。

WPKI 对 PKI 协议、证书格式、加密算法和密钥进行了精简优化，采用了压缩的证书格式，从而减少了存储容量。另外，WPKI 采用椭圆曲线密码算法（ECC）而不是传统的 RSA 算法，可大大提高运算效率，并在相同的安全强度下减少密钥的长度（目前公认的结论是 ECC 的 163b 密钥的安全强度与 RSA 算法的 1 024b 密钥的安全强度相当）。

WPKI 为基于移动网络的各类移动终端用户提供安全服务，无线终端通过注册机构向认证中心 CA 申请数字证书，CA 经过审核用户身份后给用户签发数字证书。数字证书是包含证书拥有者及其公钥相关信息的电子文件，可用来证明证书持有者的真实身份。它采用基于 ECC 算法的公钥体制，当发送一份文件时，发送方使用接收方的数字证书中提供的公钥对数据加密，接收方则使用自己的私钥解密，这样可以确保信息安全无误地到达目的地。通过使用数字证书，能保证数据传输的机密性、完整性、身份真实性以及交易的不可抵赖性。

6.9.3　签名认证技术

软件认证是一种通过软件完整性保护和数字签名技术来实现软件实名（Software Real Name，SRN）认证的系统安全机制。它将防病毒和恶意代码方法从事后如何查找病毒程序转向事前如何管理和控制软件的运行。SRN 的基础条件是公钥密码基础设施（Public Key Infrastructure，PKI）技术。PKI 通过集成下面的元素，来保护计算机数据的保密性、完整性及不可抵赖性。包括证书颁发机构（CA）、注册机构（RA）、证书目录、管理协议、政策和过程（协助机构应用和管理证书，规范法律责任和义务，以及实际的商务应用）。

6.9.3.1　实现原理

通过软件标识模型（如图 6-59 所示）是 PKI 软件认证的基础，其运用公钥密码数字签名技术和 PKI 技术，对计算机软件进行完整性保护和身份认证，将计算机软件和其编制者身份进行绑定，这样既可限制恶意软件的执行，也为软件造成损害的责任追究提供科学证据。

通过软件标识模型其组成部分如下：

（1）CA 中心：负责为软件制造商分发并维护将其身份与公钥信息相绑定的数字证书；

（2）软件注册中心：负责审核并授权某一软件的安装和使用，并将该软件的可执行代码的数字摘要以及对应软件制造商的公钥信息保存到目标系统的软件许可列表中；

（3）SI（Software Identification）生成器：软件制造商通过 SI 生成器用其私钥对所编制软件的可执行文件进行摘要签名。这个签名就是该软件对应的软件标识 SI；

（4）SI 添加器：软件制造商通过 SI 添加器将 SI 加入到相应软件的可执行文件中。

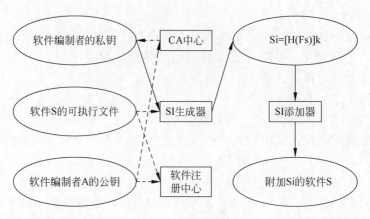

图 6-59　软件标识模型

1. 软件认证模型

软件认证模型(Software Authentication Model，SAM)包括动态和静态两种认证模式。动态验证指常驻内存的软件认证程序会在包含安装程序在内的所有进程启动之前对该进程对应的可执行文件进行实名认证，从而保证该进程是事先经过授权，并未经篡改的。静态验证指操作系统或用户定时或不定时地对主机磁盘上的可执行文件进行扫描和认证，以确保系统安全性。

软件认证基于 PKI 和软件许可列表实现，并分为本地认证和远程认证两种形式。本地认证指软件许可列表存放在本地或是从可信服务器上下载镜像，且认证过程全部在本地完成。远程认证指认证时必须实时访问远程的可信服务器，对软件许可列表进行查询，确定待认证的软件已被注册，并获取该软件可执行文件的数字摘要，以及制造商的数字证书，然后再到本机验证该软件的完整性和合法性。在军事领域中某些对保密性要求极高的场合，需要进行远程认证以保障系统的唯一受控性。

软件认证模型的基本思想和原理如图 6-60 所示。

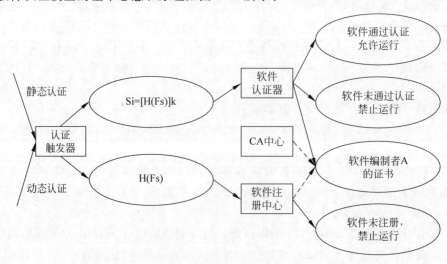

图 6-60　软件认证模型

其主要组件如下。

（1）认证触发器：当采用静态认证时，可通过手工运行的方式触发认证；或通过设置定时器，定时触发认证。当采用动态认证时，在可执行文件加载器开始读取可执行文件头部信息时触发认证。触发认证的动态链接库的添加要用到 PE 文件的加壳机制。

（2）CA 中心：负责检验软件制造商证书的合法性。

（3）软件许可列表：负责提供软件注册信息和软件相应编制者的证书。

（4）软件认证器：当确认软件在许可列表中之后，利用软件制造商证书中提供的公钥检查软件中的数字标识 SI 的合法性。

2. PKI 软件认证流程

（1）加载器加载可执行代码 S 时，先对可执行文件 F's 不包括软件标识过程所添加 Si 的部分 Fs 计算数字摘要 H(Fs)；

（2）在本地或远程服务器的软件许可列表中查询 H(Fs)所对应的表项，如果存在则进入下一流程；否则说明软件未注册或已被篡改，禁止该软件运行；

（3）通过 CA 中心的根证书以及证书撤销列表检验软件许可列表中对应 H(Fs)的软件制造商证书的合法性，如果通过则进入下一流程；否则说明证书无效、过期或被撤销，禁止该软件运行；

（4）获取可执行文件 F's 中的软件标识 Si 并利用查询得到的对应软件制造商数字证书上的公钥，使用数字签名认证算法检验 Si 的合法性。如果通过，则证明 Si 合法，加载器随即读取可执行文件头部信息，为可执行文件分配地址空间，读入可执行文件到地址空间，进行重新定位，设置环境变量，并开始运行程序。否则，说明 Si 不合法，软件将被禁止运行。

对于脚本程序，则由相应的解释器完成上述步骤。

6.9.3.2　相关标准和协议

目前 PKI 体系中已经包含了众多的标准和协议，下面是一些最主要的标准和协议。

• ASN.1 规范和基本编码规则

ASN.1(Abstract Syntax Notatin 1)是描述在网络上传输信息格式的标准方法。PKI的很多标准和协议元素都是用 ASN.1 记号定义的，因此 ASN.1 规范及其编码实现是PKI 的关键基础。

ASN.1 包括两部分内容：第一部分是 ASN.1 规范即 ITU X.208/ISO 8824，它描述了信息内的数据、数据类型及序列格式；第二部分是 ASN.1 的基本编码规则即 TIU X.209/ISO 8825，它描述了如何将各部分数据组成消息。

• 基本安全算法的标准

PKI 用到了很多基本安全算法，包括各种对称密码算法、非对称密码算法、Hash杂凑算法等。在这些算法标准中，RSA 实验室制定的 PKCS(Publie-Key Cryptography Standards)系列标准是一套针对 PKI 体系的加解密、签名、密钥交换、分发格式及行为的标准，目前 PKCS 已经成为 PKI 体系应用中不可缺少的一部分。

• PMX 标准与协议

IETF 的 PKIX 工作组于 1995 年成立，该工作组的主要目的是制定支持 PKI 的互联网标准。目前 PKIX 颁发的很多关于 PKI 标准和协议的 RFC 文档还处在提议标准阶段，但多数生产商认为这些 RFC 文档已经足够稳定。这些 RFC 文档可分为以下五类。

Ⅰ. 证书与 CRL 的标准规范，主要的 RFC 文档如下：

（1）RFC2459：互联网 X.509PKI 证书与 CRL 规范；

（2）RFC3280：互联网 X.509PKI 证书与 CRL 规范；

（3）RFC3739：互联网 X.509PKI 资格证书规范。

Ⅱ. 操作协议，即使得在 CA、RA、终端用户和仓库之间传输证书和撤销状态信息的协议，主要的 RFC 文档如下：

（1）RFC2559：互联网 X.509PKI 操作协议-LDAPv2；

（2）RFC2587：互联网 X.509PKI LDAPv2 模式；

（3）RFC2560：互联网 X.509PKI 在线证书状态协议；

（4）RFC2585：互联网 X.509PKI 操作协议：FTP 与 HTTP。

Ⅲ. 管理协议，管理协议解决的是 PKI 系统中不同实体间如何交换必要的信息来正确管理 PKI，主要的 RFC 文档如下：

（1）RFC2797：基于 CMS 的证书管理消息；

（2）RFC2511：互联网 X.509 证书请求消息格式；

（3）RFC2510：互联网 X.509PKI 证书管理协议。

Ⅳ. 时间戳和数据认证服务（Data Certification Services）标准，主要的 RFC 文档如下：

（1）RFC3161：互联网 X.509PKI；

（2）RFC3029：互联网 X.509PKI 数据确认与证明服务器协议。状态：实验性（Experimental）的 RFC。

Ⅴ. 证书策略和证书实施声明 CPS 规范，主要的 RFC 文档只有一个即 RFC3647：

（1）RFC3647：互联网 X.509PKI 证书策略与证书实施声明框架。状态：知识性（Informational）的 RFC。

• X.500 标准

X.500 对 PKI 有着特别重要的作用，它是 ISO/ITU-T 联合制定的一套目录服务系统标准，其中的 X.509 标准是 PKI 的雏形。它定义了标准的目录模式来完成证书和 CRL 的存储访问，从而保证这些信息访问的平台独立性，目前，目录服务成为了很多 PKI 系统的重要组成部分。

• 轻量级目录访问协议 LDAP

LDAP 最早被看作 X.500 目录访问协议（Directory Access Protocol，DAP）的简化版，但是随着时间的推移，LDAP 的功能逐渐增强，特别是 LDAPv3 的颁布，使得 LDAP 已成为较完善的目录服务的标准。EITF 的 PKIX 工作组将 LDAP 定为标准的获取 PKI 信息的操作协议，很多 PKI 实现系统都使用 LDAP 目录来发布证书、CRL、证书策略等信息。

除了以上介绍的标准和协议外，还有一些构建在 PKI 体系上的应用协议，如 SET 协议、S/MIIME、TLS/SSL 协议和 IPSec 等。随着 PKI 技术的不断进步和完善，以及其 PKI 应用的不断普及，将来还会有更多的标准和协议加入。

6.9.3.3　实际应用情况

国内外移动操作系统厂商众多，每个操作系统都有其各自的证书策略，下面对几个主流的操作系统的数字签名策略进行介绍。

6.9.3.3.1　Android

Android 操作系统近几年快速发展，其开源特性吸引了大量的移动应用开发者，继而推动了其应用多样性，吸引了更多用户。Android 应用通过验证数字签名来确认应用开发者，签名包含签名算法和验证算法，用私钥对应用进行签名，用公钥验证签名。Android 系统要求所有应用程序必须具有有效的数字签名，无法正确验签的应用程序无法正确安装和使用。但是 Android 操作系统并没有采用上述的 PKI 体系对其证书进行管理，Android 系统允许开发者采用自签名证书对应用程序进行代码签名，自签名证书是用户自己给自己颁发的证书，无须权威认证机构也就是 CA 机构的支持。其签名算法主要用到 RSA 加密算法和 Hash 算法。

通过数字签名的 Android 应用包含 META-INF 文件，里面主要有三个文件，分别是 MANIFEST. MF、CERT. SF 和 CERT. RSA。Android 应用通过 SHA1 算法提取数字摘要，加密后的数字摘要就是数字签名，如图 6-61 所示。详细来说，首先将 Android 应用 apk 包中所有未签名的文件逐个进行 SHA1 运算，并进行 Base64 编码得到 MANIFEST. MF 文件。应用程序的版本、相关属性和签名版本及其属性信息都包含在这个文件中。其中 SHA1 算法是安全哈希算法，主要适用于数字签名标准里面定义的数字签名算法。生成 MANIFEST. MF 文件后，采用 SHA1-RSA 算法对该文件进行摘要，并对文件中的每个摘要信息进行二次数字签名，生成 CERT. SF 文件。最后使用私钥对 CERT. SF 文件进行签名并将公钥信息一同打包生成 CERT. RSA 文件。

图 6-61　移动应用签名过程

应用程序验签过程是对数字签名再次提取摘要，与解密后的数字签名进行对比，如果相同说明验签成功，如图 6-62 所示。Android 系统在安装应用时对 apk 包的签名信息进行验证，首先，提取 CERT. RSA 中的证书和签名信息，或者该应用的签名算法等信息，并按照该算法信息对移动应用进行相应计算，比较得到的签名和摘要信息与 apk 包中保存的信息是否匹配，若相等，说明验签成功，应用可以正常安装使用。

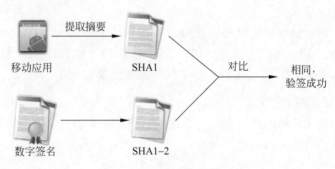

图 6-62　移动应用验签过程

6.9.3.3.2　iOS

智能手机的操作系统从最初 Palm、Symbian、BlackBerry 的三足鼎立，到现在飞速发展的 Android 与 iOS 各有千秋，占据着市场的主要份额，加之微软收购诺基亚后，Windows Phone 操作系统也逐步发展起来。Windows Phone 和 iOS 操作系统类似，只能从唯一的官方商城下载应用，其代码签名方式有一定相似性。

代码签名在 iOS 的安全机制中起到了重要作用，让恶意应用很难在 iOS 系统中运行，也可以在一定程度上防止漏洞利用，例如偷渡式下载。正常运行的 iOS 不支持用户安装违背审核的第三方应用程序，一般地，开发者使用苹果公司颁发的证书进行签名后，将移动应用提交给官方商城 APP Store，苹果公司对其进行功能、内容和安全性等审查，审核通过后，苹果公司使用其私钥对应用程序进行代码签名，并在应用商店上架。用户从 APP Store 下载应用程序进行安装时，iOS 系统会调用其系统进程对应用程序进行证书校验，只有校验通过的移动应用才能正常安装使用。

6.9.3.3.3　比较分析

类似 iOS 和 Windows Phone 这类相对封闭的操作系统，在数字签名认证方面相对严谨，只支持其官方证书进行代码签名，证书相关信息掌握在操作系统手中。Android 采用签名机制来对开发者身份进行鉴别，防止应用程序被替换或篡改，有助于在应用程序之间建立信任关系，拥有同一个私钥签名的多个应用程序可以共享代码和数据。但是，Android 系统的开放性，系统源代码完全免费公开，带来了很多潜在的威胁。Android 签名机制其实是对应用安装包完整性和发布机构唯一性的一种校验机制。Android 平台是一个开放的平台，采用自签名方式对应用程序进行代码签名，整个签名体系中没有统一控制应用的签名，运营商、OEM 厂商和第三方应用市场都可以给应用签名，使得 Android 签名机制不能阻止 apk 包篡改。大量的正版应用被二次打包，使原开发者利益受损。更有甚者，一些恶意开发者将恶意代码添加到流行的软件和游戏中，用户无法辨识真实的开发者信息，下载这些恶意应用，最后造成恶意吸费、信息泄露等损失。

面对上述问题，目前最有效的解决方式就是采用 PKI 体系进行数字签名验证，通过可信的第三方证书，在移动终端中建立完整的证书链进行应用代码签名认证。基于 PKI 体系，不仅可以帮助用户和终端识别真实的开发者信息，也可以添加检测机构和流通渠道等签名信息，帮助用户更好的选择移动应用。

6.9.4　软件安全认证标准

6.9.4.1　ISO/IEC

ISO/IEC 29192

ISO/IEC 倡导一种针对轻功耗的轻量级加密方式。轻量级加密是针对特定的应用程序，实现区域限制、项目代码大小或电力消耗。但轻量级并不意味着弱密码。在开发的 ISO/IEC 29192 由 JTC1（联合技术委员会）/SC 编制，为个人电脑、手机和 PDA 等小型连接至互联网的设备提供一种支持低功耗、低成本的对数据进行加密和验证的方案。

ISO/IEC 29192 由信息技术、安全技术、轻量级密码等四个部分组成。第 1 部分提供了定义的轻量级加密技术，描述了概念并定义了一个模型，面向硬件机制进行比较；第 2 部分定义了分组密码算法；第 3 部分和第 4 部分定义流密码，使用非对称技术为机制。目前正在制定第 5 部分，主要定义散列函数，尚未发布。

ISO/IEC 14516

ISO/IEC TR 14516 可信第三方服务的使用和管理指南（Guidelines on Use and Management of Trusted Third Party Services）重点关注可信第三方服务以确保信息的可靠交换，包括安全服务的提供，如密钥管理和鉴别等。

ISO/IEC 15945

ISO/IEC 15945 支持数据签名应用的可信第三方服务规范（Specification of TTP Services to Support Application of Digital Signatures）规定了支持商业数字签名应用所需的可信第三方服务，确定了接口和协议，以使得与服务有关的各实体之间能够进行互操作。该标准中的技术服务定义和协议被要求用于可信第三方服务的实施和相关商业应用。

ISO/IEC 12905

加强终端可访问性使用持卡人偏好接口，ISO/IEC 12905：2011 指定一组数据元素是个性化的一个集成电路卡片，编码持卡人的偏好。这些数据元素检索从卡和被用来指示终端用户有特殊需要的用户界面。它不是为了规范实际的应用程序编程接口或其他终端具体软件允许功能，也不与实际结合，卡到读卡器插槽。ISO/IEC 12905：2011 是独立的物理接口，适用于操作的情况下，持卡人信用卡接受设备（如一个提款机、票机、自动售货机）。

6.9.4.2　ITU-T

X.509

X.509 定义了一类用于公钥证书和属性证书的框架。这些框架可以用来定义其他标准机构对于公钥基础设施（PKI）和特权管理基础设施（PMI）方面的应用。同时，此标准定义了一个用于提供认证服务的目录使用者的流程。描述了两个级别的认证，简单认证和强认证，简单认证使用一个密码验证身份作为声称，强认证使用加密证书技术。

X. 1122

X.1122 定义了在移动通信系统中应用的基于 PKI 公钥基础设施的实施安全指南。在移动端到端的数据通信场景中，PKI 是实现许多安全功能（包括加密、数字签名、数据完整性等）非常有效的安全技术。目前，对于安全移动通信系统中建设和管理基于 PKI 技术的机制尚未建立起来。本建议提供指导基于 PKI 技术的安全移动通信系统建设。

X. 1123

X.1123 提出了确保安全服务分化移动端到端的数据通信的移动通信安全服务建议。本标准针对安全服务的差异化中两个重要的角色：服务提供商和用户进行标准化建议。服务提供商可以在克服了严格的应用规范下，使用分化的安全服务，满足无线接入网络的各种用户和服务于不同层次的安全。实现安全服务的差异性政策包含三层内容：第一层是超级安全政策作为移动通信增值服务保障与敏感信息；第二层通过信息基线安全政策，满足移动通信不敏感信息的安全；第三层是弱安全设定。

6.9.4.3 ETSI

TS 102042

TS102042 包含认证机构、政策及发行公钥证书相关内容。本标准指定相关政策要求认证机构发行公钥证书的类别与形式（包括延长验证证书）。它定义了政策要求的运作和管理实践证书认证机构进行证书发行、管理的方式，证书发行方和使用者可以通过本标准得到通用的证书加密机制支持。

6.9.4.4 OMA

OMA DRM 2.0

OMA DRM 2.0 于 2004 年 7 月发布，它扩展了 DRM 1.0 的单独传输机制，同时增加了设备认证和内容完整性要求。OMA DRM 2.0 还增加了公用密钥和专用密钥加密技术，以保护与 1.0 版的组合传输和单独传输密切相关的对称密钥。

OMA DRM 2.0 主要加强了通信的保护和密钥的保护。具体的过程大致如下：

（1）手机预先内置一个从 CA 获取的密钥对（私钥和公钥）和证书；

（2）手机在跟 DRM 服务器进行互相注册时，交换各自的证书（证书中包含了公钥），双方对得到的对方证书进行合法性实时认证（采用 OCSP 到 CA 去认证）；

（3）DRM 服务器端的生产者使用任意一个随机数作秘钥，该密钥称为 cek，采用 AES 对称加密技术对内容，比如 mp3，进行加密；

（4）生产者再使用手机的公钥对 cek 进行加密，经过加密后的 cek 被称为 rek，该 rek 被放在另一个称作 rights 的文件中，别人即使拿到了 rights，由于没有手机的私钥，也是不能解开 rek，从而获取 cek 然后解开内容的。所以，只有手机，因为它有私钥，所以才能把加密过的 mp3 解开。

6.9.4.5　IETF

Public-Key Infrastructure（X.509）

公钥基础设施（X.509）工作组（PKIX）是一个互联网工程工作小组的专责小组，成立于 1995 年，致力于创建协议规范文件（基于 X.509 证书标准公钥基础设施的相关议题）。

OCSP

在线证书状态协议（Online Certificate Status Protocol，OCSP）是维护服务器和其他网络资源安全性的两种普遍模式之一。另一种更老的方法是证书注销列表（CRL），已经被在线证书状态协议取代。

在线证书状态协议克服了证书注销列表（CRL）的主要缺陷：必须经常在客户端下载以确保列表的更新。当用户试图访问一个服务器时，在线证书状态协议发送一个对于证书状态信息的请求。服务器回复一个"有效""过期"或"未知"的响应。协议规定了服务器和客户端应用程序的通信语法。在线证书状态协议给了用户到期证书的一个宽限期，这样他们就可以在更新以前的一段时间内继续访问服务器。

6.10　安规测试

6.10.1　安规概述

6.10.1.1　安规测试的意义

安规就是安全规范，是指电子产品在设计中必须保持和遵守的规范。安规强调对使用和维护人员的保护，使我们使用电子产品方便的同时，不让电子产品带来危险，同时允许设备部分或全部功能丧失。设备部分或全部功能丧失，但是不会对使用人员带来危险，那么安全设计则是合格的——尽管设备不能使用或变成一堆废物。与电子产品功能设计不同的是，常规电子产品设计主要考虑怎样实现功能和保持功能的完好，以及产品对环境的适应。安规是使用安全规范来考虑电子产品，使产品更加安全。

安规测试就是对产品安全的要求，包含产品零件的安全要求、组成成品后的安全要求，旨在提供对人身的保护和设备周围的保护。通过模拟终端客户可能的使用方法，经过一系列的测试，考核产品在正常或非正常使用的情况下可能出现的电击、火灾、机械伤害、热伤害、化学伤害、辐射伤害、能量伤害等危害，通过相应的设计予以预防。

安规测试的目的是要避免由于下列各种危险所造成的人身伤害或财产损失：

➤ 电击；

➤ 与能量有关的危险；

➤ 着火；

➤ 与热有关的危险；

➤ 机械危险；

➤ 辐射；

> ➢ 化学危险。

对于智能终端设备，安规测试作为一项基础性的测试是必不可少的。目前大部分智能终端设备都是与人身操作密不可分，保证操作者的安全是所有测试的前提条件，是测试工作的重中之重。

6.10.1.2　安规设计的基本原则

安全防护措施，实际上是一种降低风险的方法。相对于没有将风险进行有效控制，或没有控制在可接受范围内的产品而言，采取了一定的防护措施从而将风险降低到可接受程度的产品，一般认为是安全的。

"没有绝对的安全，只有相对的安全。"安全的相对性主要表现在其风险程度上。可接受的风险是通过寻求一种最佳平衡来判定的。这种平衡是指安全的理想状态和产品需要满足的要求之间，以及与用户利益、目标的适宜性、成本效益和社会惯例之间的最佳平衡。根据这一理念，安全设计的防护措施一般有三种形式，即：

> ➢ 直接安全防护措施(固有的安全设计，如：安全特低电压电路等)；
> ➢ 间接安全防护措施(防护装置，如：外壳、安全联锁装置等)；
> ➢ 提示性安全防护措施(安全信息，如：高温危险等安全警告语句)。

安规设计者必须了解安全要求的基本原则。"双重防护"是产品安全设计最基本的原则。设计者不仅要考虑设备的正常工作条件，还要考虑可能的故障条件以及随之引起的故障，可预见的误用以及诸如温度、海拔、污染、湿度、电网电源的过电压和通信网络或电缆分配系统的过电压等外界影响；还应考虑由于制造误差或在制造、运输和正常使用中由于搬运、冲击和震动引起的变形而可能发生的绝缘间距的减小。同时设计者需要考虑两类人员的安全：一类是使用人员(或操作人员)；另一类是维修人员。

安规设计的理念和基本原则完全适用于智能终端设备。作为智能终端设备的设计者和安规检测者，必须清楚以上基本原则，将"双重防护"的理念贯穿于产品的生命周期中，从而保证产品不会对人身造成直接或间接伤害，对生命财产造成损失。

6.10.1.3　安全危险含义

信息技术设备涉及的安全危险，从广义上讲主要包括以下 7 类危险。同样，这 7 类危险也涵盖在智能终端设备中。以下是对这 7 类危险逐一进行的解释和定义，并提供相应减小危害的通用解决方法。

1. 电击

电击是由于电流通过人体而造成的。只要毫安级的电流就能在健康人体内产生反应，而且可能会由于不知不觉的反应导致间接的危害。更高的电流会对人体产生更大的危害。IEC60479《流经人体电流的效应》中表明：0.5mA 的电流通过人体，可使人体感到有电流流过，此电流为感知电流；2.5mA～3.5mA 的电流可使人明显感到有电流流过，此时手指感觉麻但无疼痛，该电流为反应电流；8mA～10mA 的电流流过时，触电者能自动摆脱，成为摆脱电流；电流超过 20mA 时，手指迅速麻痹而不能摆脱，电流再大就会引起心室纤维性颤动，呼吸麻痹，成为致命电流；数值在 50mA～80mA 时，还会导致电灼伤。电灼伤是由于电流经过或穿过人体表皮而引起的皮肤或器官的灼伤，电灼伤与接触电流的有效值有关，而与频率无关。GB12113《接触电流和保护导体电流的测量方法》给出了上述各类电流的测量方法和测量网络，以及高频下的频率加权的测量电路。

对可触及的零部件，一般应提供双重保护以避免故障引起的触电。双重保护是指基本绝缘加附加保护措施，这样单一故障和任何由此引起的故障都不会产生危险。附加保护措施是指附加绝缘或保护接地等措施，但附加保护措施不能取代设计完备的基本绝缘，或降低对基本绝缘的要求。

2. 与能量有关的危险

当大电流电源或大电容电路的相邻电极间短路时，可能产生燃烧、起弧或有熔融金属溢出。此时接触带安全电压的电路也可能是危险的。

可以通过隔离、屏蔽或者使用安全联锁装置来减小能量危险。

3. 着火

设备由于过载、元器件失效、连接松动等都可能引发过高温度而引燃周围物质；另外大电流起弧也可能产生着火危险。

为避免设备内部产生的火焰蔓延到着火源近区以外的区域，或避免对设备的周围造成损害，在设备的防火要求中，对设备外壳、元器件、印制板等都有阻燃等级的要求，这些要求相互关联，互为补充，从而达到最佳平衡。具体可以采取的措施包括：

➢ 使用适当的元器件和组件；
➢ 防止可能引燃的过高温度；
➢ 消除潜在的引燃源，如接触不良、短路；
➢ 限制易燃材料的用量；
➢ 控制易燃材料与可能的引燃源的相对位置；
➢ 在可能的引燃源邻近使用高阻燃的材料；
➢ 使用封装盒或挡板限制设备内火焰的蔓延；
➢ 外壳使用适当的阻燃材料。

4. 与热有关的危险

高温除了会产生上述着火危险以外，还可能烫伤人体，以及可能导致绝缘等级下降或安全元器件性能降低而引起触电危险，如隔离变压器的绝缘层因长期高温而炭化。

为避免人体灼伤和绝缘损伤，可以通过适当开通风孔、加散热片等方法避免可触及零部件产生高温。如果不可避免接触烫热的零部件，提供警告标识以告诫使用人员。

5. 机械危险

设备尖锐的棱缘和拐角、运动的危险部件以及设备的不稳定都可能对人体造成伤害；阴极射线管爆炸和爆裂的高压灯产生的碎片伤人等。

可以通过倒圆尖锐的棱缘和拐角，给设备配备防护装置或使用安全联锁装置，加强设备稳定性，选择能抗爆炸的阴极射线管和耐爆裂的高压灯等措施来减小机械危险；在不可避免接触时，提供警告标识以告诫使用人员。

6. 辐射

设备产生的某种形式的辐射会对使用人员和维修人员造成危险，辐射可以是声频辐射、射频辐射、红外线辐射、紫外线和电离辐射、高强度可见光和相干光（激光）辐射。

通过限制或屏蔽潜在辐射源的能量等级，或使用安全联锁装置来减小辐射对人体造成的伤害；如果不可避免暴露于辐射危险中，要提供警告标识以告诫使用人员。

7. 化学危险

接触某些化学物品或吸入它们的气体和烟雾可能会对人体造成危险。同时腐蚀性液体的泄漏或溢出会腐蚀绝缘体，导致绝缘性能降低，甚至击穿，从而间接引发电击危险。

为减小化学物品对人体的损伤，可以避免那些在预定或正常条件下使用设备时，由于接触或吸入可能造成人体伤害的、堆积的和消耗性的材料，避免可能产生泄漏或气化的条件；同时提供警告标识以告诫使用人员。

6.10.2　安规测试标准介绍

我国现行信息技术设备的安规测试标准是 GB 4943.1—2011《信息技术设备的安全第 1 部分：通用要求》，它是修改采用国际标准 IEC 60950—1：2005 第二版《信息技术设备的安全第 1 部分：通用要求》而制定的。该标准在修改采用 IEC 现行标准的同时，考虑了我国地理环境、气候条件及供电系统等实际情况，对相关的技术要求进行了修改和补充，更适合我国的国情。目前该标准是我国 CCC 认证制度的强制性标准。

目前，IEC/TC108"音频/视频、信息技术和通信技术领域中电子设备的安全"下设分技术委员会，负责研究和修订 IEC 60950—1 标准；此外，还负责组织 IEC 60950 和 IEC 60065 的合并工作，起草了一个新的标准 IEC 62368《音视频、信息技术和通信技术设备的安全》。该标准的目标对象是音视频、信息技术和通信技术设备范围的产品，从更基本的危险源出发，到危险的定量测量和危险的防护。该标准最终将取代 IEC 60950 和 IEC 60065 两个标准。目前，国内的相关组织正在整理 IEC 62368 标准相对应的国内标准，此项工作正在进行中。

智能终端设备作为比较先进的信息技术和通信技术领域的电子设备，目前在国内应符合现行标准 GB 4943.1—2011 的相关技术要求。

6.10.3　测试要求及方法

智能终端的安规测试涵盖面广，涉及范围大。严谨的测试应参照 GB 4943.1—2011 中每个章节进行逐一的检查和排查。对于不同的智能终端，选择进行相应章节进行相应的试验。表 6-23 是总结出来的智能终端涉及的安规测试和对应的章节，基本覆盖了所有智能终端涉及的所有安规测试。

由于目前市面上绝大部分智能终端以智能手机、智能 pad 为主，针对这一特点，本节对这一类智能终端可能涉及的重点安规测试分章节进行详细的说明，每项测试从测试要求和测试方法两方面进行介绍。表 6-23 的备注列中带 * 号的是表示这一类典型的智能终端所需要进行的安规试验。以下为带 * 号试验项目的详细介绍。

表 6-23 智能终端的安规测试项目及对应标准

序号	检验项目	对应标准章节 GB 4943.1—2011《信息技术设备安全第 1 部分：通用要求》	备注
1	输入电流	第 1.6.2 节	*
2	标记和说明	第 1.7 节	*
3	标记的耐久性试验	第 1.7.11 节	*
4	电击和能量危险的防护	第 2.1.1.1 节	
5	设备内电容器的放电	第 2.1.1.7 节	
6	受限制电源	第 2.5 节	
7	接地电阻	第 2.5 节	
8	电气间隙、爬电距离和绝缘穿透距离	第 2.10 节	
9	机械强度试验	第 4.2.2 节，第 4.2.3 节，第 4.2.4 节	*
10	冲击试验	第 4.2.5 节	
11	跌落试验	第 4.2.6 节	*
12	应力消除试验	第 4.2.7 节	*
13	电池试验	第 4.3.8 章及 GB 31241—2014《便携式电子产品用锂离子电池和电池组安全要求》	*
14	电离辐射	第 4.3.13.2 和附录 H	
15	温度试验	第 4.5 节	*
16	耐异常热	第 4.5.5 节	
17	接触电流试验	第 5.1 节	
18	抗电强度试验	第 5.2 节	
19	故障试验	第 5.3 节	*
20	通信网与地的隔离	第 6.1.2 节	
21	脉冲试验和稳态试验	第 6.2.2 节	
22	防火试验	附录 A1，A2	*
23	灼热丝试验	第 4.7.3.1 节及 GB/T 5169.10—2006《电工电子产品着火危险试验第 10 部分：灼热丝/热丝基本试验方法——灼热丝装置和通用试验方法》 GB/T 5169.11—2006《电工电子产品着火危险试验第 11 部分：灼热丝/热丝基本试验方法——成品的灼热丝可燃性试验方法》	*

注：备注列中带 * 号的是表示智能手机和智能 pad(平板电脑)这一类典型的智能终端所需要进行的安规试验。

6.10.3.1 输入电流

1. 适用范围

此项试验适用于智能终端设备的稳态输入电流试验。

2. 引用标准

GB 4943.1—2011《信息技术设备安全第 1 部分：通用要求》第 1.6.2 节。

3. 测试要求

（1）测量时应考虑设备在最不利的负载下工作，它允许在测试期间使用仿真负载来模拟负载。

（2）设备在正常负载情况下，其稳态输入电流不应超过额定电流 10%。

（3）在以下情况下，设备加载正常负载进行稳态电流的测量：

➢ 如果设备具有一个以上的额定电压，输入电流应在每个额定电压下进行测量。

➢ 如果一个设备具有一个或一个以上的额定电压范围，输入电流应在每个额定电压范围内的每一端电压下测量。

4. 试验方法

在以上每种情况下，待输入电流达到稳定时进行读数。如果该电流在正常工作周期内是变化的，则应在一段有代表性的时间范围内，根据在记录有效值的电流表上所测得电流值的平均指示，读取稳态电流。

5. 测试状态选择

被测设备在测试中，应将其工作状态设置在正常条件下的最大负载状态。

6. 合格判据

测得设备的稳定输入电流不应超出设备标明的额定电流或相应的额定电流范围的 10%。

6.10.3.2　标记和说明

1. 适用范围

此项试验适用于智能终端设备的铭牌检查。

2. 引用标准

GB 4943.1—2011《信息技术设备安全第 1 部分：通用要求》第 1.7 节。

3. 要求

设备应标有电源额定值，其目的是要规定电源的确切电压、频率和足够的电流承载能力。

如果设备未装有直接与交流电网电源连接的连接装置，则该设备不需要标出任何电气额定值，例如，它的额定电压、额定电流或额定频率。

对预定要由操作人员来安装的设备，该标记应在操作人员接触区易于看见的部位，包括仅在操作人员打开门或盖之后就能直接看见的部位。如果手动电压调节装置是操作人员不可接触的，该标记应标明制造时设定的额定电压值，此标记允许使用临时标记。除了质量超过 18kg 设备的底部外，标记可以设置在设备的任何外表面上。另外，对驻立式设备，在按正常使用安装后，仍应可以看到标记。

对预定由维修人员安装的设备，如果标记在维修人员接触区内，则应在安装说明书或在设备的直观标记上指明该永久性标记的位置，允许使用临时标记。

标记应包括下列内容：

➤ 额定电压或额定电压范围，V；

• 对于单一的额定电压，应标示 220V 或三相 380V；在额定电压范围的最大和最小额定电压之间应有一根横线"—"，额定电压范围应覆盖 220V 或三相 380V；当给出多个额定电压或多个额定电压范围时，则应用一根斜线"/"将它们隔开，其中之一必须是 220V 或三相 380V，并在出厂时设置为 220V 或三相 380V。

注 1：额定电压标记举例：

➤ 额定电压范围：220V～240V。这是指该设备要设计成接到标称电压在 220V 和 240V 之间的交流电网电源上。

➤ 多个额定电压：120V/220V/240V。这是指该设备要设计成接到标称电压为 120V 或 220V 或 240V 的交流电网电源上，通常要在设备内部设置好之后再与电源连接。

• 如果设备连到单相、三线式配电系统的相线与相线及相线与中线上，应标示相线—中线的电压和相线—相线的电压，用斜线将它们隔开，并附加标志"3 线＋保护地"、"3W＋PE"或等效的语句。

注 2：上述配电系统额定值标记举例：

120V/220V：3 线＋PE

120V/220V：3W＋(GB/T 5465.2—5019)

100/220V：2W＋N＋PE

➤ 电源性质的符号(仅适用于直流)；

➤ 额定频率或额定频率范围(仅用直流供电的设备除外)应为 50Hz 或包含 50Hz；

➤ 额定电流，mA 或 A。

对使用多个额定电压的设备，应标记相应的额定电流，其标记方式是使用斜线"/"将各电流额定值隔开，并能使人明显看出额定电压与相应的额定电流之间的对应关系。

对使用额定电压范围的设备应标上最大的额定电流或电流范围。

对具有一个电源连接装置的一组设备，其额定电流标记应标在直接与交流电源连接的那一台设备上。标在那台设备上的额定电流应是能在电路上同时可能出现的总的最大电流，而且应包括：该组设备中能通过直接与电源连接的那台设备同时供电并能同时运行的所用设备的组合电流。

注 3：额定电流标记举例：

➤ 对多个额定电压的设备：120V/220V；2.4A/1.2A；

➤ 对具有额定电压范围的设备：

100V～240V；2.8A；

100V～240V；2.8A～1.1A；

200V～240V；1.4A

➤ 制造厂商名称或商标或识别标记；

➤ 制造厂商规定的机型代号或型号标志；

➤ 对Ⅱ类设备，符号"回"，除非标准第 2.6.2 节中禁止使用。

允许另外增加一些标记内容，只要这些标记内容不会引起误解即可。

当使用符号时，如果是 ISO 7000 或 GB/T 5465.2 中有适用的现成符号，则应当使用该符号。

6.10.3.3 标记的耐久性试验

1. 适用范围

此项试验适用于对智能终端设备标记和铭牌的耐久性试验。

2. 引用标准

GB 4943.1—2011《信息技术设备安全第 1 部分：通用要求》第 1.7.11 节。

3. 测试要求

（1）用水和汽油对具有安全内容的标记和铭牌进行擦拭后，本标准所要求的标记应是能耐久和醒目的。

（2）作为替换，允许使用最低 85％的试剂等级的乙烷作为 n-乙烷。

4. 测试用品要求（如表 6-24 所示）

表 6-24 测试用品要求

水	纯净水
布	棉布
精制汽油	用于试验的精制汽油的脂肪烃类乙烷溶剂具有最大芳香烃含量的体积百分比为 0.1％，贝壳松脂丁醇（溶解溶液）值为 29，初始沸点约为 65℃，干涸点约为 69℃，单位体积的质量约为 0.7kg/l。作为替换，可以使用最低 85％的试剂等级的乙烷作为 n-乙烷

5. 试验步骤

擦拭标记时，应当用一块蘸有水的棉布用手擦拭 15s，然后再用一块蘸有汽油的棉布用手擦拭 15s。

6. 合格判据

试验完成后标记应清晰，标记铭牌应不能轻易被揭掉，而且不应该出现卷边。

6.10.3.4 机械强度试验

1. 适用范围

本项试验适用于智能终端设备的 10N、30N、250N 的恒定作用力试验。

2. 引用标准

GB 4943.1—2011《信息技术设备安全第 1 部分：通用要求》第 4.2.2 节，第 4.2.3 节，第 4.2.4 节。

3. 试验要求

（1）设备应具有足够的机械强度，而且在结构上应能保证在承受可预料到的操作时维持上述标准含义范围内的安全。

（2）对于除作为外壳用的零部件以外的元件和零部件（如电路板上的元器件）都应承受 10N±1N 的恒定作用力；在操作人员接触区内，由符合标准中第 4.2.4 节中要求的门或盖提供保护的部分，应能承受无关节试验指 30N±3N 的恒作用力 5s。除质量超过 18kg 的设备外壳的底部外，对于有外部防护罩的设备（如外壳的顶部、侧面和不超过 18kg 设备的底部）应能承受 250N±10 N 的恒定作用力持续 5s。

4．测量步骤

（1）10N 的恒定作用力测试方法

使压力计接触点充分与被测点接触，轻轻用力下压，直到显示屏上的数字在 10N±1N 为止。可依次多选择一些元件进行测试。

（2）30N 的恒定作用力测试方法

准备一个无关节直式试验指，将试验指探头一端接触到设备的门或罩上，另一端接触到压力计的平头，轻轻按下压力计，通过试验指向被测物施加作用力，当压力计显示器显示到 30N±3N 时，持续 5s。

（3）250N 的恒定作用力测试步骤

a）准备一个直径为 30mm 的圆形硬板，放在需要测试的设备的防护外壳上；

b）将压力计充分接触到 30mm 的圆板，试验员用力下压压力计，通过圆板向被测物施加作用力。当压力计显示到 250N±10N 时，持续 5s；

c）以上述同样方法，分别向设备防护外壳的顶部、顶部和底部（除超过 18kg 的设备不对底部做该试验外）施加 250N±10N 的作用力，持续 5s。

5．合格判据

试验结束后，样品应连续符合标准第 2.1.1 节（操作人员接触区的防护）；标准第 2.6.1 节（保护接地）；标准第 2.10 节（电气间隙、爬电距离和绝缘穿透距离）；标准第 3.2.6 节（软线固紧装置和应力消除）和标准第 4.4.1 节（危险运动部件防护的一般要求）的要求，且不应出现会影响安全装置（如热断路器、过流保护装置或连锁装置）正常工作的迹象。如有怀疑，则还应对附加绝缘或加强绝缘按标准第 5.2.2 节的规定进行抗电强度试验。

6.10.3.5　跌落试验

1．适用范围

本试验适用的智能终端设备如下：

手持式智能终端设备；

直插式智能终端设备；

可携带式智能终端设备；

质量等于或小于 5kg 并预定和如下任一种附件一同使用的台式智能终端设备：软线连接的电话听筒；其他手持的有传音功能的有线附件，或耳机；在预定的使用时，需要操作人员举起或搬运的可移动式智能终端设备。

2．引用标准

GB 4943.1—2011《信息技术设备安全第 1 部分：通用要求》第 4.2.6 节。

3. 测试要求

对于上述的可移动式智能终端设备和台式智能终端设备，跌落高度为 750mm ±10mm；

对手持式智能终端设备、直插式智能终端设备和可携带式智能终端设备，跌落高度为 1 000mm±10mm。

跌落表面应为橡木地板，由至少 13mm 厚的硬木安装在两层胶合板上组成，每一层胶合板的厚度为 19mm～20mm，安置在一水泥基座上或等效的无弹性的地面上。

4. 测量方法

用一套完整样品，以可能对其造成最不利结果的位置跌落到水平表面试验台（橡木地板）上。样品应承受三次这样的冲击。

6.10.3.6 应力消除试验

1. 适用范围

对于外壳为模压或注塑成形的热塑性塑料外壳的智能终端设备，应能保证外壳材料在释放由模压或注塑成形所产生的内应力时，该外壳材料的任何收缩或变形均不会暴露危险零部件，也不会使爬电距离和电气间隙减小到低于规定的值。

2. 引用标准

GB 4943.1—2011《信息技术设备安全第 1 部分：通用要求》第 4.2.7 节。

3. 测量步骤

将选择好的样品放入气流循环的烘箱内承受高温试验，箱内温度要比在进行标准中第 4.5.2 节试验时在外壳上测得的最高温度高 10K，但不低于 70℃，当达到所设的温度后，开始计时，试验时间为 7h，试验后使样品冷却到室温。

6.10.3.7 电池试验

电池作为智能终端设备的一个关键元器件，除了满足 GB 4943.1—2011 的相关试验要求（第 4.3.8 节）外，还应符合标准 GB 31241—2014《便携式电子产品用锂离子电池和电池组安全要求》，目前已作为 CCC 检测的一个强制性要求。

6.10.3.8 温度试验

1. 适用范围

本试验适用于智能终端设备的温升试验。

2. 引用标准

GB 4943.1—2011《信息技术设备安全第 1 部分：通用要求》第 4.5 节。

3. 测试要求

测量正常工作条件下的温升，要求被测量的智能终端设备处于正常工作条件下的最不利的工作状态，即选择最不利的电源电压和负载使设备工作。对连续工作的智能终端设备，试验时间为使其建立稳定的温度为止；其他类型的设备按照制造厂规定的时间进行。

测试点选择跨接在初、次级之间的元件、大功率元器件及其相邻的元件、操作人员可触及的零部件及外壳，这些零部件温升过高会引起被测设备工作不正常，电击或灼伤等危险发生。

温升一般选用热电偶的方法进行测量。

4. 温度测量条件

受试设备上测得的温度应当按适用的情况符合下列要求，所有温度单位为℃。其中：

T：在规定试验条件下测得的给定零部件的温度；

Tmax：规定符合试验要求的最高温度；

Tamb：试验期间的环境温度；

Tma：制造厂商技术规范允许的最高环境温度或 35℃，两者中取较高者。

注：对预定不在热带气候条件下使用的设备，Tma 为：制造厂商技术规范允许的最高环境温度或 25℃，两者中取较高者。

（1）温度依赖型设备

对于设计为发热量和冷却量依赖于温度的设备，温度测量应当在制造厂商规定的工作范围内的最不利环境温度下进行。在这种情况下：T 不得超过 Tmax。

（2）非温度依赖型的设备

对于设计为发热量和冷却量不依赖环境温度的设备，允许使用温度依赖型设备的试验方法。或者，试验在制造厂商规定的工作范围内的任何环境温度值 Tamb 下进行。在这种情况下：T 不得超过（Tmax＋Tamb－Tma）。

除非所有相关方都同意，否则在试验期间，Tamb 不得超过 Tma。

5. 测量步骤

（1）选取合适的测试点。

一般选择起隔离作用的开关变压器、光电耦合器、继电器等，另外大功率器件及周围的元器件如散热片、印制板、内部布线、滤波线圈、电动机表面及可触及的设备旋钮、外壳表面以及标准提到的需要测试的其他位置等。

（2）将热电偶分别黏在选定的测量点上，在原始记录上记下各个热电偶对应的测量点。

（3）选择最不利的负载和电源电压加到被测量的设备上。

（4）对连续工作的设备，试验时间为使其建立稳定的温度为止；其他类型的设备按照制造厂的规定的时间进行。

（5）记录测量结果并判断是否超出限值。

将测试温度与允许的温度限值进行比较以判断是否符合标准要求。热电偶测量绕组温升时应将允许的最高温度减去 10℃。

对于温度依赖型设备，T 不得超过 Tmax；

非温度依赖型设备，T 不得超过（Tmax＋Tamb－Tma）。

6. 合格判据

材料和元器件的温度不得超过标准中表 4B 的规定值，操作人员可接触区域内的可触及零部件的温度不得超过标准中表 4C 中的值。

6.10.3.9 故障试验

1. 试验目的

智能终端设备的设计应尽量将机械或电气的过载或失效、异常运行或使用不当而导致着火或电击危险的可能性限制到最小，因此必须进行故障试验。通过对产品故障的模拟，验证产品设备的原理以及安全措施的合理性与充分性。

2. 引用标准

GB 4943.1—2011《信息技术设备安全第 1 部分：通用要求》第 5.3 节。

3. 试验要求

智能终端设备在出现异常工作或单一故障后，对操作人员安全的影响仍保持在本标准的含义范围内，但不要求设备仍处于完好的工作状态。可以使用熔断器、热断路器、过流保护装置和类似装置来提供充分的保护。

(1) 电动机在过载、转子堵转和其他异常条件下，不应出现由于温度过高引起的危险，能达到这一要求的方法包括下列几种：

A. 使用在转子堵转条件下不会过热的电动机(由内在阻抗或外部阻抗来进行保护)；

B. 在二次电路中，使用其温度可能会超过允许的温度限值，但不会产生危险的电动机；

C. 使用对电动机电流敏感的装置；

D. 使用与电动机构成一体的热断路器；

E. 使用敏感电路，例如，如果电动机出现故障而不能执行其预定的功能，则该敏感电路能在很短的时间内切断电动机的供电电源，从而防止电动机发生过热。

通过标准中附录 B 规定的有关试验来检验其是否合格。

(2) 变压器应有防止过载的保护措施，例如，采用：

A. 过流保护装置；

B. 内部热断路器；

C. 使用限流变压器。

通过标准中第 C.1 节规定的有关试验来检验其是否合格。

(3) 当智能终端设备的二次电路中除电动机以外的机电元件可能会产生某种危险时，则应施加如下的条件，以此来检验是否满足标准中第 5.3.1 节的要求：

A. 当对该机电元件正常通电时，应将其机械动作锁定在最不利的位置上；

B. 如果某个机电元件通常是间断通电的，则应在驱动电路上模拟故障，使该机电元件连续通电。

(4) 对于功能绝缘，对于二次电路和为了功能目的而接地的不可触及的导电零部件之间的绝缘，电气间隙和爬电距离应符合下面三个条件之一：

A. 符合标准中第 2.10 节(或附录 G)对功能绝缘的电气间隙和爬电距离的要求；

B. 承受住标准中第 5.2.2 节规定的功能绝缘的抗电强度试验；

C. 爬电距离和电气间隙出现如下两种情况时可被短路：

➤ 任何材料过热而引起着火的危险，除非这种可能过热的材料是 V-1 级材料；

➤ 基本绝缘、附加绝缘或加强绝缘的热损坏，由此而产生电击危险。

（5）智能终端设备中的音频放大器：

带有音频放大器的智能终端设备应当按照 GB 8898 的第 4.3.4 节和第 4.3.5 节进行试验，在试验进行前，设备应当正常工作。

4. 测量步骤

（1）对于元件和电路，通过模拟单一的故障条件来检验其是否合格：

A. 一次电路中任何元件的失效；

B. 其失效可能对附加绝缘或加强绝缘会有不利影响的任何元件的失效；

C. 对不符合标准第 4.7.3 节要求的元件和部件，所有相关的元件和部件的失效，包括过载；

D. 在设备输出功率或信号的连接端子和连接器（电网电源插座除外）上，接上最不利的负载阻抗后所引起的故障。

（2）对供无人值守使用的装有恒温器、限温器或热断路器的智能终端设备，或接有不用熔断器或类似装置保护的与接点并联的电容器的设备，应承受下列试验：

A. 设备应在温升试验规定的条件下进行工作，同时用来限制温度的任何控制装置使其短路，如果设备装有一个以上的恒温器、限温器或热断路器，则依次只使其一个装置短路进行试验；

B. 如果电流未被切断，则一经建立稳定状态，应立即关掉设备电源，然后使设备冷却到接近室温；

C. 如果在进行任何试验时，手动复位的热断路器动作，或者如果在达到稳定状态之前由于其他原因而使电流中断，则应认为发热周期已经结束，但如果电流中断是由于使薄弱部位（有意设置的）损坏而引起的，则试验应重新在第二个样品上进行，两个样品均应符合故障试验的合格判据。

5. 合格判据

（1）试验中合格判据须满足下列全部条件：

在试验期间，

A. 如果出现着火，则火焰不应蔓延到设备的外面；

B. 设备不应冒出熔融的金属；

C. 外壳不应出现会造成不符合标准要求的变形；

D. 除另有规定外，热塑性塑料材料以外的绝缘材料的温升，对于 A 级，不应超过 125K；B 级，不应超过 150K；E 级，不应超过 140K；F 级，不应超过 165K，H 级，不应超过 185K；

E. 在进行试验期间，除另有规定外，热塑性塑料材料以外的绝缘材料的温度，不得超过标准中表 5D 规定的限值。如果绝缘失效不会导致触及危险电压或危险能量等级，则最高温度达到 300℃是允许的。对于由玻璃或陶瓷材料制造的绝缘体允许更高的温度。

（2）试验后合格判据：

试验后，如果出现下列情况：

A. 电气间隙或爬电距离已经减小到小于 3.10 的规定值；

B. 绝缘出现可见的损伤；

C. 绝缘无法进行检查。

则应对下述部位进行标准中第 5.2.2 节的抗电强度试验：

A. 加强绝缘；

B. 基本绝缘或构成双重绝缘一部分的附加绝缘；

C. 一次电路和电源保护接地端子之间的基本绝缘。

6.10.3.10　防火试验

1. 适用范围

本试验适用于智能终端设备防火防护外壳的可燃性试验的测试。

2. 引用标准

GB 4943.1—2011《信息技术设备安全第一部分通用要求》附录 A1，A2。

3. 标准要求

对总质量不超过 18kg 的智能终端设备，其防火防护外壳所使用的最薄有效壁厚的材料的可燃性等级为 V-1 级，或应通过附录 A2 的试验。对总质量超过 18kg 的智能终端设备，其防火防护外壳所使用的最薄有效壁厚的材料的可燃性等级为 5V 级或应通过附录 A1 的试验。

装塞在防火防护外壳开孔中的，以及指定安装在该开孔中的元器件的材料应满足如下之一的要求：

➤ 可燃性等级为 V-1 级的材料；

➤ 通过附录 A2 的试验；

➤ 符合有关的元器件国家标准中的可燃性要求

连接器应符合如下之一的要求：

➤ 由可燃性等级为 V-2 级的材料构成；

➤ 通过了附录 A2 的试验；

➤ 符合有关元器件国家标准中的可燃性要求；

➤ 安装在可燃性等级为 V-1 级的材料上并且尺寸小；

➤ 安装在由这样一种电源供电的二次电路中，这种电源在设备正常工作条件下和单一故障（见标准第 1.4.14 节）后被限制到最大输出为 15VA（见标准第 1.4.11 节）。

4. 测量步骤

（1）总质量大于 18kg 的智能终端设备防火防护外壳的可燃性试验。

1）样品：应用三个样品进行试验，每一个样品由一个完整的防火防护外壳组成、或由防火防护外壳上代表壁厚最薄部分，而且含通风孔在内的切样组成。

2）样品处理：在进行可燃性试验前，样品应放入空气循环的烘箱内处理 7d（168h），烘箱温度保持在比进行温升试验时测得该材料所达到的最高温度高 10K 的均匀温度，或者保持在 70℃ 的均匀温度（取其中较高的温度值）。此后将样品冷却到室温。

3）样品的安装：样品应按其实际使用情况进行安装。在试验火焰施加点以下 300mm 处应铺上一层未经处理的脱脂棉。

4）试验火焰：试验火焰应利用本生灯获得，本生灯灯管内径为 9.5mm＋0.5mm，灯管长度从空气主进口处向上约为 100mm。本生灯要使用热值约为 37MJ/m³ 的燃气。应调节本生灯的火焰，使本生灯处于垂直位置时，火焰的总高度约为 130mm，而内部蓝色锥焰的高度约为 40mm。

5）试验程序：试验火焰应加在样品的内表面，位于被判定为靠近引燃源时而有可能会被引燃的部位。如果涉及垂直部分，则火焰应加在与垂直方向约成 20°角的方位上。如果涉及通风孔，则火焰应加在孔缘上，否则应将火焰加在实体表面上。在所有情况下，应使火焰内部蓝色锥焰的顶端与样品接触。火焰应加到样品上烧 5s，然后移开火焰停烧 5s。这一操作应在同一部位上重复进行 5 次。

本试验应在其余两个样品上重复进行。如果防火防护外壳有一个以上的部分靠近引火源，则对每一个样品应将火焰加在各不同的部位上进行试验。

（2）总质量不超过 18kg 的智能终端设备防火防护外壳的可燃性试验。

1）样品：应用三个样品进行试验，每一个样品由一个完整的防火防护外壳组成或由防火防护外壳上代表壁厚最薄部分，而且含通风在内的切样组成。对安置在防火防护外壳内的材料，每个样品应有如下之一组成：

完整的部件；

代表部件上最薄有效壁厚的部分；

代表部件上最薄有效壁厚的部分的厚度均匀的试验片或样条。

对安置在防火防护外壳内的元器件，每个样品应是完整的元器件。

2）样品处理：在进行可燃性试验前，样品应放入空气循环的烘箱内处理 7d（168h），烘箱温度保持在比进行第 4.5.1 节（温升）试验时测得该材料所达到的最高温度高 10K 的均匀温度，或者保持在 70℃ 的均匀温度（取其中较高的温度值）。此后将样品冷却到室温。

3）样品的安装：样品应按其实际使用情况进行安装。

4）试验火焰：试验火焰应利用本生灯获得，本生灯灯管内径为 9.5mm＋0.5mm，灯管长度从空气主进口处向上约为 100mm。本生灯要使用热值约为 37MJ/m³ 的燃气。应调节本生灯的火焰，使本生灯处于垂直位置，同时空气进气口关闭时，火焰的总高度约为 20mm。

5）试验程序：试验火焰应加在样品的内表面，位于被判定为靠近引燃源时而有可能会被引燃的点。对安置在防火防护外壳内材料的试验，允许将试验火焰施加到样品的外表面。对安置在防火防护外壳内元器件的试验，试验火焰应直接施加到元器件上。

如果涉及垂直部分，则火焰应加在与垂直方向约成 20°角的方位上。如果涉及通风孔，则火焰应加在孔缘上，否则应将火焰加在实体表面上。在所有情况下，应使火焰的顶端与样品接触。火焰应加到样品上烧30s，然后移开火焰停烧60s。然后再在同一部位上重复烧30s。

本试验应在其余两个样品上重复进行。如果受试的任何部分有一个以上的部分靠近引火源，则对每一个样品应将火焰加在各不同的靠近引火源部位上进行试验。

5. 合格判据

总质量大于18kg的智能终端设备的防火防护外壳的可燃性试验：试验期间，样品不应释放出燃烧的滴落物或能点燃脱脂棉的颗粒。在试验火焰第5次施加后，样品延续燃烧不应超过1min，而且样品不应完全烧尽。

总质量不超过18kg的智能终端设备的防火防护外壳的可燃性试验：在试验期间，在试验火焰第二次施加后，样品延续燃烧不应超过1min，而且样品不应完全烧尽。

6.10.3.11 灼热丝试验

1. 适用范围

本试验适用于具有塑料材质外壳的智能终端设备的灼热丝试验。同时也是HB40级材料、HB75级材料或HBF级材料的替代试验。

2. 引用标准

GB 4943.1—2011《信息技术设备安全第1部分：通用要求》。

GB/T 5169.10—2006(IEC 60695-2-10：2000)《电工电子产品着火危险试验第10部分：灼热丝/热丝基本试验方法——灼热丝装置和通用试验方法》。

GB/T 5169.11—2006(IEC 60695-2-11：2000)《电工电子产品着火危险试验第11部分：灼热丝/热丝基本试验方法——成品的灼热丝可燃性试验方法》。

3. 标准要求

GB 4943标准第4.7.3.1条款要求：如果要求HB40级材料、HB75级材料或HBF级材料，那么按照GB/T 5169.11在550℃下通过灼热丝试验的材料作为替换是可接受的。

4. 试验样品

如果可能，试验样品应是一个完整的成品。如果试验不能在完整的成品上进行，或除非有关规范另有规定，则可采取下列方法之一：

(1) 在需要检验的部件中切下一块；

(2) 在完整的成品上开一小孔，使其与灼热丝接触；

(3) 从完整的成品中取出需要检验的部件，进行单独实验。

5. 预处理

试验样品和使用的铺底层(模板和包装绢纸)应在温度15℃~35℃，相对湿度45%~75%的大气环境下放置24h。

6. 测量方法

(1) 试验样品的安装。

试验样品表面的平面部分是垂直的。灼热丝的顶部施加到实验样品的表面，平面部分的中心处；

（2）将铺底层（模板和包装绢纸）置于灼热丝施加到试验样品的作用点下面的200mm±5mm处；

（3）将灼热丝测试仪的温度设定为550℃，时间设定为30s，设置完毕后，对加热丝进行加热，调节旋钮对电流进行调节，使温度稳定在设定温度±5K，该温度要恒定60s。点击按钮进行测试，观察测试现象。

7. 合格判据

除非有关规范另有规定，试验样品如果没有燃烧或灼热，或全部符合下面的情形，则认为通过灼热丝试验：

（1）如果试验样品的火焰或灼热在移开灼热丝之后的30s内熄灭；

（2）当使用规定的包装绢纸的铺底层时，绢纸不应起燃。

6.11　音频一致性测试

语音通信是早期移动终端的唯一功能。移动终端发展至今，已经从早期的功能机时代发展到智能机时代，但语音通信功能仍是其最重要的基本功能。

现在的移动智能终端趋向于平板化，厚度也有越来越薄的趋势，实现语音通信功能所采用的单体，如送话器（mic）、受话器（receiver）、扬声器（speaker）的技术原理和性能也随之发生了较大变化，另外，智能终端处理器的运算速度也在不断提升。各芯片公司为了提供更好的语音处理方案，专门针对通话时语音信号的算法也越来越复杂。为了从各个维度验证移动智能终端是否具备了良好的语音通信性能，测试技术与之前相比也有较大区别。

6.11.1　音频一致性测试的目的

移动智能终端虽然外观有趋同化，但每款终端的整机结构设计、尺寸大小、所采用的芯片算法、对应的参数、单体性能、市场定价、物料优略等不尽相同，导致终端在语音传输性能方面存在着差异。

由于射频传输的制式不同，如基于电路域（CS域）的GSM、WCDMA、TD-SCDMA、cdma2000和基于分组域（PS域）的VoLTE。语音信号采用的编解码方式也有所不同，比如AMR-NB、AMR-WB、EVRC、EVRC-B、EVS-NB、EVS-WB、EVS-SWB等，语音带宽有窄带3.4kHz、宽带7kHz、超宽带14kHz，其传输速率也不相同，且可根据网络实际情况改变。

移动智能终端的使用环境较为复杂，使用的人群也有多样性，所以通话时的习惯、场景也不尽相同。比如：

（1）一般正常的通话，你说时我只在听，或我讲时你只在听；

（2）发生争执时的通话，双方都在说，也在听对方讲；

（3）通话时使用不同的接听方式（手持、耳机、手持式扬声、桌面式免提、车载等）；

（4）通话时终端与头部相对位置的不同，甚至较大差异（含上述接听方式）；

（5）在各种环境下通话（家、办公室、汽车、地铁、路边、饭店、车站等）。

终端需要在这些前提下，为使用者提供良好的语音通信性能，不能出现断续、明显回声、明显语音失真（破音、声音浑浊等）、声音忽大忽小、环境噪声过度干扰需正常传输的语音信号等，这也是测试的目的所在。

6.11.2 音频一致性测试的标准

语音传输性能测试依据的标准可分为三类：国际标准、国内行业标准、企业标准，具体如下所述。

常用的国际标准有 ITU-T P 系列、3GPP、3GPP2、ETSI 等。

ITU 的标准比较基础，对于测试工具、信号，某类别的测试有着详细的定义。

测试设备和信号方面：

P.50：Artificial voices（仿真语音）；

P.51：Artificial mouth（仿真嘴）；

P.57：Artificial ears（仿真耳）；

P.58：Head and torso simulator for telephonometry（头和躯干模拟器）；

P.501：Test signals for use in telephonometry（电话测试信号）。

测试项目和方法：

P.79：Calculation of loudness ratings for telephone sets（响度评定值的计算方法）；

P.340：Transmission characteristics and speech quality parameters of hands-free terminals（免提终端的传输特性和语音质量相关参数）；

P.863：Perceptual objective listening quality assessment（语音质量的客观评测）；

P.1100：Narrow-band hands-free communication in motor vehicles（车载窄带语音通信）；

P.1110：Wideband hands-free communication in motor vehicles（车载宽带语音通信）。

3GPP 中与语音性能直接相关的有：

3GPP TS 26.131 Terminal acoustic characteristics for telephony，Requirements（电话终端语音性能技术要求）；

3GPP TS 26.132 Speech and video telephony terminal acoustic test specification（语音和视频电话终端声学测试方法）。

3GPP2 中与语音性能直接相关的有：

3GPP2 C.P0056-A Electro-Acoustic Recommended Minimum Performance Specification for CDMA2000 mobile stations（推荐的 CDMA2000 移动终端电声最低性能标准）。

中国行业标准最常用的是：

YD/T 1538《数字移动终端音频性能技术要求及测试方法》；

企业标准中具有代表性的有国内的中国移动企业标准，国外的 Vodafone、Orange、AT&T 等运营商的标准。

3GPP、3GPP2、国内行业标准主要侧重于整机的语音传输性能指标,目前差别较小,基本可以等同,其对终端语音传输性能属于最基本要求。

各运营商的企业标准,相对来说比较有特色,对终端有了更高的要求,同时标准修订的灵活性也较大,会根据企业本身需求、市场变化等适时修订,更有针对性。毕竟,高价位的终端在性能上可以达到更高的水准,而低价位的终端,也应该有其合理的门槛要求。

6.11.3 音频一致性测试系统

语音传输性能测试系统主要由音频分析仪、头和躯干模拟器(HATS)、无线综合测试仪(模拟基站)组成。辅助系统有隔声箱、消声室或经过声特殊处理的房间。若进行环境噪声条件下的测试,还应配备背景噪声回放系统。辅助工具有 1kHz 的 94dB SPL 标准声源,1/4 英寸或 1/2 英寸的压力场麦克风(mic)。

目前,主流设备供应商有德国 Head acoustics 公司的音频分析仪 MFE VI.1,HATS(Type3.3 ear)和背景噪声回放系统,德国 R&S 公司的音频分析仪 UPV,无线综合测试仪 CMU200、CMW500,丹麦 B&K 公司的音频分析仪 PULSE,HATS(Type3.3 ear)。94dB SPL 的标准声源和压力场 mic 一般也采用丹麦 B&K 公司的设备。还有日本 Anritsu 公司的无线综合测试仪 MD8475A。这些设备为主流实验室、运营商、终端制造商、手机芯片公司大量采用,并被 GCF、PTCRB 等认证机构所认可。国内公司生产的此类仪表与国际供应商有一定差距,星河亮点公司的无线综合测试仪 SP-6010(支持 TD-SCDMA 语音编解码接口)、上海精汇公司的音频分析仪 9201F,HATS(Type3.3ear)近些年崭露头角,其中英文双语的语音质量评定较有特色。

6.11.4 音频一致性测试类别和流程

首先,应当对测试系统进行校准,分为声信号校准和电信号校准。标准声源是校准的最基础工具,用它对 HATS 的人工耳进行声校准,再对参考麦克风进行声校准,用参考麦克风对 HATS 的人工嘴进行声校准。若有背景噪声回放系统,还需用 HATS 的双耳及参考麦克风对噪声场进行校准。电校准主要针对无线综合测试仪中的音频信号编码器、解码器分别进行校准。

其次,对终端进行测试时,终端与模拟基站建立一个语音通路,并按照标准要求进行手机位置的固定。测试时,信号的转换流程如下所述。

发送端(上行),由音频分析仪输出一个标准定义的测试信号到 HATS 的人工嘴,手机接收此信号进行语音编码,调制到射频。该射频信号由无线综合测试仪接收,进行解调,还原成模拟电信号并回传给音频分析仪,由音频分析仪进行分析计算,得出与发送端相关的各类指标。

接收端(下行),由音频分析仪输出一个标准定义的测试信号到无线综合测试仪,无线综合测试仪接收此信号进行语音编码,调制到射频。该射频信号由终端接收,进行解调,还原成声信号,并由 HATS 的人工耳接收,转换成电信号后,回传给音频分析仪,由音频分析仪进行分析计算,得出与接收端相关的各类指标。

回声类测试，由音频分析仪输出一个标准定义的测试信号到无线综合测试仪，无线综合测试仪接收此信号进行语音编码，调制到射频。该射频信号由终端接收，进行解调，还原成声信号。由于手机本身就是声音的导体，该声信号会被终端的麦克风接收，并再编码调制后发射出去。此类测试主要考察终端算法中，对该信号经麦克风发送出去时的抑制能力。

噪声类测试(上行)，终端处于各种环境噪声下，需要尽可能的将本地环境噪声进行抑制，把有效的语音信号完整的传输出去。所以，在测试时，需要用测量使用的参考麦克风对终端麦克风处的信号(语音与噪声叠加)进行采集。音频分析仪会对终端回传的信号与参考麦克风回传的信号进行分析，尽可能抑制掉噪声，而保留下完整的语音信号为佳。

双向通话测试，上、下行信号同时出现，考察叠加部分的信号衰减量。衰减得越少，说明双向通话时效果越好。

6.11.5 音频一致性测试环境和操作要求

由于电声测试的声音信号采集时使用的麦克风及声源信号播放时使用的扬声器，都容易受到环境温度、湿度、大气压力的影响，环境噪声对测试过程中声音信号传输和采集也有着更大的影响，为了保证测试的一致性和可重复性，必须针对测试环境制定明确要求。具体如下：

(a) 环境温度：15℃～35℃；

(b) 相对湿度：25％～75％；

(c) 大气压力：86kPa～106kPa；

(d) 试验周围的噪声声级应不大于 55dB(A)。

对隔声箱的基本要求如表 6-25 所示。

表 6-25　隔声箱的基本要求

频率(Hz)	63	125	250	500	1k	2k	4k	8k
声压(dBPa)	−50	−65	−70	−70	−70	−70	−70	−70

对消声室或特殊声处理的房间基本要求如下。

消声室内部的"长×宽"应不小于"2.5m×3m"，高度不低于 2.2m，自由场半径不小于 1m，截止频率不低于 100Hz。本底噪声不高于 30dB SPL。

经过特殊声处理的房间，内部尺寸"长×宽"应该在"2.5m×3m"～"3.5m×4m"，高度应在 2.2m～2.5m。地面采用地毯，天花板和墙面采用能减小声反射的材料，如布帘等。在频率范围为 100Hz～8kHz，房间的混响时间应在 0.2～0.7 秒。本底噪声不高于 30dB SPL。

由于电声测试中，测试信号需要进行电/声、声/电转换，终端、参考 mic 与 HATS 的相对位置变化，经常会对测试结果有着或大或小的影响，所以测试过程中，从系统校准开始，必须严格按照标准的要求和仪表的操作规程执行。每项校准至少做三遍，确定数据稳定后，方可进行下步操作。测试和校准过程中，涉及相对位置时，距离精确到毫米，角度精确到 0.5 度，压力精确到 0.5N。基础校准应当每周做一次，如人工嘴均衡。环境噪声校准时间可放宽，只需阶段性验证校准参数仍满足环境要求即可。

对于只有单套系统的测试实验室，必须准备"golden sample"，定期对测试系统进行验证性测试。对于只有单人测试的实验室，应当个人反复测试，自我比对，有多人共同开展测试工作的实验室，应当多人反复测试比对，从而保证测试数据的一致性。

音频性能测试的不确定度高于射频性能测试，所以更需要严格按照要求执行，以保证测试结果的准确。

6.11.6　音频一致性测试项目

语音性能测试项目，大致可分为传统基础类和新增扩展类。传统基础类项目由 20 世纪七八十年代固定电话机的测试演变而来，但随着手机尺寸的变化，语音信号编解码和处理算法的不断改变，即使传统基础类项目测试数据很好，也无法保证终端具有良好的语音传输性能，所以，随着终端技术的发展，测试技术也在不断提升，产生了更适合于现今终端的语音性能测试方法。

传统基础类，发送、接收两个方向均有的项目有以下几类。

(1) 灵敏度/频率响应

当手机麦克风接收到标准声音信号后，转换成电信号；或者手机听筒(扬声器、耳机)接收到标准电信号后，转换成声信号，其因变量与自变量随频率变化的曲线为灵敏度/频率响应。该测试项主要测量在标准的语音信号频率范围内，各频率点的幅值是否有较好的一致性。

虽然此项目的重要性毋庸置疑，但由于手机外形(结构)差异较大，mic、receiver、speaker 的体积、位置、性能(价格)差异也较大，所以在标准上的实际意义及要求设置存在一定争议。

因目前手机的各种音频处理算法越来越复杂，早期在固定电话机中使用的扫频波已经完全不适合，ITU-T P.50 仿真信号也对大多数手机不适合，主要采用的信号为 ITU-T P.501 推荐的真人语音信号。

(2) 响度评定值

响度评定值不是实际收听到的直接响度，而是用通话时电话 A 端到电话 B 端的中间参考语音通道和待测语音通道、与频率无关的传输损耗值来表示。

此名词仅在语音通信中对语音信号单一特征值进行定义。20 世纪 80 年代初期，在固定电话机领域使用，由大量测量数据和经验公式得出，后在手机语音通信和测量中使用。早期电话机测量中，使用"响度当量"这一概念，电话机 A 端到电话机 B 端，中间为阻抗变换器。电话机 A 端输入一标准语音信号，然后调节阻抗变换器，在电话机 B 端接收到标准语音信号时，读出其阻抗值，意为将原标准信号衰减多少 dB 可输出为标准信号。那时候测试工具有局限性，无法引入有源设备。由于历史原因，标准已经形成体系，无法将其改为"增益"之类的物理量，所以此概念沿用至今。在灵敏度/频率响应的相对值不改变的前提下，其与主观听感的音量大小有负相关性。

测试信号的选取应与灵敏度/频率响应一致。

详细计算公式和加权系数等，可参考 ITU-T P.76，P.79 或 YD/T 1538—2014（当前最新版）等标准。

（3）失真

此处失真主要考察手机对应的语音信号频率范围内的总谐波失真加噪声（THD+N）。测试信号为 1 020Hz，在接收方向还增加了 315Hz、408Hz、510Hz、816Hz 几个频率点。

（4）空闲信道噪声

主要考察话音链路建立后，在无语音信号传输时，其本底噪声。

（5）声学回声控制（TCLw）

该项目也属于基础类项目，但考察的是远端信号传到本地，从本地手机的 receiver 或 speaker 传入本地手机的 mic，再回传到远端时，本地终端对其回传的抑制能力。所以接收、发送两个通路均有信号流转。回声是人们在打电话时非常在意的一项指标，若手机抑制能力不足，将给对方带来严重的回声困扰。

新增扩展类项目如下所述。

（1）语音质量

有 PESQ、TOSQA、POLQA 三种主要的测试方法。其中 PESQ 的物理模型是基于模拟电信号传输，所以只适合"电到电"的测试。剩下两种是目前比较常见的测试方法，适合"声到声"的测试。满分为 5 分，1 分为理论最低分。

（2）双向通话性能

考察手机接收语音信号的同时，又在发送语音信号，是否对信号造成了较大衰减。一般认为衰减小于 3dB 时，手机具有良好的双向通话性能。

（3）频域回声抑制

手机在进行回声抑制时，应对语音频带内的信号统一抑制，不可以"漏掉"某段或某个频率点，否则仍会给对方带来回声干扰，其回声表现为某一正弦波或混频波。

（4）环境噪声条件下的语音传输与噪声残留

目前主流测试方法为 3QUEST，其有主要的两个指标：N-MOS 和 S-MOS，共 5 分，分数越高指标越好。S-MOS 考察在各种噪声条件下，传输的语音质量如何，N-MOS 考察在噪声条件下传输语音信号时，噪声残留的情况，分数越高，噪声残留越少。

（5）手机的语音拾取性能

人在手持手机通话过程中，其相对于头部的位置有可能在随时间而改变，每个人在接打电话时，手机相对头部的位置也不完全一样，所以手机的语音拾取性能是一项贴近主观体验并较难测试的项目。

（6）主动降噪性能

通过降噪系统产生与外界噪声相等的反向声波，将噪声中和，从而实现降噪的效果。应用在车载系统、手机耳机侧的相对较多。

（7）声安全类

由于人耳因噪声引起的听力受损是不可逆的，随着手机的功能化越来越多，接打电话和耳机的长时间应用也越来越普遍，声安全的测试方法和指标要求为保护人们听力的一种手段。其中主要的指标有最大长时干扰声压、短时脉冲峰值声压。可参考的标准有 EN 50332，YD/T 1884。

6.11.7 现有音频一致性测试技术存在的一些问题

随着终端设计、制造技术的不断发展，现有终端中对语音信号处理越来越复杂，各种语音编码、算法的不断演进，使得较早的测试方法已经不能很好的表征终端性能，甚至在某些条件下会对终端产生误判，但考虑到标准的传承和可延续性，一些测试方法和要求得以存留。这里对这类具体的项目做些探讨。

（1）失真

语音信号传输中，失真是一项极其重要的指标。很多技术上所做的一切，均是原始语音信号通过传输后，尽可能还原出原始特征，好的音响也是如此，就是为了达到"高保真"效果。但标准中使用的方法仍为正弦波信号，只是改变一下频率和幅度。

早期的固定电话机进行语音传输过程中，没有现在如此复杂的编解码和算法，相对简单，使用正弦波就可以测试出其量化失真和非线性失真。听筒、受话器尺寸也比手机的大，所以 1kHz 的信号就可以基本保障全频带（3.4k 的窄带语音）内基本失真性能。

如今的手机中有各种语音处理算法，如有的会对信号做特殊处理，有的会把正弦波当噪声进行抑制，会对幅度较小的正弦波进行识别判断，认为是非语音类信号，不进行传输。虽然有些方法在测试信号中先增加一段训练序列（语音信号），紧接着是正弦波，但有的终端仍能迅速做出判断，进行抑制。如此，并不能真实测量出其"失真"特性。

在某些认证中，失真仍为一项必过指标，以至于研发人员会让终端专门对此信号做出识别判断，为了达到"理想的"测试结果，对其特殊处理。

替代的方法，可以考虑语音质量测试，如 TOSQA、POLQA 等，可以对小信号、大信号均进行测试，设置合理的门限指标。当然，这需要业内的普遍共识才能推动。

（2）灵敏度/频率响应

不可否认，灵敏度/频率响应是一项基础而又重要的指标，在语音质量较为理想的情况下，可以从频域、幅度二维空间内判断其特性。但过度甚至苛刻的对其进行要求，不利于终端设计、制造商充分挖掘手机语音"潜能"的工作，还有可能带来一些负面影响。例如，为了达到硬性要求，改变某些频率段对应的幅度，不惜牺牲一些语音质量来进行弥补。毕竟，每一次频率幅度的人为改变，都是以信号损伤为代价的。特别是在一些价格较为便宜的终端中，基本达不到这个不太合理的平衡，甚至是找不到平衡。

语音性能的优劣，只要使用者满意即可，这个满意，包含着心理需求的门槛。价格在五六百元的终端，正常的心理需求不会与五六千元的终端一样。这就需要测试方法和技术不断改变，适应使用者的要求，适应产品的变化，甚至适应市场。

（3）测试时的各种音频算法参数适配

通过测试，进行音频参数调整是有效提升手机音频性能的方法，但应该贯穿产品的整个研制过程。从结构设计时的结构声学测试，单体器件选择时的测试，电路板的音频模拟信号测试，到最后的整机测试，并进行音频参数适度调整，进行最后优化。

但有些手机研发过程中，为了在最短的时间内完成方案，之前的步骤往往精简，甚至忽略，仅在最后整机状态下，通过音频参数调整满足相关要求。若手机结构设计严重影响了某些语音传输性能指标，通过参数调整往往无法改善。如免提通话时使用的辅助麦克风与扬声器距离、角度不合适，USB 充电接口在充电时对麦克风电路产生干扰，主麦克风位置未进行有效密封等，都是无法通过参数进行改善或弥补的。这些问题可能会严重影响手机正常通话，如杂声严重，给通话对方带来回声干扰等。

6.11.8 未来音频一致性测试技术的发展与转变

随着语音传输技术的不断发展，已经由过去的窄带语音，即将过渡到宽带语音，以后的超宽带也为之不远。语音质量也在不断提升，噪声环境下的语音传输质量、噪声抑制能力也有了明显的提升，双向通话性能也有了较好的保证。未来的测试方向将会和主观体验更为接近，某些单一维度的指标，虽然很有必要进行测试，但不能作为硬性指标进行评判，应当有一个综合分。大致体现在以下几方面：

安静环境下的语音质量综合评估，如 TOSQA、POLQA 等；

噪声环境下的语音质量综合评估，如 3QUEST、3PASS 等；

各种环境下的回声抑制、双向通话性能评估，如回声特性一系列测试，可参考 3GPP TS 26.132 或 YD/T 1538—2014。

各种环境下的语音拾取性能评估，即调整手机相对 HATS 的空间位置（距离、三维角度等），考察终端对语音信号传输幅度的变化，甚至在噪声场下的语音传输性能及噪声残留量。

手持、耳机、手持式扬声、桌面式免提、车载几种不同接听条件下进行上述性能综合评估。

若具备主动降噪功能，可进行相应评估。

6.12 显示屏测试

显示屏的品质直接影响使用终端的用户体验。评价显示屏品质的主要指标包括分辨率、清晰度、最大亮度、对比度、亮度均匀度、色度均匀度、色域、颜色还原准确度、可视角度、响应时间等。

6.12.1 分辨率

分辨率是评价屏幕的重要参数。所有屏幕均由像素点组成，分辨率就是表征屏幕横向和纵向上像素点的数量。

使用高倍显微镜可以直观看到屏幕上的像素点，因此可以在显微镜下数出像素点的数目。但限于显微镜的量程，一般无法数出整个屏幕上的所有像素点。

可以使用显微镜测量屏幕 20 个连续像素的长度 S_1，再测量整个屏幕该维度的物理尺寸 S_2，由 $X = 20 \times S_2/S_1$ 可得到屏幕在该维度的分辨率 X，同样方法测量该屏幕另一维度的分辨率。

6.12.2　清晰度

清晰度即 PPI，计算方法为：

$$PPI = \frac{\sqrt{X^2 + Y^2}}{Z} \tag{6-14}$$

式中：X——显示屏幕横向的分辨率；

　　　Y——显示屏幕纵向的分辨率；

　　　Z——显示屏幕物理尺寸(英寸)。

6.12.3　最大亮度

定义为屏幕在亮度调节到最大条件下，显示白色 RGB(255，255，255)时(指输入信号为白色 RGB)的亮度值，单位为 cd/m^2(坎德拉每平方米)。

测试时，终端输入纯白测试图像(255，255，255)并保持屏幕处于点亮状态，以屏幕中心为测试点，使用分光色度计垂直屏幕进行测量。

6.12.4　对比度

屏幕的对比度定义为屏幕在亮度调节到最大条件下，关闭自动亮度控制，测量显示白色 RGB(255，255，255)和黑色 RGB(0，0，0)时的亮度值，其比值称为绝对对比度，表示为"整数：1"。绝对对比度反映了显示屏自身的对比度性能。

测试时，终端分别输入纯白测试图像(255，255，255)和纯黑测试图片(0，0，0)，以屏幕中心为测试点，使用分光色度计垂直屏幕分别测量纯白和纯黑时的亮度，并计算对比度。

6.12.5　亮度均匀度

亮度均匀性定义为屏幕上均匀分布的多个区域的最大亮度最小值与最大值之比。

一般测试 9 点亮度均匀度。可参考图 6-63 的选取方式。测试区域以直径为 3mm 的圆进行采样；边缘点(图中边缘处的 4 个点或 8 个点)距离屏幕图像显示区域的边缘为图像显示区域宽或高的 1/10，例如：图中点 1 距左边缘为图像显示区域宽的 1/10，与上边缘距离为图像显示区域高的 1/10。

分别测量屏幕上选取区域的亮度，选出其中的最大值 L_{max} 和最小值 L_{min}，计算亮度均匀性：

$$\Delta L = \frac{L_{min}}{L_{max}} \times 100\% \tag{6-15}$$

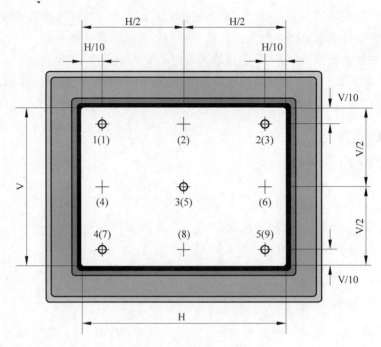

图 6-63　9 点测试选点方式

式中：$L_{\max}$——亮度最大值；

　　　　$L_{\min}$——亮度最小值；

　　　　ΔL——亮度均匀性。

6.12.6　色度均匀性

色度均匀性定义为显示屏上均匀分布的多个区域色度的差异，并以 CIE1976 色坐标$(u'，v')$来计算任意两点间色度差异。

测试时，终端屏幕上显示全白$(255，255，255)$测试图像，并选择亮度度均匀性测量时所选的测试点，分别测量各点的色坐标(u'_i, v'_i)，其中 $i=1,2,\cdots,9$。考察全白的各点色坐标(u'_i, v'_i)，计算各点色度差：

$$\Delta u'v' = \sqrt{(u_i - u_j)^2 + (v_i - v_j)^2} \quad 1 \leqslant i < j \leqslant N \tag{6-16}$$

取其最大值 $\Delta u'v'_{\max}$ 作为色度均匀性结果。

6.12.7　色域

CIE1976 色度坐标$(u'，v')$中，以红色 $R(255，0，0)$、绿色 $G(0，255，0)$、蓝色 $B(0，0，255)$三种颜色色度坐标的测试值为顶点，在 CIE1976 色度坐标中得到一个三角形，该三角形覆盖区域为显示屏的色域空间，该三角形面积和 $NTSC$ 标准色域面积$(0.075\,572)$的比值称为色域覆盖率。

测试时，分别输入 R/G/B 测试图像，以屏幕中心为测试点，使用分光色度计各测试色度坐标$(u'，v')$ 3 次，取平均后得 CIE1976 色度坐标$(u'，v')$。

在 CIE1976 色度图中标出 R/G/B 的色度坐标，并以此 3 点为顶点做三角形。计算三角形 $\triangle RGB$ 面积 S，三角形 $\triangle RGB$ 称为该屏幕的色域空间，已知 $NTSC$ 面积为 0.075 572，定义色域覆盖率为公式：

$$\text{Hue}\% = \frac{S}{0.075\ 572} \tag{6-17}$$

式中：S——三角形 $\triangle RGB$ 面积；

　　　$\text{Hue}\%$——色域覆盖率。

6.12.8　颜色还原准确度

白点坐标定义为显示白色(255，255，255)时测量的色坐标$(u'，v')$，标准白点(色温 6500K)坐标为(0.198，0.468)，也有些显示设备喜好色温偏高，例如，色温 9300K，白点坐标为(0.190，0.447)。

终端显示设备的灰阶还原定义为：显示以下灰阶(grey，grey，grey)，其中 grey ＝ 32，40，48，56，…，248，255，各灰阶色坐标应在以其白点为中心的坐标±0.01 的区域内。例如：如果白点为 6500K 的标准白点，则各灰阶色度要求：$0.188 < u' < 0.208，0.458 < v' < 0.478$。

测试时，先测试白点色坐标。输入白色(255，255，255)测试图像，以平板屏幕中心为测试点，使用分光色度计测试该点色度坐标$(u'，v')$3 次，取平均后得 CIE1976 色坐标$(u'，v')$。

然后依次输入各灰阶(grey，grey，grey)测试图像，其中 grey＝32，40，48，56，…，248，255，以屏幕中心为测试点，使用分光色度计测试该点色度坐标$(u'，v')$以及亮度 Y 值 3 次，取平均后得 CIE1976 色坐标$(u'，v')$和亮度值 Y。最后判断颜色还原准确度是否合格。

6.12.9　可视角度

可视角度定义为，屏幕对比度至少能达到 10∶1 时的可观测范围角度。

可视角度测试中需要放置被测终端和测试设备到合适位置，使分光色度计测试法线与被测终端屏幕的垂直法线成一个锐角角度 θ，在测量过程中，分光色度计测试法线与被测终端屏幕的交点应在被测终端屏幕中心保持稳定；从 $\theta＝15$ 度开始，θ 以 5 度为单位递增，分别测试对比度，得到能够满足对比度要求的最大角度 θ，即为可视角度。

按照上述测试方法在 φ 角从 0 度开始，每次增长 30 度，进行可视角度测量，直到 360 度一周，如图 6-64 所示。

6.12.10　响应时间

灰阶响应时间测试方法：在终端中用软件程序以大于等于 100ms 的时间在显示屏画面上切换某一灰阶图像 1(grey1，grey1，grey1)到另一灰阶图像 2(grey2，grey2，grey2)或其他灰阶图像，并使用高速光度计＋示波器，或相应功能仪器精确测量和记录显示屏由灰阶图像 1 变化到灰阶图像 2 或其他灰阶之间变化的亮度变化曲线，计算

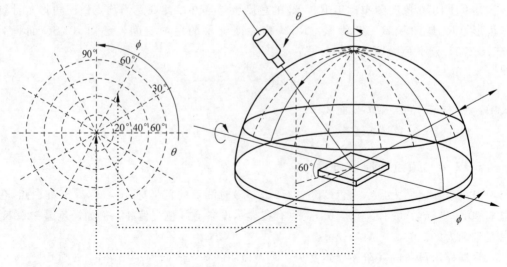

图 6-64 可视角度测试

Tg_{max}，即为灰阶响应时间。

一般选择 9 级灰阶测试，即灰阶设置为 0，32，64，96，128，160，192，224，255 共 9 级，准确测量并记录 9 级灰阶之间跳变所需要的时间，测试结果记录至表(6-26)中，统计所有的 Tg，取其最大值 Tg_{max}，即为灰阶响应时间。

表 6-26 灰阶响应时间

灰阶	0	32	64	96	128	160	192	224	255
0	■								
32		■							
64			■						
96				■					
128					■				
160						■			
192							■		
224								■	
255									■

6.13 摄像头测试

6.13.1 摄像头测试标准现状

随着相关技术的发展及产品多样化的出现，消费者的体验需求亦在逐步提升，相关标准组织及设备厂商也在更积极更规范的对移动智能终端摄像头进行评测，继而建立良好的高性能用户体验。

在国际标准组织中，IEEE 标准组织正在制定 CPIQ(Camera Phone Image Quality)

照相手机图像质量评测标准，主要对象是移动智能终端摄像头；而 ISO 标准组织起源更早，主要从传统相机行业起步，涉及数码相机摄像头、扫描仪等设备。

在国内，CCSA 在修订 YD/T 1607《数字移动终端图像及视频传输特性技术要求和测试方法》，YD/T 1607 的设备对象包含摄像头和显示屏两部分，2007 年为第一版，由于技术的革新，YD/T 1607 的修订版在更新制定中，预计 2016 年正式发布。

目前，相关运营商和企业也在积极起草摄像头测试规范，测试项目大体相同，但针对不同设备其测试环境和测试方法差异明显。相关企业也在积极投入扩建测试环境。如 CMCC 对相关智能终端产品开展符合性测试，保证产品质量及良好用户体验。

下面就相关国际标准组织和国内标准组织其现状和进展进行介绍。

6.13.1.1　ISO TC42

在传统相机行业相关方面的标准制定工作，ISO 标准组织起源更早，其 ISO/TC 42 Photography 小组主要制定照相方面的标准，如 ISO 12233 为分辨率测试标准（2000 年制定了首版，2014 年发布了修订版）；ISO 15739 为噪声测试标准（2003 年制定了首版，2013 年发布了修订版）；ISO 15781 为时间相关性能测试标准（2013 年制定了首版，2015 年发布了修订版）。该工作组主要针对传统的照相机、数字相机，扫描仪等设备，移动智能终端可参考使用。

6.13.1.2　CIPA

CIPA(Camera & Imaging Products Association)即相机与影像产品协会，是一家日本行业协会。主要侧重传统的数码相机摄像头领域，旗下成员包括佳能、尼康、富士、奥林巴斯、宾得、理光、索尼、适马、腾龙、三洋、卡西欧等日本著名相机和镜头生产厂商，在业内有着非常重要的地位。CIPA 制定和翻译的数码相机摄像头分辨率的测量方法（源自 ISO 12233：2000 版）影响了亚洲将近十年的分辨率测量方式，该组织还制定了防抖等相关标准。

6.13.1.3　IEEE P1858

IEEESA P1858 CPIQ 工作组正在负责制定照相手机图像质量标准，即主要针对移动智能终端摄像头的成像质量制定相关评测方法。P1858 CPIQ 的前身是国际影像产业协会 I3A(The International Imaging Industry Association Camera Phone Image Quality Initiative)，I3A 是最早开展移动智能终端摄像头图像质量标准研究的组织。其制定了一些主观和客观指标和测试方法，用以评价移动智能终端摄像头质量。2012 年，IEEE 宣布联合 I3A 推出移动智能终端摄像头图像质量 CPIQ 标准，并成立了 IEEE P1858 工作组。

与 ISO TC42 组不同的是，P1858 CPIQ 工作组目前制定的所有评测项目成为一个集合，以 V1.0、V2.0 方式区分。目前正在制定中的客观测量指标涉及行业焦点指标，同时正在发展中的性能指标也逐步提上测量方法建立的日程，如对焦、曝光、防抖、视频等性能方面的评测。

ISO TC42 和 IEEE P1858 两个标准组织的侧重方向不同，虽然在实验室建设和测试项目上，传统的照相机、数字相机、摄像机和移动智能终端摄像头基本上一脉相承，但实际上，因移动智能终端摄像头设计及实现方式的多样化，ISO 相关标准用在移动智能终端摄像头上其实现难度加大，无法顺利进行测试。

6.13.1.4　YD/T 1607

中国通信行业标准 YD/T 1607—2007《数字移动终端图像及视频传输特性技术要求和测试方法》自发布实施至今已有约 9 年时间，其部分章节的技术要求和测试方法已不再适用于市场主流的数字移动终端设备，如 YD/T1607—2007 定义的分辨率指标所规定的档次已经不能覆盖市场上主流分辨率（YD/T1607—2007 规定的主流分辨率为 200 万像素及以上为一个档次，但市场上已出现 800 万及以上的主流分辨率），故标准 YD/T1607—2007 的进一步完善和修订工作已是势在必行。

该标准修订版针对移动终端照相摄像设备的测试方法和技术要求做出规定，确保移动终端照相摄像设备的功能和性能符合市场主流产品的发展趋势，可为用户有更好的体验从而选择适合他们的移动终端。该标准修订版主要参考了 GB/T 29298—2012 数字（码）照相机通用规范等国内标准的相关要求，同时参考了 ISO TC42 组最新版标准及国际评测机构的相关测试方法和技术要求，并结合国内移动终端技术的发展与应用实际情况来修订。修订版制定历时周期较长，涉及更新的测试项目和测试方法较多，相信其对业界的技术革新会起到重要的引导作用。该标准首版和修订版的第一起草单位均为中国信息通信研究院，参与起草单位还包括国内各大终端公司。

6.13.2　测试方法概述

因移动智能终端摄像头成像系统受限于光学、尺寸和成本等因素，移动智能终端摄像头和数码相机摄像头在元器件、模组、芯片及图像质量上存在差异，故造成两者在成像质量评测系统及评测方法上存在差异。下面就移动智能终端摄像头成像质量评测系统进行详细介绍。

在移动智能终端摄像头成像质量评测体系产业链中，含主观评测体系和客观性能评测体系。其中，主客观评测体系的两条线路存在相关性和互补性，相关性即实现了主观感受客观化，这部分通常用客观指标来反映；互补性指客观测试所含有的典型照度和色温环境之外的常用场景，这部分通常用主观测试来反映。主观评测的周期和成本投入往往更大，故业界也在努力寻找反映主观用户体验的客观测试指标，实现典型场景之外的常用场景的主观感受客观化。

图 6-65 为主客观两种评测体系的简化流程图。其中，主观评测体系以实景拍摄，配合专业显示器及图像质量评判专家组成。客观性能评测体系以在专业实验环境下，对测试图卡以及一定动态对象进行专业化拍摄，使用评测分析算法对其进行分析。

6.13.2.1　主观评测原理及方法

从图 6-65 可知，主观评测的核心是场景的选取和专家团队的建设。

场景选取主要是基于用户的使用场景，按地点区分室内场景及室外场景等；按时间区分一年四季春夏秋冬，黎明、白天、黄昏、夜晚等；按光照强度区分高中低照等；按光源区分 D、T、A 光等；按对象区分人物、风景、运动对象等。总之场景复杂多样，

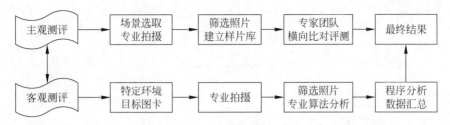

图 6-65　主客观评测流程图

但对评测来讲，需要选取用户常用的典型场景。此类场景的拍摄亦分真实场景和模拟场景，真实场景不具可追溯性，模拟场景模拟范围有限，两者各有优缺点。模拟场景通常使用灯光箱的布局方式，通过模拟不同照度、不同色温、不同光谱等的环境，箱体内可放置静态元素，可放置动态元素等。

专家团队的建设，其核心需要一定数量的评审员，所需人员数量与测试需求和测试结果的可信度有关，要求的可信度越高，所需评审员越多；同时评审员选择需考虑不同年龄层次、知识结构、文化差异、性别、产品目标人群等；评审员也有专家和一般评审员的区分。

6.13.2.2　客观评测原理及方法

移动智能终端摄像头客观性能评测体系由专业暗室、光源系统、测试图卡、图像质量分析系统及校准测量仪等构成。

专业暗室环境照度要求至少小于 1lux。光源系统提供拍摄时的各种光源，模拟外界真实环境光。如模拟自然界太阳光的 D65 光源；模拟一般店铺、办公室照明的 TL84 光源；模拟一般家用白炽灯照明的 A 光源等。测试图卡为移动智能终端摄像头拍摄对象，在整个测试系统中测试图卡的选取、测试图卡的背景（包括放置测试图卡的置具）、测试图卡表面照度及照度均匀性等针对不同测试项目都有其严格规定。测试图卡一方面呈现多样化的趋势；另一方面呈现集成化的趋势。图像质量分析系统从各个指标客观分析其成像性能。校准测量仪包括色温、光谱、显色指数等测量和校准。

上面提到的光源系统细分为反射式环境和透射式环境，图 6-66 为反射式测量系统构成图。在反射式测量系统中，拍摄前应设计光源、移动智能终端摄像头和测试图卡的定位，三者间的定位在整个评测过程中非常重要。若设计不合理，会影响最终测试结果，下面举一个例子。移动智能终端摄像头前置摄像头和后置摄像头用途的不同，在分辨率测试图卡尺寸选取、移动智能终端摄像头和测试图卡之间最佳拍摄距离（最佳成像像距）等要素的确定上均是分辨率评测系统建立的关键。同时分辨率测试图卡有多种，不同分辨率测试图卡的分析项目针对摄像头成像系统中的不同模块。另外，反射式环境中，光源应采取必要的遮光措施，防止光源直射镜头。移动智能终端摄像头中心和测试图卡中心应保持一致，并保持移动智能终端摄像头光轴与测试图卡平面垂直。

透射式测量系统相对简单，一般为箱体形式，有的需要放置测试图卡，有的无须放置测试图卡。此处的测试图卡为透射式测试图卡，和前文的反射式图卡在材质和参数上

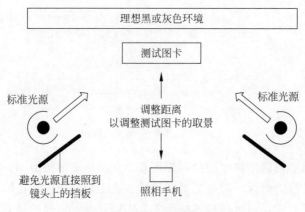

图 6-66　反射式测量系统

有区别。透射式测量系统其优势是照度均匀性高于反射式测量系统，但目前此类测量系统的设备尺寸有限。两种测量环境侧重不同的客观评测项目，如几何失真常使用反射式测量环境，色彩均匀性常使用透射式测量环境。

6.13.3　摄像头客观评测

移动终端摄像头成像质量的评测主要针对静态图像和动态影视进行，其中静态图像的客观评测发展较成熟，动态影视的客观评测目前发展相对缓慢。

移动终端摄像头成像质量的客观测试指标基本沿用了传统的数字相机、摄像机等一些指标，如分辨率、几何失真、白平衡、色彩还原、亮度均匀性、色度均匀性、动态范围、噪声、自动对焦、眩光等，随着产品相关技术及评测的发展，还会涉及曝光、防抖、视频等客观测试指标。客观性能评测体系中的各个指标分别反映移动智能终端摄像头在色彩、清晰、畸变等各方面的性能。比如，色彩(包括色彩还原误差和白平衡)反映移动智能终端摄像头所拍摄景物与标准测试图卡之间给人色彩感觉上的差别。白平衡指在不同色温的光源条件下，成像时对白色物体的还原能力。清晰反映照相摄像设备对被摄景物细节的分辨能力。畸变反映照相、摄像设备拍摄的画面相对于被拍摄图案的几何变形。

除以上常规客观测试指标外，近几年新出现的客观测试指标如视觉噪声、纹理细节等，该类指标都和被观察的图片尺寸大小、终端尺寸大小、观测距离等因素相关，也更接近用户的使用体验。

所有客观测试指标中，单个指标仅反映移动智能终端摄像头在某一方面的性能，若要对移动智能终端摄像头进行全面而综合的客观性能评测，应由以上指标综合评测得出。

6.13.3.1　分辨率评测技术

分辨率是用户关注度比较高的一项指标，其测试方法也是数码相机摄像头、移动智能终端摄像头、监控设备、扫描仪等相关行业关注的焦点。下面将详细介绍分辨率评测指标。

　　分辨率总体反映移动智能终端摄像头设备光学采集图像空间细节的能力，并通过使用测试图卡的解决方案，综合反映完整的光学、数字成像系统。在 ISO 12233：2000 版中提供了数码相机摄像头对 12233 图卡成像的真实光学分辨率性能测量方法，这种测量方法较为科学合理。同时这个标准提出了摄像头分辨率采用像素数（百万像素）表示方式的观点。ISO 12233 定义了三种常用分辨率测量方法，分别为视觉分辨率、极限分辨率和空间频率响应 SFR（Spatial Frequency Response）。

　　视觉分辨率可采用目测评估方法，该方法虽然简单，但存在个人差异，且无法保证重复时的再现性，也存在受图像输出显示器和打印机的影响等缺点。相对目测评估方法，客观评估方法为定量评价光学系统的成像质量提供了依据。如视觉分辨率可用专业极限分辨率判定软件进行判读。

　　2014 年，ISO/TC 42 小组更新发布了 ISO 12233：2014，2014 年版为数码相机摄像头的分辨率和空间频率响应测量方法，其增强功能包括：

　　（1）测量 SFR 和分辨率的方法；

　　（2）低对比度的边缘特性，及更稳定的倾斜边缘 SFR 结果；

　　（3）基于正弦波的西门子星状图，测试 SFR 的方法；

　　（4）使用双曲线楔形测量视觉分辨率的主观软件测量工具。

　　SFR 是指具有一定倾斜度的倾斜边缘技术的使用，具体指捕获一处超分辨率边缘轮廓并转换其成空间频率的特征技术。这种方法极大的增强了测量镜头模糊、锐化、潜在混淆等成像性能方面的诊断。

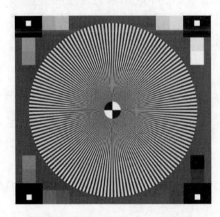

图 6-67　正弦曲线西门子星状图

　　西门子星状图即辐射状分辨率图（如图 6-67 所示），测试分辨率的基本原理是将分辨率图案作为无限远目标，然后观察此目标在系统相面上所成图像，读出刚可分辨的模糊圆直径，从而得到分辨率标版上可分辨条纹的最大间距，根据公式计算分辨率数值。

　　双曲线楔形测试方法用于快速且可靠地对视觉光学分辨率极限进行评估。该方法没有使用传统的径向光栅（传统的径向光栅密度会随着距离的增加而线性增加），因双曲线楔形光栅密度随着空间频率的增加而线性增加。这种方法有效地延展了高频区域，使更准确的分辨率评估得以实现。

　　分辨率标准制定方面，IEEE P1858 的分辨率工作小组和 ISO/TC 42 小组联合，但 P1858 小组主要针对移动智能终端摄像头进行分辨率主客观测量指标及测试方法的建立。SFR 作为一个基准度量指标，也称为 Acutance，衍生出了如分辨率（resolution）、锐化（sharpening）、锐度（acutance）和清晰度（sharpness）等指标。SFR 作为移动智能终端摄像头成像性能考虑的重要指标，CPIQ 为使其更适用于移动智能终端，正在对现行 ISO 标准进行修订，修订包括 SFR 的测试图卡和测量方法、倾斜边缘算法、非 0 度和

90 度的其他方向的扫描。

如前所述,移动智能终端摄像头同数码相机摄像头的数字图像采集相似,但移动智能终端摄像头的成像系统因受限于光学、尺寸和成本等因素,存在图像质量限制。这些限制导致不必要的系统噪声产生,尤其在低光照条件下。目前,大多数设备制造商对于这个现象的对策是:通过使用更多更积极的噪声消除让可视化噪声降到一个更低的位置。然而,具有相似空间频率和幅度的图像噪声,其图像内容一般都是通过噪声消除算法移除的。故这种噪声消除也需要付出代价,即实际图像的纹理内容减少了,尤其像树叶、织物、皮肤等纹理。其原理为图像处理技术能保持高对比度的边缘,能检测平坦区域维持良好的信噪比(SNR),但图像处理技术能明显降低对比度图像细节的纹理。即图像处理技术在降噪时,不能保证低对比度的纹理细节能够被完好的保存。因此,前面所述空间频率响应(SFR)和信噪比(SNR)指标是量化空间成像特性的重要指标,但不能量化纹理。也正是这个原因,产生了用来评估数字成像图像质量的图像纹理的量化指标,即 Texture。目前,用于该项测试的测试图卡简称枯叶图(Dead Leaves)或落币图,图 6-68 为一种枯叶图纹理色块模型。

6.13.3.2　影像质量综合评测体系

基于目前的技术状况,前文提到各个客观测试指标反映了产品在某一方面的性能,若要对移动智能终端摄像头进行全面而综合的客观性能评测,应由以上客观指标综合评测得出。同时前文提到,主客观评测的两条线路存在相关性和互补性。故需通过影像质量的主客观综合评测体系才能全面反映主观的用户体验,这也是业内一直在探索和研究的重点。

图 6-68　枯叶图纹理色块模型

用户体验:就是以用户所获得的直观感觉,成为最终反映在用户心理上的满意度的一种评估。举个例子:就影像质量来讲,不同的用户或不同用户群对颜色的喜爱程度不一,对体验的要求不一;不同的用户追求极致、美观的心理层次也不尽相同。这就涉及对象细分,涉及不同对象的色彩心理和视像感知细分。

目前,正在研究的影像质量综合评测体系有如下几种:加权拟合的评分系统;不同用户使用场景不同的评分系统;携带关键指标的雷达图评分系统等。

加权拟合的评分系统和雷达图评分系统,其关键在于数学模型,即如何设置合理的维度、权重、映射公式,从而准确建立模型,符合消费者的预期、获得业界认可,且让消费者一目了然。各移动智能终端的差异是工作的难点和重点。基于不同的场景拍照评分系统,需分析每种场景的不同图像度量,而且需要在不同的媒介上(如打印照片、移动设备、PC 显示等)给出评测分数。携带关键指标的雷达图评分能让消费者了解其整体性能和某一关键指标的性能,但如前所述,指标及维度的划分,权重及映射公式的模型建立等方面稍有不同将出现不同的测试结果。总之,完善的影像质量综合评测体系正是目前业界探索和研究的重点。

参考文献

［1］ 3GPP TS 11.11 Digital cellular telecommunications system（Phase 2＋）. Specification of the Subscriber Identity Module-Mobile Equipment（SIM－ME）Interface［S］.

［2］ 3GPP TS 23.003 3rd Generation Partnership Project. Technical Specification Group Core Network and Terminals. Numbering，addressing and identification［S］.

［3］ 3GPP TS 23.228 3rd Generation Partnership Project. Technical Specification Group Services and System Aspects. IP Multimedia Subsystem（IMS），Stage 2［S］.

［4］ 3GPP TS 31.121 Universal Mobile Telecommunications System（UMTS）. LTE. UICC-terminal interface. Universal Subscriber Identity Module（USIM）application test specification［S］.

［5］ 3GPP TS 31.124 Universal Mobile Telecommunications System（UMTS）. LTE. Mobile Equipment（ME）conformance test specification. Universal Subscriber Identity Module Application Toolkit（USAT）conformance test specification［S］.

［6］ ETSI TS 101 220 Smart Cards. ETSI numbering system for telecommunication application providers ［S］.

［7］ ETSI TS 102 221 Smart Cards. UICC-Terminal interface. Physical and logical characteristics［S］.

［8］ ETSI TS 102 671 Smart Cards；Machine to Machine UICC. Physical and logical characteristics［S］.

［9］ YD/T 1683—2007 CDMA 数字蜂窝移动通信网移动设备（ME）与用户识别模块（UIM）间接口测试方法［S］.

［10］ YD/T 2523—2013 CDMA 数字蜂窝移动通信网通用集成电路卡（UICC）与终端间接口测试方法终端 CCAT 应用特性［S］.

［11］ YD/T 2524—2013 CDMA 数字蜂窝移动通信网通用集成电路卡（UICC）与终端间接口技术要求 CCAT 应用特性［S］.

［12］ YD/T 2307—2011. 数字移动通信终端通用功能技术要求和测试方法［S］.

［13］ YD/T 2247—2011. 不同紧急情况下公众应急通信基本业务要求［S］.

［14］ 3GPP TR 23.828 地震及海啸预警系统需求及解决方案［S］.

［15］ 3GPP TR 23.041 小区广播业务技术实现［S］.

［16］ ISO 9241—210 人机交互设计指导介绍 sunjames［S］.

［17］ 樽本徹也. 用户体验与可用性测试［M］. 陈啸译. 北京：人民邮电出版社，2015.

［18］ 刘臻，聂蔚青，等. 智能终端用户体验标准体系研究［R］. 北京：中国通信标准化协会，2015.

［19］ 张沛，张睿，等. 移动智能终端应用计算性能测试技术研究［R］. 北京：中国通信标准化协会，2015.

［20］ 齐殿元. SAR 相关测试简介泰尔终端实验室［R］. 北京：中国信息通信研究院，2014.

［21］ 齐殿元. 科学评估电磁辐射健康效应［R］. 北京：中国信息通信研究院，2014.

［22］ GB 4943.1—2011 信息技术设备的安全第 1 部分：通用要求［S］.

［23］ GB/T 5169.10—2006 电工电子产品着火危险试验第 10 部分：灼热丝/热丝基本试验方法——灼热丝装置和通用试验方法［S］.

［24］ GB/T 5169.11—2006 电工电子产品着火危险试验第 11 部分：灼热丝/热丝基本试验方法——成品的灼热丝可燃性试验方法［S］.

［25］ GB/T 5169.21—2006 电工电子产品着火危险试验第 21 部分：非正常热球压试验［S］.

［26］ GB/T12113—2003 接触电流和保护导体电流的测量方法［S］.

［27］ 桂永芳. 数码相机/拍照手机成像色彩测量方法［J］. 国外电子测量技术，2006，25（9）.

［28］ ISO 12233. Photography-Electronic still picture imaging-Resolution and spatial frequency responses[S]，2014.

[29]　CPIQ-Camera Phone Image Quality．［2014-03-10］．http：//standards. ieee. org/develop/wg/ CPIQ. html.

[30]　Leonie Kirk，et al. Description of texture loss using the dead leaves target：current issues and a new intrinsic approach[C]. Proc. SPIE 9023，Digital Photography X，90230C，March 7，2014.

[31]　YD/T 1607. 移动终端图像及视频传输特性技术要求和测试方法[S]，2007

[32]　姚维煊. 摄像模组概论[M]. 沈阳：东北大学出版社，2014.

[33]　王亚军. 照相手机分辨率评测技术及测试方法研究[J]. 现代电信科技，2014，（6）.

第 七 章
智能终端进网及国内外认证要求

7.1 国内进网许可

国内进网许可是指中国电信设备进网许可，简称进网许可。进网许可依据《中华人民共和国电信条例》的规定，国家对电信终端设备、无线电通信设备和涉及网间互联的设备实行进网许可制度。接入公用电信网的电信终端设备、无线电通信设备和涉及网间互联的设备，必须符合国家规定的标准并取得工业和信息化部颁发的进网许可证。

7.1.1 国内进网许可简介

工业与信息化部根据《中华人民共和国电信条例》下发了《电信设备进网管理办法》并于1999年1月1日起正式生效。根据该管理办法，对接入公用电信网使用的电信终端设备、无线电通信设备和涉及网间互联的电信设备实行进网许可制度。实行进网许可制度的电信设备必须获得工业和信息化部颁发的进网许可证；未获得进网许可证的，不得接入公用电信网使用和在国内销售。工业与信息化部电信管理局负责电信设备的审查和批准，并颁发电信设备进网许可证。地方电信管理部门负责对各地区电信设备的进网工作进行监督和管理。

电信条例规定的进网许可设备中电信终端设备是指连接在公用电信网末端，为用户提供发送和接收信息功能的电信设备；无线电通信设备是指连接在公用电信网上，以无线电为通信手段的电信设备；涉及网间互联的设备是指不同电信业务经营者的网络之间或者不同电信业务的网络之间互联互通的电信设备。移动智能终端设备的特性符合电信条例中对进网许可设备的要求，因此在接入国内公用电信网使用和在国内销售时，应通过国内进网许可。

根据管理办法的要求电信终端设备生产企业，申请单位应为在中华人民共和国境内依法设立的、具有独立法人地位的企业，具有完善的质量保证体系和售后服务措施。境外申请单位应当由其在中国境内登记注册的代表处或委托代理机构作为申请单位提交申请。电信设备的生产企业应该通过ISO9000质量体系认证，或提供满足相关要求的质量体系审核机构出具的质量体系审核报告。

生产企业申请电信设备进网许可，应当附送国务院产品质量监督部门认可并经工业和信息化部授权的检测机构出具的检测报告或者认证机构出具的产品质量认证证书。检测机构对申请进网许可的电信设备进行检测的依据、检测规程和出具的检测报告应当符合国家或工业和信息化部的规定。

工业与信息化部电信管理局负责电信设备的审查和批准，并颁发电信设备进网许可证。

获得进网许可证的认证过程称之为：中国电信设备进网许可（China Telecommunications Equipment Network Access Approval，TENAA 或 CTA）、或者中国电信设备进网许可（China Telecommunications Equipment Network Access Licensing，NAL）。经常简称为进网或者进网许可。

7.1.2　进网许可内容

7.1.2.1　许可设备目录

在《中华人民共和国电信条例》和《电信设备进网管理办法》中明确了取得进网许可证的设备范围包括：接入公用电信网的电信终端设备、无线电通信设备和涉及网间互联的设备。工业和信息化部对认证设备进行了分类（见附表一），涉及移动智能终端的设备一般在移动电话和移动数据终端设备的类别中。

7.1.2.2　许可资料

申请电信设备进网许可的生产企业，应当提供电信设备进网许可申请表、企业法人营业执照、企业情况介绍、质量体系认证证书或审核报告、电信设备介绍、检测报告、无线电发射设备型号核准证（无线电发射设备）、试验报告（无线电通信设备、涉及网间互联的设备或者电信新设备）、国家有特殊规定的其他事项等九类申请材料，具体资料见附表二。

生产企业没有获得质量体系认证证书或认证证书范围不包含申请进网的电信设备时，由电信设备认证中心安排抽样检验。申请更换电信设备进网许可证包括到期换证、更名换证、扩容换证，还需要提交以下材料：换证申请、原进网许可证书（试用批文）原件、工商部门出具的企业更名证明。

7.1.2.3　许可检测

生产企业申请电信设备进网许可，应当附送国务院产品质量监督部门认可并经工业和信息化部授权的检测机构出具的检测报告或者许可机构出具的产品质量许可证书。检测机构对申请进网许可的电信设备进行检测的依据、检测规程和出具的检测报告应当符合国家或工业和信息化部的规定。申请进网许可的无线电发射设备，还应当提供工业和信息化部颁发的"无线电发射设备型号核准证"。无线电通信设备、涉及网间互联的设备或新产品应当提供总体技术方案和试验报告。

进网检测机构必须是中国实验室国家认可委员会（China National Accreditation board for Laboratories，CNAL）认可，受工业与信息化部审核委托的检测机构。

进网检测是根据国家和工业和信息化部的规定，依据国家标准或行业标准制定的标准文件。进网测试包括网络间互连互通、网络和终端设备安全等方面，按照国家标准和行业标准的技术要求和测试方法对产品进行验证判断。

常见测试内容包括性能测试、电磁兼容性测试、网络兼容性测试、信息安全测试、机卡接口测试、天线辐射总功率等。测试项目围绕着终端互连互通和性能，网络信息安全两方面的要求进行选择，并以此衡量进网电信设备是否符合要求。随着电信技术发展，电信设备的进网测试要求和内容也会有所调整变化。新技术特性会在测试中有所体现，如 LTE 等相关技术。

检测机构根据标准文件的要求进行测试，最终形成测试结论并出具检测报告。检测报告作为申请电信设备进网许可的重要技术文件会同生产企业提供的其他资料提交工业与信息化部电信管理局进行审查和批准。

7.1.2.4　许可证书和徽标

生产企业申请的电信设备，最终通过工业与信息化部电信管理局的审查和批准后获得《中华人民共和国工业与信息化部电信设备进网许可证》证书。简称"进网许可证"。

获得"进网许可证"后可申请进网许可标志。进网许可标志，是加贴在已获得进网许可的电信设备上的认证徽标，由工业与信息化部统一印制和核发，禁止伪造和冒用。未获得进网许可证和进网许可证失效的电信设备不得加贴进网标志。

图 7-1　进网许可标志图

进网许可标志，如图 7-1 所示。

进网许可证号是由 12 位数字及 2 个"-"组成。其中前两位数字代表该设备所属的设备类型；中间四位数字代表申请该设备企业的厂家代号；最后 6 位数字为进网许可证的流水号，如图 7-2 所示。

图 7-2　进网许可证号的组成

进网许可标志的防伪，如图 7-3 所示，有 15 位的扰码，是由阿拉伯数字和英文字母所组成。扰码绝对不会出现重复，也不会出现缺位、增位的现象，每个进网许可标志上的扰码均不相同。扰码与进网证号、型号、序号相关，具有唯一性，不可仿制；夹在标贴纸中间的镂空荧光防伪安全线，在紫外线灯下可见，用刀可刮出。双层线划防伪底纹，防照相，防仿制；缩微文字，肉眼看是一条线，放大镜下看是字符，防仿制；隐形"CMII"双波段无色荧光油墨印迹，紫外线灯下可见。

进网许可标志规格类型，如表 7-1 所示。

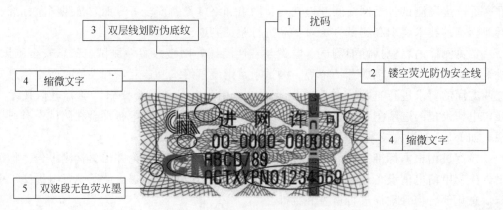

图 7-3 进网许可标志的防伪

表 7-1 进网许可标志规格类型

规　　格	尺寸（mm）	适用设备类别
A	12×30	移动电话机
C	20×40	其他电信终端设备
D	50×80	无线电通信设备和涉及网间互联的设备

7.1.2.5　认证监督和管理

工业和信息化部定期向社会公布获得进网许可证的电信设备和生产企业。获得进网许可证的生产企业应当及时向所在的省、自治区、直辖市通信管理局备案，并接受其监督管理。任何单位不得对已获得进网许可证的电信设备进行重复检测、发证。

省、自治区、直辖市通信管理局于每年 12 月 31 日前，对本行政区域内获得进网许可的电信设备和生产企业进行年度检查，并于第二年 1 月 31 日前，将年度检查情况汇总报工业和信息化部信息通信管理局。获得电信设备进网许可证的生产企业应当保证电信设备获得进网许可证前后的一致性，保证产品质量稳定、可靠，不得降低产品质量和性能。工业和信息化部配合国务院产品质量监督部门对获得进网许可证的电信设备进行质量跟踪和监督抽查，并向社会公布抽查结果。

7.1.3　进网许可办理流程

7.1.3.1　进网许可流程

申请单位提交齐全的申请材料后，电信设备认证中心将对申请材料进行审核，审核通过后 5 个工作日内电信设备认证中心将出具《行政许可受理通知书》。当符合发证条件后，申请单位将在 60 日内获得进网许可证或试用批文。如果申请的设备不在进网目录中，申请单位需要按新设备报批，如图 7-4 所示。

7.1.3.2　检测机构测试流程

电信设备认证中心受理后，申请单位提交检测样品及资料，检测机构从电信设备认

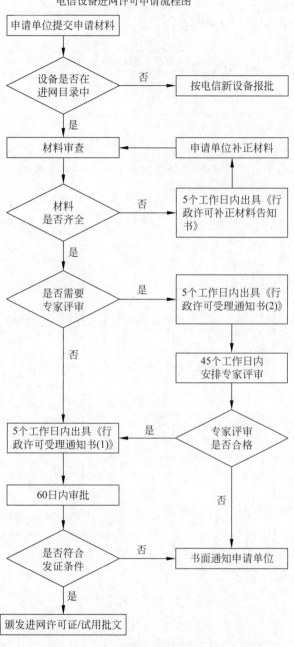

图 7-4　电信设备进网许可申请流程图

证中心领取样品及资料，样品及资料完备后检测机构将开始对设备进行检测，否则需要补充修改资料重新送实验室。检测机构依据检验依据和申请单位提供的资料进行测试并出具检测结果报告。实验室将检测结果报告提交电信设备认证中心并整理样品返还电信设备认证中心。如图 7-5 所示。

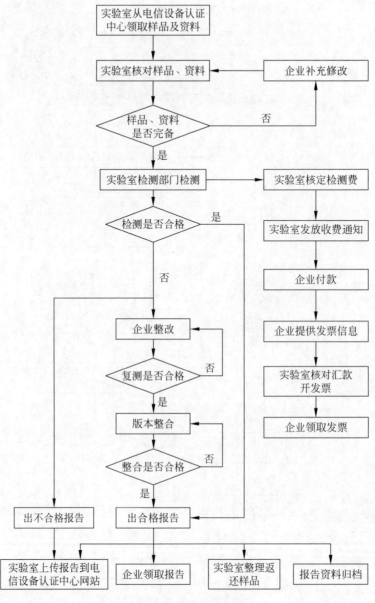

图 7-5　进网检测流程图

7.2　国内外运营商入库测试要求

随着移动通信技术的快速发展，移动终端作为用户的业务体验载体，其功能和性能的好坏直接决定了用户对移动网络服务的认可程度。目前在移动终端测试与质量评估方面，无论是国家行业准入检测，还是国际标准测试认证，其测试的目的、方法、体系、策略等都无法完全满足运营商终端测试和质量评估的要求。因此很多国内外运营商纷纷结合自己终端和网络发展的需求，建立面向移动终端的测试及质量评估体系和策略。其中包含了终端测试和评价相关的测试规范、测试内容、测试流程和方法、终端测试支撑平台、测试管理及终端评价策略等方面的研究、建设和实施。下面将对国内外主流运营商的终端测试与评估体系进行简要介绍。

7.2.1 国内运营商入库测试

7.2.1.1 中国移动入库测试

7.2.1.1.1 中国移动简介

中国移动通信集团公司（China Mobile Communications Corporation，CMCC），简称"中国移动"，是按照国家电信体制改革总体部署，于 2000 年 5 月 16 日挂牌成立的一家基于 GSM、TD-SCDMA 和 TD-LTE 制式网络的移动通信运营商。

中国移动通信集团公司是全球网络规模最大、客户数量最多，具有较强国际竞争力、较高市场价值和品牌价值的通信运营企业，全资拥有中国移动（香港）集团有限公司，由其控股的中国移动有限公司在国内 31 个省（自治区、直辖市）和香港特别行政区设立全资子公司，并在香港和纽约上市。现已建成超过 90 万个 GSM 基站，全国首个村村通移动电话网络，超过 45 万个 TD-SCDMA 基站，覆盖所有县级以上城市和部分乡镇，超过 400 万个 WLAN 热点，WLAN 用户超过 1400 万，而且拥有全球规模最大的 4G 网络，基站数量超过 70 万个，可覆盖全国所有重点城市的乡镇级行政村，客户数超过 9 000 万。

中国移动通信集团公司连续多年入选《财富》"世界 500 强"企业，2015 年排名 55 位；2014 年全球最强势排行榜排名第 10。中国移动多年来一直坚持"质量是通信企业的生命线"和"客户为根，服务为本"的理念，不断提升质量，改善服务，客户满意度保持行业领先，百万客户申诉率连续多年全行业最低。

面向未来，中国移动将继续践行"移动改变生活"的战略愿景，把握"三条增长曲线"的发展规律，坚持发展质量和效益，全面推进创业布局、创新发展和转型突破，不断扩大 4G 领先优势，积极培育数字化服务，深化推进体制机制改革，开创移动互联网时代持续健康发展新局面。

7.2.1.1.2 中国移动入库测试流程

面对竞争日益激烈的终端市场，保持产品竞争力是企业持续发展的关键，质量工作则是其中的重要一环。中国移动针对终端产品的特点，建立了一套高效的全生命周期终端质量管理体系，具体包括关键器件质量认证、上市前质量验收、生产质量管理和上市后质量监控四个环节，全面覆盖了终端产品研发、测试、生产和销售的各个阶段。其中上市前测试是中国移动终端质量体系中的关键内容，本节着重介绍中国移动入库的测试流程。

中国移动入库测试共分三个阶段：准备阶段、测试阶段和评审阶段。

准备阶段：终端厂商需首先与中国移动签署保密协议，获取测试支撑管理系统账号、测试用例、管理流程等相关信息。

测试阶段：中国移动在测试支撑管理系统上定期开放验收测试申请，终端厂商申请测试，经审批通过后，终端厂商送测样机。中国移动组织测试，在缺陷管理系统提交相应的问题与厂商进行沟通和确认，并输出测试报告。

测试周期：如图 7-6 所示，采用固定周期管理，定期循环受理，图 7-6 以测试周期为例，对测试周期内一些关键时间点进行标注和说明，包括测试受理周期、样机送测时间、测试执行周期等。

图 7-6　中国移动入库测试周期

评审阶段：中国移动在测试支撑管理系统上向厂商发布测试报告，将针对测试报告组织入库评审会，评审后归还样机。

7.2.1.1.3　中国移动入库测试内容及依据

中国移动入库测试是中国移动终端质量体系中的关键内容。中国移动通过深入研究用户日常行为并总结用户体验模型，建立了面向用户体验的"六大维度"终端质量评测体系，涵盖无线通信、业务应用、软件可靠性、硬件可靠性、外场和用户体验，涉及用例近 5 000 条。同时，为保障中国移动 LTE 终端用户国际漫游体验，对不同价位段的产品，要求终端厂商分别在欧美、日、韩等国家以及中国香港进行漫游测试；中国移动与国际主流运营商建立国际漫游联合测试机制，保障终端的正常使用。所有领域测试用例分为不同优先级，对定制终端与前测终端执行不同范围的测试用例。

无线通信要求能实现基础通信功能，信号拥有一定强度并稳定：针对 TD 终端所需支持通信模式(TD-LTE/LTE-A、FDD LTE/LTE-A、TD-SCDMA、WCDMA、GSM)的国际通信标准，按照 GCF 协议一致性项目相关要求，验证终端在协议一致性、2G/3G/4G 多模互操作协议一致性、RRM 一致性、RF 一致性、机卡接口一致性方面是否符合一致性规范要求。同时，针对 TD 终端所需支持通信模式(TD-LTE/LTE-A、FDD LTE/LTE-A、TD-SCDMA、WCDMA、GSM)的关键特性及性能要求，中国移动还需要测试如下各项目：实验室 IOT 测试、NS-IOT 测试、机卡兼容性、基本通信、TD-SCDMA 联合检测、国际漫游实验室测试。

业务应用及本地功能测试要求业务应用丰富，本地软件功能人性化且易于操作：中国移动要求如果终端支持如下相关项目功能，则需要满足如下各项相应功能的要求，业务功能和性能、客户端业务、WLAN、NFC 业务、RCS 业务、业务一致性、业务IOT、本地功能及性能。

软件/硬件可靠性测试要求被测样机测试后运行流畅，不发生死机和机身发烫现象，外壳能抗冲击，通话音质清晰：要求终端在如下各项测试中满足相应测试要求或行业标准，业务并发、业务异常、压力测试、稳定性、功耗、续航、发热、OTA、抗互干扰性能、音频质量、硬件结构。

外场测试要求网络兼容性好，信号稳定不掉话；要求终端在指定测试场景及测试路线下，通过 TD/LTE 及 TD-SCDMA 外场测试，同时要求终端在国内主要城市及国际漫游城市各制式无线网络覆盖的场景中，满足中国移动相关企业标准。

7.2.1.2　中国电信入库测试

7.2.1.2.1　中国电信简介

中国电信集团公司成立于 2002 年，是中国特大型国有通信企业，连续多年入选"世界 500 强企业"，主要经营固定电话、移动通信、互联网接入及应用等综合信息服务。截至 2008 年年底，拥有固定电话用户 2.14 亿户，移动电话用户 3 544 万户，宽带用户 4 718 万户，集团公司总资产 6 322 亿元，全年业务收入超过 2 200 亿元，人员 67 万人。

中国电信集团公司在全国 31 个省（区、市）和美洲、欧洲、中国香港、中国澳门等地设有分支机构，拥有覆盖全国城乡、通达世界各地的通信信息服务网络，建成了全球规模最大、国内商用最早、覆盖最广的 CDMA 3G 网络，旗下拥有"我的 E 家"、"天翼"、"号码百事通"、"互联星空"等知名品牌，具备电信全业务、多产品融合的服务能力和渠道体系。公司下属"中国电信股份有限公司"和"中国通信服务股份有限公司"两大控股上市公司，形成了主业和辅业双股份的运营架构，中国电信股份有限公司于 2002 年在中国香港、美国纽约上市、中国通信服务股份有限公司于 2006 年在中国香港上市。

中国电信着力突破引领企业发展的关键技术，促进研发与业务收入更加紧密结合，接应企业聚焦客户信息化创新战略的新要求。在天翼产品、"我的 E 家"、商务领航定制终端、IPTV、全球眼、号百信息服务、ICT 等产品服务领域的新功能开发和商用推广上取得了规模化突破。持续增加移动、互联网领域的研发投入，聚焦最终用户需求，加强开发产品的客户体验，抓住企业全业务运营的发展机遇，把握关键，为企业提供天翼体系化的产品开发、网络运营、渠道营销、客户服务解决方案。积极参加物联网国家标准制定，拓展和加深与物联网产业链合作。积极开展 LTE、IPV6、云计算、FTTH 等应用技术研究工作。

7.2.1.2.2　中国电信入库测试流程

中国电信入库测试分为四个阶段：准备阶段、测试阶段、入库报告评审阶段和上市阶段。

中国电信入库测试在准备阶段需完成如下工作：新合作伙伴联系中国电信相关工作人员，签署保密协议及相关合同或续签工作，完成后通过邮件获取终端评测管理系统账号及厂商代码，并通过终端测评管理系统获取终端需求白皮书、终端技术要求、终端测试方法。

在测试阶段需开展如下工作：终端送测前需完成客户端适配修改工作并完成自测自查，终端自测自查是入库测试的必要条件，厂商需重点注意。终端自测和客户端配置完成后，厂商可向中国电信申请并预约入库测试，申请通过后厂商即可送测。测试完成后发布测试报告，如测试报告评审结果为需整改，厂商整改产品后进行下一轮测试，直到产品通过入库测试或终止送测为止。

7.2.1.2.3 中国电信测试内容及依据

中国电信从终端的基本通信、互联互通、增值业务、外场等多方面的测试方法、测试平台等因素综合考量，设置了多类入库测试项目，分别为仪表组（包含 EVDO 数据性能、LTE 仪表基本要求、互操作、LTE 数据性能、协议一致性、LTE 射频性能、LTE RRM、NFC 仪表和安全访问、SVLTE 等）、实验室组（包含基本能力、SMS、MMS、浏览器、UI 等）、国际漫游组、现网组（包含 LTE IOT、增值业务 IOT、CA 现网等）、机卡组等，每组测试都有若干测试小项，全方位保障了定制终端的功能与品质。

中国电信要求厂商在提交测试申请时，需同时提交国家强制入网认证证书，也就是说，申请电信入库测试的前提条件之一是，先通过国家强制入网认证。同时，中国电信在设置入库测试项目的时候，除了对 LTE 协议一致性、LTE 射频性能、LTE RRM 等项目针对 LTE 终端按照 GCF 一致性相关要求，验证终端符合一致性规范要求外，还根据自己提供的网络分布、多样的业务发展需求及各类复杂的场景，设置了不同于一致性认证中的实验室 IOT 及外场 IOT 测试，不仅验证终端在实验室网络中的运行情况，同时还会考察实网下的真实场景。除去一致性和外场测试外，中国电信还有大量的补充测试，针对终端的基本功能、UI 界面等进行测试验证。

7.2.1.3 中国联通入库测试

7.2.1.3.1 中国联通简介

中国联合网络通信集团有限公司（简称"中国联通"）于 2009 年 1 月 6 日在原中国网通和联通的基础上合并组建而成，在国内 31 个省（自治区、直辖市）和境外多个国家和地区设有分支机构，是中国唯一一家在纽约、中国香港、上海三地同时上市的电信运营企业，连续多年入选"世界 500 强企业"。

中国联通作为全业务运营商，在固定和移动通信领域都进行了广泛的研究。在移动领域的研究涉及：移动网络演进、IMS 网络、移动终端、移动业务（如可视电话、手机电视、视频监控、流媒体等）、业务平台和运营支撑等方面。在固定领域的研究涉及：三网融合、IP 流量识别与监控、IMS 网络、城市综合信息服务系统、多媒体视讯、家庭网络、视频监控和 IPTV 等。对固定与移动网络的融合技术也进行了研究。

"一体化运营管理"，是国际全业务运营商面向融合发展的大趋势，更是公司全面整合全业务资源，形成经营合力，实现快速增长，提升运营效率的基础保障。中国联通将通过持续的管理体制和机制创新，全面整合公司的全业务资源。在企业内部运营管理层面，实现跨业务、跨平台、跨网络、跨职能的高效协同与配合，提升运营管理效率，强化客户导向经营，打造面向融合服务的经营合力；在客户层面，打造客户导向的一站式营销与服务能力；在员工和组织层面，打造"真正融合"的文化氛围和卓越运营团队。

7.2.1.3.2 中国联通入库测试流程

中国联通终端入库测试流程如下：①个人客户部将待测终端资格确认单发送到中国联通；②终端厂商提交测试申请单、GCF 报告、终端参数表及待测样机等到中国联通；③中国联通进行终端测试；④测试完成后，中国联通与终端厂商确认测试结果，并出具测试报告。

7.2.1.3.3 中国联通入库测试内容及依据

中国联通入库测试结合其业务特点及网络分布，着重要求移动终端按照 GCF 的相关标准，在 LTE 协议、射频及无线资源管理等方面符合一致性测试的要求，同时，中国联通还根据自身的业务发展需求，定制了其他测试，以验证终端在基本通信等各方面具备优异的表现，如信号强度测试、IOT 测试等。

同时，中国联通会要求厂商在正式申请入库测试之前严格进行预测试，提交真实有效的自测报告和测试日志，并承诺报告与测试日志的真实性。所以，厂商需要在申请中国联通入库测试之前，仔细做好预测试的相关工作，对于在预测试中出现的问题，认真分析，积极寻找解决方案，才能保证在正式入库测试中尽量减少不必要问题的出现。

7.2.2 国外运营商入库测试

7.2.2.1 北美运营商入库测试

7.2.2.1.1 北美主流运营商简介

美国作为北美最大的电信市场，有十余家电信运营商。但主要由 Verizon、AT&T 和 T-Mobile 三家电信运营商形成鼎足之势。以下重点介绍这三家电信运营商。

Verizon 公司是由美国两家原地区贝尔运营公司——大西洋贝尔和 Nynex 合并建立 BellAtlantic 后，独立电话公司 GTE 合并而成的，公司正式合并后，Verizon 一举成为美国最大的本地电话公司、最大的无线通信公司，全世界最大的印刷黄页和在线黄页信息的提供商。Verizon 在美国、欧洲、亚洲、太平洋等全球 45 个国家经营电信及无线业务，公司在纽约证券交易所上市。2013 年 9 月 2 日，公司已与沃达丰集团签订协议，支付 1 300 亿美元收购沃达丰所持有的 Verizon 无线公司的 45% 股权，超过了谷歌公司的市值。

AT&T(American Telephone & Telegraph，AT & TINc.)公司，中文译名美国电话电报公司，但近年来已不用全名，是一家美国电信公司，美国第二大移动运营商，创建于 1877 年，曾长期垄断美国长途和本地电话市场。AT&T 在近 120 年间，曾经过多次拆分和重组。目前，AT&T 是美国最大的本地和长途电话公司，总部曾经位于得克萨斯州圣安东尼奥，2008 年搬到了得州北部大城市达拉斯。

T-Mobile 是一家跨国移动电话运营商。它是德国电信的子公司，属于 Freemove 联盟。T-Mobile USA 成立于 1990 年，全美信号覆盖率达人口的 99.5%，是三大运营商中唯一一家在 2015 年度市场份额继续增长的电信运营商。T-Mobile USA 全球范围内的网络覆盖面积是最广的。

以上三家运营商，Verizon 信号基站密度高、信号覆盖广、不易出现掉话。此外，其拥有美国最大的 4G 网络，已经覆盖美国 97% 以上的人口，因此受到最富有的商业客户青睐。AT&T 通过推出多人共享一个流量包的"Mobile Share Plan"改善用户结构，占据美国的后付费用户市场。而 T-mobile 作为一家只提供 wireless 移动电话业务的运营商，在网络覆盖、信号覆盖、套餐价格和客户服务方面做足功课，主宰了美国的预付费市场。

7.2.2.1.2 典型运营商入库测试流程

图 7-7 是 Verizon 的入库测试流程，入库测试前需完成产品的需求分析、功能定制、功能开发、功能集成和预测试工作。入库测试共分两个阶段：预认证测试阶段和认证测试阶段，这两个阶段各需要两到三个月的时间，预认证阶段又可以分为两个子阶段。子阶段一需完成如下工作：①签署 NDA 保密协议；②从运营商下载认证流程文件；③提交测试数据。子阶段二需要完成如下工作：①递交测试样机；②提交更新后的测试数据；③提交 NV IOT 测试结果；④提交测试计划；⑤提交 TECC；⑥提交 GCF认证。在预认证测试完成后，进行正式认证测试。

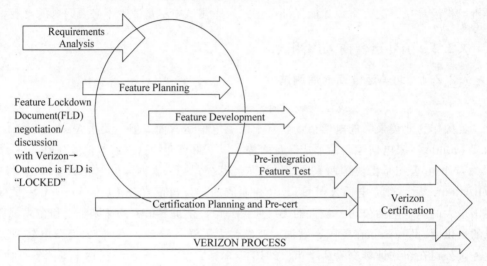

图 7-7　Verizon 入库测试流程图

7.2.2.1.3 测试内容

由于北美的终端以运营商定制终端为主，因此运营商在经营好自己业务的同时，还要保证定制终端的质量，一方面使用户能够在自己的网络上畅通体验各种业务，另一方面保证终端不会对自己的网络造成稳定性、安全性等方面的破坏。运营商的入库测试内容主要是针对运营商不同的网络、多样化的业务以及一些复杂的场景进行的补充测试。以 T-Mobile 2015 年第 3 季度发布的入库测试内容为例，主要包括实验室测试和外场测试两大部分。其中，实验室测试占比 84%，外场测试占比 16%。实验室测试主要包括以下几部分内容：协议测试、射频测试、业务 IOT 测试、AGPS/SUPL 测试、互操作测试、新业务开发测试等。外场测试主要包括以下几部分内容：用户体验、美国当地场测、运营商业务测试等。而 AT&T 也定义了 10776 等企业标准。以 10776 为例，其定义了终端准入测试的实验室测试、外场测试和可靠性测试标准，适用于所有制式的终端，定义的测试例验证设备的物理层和协议栈的相关操作及功能，特别关注设备的用户接口、呼叫过程、数据性能以及应用支持。其中，外场测试包括了实际外场测试和NV-IOT 测试。实验室 IOT 测试涉及 Spirent、Rohde & Schwarz、Anite 和 Anritsu 各大系统平台厂商的测试设备。

7.2.2.2　欧洲运营商入库测试

7.2.2.2.1　欧洲主流运营商简介

与北美相比，欧洲拥有约 100 家电信运营商。异常拥挤的市场、严格的监管和经济衰退的大潮正在削弱欧洲电信运营商投资快速网络的能力，使得欧洲电信运营商自 2008—2015 年与美国电信运营商的差距逐步扩大。

德国电信是欧洲最大的电信运营商，全球第五大电信运营商，总部在德国波恩。于 1995 年 1 月 1 日从国有企业改组成为股份公司。为 2 亿余客户提供与未来互联工作、互联生活相关的各种产品和服务。"T"是德国电信集团及其国际分支机构品牌标示。德国电信是一家国际化公司，公司的 247 000 名员工的足迹遍布全球近五十个国家。德国电信关注科技的进步以及社会发展新趋势，与此同时，在引领科技进步、社会发展方面扮演着重要的角色。集团始终保持与时俱进，不断将新科技应用于产品和服务中。德国电信通过其固定及移动网络提供网络接入、通信服务以及其他增值服务。除了固网和移动通信等主营业务，德国电信还在智能网络以及 IT、互联网和网络服务上积极投资，挖掘新的经济增长点。2010 年 5 月起，德国电信向德国国内用户提供一站式的产品服务以及顶尖质量的网络服务。因此，公司合并了负责固网的 T-Home 以及负责移动通信的 T-Mobile。公司业务覆盖广泛，包括固网、移动通信、智能网络、IPTV 等，并为企业用户提供全方位的信息通信技术解决方案。作为欧洲电信市场的领导运营者，德国电信在国际发展策略上以泛欧为基础和重心，积极向英美及新兴市场拓展，重点集中在移动通信和互联网市场。

法国电信(France Télécom，在法国境外通常拼为 France Telecom)是法国最大的企业，全球第四大电信运营商。成立于 1988，总部位于巴黎。在此之前，它是法国邮政和通信局的一个分支机构。法国电信拥有全球最大的 3G 网络 Orange，是法国主要的电信公司，目前在全世界拥有超过 22 万名员工，约有将近 9 000 万位顾客(包含法国的海外省份)。法国电信底下拥有许多事业群，例如万那杜(Wanadoo，法国第一大，亦为全欧洲第二大的网络服务供应商)、Orange SA(法国第一大手机服务公司)及负责数位通信网路商业服务的易宽特公司(Equant)。

沃达丰成立于 1984 年，1999 年 6 月 29 日与 AirTouch 通信公司合并后，公司曾经改名为 Vodafone AirTouch。但后来经过股东同意，于 2000 年 7 月 28 日恢复本来名称，即沃达丰集团股份有限公司。沃达丰公司的前身是英国拉考尔电子公司专营移动电话的一个部门，1985 年才单独成立为沃达丰电信公司。这家研制优质高技术产品的企业，在短短 14 年中已发展成市值仅次于英国电信公司的英国第二大电信企业。它已在 19 个国家和地区开展电信业务。现为世界上最大的流动通信网络公司之一，在全球 27 个国家均有投资。在另外 14 个国家与当地的移动电话运营商合作，联营移动电话网络。沃达丰拥有世界上最完备的企业信息管理系统和客户服务系统，在增加客户、提供服务、创造价值上拥有较强的优势。沃达丰的全球策略是涵盖语音、数据、互联网接入服务，并且提供客户满意的服务。沃达丰集团公司在全球拥有超过 10 万员工。Vodafone 的名称结合了 Voice(语音)—Data(数据)—Phone(电话)三个意思。另有一说 Vodafone

是由先前的 Voda 收购 J-phone 公司，而更名为 Vodafone.

7.2.2.2.2　典型运营商入库测试流程

以欧洲某运营商为例，如图 7-8 所示，入库测试流程主要包括以下几个步骤：

(1) 通过运营商网站联系运营商；

(2) 运营商对产品进行评估，如果通过评估，运营商向供货商发送购买订单；

(3) 运营商在测试管理系统中建立项目；

(4) 供货商产品需通过 GCF 认证、R&TTE 认证；

(5) 如供货商满足所有要求，运营商安排实验室测试时间；

(6) 供货商产品送入实验室进行测试；

(7) 产品通过测试后，运营商发放测试认证报告；

(8) 产品加入到运营商网站上的认证列表中。

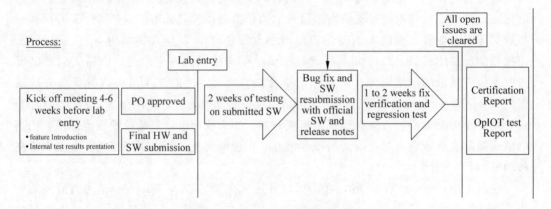

图 7-8　某运营商入库测试流程图

7.2.2.2.3　测试内容

与北美运营商更加重视实验室测试不同，欧洲运营商除外场测试外，对 SAR、OTA、音频、可靠性测试、IOT 测试等都有特殊的要求。通常欧洲运营商把自己定义的这部分测试或者企业标准叫作 KPI(Key Performance Indicator)测试。以 Vodafone 的 KPI 测试为例，主要包括 OTA、音频、SAR 和电池测试。这部分测试有的是对测试指标较一致性测试有更加严格的要求，有的是对测试方法或测试系统平台有特殊要求。此外，在外场测试中，运营商会根据自己的网络配置和基站信息设置特定的外场测试环境和外场测试路线，根据自己提供的业务来验证终端在网络中的运行状况。

7.2.2.3　亚洲运营商入库测试

7.2.2.3.1　亚洲主流运营商简介

亚洲的电信运营商两极分化严重。其中，日韩运营商是拥有成熟市场的成功运营商代表。以下主要简单介绍日韩排名前三的电信运营商。

日本三大运营商分别是 NTT DOCOMO、KDDI 和软银。NTT DOCOMO 是日本最大的移动通信运营商，拥有超过 6 000 万的签约用户。在全日本范围内提供 3G 网络服务，并早在 2010 年就已提供 LTE 商用网络服务。KDDI 是一家在日本市场经营时间较长的电信运营商，经过多年来不断的兼并与重组，尤其是先后与 DDI、IDO 两家公司的合并，使 KDD 不断成长壮大，最终于 2001 年 4 月正式改名并组建成为新的 KDDI。与 NTT DOCOMO 较独立地运营移动通信业务有所不同，KDDI 为其全业务体系建立了"Au"、"TU-KA"、"Telephone"、"For Business"和"DION"五大服务品牌。软件银行集团在 1981 年由孙正义在日本创立并于 1994 年在日本上市，是一家综合性的风险投资公司，主要致力于 IT 产业的投资，包括网络和电信。

韩国三大运营商分别是 SKT、KT 和 LGT。SK 电讯是韩国最大的通信运营商。其前身是成立于 1984 年的韩国移动通信(KMT)。1994 年 SK 集团开始参与 KMT 的经营，并成为最大股东，1997 年，KMT 正式改名为 SK Telecom。SK 电讯是世界上第一个对码分多址技术进行商业化开发的公司，是韩国第一家提供无线网络服务的公司。韩国电信公司(KT)是韩国最大的电信公司，根据为有效经营电气通信事业，从通信部(现信息通信部)分离通信部门的"公营化"转换计划，KT 于 1981 年 12 月 10 日成立，其宗旨是增进国民便利，提高公共福利。成立初期，为实现通信大众化，将重点放在供应电话设施上，在 1982 年只有 450 万个的电话线路到 1993 年就已扩充到了 2 000 万个，为提前完成信息化奠定了基础。LG 电信成立于 1996 年，它使用韩国唯一的光纤 PCS 网络为业界提供最好的移动服务和无线网络服务。自从 1995 年 5 月起，LG 电信就一直提供韩国首个 WAP 无线网路服务。它拥有韩国最大的内容数据库，值得注意的是，它是业界内第一家预见到无线网络用户将会超过 100 万的公司，因此它在无线网络服务业内保持着领先地位。

目前，GSMA(GSM 协会)在 2015 年上海世界移动大会举行期间发布的《移动经济：2015 年亚太地区》报告中，预计亚洲的独立移动用户数量在 2014—2020 年复合年增长率为 5%，快于 4% 的全球平均增长速度。

7.2.2.3.2　典型运营商入库测试流程

以亚洲某运营商为例，如图 7-9 所示，入库测试共分五个阶段：RNP 预测试阶段、RNP 测试阶段、基础测试阶段、稳定性测试阶段、最终测试阶段。RNP 预测试和 RNP 测试是从测试全集中选取部分测试用例用来验证被测样机的状态；基础测试阶段会对样机进行全方位的测试，这个阶段的测试用例也是最多的；稳定性测试会对样机的连接性、数据性能、通话质量、电池性能和基础测试阶段的失败用例进行测试；最终测试阶段会对样机的最为重要的项目进行测试，测试内容是基础测试阶段测试用例的子集。

图 7-9　亚洲典型运营商入库测试流程

7.2.2.3.3　测试内容

以亚洲某运营商为例，入库测试内容主要包括射频测试、实验室测试、模拟器测试、外场测试、Wi-Fi测试。射频测试包括天线性能测试、安全测试等；实验室测试包括语音服务测试、数据服务测试和实验室网络测试；模拟器测试包括脚本测试、差错测试和漫游测试；外场测试包括性能测试、连接测试和驾车测试；Wi-Fi测试包括Wi-Fi接入测试以及Wi-Fi设备间的连接测试。

7.2.3　小结

随着移动业务的快速发展，用户体验度不断提高，在运营商的移动终端入库测试及质量评估方面，运营商必须根据自身的业务发展需求，不断动态调整其测试需求，有针对性地选择测试范围和内容，建立一套客观完备的评测体系，更好地服务于自己的移动网络业务开展。

运营商的移动终端入库测试是一个较为复杂的系统性综合工作，它将自始至终伴随运营商业务的发展过程。运营商应当在标准组织的基础上，结合自身的实际情况，根据不同类型终端的上市需求来制定具体的测试和评测内容，收集较为完备的测试过程数据，建立科学的终端测试及质量评估体系，为运营商提供充分的测试分析依据，降低服务成本，提升品牌效应，从而在终端产品竞争越来越激烈的今天保持领先地位，更好地服务于运营商业务的开展。

7.3　国际认证要求

7.3.1　欧盟认证要求

7.3.1.1　GCF简介

GCF(Global Certification Forum)，是欧洲的一个自愿性认证组织，其成立的目的是在强制性认证取消的情况下，运营商和手机制造商可以通过该认证来保证终端在全球范围内的互操作性。

7.3.1.1.1　GCF组织架构

GCF组织由董事会(Board)、理事会(SG)以及各工作组(AG)组成。跟GCF认证要求最密切相关的就是各工作组，所有GCF认证要求的用例都由各个工作组来规定和维护，目前共有如下四个工作组。

(1) CAG(Combined AG)：该工作组负责GERAN、UMTS、LTE及AE的一致性和互操作相关的所有用例，这些用例集中在GCF用例列表中，按照不同的制式和功能分成了不同的表格页面，里面详细地规定了每个用例需要测试的频段、测试单频还是所有频段、有效的测试平台及版本等信息，由于用例众多，CAG按照不同的制式和功能，将这些用例划分为不同的WI(Work Item)，由每个工作组的负责人负责跟踪用例相关标准及系统开发、用例验证工作，并在每次CAG会议上进行汇报。

CAG截至2015年9月最新关注的技术，主要包含以下几个方面。

1) CA 乃至 3CA 载波聚合,该部分也是第四代移动通信(LTE)发展的最新技术;

2) TS. 27 NFC 近场通信相关技术(包含 AE 和 NI 两部分);

3) IMS(IP Multimedia Subsystem):IP 多媒体子系统;

4) RCS(Rich Communication Suite):融合通信,该部分目前最新标准已经开始使用 OMA-ETS-RCS-V5_1。

(2) FTAG(Field Trial AG):该工作组负责场测的相关内容和要求,参考标准 GSMA TS. 11,所有的场测用例均在该标准里有详细的描述;终端制造商要在执行场测的时候,要尽可能使用数量足够多的不同配置的网络环境。

(3) PAG(Performance AG):该工作组负责性能相关的测试要求,包含 OTA 天线性能、Audio 音频性能、电池寿命和吞吐量四部分内容。

(4) AAG(Accessory AG):该工作组负责配件(如充电器)的相关要求。

其中 CAG 和 FTAG 的用例属于 GCF 认证必须要进行测试的,PAG 和 AAG 的内容不属于 GCF 认证强制要求的,可以由运营商和终端制造商自愿选择。

GCF 的会员分为全权会员(Full Member)和观察员(Observer)两种类型。因为 GCF 认证是以终端制造商自声明为基础的,所以运营商和终端制造商可以申请成为全权会员并拥有 GCF 相关的最高权限,而第三方实验室只能申请成为 GCF 的观察员。CAG 和 FTAG 每年召开四次,要求所有会员必须参加全部会议并对 GCF 认证的发展做出应有的贡献。

7.3.1.1.2 GCF 认证要求及流程

当一款终端产品需要卖往 GCF 运营商时,该制造商需要首先为此产品拿到 GCF 认证。GCF 认证内容包含一致性和互操作性用例结果、场测用例结果以及 OTA 结果三部分,并由终端制造商保证所有结果的准确无误以及完全满足 GCF 认证的要求。

终端制造商需要选择一个有效的 GCF 版本进行测试及认证,GCF 版本每三个月(CAG/FTAG 会议结束后)发布一次,新版本正式生效后,上一版本维持 110 天的过渡期,在此期间继续有效。

(1)一致性和互操作用例认证要求

终端制造商需要按照产品支持的特性,依据相关测试标准,提供产品支持特性表(PICS)。具有资质的测试组织 RTO(Recognized Testing Organization)按照 GCF 及相关标准的要求,选择有效的 GCF 版本并从该版本的一致性和互操作性用例列表中,挑选该产品支持的所有用例进行测试并保证相关用例全部测试通过。

GCF CAG 对于这些用例进行了种类划分:A、B、C、D、P 和 N,只有 A 和 B 类用例是必须进行测试的,其中,A 类用例必须无条件通过;B 类用例有例外情况,如果产品由于例外情况无法通过,可以在标注清楚理由的情况下被 GCF 接受,否则等同于 A 类用例进行要求。这里特别要强调的是 C 类用例,此类用例已经经过了 GCF 系统验证,但是由于未满足 GCF 认证启动要求而暂不要求进行测试,属于 GCF 认证新增用例备选集。

所有首次申请成为 GCF 认证需要进行测试的用例,必须经过 CAG 会议所有与会代表的批准,因此每次 CAG 会议后,GCF 会发布 GCF 一致性和互操作性用例新版本。

（2）场测用例认证要求

终端制造商需要按照 FTAG 的要求，在 GCF 授权的实际运营网络下进行场测并提交相关结果。终端制造商要尽可能在不同的网络环境和配置下进行场测，以保证该产品与不同网络的兼容性；部分测试是端到端的测试，配合使用的终端应该是已经成功通过 GCF 认证的不同厂家和芯片型号的终端，以保证该产品与其他终端的互通性。

（3）OTA 认证要求

申请通过 GCF 认证的终端还需要经过 OTA 测试并由终端制造商提交相关结果。目前 GCF 仅要求 GSM 和 UMTS 相关频段的 OTA 结果，对于 LTE 及 Wi-Fi 和 AGPS OTA 暂无要求。

当所有上述测试全部完成并符合 GCF 认证要求后，终端制造商需要在 GCF 网站上建立一个文件夹以包含所有测试结果并提交相应声明给 GCF 秘书。GCF 秘书检查无误后，会通知 GCF 运营商，有一款新的终端产品成功通过了 GCF 认证。如果运营商对测试结果有疑问，终端制造商需要进行相应的解答。

7.3.1.1.3　GCF 认证使用的标准及测试系统

GCF 认证主要使用 3GPP 及 ETSI（European Telecommunications Standards Institute）和 OMA（Open Mobile Alliance）等标准组织的标准，部分主要标准如下：

GSM 部分采用 3GPP TS51.010［Digital cellular telecommunications system（Phase 2＋）；Mobile Station（MS）conformance specification］系列；

3G 部分采用 34.12x 系列（RF：34.121［User Equipment（UE）conformance specification；Radio transmission and reception（FDD）］，Protocol：34.123［User Equipment（UE）conformance specification）等］；

LTE 部分采用 36.52x 系列［RF：36.521（Evolved Universal Terrestrial Radio Access（E-UTRA）；User Equipment（UE）conformance specification Radio transmission and reception］，Protocol：36.523［Evolved Universal Terrestrial Radio Access（E-UTRA）and Evolved Packet Core（EPC）；User Equipment（UE）conformance specification；）等］。

OMA 测试标准：最新批准正式发布的 OMA 的核心和测试规范（如 MMS、DM 等）。

电路域 VT 测试标准：最新批准正式发布的 ITU（International Telecommunication Union），3GPP，IMTC（International Multimedia Teleconferencing Consortium）的核心和测试规范。

SIM 卡接口测试标准：最新正式发布的 ETSI 系列标准［TS102 230（Smart Cards；UICC-Terminal interface；Physical，electrical and logical test specification］，TS102 384［Smart Cards；UICC-Terminal interface；Card Application Toolkit（CAT）conformance specification］等。

GCF 认证独有的标准有如下两个：

3GPP 34.114-OTA［User Equipment（UE）/Mobile Station（MS）Over The Air（OTA）antenna performance；Conformance testing］；

TS.11-场测(Device Field and Lab Test Guidelines)。

GCF 认证必须使用如下经过认证的测试系统,具体见 GCF 官网公布信息:http://www.globalcertificationforum.org。当这些系统的硬件/软件发生变动时,都需要经过 GCF 批准才可以用来做认证测试。

7.3.1.2　CE 认证

7.3.1.2.1　CE 认证简介

CE 标志是欧盟对产品提出的一种强制性安全标志,它是法语"CONFORMITE EUROPENDE"的缩写。根据欧盟理事会 1985 年 5 月 7 日《关于技术协调与标准新方法决议》(85/C 136/06)(85/C 136/01)、欧盟理事会《关于合格评定全球方法决议》(90/C 10/01)和欧盟理事会 1993 年 7 月 22 日《关于技术协调指令的不同阶段合格评定程序模式以及加贴和使用 CE 合格标志规则的决定》(93/465/EEC)的规定,所有相关指令覆盖的产品在投入欧盟市场前,必须符合相关指令的基本要求、通过合适的合格评定程序评定并加贴 CE 认证标志。只有符合欧洲的健康、安全与环境保护相关法律规定并贴有 CE 标记的设备,才能在市场上销售;如果缺少 CE 标记,欧盟的海关、执法与监督机关可以依法将该产品没收。这种 CE 认证主要应用针对使用无线频谱的设备(例如,汽车遥控器、蜂窝电话、FM 广播等),以及所有连接到公共电信网络的设备(例如,ADSL modem、电话机、电话交换机等)。虽然欧盟内部每个国家都有自己对于电信设备的监管体系,但在欧洲市场流通的电信设备必须首先要通过 CE 认证,CE 认证主要监测测试内容包括:常规射频测试、电磁兼容(EMC)、安全(Safety)测试、人体比吸收率(SAR)测试。

7.3.1.2.2　CE 认证相关法规及标准

指令和协调标准是 CE 认证的主要法律依据。常用的指令包括 1999/5/EC 无线电及通信电信终端(Radio & Telecommunication Terminal Equipment,R&TTE)1999/5/EC 指令、2006/95/EC 低电压电气设备(Low Voltage Electrical Equipment,LVD) 2006/95/EC 指令、2004/108/EC 电磁兼容性(Electro Magnetic Compatibility,EMC) 2004/108/EC 指令;每个指令下面又包含具体的标准,比如 R&TTE 指令下面包含 EN301 489、EN 301 511 等协调标准,EMC 指令下面包含 EN55013、EN55020 等协调标准。其中,指令由欧盟委员会制定、协调标准主要由以下三个标准化组织制定:欧洲标准化委员会(CEN)、欧洲电工标准委员会(CENELEC)和欧洲电信标准化协会 ETSI。对于无协调标准的情况,电信产品应该满足销售国特定的标准要求。

值得注意的是,目前 CE 所遵循的 1999/5/EC R&TTE 指令适用于无线和电信终端设备,但未来无线设备将独立出来,无线电设备指令(The Radio Equipment Directive,RED)2014/53/EU 将替代 R&TTE 指令成为无线设备测试和认证的主要依据,2016 年 6 月开始实施。2014 年 5 月 22 日,RED 无线电设备指令 2014/53/EU 正式在欧盟官方公报(OJ)上公布,并伴有两年的过渡期。2016 年 6 月 12 日之前,成员国应将该指令转化为成员国法律,原 1999/5/EC R&TTE 指令也将随之作废。2016 年 6 月 13 日起,欧盟所有成员国应采用新无线电设备指令(RED)新指令;2017 年 6 月 13

日起，符合旧 R&TTE 指令的产品将不允许在欧盟市场上销售。

目前 CE 常用的协调标准如下：

RF-EN301 511（GSM），EN 301 908-1/-2/-4（UMTS），EN300 328，EN501 526（CDMA450）；

EMC-EN301 489-1/-7/-17/-24，EN55013（FM），EN55020（FM）；

Safety-EN60950-1；

SAR-EN50360，EN50361，EN62209；

Audio safety-EN50332。

7.3.1.2.3 CE 认证的主要测试项目

RF（Radio Frequency，RF），射频就是射频电流，它是一种高频交流变化电磁波的简称，主要针对 GSM、WCDMA、LTE、Bluetooth、Wi-Fi、GPS。

EMC（Electromagnetic Compatibility，EMC），意为电磁相容性，主要针对 GSM、WCDMA、CDMA、BT、Wi-Fi、GPS。所谓的电磁相容即是规范产品的电磁干扰波不会影响其他的产品运作，同时产品也具备足够抵抗外界干扰的能力。因此，EMC 包括两方面的要求：电磁干扰和抗干扰。

SAR（Specific Absorption Rate，SAR），意为电磁波吸收比值或比吸收率，其定义为：在外电磁场的作用下，人体内将产生感应电磁场。由于人体各种器官均为有耗介质，因此体内电磁场将会产生电流，导致吸收和耗散电磁能量。生物剂量学中常用 SAR 来表征这一物理过程。SAR 只针对手机产品，仅头部，欧盟对 SAR 限值规定是平均每 10g2.0W/kg，其他产品或部位根据客户要求而定。

Safety：安规测试，强调对产品使用人员和维护人员的保护，是我们让用户享受使用电子产品方便的同时，不会使电子产品给我们带来危险伤害。与电子产品功能设计考虑是不同的，常规电子产品设计主要考虑怎样实现功能和保持功能的完好，以及产品对环境的适应，而安规是使用安全规范来考虑电子产品，使产品更加安全。

Audio：最大耳机声压测试，针对所有戴耳机或有耳机插口的便携式音响设备。测试分为两部分，Part1 主要针对带耳机的音视频便携式套装产品，Part2 主要针对那些需单独提供耳机的便携式音视频设备或由其他生产厂商提供的耳机。

7.3.1.2.4 CE 认证方式及流程

1. 认证方式

CE 认证有以下两种方式。

（1）自我声明（Declaration Of Conformity），制造商按照指令及协调标准的要求，完成相应测试，通过自我声明的形式完成认证，在标签上加注 CE 标记（如图 7-10 所示）。此类认证适用于没有强制要求认证的产品，如大多数有线终端设备。

（2）自我声明＋专家意见

由欧盟指定的审核机构（Notified Bodies）审核产品的测试报告及相应技术文档（TCF），给出专家意见（Notified Body Opinion），完成认证后需要在 CE 标记后加注审核机构代码（如图 7-11 所示）。

图 7-10　自我声明方式的 CE 认证标志图　　图 7-11　自我声明＋专家意见方式的 CE 认证标志图

2. 认证流程

根据产品类别可选择不同的认证流程，如表 7-2 所示，其中 Annex Ⅱ、Ⅲ、Ⅳ代表 R&TTE 指令的不同章节。

表 7-2　不同产品的认证流程表

设备类型 \ 方式	R&TTE/ Annex Ⅱ 内部控制	R&TTE/ Annex Ⅲ 内部控制＋ 特定测试	R&TTE/ Annex Ⅳ 技术文档 （审核机构）	R&TTE/ Annex Ⅴ 全面质量保证 （审核机构）
接收机及有线终端设备	是	否	是	是
无线设备（发射机，使用协调标准）	否	是	是	是
无线设备（发射机，不使用协调标准）	否	否	是	是

针对不同类型设备的具体流程如下。

（1）针对接收机及有线终端设备，只需内部生产质量控制符合相应指令和协调标准即可，参考 R&TTE Annex Ⅱ；

（2）针对发射机并符合协调标准的产品，需要内部生产质量控制＋按照协调标准进行测试，通过测试后可自行加贴 CE 标记，参考 R&TTE Annex Ⅲ；

（3）技术文档（审核机构）形式适用于所有 R&TTE 产品，认证流程相对复杂：客户需要提供内部生产质量控制，并按照协调标准或在审核机构（Notified Body）指导下进行相关测试，测试完成后，提交技术审核文档 TCF（Technical Construction File）和测试报告给审核机构，审核机构提供专家意见，符合要求的产品可自行加贴 CE 标记，并在 CE 标记后加注审核机构代码，参考 R&TTE Annex Ⅳ；

（4）全面质量保证（审核机构）同样适用于所有 R&TTE 产品，与第三类不同的是，审核机构需要对制造商及工厂进行全面质量审核及年审，这种类型要求最高，而且流程最为复杂，参考 R&TTE Annex Ⅴ。

为了保证投放市场后的产品质量，欧盟要求各国监管机关或委托审核机构（Notified Body）进行市场抽查。欧盟各个成员国在其法律中对滥用或者误用 CE 标志都做出了明确规定，若指令中没有涉及的产品被加贴了 CE 标志，则被视为欺骗行为，因为产品上加贴 CE 标志会使消费者认为产品符合共同体某个安全条款的规定，各国监管机关将利用法律手段解决这种欺骗行为，并严肃处理那些给不合格品加贴 CE 标志的机构。

欧盟对违反 CE 标志使用的惩罚包括：扣留货物、给予相应罚款、3 个月的监禁、撤出市场或回收所有在用产品、追究刑事责任、通报欧盟产品消失。

7.3.2 美国认证要求

7.3.2.1 PTCRB 认证

7.3.2.1.1 PTCRB 简介

PTCRB 的全称是 PCS Type Certification Review Board，是北美的通信终端认证组织，所有销售给 PTCRB 成员运营商的终端产品，都必须要经过 PTCRB 认证。

7.3.2.1.2 PTCRB 组织架构

PTCRB 由三个组织构成：PTCRB、CTIA（PTCRB 认证管理组织）以及 PVG（PTCRB Validation Group）。

CTIA 的职责主要包括审核和授权进行 PTCRB 认证测试的实验室、审核终端制造商和实验室提交的资料和结果以及制定 OTA 测试相关的标准等。

PTCRB 由各 PTCRB 运营商主导，制定 PTCRB 认证的各种要求并听取 PVG 工作报告，做出相关决议。因此在 PTCRB 组织里，运营商是全权会员，而第三方实验室只能是观察员，不具有表决权。

PVG 由 PTCRB 授权的实验室主导，按照 PTCRB 的要求，跟踪并完成相关用例的发展及验证工作。因此在 PVG 组织里，第三方实验室是全权会员，而各仪表厂商只能是观察员。PVG 中的重要工作内容是对于 PTCRB 认证用例的跟踪，包括相关的标准进展、测试系统的开发以及用例在系统上的验证工作。由于用例众多，PTCRB 将这些用例按照制式及功能的不同，划分成不同的 RFT（Request For new type certification Test），各授权实验室需要积极承担 RFT 工作并在每次 PVG 会议上汇报 RFT 工作进展。所有的 RFT 用例，即组成了 PTCRB 认证所要求进行测试的用例总表。

PTCRB 及 PVG 都是每年召开四次会议，一般 PVG 会议会早于 PTCRB 会议，以方便 PTCRB 运营商在其会议上审核最新一次 PVG 会议的报告并做出相应决定。PTCRB 要求其授权实验室必须参加所有八次会议，否则会取消相应授权；而且各实验室还需要在每年的 11 月提交重新授权的各项申请资料给 PTCRB 审核，以获得来年 PTCRB 授权资格的维持。

7.3.2.1.3 PTCRB 认证要求及流程

当终端制造商需要将终端产品销售给 PTCRB 组织内的运营商时，终端制造商需要首先保证该产品经过了 PTCRB 认证许可，该许可包含了 PTCRB 认证的一切测试以及所需的各种资料和结果的上传。

PTCRB 认证的所有要求及流程，都在 NAPRD03 和 PPMD 两个文档里有详细的描述。这两个文档都是每次 PTCRB 会议后由主席发布，NAPRD03 的有效版本是最新及次新的两个版本，PPMD 则是发布之后实时生效的。终端制造商和其选择的主实验室，要确保在提交所有结果时的 NAPRD03 版本是有效的。

终端制造商需要在测试开始之前，在 PTCRB 的网站上选择一个主实验室，由该实验室来负责所有相关的测试及结果上传。在提交申请时，要明确选择该产品属于原型（Initial）、改型（Variant）还是工程改变申请（ECO），同时标明该产品是模块（Module）、整合的整机产品（Integration）或者笔记本（Notebook）。终端制造商还必须在 PTCRB 网站上填写该产品相关信息，包括产品名称、支持的频段和功能、IMEI、FCC ID、IC ID、软硬件版本等，还需写明技术联系人及账单联系人。

所有 PTCRB 认证的相关测试均由被选择的主实验室来控制，包括有可能发生的分包。PTCRB 将用例种类划分为 A、B、E、D、N 和 P。唯一与 GCF 有区别的即为 E 类用例，此类用例的结果不管通过与否，也不管是因为测试系统问题还是终端问题导致的不通过，都不会影响 PTCRB 认证的顺利取得，只需要实验室描述清楚不通过的原因。在此需要注意，即使是 GCF 所单独要求的频段，也是需要按照 GCF 的要求进行测试并通过的（GCF 并不要求 PTCRB 单独要求的频段进行测试）。

在所有测试用例都满足了 PTCRB 认证的要求后，主实验室需要提交所有的测试报告、最终的软硬件版本、软件版本号（SVN）、NAPRD03 及 GCF 版本、使用的各测试标准版本、IMEI 号段（TAC 码）以及实际测试的开始和结束日期等文件、信息到 PTCRB 网站。

CTIA 会在五个工作日内审核所有资料信息，如果没有问题，会通知 IMEI 管理部门和终端制造商，该产品成功通过 PTCRB 所有测试并拿到认证。

7.3.2.1.4　PTCRB 认证使用的标准及测试系统

PTCRB 认证使用的标准与 GCF 大致相同，主要标准罗列如下。

GSM：3GPP TS 51.010 Digital cellular telecommunications system（Phase2＋）；Mobile Station（MS）conformance specification；

UTRA：如表 7-3 所示。

表 7-3　UTRA 标准列表

3GPP TS 34.121	User Equipment（UE）conformance specification；Radio transmission and reception（FDD）
3GPP TS 34.123	User Equipment（UE）conformance specification
3GPP TS 31.121（USIM）	UICC-terminal interface；Universal Subscriber Identity Module（USIM）application test specification
3GPP TS 31.124（USAT）	Mobile Equipment（ME）conformance test specification；Universal Subscriber Identity ModuleApplication Toolkit（USAT）conformance test specification
3GPPTS 26.132（Audio）	Speech and video telephony terminal acoustic test specification
3GPP TS 34.108	Common test environments for User Equipment（UE）conformance testing
ETSI TS 102 230（UICC）	Smart Cards；UICC-Terminal interface；Physical，electrical and logical test specification
ETSI TS 102 384（UICC）	Smart Cards；UICC-Terminal interface；Card Application Toolkit（CAT）conformance specification

续表

3GPP TS 34.124（RSE）	ElectroMagnetic Compatibility（EMC）requirementsfor mobile terminals and ancillary equipment
3GPP TS 34.171	Terminal conformance specification；Assisted Global Positioning System（A-GPS）；Frequency Division Duplex（FDD）

E-UTRA：如表 7-4 所示。

表 7-4　E-UTRA 标准列表

3GPP TS 36.521	User Equipment（UE）conformance specification Radiotransmission and reception
3GPP TS 36.523	Evolved Universal Terrestrial Radio Access（E-UTRA）and Evolved Packet-Core（EPC）；User Equipment（UE）conformancespecification
3GPP TS 36.124	Evolved Universal Terrestrial Radio Access（E-UTRA）；Electromagneticcompatibility（EMC）requirements for mobile terminals and ancillary equipment
3GPP TS 34.229	Internet Protocol（IP）multimedia call control protocol based onSession Initiation Protocol（SIP）and Session Description Protocol（SDP）；User Equipment（UE）conformance specification
3GPP TS 37.571	Radio Access（UTRA）andEvolved UTRA（E-UTRA）User Equipment（UE）conformance specification for UE positioning

其他标准如表 7-5 所示。

表 7-5　其他标准列表

MMS	OMA-IOP-MMS -ETS Enabler Test Specification for（Conformance）for MMS
Video Telephony	IMTC 3G-324M Test Specification 3G-324M Video Telephony Activity Group-Test Cases Interoperability 3G-324M Video Telephony Activity Group-Test Cases-Compliance
SUPL	OMA-ETS-SUPL-V1-0 Enabler Test Specification for SUPL OMA-ETS-SUPL-V2-0 Enabler Test Specification for SUPLV2.0.2
Device Management	OMA DM 1.2Enabler Test Specification for Device Management
Browsing	OMA-ETS-XHTMLMP-CON-V1-2Enabler Test Specification（Conformance）forXHTML Mobile Profile
WCSS	OMA-ETS-WCSS-V1-1Enabler Test Specification for WCSS 1.1
SWP	ETSI TS 102 694Smart Cards；Test specification for theSingle Wire Protocol（SWP）interface
HCI	ETSI TS 102 695 Smart Cards；Test specification for the Host Controller Interface（HCI）
SCOMO	OMA ETS SCOMO V1.0Enabler Test Specification for SCOMO
FUMO	OMA ETS FUMO V1.0 Enabler Test Specification forOMA ETS FUMO V1.0

Mobile Station RF Performance Evaluation	CTIA OTA Test Plan Test Plan for Wireless Device Overthe-AirPerformance
Wi-Fi RF Performance Evaluation	CTIA/Wi-Fi Alliance Test Plan for RFPerformanceEvaluation of Wi-Fi-Mobile Converged Devices Test Plan for RF Performance Evaluation of Wi-FiMobile Converged Devices
A-GPS Radiated Performance	CTIA OTA Test PlanTest Plan for Wireless Device Overthe-Air Performance
TTY	PTCRB Bearer-Agnostic TTY Test Specification, Version 1.0 (Reference：PTCRB♯56 Doc♯0912156) 2G TTY Test Specification, Rev. 4.31 TTY 3G Test Specification, Rev. 2.0
AT-Command	PTCRB Bearer Agnostic AT-Command Test Specification (latest version)
PVG. 03	Evolution Tracking of Ptcrb Certificationtest Casesandrequirements

其中 TTY、RFT002、RFT006、AT-Command 以及 OTA 相关标准是 PTCRB 独自开发且要求进行测试的。

PTCRB 认证所需使用的系统也跟 GCF 大致相同，具体见 PTCRB 官网公布信息：https：//www. ptcrb. com。这些系统每次有软硬件版本升级时，也必须做完系统验证并经 PTCRB 批准后，才可以在正式认证测试中使用。

7.3.2.2　FCC 认证

7.3.2.2.1　FCC 认证简介

美国联邦通信委员会（Federal Communications Commission，FCC），于 1934 年建立，它是美国政府的一个独立机构，直接对国会负责。FCC 通过控制无线电广播、电视、电信、卫星和电缆来协调国内和国际的通信。FCC 所推行的认证就是 FCC 认证，这种认证主要应用于无线电应用产品、通信产品和数字产品，包括计算机、传真机、电子装置、无线电接收和传输设备、无线电遥控玩具、电话、个人计算机以及其他可能伤害人身安全的产品。测试内容主要在电磁干扰方面。

7.3.2.2.2　FCC 认证相关法规及标准

以美国《合众国宪法》为上位法，电信法律法规主要有《1934 年通信法》，该法在 1996 年 2 月经修改，形成了《1996 年通信法》。《1996 年通信法》对"电信设备"进行了定义。"电信设备"是指除用户宅内设备之外，电信运营商为了提供电信业务而使用的设备以及构成这些设备所必须的软件（包括升级软件）。《联邦管制法典》（*Code of Federal Regulations*，CFR）为电信监管提供更为具体的法律依据。该法典共分为 50 个专题，全面覆盖了联邦各部门的管理职能，其中专题 47 命名为"电信"，该专题包括了三个部门所制定的法律法规：联邦通信委员会负责制定 0～199 号法规；科技政策和国家安全事务委员会办公室负责制定 200～299 号法规；商务部下设的国家电信与信息管理局负责制定 300～399 号法规。电信终端产品主要适用于 15、18、22、24、90 号法规。

在具体测试方面，主要参考如下标准：

ANSI C63.4-EMC；

ANSI/TIA-603-C-RF；

OET65C-SAR；

IEEE 1528-SAR；

ANSI C63.10-不需要获得许可的设备，如 BT、蓝牙等；

ANSI C63.19-助听器和手机兼容性测试(Hearing Aid Compatibility，HAC)。

此外，FCC针对现行法规和测试标准没有明确定义的产品，提供了 KDB(Knowledge Data Base)作为测试方法的参考，KDB随时更新，并可以在 FCC 网站上查到。

7.3.2.2.3　FCC认证的主要测试项目

Part22/24：主要针对通信产品的发射机进行测试，对于同一发射机的每种调制方式都要进行相同项目的测试，包括传导测试和辐射测试，测试内容包括输入功率、辐射限值频率稳定度、占用带宽、辐射带宽、传导杂散等，主要针对 GSM、WCDMA、CDMA。

Part27：测试内容和 Part22/24 相同，主要针对 WiMAX 和 LTE 的部分频段。

Part15C：主要针对有意发射的设备，即通过辐射或感应的方式有意产生和发射射频能量的装置，如 BT、Wi-Fi 等。

Part15B：主要针对无意发射的设备，即有意产生射频能量供给装置内部使用或通过连线将射频信号传送给有关设备使用，但不是通过有意辐射或感应的方式来发射射频能量的任一装置，如 PC 周边、充电器等。

SAR，类似 CE 的 SAR 测试，针对 Portable device，手机产品需要测试头部和身体，支持数据业务如 GPRS/EDGE，身体部分测试数据模式，但限值为平均每 1g1.6W/kg，比 CE 要求更为严格。

7.3.2.2.4　FCC认证方式及流程

FCC 对于不同产品的管制程度不同，以此分为三种认证方式：自我验证(Verification)；一致性声明(DoC)；证书认证(Certification)。这三种产品的认证方式和程序有较大的差异，严格程度递增，不同的功能和接口的产品可选择不同的认证方式。

1. 自我验证(Verification)

经由制造商自行测试或在第三方实验室进行测试，以验证产品对 FCC 要求的符合性，验证合格后在产品标签及说明书中加注警示语，除非特别要求，否则不需要提交样品或代表性数据来证明产品和标准的一致性。在这种方式下，制造商或进口商对产品进行检测，确认产品符合相关的技术标准，准备并保留检测报告，制造商或进口商进行自我认证并在产品上粘贴标识。这类申请主要针对 AV 产品、有线电话、普通家用电器等，并适用于 PC 及 PC 周边设备以外的数字设备。

2. 一致性声明(DoC)

申请人(制造商或进口商)将产品在 FCC 指定的合格检测机构进行检测，出具检测报告，若产品符合 FCC 标准，则在产品上加贴相应标签，在用户使用手册中声明有关符合 FCC 标准规定，由实验室颁发 DoC 证书。这类申请的产品主要是 IT 产品和周边辅助设备。通过 DoC 认证的产品需使用如图 7-12 所示的产品标识。

如果个人计算机等被授权使用已获取 DoC 认证的配件，整机需按照以下方式标识，如图 7-13 所示。

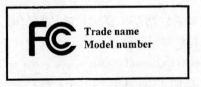

图 7-12　DoC 认证的产品标识

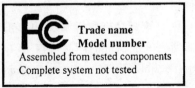

图 7-13　使用 DoC 认证配件的整机产品标识

3. 证书认证（Certification）

包括原型机（Original equipment）、改 ID（Changing in identification）、备案（Class Ⅱ permissive change）三种。其中原型机的申请最为复杂，流程如图 7-14 所示。

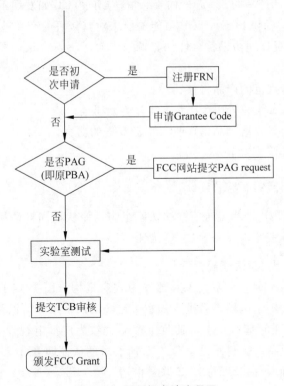

图 7-14　原型机申请流程图

（1）首次认证需先申请 FRN，例如：0012224465。如果申请人是第一次申请 FCC ID，就需要申请一个永久性的 Grantee Code（前三位厂家代码）。

（2）如果产品在 PAG（PRE-APPROVAL GUIDANCE）列表中（主要针对新产品、新技术等），需要执行 PAG 程序：如果有现成的 KDB 文档，要在提交审核时提供 KDB 文档编号及符合 KDB 要求的声明；如果没有现成的 KDB 文档，需向 FCC 咨询，并将

FCC 的答复意见及产品如何满足答复意见的声明一同提交审核。

（3）由制造商送样，并委托 FCC 授权实验室完成相关测试，出具测试报告。

（4）完成测试后，将 FCC 认证所需文档及测试报告提交给电信认证机构（TCB）审核。对于 PAG 产品，TCB 会把所有申请材料连同 KDB 咨询文档一起给 FCC，FCC 审核通过后通知 TCB。

（5）TCB 审查合格后将颁发 FCC Grant，并在 FCC 网站上登录产品认证信息及所有资料。所有完成认证的产品可在 FCC 官方网站上查询相关信息：

https://fjallfoss.fcc.gov/oetcf/eas/reports/GenericSearch.cfm.

通过这种形式获得认证的产品需要在产品上注明 FCC ID，FCC ID 分为 Grantee Code（申请者代码）和 Product Code（产品代码）两部分：Grantee Code 由五位大写字母或数字（首位为数字），每个申请者固定一个，在首次认证前申请；Product Code 由 1-14 位大写字母或数字或连字符 '-' 组成，由申请者自定义。

为了保证投放市场后的产品质量，FCC 每年对投入美国市场的 5% 进行抽查，同时委托 TCB 对各自认证产品的 5% 进行抽查。审核期间 TCB 如发现不符合 FCC 规定的状况，应立即通知申请者和 FCC。TCB 可能被要求对其认可的产品进行测试并在 30 天内向 FCC 报告进展情况以便协助符合性评鉴调查。对于不符合认证要求的产品，FCC 会给予相应的处罚：

（1）所有不符合规范的产品将被罚没；

（2）对每一个人或组织处以 10 万～20 万美元罚金；

（3）处以数额为不合格产品销售收入总额双倍的罚金；

（4）每项违规日罚金为 1 万美元。

7.3.3　加拿大认证要求

如前所述，PTCRB 是北美通信终端认证组织，该认证同样适用于加拿大。除此之外，加拿大政府还强制要求设备通过 IC 认证。

7.3.3.1　加拿大 IC 认证简介

IC（Industry Canada），加拿大工业部作为政府机构，IC 规定了模拟和数字终端设备的检测标准，负责电子电器产品进入加拿大市场的认证事务，以及规定了产品进入加拿大市场获得 IC 认证的基本要求。其负责产品大致为广播电视设备、信息技术设备、无线电设备、电信设备、工科医设备等。IC 所要求的认证即 IC 认证。IC 认证的流程及测试项目与 FCC 类似，一般可与 FCC 联合申请。

7.3.3.2　IC 认证相关法规及标准

IC 认证的主要法规如下：

ICES-001（Industrial，Scientific and Medical Radio Frequency Generators），适用于工业、科技和医疗无线频率发射器；

ICES-003（Interference-Causing Equipment Standards-Digital Apparatus），适用于信息技术设备（ITE）、计算机周边办公设备等；

IC RSS Series：适用于低功率无线射频产品，如无线鼠标和键盘、无线遥控玩具以及各种低功率无线射频产品。

主要测试标准如下：ANSI C63.4-EMC；ANSI/TIA-603-C-RF；IEEE 1528-SAR。

7.3.3.3　IC认证的要求及流程

IC认证方式也与FCC相同，可采用自我验证、证书认证两种方式。不用于FCC的是，IC认证通常需要本地代表。

1. 一致性声明(DoC)流程

制造商在授权测试实验室对设备进行测试，确认产品符合要求，并将产品符合要求的文件进行存档，同时，要按照要求在设备上附上产品注册号和型号。通过电子文档的形式在办公署注册设备，并将该设备添加到加拿大工业部(IC)终端设备清单中。

2. 证书认证(Certification)

制造商在授权测试实验室对设备进行测试，测试完毕拿到测试报告后，将测试报告和认证材料提交IC或IC指定的认证机构审核。认证机构分为两种：CAB和FCB，CAB是IC授权的加拿大本地认证机构，FCB是经由MRA认可的境外认证机构。认证机构的职责包括：协助制造商完成certification的认证并取得证书。设备经过认证以后，制造商须按照IC标签贴示要求加贴标签。

在证后市场监督检查方面，做法类似FCC。IC每年对所有认证证书的5%进行抽查，同时委托FCB对各自认证过的产品进行5%抽查。

7.3.4　日本认证要求

7.3.4.1　日本认证简介

总务省(Ministry of Internal Affairs and Communications，MIC)是日本通信、广电的综合管制机构。2001年1月6日，原邮政省、总务厅、自治省和总理府外局(公正贸易委员会、环境纠纷协调委员会)合并，新成立了总务省。总务省机构中与信息通信相关的3个局是：信息通信国际战略局、综合通信基础局和信息流通行政局。具体负责电信设备设施管理工作的是综合通信基础局，下面又设有电信事业部、电波部等。在上述管理机构的监管之下，日本的认证分为了强制和非强制两种，与电信设备相关的认证主要有PSE认证、JATE/TELEC认证、VCCI认证。

7.3.4.2　日本认证相关法规及标准

在日本，为电信设备的认证管理制定了相关法规的是《电子通信事业法》和《无线电波法》，分别规定了终端设备和无线电设备的标准认证制度，这是目前日本电子通信设备认证管理的主要法律依据。

2003年对两法进行了修订，并于2004年1月26日生效实施。修改的主要内容是：在强化召回、处罚等措施的基础上，将政府管理部门的职能从行政强制性管理向市场监督转变，将企业自我负责、自我认证的制度作为新原则。

目前实施的方法是：企业根据产品类型，选择要满足的《电子通信事业法》和《无线电波法》规定的技术标准，由第三方认证机构或企业自己进行测试验证，验证合格后，在产品上加贴总务省规定的合格标记，总务省在必要时有权实施证后市场抽查，对于不符合技术标准或对社会造成危害的产品和企业，将进行没收产品、罚款甚至判刑等处罚。

7.3.4.3 日本认证的要求及流程

1. PSE认证

PSE认证是日本强制性安全认证，用以证明电机电子产品已通过日本电气和原料安全法（DENAN Law）或国际IEC标准的安全标准测试。PSE测试要求包括安全和电磁兼容测试，主要针对电气产品以及指定的关键零部件和附件。根据日本电气产品安全法（DENAN），产品分为A、B两大类，其中A类为指定的特殊电气用品及材料类共115项（如电源适配器等），PSE认证标志为菱形；B类为非指定的产品339种，PSE认证标志为圆形。两种标志如图7-15所示。这些产品必须受到日本经贸工业部许可的第三方认证机构认证，并核发PSE认证证书，只有制造商才能成为菱形证书的持有人，认证完成后需要向日本经济产业省（METI）进行产品注册。但是注册公司必须是当地公司，所以对于非本国制造商而言，产品注册需由当地进口商进行。

图 7-15　PSE 认证标志

如图7-15所示，SP PSE标志（菱形）和NSP PSE标志（圆形）。

2. 电信法/电波法（JATE/TELEC）

在日本，与电信网连接的通信设备需要进行技术法规符合性认证，认证是强制性的。接入公共通信网络的设备，除了需要满足日本的TELEC（根据日本Radio Law，电波法）等认证和测试要求外，还需要满足日本的JATE认证（根据日本Ministerial Ordinance of MIC No. 15 of 2004）要求。日本的电信通信商业法（Telecommunications Business Law）出台于1984年，当初日本公共管理暨内务、邮政与电信通信部（MPHPT）授权JATE为唯一的合格代理机构实施技术环境的合格认可，所以我们使用了JATE这个名字把日本电信通信商业法的要求称为JATE认证。也就是说，JATE认证是检验手机是否满足日本的电信通信商业法（简称电信法）的要求，与之对应的TELEC认证是检验手机是否满足日本的电波法要求。现在日本公共管理暨内务、邮政与电信通信部（MPHPT）开放了授权，已经授权多家代理机构进行终端设备符合电信通信商业法要求的合格认可，例如日本的其他机构也可以审核JATE认证的报告和资料，并颁发认可。但由于习惯问题，我们仍把日本电信通信商业法的要求称为JATE认证。

测试内容方面，JATE侧重协议和电气安全方面的测试；TELEC侧重RF射频部分，另外802.11a的产品，还有DFS部分的要求。

JATE认证有两种类型。

其一，技术条件符合性认证（Technical Conditions Compliance Certification）。技术条件符合性认证包括型式核准和单机认证。技术条件符合性认证确保电话网络设备、无线呼叫设备、ISDN 设备、租赁线路设备等能符合由 MPHPT 制定的技术要求(终端设备相关法规)。

其二,技术需求符合性认证(Technical Requirements Compliance Certification)。技术需求符合性认证包括型式核准和单机认证。技术需求符合性认证确保无线呼叫设备、租赁线路设备和其他电信设备能符合一定的技术需求,该技术需求由 MPHPT 授权的电信运营商制定的。在这种认证方式中,运营商发挥了主导作用。

JATE 认证标志如图 7-16 所示。

3. VCCI 认证

VCCI 是日本的电磁兼容认证标志,由日本电磁干扰控制委员会[Voluntary Control Council for Interference by Information Technology Equipment(ITE)]管理,针对信息技术设备之 CISPR 22 的电磁辐射干扰标准,制定出的一个自愿性认证法,其测试内容主要是在电磁兼容方面。VCCI 是会员入会的方式,只有申请了 VCCI 会员的企业才可以使用 VCCI 标志,VCCI 会员是有年费的,而 VCCI 会员产品需通过日本 VCCI 授权的会员实验室才可以出具 VCCI 报告,VCCI 是没有证书的。由于会员广泛,VCCI 认证影响力较大,其标志的认可度相当高,基本上出口日本的电子产品很多都会被要求具有 VCCI 标志,如图 7-17 所示。

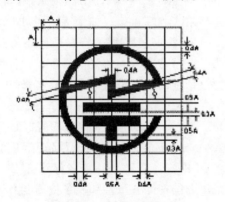

图 7-16 JATE 认证标志

图 7-17 VCCI 认证标志

7.3.5 非洲认证要求

7.3.5.1 埃及 NTRA 认证简介

NTRA——国家电信管理局由其第 10/2003 号电信法规批准成立,作为电信业的领路人,是中立于行业、政府和消费者不同利益方的一个谨慎的仲裁者。NTRA 对于引入埃及市场的通信设备发布了一套法规,所有制造或组装通信设备的当地制造商或其授权机构、海外委托人或代表海外委托人的利益在本地注册的机构,需要在进入埃及市场以前获得 NTRA 形式认证。

产品覆盖所有形式的通信设备,包括:

(1)终端设备:各种类型的电话机、传真机(声音连接装置)、插卡式/付费电话机、LPU(线路保护装置)、各种类型的大众/私人交换机、GSM 移动站和电话;

（2）无线电通信设备：无线电发送/接收设备、卫星通信设备、无绳电话、雷达装置；

（3）所有室内/室外、有线/无线的 IT 通信设备。

7.3.5.2　NTRA 认证相关法规及标准

NTRA 认可包括 CE、FCC 在内的国际认证证书和认证标志，即申请 NTRA 形式认证的电信设备需先满足 CE、FCC 的法规要求，通过相关标准检测，取得认可证书并加贴相应的标志。因此 NTRA 主要参考的是 CE 和 FCC 的标准。CE 认证主要考虑涉及电气安全、电磁兼容、性能方面的内容，需要通过例如 EN 60950-1、EN 55022、EN 55024 等协调标准，以及 TBR 21、TBR 38 等接口性能测试标准。FCC 主要考虑电磁兼容、电气安全等方面内容，需要符合 47 CFR Part 2、Part 22、Part 24 等章节的相关规定。

7.3.5.3　NTRA 认证的要求及流程

NTRA 要求所有的通信设备需要经过认可的实验室检测合格，并且满足其所有的符合性要求，NTRA 方可给予认可。

具体操作流程如下：制造商首先要获得 CE/FCC 认证，然后选择一家由 NTRA 认可进行产品测试和签发证书的实验室，提供产品的 CE/FCC 证书和测试报告、认证申请书、生产厂的质量体系证书、产品技术文档给实验室审核，如果审核证明申请者符合型式认证条例的要求、设备符合所有相关的标准要求，NTRA 将根据产品的商标和型号颁发型式认证证书，型式认证证书上标明了证书持有人、认证的设备、设备符合的标准、制造商和制造商的原产地。若未对已通过认证的设备进行未经授权的修改，则型式认证证书无时间限制。

NTRA 在程序上不同于 CE/FCC 的一点是，需要工厂审查和出货前检验。工厂审查是认证程序中的一环，这意味着实验室要检查生产企业申请测试认证时提供的相关证书和文件资料，以及申请设备的生产现场。证书必须符合 ISO 质量体系证书认定的该生产商生产经营范围。必要时实验室要就生产商的产品一致性和质量检测能力等质量方面进行审查。出货前检验是指认可机构将根据工厂审查和检测认证结果安排出货前验证，该验证包括对拟出货产品和样品的符合性、样品数量等内容。必要时，认可机构可以对拟出货产品进行相关检测，确保出货产品符合性的真实有效。

7.3.5.4　尼日利亚 SONCAP 认证简介

尼日利亚国家标准局（Standard Organization of Nigeria，SON）是尼日利亚负责制定和执行进口商品和本国制造产品质量标准的政府机构。为确保管制产品符合已获准施行的该国技术标准或其他国际标准，保护尼日利亚消费者免受不安全产品或不符合标准产品的损害，尼日利亚国家标准局决定对出口到该国的管制产品实施装船前强制性合格评定程序（以下简称 SONCAP）。SONCAP 证书是管制产品在尼日利亚海关办理通关手续的法定必备文件，缺少 SONCAP 证书将造成管制产品通关迟延或被拒绝进入尼日利亚国内市场。除了下列产品：①食品；②药品；③医疗用品（设备和仪器除外）；④化学品原料；⑤军事用品和设备；⑥航空相关产品；⑦二手产品（机动车辆除外），其他所有产品都被列入 SONCAP 的管制清单。

7.3.5.5　SONCAP 认证相关法规及标准

SONCAP 采用尼日利亚国家标准（NIS），但对于按照 IEC、ISO、EN 等国际或区域标准出具的测试报告，只要满足了尼日利亚标准的实质性要求，也可以接受。

7.3.5.6　SONCAP 认证的要求及流程

2013 年 3 月 1 日起，SONCAP 采用新模式，新模式相比旧模式，有很大的不同，旧模式的 SONCAP 证书（即 SC 证书）在出口国办理，新模式则把 SONCAP 证书的签发权限收回到尼日利亚国内，并新增了一个 COC 符合性认证程序。

SONCAP 认证方式有三种：途径 A（Route A）、途径 B（Route B）、途径 C（Route C），不论哪种方式，都涉及两种证书：PC 和 COC，其中，PC 是产品认证 Product Certificate 的缩写，又称产品报告 Product Report（PR）；COC 是符合性证书 Certificate of Conformity 的缩写。

途径 A，针对一年偶尔出货或出货次数不确定的情况：

出口商货物生产好以后，检验员对货物进行检验，然后从大货中抽取样品测试，测试合格后，出具 PR 报告，出货前进行监装并贴封条，合格后出具 COC 证书。

途径 B，针对一年中多次出货的情况：

首先由出口商申请 PC，工厂在货物生产好以后，再申请 COC，资料齐全以后对货物进行一定比率的检验、抽样测试及监装，比率不低于 40%，合格出具 COC 证书。

途径 C，针对一年中频繁出货的情况：

首先由工厂申请许可 License，申请条件如下：

（1）在 RouteB 的基础上有至少 4 次及以上的成功申请；

（2）对工厂进行两次审核并且合格；

（3）由具有 ISO 17025 资质实验室出具的合格检测报告。

拿到 License 后的有效期为一年。

工厂在货物生产好以后，申请 COC，资料齐全以后对货物进行一定比率的检验和监装，一年不少于两次。

7.3.6　小结

综合以上典型国家的认证要求来看，移动智能终端国际认证呈现如下特点和趋势。

第一，各个国家和各地区依据相关法律法规，制定电信产品认证管理制度，由国家相关部门执行，以人身安全、信息安全和公共安全为基本出发点，对进入本国、本地区市场的设备强制进行测试和认证。监管范围不仅限于电信产品，往往扩展到电子产品。虽然各个国家和地区由于政府职能、法律成熟度、电信产业发展情况不同，认证方式有所不同，但人身安全 SAR、电气安全、无线电频谱的有效利用、电磁兼容 EMC 等是普遍关注的内容。说明各国、各地区都把保护人身健康和安全，保护网络功能不受损害以及避免无线电的有害干扰作为监管的主要目标。

第二，在政府的强制认证之外，有民间行业自发组织的非强制认证作为补充。行业协会的主要监管内容包括：一致性测试、现网/兼容性 IOT 测试（路测）、一些主流应用业务测试（MMS、Mobile IP、定位等）。各种协会、论坛等民间性质的组织存在于通信运营商和设备制造企业之中，起到了建立和维持技术壁垒的作用。行业自律对国家的要求比较高，只有在市场机制高度发达、行业自律等组织规则相当完善时，才有可能实现，因此这种方式主要出现在欧美日等发达国家。

第三，通过运营商入库等监管方式进一步提高门槛。由运营商根据本身的业务策略，确定系统设备和定制终端的规格及技术要求，由运营商自有或授权实验室实施测试和认证，进行测试认证后产品才可进入市场。监管内容基于国家和行会、论坛、标准组织层面提出更具体的技术要求，提出对系统设备、终端定制业务、终端与系统设备的技术要求和测试要求。运营商可接受其授权实验室的测试结果，但成为其授权实验室门槛较高。

参考文献

[1]　电信设备目录具体设备名称[EB/OL]. http://www.tenaa.com.cn/JWZN/sblist.aspx.

[2]　电信设备进网许可申请流程概览[EB/OL]. [2016-6]. http://www.tenaa.com.cn/XXFB/ShowDetailInfo.aspx? code ＝ Dz15PyuC4e5e3qAfwlLByVOZm4TJthstcc9jWJMsX％2bBEUQvfYpCbrvYAr9aXwOWOcvdaudK34％2b4％3d.

[3]　申请进网许可证时需要提交的材料及要求[EB/OL]. http://www.tenaa.com.cn/XXFB/ShowDetailInfo.aspx? code ＝ i％2bfZXrGvFL0srb1Qw3mk0lGtbf4AWwQS9Jx4py86saBH0tPBgFWU hrlx9kuaCngIQhzefGwiB0A％3d.

[4]　进网许可标志的订制程序和要求[EB/OL]. [2013-12-26]. http://www.tenaa.com.cn/XXFB/ShowDetailInfo.aspx? code ＝ L9WWK0i5r8qqqs％2f1H6cpkYiQNhJl7GojhDng3J5g4％2bbd％2bEztw80O％2bucbW24q％2buxQHZuC4MkAw3g％3d.

[5]　RE 指令网站[EB/OL]. http://www.newapproach.org/directives/default.asp.

[6]　RE指令协调标准列表[EB/OL]. http://ec.europa.eu/growth/single-market/european-standards/harmonised-standards/rtte/.

[7]　FCC 官方网站[EB/OL]. http://www.fcc.gov/.

[8]　FCC 法规网站[EB/OL]. http://www.gpo.gov/fdsys/browse/collectionCfr.action? collectionCode＝CFR.

[9]　IC 官方网站[EB/OL]. http://www.ic.gc.ca/.

[10]　IC 标准网站[EB/OL]. http://www.ic.gc.ca/eic/site/smt-gst.nsf/eng/h_sf06129.html.

[11]　GCF 官方网站[EB/OL]. http://www.globalcertificationforum.org/.

[12]　PTCRB 官方网站[EB/OL]. http://www.ptcrb.com/.

[13]　日本通信设备审查委员会网站[EB/OL]. http://www.jate.or.jp/.

[14]　日本电信工程中心网站[EB/OL]. http://www.telec.or.jp/.

[15]　埃及国家电信监管局网站[EB/OL]. http://www.tra.gov.eg/.

[16]　尼日利亚国家标准局网站[EB/OL]. http://son.gov.ng/.

[17]　田云飞. 国内外移动终端认证趋势分析[EB/OL]. [2012-10-12]. 中国信息产业网, http://

tech. hexun. com/2012-10-12/146692725. html.

[18]　国际电信设备认证管理现状和发展趋势[EB/OL].［2005-02-28］. TechTarget IT 专家网，http：//www. yesky. com/technews/506654958079180800/20050228/1915943. shtml.

[19]　推动融合发展 加强电信监管——欧盟电信监管立法情况考察报告[EB/OL].［2008-03-20］. 中国信息产业网，http：//www. cnii. com. cn/20080308/ca455412. htm.

第 八 章

新型移动智能终端

从传统来讲，智能手机是移动智能终端最典型的生态，但在移动互联技术的不断升级和市场需求的推动下，移动智能终端行业正在形成一种新的业态，一些新兴的移动智能终端市场正在迅速的产生，可穿戴设备、车载智能终端等各种新型的智能终端不断出现，移动终端边界已经从手机、平板向新的领域延展。在 MWC 2016 上，三星创新性地以 VR 的形式正式发布旗舰手机 Galaxy S 系列新品。华为正式发布旗下首款二合一电脑 HUAWEI MateBook。全球科技终端正在处于从移动互联网时代向物联网时代演进的转折阶段，生态产业链向物联网演进成为未来几年的趋势。未来，智能终端将迈向 Smartphone＋时代，极大地丰富人们的生活，满足越来越多的应用场景需求。

8.1 融合型终端

随着网络、芯片和智能传感器等领域技术不断推陈出新，新的信息服务模式和产品不断涌现，信息技术逐渐向其他领域渗透，通信业、IT 业、广播电视业在网络、业务应用及终端等领域逐步走向融合。由"三网融合"带动，数据、视频、软件应用、话音等多种业务平台逐步统一，作为信息消费重要载体，移动终端变得更加智能化、多功能化、多元化。同时，4G 商用和物联网发展进一步推动了智能终端领域的变革——智能终端形态呈现更加多样化，智能手机、平板电脑、智能家电、可穿戴设备、车载设备、移动医疗、警用等复合和跨行业融合智能终端不断涌现，同时在应用领域向汽车电子、家居电子等新领域延伸，形成更泛在化的计算产品，科技终端间的硬件差异性壁垒正在逐步缩小，如图 8-1 所示。未来智能终端间的实质性区别可能在于，不同屏幕尺寸、不同应用和服务下，在不同场景间的应用。智能终端在功能和应用场景上的这种演进、扩展和融合将大大推动生产生活方式的变革创新。

首先，三网融合是催生融合终端的大背景；其次，IT 技术/电子元器件/制作工艺的快速发展，为融合终端提供了技术基础；最后，人们在生产/生活/娱乐/健康等多方面的需求，是融合终端发展的驱动力。目前，由于各行业的产业链还在市场探索期，融合终端需要根据对用户群体细分、对其需求进行分析，从而将几种功能集合在一起，形成为细分用户提供的个性化融合终端，总体分析融合终端呈现以下几种发展趋势。

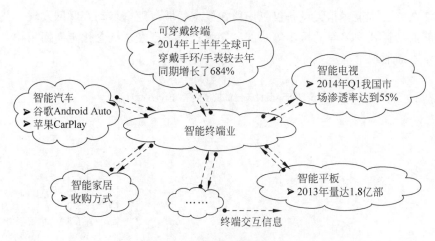

图 8-1 智能终端多样化形态

1. 产业界限更加模糊

目前的融合终端将通信、多媒体、互联网等多行业的业务功能集合在一起,未来这种多产业终端功能集合在一起的可能性逐渐加强,产业界限更加模糊化。随着三网融合的不断深入,这种趋势将更加突出,IT、广播电视、物联网、游戏产业都将可能集合在融合终端中。融合终端体现的是产业的融合。

2. 终端性能越来越高,技术含量越来越多

从单一功能到多种功能集中展现的融合终端,里面集合了多个产业的高新技术,包括通信技术、多媒体技术、互联网技术、安全技术、芯片、外设等技术。在终端设计时,需要考虑多种技术融合带来的诸多问题,如计算速度、存储、终端硬件调用、软件加载、数据安全等问题。

3. 需要不同产业深入合作实现共赢

融合终端的发展需要多个产业深入合作,针对细分用户的需求,为用户提供丰富和高质量的服务,并提出创新性的新商业模式,以应对这种跨行业的合作形式。

8.2 智能可穿戴设备与智能硬件

8.2.1 智能可穿戴设备

"智能可穿戴式设备"(以下简称可穿戴设备)是应用穿戴式技术对日常穿戴产品进行智能化设计、开发出可以穿戴的设备的总称,常见的可穿戴设备有智能眼镜、智能手表、智能颈环和智能监测器(如图 8-2 所示)等。可穿戴设备不仅仅是一种硬件设备,其更大的价值在于通过软件支持以及数据交互、云端交互来实现特定的功能,为使用者提供具有参考意义的数据服务。可穿戴设备将会对我们的生活、感知带来很大的转变。随着技术的进步以及用户需求的变迁,可穿戴式智能设备的形态与应用热点也在不断的变化。穿戴式设备在国际计算机学术界和工业界一直都备受关注,只不过由于造价成本高和技术复杂，之前很多相关设备仅仅停留在概念领域。随着移动互联网发展、技术进步和高性能低功耗处理芯片的推出等，部分穿戴式设备已经从概念化走向商用化，新型穿戴式设备不断涌现。

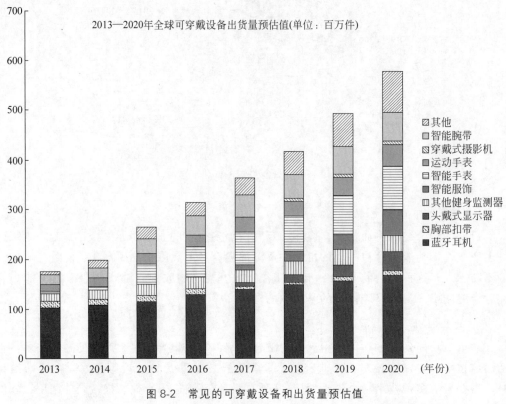

图 8-2　常见的可穿戴设备和出货量预估值

数据来源：Gartner。

　　当前可穿戴设备是智能硬件领域最重要的热点之一。市场研究机构 IDC 的数据显示，2015 年在运动健康追踪设备和 Apple Watch 日益流行的推动下，全球可穿戴设备市场大幅增长，2015 年全年发货量增长 172％至 7 810 万部。其中手戴饰物出货量达到 4 070 万部，大约占到可穿戴设备出货量的 90％。模块化产品（通过夹子或皮带戴在身上的设备）出货量为 260 万部，占比不到 6％。预计到 2019 年，全球可穿戴设备出货量将达 1.261 亿部，手戴饰物市场份额依然高达 80％，模块化产品和智能服装市场份额分别为 5.3％和 4.5％。这些数字除了说明可穿戴设备市场未来值得期待以外，也表明可穿戴技术产业即将发展到一触即发的临界点。功能方面运动和健康类可穿戴设备最受关注，而在可穿戴设备中，市场表现最好和占比最大的是智能手表，在所有的可穿戴设备中，智能手表 2015 年市场占比为 39％，预计 2016 年这个比例将达到 47％（数据来源：Strategy Analytics），如图 8-3 所示。

　　在品牌排行方面，根据 IDC 的数据，2015 年 Fitbit 占据全球可穿戴设备市场的第一位，发货量为 2 100 万台，同比增长 93.2％，大约占所有可穿戴设备销售量的 1/4 左右。中国生产商小米的市场份额迅速上升，从 2014 年的 4％升至 2015 年的 12％，跃居

2015年　　　　　　2016年

图 8-3　智能手表在所有智能可穿戴设备中的市场占比

全球第二位。凭借 Apple Watch 涉足可穿戴市场的苹果 2015 年全年市场份额达到 11.6%，位居第三。三星 2015 年全年市场份额仅为 4%，位居全球第五。

2015 年可谓是可穿戴的元年，价格战大幕拉开。智能手表市场上步步高等大品牌的销量稳步上升；儿童手表是最大亮点，先入品牌点燃市场进而吸引众多厂商追随出现一表难求的火爆局面，但随后舆论的负面报道、信息安全等因素的影响及行业本身激烈地竞争导致可穿戴设备产业非良性发展。可穿戴设备的市场竞争已经加剧，厂商纷纷在基础配置上做部分添加或调整，打造差异化产品以寻求突围，部分厂商尤其是初创厂商更多将目光集中在定制化以开发细分市场，如针对婴儿、户外人群、残疾人等细分人群的产品。但是一个公司抓住了一类细分人群的需要推出一款明星产品，销售火爆点燃市场，众多厂商跟风投入是可穿戴市场的一大现象，因此如何垂直深耕防止市场呈现脉冲式增长是可穿戴设备市场需要面对的问题。此外，可穿戴设备目前形态较为单一，2014 年，智能手环在整个智能可穿戴设备市场的占有率为 61.2%，智能手表是 23.7%，智能臂环是 8%，智能跑鞋是 3.7%，智能眼镜是 2.6%。这就意味着大量外形相似、功能雷同的产品同时出现在市场中，同质化的现象颇为明显。

可穿戴设备实现其自身价值重要的不是硬件本身，而是基于其传感器采集的数据提供反馈给用户的服务。当前，部分厂商已经开始探索除了硬件销售以外的其他盈利模式，如采取会员制定期提供高级服务及数据，数据和服务开始发挥更大价值。针对医疗健康级别的高级传感器在加紧研发，不只是生理指数，针对情绪进行识别监测的产品也在积极开发中。未来，可穿戴设备健康功能方面会出现功能越来越强大，性能越来越准确的产品，如通过呼吸测量血糖血氧的设备等。除了硬件技术，可穿戴设备在应用层面上逐渐加强以增加用户黏性。

可穿戴设备未来几年内将会成为持续热点，经过之前的新闻引导与市场培育，更多消费者开始了解并关注可穿戴产品。未来，可穿戴市场规模将会持续扩张，受众群体会进一步扩大。根据 IDC 的数据，预计 2016 年智能穿戴设备出货量将达 1.01 亿台，比 2015 年增长 29%。随后，这一增长率将保持在 20% 左右，并在 2020 年达到顶点，到时智能穿戴设备出货量将增至 2.13 亿台。可穿戴设备将成为推动物联网发展的关键设备之一，成为将人连接到物联网的人工界面，如图 8-4 所示。

总体来说，目前的智能穿戴行业，仍处于尚未跨越鸿沟的早期市场，而跨越鸿沟的方法，是找到杀手级（Killer App）的应用，同时还受到产品的设计、用户体验等多方面的影响。一种产品的成功不能简单依靠硬件的产品设计，更重要的是来自于硬件产品背

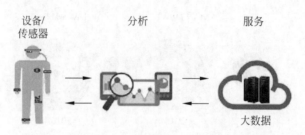

图 8-4　可穿戴设备是将人连接到物联网的人工界面

后的应用、服务，正如 iPhone 曾经的成功从很大程度上看正是 iOS 操作系统和 App Store 商业模式的成功。目前智能可穿戴设备采集的数据未和第三方数据需求方有效对接，数据未能得到有效的开发和利用，市场上的主要可穿戴设备，由于各自运行不同的系统平台，开发商/开发者很难开发出适应多种设备的应用软件，如果可穿戴设备能解决平台的相对统一和提供真正有价值的数据服务，应用前景将更为广阔。而从硬件技术上看，智能可穿戴设备真正得以普及，还取决于以下几个关键技术的突破进展。

1. 柔性器件

鉴于人体特别是腕部的弧形结构，更符合人体工程学的曲面屏已经出现。三星已经率先推出了曲面弧形屏幕智能手表 Gear S。但是柔性屏才是智能可穿戴设备的未来发展方向。柔性屏的大体演进路线是曲面→折叠→柔性。虽然三星 2014 年推出的腕部设备 Gear Fit 就已搭载柔性屏幕，但离真正好的用户体验仍有距离。柔性屏主要制约因素是工艺良率与成本，业内普遍判断 2016—2017 年将有望得到规模商用。2014 年 10 月，三星 SDI 成功研发可弯曲电池，加上石墨烯技术在近两年的技术突破，可弯曲柔性电池将成现实。加上之前在智能手机已发展起来的柔性电路，可穿戴设备真正"弯曲"可穿戴已不再遥远，如果柔性屏以及柔性电池等器件能够规模商用，将是可穿戴设备取得突破的关键一步。此外，如图 8-5 所示，适型传感器等柔性芯片技术也是可穿戴设备器件一个重要的发展方向。

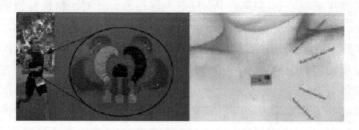

图 8-5　适型传感器

随着智能硬件技术和材料技术不断推陈出新，未来柔性屏幕、高性能柔性电池等技术将会取得突破性发展。智能手表和智能手机将有可能逐渐合二为一，智能手机可以在弯曲后像手表一样戴在手腕上进行一些操作，取下来展开后又可以像普通智能手机一样使用。这种设计，使未来智能可穿戴设备代替智能手机成为了可能。

2. 电池续航技术

在智能手机、平板电脑等终端上，由于可以保证一定的电池体积，其续航能力的问题尚未凸显。但到了智能穿戴时代，由于硬件本身的体积相较智能手机进一步缩小，也对电池提出了更高的要求。但由于技术的限制，现有市面上可穿戴产品的续航能力并不尽如人意，如表 8-1 所示，Apple Watch 续航时间只有 18 个小时。续航能力不足在某种程度上限制了智能穿戴终端的市场发展。电池技术的革新有着极大的必要性，在电池容量、充放电速度、电池尺寸等方面均亟待突破。

表 8-1　现有主流智能手表续航时间(均低于 48 小时)

品牌 项目	Apple WATCH	华为 WATCH	三星 GearS	LG G WatchR	MOTO360
上市时间	2015.4	2015.6	2014.11	2014.1	2014.9
操作系统	iOS	Android	Tizen	Android	Android
处理器	Apple S1	四核 1.2GHz	双核 1 GHz	双核 1.2GHz	单核 1GHz
系统内存		512MB	512MB	512MB	512MB
存储容量	8GB	4GB	4GB	4GB	4GB
屏幕类型	Retina	AMOLED	Super AMOLED	OLED	OLED
屏幕尺寸	1.32 英寸	1.4 英寸	2 英寸	1.2 英寸	1.2 英寸
屏幕分辨率	320×640	400×400	360×480	320×320	320×290
续航时间	18 小时 (750mAH)	48 小时左右	48 小时 (300 mAH)	24~48 小时 (400 mAH)	24~48 小时 (300 mAH)

数据来源：华夏证券。

除了电池更小，续航时间更长，可穿戴设备的电池还必须更轻薄并具柔性。相关产业链的厂家正致力于这方面的努力，三星 SDI 和 LG 化学在首尔 2015 年 InterBattery 展会上展示了相关进展。三星展示了两款新电池。3 毫米厚的超薄电池 Stripe 是一款可弯曲电池，它采用了最小的电池封闭宽度，三星称它的能源密度比市场上的其他电池更高。超薄和可弯曲这两大特色，使得 Stripe 有机会进入更多可穿戴设备，如项链和衣服。还有一款电池是 Band，它可以装在智能手表带上，电池电量比原来的设备增加 50%，它经过了弯曲 50 000 次的测试。据称 2017 年 Band 电池将进入市场，有可能改变市场格局。LG 化学也推出一款新的可弯曲智能手表电池，这款电池从 2012 年就开始研发，电池可以装入半径 15 毫米的设备中，它的尺寸只有目前市场上电池的一半。

新电池材质的研发试验、电池能量密度的提升、快充技术的普及、无线充电的成熟、柔性电池的进步，这些都是可穿戴设备未来电池性能满足需求的发展方向，但要取得突破性进展仍需待时日。

3. 人机交互技术

在人机交互领域，iPhone 普及引领了触摸交互方式，但可穿戴设备通常为小型设备，受限于屏幕大小，采用触控显然是不方便的交互方式。可穿戴设备目前的人机交互方式较为烦琐，现阶段的产品还未能提供较为简单快捷的输入方式。语音、姿势(手势）、图像识别等交互方式更加适合可穿戴产品。Google 研发的手势交互技术——Project Soli 是重要创新之一。这些新兴的交互方式，当下最大的问题在于准确度有待提高，而机器智能学习、云端大数据的兴起，将是智能识别技术应用的福音。在新兴的交互方式中，语音交互具备在可穿戴产品规模推广的条件，也符合可穿戴设备解放双手的使用场景。姿势（手势）识别，类似智能手机，也可借助传感器在可穿戴产品中得以广泛应用，专门用于捕捉人体姿势的穿戴式产品也将有较为广阔的市场情景。图像识别、眼球识别等由于技术、成本、体验等限制，规模商用还需等待。

当前可穿戴设备的安全问题越来越凸显，如图 8-6 所示，人体大数据的前端信息采集和后端存储管理会存在安全隐患，可穿戴设备更多利用短距离通信技术传输数据，目前短距离技术和产品缺乏政府行业的有效监管，同时，通过公众蜂窝移动通信网传输信息的可穿戴设备，也同样存在个人信息泄露的问题，目前行业还没有可参照的监管模式。

图 8-6　可穿戴设备的安全问题越来越凸显

对于可穿戴设备与智能终端的关系，存在两种看法：一种认为可穿戴设备是智能终端的补充，是一个延伸或者附属品，与智能终端一起产生丰富的应用；另一种看法是可穿戴设备最终将替代手机，成为智能手机＋。目前看来，即便是在智能手表等可穿戴设备中加入独立的通信模块（例如，2G、3G、4G、Sim 卡等），使之具备独立的通信功能，说智能可穿戴可以取代手机，仍为时尚早。智能终端软硬件技术的发展是交替上升的。在功能机时代，相比硬件性能而言应用更匮乏（电话、短信）；后来，智能 OS 的出现解决了应用丰富性的问题。而现在，应用已经极大丰富，但是如前所述，可穿戴设备的屏幕、续航、人机交互等关键硬件技术必须取得突破，达到令人满意的用户体验，未来才可能替代智能手机的地位。

8.2.2　智能硬件

1. 智能硬件成为智能手机后的下一个热点

智能硬件，是指具备信息处理和数据连接能力，可实现感知、交互和服务功能的产品。

2013 年以来，以可穿戴设备、智能汽车、智能家居、智能无人系统为代表的新一轮硬件创新蓬勃起步，形成继智能手机后电子信息产业的新兴增长点。以谷歌开始涉足智能家居领域为推动，加上物联网渐渐成熟，"智能"两字开始铺天盖地地充斥人们的眼球，智能穿戴、智能家居、智能健康等新兴产品冲击并颠覆着传统市场。谷歌和苹果均利用系统优势，通过产业链共同推动新终端商业进程，智能手表等硬件产品的初步成熟，也带动了英特尔和高通构建可穿戴芯片体系（如高通为可穿戴设备设计了Wear 2100 专用处理器）。全球消费级无人机市场则由我国企业推动，通过飞行控制技术、航空拍摄技术和移动终端架构技术的融合，带动多旋翼消费级无人机销量爆发式增长。此外，智能家居、智能汽车更是由诸多传统电子制造企业、互联网应用服务企业共同参与，产业发展热度高涨。总体上看，未来，可穿戴设备、VR/AR、微型无人机、健康医疗、服务型机器人等将是创新智能硬件热门且重点发展领域，如图 8-7 所示。

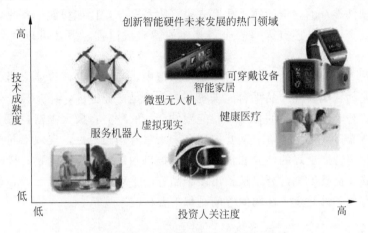

图 8-7 创新智能硬件热门重点发展领域

智能硬件的应用领域非常广，能够横跨家居、商业、医疗、教育、办公、生产等众多领域。例如，通过智能硬件设备，可以收集到大量用户的行为轨迹信息，从而产生各种服务。一个具体例子：现在商城都会提供免费 Wi-Fi，如果商场提供的是智能 Wi-Fi，那就可以在用户免费使用 Wi-Fi 的时候掌握他们的行为数据。用户连接智能 Wi-Fi 之后，企业就可以捕捉到他在每一家店里面的行为轨迹是怎么样的，在哪家店铺里停留的时间长，有什么样的消费偏好等。移动端苹果的 iOS 系统和安卓适用的 Beacon 技术可以通过蓝牙掌握消费者的行为数据，也能对其进行个性化的推荐。除了智能 Wi-Fi 之外，商户还可以设置智能摄像头和智能 POS 机。智能摄像头可以甄别用户热区、感应用户的行为轨迹，由此可以判断店内商品展示是否合理。智能 POS 机可以在用户刷卡的时候将交易的数据明细上传到云端。

2. 智能硬件的行业现状

2015 年，智能硬件显然是个"热词"——谷歌推出头戴手机盒子，SONY 发布健康医疗智能硬件，无人机、VR 大热，小米、阿里巴巴、腾讯、百度等巨头纷纷布局智能家居生态圈，智能硬件从智能插座、智能手表到体脂秤、自行车，种种智能硬件让人眼花缭乱。但目前智能硬件产品大多没有抓住消费者真正的"痛点"，很多创造的是"伪需求"，不是真正被用户认可的创新，真正叫好又有市场的智能硬件产品很少，陷入"可有可无"的尴尬局面，据统计，三分之一的美国人在购买可穿戴产品后，6 个月内就不再继续使用。由于当前的智能硬件产品很难与用户的刚需对接，目前绝大多数智能硬件创业团队只是"昙花一现"。市场研究机构易观智库的智能硬件研究报告显示，截至 2015 年 8 月，智能硬件市场中只有 65% 的产品得到量产，16.6% 的智能硬件仍然停留在概念上，在原型和产品上止步不前的分别占据了 13.4% 和 5.1%。

随着多元化的智能硬件越来越普遍，安全也成为业界关心的问题。大量智能硬件产品存在安全漏洞。奇虎 360 总裁齐向东曾说过："拿我们的实践来看，通过 GPS 数据控制无人机，烤箱、洗衣机、豆浆机等众多智能家电的情形也能被破解，想象一下，如果黑客可以远程启动烤箱，并且随意设定烤箱的温度，就极有可能引发火灾，这是十分危险的。"智能硬件涉及的安全问题主要有三类：隐私安全，比如智能设备收集的个人健康数据；支付安全；此外还有人身安全，几年前就有报道称，黑客可以远程控制心脏起搏器。

总体上看，智能硬件的产业链目前还在缔造中，尚未成熟，智能家居、智能汽车等各个垂直行业的智能硬件产品平台尚未统一，无论是产业标准，还是整个生态的核心都未确立。随着智能硬件产品的普及，智能硬件产品的种类将极大丰富，智能硬件之间的充电器、充电端口、数据传输、交互控制在未来只有趋向统一，实现不同设备数据的互联，才能给用户带来更好的体验和价值。除了接口和数据交互的问题，智能硬件本身测量数据的准确性也被质疑，有报道指出多个品牌的手环测步数不准、测心率误差大等问题，此外还有如各种儿童手环辐射等问题都需要标准来规范。

3. 未来智能硬件将通过大数据创造价值

仅从硬件层面来说，智能硬件产品目前并没有拓宽到足够大的领域，还不足以改变人们的生活方式。而智能硬件更大的价值当属隐藏在产品背后的服务，这是一个全新的增值领域，智能硬件的"智能服务的全生命周期"应该是：利用传感器从设备端采集数据并上传到云端，再利用云平台对数据进行分析处理后的结果发送到终端形成应用，同时将智能硬件使用过程中积累的大量数据进行深度挖掘后形成的经验知识反馈到研发、设计端作为改善的依据，从而形成智能硬件闭环的全生命周期智能服务管理。如果能将智能硬件产品背后的服务价值挖掘出来，利用大数据分析和处理，将服务与智能硬件用户对接，成为用户的刚性需求，那么，智能硬件将能够颠覆人们的生活习惯，其市场的潜力不可估量。在这方面，互联网公司正在发力，云服务模式正在出现。健康大数据方面，互联网巨头纷纷推出健康云服务平台，如 Google Fit，Apple Health Kit，Microsoft Health 和 Samsung Digital Health，国内的百度"健康云"，腾讯手机 QQ"健康中心"和阿里的健康云平台等。随着各大健康云服务平台所接入的设备数和用户数提升，健康大数据商业模式将逐渐成形，增值服务内容将逐渐丰富。

随着移动互联网和物联网的融合发展，将催生越来越多的新型智能硬件，这类"泛智能终端"虽然仿效智能手机"操作系统＋移动芯片"的技术架构，但并非以操作系统为单一核心，仍处于产业竞合早期，不同产品品类的生态模式也有较大差异。总的来说，新型智能终端无法完全复制智能手机的传统生态体系，预计智能硬件将经历探索期、市场启动期、高速发展期、市场成熟期这几个阶段(如表 8-2 所示)，随着产品成熟度的提升和差异化的加大，催生大规模的相对统一的平台，才能真正促使智能硬件的普及。

表 8-2 智能硬件发展阶段

发展阶段	阶 段 特 点	主 要 特 征	消费市场环境
探索期	探索期发展速度缓慢	挖掘用户需求、尝试产品形态、收集用户数据	产品同质化严重、技术优势不明显、微利竞争、用户黏度低
市场启动期	智能硬件市场规模不断扩大	主要的智能硬件平台和大数据平台出现	创新服务类产品逐渐成熟、产品差异化加大
高速发展期	商业模式逐步完善，产品/服务呈现多元化发展	基于运动、健康等大数据的产品和第三方服务紧密整合，产品在垂直领域细分	智能硬件类产品被消费市场接受
市场成熟期	智能硬件市场趋于发展成熟	市场格局相对稳定	进入门槛高、竞争加剧

但是智能硬件的未来是值得期待的，移动互联网必将向物联网演变，智能硬件将会是物联网实现的基础，是生产数据的来源。智能硬件在物联网时代的产品形态和应用将会极大丰富，随着技术的进步，可穿戴设备、智能硬件等新型移动终端的发展趋势必将无法阻挡。中国信息通信研究院的《移动互联网白皮书》中预测，至 2020 年，全球除智能手机外的泛智能终端市场规模将超过百亿台，为同期智能手机、平板电脑和 PC 数量总和的两倍。

8.3 智能车载终端

8.3.1 车联网的概念

车联网已经成为当前物联网垂直领域的热点之一。根据 BI Intelligence 的报告，2015 年，美国出货的新车中，有 35%～40% 辆联入网络，远远超过 BI 年初预计的23%。BI 分析认为，2016 年互联汽车将占新车的 2/3，车商可以采集用户数据，并通过移动通信技术(OTA)进行传输。BI 预计到 2021 年，路面上的联网汽车数量将突破38 亿辆。

车联网(Internet of Vehicles)概念引申自物联网(Internet of Things)，最初的车联网是指装载在车辆上的电子标签通过无线射频等识别技术，实现在信息网络平台上对所有车辆的属性信息和静、动态信息进行提取和有效利用，并根据不同的功能需求对所有车辆的运行状态进行有效的监管和提供综合服务的系统。随着车联网技术与产业的发展，上述定义已经不能涵盖车联网的全部内容。2016 年工业和信息化部办公厅印发的《车联网创新发展工作方案》中，车联网的定义是：以车内网、车际网和车云网为基础，按照约定的体系架构及其通信协议和数据交互标准，在车～X(X：车、路、行人及移动互联网等)，进行通信和信息交换的信息物理融合系统。

车联网网络架构划分为终端设备域和网络应用域，终端设备域对应架构中的感知延伸层，网络应用域对应架构中的网络层、业务支撑层和应用层，如图 8-8 所示。

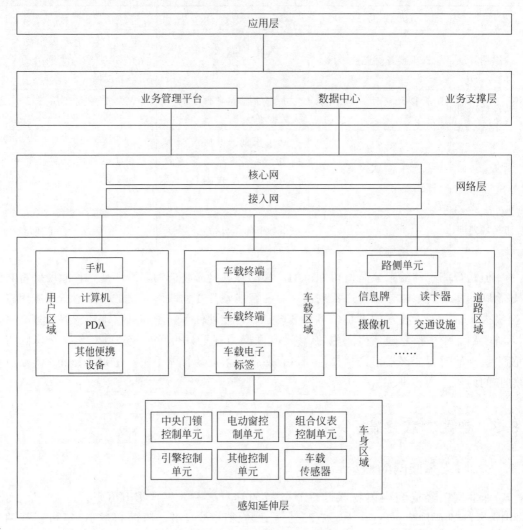

图 8-8 车联网的架构

车载区域：包括车载终端、车载电子标签等，该区域设备安装或放置在车辆上，车载区域设备通过短距离通信技术直接与其他车载区域和道路区域、用户区域和车身区域设备进行通信，实现车辆安全、车辆控制和交通信息服务等车联网应用，也可通过接入网络层与其他车载区域、道路区域、用户区域和业务支撑层进行通信，实现交通信息服务、车辆监管等车联网应用，同时，车载设备可与用户区域的部分设备网络共享实现与外界设备和系统的通信。

车身区域：包括车身传感器及控制车内部件的各种电子控制单元，如：中央门锁控制单元、电动窗控制单元、引擎控制单元、组合仪表控制单元等。控制单元通过 CAN-BUS 总线与车载区域的车载终端连接，进行数据交互并根据指令控制车内部件。

道路区域：包括路侧单元、信息牌、读卡器、摄像机、充电桩以及交通设施等设备，该区域设备安装或放置在道路周围，采集、分析交通信息并向车辆发布，以及通过短距离通信方式直接向车辆提供商务、娱乐等其他信息，同时，道路区域通过接入网络层与业务支撑层互通。

用户区域：包括手机、计算机、PDA及其他便携设备等，该区域设备直接或通过接入网络层与车载区域通信，实现车辆信息获取及车辆控制等车联网应用，同时，用户区域部分设备可与车载终端互联互通共享通信网络。

网络层：包括各种有线/无线的公共通信网络、互联网及其形成的融合网络、网络管理系统等，支持多种接入技术，实现感知延伸层与业务支撑层之间数据的有效传送。网络层按照通信网络层次划分为接入网和核心网。网络层的具体技术要求参考《通信网支持智能交通系统总体框架》。

业务支撑层：由业务管理平台和数据中心组成，提供终端管理、用户管理、应用管理等业务管理功能，也提供采集数据、终端数据、业务数据等各种数据的存储、处理、分发、安全等管理功能，为车联网应用提供开放的能力支撑。业务支撑层的具体技术要求参考《通信网支持智能交通系统总体框架》。

应用层：包含各种车联网应用，主要提供交通信息服务、车辆管理、车辆安全等，提高交通效率。

智能车载终端提供的通信类型如下。

根据通信对象划分五种类型，包括车与车通信、车与路通信、车与人通信、车与应用平台通信、车内通信。

（1）车与车通信

车与车通信主要是指通过车载终端进行车辆间的通信。车载终端可实时获取周围车辆的车速、车辆位置、行车情况等信息，车辆间也可以构成一个互动的平台，实时交换各种文字、图片、音乐和视频等信息等。车与车通信主要应用于减缓和避免交通事故、车辆监督管理、生活娱乐等，同时基于接入/核心网络的车与车通信，还应用于车辆间的语音、视频通话等。

（2）车与路通信

车与路通信是指车辆区域设备与道路区域的设备（如：红绿灯、交通摄像头、路侧单元等）进行通信，道路区域设备获取附近区域车辆的信息并发布各种实时信息，其中，道路包括室外道路和室内道路。车与路通信主要应用于实时信息服务、车辆监控管理、不停车收费等。

（3）车与人通信

车与人通信是指人使用用户区域的设备（如：手机、笔记本电脑、多功能读卡器等）与车辆区域的设备进行通信。车与人通信主要应用于智能钥匙、信息服务、车辆信息管理等。

（4）车与应用平台通信

车与应用平台通信是指车载终端通过接入/核心网络与远程的应用平台连接，应用平台与车辆之间进行数据交互，并对获取数据进行存储和处理，提供远程车辆交通/娱乐/商务服务和车辆管理等应用。车与应用平台通信主要应用于车辆导航、车辆远程监控、紧急救援、信息娱乐服务等。

（5）车内通信

车内通信是车载终端与车内的传感器和电子控制装置之间连接形成车内通信网络，获取车辆数据并可发送指令对车辆进行控制。车内通信主要应用于车辆检测、车辆系统控制、辅助驾驶等。车内通信的范围覆盖整个车辆内部，是在一个相对静止的环境中进行通信。

8.3.2 车载智能终端在车联网中的应用

车载智能终端广义上说包含各类车载信息服务终端，通常集成了计算机、通信模块、卫星定位模块，作为嵌入式电子产品安装在汽车里，通过通信模块与服务中心平台相连接，也有的车载终端通过汽车总线与车辆相连接，通过各种接口与多种传感器（例如摄像头、超声波或毫米波雷达）相连接，能够收集汽车内外、周边的各种状况和行车所必需的各种信息，进行运算分析和处理，为驾驶员和乘客提供安全、舒适和便捷的服务。车载信息服务终端的产品形态比较多样化，市场上的车载信息服务终端有被称作车机、中控台、T-BOX、车载网关、车载信息终端等，车载信息服务终端最早是从车载音响、车载导航（这类产品我们俗称车机）上增加通信功能发展起来的，所以会沿用车机的名称；由于增加了信息功能，为了与车载音响、车载导航在名称上有所区别，就称为车载信息娱乐终端或信息终端；其集成了空调控制功能的称为中控台（最初中控台是指汽车上车载音响和空调控制器的区域部分）；有些产品将显示屏和主机分离，两者间通过线束连接，主机部分就称为 T-BOX；电信行业的企业着重强调其路由功能、网络互联及协议转换的作用，因此电信行业的企业称其为车载网关。总而言之，只要具备卫星定位和移动通信功能特点，能与服务中心连接并为驾驶员或乘员提供服务的这类车载产品都属于车载信息服务终端的范畴。

如同互联网络中的计算机、移动互联网中的手机，车载智能终端是用户获取车联网服务的重要媒介，是网络中最为重要的节点。车载导航娱乐终端要适应"车联网"的发展，必须要采用开放的、智能的终端系统平台。Google Android 是目前车联网终端系统的重要操作系统之一，为网络应运而生，并专为触摸操作设计，体验良好、可个性化定制，应用丰富且应用数量快速增长，已经形成了成熟的网络生态系统。车载终端（车机）目前的产品仍主要以 Telematics 产品为主。Telematics 是由 Telecommunication（电信学）与 Information（信息学）所组成的复合词，其含意是指：利用车用通信与信息服务，让汽车驾乘者可以在车内利用无线通信技术随时随地与外在环境资源做双向的信息传输与传递服务，提供使用者实时化、位置化、个人化的应用服务。Telematics 是以无线语音、数字通信和卫星导航定位系统为平台，通过定位系统和无线通信网络，向驾驶员和乘客提供包括车辆、信息导航、定位、通信、交通信息、道路安全、娱乐信息等内容的综合信息服务。目前还没有形成真正的 V2X（X：车、路、行人及互联网等）之间的互联。

近几年，智能手机逐渐发展成智能家居、可穿戴设备等物联网终端的枢纽，成为消费者未来世界的中心，从目前的情况发展来看，采用智能手机镜像来实现联网及语音能力是目前车载智能终端的一个重要形式。在这种模式下，智能汽车在某种程度上成为以智能手机为中心的一个终端，苹果的 Carplay、谷歌的 Android Auto，百度的 Carlife 都是通过智能手机来获得联网能力，通过手机连接到车机，通过车机的触控屏实现互动，用户可以轻松、安全地拨打电话、听音乐、收发信息、使用导航。此外，MirrorLink 技术标准也致力于将智能手机的功能投射至汽车中控台屏幕、按钮以及方向盘。不过，由于苹果和谷歌等巨头带来的冲击，这一开放标准正逐渐边缘化，目前支持 MirrorLink 的手机有限，且 MirrorLink 的传输速率影响到画面的连续性，这种技术在车机行业没有得到广泛的应用。随着 Wi-Fi 联盟推出的 Miracast 在传输速率等方面被主流的手机厂商所接受，加上 Google 与微软对 Miracast 的力挺，目前市面上多数手机已经支持 Miracast，车机只要采用支持 Miracast 的 Wi-Fi 芯片，就可以和手机进行镜像，就可以实现车联网的功能。如果未来所有手机都支持 Miracast，所有车机也支持 Miracast，车机上的 Miracast 就会如同计算机的网口，成为标准化接口。

无论是通过车载终端本身还是通过智能手机与车载终端的镜像，车载智能终端产品在车联网应用中通常能提供以下功能。

1. 通信服务类功能

通信服务类功能为驾乘人员提供接听和拨打电话、收发短信、无线上网等功能。

基本呼叫为驾乘人员提供与呼叫中心或其他联系人的语音通话功能。车载终端配置数字拨号键盘，支持设置一个到多个的一键呼叫功能键，语音通话接听按键支持和语音识别两种方式，语音识别要求对指令性短语具备较高的识别准确率且支持个性化语音识别。通话过程优先支持免提方式，支持查看通话记录、设置通信录等功能。

紧急呼叫为驾乘人员在紧急情况需要立即报警或急救时的呼叫服务。优先于任何其他的业务，驾乘人员可以不受网络鉴权的限制发起对特定紧急服务号码的呼叫。支持车辆事故等情况下的自动和人工两种拨号呼叫方式。

短消息服务为驾乘人员提供短消息的收发服务。支持车载终端之间的点对点短消息服务，以及小区广播式短消息服务。车载终端能够支持按键和语音识别两种操作方式，短信查看、短信删除功能以语音识别输入为主，按键操作为辅；短信发送功能手动方式为主，语音识别为辅。

通过车载终端的无线通信服务，为驾乘人员提供收发电子邮件，访问互联网网站等服务。

2. 道路导航类功能

导航服务类功能。道路导航类业务实现主要利用 GPS、A-GPS、基站定位等定位技术，通过车载终端为驾乘人员提供信息查询、位置显示、实时路况和在线更新地图等服务。

通过车载终端，驾乘人员能够在电子地图上查找指定的街道名称、车站名称、企业名称、写字楼或者商户等地理位置。驾乘人员可以通过主动搜索的方式，搜索商户、地址、电话等信息，在地图上显示地理位置。驾乘人员搜索到需要的信息后，可以查询某条信息的详细内容，并可将查找到的地点设置为起点或终点。提供城市或区域切换的功能，便于驾乘人员实现在不同城市或不同区域的地图切换和信息共享。驾乘人员可以当前或指定的位置为中心，查询周边一定半径范围内符合条件的地址信息。

路线计算和引导：车载终端能够依据多种路由策略（如最短的路径、实时道路交通情况），为驾乘人员规划从起点到终点的行车路线。实时路况导航支持通过无线通信网络，在车载终端上提供实时交通路况信息查看或语音提示服务功能。车载终端的地图上用不同的颜色表示交通的拥堵情况；支持每隔一定的时间间隔进行交通路况的更新；支持对交通路况信息的语音提示服务。

3. 资讯娱乐类功能

提供资讯娱乐服务类功能，资讯服务类主要包括天气预报、股市行情、实时新闻、移动办公、在线音视频、移动社交网。

4. 远程监控类功能

提供远程监控类功能，包括停车位置提示、车门远程应急开启、车辆异地告警等服务。当驾乘人员忘记车辆停放地点，可以拨打呼叫中心的电话，呼叫中心人员通过身份认证后可以远程操作让指定的车辆鸣号或启动双跳灯，提醒停车位置。在检测到指定车辆异动的情况下（如车门异常开启、车辆异常移动位置），由车载终端或业务管理平台给驾乘人员发送短消息进行告警提示。

5. 车况数据上报类功能

提供车辆上报类功能，车载终端能够从汽车 LIN、CAN 等总线连接的电子器件和 ECU 采集汽车各种运动部件的运转数据，车载终端对这些数据进行处理后通过无线通信网上报到业务管理平台，业务管理平台根据业务需求向汽车厂商及汽车售后维护机构转发相关数据，便于这些机构开展增值服务，例如为汽车厂商提供驾驶员驾驶行为分析、汽车维修检测报告、突发交通事件车况分析等。

此外，在行业应用领域，一体集成车载终端产品已经应用比较广泛，这类产品主要用于两客一危车辆、重型载货汽车、半挂牵引车以及所有校车、公路客车和旅游客车、未设置乘客站立区的公共汽车、危险货物运输车、半挂牵引车和总质量大于等于 12 吨的货车等。这些车载终端集成了行业应用（如公交报站、车内音视频安防监控）、车辆总线通信、3G/4G 通信、视频智能分析、语音识别、车载监控应用、导航定位等各种功能，部分还集成了 OBD 和车载 Wi-Fi 功能。

对于一体集成车载终端产品来说，首先，可靠性和准确性是基础；其次，安全管理是重要功能。通信技术、车联网技术的发展，为进一步深化安全管理提供了技术基础；行业细分市场是未来的方向。一体集成车载终端未来的技术和功能发展方向将是智能化、网络化和系统化。首先一定要有一个强大稳定的操作系统作为应用支撑，同时为了满足产品快速迭代和定制要求，一体集成终端的开发和使用必须有一个大数据后台服务器来支撑设备的维护、升级和功能迭代，一个真正的互联网产品，是一个系统性的工程，相比产品本身，其后台系统更加关键。移动互联网的日益发展，结合高速的网络传输以及大数据的分析，必将使车载终端具备更高的智能，为用户提供更丰富的服务，如主动安全、大数据分析等。通信技术的快速发展，将会令车载终端的通信功能更强大，为客户提供更实时的数据，让客户获得更丰富的车辆信息。比如，随着 4G 的逐步推广，已经逐渐出现了实时多路高清视频的需求。

车载智能终端涉及汽车电子、卫星定位和通信三个领域，为了确保车载终端能满足车规级的质量要求，除了对车载终端进行通信模块的性能测试，验证其无线通信性能和通信业务功能符合行标、3GPP、3GPP2 等相关的移动通信标准以外，还需要着重考察其电源适应性、机械适应性、耐候性、电磁兼容性等要求，这些要求应依据汽车行业的标准进行测试，以验证其能否满足汽车的实际应用环境要求，达到车规级的产品质量。电源适应性、机械适应性、耐候性试验可采用 GB/T 28046《道路车辆电气及电子设备的环境条件和试验》系列标准，电磁兼容性里的传导发射和辐射发射试验可采用 GB/T 18655《车辆、船和内燃机无线电骚扰特性用于保护车载接收机的限值和测量方法》，传导抗扰试验可采用 GB/T 21437《道路车辆由传导和耦合引起的电骚扰》系列标准，辐射抗扰试验可采用 GB/T 17619《机动车电子电器组件的电磁辐射抗扰性限值和测量方法》，静电放电试验可采用 GB/T 19951《道路车辆静电放电产生的电骚扰试验方法》。

参考文献

[1] 程贵锋. 智能可穿戴的未来是"智能手机＋"还是"穿戴＋"？[EB/OL]. [2015-03-30]. http://tech. 163. com/15/0330/08/ALUN0827000948V8. html.

[2] 移动终端白皮书[R]. 北京：工业和信息化部电信研究院，2012.

[3] 移动互联网白皮书[R]. 北京：中国信息通信研究院，2015.

[4] Gfk. 2016 年可穿戴行业群雄并起[EB/OL]. [2016-03-20]. http://www. wtoutiao. com/p/187zMDB. html.

[5] Angela McIntyre. Wearables Drive New Business in the Internet of Things[R]. Stamford, Connecticut, United States：Gartner.

[6] 中国智能腕带市场专题研究报告[R]. 北京：易观智库，2015.09.

[7] 25 Big Tech Predictions For 2016 [EB/OL]. BI Intelligence. [2016-01-19]. http://www. businessinsider. com/25-big-tech-predictions-for-2016-2016-1.

[8] 产业发展与改革新形势下电信设备监管策略研究[R]. 北京：中国信息通信研究院泰尔终端实验室电信设备认证中心，2015.

[9] 中国智能穿戴设备十大趋势预测[EB/OL]. [2015-12-28]. http://www. aiweibang. com/yuedu/77086445. html.

[10] 一体集成车载终端创新发展访谈[EB/OL]. [2016-01-26]. http://www. aiweibang. com/yuedu/84442694. html.

第 九 章
智能终端5G技术演进

移动通信自 20 世纪 80 年代诞生以来，经过三十多年的爆发式增长，已成为连接人类社会的基础信息网络。移动通信的发展不仅深刻改变了人们的生活方式，而且已成为推动国民经济发展、提升社会信息化水平的重要引擎。随着 4G 进入规模商用阶段，面向 2020 年及未来的第五代移动通信(5G)已成为全球研发热点。

5G 通信将实现人与人、人与物、物与物之间的真正无缝联接，其网络技术发展趋势集中于高频段毫米波通信、超密集小区覆盖、终端直连 D2D、同时同频全双工、大规模天线阵列、多无线接入方式协作、新型异构网络等方面。未来 5G 终端主要应用于广阔的移动互联网和物联网领域。同时 5G 终端将面临高速率、高可靠性、高密度通信、高移动性、低时延、低功耗、低成本、多元化终端形态和多种无线接入方式融合等技术挑战。

9.1 5G 技术的发展

9.1.1 5G 发展驱动力

移动互联网和物联网是未来移动通信发展的两大主要驱动力，如图 9-1 所示，为 5G 提供广阔的前景。

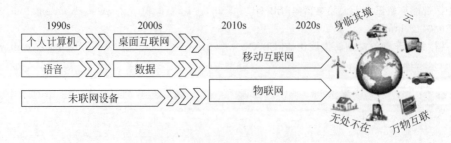

图 9-1 5G 发展驱动力示意图

移动互联网颠覆了传统移动通信业务模式，为用户提供前所未有的使用体验，深刻影响着人们工作生活中的方方面面。面向 2020 年及未来，移动互联网将推动人类社会信息交互方式的进一步升级，为用户提供增强现实、虚拟现实、超高清（3D）视频、移动云等更加身临其境的极致业务体验。移动互联网的进一步发展将促使未来移动流量超千倍增长，推动移动通信技术和产业的新一轮变革。

物联网扩展了移动通信的服务范围，从人与人通信延伸到物与物、人与物智能互联，使移动通信技术渗透至更加广阔的行业和领域。面向2020年及未来，移动医疗、车联网、智能家居、工业控制、环境监测等将会推动物联网应用爆发式增长，数以千亿的设备将接入网络，实现真正的"万物互联"，并缔造出规模空前的新兴产业，为移动通信带来无限生机。同时，海量的设备连接和多样化的物联网业务也会给移动通信带来新的技术挑战。

9.1.2 5G总体愿景

当前，国际电信联盟（ITU）已完成5G愿景研究，确定了5G命名、典型场景和关键能力指标体系。

5G将渗透到未来社会的各个领域，以用户为中心构建全方位的信息生态系统。5G将使信息突破时空限制，提供极佳的交互体验，为用户带来身临其境的信息盛宴。5G将拉近万物的距离，通过无缝融合的方式，便捷地实现人与万物的智能互联。5G将为用户提供光纤般的接入速率，"零"时延的使用体验，千亿设备的连接能力，超高流量密度、超高连接数密度和超高移动性等多场景的一致服务，业务及用户感知的智能优化，同时将为网络带来超百倍的能效提升和超百倍的比特成本降低，最终实现"信息随心至，万物触手及"的总体愿景，如图9-2所示。

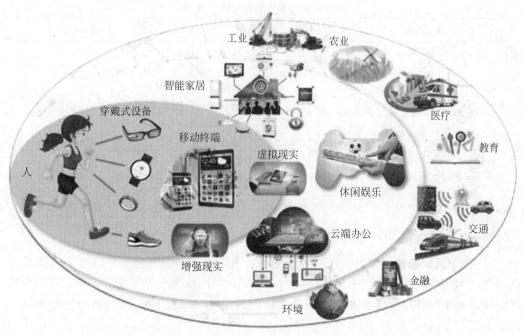

图9-2 5G总体愿景图

9.1.3　5G 关键能力特征

在上述这些场景中，考虑增强现实、虚拟现实、超高清视频、云存储、车联网、智能家居、OTT 消息等 5G 典型业务，并结合各场景未来可能的用户分布、各类业务占比及对速率、时延等的要求，5G 关键能力指标主要包括用户体验速率、连接数密度、端到端时延、移动性、用户峰值速率和流量密度，如表 9-1 所示。

表 9-1　5G 关键能力指标

5G 性能指标	ITU-R	中国	韩国	日本	METIS
用户体验速率	100Mbit/s～1Gbit/s	0.1Gbit/s～1Gbit/s	1Gbit/s		1Gbit/s～10Gbit/s
峰值速率	1Gbit/s～50Gbit/s	Gbit/s 级别	50Gbit/s	10Gbit/s	>10Gbit/s
移动性	500km/h	500km/h	高	500km/h	
时延	1ms	毫秒级别	1ms	1ms	1ms
连接密度	$10^6/km^2$～$10^7/km^2$	$10^7/km^2$	高	高	30 万/接入节点
能效	50～100 倍	高	400pJ/b	10000/cell	高
频谱效率	5～15 倍	高			高
流量密度①	待定	Tbit/s/km²		1000 倍	36TB/month/user

相应的，对应 5G 主要场景的关键性能要求如表 9-2 所示。

表 9-2　5G 主要场景及关键性能要求

场　　景	关　键　挑　战
连续广域覆盖	100Mbit/s 用户体验速率
热点高容量	用户体验速率：1Gbit/s 峰值速率：数十 Gbit/s 流量密度：数十 Tbit/s/km²
低功耗大连接	连接数密度：10^6s/km² 超低功耗，超低成本
低时延高可靠	空口时延：1ms 端到端时延：ms 量级 可靠性：接近 100%

9.1.4　5G 关键技术

5G 技术创新主要来源于无线技术和网络技术两方面。在无线技术领域，大规模天线阵列、超密集组网、新型多址和全频谱接入等技术已成为业界关注的焦点；在网络技术领域，基于软件定义网络(SDN)和网络功能虚拟化(NFV)的新型网络架构已取得广

---

①　流量密度：20♯WP 5D 会议确定。流量密度的概念成为最后一个纳入 5G 的 8 项候选关键能力的指标。目前对流量密度的定义已确定，但中韩在命名方面仍存在争议。

泛共识。此外，基于滤波的正交频分复用(F-OFDM)、滤波器组多载波(FBMC)、全双工、灵活双工、终端直通(D2D)、多元低密度奇偶检验(Q-ary LDPC)码、网络编码、极化码等也被认为是 5G 重要的潜在无线关键技术。

5G 空口技术框架以灵活、可配置等技术特性为要求，如图 9-3 所示。面对不同场景差异化的需求，客观上需要专门设计优化的技术方案。同时，考虑到 5G 新空口和 4G 演进两条技术路线的特点，5G 应尽可能基于统一的技术框架进行设计。针对不同技术需求，通过关键技术和参数的灵活配置形成相应的优化技术方案。

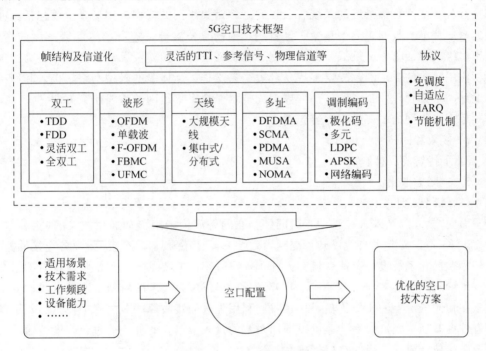

图 9-3　5G 空口技术框架

无线关键技术包括以下几种。

(1) 大规模天线

MIMO 技术在 4G 系统中得以广泛应用。面对 5G 在传输速率和系统容量等方面的挑战，天线数目的进一步增加仍将是 MIMO 技术继续演进的重要方向。而根据概率学计算，当基站侧天线数量远大于用户天线数时，基站到各个用户的信道趋于正交。这种情况下，用户间干扰将趋于消失。而大规模的阵列增益能够有效提升用户的信噪比，从而能够在相同的视频资源上支持更多的用户传输。

在实际应用中，通过大规模天线，基站可以在三维空间形成具有高空间分辨能力的高增益、高定向的细波束，能够提供更灵活的空间复用能力，改善接受信号强度并更好地抑制用户间干扰，从而实现更高的系统容量和频谱效率。

大规模天线技术的研究内容主要包括：

1) 应用场景和信道建模；

2) 传输与检测；

3）信道状态信息测量与反馈；

4）覆盖增强剂高速移动定位；

5）多用户调度与资源管理；

6）大规模有源阵列天线。

（2）超密集组网

超密集组网将是满足 2020 年以及未来移动数据流量需求的主要技术手段。超密集组网通过更加密集化的无线网络基础设施部署，可获得更高的频率复用效率，从而在局部热点区域实现百倍量级的系统容量提升。超密集组网的典型应用场景主要包括：办公室、密集住宅、校园、大型集会、体育场、地铁、公寓等。随着小区部署密度的增加，超密集组网将面临许多挑战，比如干扰、移动性管理、传输资源以及部署等。为了满足典型应用场景的需求和挑战，实现易部署、易维护、高体验的轻型网络，接入和回传联合设计、干扰管理保持一致，小区虚拟化技术是超密集组网的重要研究方向。

超密集组网的主要研究内容包括：

1）接入和回传联合设计；

2）干扰管理和抑制；

3）小区虚拟化。

（3）新型多址

面向 2020 年及未来，移动互联网和物联网将成为未来移动通信发展的两大主要驱动力，5G 不仅需要大幅度提升系统频谱效率，而且还要具备支持海量设备连接的能力，此外，在简化系统设计及信令流程方面也提出了很高的要求，这些都将对现有的正交多址技术形成严峻挑战。以 SCMA、PDMA 和 MUSA 为代表的新型多址技术通过多用户信息在相同资源上的叠加传输，在接收侧利用先进的接收算法分离多用户信息，不仅可以有效提升系统频谱效率，还可以增加系统的接入容量。此外，通过免调度传输，可以有效简化信令流程，降低空口传输时延。

（4）新型多载波

作为多载波技术的典型代表，OFDM 技术在 4G 中得到广泛应用。在未来的 5G 中，OFDM 仍然是基本波形的重要选择。尽管 OFDM 可以有效对抗信道的多径衰落，但相对较高的带外泄露，时频同步敏感等缺点将在 5G 中面临挑战。新型多载波技术研究关注多种需求，与 4G 关注移动宽带业务不同，5G 的业务类型更加丰富，尤其是大量的物联网业务提出了低成本、海量连接、低时延、高可靠等的业务需求。因此新型多载波技术的研究除兼顾传统移动宽带业务之外，也需要对这些物联网业务具有良好的支持能力。并且，为保持技术的可持续发展，需要新型多载波技术具有良好的可扩展性，以便通过增加参数配置或简单修改就可以支撑未来可能出现的新业务。

围绕这些需求，目前提出的新型多载波技术有 F-OFDM、UFMC 和 FBMC 等。这些技术的共同特征是都使用了滤波机制，通过滤波减小子带或子载波的频谱泄露，从而放松对时频同步的要求，避免了 OFDM 的主要缺点。在这些技术中，F-OFDM 使用了时域冲击响应较长的滤波器，且子带内部采用了和 OFDM 一致的信号处理方法，因此可以更好地兼容 OFDM。而 UFMC 则使用冲击响应较短的滤波器，并且没有采用

OFDM 中的 CP 方案。FBMC 则是基于子载波的滤波器，它放弃了复数域的正交，换取了波形时域局域性上的设计自由度，这种自由度使 FBMC 可以更灵活地适配信道的变化，同时 FBMC 不需要 CP，因此系统开销也得以减少。

（5）全频谱接入

全频谱接入通过有效利用各类移动通信频谱（包含高低频段、授权与非授权频谱、对称与非对称频谱、连续与非连续频谱等）资源来提升数据传输速率和系统容量。6GHz 以下频段因其较好的信道传播特性可作为 5G 的优选频段，6～100GHz 高频段具有更加丰富的空闲频谱资源，可作为 5G 的辅助频段。信道测量与建模、低频和高频统一设计、高频接入回传一体化，以及高频器件是全频谱接入技术面临的主要挑战。

（6）全双工

无线通信业务量爆炸式增长与频谱资源短缺之间的外在矛盾，驱动着无线通信理论与技术的内在变革。提升 FDD 与 TDD 的频谱效率，并消除其对频谱资源使用和管理方式的差异性，成为未来移动通信技术的革新目标之一。基于自干扰抑制理论和技术的全双工技术，成为实现这一目标的潜在解决方案。理论上讲，全双工可提升一倍的频谱效率。

全双工主要研究内容分为两个方面：

1）全双工系统的自干扰抑制技术；

2）全双工系统的组网技术。

5G 网络逻辑架构包含三个功能平面：接入平面、控制平面和转发平面。三个平面的功能特性如图 9-4 所示。

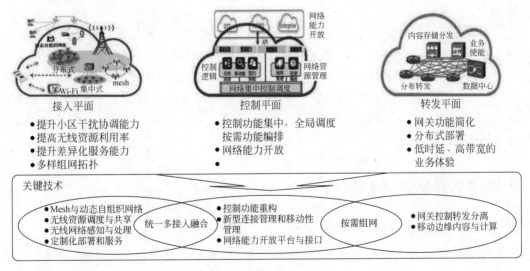

图 9-4　5G 网络逻辑架构

未来的 5G 网络将是基于 SDN、NFV 和云计算技术的更加灵活、智能、高效和开放的网络系统。5G 网络架构包括接入云、控制云和转发云三个域。接入云支持多种无线制式的接入，融合集中式和分布式两种无线接入网架构，适应各种类型的回传链路，实现更灵活的组网部署和更高效的无线资源管理。5G 的网络控制功能和数据转发功能将解耦，形成集中统一的控制云和灵活高效的转发云。控制云实现局部和全局的会话控制、移动性管理和服务质量保证，并构建面向业务的网络能力开放接口，从而满足业务的差异化需求并提升业务的部署效率。转发云基于通用的硬件平台，在控制云高效的网络控制和资源调度下，实现海量业务数据流的高可靠、低时延、均负载的高效传输。

基于"三朵云"的新型 5G 网络架构是移动网络未来的发展方向，但实际网络发展在满足未来新业务和新场景需求的同时，也要充分考虑现有移动网络的演进途径。5G 网络架构的发展会存在局部变化到全网变革的中间阶段，通信技术与 IT 技术的融合会从核心网向无线接入网逐步延伸，最终形成网络架构的整体演变。

9.1.5　5G 技术演进路线

从技术特征、标准演进和产业发展角度分析，5G 存在新空口和 4G 演进空口两条技术路线。新空口路线主要面向新场景和新频段进行全新的空口设计，不考虑与 4G 框架的兼容，通过新的技术方案设计和引入创新技术来满足 4G 演进路线无法满足的业务需求及挑战，特别是各种物联网场景及高频段需求。

4G 演进路线通过在现有 4G 框架基础上引入增强型新技术，在保证兼容性的同时实现现有系统性能的进一步提升，在一定程度上满足 5G 场景与业务需求。

此外，无线局域网（WLAN）已成为移动通信的重要补充，主要在热点地区提供数据分流。下一代 WLAN 标准（802.11ax）制定工作已经于 2014 年年初启动，预计将于 2019 年完成。面向 2020 年及未来，下一代 WLAN 将与 5G 深度融合，共同为用户提供服务。

当前，制定全球统一的 5G 标准已成为业界共同的呼声，国际电信联盟（ITU）已启动了面向 5G 标准的研究工作，并正式发布 IMT-2020（5G）工作计划。国内外主流企业已达成共识，将在国际主流移动通信标准组织 3GPP 制定全球统一的 5G 标准。根据 3GPP 工作计划，2016 年年初启动 5G 标准研究，2018 年 6 月将完成第一版 5G 标准，2019 年 9 月将完成 5G 标准版本的制定。同时，各国纷纷发布 5G 试验计划来推动 5G 技术与标准的发展。

9.2　5G 终端技术的发展

9.2.1　5G 终端应用场景

5G 典型场景涉及各个领域，特别关注密集（住宅区、办公室、体育场、集会）、高速（快速路、地铁、高铁）和广覆盖（物联网）等能力覆盖，在 ITU 中明确应用场景划分为三大类。这些场景具有超高流量密度、超高连接数密度、超高移动性等特征。ITU 初步归纳出的 5G 系统的三类典型应用场景：移动宽带增强、海量连接和低时延高可靠。其中，移动宽带增强进一步可以细分成两个子场景，即广域连续覆盖和高容量热点。前者看似是网络部署的基本功能，后者本身似乎也是一种传统的应用场景。但是这两类场景中，系统都将会面临更加极端的连接数、流量以及业务质量一致性压力。另外两种场景中，低功率大连接主要针对物联网应用，而低时延高可靠则主要针对工业控制和车联网等应用。

连续广域覆盖和热点高容量场景主要满足 2020 年及未来的移动互联网业务需求，也是传统的 4G 主要技术场景。

连续广域覆盖场景是移动通信最基本的覆盖方式，以保证用户的移动性和业务连续性为目标，为用户提供无缝的高速业务体验。该场景的主要挑战在于随时随地（包括小区边缘、高速移动等恶劣环境）为用户提供 100Mbit/s 以上的用户体验速率。

热点高容量场景主要面向局部热点区域，为用户提供极高的数据传输速率，满足网络极高的流量密度需求。1Gbit/s 用户体验速率、数十 Gbit/s 峰值速率和数十 Tbit/s/km^2 的流量密度需求是该场景面临的主要挑战。

低功耗大连接和低时延高可靠场景主要面向物联网业务，是 5G 新拓展的场景，重点解决传统移动通信无法很好支持物联网及垂直行业应用。

低功耗大连接场景主要面向智慧城市、环境监测、智能农业、森林防火等以传感和数据采集为目标的应用场景，具有小数据包、低功耗、海量连接等特点。这类终端分布范围广、数量众多，不仅要求网络具备超千亿连接的支持能力，满足 100 万/km^2 连接数密度指标要求，而且还要保证终端的超低功耗和超低成本。

低时延高可靠场景主要面向车联网、工业控制等垂直行业的特殊应用需求，这类应用对时延和可靠性具有极高的指标要求，需要为用户提供毫秒级的端到端时延和接近 100% 的业务可靠性保证。

随着网络技术的多元化融合发展，未来 5G 终端将广泛应用于人们居住生活、工作学习、休闲娱乐、社交互动等方方面面，其覆盖范围涵盖住宅区、乡郊野外、办公场所、大型商业综合场所、公交地铁、高铁和高速公路等场景。某些场景具有超高流量密度、超高连接数密度、超高移动性等特征，而这也是 5G 系统将重点解决的问题。

总体而言，未来 5G 终端将主要应用于业务广阔的移动互联网和物联网领域，如图 9-5 所示。

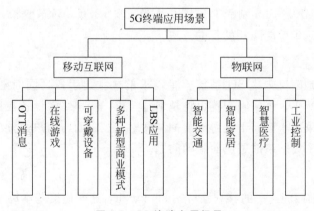

图 9-5　5G 终端应用场景

9.2.2 5G 终端技术挑战

随着移动互联网和物联网的兴起，终端不断向便携式、智能化、多元化发展，未来联网终端数量呈爆发式增长，同时随着网络同云计算、大数据的融合，对终端数据处理和传输能力有更高要求，终端通过融合的接入技术进一步泛网化。对用户而言，友好的用户体验和应用的多样化成为服务类终端的核心竞争力，综合感知和交互将成为服务类终端的新特征。并且低成本、低功耗、高稳定性成为物联网等行业应用的重要指标。

无疑，这些趋势和演进将对 5G 终端技术带来严峻的挑战，并且直接影响到整个通信技术的普及速度和产业规模，也关系着最终用户的使用体验和活跃度。为了灵活应对上述挑战，未来的 5G 终端技术将从如下几个因素分别提出了相应的解决方案。

1. 高速率

在 3GPP、IEEE 等无线通信领域国际标准化组织最新的技术研究中，高阶 MIMO、大规模天线阵列、mmWave 毫米波和高阶调制方式等技术都已取得阶段性成果，在 Rel-12 及后续版本的标准体系中逐步被引入并增强，共同起到提升用户速率的目的。

2. 低时延

未来透过进一步扁平化的网络架构，以及 D2D 直连等技术，并且采用光纤作为传输网提供高速数据传输，将进一步降低用户面和控制面的时延，达到 ms 级的性能要求。

3. 低功耗

5G 时代随着更多大屏智能终端的出现，手机芯片的多核多模化，以及主频不断提高，终端体积的轻便化，对终端的耗电性能的需求会更高。因此采用新的芯片架构、屏幕显示技术、新型射频功放技术、高效能低复杂度算法等从多层面改善终端的功耗性能。例如：在屏幕省电技术上，通过增加屏幕白色像素并调整影响处理算法的方式在不提高背光的情况下提高屏幕亮度；而新的 OLED 等材质的引入，由于不使用背光板，也可以使屏幕更加轻薄节能，同时色彩还原度得到极大的提升。在芯片方面，通过采用新的 20nm，甚至 10/14nm 制程工艺，以及新版本 RISC、动态变频异步多核、高效动态 PMIC 等技术达到节能降耗的目的。

4. 高密度通信

超密集组网是解决未来 5G 系统容量需求的最主要手段，同时随着组网密度的增加，小区间距的减小，小区间干扰也将越来越严重，用户终端设备在移动过程中切换也将更加频繁。而采用小区间干扰协调与抑制技术、控制面与用户面分离、无线中继等技术能有效缓解超密集网络部署所面临的问题。

5. 高移动性

未来 5G 关键性能之一的移动性可达 500km/h，这一速度基本涵盖了通常情况下用户所能达到的速度极限，因而对网络和终端技术提出不小的考验。而通过优化的站点部署、异频组网、优化的天线波束赋形方案、小区增强技术和双连接等技术将有效地保障用户在高速移动场景下的快速重选与无缝切换，为用户提供统一可靠的使用体验。

6. 多元化终端形态

随着移动互联网和物联网的快速发展，终端设备在形态方面呈现多样化的趋势。除手机、平板电脑、超级本等个人通信设备，在可穿戴设备方面出现了智能手环、智能眼镜、腕表、跑鞋等，在智能家居领域出现了智能机顶盒、智能家电、智能开关等新颖终端，以及车联网、工业控制、安防监控、医疗教育等领域各式各样的终端设备，并成为接入移动互联网的重要入口之一。互联网时代的用户长尾化需求、移动互联网时代的用户碎片化需求，将在终端设备形态上得到充分体现。

7. 多种无线接入方式的融合

随着多种无线通信技术的发展及网络感知技术的成熟，未来移动终端将能够感知和检测所处的网络环境，并通过自适应调整以及最佳匹配网络配置，智能地适应环境的变化，同时还具备从变化中学习的能力，且能把它们用到未来的决策中，实现蓝牙、Zigbee、NFC、WLAN 和 2G/3G/LTE 等多制式、多连接通信的无缝融合和衔接，如图 9-6 所示。未来用户将不需人为干预和配置，终端即可以自动决策，并获得最优的端对端性能。

图 9-6　5G 终端无线接入方式

9.2.3　5G 终端与业务发展趋势

面向 2020 年及以后，未来的 5G 通信技术服务对象将由现行的个人向行业用户拓展和细分，其业务领域将不再局限于传统 ICT 行业，而是进一步渗透到其他行业，同时带来终端形态的多元化、融合化发展趋势，以及应用场景的网络化、智能化。而其业务核心将集中于为用户提供极致完美的用户体验上，并特别注重提供高速率、高可靠性、高密度、高移动性、低时延、低功耗、低成本、小型化、智能化和安全可靠的业务保障。同时 5G 系统将通过多种无线接入技术的融合，汇聚多元化和融合化的终端形态，允许海量终端的接入，传输和处理多种类型的业务数据，并基于智能化和云计算技术提供一种高效、低耗、稳定、多元的融合通信解决方案。

移动互联网和物联网的强劲发展，推动着面向 2020 年及以后的 5G 通信技术的不断探索和发展。通过高频段毫米波通信、超密集小区覆盖、终端直连 D2D、同时同频全双工、大规模天线阵列、多无线接入方式协作、新型异构网络等演进技术的有机结合，将逐步实现并完善 5G 系统。与此同时，5G 终端亦将面临高速率、高可靠性、高密度通信、高移动性、低时延、低功耗、低成本、多元化终端形态和多种无线接入方式融合等方面的严峻挑战。

参考文献

[1]　5G 愿景与需求白皮书[R]. 北京：IMT-2020(5G)推进组，2014.

[2]　5G 概念白皮书[R]. 北京：IMT-2020(5G)推进组，2015.

[3]　5G 无线技术架构[R]. 北京：IMT-2020(5G)推进组，2015.

[4]　5G 网络技术架构[R]. 北京：IMT-2020(5G)推进组，2015.

[5]　智能硬件进入"大平台"时代［EB/OL］.［2015-08-31］. http://www.haote.com/jiaocheng/66362.html.

附　表

附表一　工业和信息化部认证设备分类表

设 备 名 称		设备重要性
移动电话		
GSM 数字 移动电话机	GSM 双频数字移动电话机	一般设备
	GSM 双频 GPRS 功能数字移动电话机	一般设备
	GSM 单频数字移动电话机	一般设备
	GSM 双频 GPRS 功能数字移动电话机（EDGE）	一般设备
	GSM 双频 GPRS 功能数字移动电话机（PTT）	一般设备
	GSM 双频 GPRS 功能数字移动电话机（双 SIM 卡单待机）	一般设备
	GSM 双频数字移动电话机（双 SIM 卡单待机）	一般设备
	GSM 双频 GPRS 功能数字移动电话机（双 SIM 卡双待机）	一般设备
	GSM 双频数字移动电话机（双 SIM 卡双待机）	一般设备
CDMA 数字 移动电话机	CDMA 数字移动电话机	一般设备
	CDMA 1X 数字移动电话机	一般设备
	CDMA 1X 数字移动电话机（PTT）	一般设备
	CDMA 1X 数字移动电话机（双 UIM 卡单待机）	一般设备
双模移动电话机	GSM/CDMA 1X 双模数字移动电话机	一般设备
	cdma2000/WCDMA 数字移动电话机（单待机）	一般设备
	TD-SCDMA/WCDMA 数字移动电话机	一般设备
TD-SCDMA 数字 移动电话机	TD-SCDMA 数字移动电话机	一般设备
	TD-SCDMA/GSM 双模数字移动电话机	一般设备
	TD-SCDMA/GSM 双模数字移动电话机（双待机）	一般设备
	TD-SCDMA/CDMA 1X 数字移动电话机	一般设备
WCDMA 数字 移动电话机	WCDMA 数字移动电话机	一般设备
cdma2000 数字 移动电话机	cdma2000 数字移动电话机	一般设备
	cdma2000/GSM 数字移动电话机	一般设备
	cdma2000/GSM 数字移动电话机（机卡一体）	一般设备
TD-LTE 数字 移动电话机	TD-LTE 数字移动电话机	一般设备
移动数据终端设备		
CDMA 1X 无线数据终端（卡式）		一般设备
CDMA 1X 无线数据终端（台式）		一般设备
GSM 双频 GPRS 功能无线数据终端（卡式）		一般设备
GSM 双频 GPRS 功能无线数据终端（台式）		一般设备
GSM 双频 GPRS 功能无线数据终端（卡式）（EDGE）		一般设备
GSM 双频 GPRS 功能无线数据终端（卡式）（EDGE）		一般设备

续表

设 备 名 称	设备重要性
移动数据终端设备	
无线信息终端	一般设备
无线 POS 终端	一般设备
车载无线终端	一般设备
TD-SCDMA 无线数据终端	一般设备
TD-SCDMA/GSM 双模无线数据终端	一般设备
WCDMA 无线数据终端	一般设备
cdma2000 无线数据终端	一般设备
cdma2000/GSM 无线数据终端	一般设备
TD-SCDMA 固定无线电话机	一般设备
TD-SCDMA 固定无线电话机（2.4G 无绳）	一般设备
cdma2000/WCDMA 无线数据终端	一般设备
TD-LTE 无线数据终端	一般设备
TD-SCDMA/CDMA 1X 无线数据终端	一般设备

附表二　申请电信设备进网许可证需要提供的资料

序号	申请材料	材料代号	具体内容	备　　注
1	电信设备进网许可申请表	A	申请表	
		B	代理机构委托书	境外企业委托境内代理机构办理进网许可证时需提交，委托境内的办事处或分支机构作为申请单位时不需提交
		C	委托加工协议书	申请单位与生产企业为不同法人时需提交；生产企业为境外企业，采取委托加工方式时需提交生产企业和外协工厂的协议书
		D	法定代表人签字授权书	法定代表人委托代理人在相关文件上签字时需提交
2	企业法人营业执照	E	企业法人营业执照	申请单位、生产企业为不同法人时还需提交生产企业的营业执照；生产企业为境外企业，并采取委托加工方式生产时还需提交外协工厂营业执照；境外企业需提交其所在国的注册登记证明
3	申请人情况介绍	F	企业情况介绍	申请单位、生产企业为不同法人时还需提交生产企业的介绍；生产企业为境外企业，并采取委托加工方式生产时还需提交外协工厂介绍

序号	申请材料	材料代号	具体内容	备注
4	质量体系认证证书或者审核报告	G	质量体系认证证书	申请单位、生产企业为不同法人时提交生产企业的证书;生产企业为境外企业,并采取委托加工方式生产时提交外协工厂的证书
		H	质量体系审核报告	未通过质量体系认证的,需提交
5	电信设备介绍	I	设备介绍	
		J	内外观照片	
		K	使用说明	
6	检测报告	L	检测报告	无线电发射设备还需提交电磁兼容性(EMC)检测报告;GSM/WCDMA/cdma2000/TD-SCDMA 移动电话机还需提交网络兼容性检测报告
		M	GCF 符合性声明 CDG 符合性声明	支持 GSM/WCDMA/TD-SCDMA 的终端设备需提交 GCF 声明; 支持 CDMA/cdma2000 的终端设备需提交 CDG 声明
7	无线电发射设备型号核准证	N	无线电发射设备型号核准证	无线电发射设备需提交
8	总体技术方案和试验报告	O	总体技术方案	无线电通信设备、涉及网间互联的设备需提交
		P	试验报告	
		Q	专家评审意见	
9	属于国家有特殊规定的事项	R	公安部门质检机构出具的检验报告	报警类设备需提交
		S	中华人民共和国自动进口许可证(商务部)	进口移动电话机需提交
		T	定制协议或定制证明	基础电信运营企业定制的移动终端(含移动电话机)需提交